U0266589

海洋食品科学与技术

罗　成　刘　源　阮　晖　邓尚贵　等　编著

科学出版社

北　京

内 容 简 介

本书从食品在体内的基本生理代谢及免疫学功能入手，以多种鱼类、头足类、虾类和海洋微生物等为研究对象，介绍了海洋食品深加工、海洋资源的生态与修复，以及为海洋食品资源护航的疾病预防、智能物流、食品安全等的新方法。本书除了介绍近年海洋食品科学本身多方面的发展与技术的更新，也部分融合了最新的分子遗传学、免疫学进展，以加强对海洋生物资源的保护。本书力求将传统的食品科学与近代多学科结合，探索了最新的信息捕捉、计算机通信、数据库及人工智能分析在食品安全方面的应用。

本书可作为高等院校食品科学与工程专业的辅助教材，也可作为食品研究、安全管理、食品营养等相关人员的参考用书。

图书在版编目（CIP）数据

海洋食品科学与技术 / 罗成等编著. —北京：科学出版社，2019.1
ISBN 978-7-03-058566-0

Ⅰ. ①海… Ⅱ. ①罗… Ⅲ. ①海产品–水产食品–食品工业–基础科学 Ⅳ. ①TS254.1

中国版本图书馆CIP数据核字（2018）第194386号

责任编辑：罗　静　付　聪 / 责任校对：郑金红
责任印制：张　伟 / 封面设计：北京图阅盛世文化传媒有限公司

科 学 出 版 社 出版
北京东黄城根北街 16 号
邮政编码：100717
http://www.sciencep.com

北京凌奇印刷有限责任公司印刷
科学出版社发行　各地新华书店经销

*

2019 年 1 月第 一 版　开本：720 × 1000　1/16
2025 年 1 月第四次印刷　印张：26 1/2
字数：534 000

定价：168.00 元
（如有印装质量问题，我社负责调换）

《海洋食品科学与技术》编著者名单

罗 成	浙江海洋大学
刘 源	上海交通大学
阮 晖	浙江大学
邓尚贵	浙江海洋大学
刘 薇	河南农业大学
苟万里	贵阳学院
陈廷涛	南昌大学
汪少芸	福州大学
陈 旭	福州大学
翁武银	集美大学
杨 鸢	上海交通大学
张丹妮	上海交通大学
杭梦茜	上海交通大学
谢 翀	赫尔辛基大学
史大永	中国科学院海洋研究所
郭书举	中国科学院海洋研究所
张仁帅	中国科学院海洋研究所
陈继承	福建农林大学
张文博	新乡医学院
缪文华	浙江海洋大学
张 崟	成都大学
林慧敏	浙江海洋大学
陈永轩	厦门医学院
沈 斌	浙江海洋大学
孙 妍	天津市水生动物疫病预防控制中心
薛淑霞	天津市水生动物疫病预防控制中心

张雷蕾　　　　中国计量大学
黄　慧　　　　浙江大学
陈美龄　　　　浙江海洋大学
Ariel Siloam　浙江海洋大学
殷小龙　　　　浙江省舟山市水产研究所
吴　迪　　　　浙江海洋大学
李贞景　　　　天津科技大学

前　言

地球表面 70%以上的面积被海洋覆盖，海洋中丰富的生物多样性不仅赋予了我们大量的高能量食物资源，而且提供了很多有益于健康的活性物质，创造了无限的海洋生机，是人类丰富的宝藏。海洋生物富含易于消化吸收的蛋白质，海洋中鱼、贝、虾、蟹等的蛋白质富含必需氨基酸及胶原蛋白，这些都是陆地食品源的最佳补充；海洋生物还富含较多的不饱和脂肪酸，尤其是含有一定量的高度不饱和脂肪酸，这些脂肪酸有助于预防动脉粥样硬化等心血管疾病。海洋生物富含维生素及极具异化性的多糖，可参与人体的免疫调节，捍卫人类健康。此外，不同种类的酶、功能性肽、人体必需的微量元素、矿物质，以及大量的抗氧化、抗炎、抗肿瘤、抗病毒、抗真菌的小分子都可在海洋生物中找到。

随着科学与技术的进步及人们生活质量的提高，海洋食品探索变得十分重要，因为这也可以带动海洋食品的多元化发展。近年来，通过对海洋食品的研究发现了许多新的机理，加深了人们对海洋食品营养的认识。与此同时增加了人体内外通过消化代谢产生的功能性肽、多糖或者小分子等的功能性应用。海洋食品技术也在工业化、自动化、智能化的深加工和综合利用中有了长足的发展，例如，海洋仿生食品朝着更加简便、卫生、营养、环保的方向发展；抗冻肽及抗冻机理的发现将更科学地为水产品提供冷链技术。这些发展使得人类可以更科学地从海洋中获取物质财富。

本书首先从食品在体内的基本生理代谢及免疫学功能入手，以多种鱼类、头足类、虾类和海洋微生物等为研究对象，介绍了海洋食品深加工，即对各种功能成分的抽提、酶水解、发酵及合成方法的最新认知。通过对独特的营养价值、具有多种生物活性的物质，以及基于蛋白质、肽和多糖新的结构与功能的理解及发现，而获得不同的海洋食品开发的新方法。其次，本书还介绍了非牛顿流体流变性能在食品科学与食品机械加工成型中的应用，海洋食品胶体理论和通过实践发展起来的新型食品乳化剂，肽自组装，以及可能产生的具有新的质地、口感、营养价值和功能的食材；酶水解海洋蛋白咸味肽和苦味肽等对人体的生理作用及其为海洋功能食品与调味剂开发提供的新方法。再次，本书还介绍了海洋资源的生态与修复，探讨了某些相应鱼类特定基因控制的碳代谢能量转换与适应机制，以及从海洋开发的新型表面活性剂到利用食品自身成分进行的杀菌和抗冻保鲜。从分子水平探讨了食物结构，以及它对健康、味觉、质感与感官、质地和保质期的影响。最后，本书还介绍了可持续发展的资源保护、绿色海洋食品开发，以及为海洋食品资源护航的疾病预防、智能物流、食品安全等的新方法。

全书共分 5 篇(27 章)：海洋食品的基本元素与免疫学功能、海洋蛋白及新产品开发、非蛋白类海洋食品及其功能、海洋食品资源与深加工、海洋食品资源的生态与修复。其内容基本覆盖当前海洋食品科学最活跃的领域。本书可作为高等院校食品科学与工程专业的辅助教材，也可作为食品研究、安全管理、食品营养等相关人员的参考书。

本书是由一群工作在海内外大学及科研单位海洋食品科学领域一线的老师与研究人员编写的，汇集了他们多年的工作经验和科研成果。本书获得了浙江海洋大学出版基金的资助。在写作过程中，部分章节获得陕西欢恩宝乳业股份有限公司乳品营养部的专家在蛋白质产品的深加工及食品安全检验等多方面的协助。食品科学，尤其是海洋食品科学起步相对较晚，但与其他学科一样与时俱进。我们相信海洋食品科学的发展将进一步推动海洋食品工业的发展，为人类健康护航。

浙江海洋大学

2017 年 12 月 12 日于浙江舟山

目　　录

前言

第三篇　非蛋白类海洋食品及其功能

第四篇 海洋食品资源与深加工

第一篇　海洋食品的基本元素与免疫学功能

第1章　食品科学的研究内容与方法

(河南农业大学，刘　薇)

食品科学，是运用基础科学及工程知识来研究食品的物理、化学、生物化学性质及食品加工原理的一门科学，是涉及化学、微生物、食品科学、食品工程、化工和食品技术、食品加工技术等学科的一门综合性学科。

食品科学属于关乎人类健康、生活品质和生态的学科，食品伴随人类的发生而发展，但食品科学的发展则很晚。食品科学研究作为科学研究的一个分支，是具有创造性的探索活动，是为了解决尚未解决的问题，是一个探索未知的过程。目前美国综合排名前 30 的学校只有康奈尔大学(Cornell University)有食品科学专业，但食品科学应用广泛，可以多方向发展，而且食品科学的重要性并不亚于医学或者药学。因为在近代史上，食品科学在使人类寿命延长方面的发展超过抗生素。例如，20 世纪 50～70 年代芬兰食品工业的发展使人均寿命从 65 岁延长到 82～85岁，而之前抗生素的使用仅使人类寿命延长到 50～65 岁。在过去的 30 年，中国人的预期寿命由 60 岁发展到 78 岁，其主要原因就是食品科学与技术的发展。而现代食物的充沛主要依赖食品科学与食品工程的研究。

1.1　研　究　内　容

随着社会的发展和进步，食品工业在国民经济中的重要性日益显现。进入 21世纪后，我国食品工业得到了迅速的发展，同时，食品科学研究取得了许多重要的成果。由于食品科学与生物学、化学、营养学、生理学等学科联系紧密，属于交叉学科，其包含的内容很多，主要有食品微生物、食品化学、食品质量与安全、食品检测、食品包装、食品营养、食品工程等。

1.1.1　食品微生物

与食品有关的微生物总称为食品微生物。食品微生物包括生产型食品微生物、食源性病原微生物和引起食物腐败的微生物三大类。常见的生产型食品微生物有醋酸杆菌(发酵产生醋酸，用于制醋)、酵母菌(发酵产生酒精，用于酿酒)等，人类利用这种微生物可生产出各种酒类、饮料、酱、醋、馒头等发酵食品。食源性病原微生物包括大肠杆菌(食物污染)、肉毒杆菌(有强的致病性)等，它们能引发人类食物中毒或者使人和动物受到感染而发生传染病。另外引起食品变质败坏的微生物，如各种霉菌，给人类的食品保存造成很大困扰。研究这些与食品相互关联的微生物而发展成的科学，就称为食品微生物学。食品微生物学是一门多学科相互融合的学科，不仅包括微生物学，还包括医学、农业、工业的微生物学中与食品有关的部分。食品微生物与人类关系紧密，在很早以前人类对食品微生物的认识、利用和防治就有了很大的进展[1]。

食品微生物种类繁多，常见的与食品密切相关的微生物有各种细菌、酵母菌、霉菌和致病性病毒等。由于微生物种类繁多，因此很难根据微生物的亲缘关系进行分类。目前对它们通用的分类单位命名法则和高等动植物一样，依次分为界、门、纲、目、科、属、种。从某地区或实验室分离到的菌种，称为菌株或品系。很早以前人类对食品微生物就有充分的利用，例如，在公元前 16 世纪至公元前 11 世纪，中国有古书记载当时的人们就会酿酒、制醋等，然而他们并不知道是微生物在酿酒和制醋中起作用，直到荷兰科学家列文虎克首次制成能放大 200～300 倍的显微镜，人类才首次看到微生物，从此人们在食品微生物方向的研究才算打开大门。其中最有名的是微生物学家巴斯德证实了酒精的发酵是由酵母菌引起的，经长期研究，他发明了巴斯德消毒法，解决了当时法国酒的变质给酿造业带来重大损失的问题，这是人类首次在食品微生物方面取得的成绩，迄今为止这种消毒方法仍应用于酒、醋、酱油、牛奶、果汁等食品的消毒[2-4]。

鉴于食品微生物种类繁多，对这类微生物的研究也有很多分支，对食品微生物的研究主要有关于特定微生物(如病原性微生物或污染性微生物)的检测，以及生产型微生物的开发和优化等，属于食品科学中比较重要的一个方向。

1.1.2 食品化学

食品化学是一门研究食品中的化学变化与食品质量相关性的科学，是食品科学的基础课程之一。食品化学的主要内容包括食品材料(如原料和成品)中主要成分的结构和性质；这些成分在食品加工和保藏过程中产生的物理、化学及生物化学变化，以及食品成分的结构、性质和变化对食品质量与加工性能的影响等。食品质量包括食品的色、香、味、营养结构、安全等几个主要特征指标，其中每一个指标的优劣都与食品中的化学成分和化学变化相关。因此食品化学主要的研究内容为食物中重要的组分，如水、碳水化合物、油脂、蛋白质、维生素、矿物质、色素、酶等，以及这些成分的化学特性、功能特性及各类反应对食品质量的影响。具体来说主要有以下几个方面：①食品营养成分的化学组成及其性质；②食品的感官评定，作为食物，不仅要有足够的营养，而且要有能引起人食欲的色、香、味等；③食品成分在各种酶作用下的变化，不同种类的酶会使食物的成分发生多种不一样的变化；④食品储藏。食品化学是食品科学与工程学科中发展很快的一个领域，在此领域中也不断地涌现出新的研究方法和成果[5]。

1.1.3　食品质量与安全

食品质量与安全主要研究食品的营养、质量和安全与人类健康的关系，主要内容是食品的营养保障和卫生质量管理。食品质量与安全是食品科学的重要组成部分，以生命科学和食品科学为基础，通过对食品生产、食品加工的管理和控制，保证食品的营养质量和卫生质量，确保人类的健康。食品质量与安全主要依靠食品生产加工中的质量管理来保证，包括原材料的管理和加工过程的管理。由于食品从原材料到成品涉及的环节较多，因此食品质量与安全涉及食品生产、食品营养、食品安全、食品管理、食品质量控制等诸多领域。主要包含的技术有生物化学、食品化学、微生物学的基本理论与实验技术；食品分析及检测的方法；食品生产管理和技术经济分析；食品储运、加工、保藏及资源综合利用等[6]。

1.1.4　食品检测

食品检测主要是指对食品中有毒有害指标的检测，如重金属、污染物、黄曲霉毒素等，需按照国家制定的指标进行检测和出具结果报告，以保证食品的安全。食品安全问题密切影响广大人民群众的利益，甚至还决定着整个国家的经济发展。之前我国食品安全问题不断发生，例如，三聚氰胺、鞋底明胶、苏丹红、致癌毒大米、塑化剂及瘦肉精等数十起食品安全事件先后被查处，引起了社会的极大关注。食品安全问题俨然已经成为一个全球性话题，国际上食品安全恶性事件也时有发生，给世界各国人民造成了巨大的经济损失。

食品检测主要包括以下几个方面。①对食品残留危害性化学物质的检测，主要有蔬菜、水果农药残留超标检测，以及非法使用兽药(如瘦肉精)引起的残留兽药检测等。②对生物毒素污染食品的检测，生物毒素又叫天然毒素，是指由各种动物、植物、微生物产生的有毒物质，常见的有黄曲霉毒素、杂色曲霉素等。生物毒素除具有引起人类直接中毒的危害以外，还可以造成农业、畜牧业、水产业的巨大损失和不可预知的环境危害，并且具有多样性和复杂性。许多生物毒素到目前为止还没有被发现或被认识，因此生物毒素中毒的救治与公害防治仍然是世界性的难题。③与微生物有关的食品安全因素的检测，主要有致病性病原菌的污染和有毒代谢产物的污染两大类。食品检测技术发展迅速，针对不同的检测对象，常用的技术有色谱技术、光谱技术、生物技术等，另外一些快速检测技术也发挥着重要作用[7-9]。

1.1.5　食品包装

食品包装是食品商品的重要组成部分，也是食品工业过程中的主要工程之一。

它可以使食品在流通过程中免受各种生物、化学、物理等外来因素的损害，也可以保持食品质量的稳定，同时食品的包装也具有吸引消费者的作用，具有物质成本以外的价值。食品包装是食品科学中比较特殊的一个分支，具有跨专业的特征。

食品包装有很多类型，有防潮防水包装、防霉保鲜包装、速冻包装、透气包装、无菌包装、充气包装、真空包装等。不同的包装由不同的复合材料制成，其包装特性需要对应不同食品的要求，能有效地保护食品品质。食品包装具有多种功能：①保护食品和延长食品的有效期；②使食品商品方便快捷地流通；③防止食品被污染，如蒸煮的食品采用特殊的包装技术就能避免污染，有利于消费者的身体健康；④促进食品的竞争，不同的商品包装对销售有一定的影响[10]。

1.1.6 食品营养

食品营养是指人体从食品中所能获得的热能和营养素的总称。食品的营养价值是指食品中所含的热能和营养素能满足人体营养需要的程度，食品营养价值的高低，主要根据以下几方面进行评价：①食品中热能和营养素的含量，包括必需氨基酸、饱和与多不饱和脂肪酸的含量及其相互间的比值；②食品中各种营养素的人体消化率，主要是各种蛋白质、脂类及钙、铁、锌等无机盐和微量元素的消化率；③食品中各种营养素在人体内的生物利用率，主要是指蛋白质、必需氨基酸、钙、铁、锌等营养素被消化吸收后，在人体内能被利用的程度；④食品的色、香、味、形、质，即感官性状，可通过条件反射影响人的食欲及消化液分泌的质与量，从而明显影响人体对该食物的消化能力；⑤食品的营养质量指数，食品营养价值的高低是相对的，同一类食品的营养价值可因品种、产地、成熟程度、碾磨程度、加工烹饪方式等不同而有很大区别[11]。

食品的营养价值按食品对人体的营养意义大概分为以下几类。

1) 谷类食品：指禾本科作物的种子，主要有稻米、小麦、玉米、小米、高粱等，占中国居民热量来源的70%左右。谷类含6%～10%的蛋白质，但生物利用率较低。

2) 豆类食品：指豆科作物种子及其制品，也包括其他油料作物。大豆含35%～40%蛋白质，为营养价值较高的优质蛋白质。特别是赖氨酸含量较多，是弥补各类蛋白质营养缺欠的理想食品。大豆含17%～20%油脂，其中含人体必需脂肪酸亚油酸约50%，是任何其他油脂所不能比拟的。

3) 蔬菜、水果：是人体胡萝卜素、维生素C和钙、铁、钾、钠等元素的重要来源。所含的膳食纤维、有机酸、芳香物质等也有益于增进食欲，促进消化。

4) 畜禽肉类食品：可供给人体优质蛋白质和部分脂肪，无机盐含量不多但易于吸收利用。也是维生素A和维生素B_2的重要来源。猪肉蛋白质含量较低，而且含有较多的饱和脂肪酸，对人体健康不利，所以有营养学家建议在优化膳食结构时用鸡肉代替猪肉。

5)鱼类等水产食品:在蛋白质营养价值方面可与畜禽肉类媲美,所含脂肪70%～80%为多不饱和脂肪酸,胆固醇含量也较低,所以远比畜禽肉类脂肪为优。

6)蛋类食品:鸡、鸭、鹅蛋的化学组成基本相似。鲜蛋的蛋白质含量为13%～15%,其营养价值最高,为营养学实验研究中的理想蛋白质。

7)奶类食品:人和各种动物奶分别对其各自的初生子代营养价值最高,对异己子代的营养价值较低,所以对婴儿应强调母乳喂养。用牛奶喂养时应仿人奶组成调整其营养成分,主要是加水稀释酪蛋白,补充乳(蔗)糖和维生素 A、维生素 D 等。牛奶含蛋白质和钙较多,也是维生素 A 和维生素 B_2 的良好来源,但含铁少,若不补铁,易引起缺铁性贫血。奶粉和炼乳的营养成分与鲜奶基本相同。

8)食品的加工品:主要有罐头、食用油脂、酒类、饮料、调味品和糖果糕点等,其营养价值主要取决于其原料组成,在人类营养素来源中不占重要位置[12]。

1.1.7　食品工程

食品工程是农副产品、畜牧品加工,以及食品制造和饮料制造等工程技术领域的总称。食品加工是食品工程中最重要的一个环节,食品工业生产中所用的加工方法、过程和设备各种各样,涉及的环节众多,所研究的内容也各成系统。食品工程涉及多个学科,如微生物学、化学、生化工程、机械工程、人体营养与食品卫生学、包装材料等。食品工程的任务是不断为食品工业生产的科学、合理及优化提供必要的论证、技术和设备机理。食品工程研究的对象是食品生产中单一的或复合的原料处理、加工过程及专用设备等,研究这些过程和设备的机理及其共性与特性。

从食品工程技术科学的发展状况来看,食品工业中门类繁多,制造方法、原料处理、设备设计制造和生产形式等各不相同,这些制造过程通常可分别归纳为某一特定单元独立操作,如物料输送单元、清洗单元、分级单元、破碎单元、分离单元、混合单元、乳化单元、传热单元、浓缩单元、干燥制冷单元、真空包装单元等。食品加工工程涉及调味品加工、水果制品加工、乳制品加工、酒类加工、淀粉及其制品加工、膨化食品加工、糖果制品加工、饮料加工、豆制品加工、蔬菜制品加工等技术。各种食品加工的核心就是将原材料转变为附加值高的产品。食品加工的一般原理包括增加食品热能、升高温度,去除热能、降低温度,去除水分或降低水分含量,包装等。通过食品加工,能够满足消费者的要求,延长食品的保存期,增加食品的多样性,提高食品的附加值[13]。

1.1.8　食品感官评价

食品感官评价就是直观地描述和判断食品的质量,人类通过各种感觉(如视觉、嗅觉、味觉、触觉和听觉)来感知和描述食物的质量。食品的感官特性一般有以下几个方面: ①外观,包括颜色、透明度、大小和形状、表面质地等。②气味,包括各种香味、臭味、辛辣味、酸味等。③风味,包括味道、化学感觉等。科学合理的感官指标能反映该食品的特征品质和质量要求,直接影响到食品品质的界定和食品质量与安全的控制。感官指标不仅体现对食品享受性和可食用性的要求,还综合反映对食品安全性的要求。食品的感官指标,如外形、色泽、滋味、气味、均匀性等往往是描述和判断产品质量最直观的指标。

任何一种食品的感官品质特征都是由多个感官指标来界定的。影响感官评价的因素有如下几方面。①环境,食品感官评价室应保证无味,具有换气设备,并保持良好的通风,必须与食品评价样品的制备区域分开。②选择,感官评价员的选择是获得可靠感官数据的保障,在进行感官评价期间,感官评价员不应处在饥饿状态,并且评价员精神疲惫也会影响评价结果。评价员在评价时身上不应带有气味,在食用评价食品前的一小时不能食用食物,也不能嚼口香糖,并且评价员之间不能交流。③制备与运输,食品样品的制备也会影响最终产品的感官特性。对食品样品的稀释、肉制品的加工方法(包括加工温度、加工时间)、肉制品用基质,试验操作员必须按标准的操作程序进行试验[14]。

食品感官评价可加深对食品化学指标、物性指标、电子化指纹图谱等与其感官指标的相关性研究,相关性研究可以在一定程度上量化产品理化性质与其感官特性之间的关系,从而有利于更加准确地定义和评价食品的感官特性[15, 16]。

1.2 研 究 方 法

食品问题一直都是关系国计民生的热点问题,食品科学涉及的学科众多,每一门学科都有各自的一套研究方法,同时各个学科相互交叉,衍生出更多的研究方向和技术。一般来说,食品科学的主要研究方法和研究热点有以下几个方面: 食品分析与检测技术、食品工程原理技术、食品营养学、食品加工技术、食品安全与质量管理、食品包装储运技术等。

1.2.1 食品工业中的杀菌方法

杀菌工艺在食品工业中占据着重要地位,人类为了食品的长久保存,在很久以前就对食品的灭菌或抑菌方法进行了尝试,并取得了丰硕的成果。现代食品科学研究中针对不同类型的食品,以及食品的不同用途,有多种多样的杀菌方法,其基本原理都是利用特殊的手段使食品中的细菌死亡,或者抑制细菌的生长[17-22]。

1.2.1.1　高温杀菌

高温杀菌是指利用高温杀死有害微生物或抑制其生长。高温杀菌技术在食品工业中占有极其重要的地位，理想的高温杀菌效果应该是在温度对食品品质的影响程度最小的条件下，迅速而有效地杀死存在于食品中的有害微生物，达到产品指标的要求。其中超高温杀菌方法是达到这一理想效果的最佳途径之一。一般地，将流体或半流体食品在 3～6s 加热到 135～150℃，然后再迅速冷却到 35℃左右，这样食品中微生物死亡的速度远比食品受热发生物理化学变化而劣变的速度要快，这种瞬间的高温可以完全杀死细菌，但对食品的物理化学性质影响不大，几乎可以完全保持食品原有的质量。这种杀菌技术又叫作瞬时灭菌法，目前这种灭菌方法广泛应用于奶制品、果汁、茶、酒、矿泉水等多种液体饮料和食品的生产中。

1.2.1.2　辐射杀菌

食品辐射杀菌技术是指利用辐射源释放出穿透性很强的 γ 射线或电子射线来辐射食品，利用射线产生的辐射能对食品进行灭菌，从而使食品在一定时期内不受细菌侵害而变质的技术。辐射对细菌的致死作用原理是使细菌所含物质电离，通过辐射产生的带电粒子导致细菌 DNA 断裂、失去活性，进而可以造成细菌的损伤和死亡。辐射杀菌技术的特点是穿透力强，不会升高食品原料的温度，因此特别适用于不耐热食品的灭菌及已包装密封好的瓶装、袋装、盒装制品的灭菌，可极大地减小食品再次染菌的机会。辐射杀菌技术在动物性食品加工中主要用于肉类的保鲜和蛋类的辐射杀菌。

1.2.1.3　电磁杀菌

电磁场也能对食品中的细菌进行有效杀灭，并有着其他杀菌方法不可替代的优越性。目前应用于食品灭菌的电磁技术有静电场、电泳、电渗析、微波加热、远红外线加热、涡流加热、交变磁场杀菌等。电磁杀菌后的食品类产品品质好，保存期明显延长，国外已使用交变磁场对味精、醋、酱油、酒等酿造品及调味品进行杀菌，效果显著。

1.2.1.4　脉冲磁场杀菌

脉冲磁场杀菌是利用高强度脉冲磁场发生器发出强脉冲磁场，使食品中的细菌受到强脉冲磁场的作用，导致细菌细胞跨膜电位、感应电流、带电粒子、洛伦兹力、离子能量等的变化，致使细胞的结构被破坏，正常生理活动受影响，从而导致细菌死亡。与高温杀菌相比，这种方法具有杀菌时间短、能耗低、杀菌温度低、能保持食品原有风味等优势。目前有研究结果表明,经磁场杀菌的牛奶培养后的菌落总数和大肠菌群数已达到商业无菌要求。

1.2.2 食品工业中的保鲜方法

食品的保鲜是指通过各种手段或方法,有效延长食品的贮藏期、有效期,大幅减少食品腐烂变质的概率,从而提高食品的附加值。传统的保鲜方法是低温保鲜,但这种保鲜方法有极大的限制,对许多食品并不适用。因此新的食品保鲜技术得到了较快发展,目前在食品工业中应用较多的食品保鲜新技术主要有:气调保鲜技术、生物保鲜技术和纳米保鲜技术[23-26]。

1.2.2.1 气调保鲜

气调保鲜是通过调节食品贮藏环境中的气体成分、浓度和比例等,抑制食品或环境中各种微生物的呼吸强度及代谢强度,延长食品保存期的一种保鲜方法。气调保鲜能明显减弱植物源食品的呼吸强度,极大减少食品的损耗,并且能延缓食品成熟和软化,使其生理紊乱和腐烂程度降到最小。气调保鲜技术目前广泛应用于发达国家,如美国、日本及北欧国家(挪威、冰岛、瑞典、芬兰)的果蔬保鲜,该技术包括人工气调保鲜包装技术和自发气调保鲜包装技术。有报道表示美国气调贮藏的果蔬食品总量高达70%以上,法国约占40%,而意大利有95%以上的新鲜水果在采摘后进行气调保鲜。

1.2.2.2 生物保鲜

生物保鲜是指采用特殊的微生物种群或抗菌物质,通过喷洒或浸润食品,以降低或防止新鲜食品贮藏过程中腐烂损失的保鲜方法。这是近年来新发展起来的一种食品保鲜方法,主要有生物防治保鲜技术和基因工程保鲜技术。

生物防治保鲜技术是利用生物方法降低或防止食品采摘后的腐烂损失,可以预防或消除病原微生物污染,抑制病害的发生和传播等。基因工程保鲜技术是从基因工程的角度对新鲜食品过熟或老化调控基因、抗病基因、抗褐变基因和抗冻基因等进行调控,以解决食品的保鲜问题。目前,最新的食品保鲜研究成果表明,通过信号转导控制的程序性细胞死亡与植物源食品的保鲜关系密切。

1.2.2.3 纳米保鲜

纳米保鲜方法是指采用纳米包装材料或纳米保鲜制剂对食品进行保鲜处理的一种方法。其中,纳米包装材料是目前研究较多的领域,通过对食品的包装材料进行纳米合成、纳米添加、纳米改性,使其具备纳米结构、尺度、特异功能的包装新物性。有报道显示我国的科研人员已成功研制出"纳米保鲜膜",这种特殊的保鲜膜可明显提高农产品的保鲜质量,可极大地减少因霉变和病害所造成的损耗。配合其他的保鲜技术,纳米保鲜技术可以增强保鲜度,避免高温或长时间的辐射杀菌对食品质量造成破坏。

1.2.3　食品中的污染物检测办法

食品在原料采集、贮藏和加工过程中均会受到各种污染物的侵害,常见的污染物有各种农药或兽药残留、病原微生物和腐败的细菌等,直接威胁着食品的品质和营养构成,甚至会造成影响范围很广的食品安全事件。因此,对食品中各种不符合要求的污染物的检测,一直是食品科学中一个非常重要的领域,正是由于各种食品检测手段的发展,人类的食品安全才得以保证[27-35]。

1.2.3.1　气相色谱-质谱分析法

这种食品污染物检测方法的原理是首先检测出食品样品的离子质荷比,使被测样品达到离子化,进而进行分析、测定,根据离子在电场或磁场中的运动规律,按照质荷比将离子分开,从而得出相应的质谱图。再根据质谱图中显示的信息,对被测样品的结构及特征进行定性、定量。

为了提高检测的准确性,一般情况下要求被测样品具有较高的纯度。如果被测样品的化学成分比较复杂,要先采用离心机使被测样品达到一定的纯度,然后再实施检测。

1.2.3.2　气相色谱法

气相色谱法的原理是先将惰性气体加入色谱柱中,在气流速率的影响下,对固定相和气相实施分离。分离出的样品经过检测仪器后,可以显示出相应的信号,再对样品进行分析。这种方法可使分离物在常温情况下,以气体或低沸点化合物的形式存在。因为气体黏度不高,容易扩散,在检测仪器中运转的速度比较高,所以在分离化合物的过程中更加快速、高效。随着气相色谱技术的不断发展,目前采用的高灵敏度的检测仪器,使检测的结果更加精准、有效。

1.2.3.3　液相色谱-质谱分析法

液相色谱-质谱分析法是高效液相色谱法(high performance liquid chromatography,HPLC)与气相色谱-质谱分析法的联合。在使用的过程中结合了高效液相色谱法的分离优势,便于对不稳定及沸点高的化合物实施分离。这种方法由于融合了质谱的鉴别能力强的特点,因此具有极大的优势。液相色谱-质谱分析法在应用的过程中先测定出离子的质量与强度,然后分析待测样品的结构与成分,该方法经过了长期的实践与检验,具有较高的灵敏度和准确度。但由于该仪器价格比较高，检测费用与维护费用也比较高，因此还没有被广泛应用。

1.2.3.4　酶联免疫吸附检测法

酶联免疫吸附检测法的原理是：在待测物的成分中含有特定抗原，抗原与相应的抗体具有免疫活性，将连接有化学发光物质的抗体与抗原特异结合，就会根据抗原的种类和数量产生不同程度的呈色反应。只需根据反应颜色的深浅就可以判断出各种抗原或抗体的存在与否，从而对待测化合物的成分与含量进行分析。这种检测方法成本低廉、结果明显、便于观察，已被广泛应用于各种检验检疫及特定病原微生物的检测等。

1.3　结　　语

随着社会的发展，人类的生活水平在不断提高，食品种类越来越多，对食品方面的要求也越来越高，社会各个阶层对食品安全的重视也日益加强。食品科学领域的新技术、新方法发展迅速，然而我们面对的食品安全状况依然严峻，食品领域也有许多急需改善的顽疾。食品科学中的技术开发和应用关系到人类的安全与健康，也关系到社会的可持续发展。目前食品领域的法制建设和监督机制还不健全，有许多质量安全检测技术受到各方面的制约，还无法被广泛地应用到食品工业中，因此，便捷、高效的食品科学检测方法是目前食品科学领域迫切需要的。我们有理由相信，随着食品科学技术的发展和进步，具有高效、简洁优势的新检测方法将被人们开发和广泛应用，虽然目前这些技术中有很多仍然存在这样那样的缺点，但随着科技的发展及技术经验的不断积累，这些技术一定会被加以改良，食品工业将进入一个智能化的新时代。

参 考 文 献

[1] 杨新泉, 等. 我国食品科学学科的历史、现状和发展方向. 中国食品学报, 2010, 10(5): 5-12.

[2] 桑亚新, 李秀婷. 食品微生物学. 北京: 中国轻工业出版社, 2017.

[3] 刘昊炜. 新技术在食品微生物检验检测中的应用. 现代食品, 2016, (10): 41-43.

[4] 王杨. 关于食品微生物快速检测技术的研究进展. 农家顾问, 2014, (11): 75.

[5] 刘邻渭, 等. 食品化学学科的作用和现状与发展前景. 浙江农业大学学报, 1997, 23(S): 11-15.

[6] 刘萍. 食品安全现状及其分析检测新技术应用. 中国新技术新产品, 2016, (12): 187-188.

[7] 杨安, 李翠芳. 食品检测新技术的应用. 食品安全导刊, 2016, (27): 21.

[8] 邹芳勤. 食品新技术对食品安全的影响. 食品与药品, 2006, 8(3): 65-67.

[9] 朱允荣. 国外食品安全体系建设经验借鉴. 农村经济, 2005, (5): 125-127.

[10] 张群利, 等. 智能食品包装技术在研究生创新能力培养中的应用探索. 中国包装工业, 2015, (7): 85-86.

[11] Chen L, et al. Effects of applying oil-extracted microalgae on the fermentation quality, feed-nutritive value and aerobic stability of ensiled sweet sorghum. J Sci Food Agric, 2018, 98(12): 4462-4470.

[12] 庞广昌, 等. 食品营养与免疫代谢关系研究进展. 食品科学, 2018, 39 (1): 1-14.

[13] Niu B, et al. Reduction of infection risk mediated by co-culturing *Vibrio parahaemolyticus* and *Listeria monocytogenes* in refrigerated cooked shrimp. J Sci Food Agric, 2018-2-19. DOI: 10.1002/jsfa.8969.

[14] Skjerdal T, et al. The STARTEC decision support tool for better tradeoffs between food safety, quality, nutrition, and costs in production of advanced ready-to-eat foods. J Sci Food Agric, 2017-12-4. DOI: 10.1155/2017/6353510.

[15] 张有林, 等. 食品科学的历史、现状及发展. 食品工业科技, 2004, 25 (1): 139-141.

[16] 朱金虎, 等. 食品中感官评定发展现状. 食品工业科技, 2012, 33 (8): 398-405.

[17] 李玉锋, 等. 食品杀菌新技术. 农产品加工·学刊, 2007, (1): 89-93.

[18] van der Voet H. Safety assessments and multiplicity adjustment: comments on a recent paper. J Agric Food Chem, 2018, 66 (9): 2194-2195.

[19] Wen S, et al. Microbial infection pattern, pathogenic features and resistance mechanism of carbapenem-resistant Gram negative bacilli during long-term hospitalization. Microb Pathog, 2018, 117: 356-360.

[20] Wu S, et al. Electrochemical writing on edible polysaccharide films for intelligent food packaging. Carbohydr Polym, 2018, 186: 236-242.

[21] 陈潇, 等. 我国食品微生物检验方法标准现况及对策研究. 中国食品卫生杂志, 2014, 26 (4): 394-397.

[22] 张晓燕, 滕云. 我国食品微生物检验存在的问题及对策. 通化师范学院学报(自然科学), 2016, 37 (5): 45-47.

[23] 冯丽莎. 微波萃取技术及其在食品化学中的应用. 化学工程与装备, 2012, (11): 145-147.

[24] 刘晓庚, 等. 高新技术在粮油食品中的应用. 食品科学, 2002, 23 (8): 335-342.

[25] 王云国, 等. 食品微生物检验内容及检测技术. 粮油食品科技, 2010, 18 (3): 40-43.

[26] 朱立贤, 等. 新技术在食品冷冻过程中的应用. 食品与发酵工业, 2009, 35 (6): 145-149.

[27] 李庆华, 等. 食品中化学污染物检测方法的研究. 生物技术世界, 2016, (1): 61.

[28] Shu W N, et al. Federal nutrition program revisions impact low-income households' food purchases. Am J Prev Med, 2018, 54 (3): 403-412.

[29] Tayabali A F, et al. Acellular filtrate of a microbial-based cleaning product potentiates house dust mite allergic lung inflammation. Food Chem Toxicol, 2018, 116: 32-41.

[30] Fontcuberta-Famadas M, et al. Evaluation of an intervention to improve the management of allergens in school food services in the city of Barcelona. Biomed Res Int, 2018, 46 (4): 334-340.

[31] 陈玉婷, 等. 食源性致病微生物的检测新技术. 食品安全质量检测学报, 2015, 6 (9): 3406-3413.

[32] 孙吉浩. 基于 PCR 技术探究食品检测新技术的应用. 食品安全导刊, 2016, (9): 83-84.

[33] 肖平辉. 发达国家和地区新资源食品监管新进展及对中国的启示. 粮油食品科技, 2016, 24 (5): 1-5.

[34] 孙传范. 高新技术在食品加工中的应用. 食品研究与开发, 2010, 31 (8): 203-206.

[35] 邹丽, 等. 欧盟、澳大利亚和新西兰食物过敏原标识管理及对我国启示. 食品工业科技, 2016, 37 (4): 365-373.

第2章　海洋食品中的基本物质与测定

（贵阳学院，苟万里）

海洋食品来源包括海洋动物和海藻，其中都含有蛋白质、脂肪、碳水化合物、无机盐、维生素等，但不同海洋食品中各种营养成分的相对含量有着明显差异（表 2-1）。与猪肉、鸡肉、牛肉、羊肉相比，海洋动物食品的脂肪和碳水化合物含量低，是一种高蛋白、低脂肪、低热量的食物。

表 2-1　常见海洋食品营养成分含量[1-13] (%)

种类	名称	水分	粗蛋白	粗脂肪	碳水化合物	无机盐
海洋鱼类	大黄鱼(养殖)	69.4	17.4	12.4	—	0.78
	带鱼	75.7	17.8	5.2	0.1	1.2
	鲐	70.3	21.2	7.4	—	1.1
	海鳗	78.3	17.2	2.7	0.1	1.7
	牙鲆(养殖)	76.0	17.9	3.9	—	1.3
	大菱鲆	78.9	16.4	3.3	—	1.1
	马面鲀	78.6	19.2	0.5	0.0	1.7
	沙丁鱼	75.0	17.0	6.0	0.8	1.2
	蓝圆鲹	71.4	22.7	2.9	0.6	2.4
	竹荚鱼	75.0	20.0	3.0	0.7	1.3
	真鲷	74.9	19.3	4.1	0.5	1.2
	虹鳟	78.5	16.1	2.8	—	1.4
	鲥	72.8	20.2	5.9	—	1.1
	鲨鱼	70.6	22.5	1.4	3.7	1.8
甲壳类	梭子蟹(海产)	76.0	20.0	0.5	1.5	2.0
	南美白对虾(海产)	74.2	22.8	0.7	—	1.5
	斑节对虾	78.4	18.2	1.1	—	1.5
	中国对虾	76.0	20.6	0.9	—	1.7
贝类	文蛤	76.4	15.5	1.1	4.1	2.9
	青蛤	77.2	11.6	1.9	4.4	4.9
	鲍鱼	73.4	23.5	0.4	0.7	2.0
	牡蛎	80.5	11.3	2.3	4.3	1.6
	缢蛏	85.1	10.8	0.6	1.0	2.5
	蚶	88.9	8.1	0.4	2.0	0.6

续表

种类	名称	水分	粗蛋白	粗脂肪	碳水化合物	无机盐
其他动物	乌贼	80.3	17.0	1.0	0.5	1.2
	鱿鱼	79.3	17.3	1.1	—	1.3
	海参	91.6	2.5	0.1	1.5	4.3
海藻	海带(干)	2.0	10.7	0.8	>45.4	37.4
	条形浒苔(干)	9.6	18.9	0.8	64.1(多糖+粗纤维)	6.6
	石莼(干)	8.6	15.4	0.5	70.4(多糖+粗纤维)	5.1
	总状蕨藻(干)	7.2	14.2	0.8	70.4(多糖+粗纤维)	7.2
	紫菜(干)	10.9	10.1	0.7	53.8	8.5

2.1　蛋白质及其测定

2.1.1　蛋白质

海洋蕴含的生物资源总量相当大，约占整个地球生物资源总量的80%。如果从提供的蛋白质总量估计，海洋里各种动物每年能生产蛋白质约4亿t，相当于全世界现有总人口对蛋白质需要量的7倍左右。

海洋鱼类的肌肉及其他可食部分含有丰富的蛋白质，占干物质的80%～90%。海洋无脊椎动物，如蟹、乌贼、贻贝、扇贝、缢蛏、鲍鱼等都是高蛋白食品。与海洋动物相比，海藻的蛋白质含量要低得多，但与陆地上的植物相比，海藻也属于蛋白质含量丰富的食品，以海带和紫菜为例，每100g分别含蛋白质10.7g和10.1g[1]。

食品蛋白质的营养价值很大程度上取决于蛋白质中必需氨基酸的组成及蛋白质的可消化性。海洋鱼贝类蛋白质的氨基酸组成(表2-2)与人类蛋白质组成接近，8种必需氨基酸在种类和数量上也都接近人体的营养需求，而且赖氨酸含量特别高；海洋鱼贝类蛋白质的可消化性高达97%～99%，极易被人体吸收。更精确地评价蛋白质品质的指标通常包括 EAA/TAA(必需氨基酸占总氨基酸的比例)、EAA/NEAA(必需氨基酸与非必需氨基酸的比例)、DAA(呈味氨基酸量)、DAA/TAA(呈味氨基酸占总氨基酸的比例)、AAS(氨基酸计分模式)、EAAI(必需氨基酸指数)。根据联合国粮食及农业组织(FAO)/世界卫生组织(WHO)的理想模式，以EAA/TAA、EAA/NEAA、DAA/TAA这3个指标评价，鱼类、贝类、虾蟹等海洋动物的蛋白质都属于理想蛋白质。

表 2-2　几种常见海洋食品中蛋白质的氨基酸组成　　（单位：mg/100g 干物质）

氨基酸	大菱鲆[14]	牙鲆[10]	丹麦虹鳟[15]	石斑鱼[16]	南美白对虾[3]	文蛤[4]	秘鲁鱿鱼[8]	牡蛎[17]	海带[9]	紫菜[13]
天冬氨酸	8.91	6.81	7.00	1.98	5.71	5.65	3.11	4.51	0.55	2.85
苏氨酸	4.00	2.82	3.24	0.78	3.68	2.69	1.78	2.06	0.25	0.24
丝氨酸	5.71	4.40	2.75	0.76	2.61	2.32	3.23	1.83	0.34	3.14
谷氨酸	11.72	5.86	10.97	2.94	12.75	11.65	10.15	5.10	0.36	3.29
甘氨酸	4.12	4.61	3.36	0.80	7.24	2.12	3.25	2.60	0.39	5.97
丙氨酸	5.60	6.89	4.18	1.14	5.13	3.98	5.08	2.66	0.68	3.61
缬氨酸	6.40	7.07	3.58	0.86	4.17	2.54	3.74	2.21	0.31	2.59
甲硫氨酸	2.12	2.16	2.29	0.59	2.18	1.89	1.74	1.05	0.20	0.38
异亮氨酸	4.40	3.30	3.25	0.79	3.27	3.65	2.79	1.68	0.25	0.22
亮氨酸	7.70	6.15	5.72	1.54	6.48	5.12	6.52	2.90	0.43	4.40
酪氨酸	3.21	3.37	2.63	0.66	2.95	1.32	2.43	1.12	0.36	1.12
苯丙氨酸	3.99	2.38	3.73	0.80	3.08	1.98	2.87	2.02	0.22	1.91
赖氨酸	9.12	6.52	6.43	2.23	6.14	4.23	5.38	3.35	0.24	2.26
组氨酸	2.21	1.79	1.66	0.57	1.12	0.91	3.90	0.97	0.04	0.87
精氨酸	5.73	5.05	4.18	1.36	7.44	1.56	4.47	3.22	0.21	1.78
半胱氨酸	—	0.59	0.65	—	0.69	0.78	1.78	0.39	—	—
脯氨酸	1.81	2.20	2.65	0.53	4.25	1.65	3.12	1.91	0.34	0.08
色氨酸	—	1.61	0.75	—	—	0.75	0.87	—	—	—
EAA	37.73	32.01	28.99	7.59	29.00	22.85	25.69	15.27	1.90	12.00
TAA	86.75	73.58	69.02	18.33	78.89	54.79	66.21	39.58	5.17	34.71
EAA/TAA（%）	43.49	43.50	42.00	41.41	36.76	41.7	38.80	38.58	36.75	34.57
EAA/NEAA（%）	76.97	17.00	72.42	70.67	58.13	71.54	63.40	62.81	58.10	52.84

　　注：EAA 代表必需氨基酸；NEAA 代表非必需氨基酸；TAA 代表总氨基酸

　　当以 AAS 评价蛋白质品质时，多数鱼类的 AAS 值均为 100 分，与猪肉、鸡肉、禽蛋的相近，但鲣、鲐、鲆、鲽等部分鱼类及部分虾、蟹、贝类的 AAS 值在 76～95 分，它们的第一限制性氨基酸大多是含硫氨基酸，少数是缬氨酸，也有的是甲硫氨酸+半胱氨酸(中国对虾)或异亮氨酸(斑节对虾)，鱿鱼蛋白质的第一限制性氨基酸是亮氨酸。

　　海藻类蛋白质最主要的缺点是赖氨酸和色氨酸含量较低，且大多数海藻类蛋白质的 EAA/TAA 低于 40%、EAA/NEAA 低于 70%，且 AAS 值都不高(低于 50 分)，因此，根据 FAO/WHO 的理想模式，海藻不属于优质的蛋白源。例如，海带蛋白的 EAA/TAA 值约为 36.75%，EAA/NEAA 值约为 58.10%，各氨基酸的 AAS 值大多在 50 分以下，第一限制性氨基酸为赖氨酸。

对于某些鱼类，如鲆鲽类，评价其蛋白质品质时还要分析胶原蛋白的含量。胶原蛋白是皮肤、软骨、动脉血管壁及结缔组织的主要成分，胶原分子由 3 条螺旋形的肽链相互盘绕而成，具有美容、保健功能。比较牙鲆、半滑舌鳎、大菱鲆 3 种鱼的胶原蛋白含量(分别为 2.09mg/ml、1.77mg/ml、3.08mg/ml)可知[18]，大菱鲆含有较多的胶原蛋白，是理想的营养、美容食品。

值得一提的是，海洋动物类食品蛋白质的易消化性使之成为人类的优质蛋白源，但也使得其在运输贮存过程中易成为细菌快速繁殖的温床，导致海产品迅速腐败变质。动物性海产品在腐败过程中，由于细菌和酶的作用，蛋白质分解产生胺类(如酪胺、苯乙胺、组胺、色胺、腐胺、尸胺、精胺、亚精胺等)及氨等具有挥发性的碱性含氮物质，此类物质统称为总挥发性盐基氮(total volatile basic nitrogen，TVBN)。TVBN 已经成为判断海洋动物食品新鲜程度的重要指标。

2.1.2　活性肽

在海洋食品中，天然存在的生物活性肽(bioactive peptide)包括肽类抗生素、激素等生物体的次级代谢产物及各种组织系统(如骨骼、肌肉、免疫、消化、中枢神经系统)中存在的活性肽。目前研究的海洋活性肽主要包括来源于海鞘、海葵、海绵、芋螺、海星、海兔、海藻、鱼类、虾类、贝类等的活性肽及在海洋生物中广泛分布的生物防御素。这些生物活性物质功能各异，种类繁多。例如，从加利福尼亚海域及加勒比海的膜海鞘(*Trididemnum solidum*)中分离出的 3 种环肽(didemnin A、didemnin B、didemnin C)，具有体内和体外抗病毒及抗肿瘤活性，有望成为新型抗肿瘤药。再如，从 *Jaspis* 海绵中分离到的环肽 jaspamide 具有杀线虫活性[19]。总体上，这些生物活性肽的特殊功能主要体现在免疫活性、抗高血压、肿瘤抑制活性、抗血脂、促生长活性、抑菌、抗病毒等。这些活性肽，有的是单一分子，有的是多活性成分复合物，分子结构还没有研究清楚。有关海洋食品中生物活性肽的更详细内容请见本书第 5 章、第 7 章和第 9 章。

2.1.3　总蛋白质的测定

海洋食品中蛋白质的含量是分析海洋食品营养价值的重要指标，其检测方法比较成熟，已经有相关国家标准，其详细内容见《食品安全国家标准 食品中蛋白质的测定》(GB 5009.5—2016)。该标准中有 3 种方法，分别是凯氏定氮法、分光光度法及燃烧法。其中凯氏定氮法具有较高的准确度和精确度，是测定食品及其他许多原料中粗蛋白含量的非常经典的方法，其原理是食品中的蛋白质在催化加热条件下分解产生的氨与硫酸结合生成硫酸铵，碱化蒸馏使氨游离，用硼酸吸收后以硫酸或盐酸标准滴定溶液滴定，用酸的消耗量乘以换算系数，即得蛋白质的含量。使用凯氏定氮法测粗蛋白含量时往往需要先测定食品中游离氨的含量，以使检测结果能反映食品中真实蛋白质的含量。

2.2 脂质及其测定

2.2.1 脂质

海洋动物的脂质具有许多重要功能，如作为热源、必需营养元素(必需脂肪酸、脂溶性维生素)、代谢调节物质、绝缘物质(保湿、隔热作用)、缓冲物质(对来自外界机械操作的防御作用)及浮力获得物质等。海产动物的脂质在低温中具有流动性，并富含多不饱和脂肪酸和非三酰甘油等，同陆地动物的脂质有较大的差异。

鱼贝类脂质按极性大小可分为非极性脂质和极性脂质，非极性脂质包括中性脂质、衍生脂质及烃类。中性脂质是三酰甘油、二酰甘油及单酰甘油的总称，主要指脂肪酸与醇类(甘油或各种醇)组成的酯。衍生脂质是脂质分解产生的脂溶性衍生化合物，如脂肪酸、多元醇、酮醇、脂溶性维生素等。极性脂质又称复合脂质，包括磷脂(如甘油磷脂、鞘磷酸)、糖脂及硫脂[14]。

脂肪酸是一种一端含有一个羧基的脂肪族碳氢链有机物，按碳氢链的不饱和程度可分为饱和脂肪酸(saturated fatty acid，SFA)、单不饱和脂肪酸(monounsaturated fatty acid，MUFA)和多不饱和脂肪酸(polyunsaturated fatty acid，PUFA)。多不饱和脂肪酸是指含有两个或更多个不饱和双键结构的脂肪酸，又称多烯脂肪酸。根据第一个不饱和键的位置，PUFA 可分为 ω-3、ω-6、ω-7、ω-9 等系列(即 ω 编号系统，也叫 n 编号系统)。距羧基最远端的双键在倒数第 3 个碳原子上的称为 ω-3 系列 PUFA，主要包括 α-亚麻酸(alphalinolenic acid，ALA)、二十碳五烯酸(eicosapentenoic acid，EPA)、二十二碳五烯酸(docosapentenoic acid，DPA)和二十二碳六烯酸(docosahexenoic acid，DHA)等。

相对于陆地动物和植物的油脂，海洋动物油脂最突出的特点是高不饱和脂肪酸 EPA、DPA、DHA 含量较高(一些海洋鱼虾贝类的脂肪酸组成见表 2-3)，这是人们喜食海产品或者食用以海洋鱼油为核心成分的食品的重要原因之一，因为这些高不饱和脂肪酸具有多种生理功能。据研究，EPA 和 DHA 具有抑制血小板凝聚、抗血栓、舒张血管、调节血脂、升高血液中高密度脂蛋白胆固醇及降低低密度脂蛋白胆固醇的功能[20]。DPA 被称为血管清道夫，能清除血液中的低密度胆固醇，预防因胆固醇过多积聚于血管壁而造成的动脉粥样硬化[21]。也有研究指出，DHA 能显著地改善大脑机能，提高记忆力，有利于婴儿智力发育[22]。然而，长期过量食用 DHA 会引起精神过度兴奋，不易入睡[23]。关于 EPA，一些婴幼儿研究显示，EPA 对婴幼儿的生长与智力发育有不利影响，EPA 过高会竞争性地抑制花生四烯酸合成前列腺素 G_2，并抑制亚油酸转化成花生四烯酸，从而影响婴幼儿的生长发育[24]。美国医学研究所(Institute of Medicine，IOM)推荐 DHA 和 EPA 每日总摄入量为 160mg。据调查，中国居民 DHA 和 EPA 的总摄入量仅为 37.6mg/d，迫切需要进行补充。

表 2-3　部分海洋食品的脂肪酸组成(在总脂肪酸中的相对含量)[25-29]　　(%)

脂肪酸	肌肉								去壳	
	鲈(养殖)	半滑舌鳎(养殖)	大黄鱼(天然)	带鱼(天然)	银鲳(天然)	南美白对虾(海水养殖)	日本对虾	南极磷虾(天然)	文蛤	栉孔扇贝
∑SFA	43.61	50.30	42.01	52.60	45.59	31.57	37.03	37.63	27.14	31.75
∑MUFA	39.82	30.36	40.34	32.09	38.51	17.14	36.68	24.60	16.68	13.58
∑PUFA	16.41	19.34	17.65	15.31	15.90	34.92	27.36	37.77	55.77	54.58
EPA	0.56	1.67	0.60	0.72	1.36	12.25	14.00	16.39	9.38	7.39
DPA	—	—	—	—	—	0.75	1.70	—	3.61	1.26
DHA	12.75	14.02	13.75	12.54	11.78	9.11	10.92	14.88	14.29	23.56

据报道，鱼油是 EPA 和 DHA 含量最高的食品，例如，鲱鱼油中 EPA 占总脂肪酸的 16.03%，DHA 占 10.83%。目前，市场上用的 EPA 和 DHA 主要从海洋鱼油中提取，但鱼油来源有限、有特殊气味，且在提炼过程中易氧化、工艺复杂，使 EPA 和 DHA 尚不能满足市场需求。

从表 2-3 中的数据可以看出，海洋动物的肌肉中也含有一定量的 EPA、DPA、DHA，但不同动物中的含量差别很大：文蛤和栉孔扇贝中的总不饱和脂肪酸含量最高，扇贝中的 DHA 含量明显高于其他动物，虾类的 EPA 含量明显高于其他动物，而文蛤中的 DPA 含量相对高一些。对于那些需要以 PUFA 作为保健品的人群，可以选择吃 PUFA 含量高的海洋动物食品。

不饱和脂肪酸所含的双键多是顺式结构，并存在连接双键的亚甲基，非常容易被氧化而生成脂质过氧化物(lipid peroxide，LPO)。据研究，脂质的氧化反应有 3 种类型，即自动氧化、光氧化、酶氧化[30]；铁、铜等金属离子是加速氧化的催化剂，是脂质氧化的关键因素[31]。油脂中不饱和脂肪酸因双键被氧化首先形成不稳定氢过氧化物，并进一步氧化、断裂形成短碳链醛、酮、羧酸等。研究表明，大量摄入氧化脂质能够破坏机体正常的生理生化功能，并参与心血管疾病、糖尿病、肿瘤等多种疾病的发生发展过程及机体衰老过程[32]。由于海洋食品中不饱和脂肪酸含量高，在加工贮存过程中更容易发生脂质氧化，因此，检测海洋食品中脂质的氧化程度非常重要。

此外，鱼的油脂作为食品或者饲料也展示出在代谢方面的优势。例如，将鱼油脂或者葵花油添加到反刍动物(山羊和奶牛)的饲料中可以减少牛奶中的油脂含量，但不减少羊奶中的油脂含量。即这种乳脂降低综合征只发生在牛奶中，而不发生在羊奶中[33]。虽然这仍然是无法解释的遗留难题，但表明羊需要稳定的代谢，以保证有效地哺乳后代[34]。

2.2.2　总脂肪的测定

测定海洋食品中总脂肪的方法已经有国家标准，其详细内容见《食品安全国家标准 食品中脂肪的测定》(GB 5009.6—2016)。该标准中有 4 种方法，分别是索氏抽提法、酸水解法、碱水解法及盖勃法。但这些方法各有优缺点，并各有适用范围。

索氏抽提法是经典的测定食品中脂肪含量的方法，其优点是准确率较高，稳定性好。但对于有些食品特别是有些加工的食品，应用索氏抽提法测得的脂肪含量远远低于实际值，易造成测定结果的误差。酸水解法的优势在于其操作简便、快速、准确，不受特殊器材的限制，且适用于固体、半固体、黏稠液体或液体食品等各种类型的样品，特别是加工后的混合海洋食品，以及容易吸湿、结块、不易烘干的海洋产品，不能采用索氏抽提法时，均可选择酸水解法、碱水解法或盖勃法测定。

2.2.3　主要多不饱和脂肪酸的测定

由于脂肪酸的组成不仅与动物种类及食性有关，还与季节、水文、栖息环境及动物成熟度等有关，对于人工养殖的海产食品，其还与饲料配比有关。因此，为了能更准确地把握海洋食品的脂肪营养价值，有必要检测其中各种高不饱和脂肪酸的含量。

《食品安全国家标准 保健食品中 α-亚麻酸、二十碳五烯酸、二十二碳五烯酸和二十二碳六烯酸的测定》(GB 28404—2012)已经规定了保健食品中 ALA、EPA、DPA 和 DHA 含量的检测方法，但值得注意的是，该方法不适用于以脂肪酸乙酯为有效成分的保健食品中 ALA、EPA、DPA 和 DHA 的测定。

2.2.4　脂肪氧化程度的测定

通过测定食品的过氧化值(peroxide value，POV)、酸值(acid value，AV)、碘值(iodine value，IV)、羰基值(carbonyl value，CV)、丙二醛(malondialdehyde，MDA)，可以综合判断油脂的氧化酸败程度，也可以衡量海洋食品的新鲜度。上述物质的检测方法已经有了相关国家标准：过氧化值(GB 5009.227—2016)、酸值(GB 5009.229—2016)、碘值(GB/T 5532—2008)、丙二醛(GB 5009.181—2016)、羰基值(GB 5009.230—2016)。

2.3　多糖及其测定

2.3.1　多糖

多糖是由多羟基醛和多羟基酮通过糖苷键连接形成的高分子化合物，一般含有至少 10 个单糖，广泛存在于动物、植物、微生物细胞内，是生命活动必不可少的大分子物质。由于海洋生物种类繁多，海洋生物多糖在结构和功能上也极为多样。近年来，一些海洋低等动物及海藻含有的一些结构特殊的多糖，因其具有多种特殊功能而成为研究热点[1]。

2.3.1.1　海洋动物中的多糖

（1）鱼贝类中的多糖

作为主要海洋食品的大多数海洋动物，其体内的糖分含量并不高，且主要以糖原形式贮存于肌肉或肝脏中。例如，鲣、金枪鱼等洄游性鱼类，其肌肉中糖原的含量约为 1%；牙鲆、蛸等底栖鱼类只含有 0.3%～0.5%的糖原；裸盖鱼肌肉中的总糖含量稍高，达到 1.27%。贝类，特别是双壳贝类以糖原作为主要能量贮存形式，其体内的糖原含量通常高于海洋鱼类，其中最高的是牡蛎，其体内糖原含量高达 4.2%。鱼贝类体内除糖原外，还含有少量的单糖或二糖。总体上，由于鱼贝类体内的糖分含量并不高，也没有特殊的生物活性，因此，有关这类动物体内糖分含量的研究并不多。当然，正是由于鱼贝类的糖分含量低，对不适合吃糖类的人群，尤其是糖尿病患者而言，鱼贝类是比较理想的膳食选择。

（2）甲壳动物中的多糖——几丁质及其衍生物

被广泛食用的对虾、梭子蟹等海洋甲壳动物，其甲壳中含有丰富的几丁质。

几丁质又名甲壳质、甲壳素或壳多糖，化学名为聚-2-乙酰氨基-2-脱氧-D-吡喃葡萄糖，在动物体内一般与蛋白质结合或与碳酸钙结合，共同构成甲壳动物的甲壳或骨架。据称自然界生物每年合成的几丁质高达 100 亿 t，是仅次于纤维素的第二大生物资源。目前，绝大多数虾蟹甲壳被广泛用作甲壳动物饲料的原料。

将几丁质经适当处理后得到的衍生物具有一些特殊的功能。例如，壳聚糖（chitosan）就是由甲壳素经脱乙酰化反应而成的生物大分子，又称脱乙酰几丁质、聚氨基葡萄糖、可溶性甲壳素、甲壳胺。壳聚糖的化学名为聚(1,4)-2-氨基-2-脱氧-β-D-葡聚糖，其分子链中因脱乙酰化不完全而通常含有 2-乙酰氨基葡萄糖和 2-氨基葡萄糖两种结构单元，两者的比例随脱乙酰化程度而异。壳聚糖纯品是带有珍珠光泽的白色片状或粉末状固体，分子量因原料不同而从数十万到数百万不等，只溶于稀盐酸、硝酸等无机酸和大多数有机酸，不溶于水和碱溶液[35]。

作为一种化学改性聚合物，壳聚糖在许多方面都显示出独特的功能特性。在食品工业中，壳聚糖可作为液体澄清剂用于橙汁、糖蜜澄清，还可作为脂肪清除剂添加到食品中成为减肥食品。在医药卫生方面，将壳聚糖与肝素键合可制成有抗凝血活性的抗菌多层膜；将药物分散在壳聚糖中可控制药物的释放速度；利用壳聚糖的成膜性能可制备人造皮肤、生物敷料、手术线等；壳聚糖可增强动物免疫监控系统的功能，调节内分泌系统，使胰岛素分泌正常，抑制血糖升高，降低血脂及血清和肝脏中的胆固醇浓度等。壳聚糖还在农业、日化、水处理等方面表现出广阔的应用前景[35]。

(3) 其他海洋动物中的多糖

海洋中的某些低等动物，由于特殊的生活环境和食性，其组织器官内的多糖含量较高且结构成分特殊，具有特别的生物活性。

海参体内总糖含量高达 13.62%[36]，海参体壁真皮结缔组织、体腔、内腺管及内脏均含有生物活性物质，如黏多糖。而从刺参体壁中提取的刺参多糖，其主要成分为刺参酸性黏多糖，后者主要由氨基己糖、己糖醛酸、岩藻糖及硫酸基组成，四者的分子比是 1 : 1 : 1 : 4，平均分子量为 55 000；大量研究表明，刺参酸性黏多糖具有抗血栓、抗肿瘤、免疫调节、降血脂等作用。岩藻糖基化硫酸软骨素是从海参体壁中提取出的另一种多糖类成分，具有较好的抗凝血作用。闫冰等[37]采用 95%乙醇提取、透析除盐、Sephadex G-200 柱层析纯化，从二色桌片参鲜品中获得糖蛋白 I (gpml- I)，经蛋白酶水解获得含糖量较高的糖蛋白 II (gpml- II)，这两种多糖为含有岩藻糖和岩藻糖硫酸酯的直链均一多糖，不含有其他糖基，药理活性研究表明二者均具有抗肿瘤活性。

作为名贵海产品的鲍鱼体内的多糖含量达到 9.23%(干物质)[38]。有人将鲍鱼内脏经碱性蛋白酶和胃蛋白酶处理后，用 Sephadex G-100 凝胶柱过滤层析分离出两个多糖组分，AVP- I 和 AVP- II；化学分析表明，这两种多糖中单糖的相对含量不同，AVP- I 中鼠李糖、葡萄糖、木糖、甘露糖、半乳糖、岩藻糖的物质的量之比为 1.00 : 2.15 : 4.00 : 5.36 : 33.18 : 45.14，而 AVP- II 中上述单糖的物质的量之比则为 1.00 : 1.46 : 1.33 : 4.98 : 16.08 : 12.51；体外抗肿瘤结果显示，AVP- I 和 AVP- II 对 HeLa 细胞和 K562 细胞的增殖具有一定的抑制作用；体外免疫检测发现，AVP- I 和 AVP- II 能够促进淋巴细胞增殖，增强腹腔巨噬细胞的吞噬功能和自然杀伤细胞(natural killer cell，NK 细胞)的杀伤能力[39]。

2.3.1.2　海藻多糖

在海洋食品中，多糖含量最高的是海藻，占海藻干重的 40%左右[40]。从海藻中提取的海藻多糖，是藻类生物资源利用最为重要的部分。

海藻多糖主要分为细胞壁多糖、储藏多糖、黏多糖三大类。细胞壁多糖多呈微细纤维状，位于海藻细胞最外侧，包括纤维素、半纤维素、木聚糖、葡聚糖、甘露聚糖等，它们形成细胞壁的骨架；储藏多糖主要指存在于海藻细胞内部的淀粉，不同藻类的淀粉结构差异比较大；黏多糖主要填充在细胞壁多糖间，呈无定形胶状。

海藻多糖由不同的单糖基通过糖苷键（一般为 α-1,3-糖苷键和 α-1,4-糖苷键）相连而成，一般为水溶性，大多数含有硫酸基，具有高黏度或凝固能力。海藻多糖的种类很多[41]，根据其来源不同，可分为红藻多糖、绿藻多糖、褐藻多糖等，其中褐藻多糖的种类和数量最多，表 2-4 列出了主要海藻及其所产的多糖，其中的琼脂、卡拉胶、褐藻胶已在工业上长期使用。

表 2-4　主要海藻及其多糖产物[41]

门类	主要种类	主要多糖产物
绿藻门	孔石莼、衣藻、杜氏藻、扁浒苔、小球藻、栅藻、刚毛藻、刺松藻等	木聚糖、甘露聚糖、葡聚糖、硫酸多糖
褐藻门	海带、昆布、裙带菜、海蒿子、羊栖菜、鼠尾藻、亨氏马尾藻、半叶马尾藻、铜藻等	褐藻胶、海带淀粉、褐藻糖胶、海藻纤维素
红藻门	石花菜、江蓠、鸡毛菜、松节藻、沙菜、红舌藻、紫球藻、蔷薇藻等	琼脂、卡拉胶、红藻淀粉、木聚糖、甘露聚糖

海藻黏多糖因具有特殊的生物活性而成为研究热点。下面仅简单介绍使用得最广泛的琼脂[42]。

琼脂是从海产红藻中提取的线形半乳聚糖高分子聚合物。最早生产琼脂用的红藻属于麒麟菜属，以后扩展到石花菜、鸡毛菜、江蓠藻属和紫菜等。

琼脂的主要成分为半乳聚糖，由琼脂糖和琼脂果胶两部分组成。琼脂糖是不含硫酸酯（盐）的非离子型多糖，是形成凝胶的部分，由 1,3-取代的 β-D-半乳糖和 1,4-取代的 3,6-脱水-α-L-吡喃半乳糖变化形成的双单环重复单元组成。琼脂果胶是非凝胶部分，含有重复结构，但它是带有 5%～10%的硫酸酯（盐）、葡萄糖醛酸和丙酮酸醛的 D-L-半乳糖复杂多糖。

琼脂为半透明白色至浅黄色薄膜带状或薄鳞片粉末状，无臭或淡味。不溶于冷水，在冷水中浸泡时徐徐吸水膨润软化，吸水率可高达 20 多倍，溶于沸水，不溶于有机溶剂。琼脂最大的特点是其水溶液凝胶强度大但黏度不高，食品工业中可用作增稠剂、胶凝剂、稳定剂和乳化剂。由于它不被绝大多数细菌利用，在生物学和医学上被广泛用于配制细菌培养基。另外，琼脂在造纸、胶卷、制酒、医药、建筑等行业均有着广泛用途。

2.3.2 多糖的测定

2.3.2.1 多糖含量的测定

目前，测定食品多糖含量的方法尚无国家标准，各文献报道的方法也不尽相同。

多数研究报道中测定多糖的方法为苯酚-硫酸法。该方法是测定食品中总糖含量的主要方法，其基本原理是：样品中的多糖在浓硫酸作用下水解成单糖，并迅速脱水生成糖醛衍生物，然后与苯酚缩合成橙黄色化合物，再以比色法还原多糖的含量。为了测定海洋食品中多糖的含量，研究者往往要先去掉食品中的单糖、双糖等还原糖，再用苯酚-硫酸法测定样品中的糖含量，所测得的值即为样品中各种多糖的含量。去除还原糖的方法大多采用反复水溶醇沉直至无还原糖反应。

也有人采用蒽酮比色法测定从海藻中提取可溶性多糖。蒽酮比色法是一种快速而简便的糖含量测定方法。蒽酮可以与游离的己糖或多糖中的己糖基、戊糖基及己糖醛酸起反应，反应后溶液呈蓝绿色，在波长 620nm 处有最大吸收。本法多用于测定糖原的含量，也可用于测定葡萄糖的含量。

半胱氨酸-硫酸法是《中华人民共和国药典》中记载的测定褐藻多糖含量的方法，其原理是甲基戊糖与 L-半胱氨酸-硫酸发生反应，在紫外波长 396nm 处产生强吸收峰。褐藻多糖中的主要成分是 L-岩藻糖-4-硫酸酯，所以可用此法测定褐藻多糖的浓度，但需要排除样品中其他甲基戊糖的干扰。

在研究海藻多糖时，由于其细胞内含有大量淀粉，因此有时还需要测定样品中淀粉的含量。淀粉含量的测定方法已经有国家标准（GB 5009.9—2016）。

2.3.2.2 多糖中单糖种类和相对含量的测定

对于海洋食品的研究，不仅要知道样品中总糖或多糖的含量，更重要的是知道多糖中各单糖的种类及相对含量，以分析多糖的结构，为后续的功能研究提供基础数据。

要测定多糖中单糖的种类和相对含量需要更复杂的设备，操作过程也复杂得多。

凝胶渗透色谱法（gel permeation chromatography，GPC）与小角激光光散射法（low angle laser light scattering，LALLS）联机（GPC/LALLS）测定聚合物的分子量及分布是 20 世纪 70 年代产生的一种方法。这种方法对任何未知试样，无论线型或非线型聚合物，无须标准样品即可得到正确的分子量和分子量分布。这一技术已成功地应用于表征高聚物（均聚物、共聚物）的分子量及分布和分子链构型（微凝胶闭合支化）的研究中[43, 44]。

最近有人用柱前衍生-高效液相色谱法成功测定了浒苔多糖的组成。其原理是将提取的浒苔多糖经三氟乙酸水解成单糖，经 1-苯基-3-甲基-5-吡唑啉酮(PMP)衍生使单糖带上荧光，再加入用同样方法处理后的标准单糖及糖醛酸，最后上柱，于 250nm 波长下测定洗脱液中各单糖的吸光度，从而实现对多糖中各单糖种类及浓度的测定[45]。

2.3.2.3　多糖链结构的测定[46]

为了进一步弄清楚多糖中所含有的各种基团及基团在多糖中的位置，以便研究多糖的结构，通常还需要借助一些特殊的分析手段。例如，利用傅里叶变换红外光谱(Fourier transform infrared spectrum，FTIR)，主要可以鉴定多糖中是否含有硫酸基及硫酸基的取代位置，识别内醚半乳糖中的特征键构型，识别岩藻糖中是否含有 O-乙酰基；利用 ^{13}C 核磁共振(^{13}C nulcear magnetic resonance，^{13}C NMR)技术，可以鉴别多糖中的糖苷键位置，确认多糖中是否有甲氧基取代及其取代的位置，进一步确认硫酸基的取代位置；利用 ^{1}H NMR 或二维谱分析技术可以对 ^{13}C NMR 的数据做补充分析，可进一步确认多糖中糖苷连接的位置，以及甲氧基和硫酸基的取代位置，确认 C 与 H 的对应关系。

目前国外对海藻多糖的研究多数只停留在对多糖一级结构的研究上，一般只对海藻提取组分中产率较高的多糖进行分析，而且多数只对多糖主链的组成结构进行分析，忽略对其支链的结构分析，而丰富多样的不同支链正是不同多糖具有不同生物活性的主要原因。对多糖高级结构的研究比较少，而且有关海藻多糖的结构与其生物活性之间相互关系的研究也较少。

国内对海洋食品多糖的研究大多数集中在测定海藻多糖的组成、含量上，没有深入对其结构及其构效关系进行研究。我国的海藻资源非常丰富，如何深入研究国内各种有利用价值的海藻多糖，并把它应用到制药等各个领域，是值得我们关注的问题。

2.4　无机元素

除碳、氢、氧、氮外，食品中的其他元素无论以有机物还是无机物的形式存在，都称为无机元素。海洋食品中约含有 40 种元素，囊括了人体需要的所有无机元素。由于很多海洋动物、海藻都能富集海水中的无机元素，因此，它们体内这些元素的含量大多比陆生动植物要高得多。常见海洋食品中部分无机元素的含量见表 2-5。

表 2-5　常见海洋食品中的部分无机元素含量(以干物质计)[47-56]　　(单位：mg/kg)

大类	矿物质元素	中国花鲈	半滑舌鳎	带鱼	南美白对虾	黑海参	鲍鱼	文蛤	缢蛏	海带	紫菜
常量元素	K	19 690	2 845	2 640	1 588	80	—	9 275	8 908	120 000	16 935
	Na	10 000	1 031	—	3 365	1 510	—	14 950	23 850	34 000	4 609
	Ca	3 549	332.3	10 380	974	5 300	2 052	851	2 398	8 000	10 365
	Mg	3 848	277.5	3 260	847	2 340	2 578	3 638	4 370	5 400	3 352
	P	5 519	1 917	1 260	—	170	—	—	—	2 100	6 674
微量元素	Fe	81.56	7.48	2 960	57.7	185.7	1 706	592	653.6	2 400	210
	Mn	1.00	321.44	970	0.89	1.0	52.12	127.1	12.40	40	33.6
	Zn	73.85	6.29	410	13.12	17.9	149.9	100.3	134.5	28	38.5
	Co	—	—	660	—	0.1	6.31	—	0.29	0.43	0.37
	Se	0.13	7.92	130	—	1.5	106.1	1.35	1.56	0.436	0.408
	Cu	—	—	570	9.1	11	58.85	266.8	34.1	16.81	17.3
有毒元素	As	—	0.69	31.6	—	1.2	48.86	1.447	1.532	4.81	25.8
	Hg	—	0.37	1.06	—	—	162.4	—	—	0.035	1.1
	Cd	0.11	0.29	0.23	0.02	0.1	10.64	1.217	0.614	0.93	1.70
	Cr	1.29	0.062	0.82	0.72	0.5	6.36	—	0.17	0.54	1.42
	Pb		0.045	0.16	0.22	0.5	22.66	0.426	0.528	0.67	3.02

由于生长环境、品种、生长阶段不同，海洋食品中这些元素含量的变化幅度很大，因此，表 2-5 中的数据仅供读者做一般常识性了解。

由于微量元素是人体必需的酶体系或其他具有生命功能蛋白质的关键成分，因此，人们更关注海洋食品中微量元素的含量。观察表 2-5 中的数据可归纳出：带鱼、鲍鱼和海带中 Fe 的含量明显高于其他种类；半滑舌鳎、带鱼和文蛤中 Mn 的含量明显较高；带鱼、鲍鱼、文蛤和缢蛏中 Zn 的含量较高；Co、Se 和 Cu 的含量都以带鱼体内较高。不同人群可以根据自己的需要及上述含量变化特征选食相应的海洋食品。

值得注意的是，带鱼、鲍鱼和紫菜中的 As 含量比较高，文蛤中的 Cu 含量比较高，鲍鱼、体内几乎所有的重金属含量都比较高。总体上，由于富集作用，海洋食品的重金属含量普遍较高，大多超过了国家食品安全标准。因此，消费者在选购海洋食品时，一定要选择那些符合食品安全标准的产品。

2.5　维生素及其测定

海洋食品含有多种人体营养所需的维生素，但各类维生素的含量和分布因种类不同而有所差异。

2.5.1 脂溶性维生素[57-65]

海洋动物性食品中脂溶性维生素含量较高，而植物性食品(海藻)中含量相对较低。

鱼类肝脏含有大量的维生素 A 和维生素 D，鲨鱼肝和马面鱼肝曾经常作为生产药用鱼肝油的原材料。

维生素 A 主要在鱼类肝脏中含量较高，据测定，长尾滨鲷和大口滨鲷肝脏中的维生素 A 含量分别为 10 382IU/g 和 9733IU/g。一般海产鱼肝脏中主要含有维生素 A_1。大多数鱼肌肉中的维生素 A 含量较低，但八目鳗、白斑角鲨、银鳕等肌肉中的维生素 A 含量很高，达到 1000~15 000IU/100g。虾肉中也含有一定量的维生素 A，据测定，南极磷虾和南美白对虾肌肉中的维生素 A 含量为 10.05μg/100g 及 25.52μg/100g。

除鱼类外，维生素 D 在其他海洋食品中的含量都很低。维生素 D 主要存在于硬骨鱼类的肝脏中，在软骨鱼类肝脏中的含量并不高。对于肌肉中脂肪含量高的海水鱼类，如秋刀鱼、拟沙丁鱼、鲱、鲐等，其肌肉中的维生素 D 含量可达到 60~100IU/100g，以沙丁鱼肌肉的维生素 D 含量居首。

维生素 E 在海产鱼中 90%以上以 α-生育酚的形式存在。各类海产品中维生素 E 含量差别较大：梭子蟹、对虾、扇贝、贻贝、红螺等均含维生素 E，但含量不高；拟沙丁鱼、鲣、鲐、金枪鱼可食部分维生素 E 含量在 0.2~0.9mg/100g；杂色蛤软体部分为 2.95mg/100g，鲣鱼肝为 2.26mg/100g，褐牙鲆野生亲鱼肌肉和肝脏中的含量稍高一些，分别为 10.1mg/100g 和 12.8mg/100g。有些动物特定部位的维生素 E 含量比较高，例如，鱿鱼皮中维生素 E 含量为 7.832mg/100g，硬头鳟鱼卵中为 12.44mg/100g，鲛鲢鱼肝中为 14.1mg/100g。

一些海藻也含有一定量的维生素 E，如亨氏马尾藻、紫菜、海带每 100g 干物质中的含量分别为 0.319mg、2.8mg、11mg，螺旋藻细胞内维生素 E 含量高达 205.66mg/100g。

2.5.2 维生素 C

维生素 C 即抗坏血酸，是一种重要的抗氧化剂和辅酶，其广泛的食物来源为各类新鲜蔬果，例如，鲜枣中的维生素 C 含量高达 243mg/100g，广为人知的补维生素 C 佳品猕猴桃中的维生素 C 含量约为 62mg/100g。

水产品中大部分鱼类肌肉和肝脏中的维生素 C 含量都很低(大多在 1.6~7.6mg/100g)，有的甚至检测不出，但在鱼的卵巢和脑中含量高，达到 16.7~53.6mg/100g。

海产品中维生素 C 含量比较高的主要是一些海藻，按每 100g 干物质计，海带、裙带菜和缘管浒苔干物质中的维生素 C 含量分别为 11.3mg、17.2mg 和 20.6mg；

3 种可食绿藻条浒苔、石莼和总状蕨藻中的含量依次为 46.31mg、37.50mg 和 58.60mg；龙须菜中的含量为 117mg；紫菜中的含量则高达 100～800mg；亨氏马尾藻中的含量也很高，达到 343mg。

2.5.3 B 族维生素

B 族维生素种类很多，来源很广。公认的含 B 族维生素比较丰富的是酵母，现将酵母干物质中部分 B 族维生素的含量列于表 2-6 中，以方便读者在阅读时更好地对比了解海洋食品中 B 族维生素的营养价值。

表 2-6　酵母中部分 B 族维生素的含量[66]

成分	含量 (mg/100g)	成分	含量 (mg/100g)	成分	含量 (mg/100g)	成分	含量 (mg/100g)
硫胺素	12.9	烟酸	41.7	维生素 B_6	2.73	叶酸	0.90
核黄素	3.25	泛酸	1.89	生物素	92.9		

维生素 B_1 又称硫胺素，在各种海产品中的含量都不高，多数鱼类中的含量在 0.10～0.40mg/100g，在硬头鳟鱼卵中的含量为 0.332mg/100g[62]。在贝类中的含量更低，文蛤肉中只有 0.0113mg/100g[67]；青蛤肉中稍高，达到 0.1mg/100g[68]；南海珍珠贝肉中则为 0.035～0.115mg/100g[69]。不少鱼贝类、甲壳类动物中含有硫胺素酶，可分解破坏维生素 B_1，加热可致该酶失活，因此，这类动物采收后要及时加工处理，以免影响维生素 B_1 含量。

维生素 B_2 又称核黄素，为体内黄素酶类辅基的组成部分(黄素酶在生物氧化还原中发挥递氢作用)。海洋食品是核黄素的良好来源。海洋动物体内维生素 B_2 含量基本都在 1.0mg/100g 以内，按每 100g 干物质计，拟沙丁鱼、鲣、鲐、金枪鱼可食部分的含量依次为 0.6mg、0.5mg、0.9mg、0.2mg，文蛤[67]、青蛤[68]、杂色蛤[70]的含量分别为 0.118mg、0.6mg、0.751mg，南海珍珠贝肉的含量则在 0.265～0.380mg[69]；在海洋动物中，美洲帘蛤[70]的含量明显较高，达到 2.52mg/100g。海洋藻类的维生素 B_2 含量大多与海洋动物近似，例如，每 100g 亨氏马尾藻和海带干物质中的维生素 B_2 含量分别为 0.299mg 和 0.370mg[64]；采于广东(深圳、汕尾、汕头)和海南(三亚)的马尾藻干物质中的维生素 B_2 含量在 0.44～0.75mg/100g[71]；紫菜干物质中的维生素 B_2 含量明显高于其他藻类，达到 3.40mg/100g[71]；螺旋藻中的维生素 B_2 含量为 32.08mg/100g[65]。

烟酸又称尼克酸、维生素 PP，烟酸在人体内可转化为烟酰胺，烟酰胺是辅酶 I 和辅酶 II 的组成部分，参与体内脂质代谢、组织呼吸的氧化过程和糖类无氧分解的过程。在海洋食品中，鱼类中金枪鱼、鲐、马鲛中的烟酸含量较高(超过 9mg/100g)，远东拟沙丁鱼、日本鳀、虹鳟、鲹等含量略低(3～5.9mg/100g)，其他多数鱼类的含量更低(1～2.9mg/100g)；软体海产品中的烟酸含量也不高，若按

100g 干物质计,渤海湾密鳞牡蛎、魁蚶软体部含量仅为 0.91mg[17]、1.35mg[7]。似乎鲍鱼体内的烟酸含量很高,据报道[72],鲍鱼酶解物中的烟酸含量为 1470mg/L,若折算成干物质,烟酸的含量应该高达 200mg/100g。大型海藻体内烟酸的含量尚未见报道,但微藻的报道比较多,而且含量很高,例如,螺旋藻细胞内烟酸含量高达 109.83mg/100g[65]。

泛酸是辅酶 A(coenzyme A,CoA)的组成部分,参与体内的酰化反应。有关海洋食品中泛酸含量的报道多集中在软体动物上,例如,杂色蛤和美洲帘蛤干物质中的泛酸含量分别为 10.98mg/100g 和 9.84mg/100g[70];文蛤[67]和青蛤[68]的泛酸含量相对较低,分别为 1.48mg/100g 和 1.0mg/100g;珍珠母贝和黑珠母贝中甚至未检出泛酸。

维生素 B$_6$ 又称吡哆素,包括吡哆醇、吡哆醛、吡哆酸,在体内以磷酸酯的形式存在,主要参与氨基酸代谢。据报道[64],每 100g 亨氏马尾藻、海带和紫菜干物质中的维生素 B$_6$ 含量分别为 0.194mg、0.270mg 和 1.040mg;渤海湾密鳞牡蛎中的维生素 B$_6$ 含量为 0.18mg/100g[73];金乌贼墨汁中的维生素 B$_6$ 含量为 0.79mg/100g[74];含量最高的是裸盖鱼肌肉,每 100g 干物质高达 7.264mg[75]。值得一提的是,被广泛作为保健品的螺旋藻的维生素 B$_6$ 含量高达 411.23mg/100g[65]。

2.5.4　维生素的检测

海洋食品中绝大部分维生素的检测方法都有国家标准,现将各标准编号列于表 2-7,供读者查阅。

表 2-7　海洋食品中各维生素的检测标准

成分	检测标准	成分	检测标准	成分	检测标准	成分	检测标准
维生素 A	GB 5009.82—2016	维生素 K$_1$	GB 5009.158—2016	烟酸	GB 5009.89—2016	生物素	GB 5009.259—2016
维生素 D	GB 5009.82—2016	维生素 B$_1$	GB 5009.84—2016	泛酸	GB 5009.210—2016	叶酸	GB 5009.211—2014
维生素 E	GB 5009.82—2016	维生素 B$_2$	GB 5009.85—2016	维生素 B$_6$	GB 5009.154—2016		

参 考 文 献

[1] 张拥军. 海洋食品学. 北京: 中国质检出版社, 中国标准出版社, 2015: 67.

[2] 孙中武, 等. 不同品系虹鳟的肌肉营养成分分析. 营养学报, 2008, 30(3): 298-302.

[3] 王娟. 中国对虾、南美白对虾和斑节对虾肌肉营养成分的比较. 食品科技, 2013, 38(6): 146-150.

[4] 李晓英, 等. 青蛤与文蛤的营养成分分析与评价. 食品科学, 2010, 31(23): 366-370.

[5] 罗蔚华, 等. 乐清产缢蛏(Sinonovacula constricta)肉营养成分的研究. 江西科学, 2006, 24(5): 360-362.

[6] 吴靖娜, 等. 养殖大黄鱼鱼肉营养成分的分析及评价. 营养学报, 2003, 35(6): 610-612.

[7] 王颖, 等. 青岛魁蚶软体部营养成分分析及评价. 渔业科学进展, 2013, 34(1): 133-139.

[8] 杨宪时, 等. 秘鲁鱿鱼和日本海鱿鱼营养成分分析与评价. 现代食品科技, 2013, 29(9): 2247-2252.

[9] 姚海芹, 等. 食用海带品系营养成分分析与评价. 食品科学, 2016, 37(12): 95-98.

[10] 韩现芹, 等. 野生与养殖牙鲆肌肉营养成分的比较. 广东海洋大学学报, 2015, 35(6): 94-99.

[11] 揭珍, 等. 新鲜带鱼与养殖牙鲆肌肉营养成分的比较. 食品与生物技术学报, 2016, 35(11): 1201-1205.

[12] 吉宏武, 赵素芬. 南海 3 种可食绿藻化学成分及其营养评价. 湛江海洋大学学报, 2005, 25(3): 19-23.

[13] 陈美珍, 等. 末水残次坛紫菜的营养成分及多糖组成分析. 食品科学, 2011, 32(20): 230-234.

[14] 梁萌青, 等. 3 种主养鲆鲽类的营养成分分析及品质比较研究. 渔业科学进展, 2010, 31(4): 113-119.

[15] 孙中武, 等. 不同品系虹鳟的肌肉营养成分分析. 营养学报, 2008, 30(3): 298-302.

[16] 程波, 等. 七带石斑鱼肌肉营养成分分析与品质评价. 渔业科学进展, 2009, 30(5): 51-57.

[17] 汪何雅, 等. 牡蛎的营养成分及蛋白质的酶法水解. 水产学报, 2003, 27(2): 163-168.

[18] 韩现芹, 等. 野生与养殖牙鲆肌肉营养成分的比较. 广东海洋大学学报, 2015, 35(6): 94-99.

[19] 刘云国, 等. 海洋生物活性肽研究进展. 中国海洋药物杂志, 2005, 24(3): 52-57.

[20] Block R C, et al. EPA and DHA in blood cell membranes from acute coronary syndrome patients and controls. Atherosclerosis, 2008, 197(2): 821-828.

[21] Calder P C. n-3 Fatty acids and cardiovascular disease: evidence explained and mechanisms explored. Clinical Science, 2004, 107(1): 1-11.

[22] Innis S M. Dietary omega-3 fatty acids and the developing brain. Brain Research, 2008, 1237: 35-43.

[23] Ueshima H, et al. Food omega-3 fatty acid intake of individuals (total, linolenic acid, long-chain) and their blood pressure. Hypertension, 2007, 50(8): 313-319.

[24] 夏树华, 等. 鱼油在食品领域中的应用技术综述. 食品科学, 2012, 33(11): 299-302.

[25] 许星鸿, 刘翔. 8 种经济鱼类肌肉营养组成比较研究. 食品科学, 2013, 34(21): 75-82.

[26] 黄凯, 等. 海水和淡水养殖南美白对虾脂质分析与比较. 广西科学院学报, 2003, 19(3): 134-140.

[27] 许星鸿, 等. 日本对虾肌肉营养成分分析与品质评价. 食品科学, 2011, 32(13): 297-301.

[28] 麦康森, 等. 南极磷虾的主要营养组成及其在水产饲料中的应用. 中国海洋大学学报, 2016, 46(11): 1-15.

[29] 劳邦盛, 等. 5 种贝类脂肪含量及脂肪酸组成研究. 色谱, 2001, 19(2): 137-140.

[30] 郑翠翠, 等. 油脂加工过程中氧化稳定性的研究进展. 中国油脂, 2014, 39(7): 53-57.

[31] Brenes M, et al. Influence of thermal treatments simulating cooking processes on the polyphenol content in virgin olive oil. J Agric Food Chem, 2002, 50(21): 5962-5967.

[32] Kanner J. Dietary advanced lipid oxidation endproducts are risk factors to human health. Molecular Nutrition & Food Research, 2007, 51(9): 1094-1101.

[33] Toral P G, et al. Comparison of the nutritional regulation of milk fat secretion and composition in cows and goats. J Dairy Science, 2015, 98(10): 7277-7297.

[34] Ferlay A, et al. Production of trans and conjugated fatty acids in dairy ruminants and their putative effects on human health: a review. Biochimie, 2017, 141: 107-120.

[35] 王香爱, 等. 壳聚糖的研究进展及应用. 应用化工, 2007, 36(11): 1134-1137.

[36] 李晓林, 等. 海参和鱼翅的营养成分以及对免疫功能调节作用的比较. 中国海洋大学学报, 2011, 41(1/2): 65-70.

[37] 闫冰, 等. 海参多糖的生物活性研究概况. 药学实践杂志, 2004, 22(2): 101-103.

[38] 张月红, 等. 鲍鱼多糖提取工艺的研究. 中央民族大学学报(自然科学版), 2011, 20(3): 20-23.

[39] 王苡莎, 等. 鲍鱼内脏多糖的体外抗肿瘤和免疫调节活性研究. 大连工业大学学报, 2008, 27(4): 289-293.

[40] 胡晓珂, 等. 海藻多糖降解酶的性质和作用机理. 微生物学报, 2001, 41(6): 762-765.

[41] 洪泽淳, 等. 海藻多糖的研究进展. 农产品加工·学刊, 2012, (8): 93-97.

[42] 严瑞瑄. 水溶性高分子. 北京: 化学工业出版社, 2010: 474-481.

[43] 范慧红, 等. 海藻多糖分子量及其分布测定 II. GPC/LALLS 联机测定四种海藻多糖分子量分布. 青岛海洋大学学报, 1992, 专辑: 53-58.

[44] 赵峡, 等. 用 GPC 法测定硫酸多糖 911 的分子量和分子量分布. 青岛海洋大学学报, 2000, 30(4): 623-626.

[45] 段元慧, 等. 柱前衍生-高效液相色谱法测定浒苔多糖的组成. 渔业科技进展, 2014, 35(2): 117-123.

[46] 林晓芝, 等. 海藻多糖的组成及结构光谱分析. 化学通报, 2005, (12): 911-917.

[47] 王远红, 等. 中国花鲈与日本花鲈营养成分的研究. 海洋水产研究, 2003, 24(2): 35-39.

[48] 马爱军, 等. 野生及人工养殖半滑舌鳎肌肉营养成分分析研究. 海洋水产研究, 2006, 27(2): 49-54.

[49] 刘正华, 等. 带鱼中微量元素的检测分析. 现代农业科技, 2014, (1): 286-287.

[50] 汪学英, 等. 海产和淡水养殖南美白对虾肌肉中无机元素的含量比较, 2009, 23(10): 53-56.

[51] 赵玲, 等. 10 种海参营养成分分析. 食品安全质量检测学报, 2016, 7(7): 2867-2872.

[52] 王莹, 等. 鲍鱼、海参中微量元素的分析研究. 光谱学与光谱分析, 2009, 29(2): 511-514.

[53] 胡笑丛. 牡蛎、文蛤、缢蛏中十种无机元素的质量比分析. 集美大学学报(自然科学版), 2005, 10(4): 311-313.

[54] 盛晓风, 等. 海带不同生长时期营养成分和主要元素差异比较. 食品科技, 2011, 36(12): 66-68.

[55] 吕建洲. 海带和裙带菜碘及微量元素含量的测定. 微量元素与健康研究, 2005, 22(2): 33-34.

[56] 王亚, 等. 不同紫菜产品中 12 种元素含量的比较研究. 广东微量元素科学, 2012, 19(9): 14-19.

[57] 田晓清, 等. 南极磷虾脂溶性成分的研究进展. 海洋渔业, 2011, 33(4): 462-466.

[58] 缪圣赐. 沙丁鱼类的营养成分及其在人体健康上的特殊效用(二). 现代渔业信息, 1986, (2): 8-10.

[59] 吕曜丞, 等. 台湾产大型笛鲷肝脏之维生素 A 含量分析. 台北: 2013 第七届海峡两岸毒理学研讨会. 2013.

[60] 王际英, 等. 褐牙鲆亲鱼野生群体与养殖群体维生素 A、C、E 含量的比较. 中国水产科学, 2010, 17(6): 1250-1255.

[61] 管雪娇, 邓尚贵. 鱿鱼皮营养成分分析. 安徽农业科学, 2013, 41(27): 11135-11137.

[62] 桂萌, 等. 人工养殖硬头鳟鱼卵的营养成分分析. 南方农业学报, 2017, 48(4): 692-697.

[63] 朱艳超, 等. 鮟鱇鱼鱼肝营养组成的分析及评价. 食品工业科技, 2017, 38(5): 356-361.

[64] 谌杏华, 等. 亨氏马尾藻化学成分分析及其营养学评价. 食品研究与开发, 2010, 31(5): 154-156.

[65] 包国良, 王茵. 螺旋藻中营养成分检测及其生物学活性研究. 中国卫生检验杂志, 2012, 22(5): 1034-1036.

[66] 徐慧, 等. 啤酒废酵母的资源化利用. 中国酿造, 2008, (12): 4-7.

[67] 杨晋, 等. 文蛤的营养成分及其对风味的影响. 中国食物与营养, 2007, (5): 43-45.

[68] 顾润润, 等. 青蛤的营养成分分析与评价. 动物学杂志, 2006, 41(3): 70-74.

[69] 李来好, 等. 南海珍珠贝肉的营养成分分析与评价. 水产学报, 1999, 23(4): 392-397.

[70] 董辉, 等. 杂色蛤软体部营养成分分析及评价. 水产学报, 2011, 35(2): 276-282.

[71] 李来好, 等. 马尾藻的营养成分分析和营养学评价. 青岛海洋大学学报, 1997, 27(3): 319-325.

[72] 彭汶铎, 等. 鲍鱼酶解提取物的营养成分及对免疫低下小鼠的免疫调节作用. 中国食品卫生杂志, 2005, 17(6): 494-497.

[73] 张红雨, 等. 渤海湾密鳞牡蛎营养成分分析. 中国海洋药物, 1994, (4): 17-19.

[74] 郑小东, 等. 金乌贼墨汁营养成分分析及评价. 动物学杂志, 2003, 38(4): 32-35.

[75] 刘长琳, 等. 裸盖鱼(Anoplopoma fimbria)肌肉的营养成分分析及评价. 渔业科学进展, 2015, 36(2): 133-139.

第3章 海洋食品资源的营养与生理功效

(浙江大学，阮　晖)

3.1　营养成分及其特性

随着社会发展和人们生活方式的改变，一些与饮食习惯相关的代谢综合征(如肥胖、高血糖、高血脂、高血压等)的患病人数急剧增加，导致亚健康和慢性病人群不断扩大。海洋生物在进化过程中形成了特有的生物合成资源与酶反应系统，在生物体成分构成上也具有自身的特点，从而使其所形成的海洋食品资源在营养成分上与陆地食品资源有较大差异，富含陆地食品资源所缺乏的结构新颖、功能独特的营养功效成分。加大海洋食品功能因子构效关系研究，明晰其作用机制，加强营养素与人类健康的关系研究，提升海洋食品高值化、高质化加工水平，创新发展海洋食品产业，有助于提高人们的生活质量和健康水平。

3.1.1　营养特点

海洋食品资源丰富，富含生物活性多肽、功能性油脂、多糖、维生素与矿物质等营养功能因子，是人类良好的食物来源和健康资源保障(表 3-1)。

表 3-1　部分海洋食品的营养成分(每 100g 中的含量)[1]

名称	蛋白质(g)	脂肪(g)	碳水化合物(g)	热量(kJ)	钙(mg)	硫胺素(mg)	核黄素(mg)	烟酸(mg)
大黄鱼	17.6	0.8	—	326.6	33	0.01	0.10	0.80
小黄鱼	16.7	3.6	—	414.5	43	0.01	0.14	0.70
带鱼	18.1	7.4	—	582	24	0.01	0.09	1.90
鲳	11.6	6.2	5.9	527.5	69	—	0.13	2.70
鳓	20.2	5.9	—	561	32	—	0.37	6.80
鲨鱼	22.5	1.4	3.7	490	250	—	0.05	2.90
海鳗	17.2	2.7	0.1	393.6	110	—	—	—
马面鱼	19.2	0.5	0	339.1	9	—	—	—
鲈	17.5	3.1	0.3	414.5	56	—	0.23	1.70
刀鱼	18.2	2.5	—	397.8	26	—	0.25	1.00
银鱼	8.2	0.3	1.5	175.9	258	0.01	0.05	0.20

续表

名称	蛋白质(g)	脂肪(g)	碳水化合物(g)	热量(kJ)	钙(mg)	硫胺素(mg)	核黄素(mg)	烟酸(mg)
鲥	16.9	17	0.4	921.1	33	—	0.14	4.00
鳗鲡	19	7.8	—	611.3	46	0.06	0.12	2.40
梭子蟹	18.3	2	—	381	124	0.05	0.02	0.30
虾米	47.6	0.5	—	816.4	882	0.62	0.37	3.70
乌贼	13	0.7	1.4	268	14	0.01	0.06	1.00
鲍鱼	19	3.4	1.5	473.1	—	—	—	—
牡蛎	11.3	2.3	4.3	347.5	118	0.11	0.19	1.60
淡菜	59.1	7.6	13.4	149.9	277	—	0.46	3.10
竹蛏(干)	48.2	1.3	18.7	1168.1	—	—	—	—
海蜇	12.3	0.1	3.9	276.3	182	0.01	0.04	0.20
海带	4.81	1.2	8.82	—	1177	—	—	—
紫菜(干)	24.5	0.9	31	—	330	0.44	2.07	5.10
海参	14.9	0.9	0.4	288.9	357	0.01	0.02	0.10

（1）蛋白质与氨基酸含量高

海洋鱼类蛋白质含量高[2-4]，某些品种蛋白质含量可占干重的 80%～90%，而牛肉为 80%，鸡肉、猪肉仅为 50%，牛奶只有 35%。海洋无脊椎动物(如蟹、乌贼、海参、贻贝、扇贝等)都是高蛋白食品。海藻(如海带、紫菜、裙带菜、鹿角菜等)蛋白质含量丰富，海带和紫菜每 100g 蛋白质含量分别是 8.2g 和 28.1g。而且海产品蛋白质水合性好，多属于易消化蛋白质。从氨基酸构成来看，海藻蛋白质除赖氨酸、色氨酸含量较低外，甲硫氨酸、胱氨酸都很丰富。而陆地植物蛋白质却缺乏这两种氨基酸。海洋鱼类蛋白质组成与人体蛋白质组成接近，必需氨基酸在种类和数量上也都符合人体需求，极易被人体吸收利用。与鸡蛋蛋白质相比，贻贝和扇贝的氨基酸比值与之基本相同，特别值得注意的是海产品含有一些稀有的活性氨基酸，如牡蛎富含牛磺酸。

（2）富含膳食纤维，热量低

海洋植物富含膳食纤维[5-7]，褐藻中褐藻酸含量高达 10%～35%，另外还含有褐藻糖胶、褐藻淀粉、纤维素等。在红藻中，膳食纤维含量高达 30%～70%。海藻中所含的膳食纤维多为水溶性膳食纤维，如褐藻胶、卡拉胶、琼脂等。海藻及海洋动物一般含有较多脂类，但不饱和脂肪酸比例高，而且很多是功能性脂肪酸。例如，二十碳五烯酸(EPA)、二十二碳六烯酸(DHA)在微藻、海鱼和贝类中含量很高。

(3) 富含矿质元素

海洋食品富含微量元素[8, 9]。海藻和贝类中富含碘，海带中含碘量高达 20 000mg/kg。贝类，如牡蛎、蛏、螺、扇贝、赤贝，以及墨鱼和鱿鱼中，锌含量达到 10mg/100g 以上，其中牡蛎更是高达 70mg/100g。蛏、鲍鱼、蚌、蛤蜊、墨鱼中含铁量丰富，其中蛏中含铁量高达 85mg/100g。蛏、海参、鱿鱼、大麻哈鱼中硒含量超过 100mg/100g。蚌中锰含量超过 80mg/100g。海藻中还普遍富含钙和钾。

(4) 富含维生素

海洋藻类富含类胡萝卜素[10, 11]，其在紫菜中的含量达 33 000mg/kg，藻类中含量较多的维生素还有维生素 B_1、维生素 B_2、维生素 B_4、维生素 C、维生素 E、泛酸等。尤其是维生素 B_{12}，在海藻中的含量远高于陆地蔬菜。海洋动物含脂溶性维生素较多，含维生素 A 较多者有鲷类、鲽类、鲮、大麻哈鱼、蚌肉、沼虾、河蟹、梭子蟹等，维生素 A 含量均在 100mg/100g 以上；含维生素 E 较多者(10mg/100g 以上)有大麻哈鱼、贻贝、蛤蜊、红螺、乌鱼蛋、赤贝和扇贝等。海鱼肝脏的维生素 A、维生素 D 含量特别丰富，由海鱼鱼肝制成的鱼肝油是常用的维生素 A、维生素 D 补充剂。

3.1.2　营养成分

3.1.2.1　蛋白质资源

鱼类和贝类肌肉蛋白质主要由肌原纤维蛋白、肌浆蛋白和肌基质蛋白组成[12, 13]。

肌原纤维蛋白主要由肌球蛋白和肌动蛋白组成，是组成肌原纤维粗丝和细丝的主要成分，此外还有少量作为调节蛋白的原肌球蛋白和肌钙蛋白，因为量较少，与加工贮藏中鱼肉品质变化的关系不大。肌球蛋白和肌动蛋白在有 ATP 偶联时组成肌动球蛋白，与肌肉收缩和死后僵硬有关。在贝类等无脊椎动物肌肉的肌原纤维蛋白中还存在一种副肌球蛋白，与肌球蛋白共同构成肌原纤维的粗丝，与贝壳闭壳肌的收缩作用有关。

除上述组成肌纤维的蛋白质之外，存在于肌肉细胞质中的各种水溶性蛋白质总称肌浆蛋白，其中很多是与代谢有关的酶蛋白，如乳酸脱氢酶、磷酸果糖激酶、醛缩酶等同工酶，可鉴定鱼种或原料鱼肉的种属来源。肌红蛋白亦存在于肌浆中。运动性强的洄游性鱼类和海兽等暗色肌或红色肌中的肌红蛋白含量高，是区分红色肌与白色肌(普通肌)的重要标志。

肌基质蛋白包括胶原蛋白和弹性蛋白，是构成结缔组织的主要成分，与加工性状有关。在肉类加热过程中，胶原溶出，肌肉结缔组织破坏，肌肉组织变得易于咀嚼。在鱼肉细胞中还存在一种称为结缔蛋白的弹性蛋白，以及鲨鱼翅中存在的类弹性蛋白，性质与胶原近似。

氨基酸组成在很大程度上决定了蛋白质的营养价值。畜禽肉类蛋白质中，人体必需氨基酸含量不足，特别是缺少色氨酸、半胱氨酸等。海洋鱼类蛋白质含有的必需氨基酸种类与数量非常平衡。根据 FAO/WHO 的氨基酸计分模式(AAS)评定鱼类和虾、蟹、贝类的蛋白质营养值，结果显示，很多海洋鱼类的 AAS 值均为 100，含硫氨基酸、缬氨酸、赖氨酸含量特别高，高于牛肉，与禽蛋相近。米、面等第一限制性氨基酸为赖氨酸，因此，食用海洋鱼类可通过与谷物的互补作用有效改善营养。此外，鱼类蛋白质因水合性好，消化率达 97%～99%，和蛋、奶相同，而高于畜产肉类。

3.1.2.2 脂质资源

海洋动物脂质与陆地动物脂质有较大差异，因富含多不饱和脂肪酸和磷脂等在低温中具有流动性[14-16]。鱼贝类脂质按极性大小可分为非极性脂质(nonpolar lipid)和极性脂质(polar lipid)，按功能可分为储脂(depot lipid)和组织脂质(tissue lipid)。非极性脂质包括中性脂质(neutral lipid，单纯脂质)、衍生脂质(derived lipid)。中性脂质是三酰甘油(triacylglycerol，甘油三酯)、二酰甘油(diacylglycerol，甘油二酯)及单酰甘油(monoacylglycerol，甘油单酯)的总称。衍生脂质是脂质分解产生的脂溶性衍生化合物，如脂肪酸、多元醇、脂溶性维生素等。极性脂质又称复合脂质(compound lipid)，包括磷脂(phospholipid，如甘油磷脂、鞘磷脂)、糖脂(glycolipid，如油糖脂、鞘糖脂)、磷酰脂(phosphoryl lipid)及硫脂(sulfolipid)等。

海洋鱼类和贝类中的脂肪酸大都是 C12～C22 脂肪酸，其中单烯酸和多烯酸含量与种类丰富，特别是富含 n-3 系的多不饱和脂肪酸。脂肪酸组成在海水鱼与淡水鱼中是有明显差异的，对于单烯酸类化合物，海水鱼含 20：1 和 22：1 类化合物比例高，淡水鱼含 16：1 类化合物比例高。对于多烯酸类化合物，海水鱼含 20：5 和 22：6 类化合物比例高，淡水鱼含亚油酸(18：2)和亚麻酸(18：3)类化合物比例高。淡水鱼脂类在烯酸组成上的特点介于陆地哺乳动物与海产鱼之间。

3.1.2.3 糖类资源

海藻中的贮藏多糖(如红藻多糖、绿藻多糖、褐藻多糖等)与陆地植物淀粉有明显不同，海藻还富含陆地植物所没有的诸多功能性多糖，如琼脂、卡拉胶、褐藻酸等。

海藻多糖分为制成细胞壁的骨架多糖和细胞间质中及原生质体内的黏多糖[17-20]。

(1)骨架多糖

绿藻骨架多糖在空间结构上与陆地植物类似，葡聚糖分子平行排列，以 X 射线衍射影像明显的纤维素 I 类分子为主要成分。在褐藻和红藻中，有些葡聚糖分子为反向排列，含有较多 X 射线衍射像不明显的纤维素 II 类分子。绿藻多糖主要为甘露聚糖，岩藻、羽藻多糖主要为木聚糖，红藻中紫菜的骨架多糖由甘露聚糖和木聚糖构成。

(2) 黏多糖

孔石莼、浒苔等绿藻中的黏多糖是以硫酸酯多糖、D-葡萄糖醛酸、D-木糖和L-鼠李糖为主要成分的水溶性糖醛酸多糖。裙带菜、海带等褐藻的细胞间存在能用稀碱萃取的岩藻聚糖。红藻的石花菜科含有琼脂，以 D-半乳糖、3,6-脱水-L-半乳糖为主要成分，含有少量 6-O-甲基-D-半乳糖、硫酸酯基等。琼脂由约 70%的琼脂糖和约 30%的琼脂胶两种多糖组成，琼脂糖结构单元是由 D-半乳糖和 3,6-脱水-D-半乳糖组成的琼脂二糖。琼脂胶为琼脂糖衍生物，单糖残基不同程度地被硫酸基、甲氧基等所取代。

卡拉胶，又称为麒麟菜胶、石花菜胶、鹿角菜胶、角叉菜胶，从麒麟菜、石花菜、鹿角菜等红藻类中提炼出来，是由高聚半乳糖及半乳糖醇所形成的硫酸酯的钙、钾、钠、铵盐，是亲水性胶体。由于硫酸酯结合形态的不同，可将其分为κ型 (kappa)、ι 型 (iota)、λ型 (lambda)，不同类型卡拉胶的增稠和胶凝性质有很大不同，可用于不同类食品体系的增稠和胶凝。

褐藻酸是一种直链的嵌段聚糖醛酸，由均聚的 α-L-吡喃古罗糖醛酸嵌段、均聚的 β-D-吡喃甘露糖醛酸嵌段及这两种糖醛酸的交聚嵌段，以 1,4-糖苷键连接而成，其糖基 C6 位上形成—COOH，是酸性多糖，以钙、镁、钠、钾、锶盐等形式存在于褐藻细胞壁中。褐藻酸在海带、裙带菜中的含量可达干物质的 10%～30%。褐藻酸广泛应用于医药、食品和化工行业，其钠盐有辅助降血压、预防白血病、止血等作用。

海洋动物中也富含功效性糖类，如甲壳质类黏多糖、硫酸软骨素、硫酸乙酰肝素、乙酰肝素、多硫酸皮肤素、硫酸角质素、透明质酸、软骨素等酸性黏多糖。软骨鱼的软骨中富含硫酸软骨素，能抗动脉粥样硬化。许多动物性黏多糖对关节有保健作用。

3.1.2.4　维生素资源

海洋鱼类可食用部分富含维生素 A、维生素 B、维生素 C、维生素 D、维生素 E 等维生素[21, 22]。

维生素 A 包括维生素 A_1 (视黄醇) 和维生素 A_2 (3-脱氢视黄醇)，前者主要存在于海产鱼类肝脏中，后者主要存在于淡水鱼肝脏中，二者生理功能及性质相似。鱼类肝脏中含有大量维生素 A，如鲨鱼肝、马面鱼肝等。鱼类肌肉中的维生素 A 含量大都在 50～300IU/100g，但海鳗、油鲨、银鳕等肌肉中的维生素 A 含量可达1000～10 000IU/100g。

维生素 B_1 又称硫胺素、抗脚气病因子、抗神经炎因子等，广泛存在于天然食物中，除海洋食品之外，含量较丰富的还有动物内脏、肉类、豆类及未加工的粮谷类。鱼类中八目鳗、河鳗、鲫、鲣等的维生素 B_1 含量为 0.40～1mg/100g，其他鱼类较低，为 0.10～0.40mg/100g，肌红蛋白中的维生素 B_1 含量高，暗色肉比普通肉中含量高，肝脏中含量与暗色肉相同或略高。不少鱼贝类、甲壳类中含有分解维生素 B_1 的硫胺素酶，会造成维生素 B_1 损失，加热可使该酶失活[23]。

维生素 B_2 又称核黄素，鱼类中除八目鳗、泥鳅、鲐等维生素 B_2 含量在 0.5mg/100g 以上外，远东拟沙丁鱼、马鲛、马面鲀、大麻哈鱼、虹鳟、小黄鱼、罗非鱼、鲤等多数鱼类及牡蛎、蛤蜊等含量在 0.15～0.50mg/100g，一般红肉鱼高于白肉鱼，肝脏、暗色肉比普通肉高出 5～20 倍[24]。

维生素 B_5 又称烟酸或尼克酸，金枪鱼、鲐、马鲛等维生素 B_5 含量在 9mg/100g 以上，远东拟沙丁鱼、日本鳗、鳀、大麻哈鱼、虹鳟等在 3～6mg/100g，鲷、海鳗、鳕、鲫及多数鱼类、乌贼等为 1～3mg/100g。与其他 B 族维生素不同的是，普通肉中维生素 B_5 含量高于暗色肉和肝脏。

维生素 C 在虹鳟、黑鲷等鱼类肌肉和肝脏中含量较低，在 1.5～8.0mg/100g，但在卵巢和脑中的含量高达 15～55mg/100g。紫菜中维生素 C 含量丰富。

维生素 D 中，维生素 D_2 和维生素 D_3 的生物活性最高，前者由表角固醇经紫外线照射后转变而成，后者由 7-脱氢胆固醇经紫外线照射后转变而成。人和动物的皮肤与脂肪组织都含有 7-脱氢胆固醇，故皮肤经紫外线照射后可形成维生素 D_3。维生素 D 也和维生素 A 一样，主要存在于鱼类肝油中，肌肉中含脂量多的中上层鱼类(一般为红肉鱼)，如远东拟沙丁鱼、鲣、鲐、鲕、秋刀鱼等的维生素 D 含量在 300IU/100g 以上，含脂量少的低脂鱼类一般在 100IU/100g 以上。含脂量高的海洋鱼类及其肝脏是维生素 D 的优质来源。

维生素 E 又名生育酚，结构上有生育酚和生育烯酚之分，其中 α-生育酚活性最强。鱼类和贝类等软体动物肉中的维生素 E 含量多在 0.5～1.0mg/100g；香鱼、河鳗、蝾螺、长枪乌贼、虾、蟹体内总生育酚含量较高，为 1～4mg/100g。海产鱼中 α-生育酚含量为总生育酚的 90%以上，个别贝类含 δ-生育酚比例较高，淡水鱼中的鲤、红点鲑含 γ-生育酚比例最高。

3.1.2.5 矿质元素资源

海洋食品中矿质元素含量丰富[23-25]。鱼类、贝类和甲壳类肌肉中，钠、钾、钙、镁、氯、磷、硫这 7 种常量元素占总无机质的 60%～80%；其中，钾含量为 200～450mg/100g，钙含量为 20～40mg/100g，镁含量为 40mg/100g 左右，氯含量为 200mg/100g 左右，磷含量为 200mg/100g 左右。海洋鱼类骨骼中的主要无机质按干重计，占 40%～65%，主要成分为钙和磷。鱼鳞中无机质所占比例因鱼种不同而差异很大，为 10%～60%，主要成分同样是钙和磷，在骨、齿、鳞中都是主要以 $Ca_{10}(PO_4)_6(OH)_2$ 形式存在。甲壳类壳的主要无机质按干物质计，占

20%～30%，除主成分钙之外，也含有镁和磷，大部分是以碳酸钙、碳酸镁、过磷酸钙等形式存在，一般碳酸钙含量越多的壳越硬。贝壳中无机质约占95%，大部分为碳酸钙。

海洋食品(如海带等)是碘的主要来源。人体缺碘时，会引起一系列的生理代谢功能障碍。锌参与酶及核酸的合成，可促进机体生长发育、性成熟和生殖过程，参与人体免疫功能，维持免疫细胞增殖。贝类中含锌量较高，马氏珠母贝、牡蛎的含锌量高达 100mg/kg 以上。此外，锌与铜、镁三元素被称为壮阳元素，在贝类中含量较高。

海洋生物是硒的良好食物来源，食用海藻即可有效补充硒。维生素 E 对硒的抗氧化作用有协同性[25]。硒具有抗肿瘤、抗氧化、抗衰老、抗毒性等重要作用。体内代谢产生的过氧化物由谷胱甘肽过氧化酶分解，以保护细胞膜中的脂类免受过氧化物损害，而硒是该酶的辅助因子。硒还能保护肝细胞免受其他毒物的影响，对心细胞和心血管系统也有保护作用，降低重金属和黄曲霉素的毒性作用，保护视觉器官及提高机体抗病能力等。缺硒时，红细胞脆性增加，易溶血，会使心肌细胞变性乃至坏死，克山病即与缺硒有关。

3.1.2.6 呈味物质

(1)海洋鱼类中的呈味物质

鱼类呈味的主体是游离氨基酸、肽、核苷酸、有机酸等，其组成不同及相互之间的衍生反应使鱼肉口味具有多样性[26]。一般红肉鱼类味浓厚，白肉鱼类味淡薄。例如，鲥的呈味与组氨酸含量密切相关；鲣的浸出物中含有大量组氨酸、乳酸及磷酸钾，可强化呈味作用；鳁鲸中的鲸肌肽可使鲜味增强，特别是使味变浓厚。脂质对呈味有很大影响，鱼类的美味往往同鱼的脂质积蓄相关。

鱼的加工产品鱼露是一种水产调味品，又称鱼酱油、水产酱油，以低值鱼虾及水产加工下脚料为原料，利用鱼体内源酶及微生物酶在控制条件下发酵而得。鱼露的鲜味主要来自于蛋白质降解产物氨基酸及核酸降解生成的呈味核苷酸，多肽、有机酸也能赋予鱼露以综合鲜味。鱼露中的重要呈鲜成分谷氨酸约占游离氨基酸量的1/6。鱼露中的酸性二肽亦具有类似谷氨酸钠的鲜味，且同鱼露味的浓厚感有关。各国各地区均有利用本地资源制作的风味特色各异的鱼露产品。

(2)甲壳类中的呈味物质

虾蟹肉中含有大量呈味物质成分，包括挥发性气味成分和非挥发性滋味成分两大类[27]。蟹肉的主要非挥发性滋味成分是甘氨酸、谷氨酸、精氨酸、核苷酸、丙氨酸、甜菜碱及钠离子、钾离子、氯离子。其中，氨基酸是海产品中主要的营养成分和呈味物质。虾蟹肉中特有的甘味性食感是因为其肌肉中含有较多甘氨酸、丙氨酸、脯氨酸、甜菜碱等甘味成分，其主体在于甘氨酸的作用。虾蟹肉中水溶性蛋白质含量很高，对于呈味有加强作用。各种氨基酸对呈味有不同贡献，不同种类的虾蟹因具有不同的氨基酸组成而呈现不同的风味和滋味。

(3) 贝类中的呈味物质

贝类含有丰富的呈味物质，以琥珀酸及其钠盐为例，干贝含 0.37%，蛤蜊含 0.14%，螺含 0.07%，牡蛎含 0.05%，等。牛磺酸等保健成分含量也很高[27]，例如，马氏珠母贝的游离氨基酸含量丰富，与呈鲜味和甜味相关的天冬氨酸、谷氨酸、甘氨酸及丙氨酸这 4 种氨基酸含量占总氨基酸含量的 50%以上。在内脏团中，甜菜碱含量可达到 190mg/100ml，糖原含量高达 105mg/100ml，琥珀酸含量达到 120mg/100ml，与呈味有着密切关系的 K^+、Na^+含量均较高。再如，翡翠贻贝的肉中含有丰富的蛋白质，氨基酸价为 81，其蛋白质的氨基酸组成中谷氨酸、甘氨酸、天冬氨酸、丙氨酸等主要呈味氨基酸占氨基酸总量的 45%～50%，游离氨基酸中甘氨酸含量高达 684mg/100g，次黄嘌呤核苷酸(IMP)占核苷酸总量的 34%，因此，翡翠贻贝肉成为理想的海鲜调味品原料。

(4) 其他海洋食品中的呈味物质

甜菜碱是各类甜菜碱，如 β-丙氨酸甜菜碱、甘氨酸甜菜碱和龙虾肌碱等的总和，这类化合物在柔鱼中含量丰富，具有清快鲜味，是海产品甜味的来源之一。乌贼类动物中呈味物质主要是游离氨基酸，特别是甘氨酸含量高。海胆中的主要呈味成分是甘氨酸、丙氨酸、缬氨酸、谷氨酸、甲硫氨酸、腺苷酸及鸟苷酸等，甘氨酸和丙氨酸呈甘味，缬氨酸呈特有苦味，谷氨酸、腺苷酸及鸟苷酸则呈鲜味，甲硫氨酸与海胆的特异风味有关，海胆中的糖原虽无直接呈味作用，但对呈味有整体调和作用。

3.1.2.7　挥发性物质

气味是决定海洋食品品质的重要因素之一，捕获的鱼贝类随着鲜度下降，会产生特有的腥臭味，生物胺是腥臭味的重要组成，可以作为判定鱼贝类鲜度的一个指标。海水鱼富含不饱和脂肪酸，在加工和贮藏过程中脂肪易氧化劣变产生"哈败味"，成为海水鱼加工利用的重要限制因素。也有如香鱼这一类捕获时就具有独特香气的鱼种，以及一些受环境污染影响产生石油味、碘味等的异臭鱼。

风味物质包括滋味和气味成分两部分[28]。鱼肉等海洋食品的滋味成分可分为含氮化合物(游离氨基酸、有机碱、核苷酸和分子量相对小的肽类等)和不含氮化合物(有机酸、糖和无机盐等)。气味成分由挥发性风味化合物构成，对于海洋鱼肉和贝肉等的特征香气与整体风味有重要贡献。热加工时发生的美拉德反应和脂类热解转化也对风味及滋味有重要影响。

(1) 腥味物质

鱼腥成分物质主要有生物胺类、挥发性含硫化合物、挥发性低级脂肪酸、挥发性羰基化合物等，它们相互组合构成了鱼腥味[29]。呈现鱼腥味的特征化合物是δ-氨基戊酸、δ-氨基戊醛和六氢吡啶类，其前体物质主要是碱性氨基酸。在鱼的血液中也含有δ-氨基戊醛，淡水鱼中六氢吡啶类含量比海鱼高。

鱼开始腐败时，其肌肉、脂类开始转化滋生臭味物质(有关成分有甲胺、挥发性酸、羰基化合物等)，鱼体内的氧化三甲胺也会在微生物和鱼内源酶的作用下降解生成三甲胺与二甲胺，这些物质与鱼体表面的鱼腥味共同形成鱼腥臭味。

纯净的三甲胺仅有氨味，在新鲜鱼中并不存在或含量极少。当它与不新鲜鱼的δ-氨基戊酸、六氢吡啶等成分共同存在时则会增强鱼腥臭感。海鱼中含有大量氧化三甲胺，尤其是白色海鱼(如比目鱼)，而淡水鱼中含量极少，故一般海鱼的腥臭味比淡水鱼更为强烈。在被称为氧化鱼油般的腥臭味组成中，其成分还有部分来自ω-不饱和脂肪酸氧化而生成的羰基化合物。

当鱼腐败度继续增加时，最后会产生令人厌恶的腐败臭气，这是由于鱼表皮黏液和体内含有的各种蛋白质、脂质等在微生物繁殖作用下，生成了硫化氢、氨、甲硫醇、腐胺、尸胺、吲哚、四氢吡咯、六氢吡啶等化合物。

鱼在贮藏过程中，脂肪氧化酸败是引起海产品腐败的另一主要原因。海水鱼富含 EPA 和 DHA 等多不饱和脂肪酸，在调味、烘干、烤制等加工步骤及贮存过程中，不饱和脂肪酸双键易与氧结合而发生变质，生成一些小分子醛、酮类物质，不仅会降低产品营养价值，而且脂肪过度氧化分解产生的二级氧化产物可以与鱼体蛋白质及糖发生反应，使鱼肉发生酸败而产生不愉快气味，尤其在夏季更为严重。脂肪氧化酸败的原因主要有两个，一是甘油酯和磷脂酶解产生的游离脂肪酸在脂肪氧化酶作用下氧化生成醛、酮、酸等短链物质，形成鱼肉加工制品异味；二是不饱和脂肪酸发生自氧化而产生过氧化物，再经降解后形成有特殊气味的低分子量的醛、酮、酸等，使鱼肉制品发生酸败。

(2) 香味物质

挥发性成分对鱼肉整体风味起着重要作用[30]。鱼类风味可以大致分为生鲜品风味和调理、加工品的气味。熟鱼和新鲜鱼相比，羰基类化合物和含氮化合物含量增加，并产生诱人香气。熟鱼特有的香气形成途径主要是美拉德反应、氨基酸降解、硫胺素热解及脂肪酸氧化降解等。

形成新鲜鱼肉香气的挥发性风味成分主要包括醇、酮、醛、酯、碳氢化合物、含硫和含氮类化合物等，由脂肪氧合酶作用于鱼脂质中的多不饱和脂肪酸而产生。鱼肉的气味由羰基和醇类化合物共同形成。酮类化合物具有甜的花香和果香味。醛类化合物气味阈值较低，且能够与其他物质产生重叠的风味效应。在新鲜捕捞的鱼体中，己醛可产生一种鲜香和醛的特征香味。醇类化合物风味比较柔和，通常具有芳香、植物香等气味。碳氢类化合物风味阈值较高，对于鱼整体风味的作用较小。含硫杂环化合物具有较低的气味阈值，对新鲜鱼肉的特征香气起作用，同时也与海产品变质气味有关。

鱼肉中含有的含氮化合物主要包括吡嗪类、吡咯类、吡啶类和三甲胺等。吡嗪类化合物通常表现出坚果香、烘烤香，烷基吡嗪是一些蒸煮、烘烤和油炸食品中重要的微量风味成分。吡啶化合物通过胺类和醛类反应，再经过脱水、环化过程产生，低浓度时会产生令人愉快的芳香味。新鲜鱼体内基本不含三甲胺，该物质主要存在于不新鲜鱼的气味中，增强"鱼腥味"。

南极磷虾加热时产生的气味成分主要有戊醛、己醛、顺-4-庚烯醛、辛甲醛、苯乙醛、2-戊酮、2-庚酮、2-壬酮、2-癸酮、3,5-二烯-2-酮等。蛤蜊香气中挥发性酸和羰基化合物等成分较少。海参、海鞘类水产品具有令人愉快的风味，其清香气味的特征化合物有 2,6-壬二烯醇、2,7-癸二烯醇、7-癸烯醇、辛醇、壬醇等。产生这些化合物的前体物质是氨基酸和脂肪，形成的基本途径与植物性食品类似。烤紫菜的香气成分在 40～50 种，其中最主要的是羰基化合物、硫化物和含氮化合物。

3.2　生　理　功　效

3.2.1　功效性成分

与陆地食品资源相比，海洋食品资源中含有很多独特的功能因子，具有特色鲜明的生理功效，海带和牡蛎还被我国卫生部(现国家卫生健康委员会)列为药食两用食品资源[31-33]。略举海洋食品资源中含有的功效性成分如下。

1)活性糖类：如壳多糖、褐藻胶、螺旋藻多糖、海参多糖等。

2)活性蛋白、肽及氨基酸类：如牛磺酸、降血压肽、降血糖肽、降钙素等，还包括功能性糖蛋白扇贝糖蛋白、脂蛋白。

3)活性脂类：如花生四烯酸、二十碳五烯酸(EPA)、二十二碳六烯酸(DHA)、共轭亚油酸等，还包括功能性磷脂。

4)酶类：如超氧化物歧化酶(superoxide dismutase，SOD)、细胞色素 C、辅酶Q 等。

5)色素类：如 β-胡萝卜素、类胡萝卜素、虾青素、叶绿素、藻胆色素等。

6)多酚类：如褐藻多酚等。

7)皂苷类：如海星皂苷、海参皂苷等。

8)萜类：如海兔素、角鲨烯等。

9)甾醇类：如岩藻甾醇等。

10)酰胺类：如龙虾肌碱、骨螺素等。

11)膳食纤维：如琼脂、卡拉胶等。

12)维生素：维生素 B 族、维生素 E、维生素 A、维生素 D 等。

13)微量元素：如有机锌、有机硒、有机碘、有机锗等。

3.2.2　主要生理功效

3.2.2.1　健脑益智

海洋食品中含有丰富的健脑益智成分[34]。海带富含碘，牡蛎富含锌，海产鱼、贝类富含 DHA、EPA。科学假说认为，"人类大脑进化与食用海产品密切相关"。DHA、EPA 是海洋食品中重要的健脑益智成分，而在陆地食品中极为匮乏。富含DHA、EPA 的鱼油已被开发为健脑益智和抗衰老产品，深受市场欢迎。

3.2.2.2　抗衰老

海藻提取物能增进动物在应激状态下的耐力，提高衰老期小鼠的存活率，还能增强 SOD 活性，具有抗衰老作用。鱼油中的多不饱和脂肪酸是一种有效的体内自由基清除剂，对抗氧化酶有调节作用，对人体超氧化物歧化酶(SOD)、过氧化氢酶(catalase，CAT)、谷胱甘肽(glutathione，GSH)值偏低者均能显著提高相应数值，对脂质过氧化物(LPO)值偏高者能显著降低相应数值。鱼油对脑功能认识、记忆影响的试验证明，试验组的记忆商(memory quotient，MQ)值显著增高，证明其有助于防治脑功能衰退。羊栖菜多糖和鼠尾藻多糖也显示对氧自由基有清除作用。

3.2.2.3　预防心血管病变

海洋鱼类、贝类及微藻中的脂类，大多含有丰富的多不饱和脂肪酸，可作为心血管疾病的辅助治疗药物或保健食品[34]。鱼油中所含有的高不饱和脂肪酸(如 DHA、EPA 等)具有降低血液黏度、降脂、降胆固醇等功效，能够显著减少心脑血管疾病的发生。流行病学调查显示，DHA、EPA 是造成沿海渔区人群心脑血管疾病发病率低的重要原因。

海藻硫酸酯多糖的水解物具有类似肝素的功效，可预防血栓形成。海藻所富含的膳食纤维和其他功能性多糖(如褐藻酸等)，也具有调理胃肠道功能、降血脂和胆固醇、降低血液黏度的功效。

3.2.2.4　辅助降血压

海带富含钾元素，可转化形成调节钠钾平衡的褐藻酸钾。褐藻酸钾在胃酸作用下分离为褐藻酸与钾离子。在十二指肠处的碱性环境中，褐藻酸又与钠结合形成褐藻酸的钠盐经粪便排出体外，钾离子被吸收而进入体液内，通过 K^+-Na^+-ATP泵而进行细胞内外交换，更促进了钠的排出。小动脉壁内钠含量减少，使小动脉平滑肌对去甲肾上腺素等升压物质的反应减弱，导致血压下降。海藻中含有的甘露醇对颅内压及眼内压也有显著降低效果。海藻中含有的褐藻氨酸也可通过激动M-胆碱受体、抑制心肌收缩力、减慢心率等综合作用而使血压下降。海蜇也有显著的降压效果，被认为是辅助降血压食物。

3.2.2.5　辅助降血糖

海藻多糖，特别是褐藻多糖，可提高胰岛素敏感性，改善糖耐量，降低空腹血糖水平，降低饥饿感，调理胃肠道功能。甲壳素及其衍生物也具有降血糖作用。在贝类中，文蛤肉能有效降低小鼠血糖水平。

3.2.2.6　提高免疫功能

有助于提高免疫功能的海产品主要有海洋贝类、藻类和棘皮动物类[35, 36]。牡蛎提取物可明显增强小鼠免疫功能，提高外周血白细胞数、T 细胞百分比、NK 细胞活性，对有丝分裂原引起的 T 细胞增殖也有显著促进作用。牡蛎提取物可明显促进 B 细胞产生抗体，解除由环磷酰胺引起的免疫抑制，对环磷酰胺造成的免疫功能抑制小鼠的 NK 细胞活性、淋巴细胞转化能力有正向调节作用，使 TH/TS 值（辅助性 T 细胞数量与抑制性 T 细胞数量的比值）达到正常水平。

文蛤提取物及其多糖可使受环磷酰胺抑制的小鼠免疫力提高，提升外周血白细胞数和吞噬指数。

从海带中提取的褐藻糖胶在体外可诱导白细胞介素-1 和丙型干扰素产生，小鼠体内给药可增加 T 细胞、B 细胞、巨噬细胞和 NK 细胞的功能，促进对绵羊红细胞的初次抗体应答。来自羊栖菜的多糖对 S-180A 小鼠红细胞免疫功能的降低有对抗作用，可使体内红细胞 C3b 受体花环率、受体花环促进率和血清中红细胞 C3b 受体花环率下降，对艾氏腹水癌细胞（EAC）小鼠有明显的免疫促进作用，并呈量效正相关。

3.2.2.7　抗菌抗病毒

褐藻、红藻、绿藻提取物对大肠菌群、芽孢杆菌、酵母、丝状真菌普遍显示抑菌效果。含有丙烯酸及萜烯类、溴酚类或某些含硫化合物的海藻都有抗菌作用。贝类中也有抗菌成分，文蛤、泥蚶等贝类组织提取物对葡萄球菌有较强的抑制作用。珊瑚提取物对金黄色葡萄球菌、枯草杆菌和大肠杆菌有抑制作用。分离自大凤螺及鲍鱼的"鲍灵"（paolin）成分对金黄色葡萄球菌、沙门氏菌和酿脓链球菌有抑制作用。

海产品还有抗病毒作用，例如，从红藻石花菜中提取的琼脂和从角叉菜中提取的卡拉胶均为含有半乳糖的硫酸酯，是一种抗病毒活性物质，对流感病毒、腮腺炎病毒均有抑制作用。巨大鞘丝藻及穗状鱼栖苔等也有抗病毒活性。在软体动物鲍鱼、墨鱼、牡蛎、蛤蜊等组织提取液中都有抗菌成分。

3.2.2.8　其他

藻类多糖通过螯合作用清除人体内重金属离子(如 Pb 等)。某些海洋食品中富含特征性功效成分,如碘、锌、硒、牛磺酸等,对某些营养缺乏症和地方性疾病的防治具有特殊意义。海洋食品资源中,相当多种类已被开发为保健食品,如螺旋藻、海藻、海产加工下脚料、海胆、海蜇等,略举如下。

1)鲨鱼软骨系列:具有增强免疫力、改善骨密度等功能。

2)海藻系列:具有降血脂、增强免疫力、通便、减肥、改善皮肤水分和油分含量等功能。

3)深海鱼油产品系列:具有调节血脂、血压,改善视力等作用。

4)甲壳产品系列:脱乙酰甲壳素具有抗辐射、保护肝脏、抗氧化等功能。

5)补碘系列:具有促进生长发育、改善智力等功能。

6)珍珠及活性钙产品系列:具有改善骨密度、美容、改善睡眠等功能。

参 考 文 献

[1] 梁惠. 海产品主要营养素分析. 青岛: 青岛海洋大学硕士学位论文, 2000.

[2] 朱蓓薇. 聚焦营养与健康, 创新发展海洋食品产业. 轻工学报, 2017, 32(1): 1-6.

[3] 陈利梅, 等. 我国海洋食品工业的现状及对其发展的思考. 食品与药品, 2005, 7(7): 22-25.

[4] 李轻舟. 海洋食品, 集营养和保健于一身. 中国食物与营养, 2004, (1): 48.

[5] 张荣彬, 等. 中国海洋食品开发利用及其产业发展现状与趋势. 食品与机械, 2017, 33(1): 217-220.

[6] 陈永军. 海洋食品浮出海面. 中国检验检疫, 2009, (11): 64.

[7] 肖乐, 等. 加快海洋生物资源高效利用, 服务海洋强国战略. 中国水产, 2013, (6): 9-12.

[8] Cheng M W, et al. Relationship between dietary factors and the number of altered metabolic syndrome components in Chinese adults: a cross-sectional study using data from the China Health and Nutrition Survey. Bmj Open, 2017, 7(5): e014911.

[9] Parian A M, et al. Fish consumption and health: the yin and yang. Nutrition in Clinical Practice, 2016, 31(4): 562-565.

[10] Thilsted S H, et al. Sustaining healthy diets: the role of capture fisheries and aquaculture for improving nutrition in the post-2015 era. Food Policy, 2016, 61: 126-131.

[11] Kaushik S. Contribution of fish farming to human nutrition. Cahiers Agricultures, 2014, 23(1): 18-23.

[12] 陆玉芹, 等. 鱼类加工制品蛋白质氧化程度分析. 食品科学, 2015, 36(19): 55-59.

[13] 骆卢佳, 等. 鱼肉蛋白质凝胶结构的保水机制研究. 食品研究与开发, 2015, 36(24): 34-38.

[14] Emanuele E, et al. Seafood intake, polyunsaturated fatty acids, blood mercury, and serum C-reactive protein in US National Health and Nutrition Examination Survey (2005-2006). International Journal of Environmental Health Research, 2017, 27(2): 136-143.

[15] Parvathy U, et al. Fish oil and their significance to human health. Everymans Science, 2016, 51(4): 258-262.

[16] Salem N, Eggersdorfer M. Is the world supply of omega-3 fatty acids adequate for optimal human nutrition? Current Opinion in Clinical Nutrition and Metabolic Care, 2015, 18(2): 147-154.

[17] 张可, 等. 海藻硫酸多糖的分离纯化及其抗肿瘤作用. 中医临床研究, 2016, 8(18): 31-32.

[18] 田鑫, 等. 海藻多糖提取纯化及生物活性的研究进展. 食品与发酵科技, 2015, 51(6): 81-85.

[19] 路海霞, 等. 大型海藻多糖的制备及应用研究. 渔业研究, 2017, 39(1): 79-84.

[20] 李晓萌, 等. 硫酸化海藻多糖及其生物活性研究. 哈尔滨商业大学学报(自然科学版), 2017, 33(1): 11-14.

[21] 宿志红. 帝斯曼: 空气污染时代的新营养对策——鱼油+维生素或可有效抵抗 PM2.5 危害. 食品工业科技, 2015, 36(12): 43.

[22] 吴新民, 等. 海产品的营养与药用功能. 河北渔业, 2004, (5): 18-19.

[23] 朱元元, 等. 南极磷虾硒及矿质营养的初步研究. 极地研究, 2010, 22(2): 135-140.

[24] 徐强, 等. ICP-AES 测定海产品中的微量元素. 光谱实验室, 2013, 30(5): 2621-2624.

[25] Sager M. Selenium in agriculture, food, and nutrition. Pure and Applied Chemistry, 2006, 78(1): 111-133.

[26] 翁世兵, 等. 海产鲜味物质及海产品特征滋味的研究进展. 中国调味品, 2007, (11): 21-27.

[27] Venugopal V, et al. Shellfish: nutritive value, health benefits, and consumer safety. Comprehensive Reviews in Food Science and Food Safety, 2017, 16(6): 1219-1242.

[28] 罗林, 等. 海产品储藏过程气味特征研究及其与鲜度关系初探. 分析化学, 2009, 37(z1): D180.

[29] Shahidi F, et al. Flavor and lipid chemistry of seafoods: an overview. ACS Symposium Series, 1997, 674: 1-8.

[30] Boyd L C. Influence of processing on the flavor of seafoods. ACS Symposium Series, 1997, 674: 9-19.

[31] 李敏, 等. 海洋食品及药物资源的开发利用. 食品与发酵工业, 2001, 27(5): 60-64.

[32] 翁如柏, 等. 十种具有明显食疗保健功效的常见海产品. 海洋与渔业, 2017, (3): 70-72.

[33] 王振华. 海产品加工副产品中的生物活性物质. 肉类研究, 2009, (3): 83-85.

[34] 武深秋. 海产品的保健作用. 山东食品科技, 2004, 6(3): 15.

[35] 徐清云, 等. 海洋棘皮动物脂质的研究进展. 渔业研究, 2017, 39(3): 229-237.

[36] 徐慧静. 海参活性成分对高尿酸血症的影响. 青岛: 中国海洋大学硕士学位论文, 2012.

第4章　海洋微生物

（南昌大学，陈廷涛）

浩瀚的海洋是地球上生命的摇篮，占地球表面积的 70%以上，达 $3.6×10^8 km^2$，海水总体积占地球总水量的 97%，是微生物资源研究与开发的巨大宝库。据统计，海洋微生物(marine microorganism)有 $1×10^7～2×10^8$ 种，在正常海水中的数量一般少于 $10^6 CFU/ml$，但在多数自然生态环境中少于 200CFU/ml。仅在过去 10 年中，有近 5000 种新的海洋天然产物被发现，大多数都分离自海洋微生物，且许多是陆地生物所没有的，具有巨大的开发价值。

海洋微生物不仅在物质循环、能量流动、生态平衡及环境净化等方面担负着重要的角色，而且随着以海洋微生物天然产物开发为主体方向的热点关注和研究，有关海洋微生物及其代谢产物在活性天然产物利用、食品科学、药物、新能源及生态等领域展现出巨大的发展潜力。海洋微生物资源研究已成为海洋资源研究的重要内容之一[1]。

4.1　种类及分布

海洋微生物中有自养和异养的原核生物、自养和异养的真核生物及病毒。海洋中微生物的大小从最小的细菌(直径约 0.3μm)到最大的小型浮游生物中的纤毛虫(约 150μm 长)，它们在海洋生境中具有重要作用。海洋微生物的种类与分布，在地质时代中因海洋生境的变化而改变。目前所研究和已经过鉴别的海洋微生物不到整个海洋微生物数量的 5%。

4.1.1　古菌

通过 rRNA 序列比较发现，大约 1/3 的海洋微型浮游生物都是古菌。古菌在海洋中的种类和数量分布不均衡，古菌又分为广域古菌界和嗜温泉古菌界，前者包括嗜盐古菌、嗜热古菌、产甲烷古菌；后者有极端嗜热型古菌、硫酸盐还原型古菌等。后来人们通过对温泉环境下古菌的研究发现，在古菌域里还应有一个新的界，即初生古菌界，这一类群的古菌只能通过分子生物学的方法来检测，但还没有一例有关这一古菌被成功分离的报道。

浮游古菌广泛存在于各类海洋生态环境中，古菌的分布、组成及多样性与海水的深度、季节、温度等环境条件的变化有相关性。研究发现，海洋浮游古菌在海洋水域表层相对广泛存在；在水域中层，浮游古菌在原核细胞群体中占优势地位，在不同的海域中古菌的分布也有变化。例如，通过对大西洋和太平洋不同水深样品的系统进化分析，发现古菌的相对含量随着水深加深而增加，可以从表层的占微型浮游生物的约 2%，到 200m 深达到最大值(约 20%)，然后不再随深度发生变化，但由于在表层与 200m 水深的微生物总量相差一个数量级，因此古菌的绝对含量却无多大的变化；同时发现表层古菌多为广域古菌，而深层多为嗜泉古菌[2]。而在海洋沉积物中，王鹏[3]采用分子生物学技术调查了西太平洋 5 个位点沉积物中的古菌，发现嗜泉古菌占绝对优势，且其含量随深度增加而增加。另外，还有些极端特殊环境中也存在古菌，如海底火山口古菌、海底热泉口古菌及深海冷泉古菌等。

4.1.2　细菌

海洋细菌属原核单细胞生物，它们是海洋微生物中分布最广、数量最多的一类生物，个体直径一般小于 2μm，呈球状、杆状、螺旋状或分枝丝状。

海洋细菌按其代谢方式分为光能自养细菌(产氧与不产氧光合细菌等)、化能自养细菌(硝化细菌、硫化细菌、甲烷氧化细菌等)、化能异养细菌(革兰氏阳性菌、革兰氏阴性菌等)及部分兼性好氧/厌氧的菌群。几乎所有已知生理类群的细菌，都可在海洋环境中找到，如假单胞菌属、弧菌属、无色杆菌属、螺菌属、微球菌属、芽孢杆菌属、棒杆菌属等十多个属。在海水中，革兰氏阴性杆菌占优势；在远洋沉积物中，则以革兰氏阳性菌居多；在大陆架沉积物中，芽孢杆菌属最为常见。

海洋细菌在不同海域不同深度，存在较大的分布差异。近海区的细菌密度较远洋区大，尤以内湾和河口区最大。每毫升近岸海水中一般可分离到 $1\times10^2\sim1\times10^3$ 个细菌菌落，有时可超过 1×10^5 个，表层海水和水底泥界面处的细菌密度较深层海水大，底泥中的细菌密度一般较海水中大，泥土底质中的细菌密度一般高于沙土底质。在每克底泥中细菌数量为 $1\times10^2\sim1\times10^5$ 个，高的可达到 1×10^6 个以上。例如，何剑锋等[4]对白令海中部的研究表明，浮游细菌表层生物量为 1.5～20.2μg/dm^2，分布趋势从西部向东部递减，从表层向深层递减，在 20～25m 水层温跃层和表层海流尤其明显。

4.1.3　真核微生物

远古时代生物圈中真核细胞的起源还不十分清晰。除了核进化，真核细胞最大的进化是细胞内骨架和内膜系统的进化。这导致真核生物比原核生物的细胞质复杂，而且形成一个新的吞噬营养和内部消化颗粒食物的方式。原始真核生物是厌氧的，有一些现代厌氧原生生物(如小孢虫)没有线粒体，然而有证据表明，这些原始真核微生物曾经也有线粒体。

海洋真核微生物可分为三个大的类群：以利用光能方式自养生长(在藻类中不存在化能自养真核生物)，如微藻(硅藻、甲藻等)；以吞食有机物的方式化能异养(吞噬作用)，如原生动物(非光合鞭毛虫、纤毛虫、阿米巴虫)；以吸收方式化能异养，此为真菌(海洋酵母、丝状真菌等)。

海洋真核微生物广泛分布于海洋环境中，如海洋真菌，从潮间带高潮线或河口到深海，从浅海沙滩到深海沉积物都有它的踪迹。海洋酵母适应海洋中生长控制因素(渗透压、静水压、温度、酸碱度等)的能力较强，因此在海滨、大洋及深海沉积物中都能分离到。但其数量较细菌少，近岸海域仅为细菌的 1%。而丝状真菌因受栖息基物限制，多集中分布在沿岸海域。有研究对海洋真菌的分布特点进行了总结：随着盐度降低，水霉菌种类数目增加，但子囊菌种类数目减少；热带水域比寒温带水域中海洋真菌种类多；随平均水温增高，水生真菌活性降低。

4.1.4 病毒

海洋病毒是海洋环境中一类土著性、超纤维、仅含一种类型的核酸(DNA 或RNA)、在专性细胞内寄生(或游离存在)的非细胞结构的微生物，能够通过细菌滤器，在活细胞外具一般化学大分子特征，进入宿主细胞则具有生命特征。海洋生物的多样性及病毒侵染的专一性，造就了海洋病毒的多样性。根据其宿主的不同可以划分为海洋动物病毒(对虾病毒、贝类病毒、鱼类病毒等)、海洋藻类病毒(真核藻类病毒、原核藻类病毒)、海洋噬菌体(细菌、古菌病毒)等。海洋病毒侵染宿主后利用宿主体内的物质和能量合成自身物质，并完成装配、增殖等生命活动，进而裂解宿主细胞，释放子代病毒颗粒。海洋病毒庞大的数量、广泛的宿主范围及其对宿主的裂解特性使其在调节海洋生态系统中种群的大小和多样性方面起着非常重要的作用。

病毒是海洋生态系统中个体最小也是丰度最高的成员，是地球上仅次于原核生物的第二大生物量组分。所有形式的原核和真核生物都可能被病毒感染。病毒大小多在 20~200nm，由核酸(DNA 或 RNA)及包在外部的蛋白质衣壳构成，不能独立代谢和生长，只能通过控制宿主的生物合成机制来进行自我复制。

海水中海洋病毒的分布呈现近岸高、远岸低；在海洋真光层中较多，随海水深度增加逐渐减少，在接近海底水层时又有回升的趋势。海洋病毒数量一般通过病毒样颗粒(virus-like particle，VLP)数进行表征，研究表明：海水表层的病毒数量高达 1×10^{10} 个/L，在贫营养海域可能会降低到 1×10^9 个/L，但病毒数量总体上是细菌数量的 5~25 倍。同时海洋病毒在海水中的分布及含量也会呈动态变化，会随其他参数变化而快速变化。病毒与藻类、细菌的关系非常密切，在近海岸和大洋中，当藻类大量繁殖，特别是春秋季赤潮发生时，藻类生长旺盛，受感染机会增加，从而导致病毒丰度增高，直到藻类生长开始衰退，病毒含量也会随之减少。

4.2　研　究　方　法

由于海洋环境及微生物生长代谢的特殊性，对海洋微生物的研究从取样、培养到鉴定都有其特殊性。

4.2.1　分离与培养方法

虽然目前海洋中只有不到 1%的微生物被培养出来,但可培养本身并不是细菌细胞的特性，微生物能否被培养在一定程度上取决于是否找到了适宜的方法，但目前尚且没有一种方法适用于所有海洋微生物培养。实际培养中要根据微生物的生理生化特性，给予合适的营养物质、培养温度和通气条件。对海洋微生物培养所需特殊条件(如 NaCl 含量、压力条件等)必须予以考虑。选择合适培养基接种后，不同微生物的培养条件也有差异。例如，生长在深海或寒冷地区的嗜冷菌，培养时需要低温。培养时间也因菌种不同而有较大差别，例如，常见弧菌和大肠杆菌培养 1～2 天后即可长出明显菌落，而部分嗜冷菌则需要培养几周才能出现肉眼可见菌落[5]。

针对海洋中难培养的微生物，研究者发明了许多新型培养方法，但目前即使在国外，多数研究还是停留在对分离得到的细菌进行鉴定和分类的层面上，并未对难培养、未培养细菌的可培养机理进行深入研究。通过模拟自然条件的生存环境(培养基成分、温度、时间、氧气、酸碱度等)、维持微生物种群间的相互关系(如受到环境中其他细菌分泌的糖类、肽类等影响)是提高海洋微生物可培养性的关键。因此，提高海洋微生物可培养性方法的研究应该主要围绕这一方面，并结合分子生物学技术，进行深入改进和发展。近年来发展的海洋微生物培养新方法主要有以下几种。

1)向培养基中添加微生物生长所必需的成分：在培养基中加入微生物相互作用的信号分子就可简单地模拟微生物间的相互作用,满足微生物生长繁殖的要求。Kawase 等[6]发现，如果向培养基中加入酰基高丝氨酸内酯、cAMP 或 ATP 等信号分子能促使细菌得到培养。Kashefi 等[7]根据嗜高热微生物利用 Fe(III) 作为终端电子受体这一高度保守的特性，在培养基中添加非常微量的 Fe(III)氧化物，提高了嗜高热微生物的可培养性。

2)降低培养过程中的毒害作用：为了降低培养过程中优势菌种代谢所产生的过氧化物、自由基和一些拮抗物质的毒害作用，可以在培养基中添加对这些毒性成分具有降解能力的物质，如丙酮酸钠、甜菜碱、超氧化物歧化酶和过氧化氢酶等。同时，充足的氧气有时也是毒性氧产生的原因之一，减少培养环境中的氧分压也可减弱毒性氧的影响。

3) 极限稀释培养：目前已知海洋微生物中，仅有不到 1%的种类可以以纯培养方式得到。这是由于海洋环境中主要是寡营养微生物，而在实验室培养时，培养基的营养物浓度远远高于微生物生长的自然环境。稀释培养法是从概率论的角度出发提出的一个新方法，即利用环境样品不断稀释浓度，当把样品中的微生物群体总数稀释至一定浓度时，主要存在的寡营养微生物可以不受少数优势微生物的抑制或竞争作用的干扰，因而大大提高了主体寡营养微生物培养的可能性。Button 等[8]首先利用纯培养方式分离得到两种寡营养异养菌。Schut 等[9]应用极端稀释培养法在实验室环境下也培养出了典型海洋细菌。

4) 高通量培养法：Rappé 等[10]在稀释培养法的基础上提出高通量培养法。他们将样品密度稀释至 $1×10^3$ 株/ml 后，采用 48 孔细胞培养板分离培养微生物。通过该方法可使样品中 14%的细胞被培养出来，远高于传统微生物培养技术，且培养出 4 种独特的种类属于以前未被培养的海洋变形菌门进化枝；Cho 等[11]采用高通量培养法从太平洋的近岸和深海中培养出 γ-变形菌纲中的 44 株新菌,基于培养板的高通量培养法有效地提高了微生物的可培养性，并且可以在短期内检测大量的培养物，大大提高了工作效率。

5) 微囊包埋法：微囊包埋法是海洋微生物的另一种高通量分离培养技术。Zengler 等[12]将海水和土壤样品中的微生物先进行类似稀释培养法的稀释过程，然后将稀释到一定浓度的菌液与融化的琼脂糖混合，制成包埋单个微生物细胞的琼脂糖微囊，然后将微囊装入凝胶柱内，使培养液连续通过凝胶柱进行流态培养。美国 Diversa 公司利用该方法对海洋微生物进行培养，培养出一些以前未被培养的新菌种。但该方法建立时间较短，在技术上还存在一些问题，如所用包埋基质是琼脂糖，机械强度低、透性差，而且在包埋时需加热熔解，而许多微生物对热敏感。另外，其培养条件和原生态环境仍有较大差别。

6) 扩散盒培养法：这种培养方法主要是模拟海洋微生物生长的自然环境。Kaeberlein 等[13]设计了一种培养装置，名为扩散盒。该扩散盒由一个环状的不锈钢垫圈和两侧胶连的 0.3μm 的滤膜组成。将海洋微生物样品加至封闭的扩散盒中，在模拟采样点环境条件的玻璃缸中进行培养。扩散盒的膜可使化学物质在盒内和环境之间进行交换，但是细胞却不能自由移动。该研究组使用扩散盒分离培养潮间带底泥中的微生物，培养 1 周后培养基上产生大量的微型菌落，数目高达接种微生物的 40%。

7) 微孔滤膜贴膜法：过滤的方法常用于大量水样中含有较少细菌的样品计数。目前计数海洋细菌时通常选用孔径为 0.22μm 的微孔滤膜，计数结果同时也受培养基和培养条件的影响，这种方法特别适合于计数含菌量极少的大洋水样。如果使用特殊的选择性培养基，还可以用来分离含量极少的特殊细菌，如海洋和河口样品中的霍乱弧菌、副溶血性弧菌等。

4.2.2　多样性研究方法与技术

海洋微生物在海洋环境中是以群落形式存在的，利用分子生物学的方法根据遗传信息的差别可将它们分为不同的类群，从而对海洋微生物，尤其是不可培养的微生物资源进行探索和开发。分子生态学方法是从分子水平研究生物大分子的结构与功能从而阐明生命现象本质的科学，以核酸和蛋白质等生物大分子的结构及其在遗传信息与细胞信息传递中的作用为研究对象，用于微生物遗传信息的分析及微生物多样性的研究。本小节主要就分子标记技术、变性梯度凝胶电泳和温度梯度凝胶电泳、宏基因组学技术多种方法在海洋微生物多样性研究中的应用进行介绍。

1) 分子标记技术：分子标记技术是以个体间遗传物质内核苷酸序列变异为基础的遗传标记，能反映生物个体或种群间基因组中某种差异的特异性 DNA 片段。分子标记种类有很多，第一代分子标记以限制性片段长度多态性(restriction fragment length polymorphism，RFLP)为代表，是基于酶切位点多态性开发的分子标记。利用 RFLP 来研究微生物藻际细菌多样性既准确又便捷，该研究对于微生物在微藻生长过程中所起的作用及探寻新的微生物资源方面具有重要的指导意义。

第二代分子标记以简单序列重复(simple sequence repeat，SSR)分析为代表，是基于简单重复序列多态性开发的分子标记。第二代分子标记通过引物的特殊设计，能够扩增 DNA 上相应位置的序列，根据它们的多态性，进行下一步分析。第三代分子标记以单核苷酸多态性(single nucleotide polymorphism，SNP)为代表，是基于高通量测序的新一代分子标记技术。SSR 和 SNP 自身的特性决定了它们更适合于对复杂性状与疾病的遗传解剖，以及基于环境群体的基因水平上的多样性研究等，不同微生物种群的保守区域不同，其扩增产物在长度上就表现出差别。三代标记技术中 RFLP 在海洋微生物多样性研究方面的应用比较广泛，但是其信息量比较低，当环境中微生物丰度较高时应用起来就会受到限制；SSR、SNP 虽然在海洋微生物研究中应用不多，但其在微生物多样性方面的应用前景非常广阔，主要是其丰富的信息量可以对环境中的微生物多样性进行分析，结合高通量测序技术的应用，能较好地应用在微生物多样性的研究中。

2) 变性梯度凝胶电泳(denaturing gradient gel electrophoresis，DGGE)和温度梯度凝胶电泳(temperature gradient gel electrophoresis，TGGE)。不同的微生物其 DNA 的碱基组成不同，在变性剂梯度或者温度梯度下，不同的 DNA 在不同时间开始解链，由于解链的 DNA 运动能力大大下降，不同的双链 DNA 才得以区分开。根据这样的原理，在变性剂梯度或者温度梯度下不同的 DNA 在电泳的过程中分开，而同一种微生物的 DNA 条带就在同一水平直线上。Ding 等[14]通过 DGGE 技术对深海低温热液硫化物烟囱内的细菌及古菌的群落多样性进行了研究，从而为深海微生物多样性特征及微生物资源开发提供了有用的信息。

3）宏基因组学技术：宏基因组学是一种以环境样品中的微生物群体基因组为研究对象，以测序分析为研究手段，以功能基因筛选为目的的一门学科，主要研究从环境样品获得的基因组中所包含的微生物遗传组成及其群落功能，避免了传统微生物学基于纯培养研究的限制，为充分认识和开发利用不可培养微生物，并从完整的群落水平上认识微生物的活动提供了可能。用于微生物多样性研究的宏基因组学技术以高通量测序技术（454 测序、Solexa 测序、Solid 测序）为主，可以将环境中所有微生物的遗传信息展示出来，再通过软件分析，从而使人们对海洋中微生物群落的多样性有更深刻的了解[15,16]。

4.3 海洋微生物及其活性物质的开发和应用

4.3.1 海洋极端微生物的概况及应用前景

海洋中存在一些能在高温、高盐、高压、寒冷、高酸碱或高辐射强度等极端环境下生活的微生物，如嗜盐菌、嗜冷菌、嗜热菌、嗜压菌和耐辐射菌等，统称为海洋极端微生物。极端微生物具有独特的基因类型、特殊的生理机制和代谢产物，因而极端微生物的研究将在新型微生物资源开发、生物进化、生命起源、微生物生理、遗传和分类乃至生命科学及其相关学科的许多领域，如功能基因组学、生物电子器材等研究方面提供理论资料，极端微生物的应用将改变生物技术的面貌。

（1）嗜盐微生物

嗜盐菌是能在高盐环境下生长的微生物，根据嗜盐浓度的不同，可将海洋嗜盐菌分为弱嗜盐菌、中度嗜盐菌和极端嗜盐菌。部分高盐区是嗜盐微生物的重要来源，如晒盐厂、死海等。目前已分离到的极端嗜盐菌只有盐杆菌属的几个种，主要有盐生盐杆菌和红皮盐杆菌；极端嗜盐藻类有盐生杜氏藻和绿色杜氏藻等。

近年来各国科学家对海洋嗜盐微生物进行了大量研究。1993 年 Moriya 等[17]发现了一系列耐有机溶媒的嗜盐菌；方金瑞[18]从闽南海泥分离筛选到多株能产生胡萝卜素的菌株；日本海洋科学技术中心也从海洋沉积物中分离到极端耐盐菌。海洋嗜盐菌具有极为特殊的生理结构和代谢机制，同时还可以产生许多具有特殊性质的生物活性物质。目前海洋嗜盐菌在食品医药、生物电子、环境处理等方面均有较多应用。在食药行业中，嗜盐菌菌体内含有大量胡萝卜素、γ-亚油酸等，可广泛用于食用蛋白和食用添加剂行业。中度嗜盐菌螺旋蓝细菌活性物不仅作为健康食品进行销售，成为运动员和宇航员的饮料补品，而且可作为精细化学药品原料，如亚油酸等的来源。德国研究人员筛选到的一株嗜盐枯草芽孢杆菌能以海水作为培养基质，借光合机制产生脯氨酸分泌至胞外来作为蛋白质的来源。同时嗜盐菌还有修复 DNA 的功能，科学家用辐射轰击法破坏嗜盐菌的 DNA，但它们能在几个小时内重新将染色体召集到一起，恢复正常功能，这对于生命细胞的 DNA 恢复并增强人体修复 DNA 受损的自然能力具有重要意义。

(2)嗜冷微生物

嗜冷菌根据生长温度特征可分为两种：嗜冷菌和耐冷菌。嗜冷菌又分为专性嗜冷菌和兼性嗜冷菌，一般将生长温度不高于 15℃、最高不高于 20℃、最低生长温度为 0℃或更低的微生物称为专性嗜冷菌；能在不高于 5℃的环境生长，而最适及最高生长温度不限的微生物称为兼性嗜冷菌。Gordon 等[19]从北海海冰中分离出一种新的嗜冷菌，能在-12℃温度下生长繁殖；卜宪娜[20]从东海海底泥中筛选得到一株低温耐受菌，最适生长温度也在 20℃以下。海洋嗜冷菌种类繁多，目前已发现有细菌、酵母菌、藻类和古菌等，在食品医药、环境保护等方面都有应用。

在食品行业中，嗜冷酶可以在最适温度较低的条件下进行酶催化反应，可以节约能源。嗜冷性果胶酶可降低果汁提取液的黏度，澄清终产品；嗜冷性淀粉酶、蛋白酶和木糖酶能缩短面团发酵时间，提高生面团和面包心的质量、香味及湿度等。

(3)嗜热微生物

嗜热微生物俗称高温菌或嗜热菌，是指最低生长温度在 45℃左右，最适生长温度在 50～60℃，最高生长温度在 70℃或 70℃以上的一类微生物。海洋中很多地理活跃地带分布着热泉口，部分温度可高达 350℃，许多嗜热微生物就生存在热泉附近含丰富矿物质的水底沉积物中。例如，1993 年日本科学家在近岸海域发现一株嗜热古菌——敏捷气热菌，最适生长温度为 95℃；德国科学家在意大利海底发现一株能生活在 110℃以上的嗜热菌，最适生长温度为 98℃，降至 84℃以下就会停止生长。此外，美国华盛顿大学的海洋学家在 2400m 的深海热泉口发现一株嗜热菌，加热到 121℃时仍有繁殖能力。由于这类微生物生存在高温环境中，其细胞和酶蛋白具有独特的耐热性，可以作为重要的微生物资源加以开发利用。近年来，嗜热酶已在食品酿造工业、医药工业、环境保护、遗传工程等领域得到广泛应用，其良好前景备受关注。

在食品加工过程中，通常要经过脂肪水解、蛋白质消化、纤维素水解等过程。嗜热性脂肪酶、淀粉酶、蛋白酶、纤维素酶及糖化酶已经在食品加工过程中发挥了重要作用。一些具有耐热活性的 A2 淀粉酶已用于淀粉、酒精、啤酒及其他发酵工业生产；消化蛋白酶使食品更具风味和有益健康；在啤酒中应用 B2 葡聚糖酶可以提高麦汁分离速度，降低啤酒浑浊度，减少胶状沉淀；嗜热链球菌是氯化三苯基四氮唑(TTC)法检测牛乳中抗生素的指示菌，又是酸奶生产时使用的特定菌，与保加利亚乳杆菌混合培养能生产出芳香适口的酸奶。此外，其原料可以使用山羊奶，因为山羊奶的脂肪球直径比牛奶的脂肪球直径小 1/3，而绵羊奶的分子结构比山羊奶更小，脂肪球直径的大小直接影响消化速度，因此绵羊奶在消化吸收和脂类代谢方面有比较突出的优势[21]。

(4)嗜压微生物

嗜压微生物是指在高于 0.1MPa 的压力条件下生长优于常压条件的微生物。1975 年，Zobell 等[22]首次提出了嗜压微生物(barophile)的概念，定义为最适生长压力在 0.1MPa 以上的生物；Lauro 等[23]从 5800m 水深的样品中，成功地分离到嗜压菌 Psychromonas sp. CNPT-3，此后，不断有嗜压微生物被分离到。有关海洋嗜压菌的应用报道较少，只在基因工程和高压生物反应器研究中有所应用。例如，根据嗜压微生物的蛋白质结构，通过 PCR 技术或 DNA 混编(DNA shuffling)方法设计新的蛋白质来增加酶的稳定性。

其他嗜酸碱及耐辐射菌等海洋极端微生物在食品医药行业的应用尚少，在此不做详述。

4.3.2　海洋微生物天然产物

研究者在海洋微生物体内及代谢产物中发现了许多化学结构特异、新颖、多样的生物活性物质，包括抗生素、生物毒素、酶抑制剂、酶、多糖、氨基酸、不饱和脂肪酸、维生素、色素及具有抗病毒、抗肿瘤活性的物质等，其中有相当一部分生物活性物质是陆地生物所没有的，这些活性物质在食品、医药、化工及生命科学等研究领域具有广阔的应用前景[24]。

4.3.2.1　抗生素活性物质

抗生素主要包括抗细菌、抗肿瘤、抗真菌抗生素及一些抗炎症和镇痛的活性物质，但病原微生物获得抗药性的速度远大于从陆生微生物中获得新抗生素的速度。许多海洋微生物也可产生抗生素，包括链霉菌属、着色菌属、假单胞菌属、黄杆菌属、钦氏菌属、交替单胞菌属、微球菌属等。已报道海洋微生物产生的抗生素主要有溴化吡咯、3-氨基-3-脱氧-D-葡萄糖、对羟苯基乙醇、醌、除虐霉素、吡咯尼群、盐生酰胺、哌嗪二酮衍生物、天神霉素、吲哚三聚体抗生素等。目前，新发现的海洋微生物活性物质 50%以上是由海洋放线菌产生的，此外海洋真菌也是抗生素的重要来源之一。Amraoui 等[25]对从摩洛哥的沿海地区筛选得到的 34 株微生物进行研究，发现 28 株具有抗菌活性，11 株具有抗真菌活性，24 株具有抗革兰氏阳性菌活性，21 株具有抗革兰氏阴性菌活性。Mondol 等[26]从海洋芽孢杆菌的培养液中分离到一种结构新颖的大环内酯类抗生素，该抗生素对革兰氏阳性菌和革兰氏阴性菌均具有较好的抗菌活性。

4.3.2.2　抗肿瘤活性物质

海洋微生物作为抗肿瘤活性物质的新来源，受到了全世界海洋研究工作者的关注，从海洋生物及其代谢产物中筛选和提取具有特异化学结构的天然活性物质成为抗肿瘤药物开发的重要来源。科学家预言，海洋将是最有前途的抗肿瘤药物来源地。有关具有抗肿瘤活性的海洋微生物代谢产物的研究表明：生物碱类、大环内酯类、萜类、醚类、肽类、酰胺类及醌类化合物都具有较好的抗肿瘤活性，也因此成为抗癌新药研发的重点。近年来源自于海洋放线菌、海洋真菌、海洋细菌的抗肿瘤活性物质都有较多研究。

(1)海洋放线菌中的抗肿瘤活性物质

从海洋放线菌中能提取到抗肿瘤、抗细菌、抗真菌等生物活性物质。产生抗肿瘤活性物质的海洋放线菌有链霉菌属、红球菌、诺卡氏菌、小单孢菌属、游动放线菌等，从中分离到的抗肿瘤活性物质主要包括生物碱类、醌类、环二肽类、大环内酯类等。赵文英等[27]从海洋放线菌 *Streptomyces* sp. 3275 中分离得到 7 个化合物，其中化合物 2、3、5 对温敏型小鼠乳腺癌细胞 FT210 显示弱的增殖抑制活性；Myhren 等[28]从海洋链孢囊菌中分离出碘菌素(iodinin)，其对急性髓性白血病和急性早幼粒细胞白血病细胞具有选择毒性，且可以活化细胞凋亡信号蛋白(如caspase-3)而诱导其死亡，其作用机制可能是插入 DNA 碱基中导致 DNA 链断裂。

(2)海洋真菌中的抗肿瘤活性物质

海洋真菌也是抗肿瘤活性物质的重要来源。据调查，已经发现了 321 种海洋真菌，其中包括 6 种担子菌、60 种无性态的真菌、255 种子囊菌，从海洋真菌分离出的次级代谢物中有 70%~80%具有生物活性，产生的活性物质主要有血小板激活因子(platelet activating factor，PAF)拮抗剂、肽类及生物碱活性代谢产物、细胞毒化合物、抗肿瘤活性物质等。陈创奇等[29]采用 MTT 细胞活性检测法检测南海真菌代谢物对胃癌 MCG-803 细胞活性的影响，发现该代谢产物能明显抑制胃癌 MCG-803 细胞的生长，可能通过使线粒体凋亡的途径诱导细胞凋亡。

(3)海洋细菌中的抗肿瘤活性物质

海洋细菌是抗肿瘤活性物质的重要来源，主要包括假单胞菌属、芽孢杆菌属、交替单胞菌属、弧菌属、肠杆菌属、微球菌属等，从中可分离到多糖、生物碱、醌环类、大环内酯和肽类等多种抗肿瘤活性物质。经研究发现，海洋蓝细菌产生的聚酮类和多肽类代谢产物具有较好的抗癌、抗肿瘤和抗传染病活性。Medina 等[30]从一种海洋蓝细菌 *Leptolyngbya* sp.中分离得到一种新的肽类细胞毒素 Coibamide A，显示出很强的抗增生作用；Tripathi 等[31]报道从新加坡韩都岛的海洋蓝细菌中分离出 3 种新的环状缩酚肽类化合物 Hantupeptins A、Hantupeptins B 和 Hantupeptins C。这 3 种化合物对白血病癌细胞株 MOLT-4 和乳腺癌细胞株 MCF-7 均有细胞毒作用；Moushumi 等[32]报道了从安达曼和尼科巴群岛附近深海的短小芽孢杆菌(*Bacillus pumilus* MB 40)中分离出酞酸酯类化合物 BEHP，其对人白血病 K-562 细胞株具有抗增殖作用。

4.3.2.3　海洋微生物抗心脑血管疾病活性物质

部分海洋微生物次生代谢产物具有强心、降压、调节血脂、溶栓、缓解心绞痛及降低胆固醇等多种抗心血管疾病活性，在心血管系统疾病的机理研究、防治药物的开发等方面显示出良好的应用前景[33]。

(1)海洋放线菌代谢产物

在海洋放线菌抗心血管疾病的活性研究中，以链霉菌的代谢产物研究最为广泛、深入，已有大量的链霉菌次生代谢产物抗心血管疾病活性的报道。Shin 等[34]从深海沉积物中分离到一株链霉菌 KORDI-3973，该菌可以产生一种苯甲基吡咯烷类似物 Streptopyrrolidine，作为一个天然独特的小分子生物探针来研究血管的生成，研究证实其具有抗心血管生成的活性；Suthindhiran 等[35]从印度泰米尔纳德邦海岸的海洋沉积物中分离得到一株中等嗜盐的链霉菌 VITSDK1，该菌的粗提物对鼠红细胞和人红细胞具有溶血的活性，放线菌代谢产物及其衍生物在抗心血管疾病的应用中显示出溶栓、降脂、抑制血管生成等多方面的潜力。

(2)海洋细菌代谢产物

在抗心血管系统疾病领域中，人类对细菌代谢所产生的心血管活性物质已经做了大量研究。例如，芽孢菌产生的心血管活性物质芽孢是生命界中抗逆性最强的一种构造，在抗热、抗化学药物和抗辐射等方面十分突出。自日本宫城县的小鹿半岛采集的海水中分离出一株海洋细菌(芽孢杆菌 SANK71894)，在其发酵液中分离出一种新的内皮素转化酶抑制剂 β-290063，可用于高血压和血管病的防治；Agrebi 等[36]从海洋枯草芽孢杆菌中分离得到一种新的纤溶酶 subtilisinBSF1，其在纤维蛋白琼脂平板上显示了很高的纤溶活性。很多学者也对非芽孢菌进行了其代谢产物心血管活性物质的筛选与研究，刘晨光等[37]从 2001 年开始对假单胞菌代谢产物进行研究，从一株海洋假单胞菌中分离制备出一种具有纤溶活性的海洋假单胞菌碱性蛋白酶 MPAP，体内和体外试验均表明该酶具有较强的纤溶活性。

(3)海洋真菌代谢产物

在海洋真菌活性代谢产物中，一种主要的代表是血小板激活因子(PAF)拮抗剂。这类物质主要存在于海洋甲壳动物和无脊椎动物附生微生物中，属海洋担子菌。在药理方面，从海洋真菌分离到有意义的化合物是日本 Sankyo 研究小组分离到的 phomactins，这些化合物均为新型的血小板激活因子拮抗剂。从药理上研究发现

phomactins 均能抑制 PAF 诱导的血小板凝集和 PAF 与受体的黏合,具有心血管活性。

4.3.2.4　抗病毒活性物质

近十多年来,海洋微生物已成为抗病毒活性物质的重要来源。研究者利用先进的筛选手段,从海洋生物中分离出一系列活性物质(抗病毒天然产物),为抗病毒药物的研制与开发提供了重要的先导化合物库。1955 年,FDA 批准将抗病毒海洋药物——阿糖胞苷(Ara-C)用于治疗人眼单纯疱疹病毒(herpes simplex virus)感染;在深海沉积物的研究中发现一种未鉴定的革兰氏阳性菌,从中分离出两种新的己内酰胺,具有抑制人类表皮状癌、直肠腺癌和单纯疱疹病毒 HSV-2 的活性。近来,国家海洋局第三海洋研究所对 200 株海洋微生物菌株进行了抗病毒活性的研究,结果显示,其中有 3 株具有抗人类免疫缺陷病毒(human immunodeficiency virus,HIV)的活性,并对这 3 株菌株的代谢产物做了进一步的分离和纯化,以期得到高效的抗病毒活性物质。

4.3.3　酶类活性及应用

海洋微生物酶相关的研究逐渐增多,海洋微生物已成为开发新型酶制剂的重要来源。目前,在海洋细菌、古菌、真菌和噬菌体等微生物中已经分离到多种具有开发潜力的活性酶,其中弧菌 Vibrio 是已报道的产酶种类最多的菌,来自弧菌的酶有蛋白酶、琼脂酶、几丁质酶和甘露聚糖酶等。目前来自深海和极地的极端微生物作为产酶资源也因其独特的催化作用大大拓宽了微生物酶的应用范围。

尽管海洋微生物活性物质的研究开发还存在许多难题,但近年来随着化学、生物、物理、制药等相关学科的发展和相互渗透,不断有新理论、新材料、新方法的研究应用及各种先进技术手段的相互配合,促进了海洋微生物天然活性物质的开发、生产和应用,并为最终实现产业化生产提供了强有力的技术支持。我国海洋微生物活性物质研究和开发的重点应包括海洋微生物的分离、鉴定与保存,以及新型生物活性物质产生菌的筛选,探索适合大量培养海洋微生物、纯化活性物质等方面的技术,研究、利用分子生物学方法建立海洋微生物的基因库,尝试通过生物技术将那些目前难以培养的微生物基因进行异源表达,并发挥人才与技术和高校、科研院所与生产企业的优势,抓住当前的机遇,充分利用我国丰富的海洋生物资源,加快我国海洋微生物生物活性物质的研究和开发步伐。

参　考　文　献

[1] 张晓华. 海洋微生物学. 青岛: 中国海洋大学出版社, 2007.

[2] 马英. 海洋超微型浮游生物分子生态学研究. 厦门: 厦门大学博士后出站论文, 2004.

[3] 王鹏. 深海沉积物微生物多样性及其与环境相互关系的研究. 青岛: 中国海洋大学博士学位论文, 2005.

[4] 何剑锋, 等. 白令海夏季浮游细菌和原生动物生物量及分布特征. 海洋学报, 2005, 27(4): 127-134.

[5] Stein J L, et al. Characterization of uncultivated prokaryotes: isolation and analysis of a 40-kilobase-pair genome fragment from a planktonic marine archaeon. J Bacteriol 1996, 178(3): 591-599.

[6] Kawase T, et al. Calcitonin gene-related peptide stimulates potassium efflux through adenosine triphosphate-sensitive potassium channels and produces membrane hyperpolarization in osteoblastic UMR106 cells. Endocrinology, 1998, 139(8): 3492-3502.

[7] Kashefi K, et al. Reduction of Fe(III), Mn(IV), and toxic metals at 100℃ by *Pyrobaculum islandicum*. Appl Environ Microbiol, 2000, 66(3): 1050-1056.

[8] Button D K, et al. Viability and isolation of marine bacteria by dilution culture: theory, procedures, and initial results. Appl Environ Microbiol, 1993, 59(3): 881-891.

[9] Schut F, et al. Isolation of typical marine bacteria by dilution culture: growth, maintenance, and characteristics of isolates under laboratory conditions. Appl Environ Microbiol, 1993, 59(7): 2150-2160.

[10] Rappé M S, et al. Cultivation of the ubiquitous SAR11 marine bacterioplankton clade. Nature, 2002, 418(6898): 630-633.

[11] Cho S, et al. Low-oxygen-recovery assay for high-throughput screening of compounds against nonreplicating *Mycobacterium tuberculosis*. Antimicrob Agents Ch, 2007, 51(4): 1380-1385.

[12] Zengler K, et al. Protocols for high-throughput isolation and cultivation. Heidelberg: Humana Press, 2014.

[13] Kaeberlein T, et al. Isolating "uncultivable" microorganisms in pure culture in a simulated natural environment. Science, 2002, 296(5570): 1127-1129.

[14] Ding X F, et al. Characterization of eubacterial and archaeal community diversity in the pit mud of chinese luzhou-flavor liquor by nested PCR-DGGE. World J Microb Biot, 2014, 30(2): 605-612.

[15] Chen T, et al. Molecular identification of microbial community in chinese douchi during post-fermentation process. Food Sci Biotechnol, 2011, 20(6): 1633-1638.

[16] Wang X, et al. High-throughput sequencing of microbial diversity in implant-associated infection. Infect Genet Evol, 2016, 43: 307-311.

[17] Moriya K, et al. A benzene-tolerant bacterium utilizing sulfur compounds isolated from deep sea. Journal of Fermentation & Bioengineering, 1993, 76(5): 397-399.

[18] 方金瑞. 海洋嗜盐微生物的研究开发——II. 嗜盐细菌产生 β-胡萝卜素. 中国海洋药物, 1996, (4): 1-4.

[19] Gordon W A, et al. Cognitive impairment associated with toxigenic fungal exposure: a replication and extension of previous findings. Appl Neuropsychol, 2004, 11(2): 65-74.

[20] 卜宪娜. 海洋嗜冷杆菌的鉴定及所产低温碱性脂肪酶的基因工程和生物信息学研究. 青岛: 中国海洋大学硕士学位论文, 2004.

[21] Attaie R, et al. Size distribution of fat globules in goat milk. J Dairy Sci, 2000, 83(5): 940-944.

[22] Zobell C E, et al. Introduction microbial activities and their interdependency with environmental conditions in submerged soils. Soil Sci, 1975, 119(1): 1-2.

[23] Lauro F M, et al.The unique 16S rRNA genes of piezophiles reflect both phylogeny and adaptation. Appl Environ Microbiol, 2007, 73(3): 838-845.

[24] 林永成. 海洋微生物及其代谢产物. 北京: 化学工业出版社, 2003.

[25] Amraoui M E, et al. Evaluation of bacteriological parameters of water quality in the bouregreg estuary along the moroccan atlantic coast. World Journal of Innovative Research, 2016, 1(1): 20-23.

[26] Mondol M A, et al. Macrolactin W, a new antibacterial macrolide from a marine *Bacillus* sp. Bioorg Med Chem Lett, 2011, 21(12): 3832-3835.

[27] 赵文英, 等. 海洋来源放线菌 3275 化学成分及抗肿瘤活性研究. 天然产物研究与开发, 2006, 18(3): 405-407.

[28] Myhren L E, et al. Iodinin(1,6-dihydroxyphenazine 5,10-dioxide) from *Streptosporangium* sp. induces apoptosis selectively in myeloid leukemia cell lines and patient cells. Mar Drugs, 2013, 11(2): 332-349.

[29] 陈创奇, 等. 南海真菌代谢物 1386A 对胃癌 MCG-803 细胞增殖、凋亡和膜电位的影响. 中国病理生理杂志, 2010, 26(10): 1908-1912.

[30] Medina R A, et al. Coibamide A, a potent antiproliferative cyclic depsipeptide from the Panamanian marine cyanobacterium *Leptolyngbya* sp. J Am Chem Soc, 2012, 130(20): 6324-6325.

[31] Tripathi A, et al. Hantupeptins B and C, cytotoxic cyclodepsipeptides from the marine cyanobacterium lyngbya majuscula. Phytochemistry, 2010, 71(2): 307-311.

[32] Moushumi P A, et al. Induction of apoptosis and cell cycle arrest by Bis(2-ethylhexyl)phthalate produced by marine *Bacillus pumilus* MB 40. Chem-Biol Interact, 2012, 195(2): 133-143.

[33] 黄建设, 等. 海洋天然产物及其生理活性的研究进展. 海洋通报, 2001, 20(4): 83-91.

[34] Shin H J, et al. Streptopyrrolidine, an angiogenesis inhibitor from a marine-derived *Streptomyces* sp. KORDI-3973. Phytochemistry, 2008, 69(12): 2363-2366.

[35] Suthindhiran K, et al. Hemolytic activity of *Streptomyces* VITSDK1 spp. isolated from marine sediments in Southern India. J Mycol Méd, 2009, 19(2): 77-86.

[36] Agrebi R, et al. BSF1 fibrinolytic enzyme from a marine bacterium *Bacillus subtilis* A26: purification, biochemical and molecular characterization. Process Biochem, 2009, 44(11): 1252-1259.

[37] 刘晨光, 等. 海洋假单胞菌纤溶酶的酶学性质的研究. 青岛海洋大学学报(自然科学版), 2001, 31(5): 730-734.

第5章 海洋活性肽

（浙江海洋大学，罗　成、陈美龄、邓尚贵；浙江省
舟山市水产研究所，殷小龙）

小分子活性肽是介于氨基酸与蛋白质之间的一种生化物质。肽类物质是人体最重要的功能调节剂，从胚胎发育到细胞生长、衰老等均离不开多肽。人类的各种内分泌激素，如甲状腺素、垂体激素、胰岛素、神经肽、脑啡肽、生长因子、促性腺激素、黄体激素等基本上都属于多肽类物质。除了这些已经被证实了的活性肽，自然界还有许许多多未知的活性肽。海洋被认为是生物活性化合物最丰富的来源之一。生物活性肽代表具有健康效应和潜在应用的氨基酸序列，可以从不同的来源获得，包括从机体自身分泌，或者由寄生的和共生的微生物产生的，其他海洋动物分泌的各种功能性肽，以及通过酶水解的蛋白肽。因为天然存在的活性肽大部分或含量微少，或提取难，化学人工合成成本昂贵；因此，人们更多地开发蛋白酶解产物。一些海洋肽由于其抗高血压、抗氧化和抗菌性能，可被用于生产不同的功能和营养食品。例如，从鲤鱼、金枪鱼和牡蛎中发现的鹅肌肽(β-丙氨酰-1-甲基-组氨酸)与肌肽(丙氨酰-组氨酸)显示出强抗氧化作用。一些从海绵、海鞘、海藻和软体动物中提取的生物活性肽，如来自螺旋藻的一些生物活性肽具有抗微生物、抗过敏、抗高血压、抗肿瘤和免疫调节的功能。与此同时由于海洋生物，如藻类、软体动物、海绵、珊瑚和被囊动物处于食物链底端，长期生长在受到污染的环境中，海洋进化生存结果使得它们必须具有杀菌、抗病毒、抗污染的能力。因此在这些海洋动物中，或者其寄生生物中时常有高浓度的具有药理活性的化合物，如多酚、脂肪酸、多糖、肽、萜类化合物，以对抗细菌、病毒的入侵，或者天敌的攻击。所以从这些生态环境中所分离的海洋肽，或者其他小分子时常可作为抗生素、消毒剂、食源性致病菌和腐败菌的抑制剂[1-3]。因此有必要更多地了解海洋生物与海洋生态[4-8]。

5.1　海绵脂肽与天然表面活性剂和乳化剂

海绵是致密而独特的海洋微生物群落的储存库，海绵组织是典型的海洋微生物的生态龛之一，为海洋微生物的大量生长提供了有利条件。大约40%的海绵生物包括复杂的微生物群落，而其中放线菌约占20%，许多海绵共生放线菌会生产大量的脂肽，近年这些脂肽正在被开发应用于表面活性剂和乳化剂，药物制造、食品加工、化妆品生产，以及环境清洁等工业领域[9]。海绵放线菌生物表面活性

剂和乳化剂具有较高的表面张力降低性能，即在加入很少量时就能大大降低溶液的表面张力。而生物乳化剂(bioemulsifier)本身结构稳定，不易被氧化，具有高乳化活性及减少或降低表面张力的性能。生物表面活性剂在食品工业中的应用包括多功能的乳化剂、抗结合剂与抗菌/抗生物膜剂。乳化剂是一种天然的食品添加剂，可提高面团的流变性、增加体积和乳化脂肪，在面包和肉类加工行业得到了进一步应用。例如，加入由海洋海绵共生放线菌属生产的脂肽衍生物(0.1%鼠李糖脂)即可使松饼和羊角面包的保质期延长[10]，也可使松饼变得柔软，提高感官质量。高度的生物组织兼容性使得海绵脂肽还可能应用于外科中的生物修复等，海绵脂肽是未来重要的绿色环保生物医学原料及健康食材[11]。

5.2　瘦素及其基因在硬骨鱼中的进化

由于海洋环境的随机性，海洋硬骨鱼不可避免地遇到温度在零摄氏度以下的环境，使其具有一定的抗冻特征[12, 13]。此外，海洋生物在长期的进化中形成了一种抗饥饿机制，这是由瘦素(leptin, Lep)参与的调节机制。从硬骨鱼类中发现的瘦素是一种肽激素，与哺乳动物激素瘦素基因有非常相似的功能，即规范食物的摄入和能量的转换与支出。早期研究者只对哺乳动物瘦素基因进行了大量研究，近年在两栖动物，如虎纹蝾螈(*Ambystoma tigrinum*)和非洲爪蛙(*Xenopus laevis*)中发现瘦素，随后在红鳍东方鲀(*Takifugu rubripes*)及所有研究过的硬骨鱼中均发现了瘦素基因[14]。在哺乳动物中，瘦素通过细胞表面瘦素受体(leptinreceptor, LEPR)调节食欲。瘦素是通过阻断和促进食欲的神经肽 Y(neuropeptide Y，NPY)分泌，或者分泌喂饱感因子促进食欲阿黑皮素原(proopiomelanocortin，POMC)的分泌表达[15]。瘦素在控制脂肪细胞的形成及能量摄入和消耗的相关调节中起着关键的作用。

硬骨鱼类构成了物种极度丰富的脊椎动物进化分支，具有广泛的基因家族和表型变异，展现了不同的免疫防御策略、不同的物质代谢与能量转换、不同的信号传递与神经控制方式。瘦素通过与一系列其他基因及神经系统的相互作用抑制食物的摄入，以适应环境，保持生存。瘦素基因在进化中非常保守，人和鱼已经共享同一瘦素基因 4.5 亿年，但人的瘦素基因只有一个拷贝，而不同的鱼有 1~4 个拷贝。基因的剂量不一定与调节力度相关，但应该与适应更宽的生活环境相关[16]。例如，鲑形目(Salmoniformes)有 4 个拷贝，鲤形目(Cyprinformes)有 4 个或者 2 个拷贝，慈鲷科(Cichlidae)与颌针鱼目(Beloniformes)有 2 个拷贝，鲈形目(Perciformes)有 1 个或者 2 个拷贝。这些鱼的适应能力比单拷贝的鱼更强。进化过程中一般或者多数情况是基因拷贝数增加，但 *Lep* 基因的拷贝数似乎在进化过程中也可以减少，如银鲛属(*Chimaera*)、雀鳝目(Lepisosteiformes)、鲀形目(Tetraodontiformes)、腔棘鱼目(Coelacanthiformes)，它们都只有一个单一的瘦素基因。与鲤形目相比它们都是更现代的鱼，表明这些谱系的鱼经历了基因组还原。发现这些瘦素基因的远古祖先再观察它们的现状，无疑将有助于研究和了解鱼的瘦素功能，将有益于了解鱼的代谢和生长，进而优化鱼的养殖方式方法。

5.3 瘦素与鱼的缺氧和进食

缺氧诱导因子1(hypoxia-inducible factor-1，HIF-1)，是一种存在于低氧条件下的转录因子。它是由氧调控表达的 HIF-1α 亚基与组成型表达的 HIF-1β 亚基组成的异二聚体。但 β-亚基是组成型，只有 α-亚基是诱导型。在常氧环境下 HIF-1α 半衰期约为 5min，因为激活泛素-蛋白酶及氧依赖性降解区域的脯氨酸羟化使 HIF-1α 迅速降解。而当鱼类被暴露在缺氧压力下，特别是深海缺氧环境，HIF-1α 高表达，随之也会导致瘦素基因的高表达，即进入减少进食量生理机制。这个机制就是鱼类应对缺氧环境的一个著名策略：因为食欲抑制可降低特定动态动作的成本而节省氧气。这一结果已在斑马鱼的一项研究中得到证实，慢性缺氧，或者缺氧诱导因子 HIF-1α 的表达可诱导肝脏瘦素含量升高。即缺氧使下丘脑刺激肝脏 *Lep* 基因高表达以实现对摄食的调节，最终导致进食量减少[17]。低氧使 HIF-1α 与 HIF-1β 亚基二聚化并稳定存在。二聚化的 HIF-1αβ 可以增加细胞的应激生存能力。硬骨鱼所处环境可以千变万化，在缺氧的极端环境条件下，*HIF-1α* 基因的表达量提高，进而提高瘦素基因的表达量。所以 *Lep* 基因与 *HIF-1α* 基因有一个相互调控的机制[18]。鱼是研究瘦素的最佳模型，瘦素调节机制的存在则可以保证它们进食的频率范围增大[19]。例如，在实验条件下鲤鱼可以空腹6周，其中可能的原因之一应该与多拷贝瘦素基因有关。而且瘦素的直接控制基因是食物，因为只是在进食之后才会增加瘦素的表达量[20]。通过食欲调节，瘦素的作用扩展到其他内分泌调节系统，包括性成熟与生殖，影响到葡萄糖稳态和能量消耗及代谢率控制，等等。

5.4 海洋降压肽

高血压是心血管疾病的主要独立危险因素之一。由血管紧张素转换酶(angiotensin converting enzyme，ACE)产生的血管紧张素 I 和血管紧张素 II 是使血管收缩产生高血压的最主要因素，因此血管紧张素转换酶在调节血压方面起着重要的作用，抑制 ACE 被认为是一种有效的治疗高血压的方法。由于海洋生态环境的特殊性(如高压、低温等)，深水鱼能通过释放激素的方式，然后作用于不同的靶点，使得血管保持正常运输功能。海洋生物源某些结构性蛋白质也具有多种特异性氨基酸的组成和序列，在应激条件下可经过某些酶的水解后暴露出降压的活性位点，抑制导致血管压力升高的靶点，如抑制血管紧张素转换酶，从而使海洋生物源活性肽具有降压效果。同时，海洋生物源蛋白质活性肽具有低抗原性的特点，安全性高，无毒副作用。因为海洋生物源降压肽有益于高血压的非药物治疗，而减少其副作用。目前所使用的化学合成抑制剂有一定的副作用，所以近年研究人员正在从海洋中寻找降压肽。例如，中嗜热溶菌酶水解鲣蛋白所产生的蛋白肽对 ACE 抑制的半抑制浓度(half maximal inhibitory concentration，IC_{50})为 0.32μm[21-23]，而蛋白酶水解海洋中国毛虾(*Acetes chinensis*)产生的蛋白肽对 ACE 抑制的 IC_{50} 为 0.39μm[24]。由鲣蛋白水解物分离的寡肽(LKP 和 LKPNM)对血管紧张素转换酶有强抑制作用，其 IC_{50} 分别是 0.3μm 和 2.4μm，鲣内脏自溶物经超滤分离的 GVYPHK 和 IRPVQ 对自发性高血压大鼠也具有明显的降压作用[25]。降压肽，如源于金枪鱼的水解肽——缓激肽。虽然以海洋降压肽治疗高血压目前仍然缺乏充足的临床数据，但有食品疗法临床营养方面的数据。例如，深海鱼胶原蛋白的水解肽，糖尿病患者空腹时和临睡前冲服海洋胶原肽 6.2g(北京中食海氏生物技术有限公司生产)3 个月，结果显示使用海洋胶原肽治疗后糖尿病患者空腹血糖水平控制佳，血压平稳，且游离脂肪酸、脂联素水平正常化，抵抗素(resistin)水平降低，瘦素浓度显著恢复，也有效帮助患者的脂肪内分泌激素水平恢复[26]，抵抗素是由 108 个氨基酸组成的蛋白质，是参与 2 型糖尿病与肥胖调节的平衡因子。来自鲣的 GVYPHK 和 IRPVQ 降压肽等研究结果表明，未来海洋生物源蛋白质将是制备降压肽的重要药源[27-34]。

5.5　酶水解海洋蛋白苦味肽及其分离

近年乳蛋白酶尤其是山羊乳蛋白酶消化释放出的活性肽受到越来越多的关注，因为羊奶的变应原性大大低于牛奶，是人乳以外的最佳奶源。近年发现羊奶的酶水解肽具有很强的清除自由基的抗氧化活性[35]。羊奶酪蛋白经酶水解分离到的 5 个肽：VYPF、FGGMAH、FPYCAP、YVPEPF、YPYETY，其抗氧化能力比非水解的蛋白要高出 3.59～380 倍[36]。通过不同的酶水解分析可知，海洋蛋白经过酶水解会产生不同的活性肽，例如，舟山鮸经胃蛋白酶水解能释放最强的苦味肽。胃蛋白酶产生高苦味应该也是环境所决定的，因为胃部不再需要味觉，而风味酶生成浓香味风味物质，对苦味有较大缓和，对人或动物采食有利。由于常规方法分离或者去除苦味肽在工业上受到种种限制，因此可以利用透明质酸的亲水性及非牛顿流体的特性分离疏水的苦味肽[37]。

透明质酸是一种食品添加剂，其早期是从鸡冠或者动物的一些器官制备得到的，现在其可以大规模发酵，使得价格大幅下降，所以透明质酸已经进入食品工业与化妆品等领域。近年发现了透明质酸许多新的生物学功能，例如，透明质酸被发现是癌细胞中普遍存在的 CD44 跨膜受体之配体，故可以用来定向投递药物。透明质酸是一种从细菌到脊椎动物细胞内广泛存在的大分子多糖类物质，其分子量可从几千到高达上百万，但对人体仍无抗原性，保证透明质酸的兼容特性。透明质酸的分子量和分子基团分布等参数影响其生理功能，高锁水性使透明质酸显示非牛顿流体和黏弹性行为，其体内、体外流变学也正在受到广泛研究，许多新的应用正在得以开发。例如，现在其被用于药物缓释投递，就是基于癌细胞中透明质酸酶的高表达，药物随着透明质酸的水解而释放。因此目前透明质酸被广泛用于骨关节炎及癌细胞定向药物投递的研究[38-40]。

此外，对透明质酸的非牛顿流体物理特性及其与蛋白/肽的物理化学作用机理的了解仍然不清楚，因为除透明质酸分子量外，其温度、浓度和某些媒介分子等都影响其黏度及流变学性质。但它的不兼容性、非牛顿流体特性、高亲水性及强大的固水力可用于分离或者去除疏水肽。还有透明质酸的非牛顿流体特性与生物体液、血液等相似，所以可以利用透明质酸亲水与非牛顿流体特性研究营养类分子肽、氨基酸、维生素等的部分分离、富集或者某些疏水成分的消除。透明质酸还与蛋白酶解系统完全兼容，所以可以应用于酶水解的疏水性苦味肽的分离。正由于透明质酸是良好的食品稳定剂、悬浮剂、黏合剂、成膜剂，因此也将会被广泛应用于食品工业[41]。

5.6　苦　味　肽

食品苦味主要来源于蛋白水解肽所暴露的疏水性氨基酸基团。虽然苦味在食品中不易被接受，但在医学上却有广泛的应用，例如，许多苦味肽具有血管紧张素酶抑制作用。此外，苦味受体既存在于舌蕾细胞，也存在于肺气管及肺支气管上皮细胞，近年发现食源性苦味分子可成为肺气管和支气管上皮细胞苦味受体激动剂而可能用于抗哮喘药物的制备[20]。鱼蛋白经酶水解后，其溶解性、热稳定性及营养特性会得到极大的改善[23]。蛋白食品中的苦味主要来源于苦味肽，许多苦味肽能通过抑制血管紧张素酶而降低血压，苦味受体激动剂也有抗哮喘等功能。经胃蛋白酶、胰蛋白酶、木瓜蛋白酶、风味蛋白酶及碱性蛋白酶分别水解鲍肉蛋白，使用摩卡咖啡建立苦味标准曲线，发现在等条件下胃蛋白酶产生的感官苦味最高，碱性蛋白酶和风味蛋白酶最低[21]。由于苦味主要由氨基酸疏水基团决定，而透明质酸高亲水、高黏弹性及非牛顿流体的特性，将有益于不同极性分子的分离。为进一步研究苦味肽简单有效的分离方法，将等体积量胃蛋白酶水解肽液分别与 0.5%和 2%透明质酸依次加入 Falcon 试管，静置 30min 或者离心（15 000g，30min，4℃）后分管收集（1ml/管），经感官评定发现 2%透明质酸使苦味（肽）主要保留在中上层，而 0.5%透明质酸则均匀分布。经 Bradford 方法（即考马斯亮蓝法）测定蛋白/肽含量，发现经过离心的蛋白/肽被移到中下部，而未经过离心切力而收集的组分，则主要集中在管的上部。这应该是因为 2%透明质酸的高比重、高黏性使不亲水的苦味肽能移动到上部后由于透明质酸的惰性特征而富集一定量的苦味肽。这项研究表明 0.5%透明质酸的牛顿流体特性保留了亲水肽分子自由扩散的特征，而 2%透明质酸的非牛顿流体特性保证了定向移动，并阻止一定的分子扩散，实现苦味肽的富集。由于透明质酸已经实现发酵生产，因此其将在食品工业中发挥愈来愈主要的作用。

苦味肽的免疫作用：由于过度的捕捞，目前舟山及我国沿海的大黄鱼主要是依靠较密集的集约化网箱进行养殖，因而各种鱼病容易流行，主要包括病毒性鱼病、细菌及真菌性鱼病、寄生虫性鱼病这几大类，这些疾病一旦暴发带来的损失都较大。虽然鱼的免疫系统没有进化到哺乳动物那样，但非特异性免疫在抗疾病中起到非常重要的作用。鱼类抗传染免疫中主要靠体液免疫和细胞免疫，在细胞免疫中，血液中的白细胞起着重要的作用。白细胞中的粒细胞，包括嗜中性粒细胞和单核细胞都具有较强的吞噬作用，而单核细胞渗出血管后进入组织和器官，可进一步分化发育成巨噬细胞而具有最强的吞噬能力，它们是机体非特异性免疫的重要组成部分。因此，通过测定鱼类血液中白细胞的组成及其吞噬功能，可以反映出被测鱼类机体的免疫状态，或者免疫促进剂的效果。经初步研究，使用胃蛋白酶水解鱼蛋白产生的苦味肽就有比较明显的增强细胞吞噬功能的作用(图 5-1)。

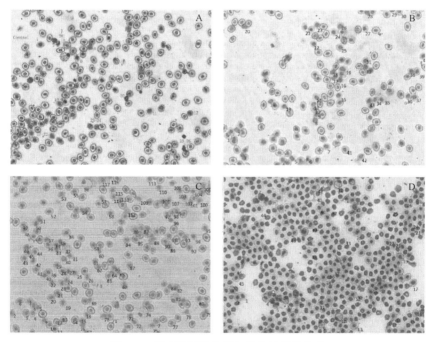

图 5-1　苦味肽刺激大黄鱼的非特异性免疫

A. 对照(白细胞占 14.6%)；B. 注射了 0.6mg 苦味肽的 9 月龄的大黄鱼全血细胞(白细胞占 29.3%)；C. 注射了 1.2mg 苦味肽的 9 月龄的大黄鱼全血细胞(白细胞占 35%)；D. 注射了 2.4mg 苦味肽的 9 月龄的大黄鱼全血细胞(白细胞占 30%)(白细胞用数字计数标记)

苦味一般与毒性和药性相关，不适的口感使人们避之，但苦味也是人类长期进化适应生存过程中不可避免的一种感觉[22]。某些蛋白经酶水解后由于疏水氨基酸的暴露及空间结构的改变会形成苦味肽，因此无论食品、功能食品或者药品在生产时常常需要分离或者去除苦味肽。虽然目前分离或者脱苦味的方法很多，但通常带来很多副作用。例如，最早使用的在酶解液中加入活性炭来进行选择性分离，会带入活性炭的特殊气味。而非常规方法则需要昂贵的仪器和烦琐的程序，从而降低或者限制食品及功能食品的商业化程度。此外，透明质酸与肽的相互作用不仅有益于苦味肽的工业分离或者去除，也有益于研究模拟肽类药物的投递，因为透明质酸是 CD44 配体分子，而 CD44 在癌细胞中高表达，在透明质酸酶的作用下，由透明质酸大分子包埋的小分子药物会被缓慢释放出来，从而降低药物的不良反应。

5.7　海洋防污肽与新型抗生素的筛选

稳定的自然生态除平衡的食物链外，一般也都需要生物有自身净化的机理，即保持健康，抵御疾病。生态健康可以保证海洋食品可持续发展已经成为共识。除国家性的、国际性的可持续渔业的管理模式外，海洋食品相关的生态研究也正在寻找指示生物链，以及其如何恢复关联的食物链方法。例如，热带雨林生物多样性的破坏会威胁森林，导致全球变暖；人类在未来需要更多的食品与生物饲料，而可能导致环境富营养化；等等。在亚热带与热带沼泽，大气中二氧化碳浓度的增加，导致温度升高和 pH 降低，进而威胁浅水珊瑚、珊瑚礁和红树林的生存。另一个严重的趋势是越来越多病原菌的抗药性，导致可用的抗生素有时并不能有效地控制病原菌。所有这些挑战需要我们对生物机制有更深的理解与洞察力，以寻找新的绿色化学和可持续利用的自然产品。从自然肽或者酶水解肽筛选抗生素就是一种减少药物抵抗发生概率的方法。瑞典的乌普萨拉大学 Bohlin 实验室就曾在波罗的海湾发现一种不附着其他生物生长的海绵(Geodia barretti)，几乎完全无污染的海绵表面促使他们可能发现新的具有药理学活性的分子，不出所料他们从这个微生态龛中发现了两种环肽。虽然这些肽对癌细胞有毒性及抗生素的作用，同时也会伤害哺乳动物细胞，但经过化学修饰则有可能发展成为新一类的药物[42]。例如，新的化合物抑制藤壶幼虫的 EC_{50} 值为 15nmol/L[43]。溴化环二肽裸露和 8,9-二氢巴布他汀先前已显示出抑制作用，藤壶的定居剂量依赖浓度范围为 0.5～25L。

从海洋，特别是从鱼等海洋食品中发现抗菌肽也是近年的研究热点。epinecidin-1是从石斑鱼中分离的含有 67 个氨基酸的多肽，但由氨基酸序列第 22～42 位的 21个氨基酸组成的短肽对革兰氏阴性菌和革兰氏阳性菌都具有较高的抗菌活性，目前发现这些抗菌肽展示出对粪肠球菌、大肠杆菌、克雷伯氏菌、假单胞菌、金黄色葡萄球菌、痤疮丙酸杆菌及白色念珠菌都有抑制作用。由于其广谱抗菌作用，epinecidin-1 被用于发展清洗液，使用 epinecidin-1 在低 pH 和低温下抗菌活性的效果不受影响。由于其简单的结构和抗菌活性，epinecidin-1 可能成为防止病原体感染和/或恢复异常阴道或皮肤菌群的有效抗生素。epinecidin-1 有一个螺旋结构，类似于其他许多抗菌肽，它的功能可能也是在细菌膜中形成孔，并能够通过形成孔来破坏膜，随后诱导癌细胞死亡。肽抗生素也有可能在抗生素抵抗方面发挥作用[44]，目前世界范围内因抗生素抵抗而引起的死亡病例每年有 70 万人，但在未来 30 年这个数字有可能会上升到数百万至上千万。抗菌肽的另外一个特征就是它们也有抗肿瘤的特性。事实上，鱼或者海洋抗氧化肽还有很多功能(图 5-2)，其应用潜力正在被认识[45]。

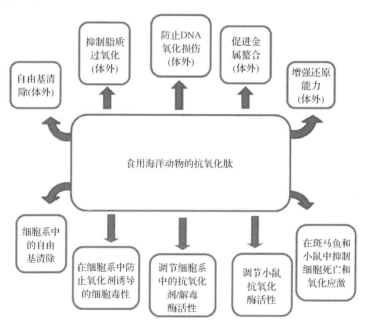

图 5-2 海洋抗氧化肽的多种功能[45]

参 考 文 献

[1] Kiran G S, et al. Optimization and characterization of a new lipopeptide biosurfactant produced by marine *Brevibacterium aureum* MSA13 in solid state culture. Bioresour Technol, 2010, 101: 2389-2396.

[2] Campos J M, et al. Microbial biosurfactants as additives for food industries. Biotechnol Prog, 2013, 29: 1097-1108.

[3] Kiran G S, et al. Biofilm disruption potential of a glycolipid biosurfactant from marine *Brevibacterium casei*. FEMS Immunol Med Microbiol, 2010, 59: 432-438.

[4] Baltussen R, et al. Iron fortification and iron supplementation are cost-effective interventions to reduce iron deficiency in four subregions of the world. J Nutr, 2016, 134: 2678-2684.

[5] Chen X, et al. Effects of a tripeptide iron on iron-deficiency anemia in rats. Biol Trace Elem Res, 2015, 169: 211-217.

[6] Li Y, et al. Protein hydrolysates as promoters of non haem iron absorption. Nutrients, 2017, 9(6): 609.

[7] Glahn R P, van Campen D R. Iron uptake is enhanced in Caco-2 cell monolayers by cysteine and reduced cysteinyl glycine. J Nutr, 1997, 127: 642-647.

[8] Kibangou I B, et al. Milk proteins and iron absorption: contrasting effects of different caseinophosphopeptides. Pediatric Res, 2005, 58: 731-734.

[9] Kiran G S, et al. Production of lipopeptide biosurfactant by a marine *Nesterenkonia* sp. and its application in food industry. Front Microbiol, 2017, 8: 1138.

[10] Gandhimathi R, et al. Antimicrobial potential of sponge associated marine actinomycetes. J Mycol Méd, 2008, 18: 16-22.

[11] Gandhimathi R, et al. Production and characterization of lipopeptide biosurfactant by a sponge-associated marine actinomycetes *Nocardiopsis alba* MSA10. Bioprocess Biosyst Eng, 2009, 32(6): 825-835.

[12] Bang J K, et al. Antifreeze peptides and glycopeptides, and their derivatives: potential uses in biotechnology. Mar Drugs, 2013, 11(6): 2013-2041.

[13] Wang J H. A comprehensive evaluation of the effects and mechanisms of antifreeze proteins during low-temperature preservation. Cryobiology, 2000, 41: 1-9.

[14] Long J A, Gordon M S. The greatest step in vertebrate history: a paleobio-logical review of the fish-tetrapod transition. Physiol Biochem Zool, 2004, 77(5): 700-719.

[15] van de Pol I, et al. Comparative physiology of energy metabolism: fishing for endocrine signals in the early vertebrate pool. Front Endocrinol(Lausanne), 2017, 8: 36.

[16] Near T J, et al. Resolution of ray-finned fish phylogeny and timing of diversification. Proc Natl Acad Sci U S A, 2012, 109(34): 13698-13703.

[17] Chu D L H, et al. Leptin: clue to poor appetite in oxygen-starved fish. Mol Cell Endocrinol, 2010, 319(1): 143-146.

[18] Wang T, et al. The effects of hypoxia on growth and digestion. Fish Physiol, 2009, 27: 361-396.

[19] Gorissen M, Flik G. Leptin in teleostean fish, towards the origins of leptin physiology. J Chem Neuroanat, 2014, 61: 200-206.

[20] Huising M O, et al. Increased leptin expression in common carp(*Cyprinus carpio*)after food intake but not after fasting or feeding to satiation. Endocrinology, 2006, 147(12): 5786-5789.

[21] Fujita H, Yoshikawa M. LKPNM: a prodrug-type ACE-inhibitory peptide derived from fish protein. Immunopharmacology, 1999, 44: 123-127.

[22] Fujita H, Yoshikawa M. Food Ingredients: ACE-Inhibitory Peptides Derived from Bonito, in Marine Nutraceuticals and Functional Foods. Boca Raton: CRC Press, 2008.

[23] Kohama Y, et al. Isolation of angiotensinconverting enzyme inhibitor from tuna muscle. Biochem Biophys Res Commun, 1988, 155: 332-337.

[24] He H L, et al. Analysis of novel angiotensin- I -converting enzyme inhibitory peptides from protease-hydrolyzed marine shrimp *Acetes chinensis*. J Peptide Sci, 2006, 12: 726-733.

[25] Karaki H, et al. Oral administration of peptides derived from bonito bowels decreases blood pressure in spontaneously hypertensive rats by inhibiting angiotensin converting enzyme. Comp Biochem Physiol C, 1993, 104(2): 351-353.

[26] Zhu C F, et al. Therapeutic effects of marine collagen peptides on Chinese patients with type 2 diabetes mellitus and primary hypertension. Am J Med Sci, 2010, 340 (5): 360-366.

[27] Lan X, et al. Rapid purification and characterization of angiotensin converting enzyme inhibitory peptides from lizard fish protein hydrolysates with magnetic affinity separation. Food Chemistry, 2015, 182: 136-142.

[28] Yokoyama K, et al. Peptide inhibitors for angiotensin I -converting enzyme from thermolysin digest of dried bonitot. Bioscience, Biotechnology, and Biochemistry, 1992, 56: 1541-1545.

[29] Enari H, et al. Identification of angiotensin I -converting enzyme inhibitory peptides derived from salmon muscle and their antihypertensive effect. Fisheries Science, 2008, 74: 911-920.

[30] Ono S, et al. Inhibition properties of dipeptides from salmon muscle hydrolysate on angiotensin I -converting enzyme. International Journal of Food Science & Technology, 2006, 41: 383-386.

[31] Adriana C N, et al. Bioactive peptides from Atlantic salmon (*Salmo salar*) with angiotensin converting enzyme and dipeptidyl peptidase IV inhibitory, and antioxidant activities. Food Chemistry, 2017, 218: 396-405.

[32] Chen J, et al. Purification and characterization of a novel angiotensin- I converting enzyme (ACE) inhibitory peptide derived from enzymatic hydrolysate of grass carp protein. Peptides, 2012, 33: 52-58.

[33] Wang J, et al. Purification and identification of a ACE inhibitory peptide from oyster proteins hydrolysate and the antihypertensive effect of hydrolysate in spontaneously hypertensive rats. Food Chemistry, 2008, 111: 302-308.

[34] Qian Z J, et al. Antihypertensive effect of angiotensin I converting enzyme-inhibitory peptide from hydrolysates of bigeye tuna dark muscle, *Thunnus obesus*. J Agri Food Chem, 2007, 55: 8398-8403.

[35] Li Z. Purification and identification of five novel antioxidant peptides from goat milk casein hydrolysates. J Dairy Sci, 2013, 96 (7): 4242-4251.

[36] Ahmed A S, et al. Identification of potent antioxidant bioactive peptides from goat milk proteins. Food Res Int, 2015, 74: 80-88.

[37] Umerska A, et al. Intermolecular interactions between salmon calcitonin, hyaluronate, and chitosan and their impact on the process of formation and properties of peptide-loaded nanoparticles. Int J Pharm, 2014, 477 (1-2): 102-112.

[38] Water J J, et al. Hyaluronic acid-based nanogels produced by microfluidics-facilitated self-assembly improves the safety profile of the cationic host defense peptide novicidin. Pharm Res, 2015, 32 (8): 2727-2735.

[39] Edelman R, et al. Hyaluronic acid-serum albumin conjugate-based nanoparticles for targeted cancer therapy. Oncotarget, 2017, 8 (15): 24337-24353.

[40] Fraser J R, et al. Viscous interactions of hyaluronic acid with some proteins and neutral saccharides. Ann Rheum Dis, 1972, 31 (6): 513-520.

[41] Wickens J M, et al. Recent advances in hyaluronic acid-decorated nanocarriers for targeted cancer therapy. Drug Discovery Today, 2017, 22 (4): 665-680.

[42] Sjögren M, et al. Antifouling activity of the sponge metabolite agelasine D and synthesised analogs on *Balanus improvisus*. Biofouling, 2008, 24 (4): 251-258.

[43] Bohlin L, et al. 35 years of marine natural product research in Sweden: cool molecules and models from cold waters. Prog Mol Subcell Biol, 2017, 55: 1-34.

[44] Huang H N, et al. Antimicrobial peptide epinecidin-1 promotes complete skin regeneration of methicillin-resistant *Staphylococcus aureus*-infected burn wounds in a swine model. Oncotarget, 2017, 8 (13): 21067-21080.

[45] Chai T T, et al. Enzyme-assisted discovery of antioxidant peptides from edible marine invertebrates: a review. Mar Drugs, 2017, 15: 42.

第二篇　海洋蛋白及新产品开发

第6章 海洋食品的营养与保健机理

（浙江海洋大学，罗　成、邓尚贵；天津科技大学，李贞景）

6.1 食品的基本功能

食品的基本功能是为机体提供所需营养和能量促进机体的能量转换及代谢生长。现代食品科学研究显示，无论食品的结构、制备方式与方法如何不同，其组成及重要元素的基本特征都是一样的，或者高度相似的。但是环境对食品的影响十分巨大[1]。例如，地中海一带的国家，由于气候温和，具有由陆地提供的大量食品和繁多种类的蔬菜水果，还有由海洋提供的鱼、虾等海产品。统计学数据显示，在海洋沿岸地区，食物的多样性和食品的合理结构与搭配可以明显地促进人类健康，但我们也应该意识到没有绝对的长寿食品。在长期生存、长期进化过程中基本上每一地区或者每一民族都有自己喜欢的，而且延年益寿的食品。所以在继续探索陆地动植物食品的同时，对海洋食品营养与健康的研究也十分重要。通过运输、加工与保藏能力地大大改善，海洋食品可以被运输到世界的每一个角落。海洋食品在提高人类生活质量、延长人类寿命中将起到非常重要的作用。

6.2 食品抗氧化、抗炎的分子机理

大量研究表示，人类越来越多地意识到人类生命衰老过程与食物代谢及围绕线粒体代谢途径产生的自由基相关。所以我们认为富含抗氧化成分的食品实际上也就是防衰老食品。氧化与抗氧化在机体内时时刻刻发生，但随着年龄的增长，氧化能力逐步等于或者大于抗氧化能力。当然人体的抗氧化能力并非仅仅是靠食品本身的抗氧化特性来维持，但其作用也不可低估。我们知道体外很多食品成分能使人体吸收的三价铁离子还原成二价铁离子，由于三价铁离子有很强的氧化性，因此把三价铁离子维持在低水平很重要。在体外试验条件下褐色的三价铁离子就很容易被柠檬(酸)转化为黄色(颜色深度由浓度决定，二价铁离子溶液淡绿色)。所以 Fe^{3+}转变成低价铁(Fe^{2+})可以非常容易地根据颜色或者 OD 值来测定。在体内随着年龄的增长，类似于三价铁离子、过氧化离子的氧化物不断增加，从而导致机体衰老。所以食品的选择十分重要。当然人体自身也有非常强大的抗氧化能

力。人体由基因表达来实现的抗氧化体系很多，也比较复杂，如亲电羰基衍生物分子激发的基因-酶抗氧化体系，即 Keap1/Nrf2 转录因子可以激活多种与抗氧化相关的抗氧化基因或者与之相关的抗氧化应答元件(antioxidant responsive element，ARE)基因，如血红素氧化酶-1、谷胱甘肽还原酶等。而且它们也可以促进其抗炎、抗肿瘤等细胞生理过程[2]。

在图 6-1 陈述的这个体内抗氧化系统中，氧化与抗氧化实际上是由炎症过程引发的，即以触发环氧化酶-2(cyclooxygenase-2，COX-2)为起始。COX-2 是一种诱导型酶，是合成不同前列腺素的起始酶。与组成型的 COX-1 相比，COX-2 的底物一般只是由膜衍生来的花生四烯酸，只在某些情况下 COX-2 可氧化不同的不饱和脂肪酸[3]，除花生四烯酸外，也可氧化二十二碳六烯酸(DHA)和二十碳五烯酸(EPA)，以产生前列腺素，并且通过脱氢酶和非酶促反应进一步将它们转化为电羰基衍生物(electrophilic oxo-derivative，EFOX)，如生成 13-EFOX-D6 和 13-EFOX-D5[4]。这些 COX-2 的衍生氧化代谢物则是抗炎和抗氧化的起始分子。有些 EFOX 可为依赖于脂肪氧化酶的脂氧素(lipoxin)及溶胞分子提供有效的分子识别信号，例如，选择性地阻止中性粒细胞和嗜酸性细胞，以及刺激参与抗菌防御分子的表达，以促进补充非炎症细胞、激活巨噬细胞吞噬微生物和衰老的细胞。更为重要的是依赖于 COX-2 的 EFOX 分子通过硫醇与半胱氨酸、组氨酸等蛋白质残基加合激活依赖于 *ARE* 基因表达的 Nrf2。在正常条件下，EFOX 氧化应激或亲电应激作用破坏了 Keap1 中的半胱氨酸残基，使得 Keap1-Cul3 监控系统被扰乱，而使 Nrf2 在细胞质中聚集。非 DNA 结合的 Nrf2 能够移位于细胞核中，在那里 Nrf2 与一个 Maf 的小蛋白质形成异二聚体并与 ARE 上游启动子区域结合，成为许多抗氧化基因的开关，并控制多种抗氧化、抗炎症的保护细胞的基因表达。这些基因分享共同的顺式增强序列作用，被称为被 Nrf2 靶向的抗氧化应答元件。它们构成了所谓第二阶段的抗氧化和排异反应，包括血红素氧化酶-1(heme oxygenase-1，HO-1)、还原型烟酰胺腺嘌呤二核苷酸磷酸(reduced nicotinamide adenine dinucleotide phosphate，NADPH)、奎宁氧化还原酶 1(quinine oxidoreductase1，NQO1)、谷胱甘肽硫转移酶(glutathione S-transferase，GST)、γ-谷氨酰半胱氨酸合成酶(γ-glutamyl cysteine synthetase，γ-GCS)、谷胱甘肽还原酶(glutathione reductase，GR)、超氧化物歧化酶(SOD)、尿苷二磷酸葡糖醛酸基转移酶(UGT)和 g-谷氨酰酶[5]。这些抗氧化酶可以维持细胞的良性循环。海洋中发现的肽具有生物活性，如从鲤、金枪鱼和牡蛎中发现的丝氨酸、β-丙氨酰、1-甲基-组氨酸、肌肽、丙氨酰-组氨酸，以及大量藻类多糖显示出强抗氧化作用。

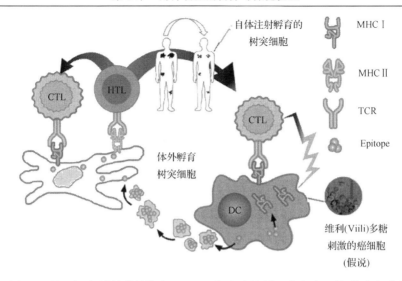

图 6-1　用 CTL 激活剂[如易普利单抗(ipilimumab)]和癌抗原呈递启动子(如维生素或者食源性多糖)进行自体/非自体免疫治疗

MHC：主要组织相容性复合体(major histocompatibility complex)；TCR：T 细胞受体；Epitope：抗原决定簇；CTL：细胞毒性 T 淋巴细胞；HTL：辅助 T 淋巴细胞；DC：树突细胞。由主要组织相容性复合体，即人类白细胞抗原 A(human leucocyte antigen A，HLA-A) 1 型呈递的癌抗原(表位)可被细胞毒性 T 淋巴细胞(CTL)的 T 细胞受体(T-cell receptor，TCR)识别，并最终导致癌细胞被破坏。右侧插入的圆形图像的特征是 MAGE-A3 脉冲过的癌细胞正在受到 CTL 的攻击[6]

除抗氧化作用外，COX-2/Nrf2 信号系统还具有一系列保护细胞、保护血管的作用。这些内皮细胞中依赖于 COX-2 的亲电 EFOX 分子能产生大量的血管活性物质，具有抗凝、抗黏附和抗增殖的特性。内皮细胞和平滑肌细胞组成这种相互作用的基础，增加血管壁细胞之间的紧密联系，保证血液在血管中的流畅。这是由于舒张和收缩之间复杂的相互作用来源于内皮细胞对血管平滑肌细胞活性的机能调节，血管扩张或收缩，以及对组织血流量的调节。内皮依赖性舒张因子可引发平滑肌细胞的超极化和血管的扩张，而内皮源性收缩因子则主要引起平滑肌细胞的去极化和血管的收缩。实际上还有其他控制血管的因子，如 COX-2 依赖性血栓素 A2(thromboxane A2，TXA2)、前列腺素 E2(prostaglandin E2，PGE2)、前列环素(prostacyclin，PGI2)、前列腺素 F2(PGF2)等。Stewart 等[7]发现与年龄有关的血管扩张反应损伤可以通过 COX-2 依赖性血栓素 A2 和依赖 COX-2 的 PGH2 受体来改善可能的血管堵塞。因此 COX-2 特异性抑制剂与心血管疾病的风险增加有关，可能是因为这些药物会减少前列环素(PGI2)，而不影响 TXA2 的产生。但更多的证据表明 COX-1、COX-2 在血管内皮(包括主动脉)中都有表达，而且当 COX-1 表达量在衰老的大鼠中保持不变时，COX-2 表达量会增加。例如，底物对不同年龄动物的影响是不同的，其中一个例子是乙酰胆碱引起的血管舒张效果对年老 Wistar 大鼠(24 个月)和年幼 Wistar 大鼠(4 个月)的 COX-1 及 COX-2 的影响是不一样的。在年老的大鼠中,当底物(花生四烯酸)浓度低时,COX-2 活性更高;而当底物浓度高时,只有 COX-1 有活性。在年老的大鼠体内,COX-2 水平没有增加,但是 TXA2 与 PGF2α 水平增加,年老大鼠经过 IL-1β 治疗后,苯肾上腺素对其动脉的最大收缩度增加。Briones 等[8]利用 1400W 和 NS398 分别抑制 iNOS 及 COX-2 的表达,用于消除苯肾上腺素收缩作用的差异。此外,Nrf2/keap1/ARE 的内部抗氧化性也能够被自然衍生物所调控或激活。白藜芦醇已被证明能激活肝细胞、初级心肌细胞、内皮细胞及上皮细胞中 Nrf2 依赖性抗氧化酶系,而且白藜芦醇能够诱导保护机制,从而避免氧化应激或者致癌物所诱导的细胞坏死。与槲皮素类似,白藜芦醇不仅通过稳定蛋白质来增加 Nrf2 的水平,还通过增加干细胞中 Nrf2 的 RNA 来实现增加 Nrf2 的目的。白藜芦醇在人体肺泡上皮 A549 细胞中减轻了香烟烟雾提取物(cigarette smoke extract,CSE)所产生的过氧化物 ROS 的毒性,而且恢复了消耗 CSE 的谷胱甘肽合成酶(glutathione synthetase,GS)水平,这一过程的完成是通过激活在人体肺泡上皮 A549 细胞中 Nrf2 进而上调 GS 实现的。葡萄、橄榄富含白藜芦醇,地中海地区居民心血管疾病的发病率低,可能就是出于这个原因[9]。因此内皮细胞功能的完整性是防止血管渗漏和动脉粥样硬化的关键。

6.3　食品的免疫学机理

在食品蛋白和多糖的代谢过程中,它们的降解产物或者代谢产物形成新的抗原时常可使人体发生食物过敏,造成身体某一组织、某一器官甚至全身的强烈反应,以致出现各种各样的功能障碍或组织损伤。这是免疫系统对某一特定食物产生的一种不正常的免疫反应,免疫系统会对此种食物产生一种特异型免疫球蛋白,当此种特异型免疫球蛋白与食物结合时,会释放出许多化学物质,造成过敏症状,严重者甚至可能引起过敏性休克。然而,食物的抗原性一般是对人体健康有益的。即食品中的许多成分,特别是某些非营养性成分,如多糖、寡糖、胞外多糖通常具有脂多糖的作用,可以刺激白细胞激活,尤其是巨噬细胞的激活[10],使机体免疫力提高。此外大量的食源性蛋白肽、维生素、不饱和脂肪酸及与人体共生的益生菌具有促进抗氧化、抗炎,以及参与免疫调节和抗肿瘤活性相互作用的各种益处。例如,许多酸奶,特别是一些半固态酸奶,可以产生一些三肽,如 IPP(Ile-Pro-Pro)和 VPP(Val-Pro-Pro)。大量研究表明,这些三肽具有很高的活性功能,如抑制血管紧张素转换酶、降低血压和预防心血管疾病。食品中活性成分的抗癌机理近年也有很多报道,特别是某些维生素、多糖在呈递癌细胞抗原发挥了特别的作用。它们除了非特异性地刺激免疫细胞,同时某些多糖也可能参与细胞毒性 T 淋巴细胞(CTL)的激活(图 6-1)。

乳清含有多种免疫活性物质。奶酪工业和奶粉制造业中都会产生大量的乳清,很长一段时间内大部分乳清都被作为废水排掉。用 10kg 鲜牛乳可以生产约 1kg 干酪,余下的则是乳清。新鲜乳清的干物质含量大约为 7%,但包含有鲜乳中近一半的营养成分及 90%以上的免疫学成分,如乳铁蛋白,它是含铁蛋白质,具有抗菌和抗氧化特性,可起到刺激免疫系统的作用。随着工业进步,这些乳清都能被浓缩成乳清蛋白,它们或者被制成婴儿配方奶粉,或者用于体质低下的老年人。乳清,特别是山羊乳清的抗炎作用十分明显。山羊乳清可抑制 NF-κB p65 和 κp38 MAPK 的炎症信号通路,下调一系列炎症因子: IL-1β、IL-6、IL-17、TNF-α、iNOS、MMP-9、ICAM-1[11]。

6.4 海洋食品的营养成分

海洋食品种类众多。但一提到食品的抗氧化作用、食品的保健功能,我们就会想到熟悉的陆地来源的芦荟、黄芪、灵芝、猪苓、虫草、猴头菇、枸杞、香菇、姬松茸、云芝等,如果正常食用,它们就会被认为是抗氧化食品,或者抗衰老食品;还有就是含维生素多的食品,如柠檬、蓝莓、胡萝卜、番茄等。与陆地功能食品相比,人们知道的海洋功能食品非常少,但研究显示海洋生物具有独特的营养价值,含有众多生物活性物质,只是尚未开发。例如,海藻多糖、红藻多糖等的抗氧化及免疫原性。因此有必要进一步了解海洋食品。

6.4.1 微量元素

海洋蕴藏了约 80%的地球生物量,故有着诸多潜在的营养性、医疗性与功能性原料。尤其富含人体内不可缺少的营养物质——微量元素。缺乏它们有可能导致多种疾病的发生,例如,缺铁可以导致缺铁性贫血;缺碘有可能导致地方性甲状腺肿等。海洋食品富含人体容易缺乏的几种微量元素,如铁、锌、硒等,其含量高出其他动物性食品的数倍甚至数十倍。按每 100g 可食部计算,蚌肉含铁50mg,锌 8.5mg;蛏干含铁 88.8mg,锌 13.63mg,硒 121.2μg;牡蛎含铁 23.9mg,锌 10.02mg,硒 104.4μg;田螺含铁 19.7mg,锌 2.71mg,硒 16.73mg,田螺富含微量元素,其中含钙量高达 1030mg。另外,其他一些海产品也富含人体必需的微量元素。这些微量元素都是从一般食物中难以获取的,所以经常食用软体动物,对补充铁、锌、硒等微量元素,预防因缺乏这些微量元素所导致的疾病十分有益。

6.4.2 脂肪酸

鱼、虾衍生产品捕捞工艺的提高与革新引起了虾产品市场的增长。近年虾衍生产品的范围逐渐扩大，其主要产品集中在医药、健康食品与水产养殖领域。虾油是 EPA、DHA 及虾青素的优质来源，与绝大部分其他鱼油不同，虾油大部分的 EPA 与 DHA 是以天然磷脂形式存在的，而非三酰甘油形式。与以三酰甘油形式生产的 EPA 与 DHA 相比较，以磷脂形式生产的 EPA 与 DHA 有着更高的组织水平。虾油的特点是 EPA 相对 DHA 有更高的含量，比值为 2∶1。ω-3 脂肪酸可以促进胎儿大脑发育，帮助产妇预防和治疗产后抑郁症，并且已被证实对婴幼儿的生长发育，尤其是对婴幼儿神经系统(包括大脑和眼睛)的发育具有重要作用[12]。如前所述，间接地通过转换启动的体内抗氧化系统是类前列腺素，实际上这些前列腺素就直接或者间接，或部分来自于鱼类脂肪酸，参与体内抗氧化、抗炎及抗癌作用。残留的鱼粉、虾粉可以用作各种养殖动物饲料中常规鱼粉的替代品，但一般用作水产养殖饲料中的高价值添加剂，而非初级原料，也可提高饲养的鱼、虾的免疫力，减少鱼病的发生。此外，中链脂肪酸(如羊奶 C8-12)还有抗癌特性，例如，体外试验显示其对结肠癌、皮肤癌和乳腺癌细胞有抑制作用[13]。

6.4.3 酶水解鱼蛋白活性肽

蛋白水解肽食品已经有很长的历史，例如，牛奶水解蛋白肽可大大降低食品的过敏性，酶水解肽可减少免疫(排斥)反应，在提高小孩或者老年人的消化吸收能力方面优势十分明显。虽然肽是蛋白水解的中间产物，但肽是两个或两个以上氨基酸以肽键相连的化合物，是蛋白质和氨基酸之间的一段最易吸收、最具活性、最能激发人体再生系统，且极具功能性的营养性功能食品。这是由于肽是构成人体内酶、激素、抗体、神经间质等活性物质。水解肽可以大大减少或者去除三维空间抗原决定簇的免疫原性，具有原蛋白质和单体氨基酸不具备的独特的生理活性，具备营养、生理保健和药物治疗作用的潜在功能，而且从未有毒性的报道。现在除了能从海洋蛋白源酶解的活性肽中筛选到有抗氧化、抗炎、抗癌等许多功能的肽，还有酶水解产生的许多咸味肽、苦味肽、甜味肽，其健康功能性作用十分明显。例如，咸味肽可以降低食盐摄入量，进而降低高血压的风险，减少糖尿病的患病概率，特别是减少糖尿病并发症的发生等。由于研究发现苦味和甜味受体不仅仅存在于舌，也存在于肺上呼吸道上皮细胞，苦味肽明显可以作为这些受体的激动剂，使肺活量增加，充分利用肺活量，向血液提供更多的氧气，使精力更加充沛[14]。

食物蛋白在体内经酶水解成不同大小的短肽，在短肽阶段它们的作用往往不只是简单地提供 N 源或者 C 源。实际上它们参与许多类似于激素、神经因子、细胞生长因子的作用，而且主要作用都是改善机体的功能。食品科学研究证明，动物蛋白，特别是海洋鱼、虾蛋白，经酶水解后其味道可以获得大大改进。目前绝大多数鱼类加工中鱼蛋白的酶水解，或者酸水解主要是再利用。鱼骨与切割剩余物包含数量可观的鱼糜蛋白质，可水解获得高营养的蛋白质水解物、液体鱼蛋白和生物活性肽。鱼类蛋白质水解物是鱼类蛋白质的分解产物，通过添入木瓜蛋白酶等酶类，将鱼类蛋白质分解为较小的肽类，一般为含 2～20 种氨基酸的肽，可以是液体或冷冻十燥成粉状的形态。它的低端用途一般是用作肥料或动物饲料。然而，对其高端用途，如功能性食品与营养食品的研究正在增加，并且有着十分令人兴奋的前景。酶法水解海洋蛋白产生十分明显的生物活性肽，如咸味肽、苦味肽、鲜味肽等，这些肽有许多潜在用途，如抗氧化、抗癌、抗高血压、免疫调节及抗菌的用途正在研究中[15]。由于降解的随机性，出现了大量新颖的肽，其也是潜在抗癌药物的重要来源。

6.4.4　咸味肽

食盐作为一种咸味的载体，不仅可以改善人的食欲，而且能调节人体内水分的均衡分布，维持细胞内外的渗透压，参与胃酸的形成，促使消化液的分泌；同时，还具有保证胃蛋白酶作用所必需的酸碱度，维持机体酸碱平衡和体液的正常循环，调节体温平衡等重要功能。钠摄入量过低，引发食欲不振、四肢无力、晕眩，严重时会出现呕吐、心率加速、脉搏细弱、肌肉痉挛、视力模糊、反射减弱等症状，更有甚者还会因心脏衰竭而死亡。然而，过多地摄取钠也会影响身体健康，最直接的结果就是高血压。由于人的体液渗透压是恒定的，因此，每摄入 1g 食盐，就需要多出 111g 水与之配比，形成"生理盐水"的渗透压储存在组织中，导致血管中的水分增加，血管壁所受压力随之增大，诱发高血压。据世界卫生组织统计，人类每天摄入食盐的量普遍高于生理的实际需求量，高盐对人体健康危害极大。研究表明，糖尿病、高血压、骨质疏松、胃癌、心血管疾病，甚至记忆力衰退等都与过量摄盐密不可分[16]。为了减少食盐摄入量，最有效的方法是减少 Na^+ 的摄入量，但又保持全盐味，咸味肽则是最有效的替代品之一，因为咸味肽本身是不产生咸味的，但与盐相互作用可提高咸味。虽然咸味肽的机理尚不完全清楚，但实验证明一些短肽，特别是含精氨酸的肽与 NaCl 有协同作用，可以产生更高的咸味味觉[17]。即如果 NaCl 浓度为 10～20mmol/L，咸味肽可把其感官浓度从 10～20mmol/L 提高到 60mmol/L。目前被鉴定的咸味肽，如 RP、RA、AR、RG、RS、RV、VR 及 RM，精氨酸在咸味产生中发挥着最主要作用。这些从鱼，或者鱼罐头分离的咸味肽没有鱼的腥味。实验证明木瓜蛋白酶具有产生咸味肽的良好效果[18, 19]，是由于木瓜蛋白酶有选择性地水解精氨酸、碱性氨基酸，使味蕾触发咸味信号。从水产食品资源开发咸味肽除了可以开拓更多的、制备更精准的食品调味剂，更重要的是可以减少食盐的使用，进而减少高血压、糖尿病等疾病的发生，改善人类健康。

6.4.5　不同肽对味觉的相互影响

与其他化学物品一样，食品的组织结构决定其质构特性，以使人们产生不同的味觉及嗅觉体验[20-23]。绝大多数肽都有一定的主味，只是多数肽的主味常常被相互抵消或者掩盖[24-26]。它们既可以直接进行肽与肽的相互抵消，也可能是味肽抑制某些蛋白水解酶使主味肽消失。

6.5　硬骨鱼中的胰高血糖素样肽

人胰高血糖素样肽 1(glucagon-like peptide-1，GLP-1)活性肽由 7～37 个氨基酸组成[27]，胰高血糖素(glucagon，GCG)可以使机体血糖升高，然而胰高血糖素样肽 1 有降低血糖的作用。血浆胰高血糖素(plasma glucagon，PG)基因编码 3 种肽：胰高血糖素、胰高血糖素样肽 1 和胰高血糖素样肽 2，而许多非哺乳类脊椎动物，如鱼类携带多个 *PG* 基因[28]。GLP-1 是葡萄糖依赖性胰岛素释放的有效刺激剂。除了 GLP-1 和 GLP-2，在肠道中还有葡萄糖依赖性促胰岛素释放多肽(glucose-dependent insulinotropic polypeptide，GIP)，它们都是胰岛素以外分泌的激素，但都对血浆胰高血糖素水平的抑制起重要作用，同时平衡胃动力。GLP-1 对肠上皮具有生长促进活性，还可以通过对促黄体激素、甲状腺刺激激素、促肾上腺皮质激素释放激素、催产素和加压素分泌的影响来调节下丘脑-垂体轴，创造饱腹感。通过刺激胰岛素新生和胰腺 β 细胞增殖来增加胰岛素量，抑制 β 细胞凋亡。GLP-1 和 GLP-2 在肠内 L 型内分泌细胞中通过响应食物摄入而产生。GLP-1 以葡萄糖依赖的方式刺激胰腺 B 细胞的胰岛素分泌。GLP-2 是一种营养响应性生长因子，可刺激小肠和大肠中的特定营养作用。脑中 GLP-1 和 GLP-2 主要产生在脑干神经元中，并被运送到中枢神经系统的不同部位，包括下丘脑、丘脑和皮质[29]。所以通过调节神经系统 GLP-1 和 GLP-2 的分泌可以实现肠胃动力平衡，进而可能会增加饱腹感，导致营养消耗减少和体重减轻[30]。此外，GLP-1 可以保护神经并参与神经突触生长和空间学习[31]。

6.5.1　鱼 GLP-1 的进化

与哺乳动物不同，在所有进行基因组分析的鱼类中，胰高血糖素、GIP、GLP-1 及 GLP-2 有自己独立的相应的基因，GLP-1 已被证明在所有研究的硬骨鱼和软骨鱼中表达，尽管它们的序列和表达模式略有不同。目前通过基因组分析及鱼类学分析发现基本上每一种硬骨鱼中都包含一种或者多种 GLP-1，与人 GLP-1 非常相近，只有 3~4 个氨基酸不同，由于鱼 GLP-1 高度类似于人 GLP-1，因此这也是鱼作为食品的优势之一[32]。*GCG*、*GIP* 与 *GLP-1* 都是古老基因，参与血糖的细调，以保证恒定的葡萄糖浓度。GCG 受体基因的系统发育研究表明，鱼胰高血糖素受体基因在祖先的鱼类谱系中发生了重复，以方便 GCG 与 GLP-1 的共同作用[33]。GLP-1 谱系的分子进化和物种进化展示一种相对地理区域关系(图 6-2)。虽然这有可能受到取样的限制，例如，缺乏非洲沿海岸的样品是由于该海域鱼的基因序列尚未分析。虽然通常是根据基因序列做亲缘关系的分析，但由于基因的高度保守，会产生高度保守的蛋白质或者肽的序列。单从肽的序列分析，可以看出其胰高血糖素与葡萄糖依赖性促胰岛素释放多肽十分相似。显示出彩虹鲑与三文鱼的近亲关系及其与鳕的远亲距离。特别是经改造后的人的 GLP-1 类似物既可接近稻鱼，也可接近鳟。

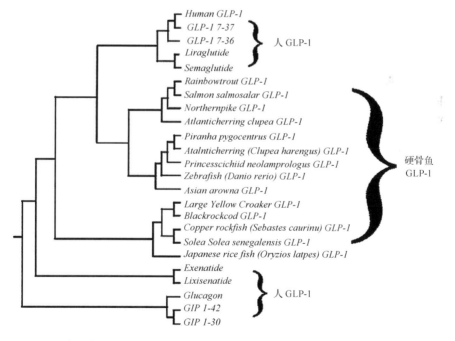

图 6-2　基于鱼类胰高血糖素、胰高血糖素样肽 1 的氨基酸序列所确定的物种亲缘关系及进化距离(展示硬骨鱼与人 GLP-1、GIP 及 GLP-1 类似物的相对进化位置)

http://www.genome.jp/tools-bin/clustalw

6.5.2　GLP-1 类似物的长效机制在 2 型糖尿病中的潜在应用

天然 GLP-1 具有非常短的血浆半衰期，在体内只有 1～2min 就被人体内的 DPP-Ⅳ 酶降解。为了方便 2 型糖尿病患者使用药物，同时也能使血糖保持恒定水平，即为了使 GLP-1 能协调胰岛素有效地控制血糖浓度，必须延长 GLP-1 或者其类似物的半衰期。目前一系列这样的类似物或已经进入临床，或正在准备进入。例如，糖尿病药物巨头诺和诺德(Novo Nordisk)公司开发的长效胰高血糖素样肽1(GLP-1)受体激动剂索马鲁肽(Semaglutide)有 7 天的半衰期，Elsiglutide 在体内半衰期为 5 天，也不引起任何低血糖症状，这使得 2 型糖尿病患者有可能减少注射时间。系统进化、两栖动物分析及 GLP-1 药物开发表明，鱼 GLP-1 或者其类似物在哺乳动物和人体控制 2 型糖尿病中有同样的生物活性[34]。虽然鱼 GLP-1 可能成为延长半衰期的 GLP-1R 的新型激动剂[35]，但因为毒性代谢等问题的困扰，整个 GLP-1 类似物仍然处于临床试验阶段。总体而言，目前 GLP-1 药物的临床试验有利拉鲁肽[36]、索马鲁肽、艾塞那肽，基于 GLP-1 的治疗通过多种机制改善血糖控制，降低高、低血糖风险。除了这些新 GLP-1 类似物可以增加 GLP-1 半衰期，目前市场上还有其他同类多肽"药物"，例如，肠促胰岛素类似肽、艾塞那肽等[37]。

参 考 文 献

[1] Kirkwood T B, et al. What accounts for the wide variation in life span of genetically identical organisms reared in a constant environment? Mech Ageing Dev, 2005, 126(3): 439-443.

[2] Luo C, et al. The role of COX-2 and Nrf2/ARE in anti-inflammation and antioxidative stress: aging and anti-aging. Medical Hypotheses, 2011, 77(2): 174-178.

[3] Vecchio A J, et al. Structural basis of fatty acid substrate binding to cyclooxygenase-2. J Biol Chem, 2010, 285: 22152-22163.

[4] Singh A, et al. Dysfunctional KEAP1-NRF2 interaction in non-small-cell lung cancer. PLoS Med, 2006, 3(10): e420.

[5] 刘薇, 等. COX-2/Nrf2/ARE 信号通路与体内外的抗炎、抗氧化作用机理. 生命科学, 2011, 23(10): 1027-1033.

[6] Luo C, Deng S G. Viili as fermented food in health and disease prevention: a review study. Journal of Agricultural Science and Food Technology, 2016, 2(7): 105-113.

[7] Stewart K G, et al. Aging increases PGHS-2-dependent vasoconstriction in rat mesenteric arteries. Hypertension, 2000, 35: 1242-1247.

[8] Briones A M, et al. Ageing alters the production of nitric oxide and prostanoids after IL-1beta exposure in mesenteric resistance arteries. Mech Ageing Dev, 2005, 126(6-7): 710-721.

[9] Surh Y J, Na H K. NF-κB and Nrf2 as prime molecular targets for chemoprevention and cytoprotection with antiinflammatory and antioxidant phytochemicals. Genes Nutr, 2008, 2: 313-317.

[10] 武俊华, 罗成. Viili 多糖对巨噬细胞 RAW264.7 增殖、激活及细胞因子的影响. 当代免疫学, 2013, 33(2): 113-118.

[11] Araújo D F S, et al. Intestinal anti-inflammatory effects of goat whey on DNBS-induced colitis in mice. PLoS One, 2017, 12(9): e0185382.

[12] Mozaffarian D. Fish and n-3 fatty acids for the prevention of fatal coronary heart disease and sudden cardiac death. Am J Clin Nutr, 2008, 87(6): 1991S-1996S.

[13] Narayanan A, et al. Anticarcinogenic properties of medium chain fatty acids on human colorectal, skin and breast cancer cells in vitro. Int J Mol Sci, 2015, 16(3): 5014-5027.

[14] Iwaniak A, et al. Food protein-originating peptides as tastants—physiological, technological, sensory, and bioinformatic approaches. Food Research International, 2016, 89: 27-38.

[15] Suarez-Jimenez G M, et al. Bioactive peptides and depsipeptides with anticancer potential: sources from marine animals. Mar Drugs, 2012, 10: 963-986.

[16] Temussi P A. The good taste of peptides. J Pept Sci, 2012, 18(2): 73-82.

[17] Schindler A, et al. Discovery of salt taste enhancing arginyl dipeptides in protein digests and fermented fish sauces by means of a sensomics approach. J Agric Food Chem, 2011, 59(23): 12578-12588.

[18] 王欣, 等. 酶水解哈氏仿对虾蛋白提高咸味的研究. 中国调味, 2017, 42(5): 6-12.

[19] 安灿, 等. 蛋白酶水解龙头鱼产生咸味的研究. 中国食品添加剂, 2017, 21(1): 135-140.

[20] Grassin-Delyle S, et al. The expression and relaxant effect of bitter taste receptors in human bronchi. Respir Res, 2013, 14: 134.

[21] 吴迪. 酶水解舟山大黄鱼蛋白产生呈味肽的优化与流变分析. 舟山: 浙江海洋大学硕士学位论文, 2018.

[22] Clifford R L, Knox A J. Future bronchodilator therapy: a bitter pill to swallow? Am J Physiol Lung Cell Mol Physiol, 2012, 303(11): L953-L955.

[23] 解铭, 等. 鳕鱼酶解液苦味肽的纯化鉴定. 现代食品科技, 2016, 2(2): 190-195.

[24] Kim M J, et al. Umami-bitter interactions: the suppression of bitterness by umami peptides via human bitter taste receptors. Biochemical and Biophysical Research Communications, 2015, 456: 586-590.

[25] Shim J, et al. Modulation of sweet taste by umami compounds via sweet taste receptor subunit hT1R2. PLoS One, 2015, 10(4): e0124030.

[26] Okumura T, et al. Sourness-suppressing peptides in cooked pork loins. Bioscience, Biotechnology, and Biochemistry, 2004, 68(8): 1657-1662.

[27] Seino Y, et al. GIP and GLP-1, the two incretin hormones: similarities and differences. J Diabetes Investig, 2010, 1(1-2): 8-23.

[28] Busby E R, Mommsen T P. Proglucagons in vertebrates: expression and processing of multiple genes in a bony fish. Comp Biochem Physiol B Biochem Mol Biol, 2016, 199: 58-66.

[29] Geloneze B, et al. Glucagon-like peptide-1 receptor agonists (GLP-1RAs) in the brain-adipocyte axis. Drugs, 2017, 77: 493-503.

[30] Larsen P J, Holst J J. Glucagon-related peptide 1 (GLP-1): hormone and neurotransmitter. Regul Pept, 2005, 128(2): 97-107.

[31] Li J, et al. Cardiovascular benefits of native GLP-1 and its metabolites: an indicator for GLP-1-therapy strategies. Front Physiol, 2017, 8: 15.

[32] Irwin D M, Wong K. Evolution of new hormone function: loss and gain of a receptor. J Hered, 2005, 96(3): 205-211.

[33] Mommsen T P, et al. Amphibian glucagon family peptides: potent metabolic regulators in fish hepatocytes. Regulatory Peptides, 2001, 99: 111-118.

[34] Marso S P, et al. Liraglutide and cardiovascular outcomes in type 2 diabetes. N Engl J Med, 2016, 375(4): 311-322.

海洋食品科学与技术

[35] Seino Y, et al. GIP and GLP-1, the two incretin hormones: similarities and differences. J Diabetes Investig, 2010, 1 (1-2): 8-23.

[36] Wang S L, et al. Comparison of twelve single-drug regimens for the treatment of type 2 diabetes mellitus. Oncotarget, 2017, 8 (42): 72700-72713.

[37] Ismail R, Csóka I. Novel strategies in the oral delivery of antidiabetic peptide drugs—Insulin, GLP 1 and itsanalogs. Eur J Pharm Biopharm, 2017, 115: 257-267.

第7章 抗冻蛋白/肽的研究及其在海洋食品中的潜在应用

（福州大学，汪少芸、陈　旭）

7.1　抗冻蛋白/肽的研究概况

7.1.1　抗冻蛋白

低温冷冻伤害对于大多数生物体是致死性的，它可导致细胞内环境脱水、结晶，造成细胞物理性的损害或死亡[1]。生活在低温环境中的许多生物需要避免体液结冰，长期的进化过程使其体内出现了一种广泛且多样化的新物质——抗冻蛋白(antifreeze protein，AFP)。抗冻蛋白是一类在结冰或亚结冰条件下，能改变冰晶生长特性和抑制冰晶重结晶从而保护生物有机体免受冰冻伤害的蛋白质，广泛存在于生物体中[2]。从 20 世纪 60 年代抗冻蛋白被发现以来，引起了许多实验室的研究兴趣[3]。抗冻蛋白，又叫冰结构蛋白(ice structuring protein，ISP)、热滞蛋白(thermal hysteresis protein，THP)，于 1969 年由 Devries 和 Wohlschlag 在南极海峡的一种南极鱼类(Nototheniidae)的血液中发现[4]。AFP 不仅能够抑制冰晶生长，并且在抑制冰晶重结晶方面也有着重要的作用。AFP 的生物活性主要包含热滞活性(thermal hysteresis activity，THA)与重结晶抑制(ice recrystallization inhibition，IRI)活性，能有效保护在低温环境下生长的生物体。AFP 作用的共同特点是吸附在冰晶表面，从而达到修饰冰晶生长、抑制冰晶重结晶的效果。

7.1.2　抗冻肽

随着对抗冻蛋白活性结构研究的不断深入，有研究者发现抗冻蛋白的抗冻活性主要来源于其一级结构多肽链中的某些片段[5, 6]。抗冻多肽具有良好的抗冻活力，且其性质稳定，与抗冻蛋白相比具有较多的应用优势。汪少芸等[7]以食源性牛皮胶原蛋白为原料，通过相应的酶解工艺，分离得到分子量为 2107Da 的特异性抗冻多肽。通过蛋白质测序，得出该多肽的全序列为 GERGFPGERGSPGAQGLQGPR。该抗冻多肽含有多种亲水性氨基酸，因此，抗冻多肽的作用机制可能是其具有很强的亲水性，再加上胶原蛋白多肽中的羟脯氨酸、脯氨酸及丙氨酸残基能提供非极性环境；抗冻多肽和水分子通过疏水作用维持它们之间形成的氢键，使抗冻多肽表现出较好的抑制冰晶的效果。周焱富等[8]通过丝胶肽对保加利亚乳杆菌的低温保护研究发现，丝胶肽同样具有抗冻活性。Wang 等[9]以鲨鱼皮为原料，分离纯化得到氨基酸序列为 GAIGPAGPLGP 的多肽，发现用 250μg/ml 该多肽处理的保加利亚乳杆菌，其冷冻存活率显著提高。不同来源的抗冻蛋白/肽无论结构或活性都存在着很大的差异，其抗冻机制、学说也不完全一致，阐明抗冻蛋白/肽的作用机制对研究者来说仍然是一个巨大挑战。本章试总结近年来对抗冻蛋白/肽的作用机制、学说及在食品中应用的研究进展。

7.2 抗冻蛋白/肽的分类

至今，在鱼、昆虫、植物和细菌等生物体中发现的抗冻蛋白，按照来源的不同，可分为鱼类抗冻蛋白、昆虫抗冻蛋白、植物抗冻蛋白和细菌抗冻蛋白。

7.2.1 鱼类抗冻蛋白

到目前为止，科学家已经从鱼类中发现了 6 大类抗冻蛋白。虽然它们都具有抗冻活性，但是其氨基酸的组成和结构却各不相同，彼此之间并没有同源性[10]。

7.2.1.1 抗冻糖蛋白

抗冻糖蛋白(antifreeze glycoprotein，AFGP)主要存在于生活在两极的某些鱼类，如齿鱼类(*Dissostichus*)、贝氏肩鳃(*Trematomus bernacchii*)及北半球高纬度海域中的鱼[如大西洋鳕(*Gadus morhua*)、北鳕(*Boreogadus Saida*)]的血液中[11]。AFGP 是一种糖蛋白，分子量为 2.5～33.7kDa，研究发现分子量大的 AFGP 抗冻活性也大[12]。其一级结构由 Ala-Ala-Thr 3 个氨基酸残基的重复单位组成，苏氨酸残基上常常连接着糖基团，且发现糖基团通常都是抗冻活性基团，如果对糖基团进行修饰或去除就会导致抗冻活性的损失[13]。AFGP 在溶液中以左手-折叠/螺旋的构象存在，这种独特的构象使 AFGP 多肽链中含有二糖疏水基团的一侧朝向碳骨架一面，含有亲水基团的一侧则朝向溶液一面，使得多肽链中的亲水基团完全暴露于水环境中，有利于 AFGP 的亲水基团与水分子之间形成氢键，从而阻止溶液中形成较大的冰晶[14, 15]。

7.2.1.2 Ⅰ型抗冻蛋白

AFP Ⅰ在床杜父鱼(*Myaxocephalus scorpius*)、美洲黄盖鲽(*Pseudopleuronectus americanus*)等中存在[16]。AFP Ⅰ的一级结构是通过 11 个氨基酸残基组成多肽单元，以此单元串联重复形成的。Ala 含量约为 65%，分子量为 3.3～4.5kDa。Asn/Asp 的值和 Thr 含量是确定其抗冻功能的主要影响因子。通过 X 射线研究 AFP Ⅰ的晶体结构, 结果显示它的二级结构均为 α 螺旋结构, 且为双亲螺旋, 这就使得 AFP I 中的亲水性氨基酸有较大的摆动能力, 可以与不同的冰晶表面结合, 从而抑制冰晶的生长[17]。

7.2.1.3 II 型抗冻蛋白

AFP II 在几种鱼类(如胡爪鱼、海渡鸦和鲱等)的血清中存在。其一显著特点是 Cys 含量比较高(约为 8%), 并且半数 Cys 都能形成二硫键, 用巯基乙醇或二硫苏糖醇处理都会导致热滞活性丧失, 因此这些二硫键对保持分子结构稳定性及抗冻活性有重要作用。AFP II 是鱼类抗冻蛋白中分子量最大的一类, 为 11~24kDa。AFP II 是所有抗冻蛋白中唯一能够在蛋白质序列库中查出与已知蛋白(动物凝集素-C)有同源性的抗冻蛋白[18]。根据 AFP II 和 C 型凝集素碳水化合物识别区域同源的特点, 进行类比分析, 结果显示 AFP II 有两个 α 螺旋、两个 β 折叠和大量无规则结构[19]。

7.2.1.4 III 型抗冻蛋白

AFP III主要存在于几种绵鳚亚目(Zoarcoidei)的鱼中, 如狼鱼和大头鳗鲡。研究人员从南极大头鳗鲡(Austrolycicthys branchycephalus)的血清中分离出两种 AFP III, 而从另一种鳗鲡 Lycodichthys dearborni 的血浆中发现了 8 种 AFP III。AFP III是一种球形的抗冻蛋白, 其分子量为 6.5~14kDa。对一种含 66 个残基的 AFP III用 NMR 和 X 射线衍射技术分析表明: 它是由 9 个 β 折叠组成的, 其中有一个游离在外, 另外 8 个则排列形成一种三明治夹心状的结构[20]。

7.2.1.5 IV 型抗冻蛋白

IV 型抗冻蛋白含有 108 个氨基酸, 分子量约为 12.3kDa, 并且含有高达 17% 的 Glu, N 端连接有一个焦谷氨酰基团。该抗冻蛋白的序列与膜载脂蛋白非常相似, 圆二色谱分析表明该蛋白和载脂酰蛋白也具有类似结构, 该蛋白含有大量的 α 螺旋, 在 1℃时其含量就高达 60%, 这些 α 螺旋具有双亲性, 4 个 α 螺旋可以反向平行折叠形成一个螺旋束。疏水基团向内, 亲水基团向外, 亲水基团的表面可与冰晶结合, 鱼可以把它作为一种屏障来阻止冰晶从皮肤表面渗入。该蛋白很有可能是由膜载脂蛋白进化而来的[19]。

7.2.1.6 高活性抗冻蛋白

高活性抗冻蛋白(hyperactive AFP)是 Marshall 等[18]从冬鲽中分离得到的一种新型的抗冻蛋白, 它的活性和分子量都比 AFP I 的高, 能够让冬鲽的生存极限温度降为-1.9℃。

7.2.2 昆虫抗冻蛋白

与鱼类生存环境相比，越冬昆虫面临更为严峻的冰冻威胁，因此昆虫抗冻蛋白低温保护活性普遍高于鱼类抗冻蛋白。Graether 等[21]从黄粉虫(*Tenebrio molitor*)体内分离到黄粉虫 AFP，其抗冻活性是鱼类抗冻蛋白的 100 多倍。伪步行虫[22]幼虫的抗冻蛋白在添加质量浓度为 1mg/ml 时，可将冰点降低 5.5℃。伪步行虫 AFP 分子量约为 8.4kDa，富含苏氨酸与半胱氨酸。昆虫抗冻蛋白的一级结构比较奇特，其多肽链主要由 12 个氨基酸残基重复序列组成，氨基酸重复序列为 CTXSXXCXXAXT(X 表示任意氨基酸残基)。在重复序列中，每相邻的 6 个氨基酸之间就会有一个半胱氨酸连接，直至序列结束。

7.2.3 植物抗冻蛋白

植物抗冻蛋白有胡萝卜 AFP、黑麦草 AFP、沙冬青 AFP 等。植物抗冻蛋白的热滞活性相比于鱼类及昆虫都比较低，因此推测植物抗冻蛋白的主要功能并不是阻止冰晶生长，而是减少冰晶重结晶对植物带来的致命性损伤。1992 年，加拿大科学家 Griffith 等首次分离出植物抗冻蛋白，他们在耐寒的黑麦(*Secale cereale*)叶片中发现了内源性 AFP[23]，他们用分离纯化手段从黑麦叶片质外体中提取并初步纯化了该蛋白质。在添加质量浓度为 60mg/ml 时，–1.1℃低温环境中可观察到双锥体或针状冰晶，在粗分离到的黑麦抗冻蛋白 7 个组分中，5 种分子量较大组分(19kDa、26kDa、32kDa、34kDa、36kDa)的抗冻活性较高，而分子量较小的 11kDa、13kDa 组分的抗冻活性较低。冬黑麦 AFP 的氨基酸分析结果显示它们都富含 Ala、Asp、Asn、Glu、Gln、Gly、Ser 和 Thr，不含 His，Cys 含量高达 5% 以上[24]。

7.2.4 细菌抗冻蛋白

研究者在加拿大北极地区的植物根际发现一种根瘤菌——恶臭假单胞菌(*Pseudo monas putida*)，能耐受–20℃和–50℃的冰冻温度存活下来，在 5℃生长温度下，会合成和分泌一种具有抗冻活性的蛋白质。这种蛋白质是分子量为 164kDa 的糖脂蛋白，实验证实了这种菌的抗冻机制之一是 AFP 的聚集[25, 26]。

来源于南极洲的细菌中有 6 种可以产生抗冻蛋白，其中热滞活性最高的一种 AFP 是由 82 号菌株莫拉氏菌属(*Moraxella*)产生的一类南极洲抗冻脂蛋白(anti-freeze lipoprotein，AFLP)，N 端氨基酸序列与该菌的外膜蛋白有很高的相似性，这是首次报道的一类抗冻脂蛋白[27]。

7.3 抗冻蛋白/肽的功能

7.3.1 热滞活性

AFP 可以特异地吸附在冰晶表面从而阻止冰晶生长，非依数性地降低溶液的冰点，但不影响其熔点，导致熔点与冰点之间产生差异，二者间的差值即被称为热滞活性（THA）。研究结果认为 AFP 通过 Kelvin 效应抑制冰晶的生长[28]，即 AFP 结合到冰晶的表面降低冰点。德国海德堡大学的科学家通过分子动力学模拟发现，AFP 其中一面的水合层能自己形成一种"类冰"（quasi-ice）的结构，在溶液中，冰晶很容易沿着此"类冰"结构生长，蛋白也就跟冰结合在一起了。而 AFP 其他表面缺乏此结构，冰晶无法沿着其他的表面生长，也使得 AFP 不至于被冰晶吞噬而失去功能。AFP 一旦吸附到冰晶表面，新的冰层必须沿着没有蛋白的缝隙生长，因而造成表层弯曲，冰晶表面积增加，表面张力增加，导致局部凝固点跟着下降。冰晶表面积的增加使体系的平衡状态发生改变，从而使整个体系的冰点降低，因此冰晶必须在更低的温度下才能继续生长。

7.3.2 冰晶形态效应

AFP 能够抑制冰晶的生长，在冰晶生长的不同方向上，其抑制作用有强弱之分，从而显示出不同的单体冰晶形态[29-32]。在纯水中，冰通常以平行于晶格基面（即 a 轴）（图 7-1）方向生长，因此，冰晶形态是圆的或扁平的；在低浓度 AFP 下，冰晶沿 a 轴生长受到抑制，因此冰晶呈六棱柱状；在高浓度 AFP 下，冰晶主要沿 c 轴生长，因此冰晶呈六棱双金字塔形或针形（图 7-2）。AFP 对冰晶形态的这种修饰作用，可以调节生物体内胞外冰晶的生长形态，避免冰晶对细胞膜造成机械损伤[33]。

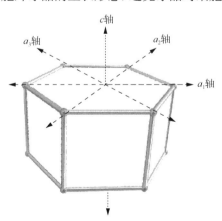

图 7-1 冰晶晶格的假象形态

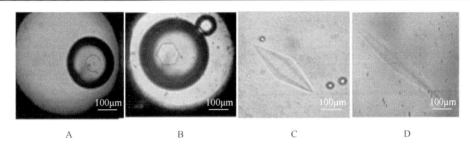

图 7-2　AFP 对冰晶形态的影响

A 和 B 是低浓度 AFP 下的冰晶形态；C 和 D 是高浓度 AFP 下的冰晶形态

7.3.3　重结晶抑制活性

　　重结晶指已经形成的冰晶颗粒之间进行生长重分配(图 7-3)，有的增大，有的减小，或者小冰晶聚合成大的冰晶，最终导致冰晶颗粒增大，连为一体，该情况多发生在温度波动之时[34]。重结晶抑制(IRI)活性是指 AFP 可减缓小冰晶相互结合的速率，抑制冰晶发生重结晶现象，使形成的晶粒体积小且均匀，从而避免大体积的冰晶对组织造成机械损伤。

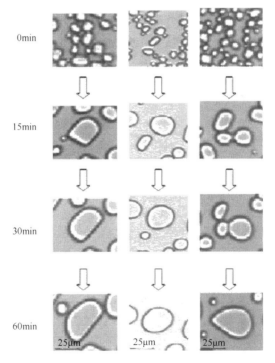

图 7-3　23%的蔗糖溶液在–4℃下保留 0～60min 的冰重结晶的形态变化

7.3.4　细胞膜保护作用

大部分细胞处于低于生理值的温度下细胞膜都会受到损害，因此与细胞膜之间的相互作用是 AFP 研究的一个重要方向。Rubinsky 课题组的 Fletcher 等[35]和 Lee 等[36]报道了鱼类 AFP 能够保护细胞膜免受低温伤害。AFP 可与细胞膜的脂双层结合，提高细胞膜的相变温度，改变酰基链的分子包装，降低细胞膜的渗透性，阻止离子渗漏，维持细胞膜的稳定性，抑制冰晶对细胞膜的损伤，提高生物有机体的耐寒性[37]。另外，AFP 能降低过冷点，抑制成冰核蛋白的作用，并降低玻璃化和去玻璃化对生物体的损伤[13]。

7.4　抗冻蛋白/肽的作用机制

虽然对 AFP 的作用机制有很多猜想与假设，但是目前尚不清楚，不同抗冻蛋白的抗冻机制也不完全一致。当前吸附抑制学说、结构互补模型和晶格匹配模型等学说比较受到认可。在有关抗冻蛋白作用机制的研究中，鱼类抗冻蛋白的研究较多，而植物和昆虫抗冻蛋白的研究甚少。抗冻蛋白能结合在水和冰的交界面来抑制冰晶的生长，但是不同类型的抗冻蛋白能结合的冰面类型也不同[25]。作为表面活性物质，少量 AFP 能对冰的生长产生巨大影响。AFP 是如何与冰晶结合的呢？

7.4.1　吸附抑制学说

吸附抑制学说最早由 Raymond 和 Devires 在 1977 年提出，他们认为抗冻蛋白吸附在冰晶表面通过 Kelvin 效应抑制其生长[28]。吸附抑制学说的模型为：一般晶体生长的方向是平行于晶体法线方向的，如果有其他杂质分子吸附于冰晶表面，此时需要增加助动能量促使冰晶继续在杂质间生长。其结果导致冰晶曲率变大，使边缘的表面积也增大。抗冻蛋白积累在冰和水的接触面，通过改变冰晶的形成和生长方式来阻碍冰晶生长。

AFGP 的多肽二糖链上富含羟基，而羟基之间的距离与冰晶 a 轴上氧之间的距离恰好相吻合；非抗冻糖蛋白中极性氨基酸之间的距离也与其恰好吻合。因此推测，抗冻蛋白侧链与冰晶形成氢键，阻碍冰晶生长。

7.4.2　晶格匹配模型

晶格匹配模型由 Devires 在 1983 年提出。在晶格匹配模型中，冬季比目鱼 AFP Ⅰ的双亲 α 螺旋规律排布，在 α 螺旋外侧的苏氨酸和天冬氨酸残基与冰晶棱面结合。加拿大研究人员利用 X 射线晶体衍射与核磁共振方法确定了一种抗冻蛋白的晶体结构，在进行抗冻机制的研究时，建立了一种模型：在抗冻蛋白三棱柱结构中，一个侧面上的苏氨酸-半胱氨酸-苏氨酸重复出现在每一个 β 片层中，使得苏氨酸在蛋白质二维结构上排成两行，且苏氨酸残基上羟基氧原子之间的距离正好与冰晶晶格大小匹配，推测它们之间的紧密结合抑制了冰晶的生长[10]。

7.4.3 表面互补模型

表面互补模型认为，AFP 的冰晶结合位点所形成的表面与冰晶的表面互补。互补表面受他种相互作用力的影响，主要包括疏水作用力、范德瓦耳斯力，其次是氢键。较强的表面作用力使 AFP 和冰晶形成了稳定的结合，这种稳定的结合阻止了冰晶生长。研究人员在研究苏氨酸侧链柔韧性时发现，在温度降低到冰点时，AFP 与冰晶结合面处的苏氨酸以适应冰晶表面结合的构型存在，非结合面处的苏氨酸则存在多种构型。由此得到的结论是：苏氨酸排列规则使 AFP 与冰晶表面形态吻合。研究人员利用定点突变技术测定了 AFP I 与冰晶的结合情况。结果表明：当结合面的氨基酸改变后，AFP 的抗冻活性大大降低，而替换非结合面的氨基酸，对 AFP 的抗冻活性几乎没有影响[38]。

7.4.4 晶格占有模型

晶格占有模型由 Knight 等在 1993 年提出。该模型是在晶格匹配模型的基础上演变而来的。晶格占有模型中，AFP 中部分氢键基团通过"占有"冰晶表面上氧原子的位置，从而与临近的氧原子同时形成多个氧键，这样就使得氢键数量增加了几倍，最终导致 AFP 冰晶之间形成不可逆结合[39]。

7.4.5 刚体能量学说

该学说把 AFP 分子视为小粒子，因此，根据界面能量原理可以认为 AFP 在冰水表面处于平衡位置，并且冰晶的生长过程可以用粒子相互作用的理论观点来解释。在这里，重要的参数是"抗冻蛋白-冰"和"抗冻蛋白-水"界面之间表面能的差异，所用的原则是总表面能最小原理。因此，即使两种界面表面能一样，AFP 分子与冰水(假设表面能一样)无优先结合，当抗冻分子存在时，由于冰-水表面积缩减，AFP 也能强烈吸附冰晶。另外，AFP 必须与冰晶相匹配，否则水分子就会扩散至界面，冰晶增长的同时，会使蛋白向前推进，水分子在粒子后扩散，推进粒子向前，在溶液中形成冰晶体。通过这种方式，即使低于过冷温度(1℃)或更小，也会产生很大的压力。在有 AFP 的溶液中，因为一系列的抗冻蛋白分子永久性地锚定于冰上，所以它们就不可能被向前推进。这样，只有当过冷水足以吞没 AFP 分子时，冰晶才能形成。这就可以有效地阻止冰晶的形成[40]。

7.4.6　氢原子结合模型

该模型认为，AFP 分子一侧相对疏水，另一侧是亲水的，亲水一侧与冰相结合，而疏水一侧与水相作用。从鳗鱼(*Macrozoarces americanus*)中提取的 AFPⅢ的 0.125nm 晶体结构中有一明显的两性冰结合位点，在那里相连有 5 个氢原子和在冰核晶柱表面的两列氧原子相匹配，有很高的冰结合亲和性和专一性。每个 AFP分子的 14 个非丙氨酸侧链或有利于与冰结合，或有利于螺旋的稳定性。AFP 在晶体内所呈现的精巧的帽子结构大大增强了这种稳定性。N 端帽子结构是由 8 个氢原子(Asp1、Thr2、Ser4、Asp5 和两个水分子的氢)组成的有序网。帽子结构内部Asp1 能增加冰晶与螺旋偶极子作用的稳定性。同时与游离 N 端最近的 Asp5 也可以抵消与螺旋偶极子作用的不稳定性变化[40]。

AFP-冰结合结构由苏氨酸-天冬氨酸和苏氨酸-天冬酰胺-亮氨酸重复序列组成 4 个相似的冰结合模块(ice-binding motif，IBM)。IBM 残基牢牢限制冰晶形成一个例外的扁平冰结合面，对 AFP-冰结合群的接近有重大影响。这种接近关键由在苏氨酸和天冬氨酸之间或天冬氨酸之间保守的丙氨酸维持。AFP 和冰结合平面是"岭-谷"式拓扑结构。AFP-冰结合面相对扁平和链的刚性是 AFP-冰结合机制的关键。后者维持 AFP 分子在冰上的结合一致性，而前者使得 AFP 与冰表面结合的可能性最大。总之，AFP 结构的特征有利于冰的结合和螺旋的稳定性[40]。这样，正是由于 AFP 分子与冰的结合阻止了冰晶的生长，抗冻蛋白的作用才得以发挥。

7.4.7　"偶极子-偶极子"假说模型

"偶极子-偶极子"假说模型由 Yang 等在 1988 年提出。该模型认为 AFP 有显著平行于其螺旋轴亲水基团和疏水基团的偶极子(dipole)。冬季比目鱼的 AFPⅠ是一种单一的 α 螺旋，在冰晶中也存在着偶极子。"偶极子-偶极子"假说就是 AFPⅠ的偶极子与冰核周围水分子的偶极子相互作用，即螺旋产生的偶极子作为 AFP与冰晶相互作用特异识别的起始推动力，两亲性的 α 螺旋经亲水侧链的定位，提供冰格相互作用的氢键，而疏水侧链则阻止冰晶的生长[8]。根据这个假设，在冰核中水分子的偶极子取向应该与相邻螺旋偶极子的方向反平行，从而降低了冰核氢原子的无序性，于是冰晶偶极子有两种作用方向：一是在冰晶内部垂直于 *c* 轴的基面上，偶极子作用方向与 *c* 轴的夹角为 54.7°，与 *a* 轴的夹角为 30°；另一个是在相邻的外层面上，偶极子作用方向与 *c* 轴的夹角为 54.7°，与 *a* 轴的夹角为 90°。它们合向量的方向与 *c* 轴的夹角为 50.8°，与 *a* 轴的夹角为 60°。当这个合向量与螺旋轴平行时，螺旋偶极子与冰晶偶极子相互作用最大[40]。

在 AFP 的稀溶液中，冰核表面的 AFP 浓度太低，螺旋与水的相互作用占主导地位，且在冰核晶柱表面上，该 AFP 螺旋轴与冰晶偶极子的合向量相平行。这样 AFP 与冰表面相互作用导致冰晶面外层上水分子的排列顺序发生了局部改变。由于水分子和无序冰晶格结合比和有序冰晶格结合的熵值低，在 c 轴方向上，冰晶不受有序晶格外层的影响而继续生长，最终形成螺距平行于 c 轴的双六面体金字塔冰晶。随着 AFP 浓度的增大，在每个冰晶面螺旋-螺旋偶极子之间的相互作用逐渐变大。在不同冰柱面螺旋之间的相互作用导致它们的螺旋轴逐渐与冰晶的 c 轴平行，从而改变了冰晶的生长习惯，增大了双六面体冰晶的螺距。当 AFP 浓度足够高时，所有的螺旋都平行于 c 轴。这样冰晶氢原子位置有序化只能沿 X 轴，且没有渗透力。冰晶的螺距变得无限大，冰晶形状由双金字塔形变成针状形。随着抗冻蛋白浓度的增加，冰晶的生长方向变为并行于 c 轴方向，从而降低溶液的冰点[40]。

7.4.8　亲和相互作用偶联团聚模型

有研究者提出了 AFP 在超低温保存机制的新模型，即亲和相互作用偶联团聚模型[41]。该模型认为抗冻蛋白不仅与冰晶作用，而且与细胞膜和冷冻保护剂中的其他分子发生亲和相互作用。抗冻蛋白在结合冰晶后所暴露的疏水面能够与细胞膜磷脂双分子层发生相互作用。事实上，能够和抗冻蛋白或抗冻蛋白-冰晶复合体发生相互作用的分子是广泛存在的。研究表明，Ⅱ型抗冻蛋白是从 C 类动物凝集素的碳水化合物识别区演化而来的，后者可结合细胞膜上的糖蛋白。体外试验证明，抗冻蛋白活性可通过一系列低分子化合物来增强或减弱。一种含有碳水化合物的细菌抗冻蛋白，既具抗冻活性，又具冰核活性；去除碳水化合物部分，冰核活性也随之消失。

当抗冻蛋白-冰晶复合体与其他分子的亲和相互作用达到一定程度时，抗冻蛋白-冰晶复合体就团聚起来，从而使冰核变大，表面自由能降低，冰晶生长被促进，抗冻蛋白起破坏作用；反之，若亲和相互作用小，抗冻蛋白-冰晶复合体不团聚，抗冻蛋白仅起到抑制重结晶的作用，有利于超低温保存。按照这个模型，冷冻保护剂的组成和浓度、降温和复温速度、抗冻蛋白类型和浓度、最初冰核数目及被冻细胞表面特征等，都可能影响亲和相互作用的强烈程度[41]，从而影响抗冻活性。

7.5　抗冻蛋白/肽在海洋食品中的潜在应用

海洋占地球表面积的 70%以上，拥有浩大的生物资源，为人类提供丰富的食品和巨大的能量，是地球资源的宝库。海洋生物资源有 20 多万种，其中海洋动物约 18 万种；海洋植物 2.5 万多种。这些海洋生物作为人类食品的来源，不仅资源庞大、品种繁多，而且味道鲜美、营养丰富，具有食疗功效，可用来防治多种疾病，是理想的保健食品。海洋食品营养丰富，水分含量一般都较高，容易腐败变质。

食品冷冻工艺、低温冷链物流可有效抑制食品腐败变质。虽然冷冻保藏可以最大限度地保持水产品的营养价值，但水产品在冻结贮藏中易发生冰晶的结晶和重结晶现象，使细胞受到机械损伤，给冻结水产品的品质带来很大的影响。水的结晶可导致溶液的局部浓缩现象，又可促使细胞内组分的性质发生改变，蛋白质发生变性，解冻时汁液流失量增加，风味和营养价值下降，这些现象最终会使产品品质受到严重破坏[42]。添加抗冻剂被认为是防止水产品蛋白质冷冻变性最有效的方法之一。

长期以来，人们采用商业抗冻剂降低水产品的冷冻损伤导致的品质劣变，并取得了一定的实效。但是，传统的商业抗冻剂主要是通过添加大量的糖类、醇类和复合磷酸盐类等，不符合目前低糖低热的消费趋势，并且添加复合磷酸盐类物质会加重患有慢性肾脏病消费者的肾脏代谢负担。作为一类新型的食品添加剂，抗冻蛋白及肽类天然抗冻剂具有非依数性地降低冰点、抑制冰晶生长速度的独特功能，可以将抗冻蛋白通过物理手段(如直接混合、浸泡、真空渗透等)应用于水产品的冷冻加工过程中，可有效减少冷冻贮藏食品中冰晶的形成和重结晶，改善冷冻产品的品质。

7.5.1 在冷冻贝类制品中的应用

贝类肉质细嫩、鲜美，营养丰富，但其水分含量较高，在酶和微生物的作用下易发生劣变。佟长青等[43]报道将虾夷扇贝柱(g)与含有抗冻蛋白的保鲜剂溶液(ml)按 2∶1 的比例浸渍 2min 后冷冻保藏于–20℃的冰箱中。虽然冷冻虾夷扇贝的感官评分、硬度、弹性、内聚性、耐咀性都有所下降，但使用保鲜剂的虾夷扇贝在各种指标上明显高于对照组，因此，使用抗冻蛋白保鲜剂的虾夷扇贝质构变化在冷冻冷藏过程中明显优于对照组。保鲜组与对照组的总挥发性氨基氮及细菌总数都有所上升，但使用复合保鲜剂的虾夷扇贝明显低于对照组。保鲜组与对照组的pH、巯基含量、可溶性蛋白质含量改变不大。因此可以确定，由抗冻蛋白和甲壳素组成的复合生物保鲜剂，对冷藏虾夷扇贝具有较好的保鲜作用。

7.5.2 在冷冻虾类制品中的应用

冷冻保藏可最大限度地保持虾肉的营养价值，但冻藏过程中产生的冰晶，易使肌肉细胞受损、蛋白质变性，增加解冻时的汁液损失，导致其风味和营养价值下降[44]。据文献报道，吴海潇等[45]发现，在冻藏过程中，卡拉胶寡糖浸泡处理能有效降低冷冻虾仁的解冻汁液损失，且在保持虾仁质构及色泽、延缓肌原纤维蛋白含量下降和保护 Ca^{2+}-ATPase 活性等方面均具有较好的效果。此外，卡拉胶寡糖处理对冷冻虾仁微观结构的保持作用也较好，同时以较高质量浓度的卡拉胶寡糖处理效果最佳。卡拉胶寡糖的抗冻效果主要基于其具有较强的保水功能，抗冻蛋白、肽类含有较多的亲水基团，同样具有很强的亲水性，再加上抗冻蛋白、肽类优良的抗冻活性，将其作为冷冻虾类制品的冷冻保护剂，前景可观。

7.5.3　在冷冻鱼肉制品中的应用

在肉制品的冷冻、冷藏中，加入 AFP 可以有效地减少渗水量和抑制冰晶的形成，保持原来的组织结构，减少营养流失[26]。据报道，将 AFPG 于屠宰前注入羔羊体内，宰后肉体经真空包装，在–20℃冻藏 2～16 周，然后解冻，观察肉的冷冻质量。结果发现，无论在屠宰前 1h 或 24h 注射 AFPG，均可有效降低冰晶体的体积和液滴的数量。AFPG 终注射浓度达到 0.01mg/kg 时，特别是在宰前 24h 注射时，可以获得最小的冰晶体[46]。这一点，对海洋肉制品同样适用。

7.5.4　在冷冻鱼糜制品中的应用

鱼糜冻藏后，因蛋白质冷冻变性而导致其品质下降，可以在鱼糜冻藏前添加抗冻剂，抑制盐溶蛋白在冻藏过程中的变性，保持鱼糜良好的凝胶特性。李晓坤[47]研究报道了抗冻多肽对鱼糜的低温保护作用，在新鲜制备的鱼糜中添加 2%、4%、8%抗冻多肽及 8%商业抗冻剂，于–18℃冻藏，测定二硫键含量、巯基含量、表面疏水性、盐溶性蛋白含量、Ca^{2+}-ATPase 活性在冻藏过程中的变化，进而研究蛋白质的冷冻变性情况。结果表明，抗冻多肽可以抑制二硫键和表面疏水性的增加，阻碍巯基含量、盐溶性蛋白含量和 Ca^{2+}-ATPase 活性的降低。其中以添加 8%抗冻多肽的效果最佳，其次是添加 4%抗冻多肽、8%商业抗冻剂、2%抗冻多肽。

7.6　结　　语

本章主要介绍了抗冻蛋白/肽的特性、分类、功能、作用机制及其在海洋食品中的潜在应用前景，尽管对抗冻蛋白/肽有了不少的认识，但抗冻蛋白/肽仍有很多需要研究的课题。尤其是抗冻蛋白/肽结构与功能之间的关系、如何有效地应用到食品工业中及如何降低成本等，都是迫切需要解决的课题。随着研究工作的进行，抗冻蛋白/肽作用机制会变得更为明显，其在海洋食品工业中的应用将会有广阔的前景。

参 考 文 献

[1] 彭淑红, 等. 抗冻蛋白的特性和作用机制. 生理科学进展, 2003, 34(3): 238-240.

[2] 王书平, 孔祥会. 鱼类抗冻蛋白研究. 安徽农业科学, 2010, 38(15): 7888-7890.

[3] 汪少芸, 等. 抗冻蛋白的研究进展及其在食品工业中的应用. 北京工商大学学报, 2011, 29(4): 50-57.

[4] Devries A L, Wohlschlag D E. Freezing resistance in some antarctic fishes. Science, 1969, 163(3871): 1073-1075.

[5] Takashi N, Yoshimichi H. Interaction among the twelve-residue segment of antifreeze protein type I, or its mutants, water and a hexagonal ice crystal. Molecular Simulation, 2008, 34(6): 591-610.

[6] Kun H, et al. Effects antifreeze peptides on the thermotropic properties of a model membrane. Journal of Bioenergetics and Biomembranes, 2008, 40(4): 389-396.

[7] 汪少芸, 等. 食源性明胶多肽的制备、分离及其抗冻活性. 食品科学, 2013, 34(9): 135-139.

[8] 周焱富, 等. 丝胶肽对乳酸菌冷藏及冷冻干燥的保护作用. 中国食品学报, 2014, 14(7): 150-154.

[9] Wang S, et al. Preparation, isolation and hypothermia protection activity ofantifreeze peptides from shark skin collagen. LWT-Food Science and Technology, 2014, 55(1): 210-217.

[10] 谢秀杰, 等. 抗冻蛋白结构与抗冻机制. 细胞生物学杂志, 2005, 27(1): 5-8.

[11] 韩永斌, 刘桂玲. 抗冻蛋白及其在果蔬保鲜中的应用前景. 天然产物研究与开发, 2003, 15(4): 373-378.

[12] 李树峰, 曹允考. 抗冻蛋白的研究进展及其应用. 东北农业大学学报, 2003, 34(1): 90-94.

[13] Davies P L, Hew C L. Biochemistry of fish antifreeze proteins. Faseb Journal Official Publication of the Federation of American Societies for Experimental Biology, 1990, 4(8): 2460-2468.

[14] Chen L, et al. Evolution of antifreeze glycoprotein gene from a trypsinogen gene in Antarctic notothenioid fish. PNAS, 1997, 94(8): 3811-3816.

[15] Franks F, Morris E R. Blood glycoprotein from antarctic fish. Possible conformational origin of antifreeze activity. Biochim Biophys Acta, 1978, 540(2): 346-356.

[16] Prathalingam N S, et al. Impact of antifreeze proteins and antifreeze glycoproteins on bovine sperm during freeze-thaw. Theriogenology, 2006, 66(8): 1894-1900.

[17] Graether S P, et al. Structure of type I antifreeze protein and mutants in supercooled water. Biophysical Journal, 2001, 81(3): 1677-1683.

[18] Marshall C B, et al. Hyperactive antifreeze protein in a fish. Nature, 2004, 429(6988): 153.

[19] Zhang D Q, et al. Expression, purification, and antifreeze activity of carrot antifreeze protein and its mutants. Protein Expression & Purification, 2004, 35(2): 257-263.

[20] 李芳, 等. 抗冻蛋白研究进展. 新疆农业科学, 2003, 40(6): 349-352.

[21] Graether S P, et al. Beta-helix structure and ice-binding properties of a hyperactive antifreeze protein from an insect. Nature, 2000, 406(6793): 325-328.

[22] 陈晓军. 抗冻蛋白研究进展. 生命的化学, 2000, 20(4): 170-173.

[23] Griffith M, et al. Antifreeze protein produced endogenously in winter rye leaves. Plant Physiology, 1992, 100(2): 593-596.

[24] 卢存福, 王红. 植物抗冻蛋白研究进展. 生物化学与生物物理进展, 1998, 25(3): 210-216.

[25] 刘晨临, 等. 抗冻蛋白的研究及其在生物技术中的应用. 海洋科学进展, 2002, 20(3): 102-109.

[26] 孙琳杰. 新疆荒漠昆虫抗冻蛋白在酿酒酵母低温保存中的应用. 乌鲁木齐: 新疆大学硕士学位论文, 2008: 9-12.

[27] Yamashita Y, et al. Identification of an antifreeze lipoprotein from *Moraxella* sp. of Antarctic origin. Bioscience Biotechnology and Biochemistry, 2002, 66(2): 239-247.

[28] Raymond J A, Devries A L. Adsorption inhibition as a mechanism of freezing resistance in polar fishes. PNAS, 1977, 74(6): 2589-2593.

[29] Feeney R E, et al. Investigations of the differential affinity of antifreeze glycoprotein for single crystals of ice. Journal of Crystal Growth, 1991, 113(3-4): 417-429.

[30] Knight C A, et al. Fish antifreeze protein and the freezing and recrystallization of ice. Nature, 1984, 308(5956): 295-296.

[31] Wilson P W, et al. Hexagonal shaped ice spicules in frozen antifreeze protein solutions. Cryobiology, 2002, 44(3): 240-250.

[32] Grandum S, et al. Analysis of ice crystal growth for a crystal surface containing adsorbed antifreeze proteins. Journal of Crystal Growth, 1999, 205(3): 382-390.

[33] Yang D S C, et al. Crystal structure of an antifreeze polypeptide and its mechanistic implications. Nature, 1988, 333(6170): 232-237.

[34] Hassasroudsari M, Goff H D. Ice structuring proteins from plants: mechanism of action and food application. Food Research International, 2012, 46(1): 425-436.

[35] Fletcher G, et al. Hypothermic preservation of human oocytes with antifreeze proteins from Arctic fish. Cryo Letters, 1992, 14: 235-242.

[36] Lee C Y, et al. Hypothermic preservation of whole mammalian organs with antifreeze proteins. Cryo Letters, 1992, 13: 59-66.

[37] Tomczak M M, et al. A mechanism for stabilization of membranes at low temperatures by an antifreeze protein. Biophys, 2002, 82(2): 874-881.

[38] Yu S O, et al. Ice restructuring inhibition activities in antifreeze proteins with distinct differences in thermal hysteresis. Cryobiology, 2010, 61(3): 327-334.

[39] Knight C A, et al. Adsorption to ice of fish antifreeze glycopeptides 7 and 8. Biophysical Journal, 1993, 64(1): 252-259.

[40] 彭淑红, 等. 抗冻蛋白的特性和作用机制. 生理科学进展, 2003, 34(3): 238-240.

[41] 钱卓蕾, 等. 抗冻蛋白在超低温保存中作用机制的新模型. 细胞生物学杂志, 2002, 24(4): 224-226.

[42] 周稟梅, 廖红. 未来的食品原料——抗冻蛋白. 冷饮与速冻食品工业, 2011, 7(4): 37-38.

[43] 佟长青, 等. 复合保鲜剂对冻藏虾夷扇贝品质的影响. 大连海洋大学学报, 2015, 30(3): 314-318.

[44] Boonsumrej S, et al. Effects of freezing and thawing on the quality changes of tiger shrimp (Penaeus monodon) frozen by air-blast and cryogenic freezing. Journal of Food Engineering, 2007, 80(1): 292-299.

[45] 吴海潇, 等. 卡拉胶寡糖对冷冻南美白对虾的抗冻保水作用. 食品科学, 2017, 38(7): 260-265.

[46] Jia Z, Davies P L. Antifreeze proteins: an unusual receptor-ligand interaction. Trends in Biochemical Sciences, 2002, 27(2): 101-106.

[47] 李晓坤. 利用猪皮明胶制备抗冻多肽及其低温保护作用研究. 福州: 福州大学硕士学位论文, 2013.

第8章 胶原和明胶的功能特性及应用

(集美大学，翁武银)

8.1 胶原和明胶简介

胶原(collagen)是动物体内含量最多、分布最广的一种结构蛋白，从低等脊椎动物体表的角质层到哺乳动物机体组织中都可以发现胶原[1]。目前已发现的胶原类型有 28 种[2]，按照发现的先后顺序以罗马字母依次命名。I 型胶原是脊椎动物中含量最多的胶原，可占生物体总胶原量的 90%，主要存在于皮肤、韧带等结缔组织中。每个原胶原分子由 3 条 α 肽链组成，肽链自身为 α 螺旋结构，3 条肽链通过 Gly 的氨基与相邻氨基酸的羧基形成氢键，以平行、右手螺旋形式缠绕成绳索状三股螺旋结构。在三股螺旋区存在 Gly-X-Y 三肽重复序列，其中 Gly 代表甘氨酸，X 通常是脯氨酸，而 Y 一般是脯氨酸或羟脯氨酸[3]。因此，甘氨酸大约占胶原总氨基酸残基的 1/3，脯氨酸和羟脯氨酸占 1/5～1/4。

明胶(gelatin)是变性的胶原，从胶原转变为明胶主要经历胶原明胶化和热水浸提两个过程[4]。在胶原明胶化中，胶原结构的共价交联和非共价键会遭到破坏，使得胶原的三螺旋结构松散、非螺旋结晶区遭到破坏，得到明胶化的胶原。按照处理方法的不同，明胶可被分为酸法明胶(A 型明胶)、碱法明胶(B 型明胶)和酶法明胶。在热水浸提中，已明胶化的胶原在水和热的作用下，氢键会发生断裂，螺旋结构逐渐解体，胶原变性溶出形成明胶溶液。根据肽链分离程度的不同，明胶溶液中肽链可能存在 3 种形式：①三股肽链完全松开，形成 3 条分子量各不相同的肽链；②一条肽链完全松开，另外两条肽链之间的共价键全部断开，但仍由氢键联结；③3 条肽链松开后仍由少量氢键连接在一起[1]。因此，明胶在组成上并不是均一的蛋白，而是多肽链的混合物。

8.2 胶原和明胶的提取

胶原可以从富含胶原纤维的组织中提取，猪、牛的皮和骨是提取胶原及明胶的主要原料。20 世纪 30 年代，猪皮首次作为明胶提取的原料，随后也一直是工业明胶的主要原料[5]。然而，随着口蹄疫和疯牛病等疾病的频繁暴发，哺乳动物来源的胶原及其产品安全性逐渐受到社会各界的关注。同时，由于宗教信仰，哺乳动物来源的胶原在一些地区的应用也会受到限制。因此，众多学者开始致力于寻找猪、牛的皮和骨以外的胶原原料。在我国，随着鱼类加工业的发展，利用鱼皮、鱼鳞和鱼骨等加工副产物提取胶原和明胶，不仅可以使鱼类资源得到充分利用，还可以减少环境污染。

由于胶原分子之间通过共价键架桥交联形成稳定的三维网状结构，因此天然胶原不溶于水。通常，鱼皮、鱼鳞和鱼骨经酸碱预处理后，胶原结构中的非共价键会遭到破坏，使胶原发生溶胀并容易溶解在稀乙酸溶液中[5]。然而，大部分胶原主要以胶原纤维的形式存在，导致其难以溶解，因此需要先利用胃蛋白酶处理去除胶原末端的非螺旋区域，再用稀乙酸溶液浸提。鱼类胶原的提取方法主要有碱法提取、酸法提取和酶法提取等。

1) 碱法提取：通过碱处理破坏胶原分子内和分子间的交联，胶原纤维分子内的肽键在碱处理中会被部分水解，获得一些分子量较低的水解胶原。水解严重时，会产生 D 型和 L 型氨基酸消旋混合物。温慧芳等[6]研究了 Ca(OH)$_2$ 提取鮰鱼皮胶原的工艺，虽然胶原提取率可以高达 79.67%，但提取的胶原分子量(280～700Da)占提取物的质量比例也达到 61.33%，且无大分子组分存在，表明胶原在提取中发生了水解，转变成胶原多肽。因此，利用碱法提取胶原要尽量缩短碱液浸泡时间，避免胶原发生过度降解。

2) 酸法提取：通过低浓度的酸处理破坏胶原分子间的盐键和席夫碱键，引起胶原纤维膨胀，使失去交联的胶原分子发生溶解。酸法提取的胶原可以最大限度地保持三股螺旋结构，其产品可以用作生物医用材料及其原料。然而，该方法提取率偏低。

3) 酶法提取：主要利用胃蛋白酶水解胶原的端肽非螺旋区，而对螺旋区不会产生破坏作用，进而使 α_1 和 α_2 肽链展开，提取的胶原仍具有完整的三股螺旋结构，但降低了胶原的抗原性。其产品也可以用作生物医用材料及其原料。

鱼类明胶的提取类似于传统哺乳动物明胶，均由原料前处理和热水浸提两部分组成。鱼皮明胶提取时一般要先用弱碱处理除去杂蛋白，然后通过弱酸处理破坏胶原分子内和分子间的非共价交联，最后利用高于胶原变性温度的热水浸提，使胶原三股螺旋结构中的氢键和胶原分子内/分子间共价键在水与热的作用下发生断裂，胶原变性解螺旋并溶于水转变成明胶水溶液[7]。前处理所用酸碱溶液的浓度，以及热水浸提的温度、时间、pH 等都可能影响明胶产品的质量，而且在提取过程中胶原肽链可能发生水解，导致提取的明胶分子量下降。鱼皮前处理所用酸碱溶液的种类和浓度是通过电离出来的 H$^+$ 浓度不同来影响明胶的凝胶强度的，pH 5 左右提取的明胶凝胶形成能最好[8]。有报道表明，利用 75℃热水长时间浸提会使明胶发生降解，导致凝胶形成能下降，通过添加蛋白酶抑制剂虽然能显著提高明胶的凝胶形成能，但也会降低明胶提取率[9, 10]。

　　鱼鳞明胶在氨基酸组成和分子量分布上与鱼皮明胶均没有明显的差异[11]。然而，由于鱼鳞钙含量高，脱钙前处理技术成为鱼鳞明胶提取工艺的研究关注点之一。有研究比较了不同浓度的乙二胺四乙酸(ethylenediaminetetraacetic acid, EDTA)、盐酸和柠檬酸对非洲鲫鱼鳞的脱钙效果，发现 EDTA 能较好地脱除鱼鳞中的钙，但使用 EDTA 脱钙剂也会造成鱼鳞中胶原蛋白的损失[12]。我们以罗非鱼鱼鳞为原料，研究了提取 pH 和温度对明胶蛋白组分及其性质的影响。结果表明，鱼鳞明胶蛋白在浸提 pH 大于 5 时容易发生酶解，pH 小于 3 时会发生热降解，而在 pH 4 下酶解和热降解均被有效抑制。在 pH 4 下利用 40℃浸提明胶时，蛋白质的提取率只有 1.84%，提取的明胶中亚氨基酸比例低，而钙、磷、钠、镁等矿物质含量高，因而无法形成凝胶。当浸提温度提高到 50℃及以上时，明胶提取率大幅增加，明胶中亚氨基酸比例上升且矿物质含量下降。另外，在 pH 4、70℃下浸提的明胶其凝胶强度可达 283g/cm^2，表明该条件提取的鱼鳞明胶具有替代哺乳动物明胶的潜力。

8.3　胶原和明胶的结构

　　胶原通常是由 3 条 α 肽链组成的三股螺旋结构，α 肽链由重复的 Gly-X-Y 氨基酸序列构成。胶原一级结构中含有大量的脯氨酸和羟脯氨酸残基，每条 α 肽链都是特殊的左手螺旋构象，α 肽链在单独状态下很不稳定[13]。亚氨基酸(脯氨酸和羟脯氨酸)均含有四氢吡咯烷环结构，空间位阻迫使每条肽链都形成一个螺旋[14]。当 3 条肽链交联在一起时，各条肽链借助甘氨酸残基肽键之间的氢键交联形成非常稳定的右手三螺旋结构的超螺旋体。在这个致密的结构中，甘氨酸残基指向中心，而侧链的 X 和 Y 残基则暴露在溶剂中[15]。在三股螺旋结构的两端，胶原肽链还含有 N 端肽和 C 端肽。虽然各种胶原都具有相似的三股螺旋结构特征，但胶原 α 肽链的一级结构却存在差别。因此，明确胶原 α 肽链的氨基酸序列可以为研究胶原结构与功能特性之间的构效关系提供参考。

　　明胶是变性的胶原，因此明胶的氨基酸组成类似于胶原。然而，明胶是由混合多肽链组成的，包括两条 α$_1$ 肽链、一条 α$_2$ 肽链、β 肽链(α 肽链二聚体)和 γ 肽链(α 肽链三聚体)，以及 α 肽链的降解条带[5]。在一般工业生产中，可能因剧烈的浸提条件导致 β 肽链和 γ 肽链发生很大程度的降解，甚至这些高分子量组分都不存在[5]。而且，在胶原转变成明胶过程中一些氨基酸分子结构也会发生变化。例如，胶原中的谷氨酰胺和天冬酰胺会在碱处理过程中脱氨基分别转变成谷氨酸和天冬氨酸。因此，B 型明胶的天冬氨酸和谷氨酸的含量比 A 型明胶高。另外，明胶的凝胶形成能和热稳定性等性质主要取决于明胶的分子特性，尤其是与种类差异有关的氨基酸组成和与加工条件有关的分子量分布[16]。脯氨酸和羟脯氨酸含量是影响明胶凝胶效果的关键因素。据报道，复性明胶三股螺旋结构的稳定性与亚氨基酸的含量呈相关关系，高含量的脯氨酸和羟脯氨酸有助于明胶聚集结构的形成[5]。

8.4 胶原和明胶的功能性质

8.4.1 凝胶形成能

胶原凝胶的形成是胶原蛋白之间及蛋白与溶剂之间相互作用的结果。胶原在形成凝胶过程中一般会经过延滞期、成核期(形成胶原分子二聚体和三聚体)和纤维形成期[5]。在纤维形成期，伴随着亚基的横向聚集，微纤维会发生聚集直至达到平衡。成核期的时间会受鱼种和胶原提取工艺的影响。罗非鱼皮酸溶性胶原经过2min的短暂成核期之后，会迅速形成纤维；而鲢鱼皮酸溶性胶原和草鱼皮酸溶性胶原的成核期时间却稍长，分别为3min和6min[17]。当温度从20℃升高到30℃，胶原会发生自组装形成纤维。形成的酸溶性胶原凝胶硬度高但脆性大，而酶溶性胶原凝胶硬度小但韧性好[18]。我们也研究了pH对金鲳鱼皮胶原成纤维特性的影响，发现胶原在pH 5下快速聚集主要是它们靠近胶原蛋白等电点(pI=5.27)所致。而且，伴随成纤维溶液pH的增加，胶原纤维凝胶的强度和热稳定性也逐渐上升，扫描电镜的观察结果表明形成纤维的直径也随pH的增加而增大。

然而，明胶溶液需要冷却到30℃以下才开始形成凝胶，明胶凝胶形成机制主要与反"线团到螺旋"转变(reverse coil-to-helix transition)相关。在这个过程中将产生类似胶原蛋白三股螺旋的结构，但明胶凝胶形成不存在平衡点[5]。明胶凝胶随着温度的升高会发生融化，这种特异性经常被应用在水凝胶甜点中。由不同明胶可以制备出具有不同质构和融化温度的明胶甜点，而且低融化温度能加速风味的释放，将为新产品的开发提供新的途径。另外，为提高明胶凝胶的熔点，可以通过添加转谷氨酰胺酶(transglutaminase，TGase)，催化明胶肽链上谷氨酸残基的γ-酰胺与赖氨酸残基的ε-氨基发生交联。明胶凝胶的热可逆性可以通过酶浓度、保温时间及酶加热灭活的程度进行调整。

我们利用明胶的凝胶特性，研究了高分子鱼皮明胶添加量对淡水鱼糜凝胶形成能的影响，结果表明伴随着鱼皮明胶添加量的增加，鱼糜凝胶形成能可以得到提高。当明胶添加量为鱼糜蛋白含量的10%时，其破断强度和质构硬度分别可以提高20%和30%，同时也可以提高鱼糜凝胶的保水性[19]。这主要是因为在凝胶中，鱼皮明胶蛋白主要是通过离子键与鱼糜蛋白进行结合，进而提高鱼糜凝胶形成能。然而，小分子明胶不会改变鱼糜制品的物性，小分子明胶蛋白容易填充到鱼糜凝胶的网络结构中，阻碍肌球蛋白和肌动蛋白相互之间的作用[20]。

8.4.2　成膜性能

　　鱼类胶原具有较好的成膜能力，能够制成透明、延展性较好的蛋白膜，其成膜性能与原料来源有关。我们研究了 3 种淡水鱼酸溶性胶原的成膜性能及其与一级结构之间的相关性。结果显示，利用罗非鱼皮胶原膜的抗拉强度(tensile strength，TS)可以达到 51.24MPa，高于鲢和草鱼皮胶原膜，且色泽更接近白色。而罗非鱼和鲢鱼皮胶原膜的上表面呈现出光滑致密的微观结构，草鱼皮胶原膜上表面却出现粗糙的凸起状结构。对 3 种鱼胶原的氨基酸序列进行系统进化树分析，结果表明鲢和草鱼的 α 氨基酸序列属于同一分支，与罗非鱼的遗传距离较远。而且，在罗非鱼胶原 α_1 肽链三螺旋结构域中 Pro 残基含量明显比其他鱼胶原高，推测 α_1 肽链可能在胶原的成膜性能中起重要作用。

　　相对于鱼类胶原，鱼类明胶的成膜性能已经有大量的研究报道。而且，利用鱼类加工副产物制备可食性/可降解性包装膜以保护环境已经成为研究热点。在鱼类明胶膜的制备及其特性研究中，人们发现明胶膜的性质不仅受到亚氨基酸含量、蛋白质组成等明胶自身性能的影响，还受到增塑剂、干燥方式等膜制备方法的影响。鱼类明胶的亚氨基酸含量明显低于哺乳动物明胶，因此鱼类明胶膜具有较好的延展性，但抗拉伸性能较差。然而，以淡水鱼类明胶制备的可食膜，其机械性能和阻湿性能也可以与哺乳动物明胶膜相媲美。除氨基酸组成外，明胶蛋白分子量分布也会影响明胶膜的性质。通常，明胶中高分子组分越多，所得明胶膜的机械强度越高；反之，利用低分子组分含量较高的明胶制备的蛋白胶膜，其抗拉伸性能较差，但柔韧性却相对较好。在制备明胶膜时，通常会添加甘油、山梨醇等亲水性的小分子物质作为增塑剂，这些小分子容易进入明胶分子链之间并与明胶分子中的亲水基团形成氢键，从而使明胶链之间的相互作用力减弱，制备的明胶膜因此而变得柔软。在各类增塑剂中，甘油的增塑作用最强，添加甘油的明胶膜的延展性最好。浇注成膜干燥法是目前广泛采用的明胶膜制备方法，因此干燥是制膜过程中非常重要的一个环节，明胶膜的性质与干燥方式(温度、湿度)极为相关。Chiou 等[21]在研究不同热风干燥温度对鳕等深水鱼皮明胶膜性质的影响时发现，与利用 23℃、40℃、60℃干燥获得的鱼皮明胶膜相比，经过 4℃低温干燥获得的膜显示出更好的机械性能和热力学性能。这是由于利用低温干燥时，溶液中分散的明胶分子可通过氢键、疏水相互作用、离子键等作用力逐渐聚集并相互缠绕，最终形成稳定的网络结构；提高干燥温度，明胶分子的无规则运动增强，分子自身之间的相互作用力减弱，不易形成有序的网络结构，膜的机械性能与热稳定性也相应较差[16]。

为研究明胶的成膜机制，我们考察了 pH 对罗非鱼鳞明胶膜抗拉强度(TS)和断裂伸长率(elongation at break，EAB)的影响[22]。结果表明，随着 pH 的升高，明胶膜的 TS 值呈现先上升后下降的趋势，在 pH 5 时达到最大值(55.17MPa)，而利用 pH 3 提取的鱼鳞明胶膜的 EAB 最低，但随 pH 的升高逐渐增大。这个结果表明，pH 5 下提取的明胶成膜性能最好。

利用 SDS 聚丙烯酰胺凝胶电泳(SDS polyacrylamide gel electrophoresis，SDS-PAGE)分别对明胶成膜液和明胶膜的蛋白组分进行分析，结果如图 8-1A 所示。利用 pH 3 浸提的鱼鳞明胶中主要含有 β、$α_1$、$α_2$ 肽链和少量的高于 β 肽链的蛋白组分。但是，同时也发现位于 β 和 $α_1$ 肽链之间及小于 $α_2$ 肽链的地方出现了明显的蛋白降解条带，这可能是因为鱼鳞明胶在强酸性(pH 3)且高温(80℃)条件下发生了降解。当浸提 pH 升高到 5 时，明胶的酸热降解明显受到抑制，却出现了 80kDa 和 160kDa 两个蛋白降解条带，而且随着浸提 pH 的进一步提高降解程度更为明显。另外，通过比较明胶成膜液和膜中的蛋白组分，发现 pH 7 和 pH 9 条件下获得的鱼鳞明胶膜中 β 肽链组分含量明显低于成膜液，这可能是因为明胶在成膜过程中进一步发生了降解，表明利用中性或碱性条件浸提时，鱼鳞中存在的内源性蛋白酶在明胶成膜过程中仍具有活性。通常，明胶膜的分子量分布与其 TS 值之间呈正相关关系。然而，在本研究中 pH 3 下浸提的鱼鳞明胶蛋白虽然降解程度最小，但利用其制备的明胶膜机械性能却最差[23]。

利用差示扫描量热仪考察浸提 pH 对鱼鳞明胶膜玻璃化转变温度(glass-transition temperature，Tg)的影响，结果如图 8-1B 所示。pH 3 时提取的鱼鳞明胶膜的 Tg 值为 137.32℃，明显高于其他 pH，且随着提取 pH 的升高，明胶膜的 Tg 值逐渐下降。Tg 是影响高分子材料特征的重要参数[23]，明胶膜的机械强度与 Tg 值大小通常呈正相关关系[24]。我们发现 pH 5、pH 7 和 pH 9 下所得鱼鳞明胶膜的 Tg 值与其机械强度间呈现明显的正相关性，但 pH 3 条件下获得的鱼鳞明胶膜虽然具有最高的 Tg，而膜的机械强度却最低。因此我们探究了鱼鳞明胶膜机械强度与明胶蛋白中三股螺旋结构含量的关系。

利用傅里叶变换红外光谱(FTIR)仪对不同 pH 浸提的鱼鳞明胶制备的蛋白膜进行分析，以明胶膜酰胺 I 带中代表三股螺旋结构和无规则卷曲的 $1658cm^{-1}$ 和 $1642cm^{-1}$ 两个子峰的面积比值(A_{1658}/A_{1642})为横坐标，明胶膜的 TS 值为纵坐标作图进行相关性分析(图 8-1C)。由图 8-1C 可以看出，鱼鳞明胶膜机械强度与其三股螺旋结构含量之间存在很强的正相关关系(R^2=0.974)。这个结果表明在鱼鳞明胶成膜过程中，三股螺旋结构起着非常重要的作用，与明胶蛋白的分子量(图 8-1A)和 Tg(图 8-1B)相比，明胶蛋白中含有的三股螺旋结构含量更可能会影响蛋白膜的机械性能。

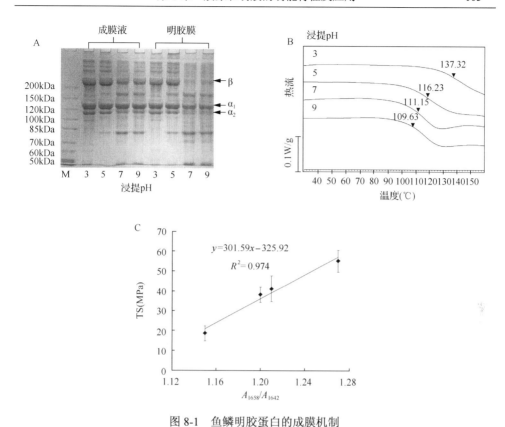

图 8-1　鱼鳞明胶蛋白的成膜机制

A. 浸提 pH 对明胶蛋白组分的影响；B. 浸提 pH 对明胶膜热稳定性的影响；C. 明胶膜的机械强度与 A_{1658}/A_{1642} 的相关性

　　为考察明胶亚基对鱼皮明胶膜机械性能的影响，以 α_1、α_2 亚基为原料制备蛋白膜，并对其机械性能进行测定[25]。结果发现，利用 α_2 亚基制备的膜抗拉强度（TS）为 12.8MPa，而利用 α_1 亚基制备的膜 TS 为 30.4MPa。对明胶亚基复合膜而言，当 α_1/α_2 为 1 时，其膜的 TS 高于利用 α_2 亚基制备的膜，而低于利用 α_1 亚基制备的膜。当 α_1/α_2 增加到 2 时，复合膜的 TS 达到了 37.3MPa。然而，进一步提高 α_1/α_2 的值，膜的 TS 没有明显增加。另外，复合膜断裂伸长率（EAB）与 TS 的变化相一致，α_1/α_2 为 2 时，膜的柔韧性最好。这些结果表明 α_1 亚基的成膜能力优于 α_2 亚基，将 α_1、α_2 混合后溶液的成膜能力得到了提高。α_1/α_2 为 2 的复合膜具有良好的机械性能可能是因为该比值接近天然状态下鱼类明胶中 α_1/α_2 的值。然而，即使是 α_1/α_2 为 2 的复合膜，其 TS 也低于明胶膜，这可能是因为明胶膜中存在 β 亚基等高分子组分。

　　通过圆二色（circular dichroism，CD）光谱仪对利用不同比例 α_1、α_2 亚基制备的成膜溶液和明胶膜进行探究[25]。将成膜溶液于 15℃下进行干燥后，发现含有 α_1

亚基的膜在 224nm 处出现正吸收峰, 同时在 200nm 处存在负吸收峰。当 α_1/α_2 从 1 增加到 2 时, 正负吸收峰的强度都出现了增强。这些结果表明 α_1 亚基对明胶干燥过程中三股螺旋结构的形成有促进作用, 可能是因为明胶溶液在低温下能够发生复性, 部分恢复形成胶原的三股螺旋结构。然而, 利用 α_2 亚基制备的膜却不存在正吸收峰。有数据表明, 罗非鱼 α_1 链氨基酸序列中的脯氨酸数量明显高于其在 α_2 链中的数量, 因此 α_1、α_2 亚基复性能力的差异可能与它们一级结构的不同有关。

我们还研究了不同干燥温度对明胶亚基成膜性能的影响(表 8-1)。从表 8-1 中可以看到, 10℃下制备的膜抗拉强度(TS)与 15℃下制备的膜接近, 二者都明显高于 20℃和 25℃下制备的膜。另外, 当干燥温度为 10℃时, 膜的断裂伸长率(EAB)为 10.4%; 提高干燥温度至 15℃后, 膜的 EAB 增加。然而, 进一步提高干燥温度, 膜的 EAB 却出现了明显的下降趋势。这些结果表明干燥温度对以 α 亚基为原料制备的膜的机械性能有显著影响。

表 8-1 干燥温度对 α 亚基(α_1/α_2=2)成膜性能的影响

干燥温度(℃)	抗拉强度(MPa)	断裂伸长率(%)
10	38.1±4.9[c]	10.4±2.6[b]
15	37.3±3.4[c]	15.9±3.0[c]
20	10.1±1.3[b]	6.8±2.9[a]
25	6.5±0.9[a]	5.9±1.2[a]

注: 同一列中不同字母表示不同处理间差异显著($P<0.05$)

我们还测定了不同干燥温度下以 α 亚基为原料制备的蛋白膜的 CD 光谱图, 结果如图 8-2 所示。不管干燥温度如何变化, 单纯以 α_2 亚基制备的膜仅在 200nm 附近存在一个较弱的负峰。当干燥温度为 10℃或 15℃时, 含有 α_1 亚基的膜在 CD 光谱图上存在正吸收峰。然而, 当干燥温度提高至 20℃及更高时, 正吸收峰消失。与单纯利用 α_1 亚基制备的膜相比, 10℃下制备的复合膜的负峰存在红移现象。当干燥温度达到 15℃及以上时, 利用 α_1 亚基制备的膜与复合膜在负峰位置上无明显差异。此外, 15℃下制备的膜的负峰强度最大, 干燥温度的降低或提高均会使负峰强度出现下降。这些结果表明含有 α_1 亚基的溶液在 15℃或更低温度下干燥时, 将形成具有三螺旋结构的膜。这个结果与膜机械性能的变化相对应(表 8-1), 再次说明了螺旋结构对膜机械性能有重要作用。根据以上结果, 可以得知 α_1 亚基在明胶成膜中的贡献大于 α_2 亚基, 当 α_1/α_2 的值大于等于 2 时, 在低于 20℃下干燥容易复性形成三股螺旋结构, 结果使制备的膜具有优越的机械性能。

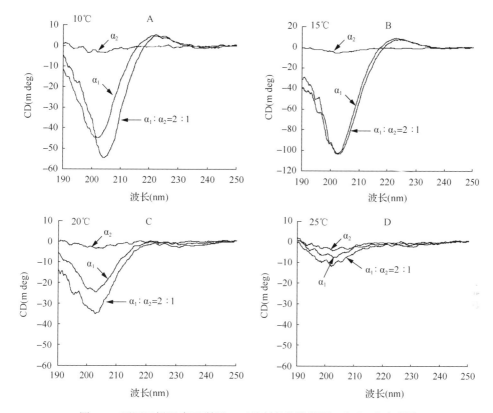

图 8-2　不同干燥温度下利用 α 亚基制备的膜的圆二色(CD)光谱图

8.4.3　表面活性

胶原和明胶的表面活性主要取决于蛋白侧链所带的电荷，部分取决于胶原氨基酸序列中所含的亲水性或疏水性氨基酸。胶原蛋白属于水不溶性蛋白，研究其乳化性、稳定性和起泡性等表面活性的意义不大。

与传统的大豆蛋白、酪蛋白、乳清蛋白等蛋白乳化剂相比，A 型明胶由于等电点相对较高，更适合用于制备带有正电荷的水包油乳化剂。通常，鱼类明胶的乳化性能低于哺乳动物明胶，且都低于乳球蛋白。在相同蛋白浓度下，金枪鱼鳍明胶的乳化性能指数低于猪皮明胶[26]，而且乳化能力随明胶浓度的提高而增强，这是因为在乳化过程中明胶多肽会发生高度伸展。但浓度越大，乳化能力和乳化稳定性增大幅度越小。除了蛋白浓度，分子量也是影响明胶形成和稳定水包油乳化体系能力的一个关键因素。低分子量的鱼类明胶乳化剂含有更多的液滴并呈现出比高分子量鱼类明胶更强的油不稳定性。

明胶稳定性在食品中主要有三方面作用[1]：①明胶不但能产生泡沫，而且能使泡沫稳定，使成品外形丰满，在人造奶油中，明胶不但起乳化剂作用，还有稳定剂的作用；②在糖浆中控制糖结晶或使生成的晶体变小，防止糖浆中油水相分离，在冰激凌中添加一定量的明胶可以防止形成粗粒的冰晶，保持组织细腻，减缓溶化速度；③在溶液冻结时，控制冰晶的生成，在果汁软糖中加入一定量的明胶，可以防止凝冻时冰晶的生成。

明胶具有良好的起泡性能，能形成稳定的气溶胶，这是因为明胶能够通过增加水相的黏度来降低液体/空气界面的表面张力。明胶的起泡性能在很大程度上取决于原料的特性。对于空气-水界面的吸附作用，分子应该含有疏水区，使其更多地暴露于未折叠的蛋白质中，从而促进泡沫的形成与稳定。鲇鱼皮明胶的起泡能力高于牛皮明胶，可能是因为鲇鱼皮明胶中疏水性氨基酸含量高于牛皮明胶，而且，鲇鱼皮明胶的黏度几乎是牛皮明胶的 4 倍[5]。明胶的起泡性能使其在食品制造上被广泛地用作发泡剂或搅打剂，用于制备明胶果汁软糖、明胶牛轧糖、明胶冷饮、明胶甜点心等。

8.5 展　　望

利用鱼类加工副产物提取胶原制备明胶，并研发相应的制品是提高鱼类加工副产物应用价值的重要途径，意义深远。淡水鱼来源的明胶热稳定性、凝胶形成能和成膜性能接近哺乳动物明胶，可以逐渐替代哺乳动物明胶并加以利用。在提取明胶时需要防止亚基，尤其是 α_1 亚基遭到破坏而被降解。同时，近年来以鱼胶原或明胶为原料研究开发出的乳化剂、发泡剂、胶体稳定剂、可食膜等产品，也逐渐被消费者认可。鱼类品种繁多，随着现代分析技术的不断发展，可对不同来源、不同物种的鱼胶原或明胶的理化性能进行深入研究，以拓宽其应用范围。

参 考 文 献

[1] 蒋挺大. 胶原与胶原蛋白. 北京: 化学工业出版社, 2006.

[2] Ricard-Blum S. The collagen family. Cold Spring Harbor Perspectives in Biology, 2011, 3(1): 1-19.

[3] Eyre D R. Collagen: molecular diversity in the body's protein scaffold. Science, 1980, 207(4437): 1315-1322.

[4] 黄惠君, 程晋生. 胶原与明胶分子的化学基础和明胶的凝胶化. 明胶科学与技术, 2005, 25(2): 82-86.

[5] Gómez-Guillén M C, et al. Functional and bioactive properties of collagen and gelatin from alternative sources: a review. Food Hydrocolloids, 2011, 25(8): 1813-1827.

[6] 温慧芳, 等. 碱法提取鲤鱼皮胶原蛋白工艺优化的研究. 食品工业科技, 2015, 36(19): 233-236, 242.

[7] Djabourov M, et al. Structure and rheology of gelatin and collagen gels. Biorheology, 1993, 30(3-4): 191-205.

[8] Hao S, et al. The characteristics of gelatin extracted from sturgeon (*Acipenser baeri*) skin using various pretreatments. Food Chemistry, 2009, 115(1): 124-128.

[9] Kittiphattanabawon P, et al. Comparative study on characteristics of gelatin from the skins of brownbanded bamboo shark and blacktip shark as affected by extraction conditions. Food Hydrocolloids, 2010, 24(2-3): 164-171.

[10] Ahmad M, et al. Indigenous proteases in the skin of unicorn leatherjacket (*Alutherus monoceros*) and their influence on characteristic and functional properties of gelatin. Food Chemistry, 2011, 127(2): 508-515.

[11] 吴菲菲, 等. 罗非鱼鳞明胶蛋白膜的制备及特性. 食品工业科技, 2013, 34(11): 277-282.

[12] Wang Y, Regenstein J M. Effect of EDTA, HCl, and citric acid on Ca salt removal from Asian (silver) carp scales prior to gelatin extraction. Journal of Food Science, 2009, 74(6): C426-C431.

[13] Duconseille A, et al. Gelatin structure and composition linked to hard capsule dissolution: a review. Food Hydrocolloids, 2015, 43: 360-376.

[14] Okuyama K, et al. Crystal structure of (Gly-Pro-Hyp)$_9$: implications for the collagen molecular model. Biopolymers, 2012, 97: 607-616.

[15] Chávez F V, et al. Hydrogen exchange and hydration dynamics in gelatin gels. The Journal of Physical Chemistry B, 2006, 110: 21551-21559.

[16] Gómez-Guillén M C, et al. Structural and physical properties of gelatin extracted from different marine species: a comparative study. Food Hydrocolloids, 2002, 16(1): 25-34.

[17] Tang L, et al. Physicochemical properties and film-forming ability of fish skin collagen extracted from different freshwater species. Process Biochemistry, 2015, 50(1): 148-155.

[18] 汪海波, 等. 草鱼鱼鳞胶原蛋白的凝胶性能研究. 功能材料, 2012, 43(4): 433-437, 441.

[19] 黄玉平, 等. 鱼皮明胶蛋白对淡水鱼糜凝胶特性的影响. 中国食品学报, 2012, 12(11): 51-58.

[20] 翁武银, 等. 鱼皮明胶蛋白分子量对鲢鱼鱼糜凝胶性质的影响. 中国食品学报, 2013, 13(8): 83-90.

[21] Chiou B S, et al. Effects of drying temperature on barrier and mechanical properties of cold-water fish gelatin films. Journal of Food Engineering, 2009, 95(2): 327-331.

[22] Weng W, et al. Characterization of edible films based on tilapia (*Tilapia zillii*) scale gelatin with different extraction pH. Food Hydrocolloids, 2014, 41: 19-26.

[23] Ghanbarzadeh B, Oromiehi A R. Thermal and mechanical behavior of laminated protein films. Journal of Food Engineering, 2009, 90(4): 517-524.

[24] Pommet M, et al. Intrinsic influence of various plasticizers on functional properties and reactivity of wheat gluten thermoplastic materials. Journal of Cereal Science, 2005, 42(1): 81-91.

[25] Chen S, et al. Effects of α_1/α_2 ratios and drying temperatures on the properties of gelatin films prepared from tilapia (*Tilapia zillii*) skins. Food Hydrocolloids, 2016, 52: 573-580.

[26] Aewsiri T, et al. Improvement of foaming properties of cuttlefish skin gelatin by modification with N-hydroxysuccinimide esters of fatty acid. Food Hydrocolloids, 2011, 25(5): 1277-1284.

第9章 呈味肽

（上海交通大学，刘 源、杨 鸢、张丹妮）

9.1 引 言

风味是人们摄入某种食品后产生的一种感觉，通过嗅觉和味觉感知。良好的风味不仅可以让人心情愉悦，而且可以提高食物的营养价值。人体主要通过舌头的味蕾细胞感知滋味组分，滋味一般由酸、甜、苦、咸、鲜5种基本味觉构成。食品中的呈味物质有很多种，这些物质一般由极性不同的小分子或离子组成，包括氨基酸、肽类、有机酸和一些金属离子等。人体味蕾和呈味物质的结构与性质决定了氨基酸及肽在这些呈味物质中占着重要的角色。肽介于蛋白质与氨基酸之间，是蛋白质的一个片段。多肽由10个及以上氨基酸组成，分子量介于1~10kDa；寡肽由2~9个氨基酸构成，分子量一般在1kDa以下；小肽由2~4个氨基酸组成，分子量一般在180~480Da。不同的肽由于其组成不同、肽链长短不一、排列结构的差异而呈现不同的滋味，且酸、甜、苦、咸、鲜5种基本滋味均可找到其相应的肽类[1]。

呈味肽指从食物中提取或者由氨基酸合成的，对食品风味具有一定贡献，分子量介于150~3000Da的寡肽类[2]，包括特征滋味肽和风味前体肽。呈味肽的呈味特性主要取决于它们的一级结构和氨基酸序列[3]，不同结构和长度的呈味肽具有不同的呈味特性，结构类似的呈味肽可引发相似的味觉感受。根据其呈味特性可分为酸味肽、甜味肽、苦味肽、鲜味肽、咸味肽。目前对于甜味肽的研究较多且比较成熟，如阿斯巴甜、阿力甜等都已经产业化，因其甜度高、热量低，已在食品和医药领域中获得了广泛的应用。早在20世纪70年代就有对苦味肽的研究报道，苦味肽主要是短肽链的活性肽，易吸收，易消化，现在多作为特定人群的营养食品；酸味的产生与溶液中解离产生的H^+有关[4]，研究酸味肽一级结构可以发现，酸味肽中多含有酸性氨基酸Asp和Glu，这两种酸性氨基酸也常见于鲜味肽中，因此，许多学者将酸味肽当作鲜味肽的一部分进行研究。鲜味作为独立于酸、甜、苦、咸4种基本味之外的第五种滋味，关于鲜味肽的研究也正在从挖掘其数量和种类逐渐转向探究其呈味机制。鲜味肽由于其独特的风味，正作为第四代新型鲜味剂被开发利用。

9.2 鲜 味 肽

鲜味是一种广受人们喜爱的滋味，食品中存在众多呈鲜物质及增鲜物质，能够赋予食品良好的鲜味特征。作为独立于酸、甜、苦、咸的第五种基本滋味，鲜味味道醇美，可增强食品的风味，不仅可以抓住大众的胃口，还能够引起人们对其奥秘的探索。

9.2.1 来源

鲜味肽的来源非常广泛，大豆、乳酪、肉类、蘑菇、水产品等具有良好滋味的食物中均含有鲜味肽。鲜味肽的研究历史，最早要追踪到 1909 年日本学者 Ikeda[5]从海带汤中发现类似味精(monosodium glutamate，MSG)的鲜味物质。到 1978 年，日本科学家 Yamasaki 和 Maekawa[6]从利用木瓜蛋白酶酶解牛肉的水解液中分离纯化得到氨基酸序列为 Lys-Gly-Asp-Glu-Glu-Ser-Leu-Ala 的八肽，发现肽链中存在的酸性基团 Asp 和 Glu 具有增强牛肉风味的作用，因此将其命名为美味肽，此后对呈味肽的研究逐渐发展成为热点。对于鲜味肽，在 20 世纪 70 年代就有对其分离、纯化与鉴定的研究[7-9]。Spanier 等[10]在 1993 年研究出滋味感受器模型，得出风味八肽构象特征；1998 年 Kurihara 和 Kashiwayanagi[8]从小鼠大脑中分离出代谢性谷氨酸受体 mGlu-4a，从此掀开了鲜味在人体内呈味机制研究的新纪元。Hoon 等[11]在 1999 年测定大鼠滋味组织中分离的 DNA 序列时，发现了鲜味受体 T1R1/T1R2；2000 年 Chaudhari[12]发现 mGlu-4a 是呈鲜味 L-Glu 在小鼠口腔的鲜味受体；2002 年，Nelson 等[13]在人体基因组中鉴定出 T1R3，发现了 G 蛋白偶联受体 T1R 家族中的 T1R1/T1R3 氨基酸滋味受体。到 2008 年，Hayashi 等[14]研究出一种直观鲜味感受器，并且用此鉴定出了绿茶的鲜味强度。

9.2.2 种类

鲜味肽作为新型活性肽类鲜味剂，最初是由 Yamasaki 和 Maekawa[6]从牛肉中得到的一种八肽，肽链中存在的酸性基团 Glu 和 Asp 具有增强牛肉风味的作用。食品中有大量的鲜味肽(表 9-1)，这些鲜味肽中大多数含有 Asp 和 Glu 等亲水性氨基酸，表明这些氨基酸的存在有助于肽呈现鲜味[15]。

表 9-1 食品中的鲜味肽

肽序列	来源	呈味特性	参考文献
Glu-Asp，Glu-Gly-Ser，Glu-Ser，Glu-Glu，Glu-Thr	大豆蛋白	鲜味，甜味	[16]
Glu-Glu，Glu-Asp，Thr-Glu，Glu-Ser，Glu-Gly-Ser，Asp-Gly，Ser-Glu-Glu，Glu-Gln-Glu，Glu-Asp-Glu，Asp-Glu-Ser，Ser-Glu-Glu	鱼蛋白	鲜味	[7]
Lys-Gly-Asp-Glu-Glu-Ser-Leu-Ala	牛肉	鲜味	[17]

肽序列	来源	呈味特性	参考文献
Asp-Asp-Asp-Asp	啤酒酵母	鲜味	[18]
Ala-Glu，Val-Glu，Glu-Glu，Glu-Val，Ala-Asp-Glu，Ala-Glu-Ala，Ala-Glu-Asp，Pro-Glu-Glu，Ser-Pro-Glu	鸡胸肉	鲜味	[19]
pGln-Pro-Ser，pGlu-Pro，pGln-Pro-Glu，pGlu-Pro-Gln，Gln-Pro，Asp-Cys-Gly	小麦蛋白	鲜味	[20]
Leu-Ser-Glu-Arg-Tyr-Pro	巴马火腿	火腿味	[21]
Glu-Glu-Glu	黄酒	鲜味	[22]
Ser-Ser-Arg-Asn-Glu-Glu-Ser-Arg，Glu-Gly-Ser-Glu-Asp-Pro-Asp-Gly-Ser-Ser-Arg	花生	鲜味	[23]
Tyr-Gly-Gly-Thr-Pro-Pro-Phe-Val	暗纹东方鲀	鲜味，甜味	[24]
Arg-Pro-Leu-Gly-Asn-Cys，Thr-Leu-Arg-Arg-Cys-Met，Pro-Val-Ala-Arg-Met-Cys-Arg	暗纹东方鲀(100℃)	鲜味，浓厚感	[25]
Ala-His-Ser-Val-Arg-Phe-Tyr	巴马火腿	火腿鲜味	[26]
Cys-Cys-Asn-Lys-Ser-Val	金华火腿	火腿鲜味	[26]
Leu-Tyr-Glu-Arg，Val-Arg-Ser-Tyr，Lys-Gly-Arg-Tyr-Glu-Arg，Tyr-Lys-Cys-Lys-Asp-Gly-Asp-Leu-Arg	暗纹东方鲀肌肉酶解液	微甜，微鲜，浓厚感	[27]
Glu-Ala-Gly-Ile-Gln，Glu-Gln-Gln-Gln-Gln，Leu-Pro-Glu-Glu-Val，Ala-Leu-Pro-Glu-Glu-Val，Ala-Gln-Ala-Leu-Gln-Ala-Gln-Ala	酱油	鲜味	[28]
Cys-Ala-Leu-Thr-Pro，Arg-Pro-Leu-Gly-Asn-Cys	暗纹东方鲀(100℃)	鲜味，浓厚感	[29]
Glu-His-Ala-Met-Leu-Asn，Glu-Phe-Lys-Glu-Tyr-Asn，Pro-Gly-Gly-Val-Arg-Asn-Gly	红鳍东方鲀(4℃)	鲜味，浓厚感	[30]
Asp-Phe-Lys-Arg-Glu-Pro Asp-Glu-Asp-Phe-Lys-Arg-Glu-Pro	白腐乳	鲜味 鲜味，酸味	[31]

9.2.3 研究进展

目前，鲜味肽的研究成果多数还停留在实验室阶段，对其研究基本集中于数量和种类的发掘阶段[32]，关于呈味机制等深层次的研究尚处于待加强阶段。到目前为止，根据文献中报道的95条已鉴定的鲜味肽，其中具有鲜味的二肽有29条；具有鲜味的三肽有32条；中长链组成的鲜味氨基酸有34条，其中4条四肽，7条五肽，10条六肽，3条七肽，8条八肽，1条九肽，1条十一肽。除了表9-1中的食品来源的鲜味肽，还有通过人工合成的鲜味肽，如表9-2所示。

表9-2 人工合成的鲜味肽

肽序列	来源	滋味描述
Asp-Ala	鱼蛋白[7]	鲜味
Asp-Gly	鱼蛋白[7]	鲜味
Glu-Gly	鱼蛋白[7]	鲜味
Glu-Ser	鱼蛋白水解物[7] 蛋白酶改性大豆蛋白[16]	谷氨酸钠类似味 肉汤味
Asp-Glu-Ser	鱼蛋白水解物[7]	谷氨酸钠类似味
Glu-Asp-Glu	鱼蛋白水解物[7]	谷氨酸钠类似味
Glu-Gln-Glu	鱼蛋白水解物[7]	谷氨酸钠类似味

续表

肽序列	来源	滋味描述
Glu-Asp	鱼蛋白水解物[7] 鱼蛋白水解物[7] 蛋白酶改性大豆蛋白[16]	谷氨酸钠类似味 肉汤味;
Glu-Ala	L-谷氨酸[9]	鲜味
pGlu-Pro	小麦蛋白[20]	谷氨酸钠类似味
Gln-Pro	小麦蛋白[20]	鲜味
pGlu-Pro-Gln	小麦蛋白[20]	谷氨酸钠类似味
pGln-Pro-Glu	小麦蛋白[20]	谷氨酸钠类似味
Ala-Glu	合成肽[32]	鲜味
Asp-Leu	合成肽[32]	鲜味
Gly-Asp	合成肽[33]	鲜味
Gly-Glu	合成肽[33]	鲜味
Glu-Leu	合成肽[33]	鲜味
Leu-Glu	合成肽[33]	鲜味
Val-Asp	合成肽[33]	鲜味
Val-Glu	合成肽[33]	鲜味
Ala-Glu-Ala	合成肽[33]	鲜味
Gly-Asp-Gly	合成肽[33]	鲜味
Gly-Glu-Gly	合成肽[33]	鲜味
Leu-Asp-Leu	合成肽[33]	鲜味
Val-Asp-Val	合成肽[33]	鲜味
Val-Glu-Val	合成肽[33]	鲜味
Glu-Glu	蛋白酶改性大豆蛋白[16] 鸡肉酶解液[19]	肉汤味; 谷氨酸 钠类似味; 鲜味
Asp-Asp	牛肉汤[34]	鲜味
Asp-Glu	牛肉汤[34]	鲜味
Glu-Lys	牛肉汤[34]	鲜味
Lys-Gly	牛肉汤[34]	鲜味
Val-Gly	合成肽[35]	鲜味
Val-Val	合成肽[35]	鲜味
Val-Gly-Gly	合成肽[35]	鲜味
Asp-Asp-Asp	合成肽[36]	鲜味
Asp-Asp-Glu	合成肽[36]	鲜味
Asp-Glu-Asp	合成肽[36]	鲜味
Asp-Glu-Glu	合成肽[36]	鲜味
Glu-Asp-Asp	合成肽[36]	鲜味
Glu-Glu-Asp	合成肽[36]	鲜味
Glu-Glu-Asp-Gly-Lys	合成肽[36]	鲜味
Lys-Gly-Ser-Leu-Ala-Asp-Glu-Glu	合成肽[36]	鲜味
Ser-Leu-Ala-Asp-Glu-Glu-Lys-Gly	合成肽[36]	鲜味
Ser-Leu-Ala-Lys-Gly-Asp-Glu-Glu	合成肽[36]	鲜味
Asp-Cys-Gly	小麦面筋蛋白[37]	鲜味
Glu-Glu-Leu	合成肽[38]	鲜味

9.2.4　呈味机制

氨基酸通过肽键相连形成肽，故肽的特性与氨基酸组成有关。氨基酸的种类和数量会直接影响肽的特性，同样也会影响小分子肽的特性，进而影响食物的滋味。

9.2.4.1　氨基酸种类与呈味特性

（1）酸性氨基酸与碱性氨基酸

肽具有鲜味大多是因为含有酸性或碱性氨基酸，根据酸性和碱性组分是产生鲜味的主体部分，研究人员推测出阳离子和阴离子处于紧密相邻的位置[39]。通过研究谷朊粉鲜味肽的呈味规律发现[40]：谷朊粉酶解得到的肽中，分子量小于1000Da 的肽鲜味较强，肽中碱性氨基酸和酸性氨基酸共同作用使肽呈现鲜味。Yamasaki 和 Maekawa[41]与 Tamura 等[34]发现鲜味肽 Lys-Gly-Asp-Glu-Glu-Ser-Leu-Ala 中的 N 端碱性氨基酸与酸性氨基酸共同作用使得该肽呈现鲜味，其末端碱性基团 Lys-Gly 的消失，会使得鲜味消失而呈现酸味。韩富亮等[42]综述了关于鲜味肽的研究进展，发现鲜味肽通常含有谷氨酸残基或（和）天冬氨酸残基。

（2）亲水性氨基酸与疏水性氨基酸

Spanier 和 Edwards[43]综述指出，亲水性多肽一般与可口滋味相关，如甜味、肉味等；然而疏水性多肽多与不良滋味的产生有关，如苦味。张梅秀[44]在暗纹东方鲀鲜味肽分离提取研究中，得到的 Tyr-Gly-Gly-Thr-Pro-Pro-Phe-Val 具有鲜味和甜味，Tyr、Gly 和 Thr 是亲水性氨基酸残基，同时也是产生甜味的氨基酸，是小分子肽具有鲜味和甜味的主要原因[15]。因而，亲水性氨基酸可能与此八肽的鲜味和甜味有关；此八肽中的 Phe 和 Val 疏水性氨基酸残基可以形成一个疏水表面，阻碍其与味觉受体的结合，从而减弱此八肽的甜味[45]；N 端为 Glu 的肽鲜味更强，而疏水性氨基酸对鲜味并不会起到削弱的作用，甚至可能是鲜味肽不可缺少的组成部分。王艳萍等[46]发现鲜味肽 Lys-Gly-Asp-Glu-Glu-Ser-Leu-Ala 中缺失了疏水性片段 Ser-Leu-Ala 后的肽 Lys-Gly-Asp-Glu-Glu 并不呈现鲜味。表明疏水性氨基酸的存在，并不一定对鲜味起到削弱的作用，反而可能是起到了辅助的作用。

9.2.4.2　氨基酸结构与呈味特性

苗晓丹等[47]在总结呈味肽构效关系研究进展时，指出肽滋味类型和强度受氨基酸的性质、构效、含量、相互作用、在肽链中所处的位置及肽的空间构型等多重因素的影响。Tamura 等[34]对由碱性和酸性氨基酸组成的二肽进行研究，发现 N端为碱性氨基酸、C 端为酸性氨基酸的二肽不具有呈味特性，而相反的一级结构则具有呈味特性；N 端为谷氨酸的二肽具有酸味并伴有弱鲜味，而 N 端为天冬氨酸的二肽仅具有酸味。基于鲜味呈味机理学研究表明，鲜味肽必须具有带正电、带负电和有疏水性的分子团[48-50]。林萌莉等[51]与张铭霞等[52]综述了关于肽类构效的研究进展，得出结论：多肽中的氨基酸组成及氨基酸在多肽中的位置对于多肽的呈味特性具有非常重要的影响，不同结构和长度的呈味肽具有不同的呈味特性，结构类似的呈味肽可引发相似的味觉感受。

9.2.4.3　鲜味受体

目前关于鲜味肽的呈味机制尚无明确定论，研究人员认为其呈味与受体有关，鲜味受体与 G 蛋白偶联受体（G-protein coupled receptor，GPCR）家族有关[53]。当配体与表面受体结合后，与 G 蛋白 α 亚基紧密连接的 GDP 会转化为 GTP，α-GTP会从 G 蛋白脱离，与腺苷酸环化酶连接，从而使能量释放，转化成 AMP+焦磷酸（ppi）。鲜味物质分子必须具有带正电分子团（以 AH 表示）、带负电分子团（以 B表示）和含亲水性残基的分子团（以 X 表示），3 种分子团分别接到相对应的感受器位置才能令人感受到鲜味[48, 49]；当有鲜味物质刺激时，鲜味物质会直接与T1R1+T1R3 结合，激活 PLC-β2，产生 IP3，产生的 IP3 再与 IP3R3 结合，释放胞内存储的 Ca^{2+}，激活通道，使 Na^+ 流入胞内，最终促使膜去极化并释放递质，从而使人感知到鲜味[54]。

9.3　苦　味　肽

苦味肽是一系列结构多样化的寡肽，主要来源于食品发酵过程中蛋白质水解，该水解物一般会影响产品的感官品质，不利于产品的销售[55]。

9.3.1　来源

苦味是一种令人不愉快的味道，是所有味觉中最容易被感知的一种[56]。苦味往往代表着食物存在有毒物质，所以灵敏地感知苦味对生物安全地选择食物具有重要的意义。苦味物质多是脂溶性，食物和药物中的苦味物质来源可分为 4 类：植物、动物、含氮有机物、无机盐类。植物来源主要分为 4 类，包括生物碱、萜类、糖苷类、苦味肽类；动物来源包括动物胆汁、苦味肽和某些氨基酸；含氮有机物包括苯甲酰胺、尿素等；无机盐类主要包括 Ca^{2+}、Mg^{2+}、NH_4^+等。苦味肽直接存在于动植物和微生物中，或通过其蛋白酶解液获得。

9.3.2　种类

食品中苦味物质的来源包括天然生成和人工添加两种方式。天然带有苦味的食品主要是果蔬，如芹菜、莴苣、苦瓜、柑橘、柚子等；豆谷类，包括苦荞麦、大豆、莜麦等。这些天然具有苦味的食品，由于其特殊的保健功能，越来越受到人们的欢迎。而人工添加苦味物质制成的具有苦味的食品，包括茶饮、糕点等，也因其特殊的风味和功能而受到青睐。食品中分离鉴定出的部分苦味肽见表 9-3。

表 9-3 食品中的苦味肽

苦味肽序列	来源	参考文献
Gly-Pro-Phe-Pro-Val-Ile；Phe-Ala-Leu-Pro-Glu-Tyr-Leu-Lys	酪蛋白	[57]
Phe-Val-Val-Ala-Pro-Phe-Pro-Glu-Val-Phe-Gly-Lys-Arg-Gly-Pro-Pro-Phe-Ile-Val	奶酪	[58]
Lys-Pro；Phe-Pro；Val-Pro；Leu-Pro	奶酪	[58]
Ala-Ile-Ala；Ala-Ala-Leu；Gly-Ala-Leu；Leu-Gln-Leu；Leu-Val-Leu	玉米蛋白	[59]
Gly-Phe	巴马火腿	[60]
Leu-Gln-Ala-Phe-Glu-Pro-Leu-Arg；Phe-Asp-Arg-Leu-Gln-Ala-Phe-Glu-Pro-Leu-Arg；Gln-Gln-Leu-Leu-Gly-Gln-Ser-Thr-Ser-Gln-Trp-Gln-Ser-Ser-Arg	熟米粒	[61]
Gln-Leu-Phe-Asn-Pro-Ser；Gln-Leu-Phe-Asn-Pro-Ser-Thr-Asn-Pro；Gln-Leu-Phe-Asn-Pro-Ser-Thr-Asn-Pro-Trp-His；Gln-Leu-Phe-Asn-Pro-Ser-Thr-Asn-Pro-Trp-His-Ser-Pro	日本清酒	[62, 63]
His-Trp-Pro-Trp-Met-Lys	鳕	[64]
Ala-Val-Val-Leu-Ile-Ile	鳕肌肉酶解液	[65]

9.3.3 研究进展

苦味肽的研究开始于 1952 年，研究人员发现带有苦味的酪蛋白水解物再次水解而彻底转化为氨基酸时，苦味消失并产生一种肉的特征风味，这一结果说明蛋白水解产物中的苦味是由肽而不是由氨基酸产生的[66]。随后在奶酪、牛奶中陆续鉴定出很多苦味肽，Sato 等[67]在总结 60 种合成二肽的结构性质后发现，苦味肽都含有具芳香基或长链烷基侧链的氨基酸。Matoba 和 Ogrydziak[68]发现苦味肽都含有大量的疏水性氨基酸。一般也可根据肽的疏水程度判断肽是否具有苦味[47]。1971 年，Ney[69]根据组成肽链的氨基酸不同的疏水性，提出了一种判定小分子量肽是否呈现苦味的方法，即 Q 规则。Ney[69]认为，肽是否具有苦味跟肽链的疏水性有关，其疏水性可以用组成肽链的氨基酸残基的平均疏水性 Q 表示，用来预测肽链是否具有苦味。计算公式为

$$Q = \Delta G / n = \sum \Delta g / n \qquad (9\text{-}1)$$

式中，ΔG 为总疏水性，Δg 为氨基酸残基的疏水性，n 为肽链中氨基酸的个数。Ney[69]通过建立数据模型总结出，当 $Q > 6.85\text{kJ/mol}$ 时，该肽具有苦味；当 $Q < 5.43\text{kJ/mol}$ 时，该肽不具有苦味；当 $5.43\text{kJ/mol} \leqslant Q \leqslant 6.85\text{kJ/mol}$ 时，不能确定是否具有苦味。Q 准则可预测大多数短肽是否具有苦味，但其只是一个经验规则，

在使用时存在很多缺点。例如，一些 $Q<5.43kJ/mol$ 的肽，当其两端是 Gly 时也会呈现苦味；一些肽的 Q 值相同，但苦味差别非常大；肽的苦味除跟 Q 值有关外，还应考虑肽链本身的分子结构和氨基酸序列。

9.3.4 呈味机制

从 1990 年之后，国际上便很少有关于苦味机制研究的报道，Shinoda 等[70]认为"苦味机制已基本清楚"。但 Ney 的 Q 规则在应用中只能对短肽定性不能定量，一些其他关于苦味机制的模型只是在一定的范围内适用，不能解释所有的疑问。进入 21 世纪以来，对于苦味肽的研究大部分是关于食品脱苦、苦味肽的生物功能及其应用和苦味肽与其他呈味肽的相互作用，尤其是苦味肽的生物功能，越来越多地引起人们的重视。随着科研的深入，苦味肽将更好地被人们认识和利用。

1. 蛋白质水解产生苦味的机制

Murray 和 Baker[71]首次证明了酶解液中的苦味是多肽造成的，一个完整的蛋白质一般不会显示出呈味特性，水解蛋白质产生的呈味肽的呈味特性主要取决于其一级结构和氨基酸序列，各种链长的苦味肽没有特定的一级结构[72]。多项研究表明，蛋白质被水解后，其四级结构中包裹在内部的疏水性集团暴露出来，并与味蕾接触，产生苦味感。这些疏水性基团的苦味来源主要是因为含有裸露在外的疏水性氨基酸，如苯丙氨酸、脯氨酸、精氨酸、亮氨酸、缬氨酸等，一些肽的氨基酸序列研究表明，当在 N 端和 C 端具有亮氨酸残基时，苦味更加明显。

2. 苦味受体

关于苦味短肽与苦味受体的作用机制，一般有以下 3 种解释：空间专一性学说、内氢键学说[73]、三点接触学说[74]。感知苦味的味蕾细胞表达苦味受体 T2R，这类细胞多分布于舌根部。T2R 属于 G 蛋白偶联受体 A 类亚族，包括 25 种，是所有味觉受体中最多的一种[75]。在已确定的人类编码苦味受体的基因中，一个位于 5 号染色体，9 个位于 7 号染色体的延伸区，其余的 15 个位于 12 号染色体的密集区[76]。Reichling 等[77]研究发现，T2R 的胞外 N 端是仅由 10 个氨基酸组成的短序列，在其 α 螺旋的结构上存在很多由特殊序列组成的功能性区域，例如，第二环上含有一个天冬氨酸连接的糖基化序列，它对受体的形成、功能的表达和信号的传导都非常重要。

苦味受体细胞与鲜味、甜味受体细胞的表达类型不同，单个苦味受体细胞可以表达多种苦味受体，即一个苦味细胞可以结合并感知多种苦味物质[78]。不同的味觉受体感知的不同物质见表 9-4[79]，其中 T2R1 较多地感受苦味肽。

表 9-4　部分苦味受体及其主要配体

受体类型	苦味配体	受体类型	苦味配体
T2R5/T2R9	环己酰亚胺	T2R39	龙胆二糖
T2R43/T2R47	6-硝基糖精	T2R38	苯硫脲
T2R14	马兜铃酸	T2R1	苦味短肽
T2R7	的士宁	T2R4	苯甲地那铵
T2R46	倍半萜烯内酯	T2R16	水杨苷

3. 苦味短肽的特性

短肽苦味的形成主要跟肽本身氨基酸的构效关系有关,包括分子量、氨基酸的组成及其序列和氨基酸立体构象等。

(1)分子量

蛋白质酶解液中,肽的苦味随肽的链长和分子量的增加而减弱。Ney[69]的研究表明,只有在分子量小于 6000Da 时,肽才会呈现苦味;Cho 等[80]研究发现,在一定的范围内,短肽的苦味程度会随着分子量的增加而减弱,之后会出现增强,这种关系是非线性的;邓勇和冯学武[81]的研究显示,当大豆肽分子量为 500～5000Da 时,其苦味感最强,大于 5000Da 的大豆肽不显示苦味。

(2)氨基酸的组成

天然蛋白质的疏水基团多被包裹在内部,且分子量较大,无法直接与味蕾上的受体结合,因此不具备苦味特点。当蛋白质被水解成短肽时,这些疏水性氨基酸残基被释放出来,并能与苦味受体作用,产生苦味感。一般疏水性氨基酸含量越高,水解得到苦味肽的可能就越大,特别是芳香族氨基酸残基。Matoba 和 Hata[82]研究后得出结论:短肽中只要含有疏水性氨基酸就能呈现苦味,且侧链疏水性基团越多,苦味越明显;亲水性基团则能降低苦味的程度。Cho 等[80]在分析大豆苦味肽氨基酸组成后,得出只要是含有 Leu 和 Ile 等特定氨基酸的短肽,必然呈现苦味。Ishibashi 等[83]在分析苦味二肽和三肽与氨基酸的关系时发现由不同氨基酸组成的肽比由相同氨基酸组成的肽更苦。

(3)氨基酸的序列

氨基酸序列对苦味肽的影响主要体现在疏水性氨基酸基团在肽链中所处的位置(中间或两端)。多数研究者认为,疏水性氨基酸位于肽链中间时比位于肽链两端时苦味更明显,而短肽则相反。例如,Ishibashi 等[84]发现,当 Pro 残基越靠近肽链中部,苦味感越明显;且在短肽中,当 Phe 位于 C 端时,苦味程度更强。Nosho 等[85]的实验结果显示,当 Arg 和 Pro 在肽链中的位置比较接近时,苦味感更强。Lovšin-Kukman 等[86]对大豆蛋白水解物物种苦味肽分离鉴定后发现,绝大部分苦味肽的 C 端具有 Leu、Val 和 Tyr。国际上另有其他说法存在，例如，Matoba 和 Hata[82]认为疏水性含量高的蛋白质水解后必然含有苦味肽，而跟肽的一级结构无关；Roy[87]则认为当疏水性氨基酸基团全部位于肽链中间时，肽的苦味程度最强，继续水解后，疏水性氨基酸基团出现在侧链上，苦味感则降低。

(4)氨基酸的立体构象

氨基酸的立体构象对短肽苦味的影响主要体现在氨基酸的旋光性上。Shinoda 等[88]研究发现，带有 D-Pro 残基的苦味短肽明显比带有 L-Pro 残基的短肽苦味感弱，并在苦味短肽的 N 端引入 Glu-Glu 鲜味基团，发现可明显降低其苦味感。何慧等[89]在研究蛋白水解物与苦味的构效关系时，也发现苦味除了与肽的一级结构有关，也与肽链的空间结构有关。

9.4 咸味肽与酸味肽

咸味作为五味之一，对食品风味的重要性不言而喻。传统的咸味剂是钠盐，民间更有"好厨子一把盐"的说法。但现代医学研究表明，过多地摄取钠盐是诱发心脑血管疾病等现代文明病的重要因子[90, 91]。国外有关于用其他金属盐代替钠盐的报道，但钾盐、镁盐均具有金属苦味，无法达到与钠盐相当的咸味口感[92]。基于低盐食品的潜在巨大市场及金属盐替代物口味上的不足，国内外学者长期关注于新型咸味剂的开发。Tada 等[93]在 1984 年发现了新的咸味肽 L-Orn-Tau，从此基于短肽的咸味剂开发逐渐兴起。

食品中存在的或通过发酵加工得到的鲜味肽中有机酸或无机酸组分含量较高，而当前对酸味肽的研究较少。酸味肽往往与酸味、鲜味密切相关，可用于检测未成熟的水果和腐败食品，从而避免酸引起的生物组织损伤或酸碱调节问题。由于酸味肽中含有 Glu、Asp 等酸性基团，因此通常把酸味肽当成鲜味肽的一部分进行研究。

9.4.1 种类

截至目前，已在多种食品中发现了咸味肽和酸味肽，其中以二肽为主，部分蛋白来源酸味肽见表 9-5。例如，Zhu 等[94]在对无盐酱油的研究中发现了 3 种具有咸味的二肽，序列为 Ala-Phe、Phe-Ile、Ile-Phe，其中 Ala-Phe、Ile-Phe 组分能够抑制血管紧张素转换酶的活性，起到抗高血压的功能，具有较高的应用价值。彭增起等[95]从大豆蛋白中分离纯化获得咸味肽，经分析其氨基酸序列为 Gly-Lys。张顺亮等[96]对分离制备的咸味肽进行分析后发现，该咸味肽分子量为 849.38Da。李迎楠等[97]采用色谱纯化和质谱分析法研究牛骨源咸味肽，得到相对分子量均小于 1000、质荷比为 679.5109 的咸味肽。

表 9-5　鱼蛋白来源的部分酸味肽[7]

肽序列	呈味特性	肽序列	呈味特性
Ala-Asp	酸味	Ala-Glu	酸味
Arg-Asp	酸味	Arg-Glu	酸味
Asp-Asp	酸味	Asp-Glu	酸味
Gly-Asp	酸味	Gly-Glu	酸味
Ile-Asp	酸味	Ile-Glu	酸味
Glu-Asp	酸味	Glu-Glu	酸味

　　另外，赵颖颖等[98]研究咸味肽(鸟胺牛磺酸)添加量对低钠肉糜热凝胶特性的影响时发现，使用咸味肽会对肉糜的质构及保水性质产生不利的影响，但调节 pH 至偏中性条件在一定程度上可降低咸味肽的不利作用。李迎楠等[99]在模拟加工条件对咸味肽的稳定性时发现，咸味肽加热温度在 50℃以下、加热时间在 20min 以内稳定性较好，添加可食用糖对咸味肽稳定性影响不明显，添加有机酸则会降低咸味肽的稳定性。表 9-6 列举了目前研究人员已发现的部分呈现咸味的短肽物质。

表 9-6　已发现的部分咸味肽的呈味特性

咸味肽序列	来源	感官特性	文献出处
H-Arg-Gly-Pro-Pro-Phe-Ile-Val-OH	酪蛋白水解物	咸味、鲜味	[93]
H-L-Orn-β-Ala-OH-HCl；H-L-Orn-Tau-HCl	合成的酪蛋白水解类似物	咸味、鲜味	[93] [100]
Ala-Phe；Phe-Ile；Ile-Phe	无盐酱油	咸味	[94]
Arg-Pro；Arg-Ala；Ala-Arg；Arg-Gly；Arg-Ser；Arg-Val；Val-Arg；Arg-Met	鱼露	咸味增强	[101]
γ-Glu-Tyr；γ-Glu-Phe	Comté 奶酪	咸味、酸味、鲜味	[102]
Gly-Lys	大豆蛋白	咸味	[95]
Lys-Gly；Asp-Glu；Glu-Glu；Glu-Asp；Asp-Asp	牛肉汤	咸味、鲜味	[35]

9.4.2　研究进展

　　Tada 等[93]在研究酪蛋白水解物 BPIa(Arg-Gly-Pro-Pro-Phe-Ile-Val)N 端类似物的合成过程中偶然发现了咸味肽；为了研究咸味肽的特点，他们替换了其中的氨基酸制成类似物并进行感官评定，又发现了几种呈咸味的二肽。Tuong 和 Philippossian[103]于 1987 年对 L-Orn-Tau-HCl 能够呈现咸味的原因提出了不同的看法，认为 Tada 等[93]合成的类似物中 L-Orn-Tau-HCl 之所以呈现咸味是由于在合成的过程中有 NaCl 的存在，纯的 L-Orn-Tau-HCl 是没有咸味的。Tamura 和 Okai[104]

对此质疑，认为 L-Orn-Tau-HCl 呈现咸味与 NaCl 的存在并无关系，并指出 Orn-β-Ala 在合成过程中并无 NaCl 的存在但仍然具有咸味。随后 Nakamura 等[100] 在 1996 年报道，用一种新的合成方法获得的 L-Orn-Tau-HCl 具有咸味，该合成过程中并无 Na⁺存在且较一般的合成方法更为简便，从而否定了 Tuong 和 Philippossian[103] 的质疑。至此，咸味肽得到学术界的认可，研究人员对其进行了后续研究，以期实现新型咸味剂的开发。

9.4.3　呈味机制

咸味肽因含有氨基和羧基两性基团而具有缓冲能力，对食品的风味有微妙的作用[105]。咸味和酸味一样主要是阳离子起作用，阳离子易被位于细胞膜上的味觉受体的磷酸基吸附而呈咸味。咸味肽味觉通道受体是不与蛋白质相邻的脂质，其咸味与其氨基的解离程度及是否有对应的阴阳离子有关[106]。例如，Seki 等[107]于 1990 年研究发现多肽溶液的 pH、氨基酸解离度及是否存在相对离子与呈咸味的特性有很大关系，同时发现 Orn-β-Ala 与 NaCl 之间具有咸味协同作用。咸味肽中电离出来的阳离子通过位于细胞膜的钠通道进入味觉细胞，使钙离子去极化。当细胞内部带正电时，会形成一股小电流，进而释放传导物质，经由神经系统传递至大脑味觉感受区域，形成咸味的意识[108]。上皮钠通道 (epithelial sodium channel，ENaC)[75]是咸味的感受器，但对于人类来说，ENaC 并不能解释我们对咸味的完全敏感性，这表明还可能存在尚未被确认的其他味觉通道，如瞬时受体电位香草酸亚型 1 (transient receptor potential vanilloid 1，TRPV1) 通道[109]。另外，研究发现精氨酸在咸味肽特征滋味的产生中发挥着重要作用，Toelstede 和 Hofmann[109]在对 Gouda 奶酪滋味组分的研究中发现，含有 L-精氨酸的肽类组分具有增强咸味的功能；Schindler 等[101]得到了类似的结论，他们通过感官评定发现精氨酸是提高咸味的主要原因，并且分离提纯了大量不同来源的含有精氨酸的咸味寡肽与二肽。但关于咸味肽呈味机制的研究报道较少[31]。

9.5　甜　味　肽

甜味肽又称为阿斯巴甜 (aspartame)，《英汉生物化学与分子医学词典》记载该物质是一种无色晶体物，比蔗糖甜 160 倍。且用其他天然存在的氨基酸来替代 aspartame 分子中的 L-Asp，都会使其丧失甜味变成苦味。

邱洁和郑建仙[110]通过研究二肽 (aspartame) 结构与甜味变化的关系发现，甜味二肽对 N 端有严格要求，C 端却是可以变化的。

9.5.1　种类

1980 年以来，甜肽分子结构和计算机模拟的结果表明，甜肽结构具有形成氢键的能力，且具有方向性。关于疏水基团 X 的变化对甜度的影响研究较多，通过化学合成法[111, 112]及生物合成法(酶法[112, 113]、基因工程技术[114])制备二肽甜味衍生物(表 9-7)，构成阿斯巴甜的两种氨基酸若都是 D 型或 L 型，都是 D 型则皆没有甜味，甚至有微弱的苦味；都是 L 型则可能有甜味。

表 9-7　aspartame 二肽衍生物的甜度

衍生物	甜度*	参考文献
L-Asp-L-Phe-OMe	180	[110]
L-Asp-L-(αMe) Phe-OMe	50~150	[115]
L-Asp-D-(αMe) Phe-OMe	微甜	[115]
L-Asp-D-Phe-OMe	苦	[115]
L-Asp-L-(αMe) Phe-OMe	200	[115]
L-Asp-D-(αMe) Phe-OMe	苦	[115]
L-Asp-Gly-OEt	13	[116]
L-Asp-Gly-OMe	8	[117]
L-Asp-Gly-OC$_6$H$_{11}$	13	[117]
L-Asp-D-Ala-OMe	25	[118]
L-Asp-L-Ala-OMe	苦味	[118]
L-Asp-D-Abu-OMe	16	[117]
L-Asp-L-Nle-OEt	5	[116]
L-Asp-L-Cap-OMe	47	[116]
L-Asp-L-Cap-OEt	苦	[116]
L-Asp-L-Ile-OMe	苦味	[110]
L-Asp-L-MPA	50	[119]
L-Asp-L-HMPA	1	[119]
L-Asp-D-Abu-Gly-OMe	1	[116]
L-Asp-D-Val-Gly-OMe	0	[116]
L-Asp-L-Ama(OFn)-OMe	22 000	[117]

*该列所给数字是蔗糖甜度的倍数

9.5.2　呈味机制

甜味的呈味机制有很多的假说，Shallenberger[120]提出了甜味 AH(质子供体)-B(质子受体)系统理论，这是第一个用于解释甜味分子产生的简单理论。

从物化角度分析甜味机制(图 9-1),当 R_1 为小的疏水性残基,1~4 个原子,R_2 为大的疏水性残基,3~6 个原子,且 $R_1 \leqslant R_2$ 时,分子公式中 A 具有甜味,B 不具有甜味。从费歇尔投影式(Fischer projection)分析,天冬氨酰肽 α-氨基和 β-羧基之间距离在 0.25~0.40nm 时易形成 AH-B 系统,且 R_1 和 R_2 空间大小足够相似,对甜味效力的影响将减弱,反之对甜味效力的影响增强。由于 AH-B 系统理论难以解释强力甜味剂的高效甜味效力,也无法解释 AH-B 偶极体系化合物不甜的现象,Kier[121]在 1972 年引入疏水部分 X,提出了 AH-B-X 三角理论,使得 AH-B 系统更加完善。疏水性结合位点 X 由于疏水相互作用可以增强甜味分子与甜味受体的作用力,从而大大提高甜度,因而,亲水性-疏水性平衡关系对甜味分子影响较大。

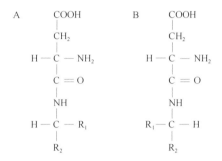

图 9-1　甜味肽的一般结构

从信号传导分析甜味机制,动物对甜味的识别是通过口腔中味蕾细胞上的甜味受体(T1R2/T1R3)来实现的。T1R2/T1R3 是 G 蛋白偶联受体 C 家族的成员,含有 7 个跨膜结构域和 N 端胞外结构域的异源二聚体。甜味分子与 T1R2/T1R3 结合位点结合,受体由收缩构象变为展开构象,并经过环腺苷酸途径和三磷酸肌醇/二酯酰甘油途径使受体细胞膜去极化,细胞内钙离子通道打开,钙离子内流,产生甜味信号传入中枢神经,最后传入大脑皮层神经中枢,感知甜味。

9.6　呈味肽的评价方法

目前评价呈味肽的方法有两种,分别是感官评价法和仪器分析法,两种方法在对呈味肽评价的过程中各有不足。感官评价法受感官评价员情绪、健康等方面影响较大,导致结果的重现性和精确性不高;仪器分析法只能间接地对呈味特性进行描述,只能作为辅助评价方式;感官评价法仍是最常用,也是最直接有效的方法[80]。

9.6.1　感官评价法

感官评价是经过专业培训的感官评价员，对食品嗅觉和味觉做出最直接评价的方法，在食品行业有不可替代的作用。该方法简单迅速，可直接反映食品的外在质量，但结果受主观影响比较大，无法用精确的数据呈现。李娜等[122]应用感官评价法评价了鳙酶解蛋白液的脱苦脱腥效果。滋味稀释分析法是与感官评价结合紧密的方法，例如，Nishiwaki 等[123]采用梯度稀释和感官结合的方法将脱苦处理后的苦味短肽溶液与未经脱苦处理的苦味短肽溶液相对比，评价处理前后苦味强度的变化。Liu 等[124]采用感官分析-滋味稀释分析-电子舌的方法，研究并发现了在小麦谷蛋白水解产物中，富含谷氨酸的寡肽比游离的谷氨酸有更强的掩盖苦味的能力。马垒[30]在分离鉴定红鳍东方鲀呈味肽时，运用感官评定-滋味稀释分析法对呈味肽超滤、纳滤馏分的滋味进行感官评价，得出 200～3000Da 提取液的鲜味与原液较为接近。Schindler 等[101]通过两步感官分析法实验发现 L-精氨酸是增强咸味的主要组分。目前关于甜味剂的评价方法研究较多，如成对比较法[125, 126]、以相对甜度作为评价的指标、恒定刺激法[127]、甜度法[128, 129]、量值估计法[130]和时间强度法[131, 132]等。另外有学者通过动物性实验还对甜味剂的安全性进行了评价，有研究表明大剂量的阿斯巴甜可能会诱发中枢神经中毒症状和致癌，综合国内外对阿斯巴甜的相关研究，结果表明，在一定剂量下，阿斯巴甜作为添加剂是无毒的[133]。

9.6.2　仪器分析法

味觉分析仪器中使用最多的是电子舌，电子舌是一种低选择性、非特异性的交互敏感传感器阵列，配以合适的模式识别方式或多元统计方法，进行定性定量分析的现代化检测仪器。与感官分析相比，电子舌具有客观性、重复性、不疲劳、检测速度快、数据电子化和易描述、易保存等优点[134]。Newman 等[135]在研究乳蛋白水解产物中苦味的相互关系时，发现用电子舌研究分析其理化性质时，省时省力，可以代替感官分析。近年来，随着计算机技术的发展，分子模拟技术成为人们研究生物分子作用机制的热点。在苦味肽的研究中，Pripp 和 Ardo[136]建立的苦味肽的 QSAR 模型指出了疏水性和分子量均直接与苦味的产生相关。Shu 等[137]建立了利用 QSAR 模型定量描述肽链氨基酸结构和性质的新方法，且更多的新技术将会应用于食品评价中。仇春泱等[138]与张梅秀[44]在研究东方鲀呈味肽分离鉴定时，多使用电子舌测定滋味轮廓。

9.7 呈味肽在食品工业中的应用研究

蛋白质、脂肪、碳水化合物、水、维生素、无机盐、膳食纤维和益生菌是人体所需的八大营养素,蛋白质经过消化道的多种酶水解后,并不是只能以氨基酸的形式被吸收,也能以小肽的形式被直接吸收。因为相对于氨基酸而言,肽在人体中存在许多肽酶反应,因此,人体对肽的吸收和代谢速率可能会大于氨基酸[139]。目前,大多数关于肽的研究均集中在其生物学功能上[140],而在食品加工领域中,肽不仅可以赋予食品生物活性,还能为食品提供基本的呈味特性,因此,关于呈味肽的研究也越来越受到众多研究者的青睐。甜味剂在食品、医药中是一项重要的产品,关于各类食品添加剂的应用一直备受关注,特别是低热量、非营养性高倍甜味剂或功能性高倍甜味剂,是研究的一个重要领域。

9.7.1 在调味品中的应用

食品生产工业中常用的鲜味物质有 3 种,分别是谷氨酸钠、肌苷酸及鸟苷酸[141],这 3 种物质在提升食品风味方面有着重要的作用,但是在调味上也存在一些缺点。例如,谷氨酸钠在口腔内留鲜时间较短且鲜味单一;IMP 与 GMP 食用较多后会使喉咙发干[142]。随着人们生活水平的提高,单一的鲜味型调味品已无法满足人们味蕾的需求,鲜味肽具有特殊的呈味效果,是高档复合调味品、香精香料的重要基料[143]。具有主动吸收、吸收速度快且能完全吸收等优点,符合"天然、营养、安全"的食品发展潮流。为此,一些企业开发了具有天然性口感的鲜味剂部分或全部取代 MSG 的产品,如酵母提取物、水解植物蛋白等肽类产品,这些产品具有提升食品鲜味的功能,因而被命名为鲜味肽或风味提升肽。肽还可作为食品的风味前体物,参与美拉德反应,提高食品的香气[1]。当这些肽的使用量低于其单独检测阈值时,仅增强滋味;只有当其用量高于其单独的检测阈值时,方产生鲜味[144],增加厚味[1]。

9.7.2 在功能和保健食品中的应用

牛奶含丰富的蛋白质、脂肪及钙,但越来越多的证据显示牛奶与慢性退行性、非传染性及自身免疫原性疾病有关。因此不建议对新生婴儿在早期喂养牛奶,或者说未经处理的牛奶不能满足婴儿的营养需求。羊奶与牛奶相比没有明显的营养优势,未经处理的羊奶也不能直接用于喂养婴儿,因为羊奶含有过多的蛋白质及矿物质,以及较少的叶酸维生素,但羊奶不会引起过敏。欧洲食品安全局最近指出,如果最后产品遵守欧盟 2006/141 指令,羊奶蛋白质可以作为新生婴儿的蛋白质来源和后续配方[145]。所以依靠水解等处理蛋白质的方法现在广泛应用于保健或者功能食品工业。利用呈味肽特有的生物功能开发具有保健和治疗作用的食品，在食品工业中越来越常见。例如，利用大豆蛋白水解产生的许多苦味肽可用于生产降胆固醇、降血压、预防心血管疾病、为肥胖病患者补给蛋白质等的功能保健食品及婴幼儿奶粉、强化营养奶粉、甜点等非致敏性保健食品。研究证明苦味肽可以抑制血管紧张素转换酶(ACE)，有学者研究发现苦味肽中的寡聚肽比二肽有更好地抑制 ACE 的效果，对新药物的开发和食品添加剂的研究具有重要的意义[136,146]。研究表明，饮服大豆多肽的运动员体内，肌红蛋白值在运动期间的减少速度比未饮服大豆多肽的运动员快，表明大豆多肽增强人体爆发力及减轻疲劳的效果明显[147]。

9.7.3　在一般食品中的应用

苦味肽在发酵食品中的应用主要包括生产酒类产品，如啤酒、黄酒等，适当的苦味感不仅使啤酒、黄酒等具有独特的味觉特点，提高食欲；还有一定的保健功能，如杀菌、助消化等。啤酒、黄酒等的发酵过程中对苦味肽产量要有严格的控制，否则会导致产品过苦或过淡，影响口感，影响条件的大小一般为发酵温度＞酒曲的添加量＞酒药的添加量[148]，同时发酵过程中产生的苦味肽还有助于微生物的生长和代谢[149]；国际三大类饮品(茶、咖啡、可可)均表现出苦味，苦味肽的添加使这些饮料产品不仅风味独特，也具有了苦味肽特殊的生物保健效果，如养生乌龙茶、咖啡、杏仁露等。甜味剂在食品加工中主要有三方面的应用，增加食品口感；风味形成；风味调节和增强。例如，在冰淇淋、冰冻甜点生产中，将阿斯巴甜与其他填充物一起开发出高纤维低热量的冰淇淋和冰冻甜点；由于阿斯巴甜热量低，且有预防龋齿的功效，因此还可应用于糖果或药制剂生产中[150,151]。

苦味肽具有良好的吸湿和保湿性能，因而在豆制品、鱼肉制品、焙烤食品生产中有着广泛的应用，可起到软化食品、调整硬度和改善口感与风味的作用[152]。另外在糖果、糕点的生产中，添加苦味肽能降低产品的甜度、黏度，改善口味品质，延长保质期，增加成品率等[153]。

9.8　研　究　展　望

进入 21 世纪，人们生活水平不断提高，人们对饮食的要求越来越趋向于营养与保健。随着食品工业的发展，蛋白质深加工及短肽的研究越来越受到人们的重视。尤其是含有苦味肽的苦味食品，苦味肽虽然在发酵过程中会带来不悦的苦味，引起人类和动物的反感，但因其特殊且具有多重生物保健功能，逐渐受到人们的认可。但一些食品明显的苦味仍是消费者无法接受的，也因此限制了其应用前景。另外，苦味强弱的评价方法仍存在不足，脱苦方法易导致蛋白质品质的降低。因此，如何将口感和保健功能较好地统一起来，在尽量减少对苦味肽功效成分破坏程度的基础上，使苦味柔和适口；探索简单易行、方便有效的苦味评价方法和有效去除蛋白质水解产物中苦味而又不影响蛋白质品质的方法，成为食品工业亟须解决的问题。

鲜味肽作为新型鲜味活性剂，由于其独特的风味特征，可以增强食品的风味，提升食品香气，同时可以满足消费者追求天然产品的心理需求。随着调味品市场的不断扩大，鲜味肽势必会得到广泛应用。目前我国对鲜味肽的研究还注重于其种类和数量的发掘阶段，对其机制的研究仍需加强，当然，这也是国际上共同研究的热点。

目前，使用高甜度甜味剂代替蔗糖，实现了低热量特征，还能预防或治疗相关疾病。现在制备生产甜味剂的新方法不断涌现，且实现了产业化，同时利用了酶法、微生物深沉发酵等技术。但是，人工合成甜味剂产品的安全性一直备受关注，化学合成甜味剂在不断减少，天然甜味剂产品成为新的发展趋势。因此，为了使其获得高效稳定的发展，需要一定的科学技术支撑，以促进甜味剂功能与口感的多元发展。

咸味肽作为食盐替代物，为糖尿病、高血压患者等需要低钠食品的特殊人群带来了希望，虽然我们对咸味肽呈味机制尚不完全清楚，但可以肯定的是，这些短肽特别是二肽非常适合为糖尿病（2 型）患者或高血压患者提供含有营养的无钠咸味剂[99, 109]，在功能性食品方面存在发展潜力。但目前关于咸味肽仍存在许多问题亟待解决，一方面，目前的研究多集中在利用食盐替代物（咸味肽、非钠盐类替代物等）降低某种特定食品（一般为含盐量高的食品，如火腿）的钠盐含量上，应用普及范围不大，故开发通用型食盐替代物是以后研究的主要方向之一[1]。另一方面，人工合成的咸味肽价格昂贵，无法用于大规模生产，制约了咸味肽的发展。简化咸味肽的合成途径，开发天然的或用酶解法制备咸味肽是有效的解决途径。相信随着这些问题的解决，以及人们对天然咸味剂的不断认可，咸味肽在不久的将来一定会具有广阔的应用前景。

参 考 文 献

[1] 刘甲. 呈味肽的研究及其在调味品中的应用. 肉类研究, 2010, 135(5): 88-92.

[2] 张梅秀, 等. 食品中的呈味肽及其呈味机理研究进展. 食品科学, 2012, 33(7): 320-326.

[3] Ho C T, et al. Peptides as flavor precursors in model Maillard reactions. ACS Symposium Series. American Chemical Society, 1992, 202(34): 193-202.

[4] Diochot S, et al. Peptides inhibitors of acid-sensing ion channels. Toxicon, 2007, 49(2): 271-284.

[5] Ikeda K. On a new seasoning. Journal of Tokyo Chemical Society, 1909, 30: 820-836.

[6] Yamasaki Y, Maekawa K. A peptide with delicious taste. Agricultural and Biological Chemistry, 1978, 42(9): 1761-1765.

[7] Noguchi M, et al. Isolation and identification of acidic oligopeptides occurring in a flavor potentiating fraction from a fish protein hydrolysate. Journal of Agricultural and Food Chemistry, 1975, 23(1): 49-53.

[8] Kurihara K, Kashiwayanagi M. Physiological studies on umami taste. Journal of Nutrition, 2000, 130(4): 931s-934s.

[9] Arai S, et al. Taste of L-glutamyl oligopeptides in relation to their chromatographic properties. Agricultural and Biological Chemistry, 1973, 37(1): 151-156.

[10] Spanier A M, et al. Food flavor and safety: molecular analysis and design. Washington D C: American Chemical Society Symposium Series 528, 1993.

[11] Hoon M A, et al. Putative mammalian taste receptors: a class of taste-specific GPCRs with distinct topographic selectivity. Cell, 1999, 96(4): 541-551.

[12] Chaudhari N L A M. A metabotropic glutamate receptor variant functions as a taste receptor. Nature Neurosic, 2000, 3(2): 113-119.

[13] Nelson G, et al. An amino-acid taste receptor. Nature, 2002, 416(6877): 199-202.

[14] Hayashi N, et al. Evaluation of the umami taste intensity of green tea by a taste sensor. Journal of Agricultural and Food Chemistry, 2008, 56(16): 7384-7387.

[15] Lioe H N, et al. Evaluation of peptide contribution to the intense umami taste of Japanese soy sauces. Journal of Food Science, 2006, 71(3): 277-283.

[16] Arai S, et al. Glutamyl oligopeptides as factors responsible for tastes of a proteinase-modified soybean protein. Agricultural and Biological Chemistry, 1972, 36(7): 1253-1256.

[17] Yu Z, et al. Taste, umami-enhance effect and amino acid sequence of peptides separated from silkworm pupa hydrolysate. Food Research International, 2018, 108: 144-150.

[18] Matsushita A, Ozaki S. Purification and sequence determination of tasty tetrapeptide (Asp-Asp-Asp-Asp) from beer yeast and its enzymic synthesis. Pept Chem, 1995, 32: 249-252.

[19] Maehashi K, et al. Isolation of peptides from an enzymatic hydrolysate of food proteins and characterization of their taste properties. Bioscience Biotechnology and Biochemistry, 1999, 63(3): 555-559.

[20] Schlichtherle-Cerny H, Amad R. Analysis of taste-active compounds in an enzymatic hydrolysate of deamidated wheat gluten. Journal of Agricultural and Food Chemistry, 2002, 50(6): 1515-1522.

[21] 党亚丽, 等. 巴马火腿酶解物中呈味肽的分离纯化及其结构研究. 食品科学, 2010, 31(13): 127-131.

[22] Han F L, Xu Y. Identification of low molecular weight peptides in Chinese rice wine (Huang Jiu) by UPLC-ESI-MS/MS. Journal of the Institute of Brewing, 2012, 117(2): 238-250.

[23] Su G W, et al. Isolation and identification of two novel umami and umami-enhancing peptides from peanut hydrolysate by consecutive chromatography and MALDI-TOF/TOF MS. Food Chemistry, 2012, 135(2): 479-485.

[24] Zhang M X, et al. Isolation and identification of flavour peptides from puffer fish (*Takifugu obscurus*) muscle using an electronic tongue and MALDI-TOF/TOF MS/MS. Food Chemistry, 2012, 135(3): 1463-1470.

[25] 仇春泱. 养殖暗纹东方鲀呈味肽分离鉴定及其呈味特性研究. 上海: 上海海洋大学硕士学位论文, 2014.

[26] Dang Y, et al. Comparison of umami taste peptides in water-soluble extractions of Jinhua and Parma hams. LWT-Food Science and Technology, 2015, 60(2): 1179-1186.

[27] 苗晓丹. 养殖暗纹东方鲀呈味肽酶法制备及构效关系研究. 上海: 上海海洋大学硕士学位论文, 2015.

[28] Zhuang M Z, et al. Sequence, taste and umami-enhancing effect of the peptides separated from soy sauce. Food Chemistry, 2016, 206: 174-181.

[29] 刘源, 等. 热加工暗纹东方鲀肌肉中呈味肽分离鉴定及呈味特性研究. 现代食品科技, 2016, 32(3): 152-157.

[30] 马垒. 养殖红鳍东方鲀水溶性风味构成研究. 上海: 上海海洋大学硕士学位论文, 2016.

[31] 胡雪潇. 腐乳与虾酱中呈味肽的分离与鉴定. 广州: 暨南大学硕士学位论文, 2016.

[32] 王丽华, 等. 呈味肽的风味及调控. 食品与发酵工业, 2014, 40(6): 104-109.

[33] Ohyama S, et al. Synthesis of bitter peptides composed of aspartic acid and glutamic acid. Agricultural and Biological Chemistry, 1988, 52(3): 871-872.

[34] Tamura M, et al. The relationship between taste and primary structure of "delicious peptide" (Lys-Gly-Asp-Glu-Glu-Ser-Leu-Ala) from beef soup. Agricultural and Biological Chemistry, 1989, 53(2): 319-325.

[35] Ishibashi N, et al. Role of the hydrophobic amino acid residue in the bitterness of peptides. Agricultural and Biological Chemistry, 1988, 52(1): 91-94.

[36] Nakata T, et al. Role of basic and acidic fragments in delicious peptides (Lys-Gly-Asp-Glu-Glu-Ser-Leu-Ala) and the taste behavior of sodium and potassium salts in acidic oligopeptides. Bioscience, Biotechnology, and Biochemistry, 1995, 59(4): 689-693.

[37] 崔春, 等. 谷朊粉发酵液中鲜味肽的分离、鉴定与呈味分析. 现代食品科技, 2015, 31(9): 175-179.

[38] Monastyrskaia K, et al. Effect of the umami peptides on the ligand binding and function of rat mGlu4a receptor might implicate this receptor in the monosodium glutamate taste transduction. Brit J Pharmacol, 1999, 128(5): 1027-1034.

[39] Basbaum A I, et al. The Senses: A Comprehensive Reference. New York: Academic Press, 2007: 4694.

[40] 王丽华, 等. 谷朊粉鲜味肽的呈味规律研究. 食品工业科技, 2016, 37(7): 333-337.

[41] Yamasaki Y, Maekawa K. Synthesis of a peptide with delicious taste. Agricultural and Biological Chemistry, 1980, 44(1): 93-97.

[42] 韩富亮, 等. 食源性鲜味肽和浓厚感肽的研究进展. 食品科学, 2015, 36(23): 314-320.

[43] Spanier A M, Edwards J V. Chromatographic isolation of presumptive peptide flavor principles from red meat. Journal of Liquid Chromatography & Related Technologies, 1987, 10(12): 2745-2758.

[44] 张梅秀. 养殖暗纹东方鲀滋味相关肽研究. 上海: 上海海洋大学硕士学位论文, 2014.

[45] Xue W F, et al. Role of protein surface charge in monellin sweetness. Biochimica Et Biophysica Acta-Proteins and Proteomics, 2009, 1794, (3): 410-420.

[46] 王艳萍, 等. 牛肉风味强化肽(BMP)表达载体的构建. 天津科技大学学报, 2008, (3): 16-20.

[47] 苗晓丹, 等. 呈味肽构效关系研究进展. 食品工业科技, 2014, 35(6): 357-362.

[48] Eschle B K, et al. Antagonism of metabotropic glutamate receptor 4 receptors by (RS)-α-cyclopropyl-4-phosphonophenylglycine alters the taste of amino acids in rats. Neuroscience, 2009, 163(4): 1292-1301.

[49] Cascales J J L, et al. Binding of glutamate to the umami receptor. Biophysical Chemistry, 2010, 152(1-3): 139-144.

[50] Labows J N, Cagan R H. Complexity of Flavor Recognition and Transduction. Food Flavor and Safety. Washington D. C.: American Chemical Society Symposium Series, 1993.

[51] 林萌莉, 等. 炖煮鸡汤中多肽与鲜味构效关系. 食品科学, 2016, 37(3): 12-16.

[52] 张铭霞, 等. 食品中呈味肽类组分研究进展. 中国食品学报, 2016, 16(2): 209-217.

[53] Dang Y L, et al. Interaction between umami peptide and taste receptor T1R1/T1R3. Cell Biochemistry and Biophysics, 2014, 70(3): 1841-1848.

[54] Kinnamon S C. Umami taste transduction mechanisms. American Journal of Clinical Nutrition, 2009, 90(3): 753-755.

[55] Maehashi K, Huang L. Bitter peptides and bitter taste receptors. Cellular & Molecular Life Sciences Cmls, 2009, 66(10): 1661-1671.

[56] 李蕾蕾. 苦味食品概述. 中国食物与营养, 2006, (6): 50-51.

[57] Matoba T, et al. Isolation of bitter peptides from tryptic hydroly-sate of casein and their chemical structure. Agr Biol Chem, 1970, 34(8): 1235-1243.

[58] Minamiura N, et al. Bitter peptides in the casein digests with bacterial proteinase Ⅱ. A bitter peptide consisting of tryptophan and leucine. Journal of Biochemistry, 1972, 72(4): 841-848.

[59] Wieser H, Belitz H D. Bitter peptides isolated from corn protein zein by hydrolysis with pepsin. Zeitschrift für Lebensmittel-Untersuchung und Forschung, 1975, 159(6): 329-336.

[60] Mojarroguerra S H, et al. Isolation of low-molecular-weight taste peptides from Vacherin Mont d'Or cheese. Journal of Food Science, 1991, 56(4): 943-947.

[61] Sforza S, et al. Oligopeptides and free amino acids in Parma hams of known cathepsin B activity. Food Chemistry, 2001, 75(3): 267-273.

[62] Hashizume K, et al. Characterization of peptides generated in proteolytic digest of steamed rice grains by sake koji enzymes. Journal of Bioscience & Bioengineering, 2007, 104(4): 251-256.

[63] Kohno M. Breeding of high aroma-producing sake yeasts from low fatty acid-utilizing mutants. Journal of Bioscience & Bioengineering, 2002, 94(2): 186.

[64] 解铭. 鳕鱼肉酶解液中苦味肽的分离纯化及脱苦方法研究. 青岛: 中国海洋大学硕士学位论文, 2015.

[65] 解铭, 等. 鳕鱼酶解液苦味肽的纯化鉴定. 现代食品科技, 2016, 32(2): 190-195.

[66] 马铁铮, 等. 蛋白短肽苦味成因与脱苦技术研究进展. 中国粮油学报, 2008, 23(6): 220-226.

[67] Sato M, et al. Development of production process for D-form peptide utilizing D-amino acid ligase. Journal of Biotechnology, 2007, 131(2): S105-S106.

[68] Matoba S, Ogrydziak D M. Another factor besides hydrophobicity can affect signal peptide interaction with signal recognition particle. Journal of Biological Chemistry, 1998, 273(30): 18841-18847.

[69] Ney K H. Prediction of bitterness of peptides from their amino acid composition. Zeitschrift für Lebensmittel-Untersuchung und Forschung, 1971, 147(2): 64-68.

[70] Shinoda I, et al. Variation in bitterness potency when introducing Gly-Gly residue into bitter peptides. Agricultural and Biological Chemistry, 1987, 51(8): 2103-2110.

[71] Murray T K, Baker B E. Studies on protein hydrolysis. 1. Preliminary observations on the taste of enzymic protein-hydrolysates. Journal of the Science of Food & Agriculture, 2010, 3(10): 470-475.

[72] 白云, 等. 苦味肽的形成及其脱苦研究进展. 粮食加工, 2015, 40(5): 28-33.

[73] 毕继才, 等. 苦味传递机制与苦味肽研究进展. 食品工业科技, 2018, 39(11): 333-338.

[74] Temussi P A, et al. Three-dimensional mapping of the sweet taste receptor site. Journal of Medicinal Chemistry, 1978, 21(11): 1154-1158.

[75] Li Q, et al. Identification of bitter ligands that specifically activate human T2R receptors and related assays for identifying human bitter taste modulators: EP, 20070861693. 2009-7-15.

[76] Behrens M, Meyerhof W. Gustatory and extragustatory functions of mammalian taste receptors. Physiology & Behavior, 2011, 105(1): 4-13.

[77] Reichling C, et al. Functions of human bitter taste receptors depend on N-glycosylation. Journal of Neurochemistry, 2008, 106(3): 1138-1148.

[78] Adler E, et al. A novel family of mammalian taste receptors. Cell, 2000, 100(6): 693-702.

[79] 王知非, 等. 苦味肽和苦味受体研究进展. 中国调味品, 2016, 41(9): 152-156.

[80] Cho M J, et al. Hydrophobicity of bitter peptides from soy protein hydrolysates. Journal of Agricultural and Food Chemistry, 2004, 52(19): 5895-5901.

[81] 邓勇, 冯学武. 大豆多肽分子量分布与苦味的确定. 中国农业大学学报, 2001, 6 (4): 98-102.

[82] Matoba T, Hata T. Relationship between bitterness of peptides and their chemical structures. Agricultural and Biological Chemistry, 1972, 36 (8): 1423-1431.

[83] Ishibashi N, et al. Taste of proline-containing peptides. Bioscience Biotechnology and Biochemistry, 1973, 52 (1): 95-98.

[84] Ishibashi N, et al. A mechanism for bitter taste sensibility in peptides. Agricultural and Biological Chemistry, 1988, 52 (3): 819-827.

[85] Nosho Y, et al. Studies on a model of bitter peptides including arginine, proline and phenylalanine residues. II. Bitterness behavior of a tetrapeptide (Arg-Pro-Phe-Phe) and its derivatives. Agricultural and Biological Chemistry, 1985, 49 (6): 1829-1837.

[86] Lovšin-Kukman I, et al. Bitterness intensity of soybean protein hydrolysates—chemical and organoleptic characterization. Zeitschrift für Lebensmittel-Untersuchung und Forschung, 1996, 203 (3): 272-276.

[87] Roy G. Modifying Bitterness: Mechanism, Ingredients, and Applications. Boca Raton: Crc Press, 1997.

[88] Shinoda I, et al. Bitter taste of H-Pro-Phe-Pro-Gly-Pro-Ile-Pro-OH corresponding to the partial sequence (positions 61 approximately 67) of bovine beta-casein, and related peptides. Agricultural and Biological Chemistry, 1986, 50 (2): 1247-1254.

[89] 何慧, 等. 蛋白质水解物与苦味的构效关系及脱苦研究. 食品科学, 2006, 27 (10): 571-574.

[90] Hu F B, et al. Prospective study of major dietary patterns and risk of coronary heart disease in men. The American Journal of Clinical Nutrition, 2000, 72 (4): 912-921.

[91] He F J, Macgregor G A. Effect of modest salt reduction on blood pressure: a meta-analysis of randomized trials. Implications for public health. Journal of Human Hypertension, 2002, 16 (11): 761-770.

[92] Frank R L, Mickelsen O. Sodium—potassium chloride mixtures as table salt. The American Journal of Clinical Nutrition, 1969, 22 (4): 464-470.

[93] Tada M, et al. L-ornithyltaurine, a new salty peptide. Journal of Agricultural and Food Chemistry, 1984, 32 (5): 992-996.

[94] Zhu X L, et al. Identification of ACE-inhibitory peptides in salt-free soy sauce that are transportable across caco-2 cell monolayers. Peptides, 2008, 29 (3): 338-344.

[95] 彭增起, 等. 一种多肽食盐替代物及其制备方法: 中国, CN102224921A. 2011-10-26.

[96] 张顺亮, 等. 牛骨酶解产物中咸味肽组分的分离纯化及成分研究. 食品科学, 2012, 33 (6): 29-32.

[97] 李迎楠, 等. 色谱纯化和质谱分析法研究牛骨源咸味肽. 肉类研究, 2016, 30 (3): 25-28.

[98] 赵颖颖, 等. 咸味肽 (鸟胺牛磺酸) 添加量对低钠肉糜热凝胶特性的影响. 肉类研究, 2012, 25 (5): 17-21.

[99] 李迎楠, 等. 牛骨咸味肽氨基酸分析及在模拟加工条件下功能稳定性分析. 肉类研究, 2016, 30 (1): 11-14.

[100] Nakamura K, et al. Convenient synthesis of L-ornithyltaurine-HCl and the effect on saltiness in a food material. Journal of Agricultural and Food Chemistry, 1996, 44 (9): 2481-2485.

[101] Schindler A, et al. Discovery of salt taste enhancing arginyl dipeptides in protein digests and fermented fish sauces by means of a sensomics approach. Journal of Agricultural and Food Chemistry, 2011, 59 (23): 12578-12588.

[102] Roudot-Algaron F, et al. Isolation of γ-Glutamyl peptides from Comté cheese. Journal of Dairy Science, 1994, 77 (5): 1161-1166.

[103] Tuong H B, Philippossian G. Alleged salty taste of L-ornithyltaurine monohydrochloride. Journal of Agricultural and Food Chemistry, 1987, 35 (1): 165-168.

[104] Tamura M, Okai H. Rebuttal on L-ornithyltaurine, a new salty peptide. Journal of Agricultural and Food Chemistry, 1990, 38 (10): 1994.

[105] 张雅玮, 等. 食盐替代物研究进展. 肉类研究, 2011, 25 (2): 36-38.

[106] Ken I, et al. Generation and characterization of T1R2-LacZ knock-in mouse. Biochemical and Biophysical Research Communications, 2010, 402 (3): 495-499.

[107] Seki T, et al. Further study on the salty peptide ornithyl-beta-alanine. Some effects of pH and additive ions on the saltiness. Journal of Agricultural and Food Chemistry, 1990, 38 (1): 25-29.

[108] Ruiz C, et al. Detection of NaCl and KCl in TRPV1 knockout mice. Chemical Senses, 2006, 31 (9): 813-820.

[109] Toelstede S, Hofmann T. Quantitative studies and taste re-engineering experiments toward the decoding of the nonvolatile sensometabolome of Gouda cheese. Journal of Agricultural and Food Chemistry, 2008, 56 (13): 5299-5307.

[110] 邱洁, 郑建仙. 二肽衍生物结构与甜味关系的研究. 食品工业, 2007, (5): 15-17.

[111] 冯海峰, 等. 阿斯巴甜合成的研究. 郑州粮食学院学报, 1998, 19 (2): 17-25.

[112] 张力田. 营养甜味料——天冬甜精. 食品与发酵工业, 1994, (2): 79-82.

[113] Murakami Y, et al. Continuous enzymatic production of peptide precursor in aqueous/organic biphasic medium. Biotechnology and Bioengineering, 2000, 69 (1): 57-65.

[114] Chao Y, et al. Selective production of L-aspartic acid and L-phenylalanine by coupling reactions of aspartase and aminotransferase in Escherichia coli. Enzyme and Microbial Technology, 2000, 27 (1-2): 19-25.

[115] 邱洁, 郑健仙. 二肽甜味剂结构的研究进展. 食品研究与开发, 2006, 27 (10): 173-175.

[116] Nakanishi A, et al. Free-radical reactions of organophosphorus compounds. 9. The question of memory effects in the alkoxy-radical oxidations of cyclic trivalent phosphorus derivatives. Journal of the American Chemical Society, 1978, 100 (20): 6398 6402.

[117] Ariyoshi Y. Chemistry of sweet peptides, food taste chemistry. Journal of American Chemical Society, 1979, 115 (5): 133-148.

[118] Janusz J M, et al. High-potency dipeptide sweeteners. 2. L-aspartylfuryl-, thienyl-, and imidazolylglycine esters. Journal of Medicinal Chemistry, 1990, 33 (6): 1676-1682.

[119] Mazur R H, et al. Structure-taste relation of aspartic acid amides. Journal of Medicinal Chemistry, 1970, 13 (6): 1217-1221.

[120] Shallenberger R S. Sweetness theory and its application the food industry. Food Technol, 1998, 52(7): 72-76.

[121] Kier L B. A molecular theroy of sweet taste. J Pharm Sci, 1972, 61(9): 1394-1397.

[122] 李娜, 等. 鳙鱼酶解可溶性蛋白营养特性及品质的研究. 现代食品科技, 2009, 25 (5): 469-473.

[123] Nishiwaki T, et al. Debittering of enzymatic hydrolysates using an aminopeptidase from the edible basidiomycete Grifola frondosa. Journal of Bioscience & Bioengineering, 2002, 93 (1): 60-63.

[124] Liu B Y, et al. Effect of deamidation-induced modification on umami and bitter taste of wheat gluten hydrolysates. J Sci Food Agric, 2017, 97 (10): 3181-3188.

[125] Kim M J, et al. Relative sweetness and sweetness quality of phyllodulcin [(3R)-8-hydroxy-3-(3-hydroxy-4-methoxyphenyl)-3,4-dihydro-1H-isochromen-1-one]. Food Science and Biotechnology, 2016, 25 (4): 1065-1072.

[126] Yamaguchi S, et al. Studies on the taste of some sweet substances. Agricultural and Biological Chemistry, 1970, 34 (2): 181-197.

[127] Schutz H G, Pilgrim F J. Sweetness of various compounds and its measurement. Journal of Food Science, 2010, 22 (2): 206-213.

[128] 汪文陆, 等. AK 糖与其他甜味剂混合使用时甜度和风味的评价. 食品科学, 1994, 178(10): 9-12.

[129] Shih F F, 周明霞. Isomalt 与蛋白糖、甜菊糖及嗦吗啶混合物之甜度评价. 食品科学, 1992, (2): 9-12.

[130] Stone H, Oliver S M. Measurement of the relative sweetness of selected sweeteners and sweetener mixtures. Journal of Food Science, 1969, 34(2): 215-222.

[131] Souza V R D, et al. Analysis of various sweeteners in low-sugar mixed fruit jam: equivalent sweetness, time-intensity analysis and acceptance test. International Journal of Food Science & Technology, 2013, 48(7): 1541-1548.

[132] Azevedo B M, et al. High-intensity sweeteners in espresso coffee: ideal and equivalent sweetness and time-intensity analysis. International Journal of Food Science & Technology, 2015, 50(6): 1374-1381.

[133] 宋雁, 等. 阿斯巴甜的安全性评价进展情况. 中国食品卫生杂志, 2010, 22(1): 84-87.

[134] 唐慧敏, 等. 苦味评价方法的国内外研究进展. 中国新药杂志, 2009, 18(2): 127-131.

[135] Newman J, et al. Correlation of sensory bitterness in dairy protein hydrolysates: comparison of prediction models built using sensory, chromatographic and electronic tongue data. Talanta, 2014, 126: 46-53.

[136] Pripp A H, Ardo Y. Modelling relationship between angiotensin-(Ⅰ)-converting enzyme inhibition and the bitter taste of peptides. Food Chemistry, 2007, 102(3): 880-888.

[137] Shu M, et al. New descriptors of amino acids and its applications to peptide quantitative structure-activity relationship. Chinese Journal of Structural Chemistry, 2008, 27(11): 1375-1383.

[138] 仇春泱, 等. 食品中的呈味肽及其分离鉴定方法研究进展. 中国食品学报, 2013, (12): 129-138.

[139] 陈锦瑶, 张立实. 生物活性肽的安全性评价研究进展. 毒理学杂志, 2013, 27(2): 142-146.

[140] 李勇, 蔡木易. 肽营养学. 北京: 北京大学医学出版社, 2007.

[141] Yamaguchi S, Ninomiya K. Umami and food palatability. Journal of Nutrition, 2000, 130(4): 921-926.

[142] 刘贺, 等. 快速鉴定鲜味剂产品呈味特点及理化性质的方法研究. 现代食品科技, 2017, 33(7): 1-7.

[143] 鲁珍, 等. 呈味肽制备天然复合调味料的研究进展. 中国调味品, 2012, 37(10): 7-11.

[144] 王仲礼. 食品鲜味剂及其在食品工业中的应用. 中国调味品, 2003, (2): 3-5, 18.

[145] Turck D. Cow's milk and goat's milk. World Rev Nutr Diet, 2013, 108: 56-62.

[146] Priyanto A D, et al. Data in support of optimized production of angiotensin-Ⅰ converting enzyme inhibitory peptides derived from proteolytic hydrolysate of bitter melon seed proteins. Data in Brief, 2015, 5: 403-407.

[147] 高长城, 等. 大豆肽对增强体能的作用. 大豆科技, 2001, (2): 24.

[148] 邱修柄, 等. 黄酒苦味影响因素分析. 中国酿造, 2014, 33(2): 115-118.

[149] 朱学良. 大豆多肽在食品工业中的应用. 食品工业科技, 2012, 33(9): 20-21.

[150] 褚添, 吴之翔. 甜味剂、鲜味剂的应用及发展. 中国调味品, 2014, 39(6): 138-140.

[151] 吴璞强, 等. 阿斯巴甜的合成和应用研究进展. 中国调味品, 2010, 35(1): 30-32, 37.

[152] 黄舜荣. 源于大豆的功能性食品添加物. 现代食品科技, 2001, 17(3): 70-72.

[153] 孟一. 大豆中的生理活性成分及其在食品工业中的应用. 山东食品科技, 2003, (5): 1-2.

第10章 海洋生物活性肽

（上海交通大学，杭梦茜、张丹妮、刘　源）

10.1 海洋生物活性肽简介

10.1.1 引言

肽是分子结构介于氨基酸和蛋白质之间的一类化合物，是蛋白质的结构与功能片段，其强大的生物活性赋予蛋白质多种多样的生理功能。氨基酸是肽的基本构成单位，由2个或3个氨基酸脱水缩合而成的肽分别叫二肽和三肽，或称作小肽。肽链氨基酸数目小于10个的都以数字来命名，依此类推，如四肽和五肽。一般说来，将肽链上氨基酸数目在10个以内的肽称作寡肽，肽链上氨基酸数目为10～50个的称为多肽，蛋白质则是肽链上氨基酸数目在50个以上的多肽。生物活性肽多种多样的功能和结构由构成肽的氨基酸种类、数目与排列顺序的多样性决定[1]。

生物活性肽可以指从简单的二肽到结构复杂的大分子多肽，是指对生物机体的生命活动有益或具有生理作用的肽类化合物，又称功能肽。生物活性肽是分子结构介于氨基酸与蛋白质之间的分子聚合物，其比氨基酸更易吸收，相比氨基酸有独特的生理功能[2]：具有免疫调节、抗血栓、抗高血压等作用；可以改善元素吸收和矿物质运输，促进生长，调节食品风味、口味和硬度等。因此，生物活性肽成为近年来生物学研究的重点[3]。

生物活性肽的来源主要分为三大类，一是存在于生物体中的各类天然活性肽，二是在消化过程中产生或由体外水解蛋白质产生的肽，三是通过化学方法(液相或固相)、酶法、重组DNA技术合成的肽。

每一种活性肽都具有其独特的组成结构，不同活性肽的组成结构决定了其独特的生理功能。此外，活性肽在生物体内的含量是很微弱的，却具有显著的生理活性。据研究，有些多肽在低浓度时仍具有一定的生理活性；而且生物体可依据生理状态来合成和降解活性肽，因此，具有调节功能的活性肽的半衰期均很短。自1975年Hughes等首先报道从动物组织中发现了具有类吗啡活性的小肽，并证明牛乳蛋白酶解产物具阿片肽活性以来，人们开始对牛乳、人乳及植物蛋白来源的生物活性肽进行研究，生物活性肽的研究迅速成为动物营养学和生理学界的研究新热点[4]。

1979 年，Brantl 等首先报道在喂食豚鼠一种酪蛋白酶解制剂时，回肠纵行肌毛细血管中存在一种呈阿片肽活性的物质，其关键结构是一个含 7 个氨基酸残基的寡肽(Tyr-Pro-Phe-Pro-Gly-Pro-Ile)，为 β-酪蛋白第 60～66 位氨基酸残基片段，命名为 β-酪啡肽-7(β-casomorphin-7，β-CM-7)，它与 μ 型受体具有良好的亲和力，并呈现出阿片肽类所具有的特征，如依赖性、呼吸抑制性等。在豚鼠体内，阿片肽刺激生长激素、催乳素和促肾上腺皮质激素释放并抑制糖蛋白激素的释放[5]。阿片肽分为内源性阿片肽和外源性阿片肽两大类型。内源性阿片肽是存在于人体脑部及神经末梢的吗啡样作用物质，可以在体内合成，其生理作用似乎主要涉及促肾上腺皮质激素和促性腺激素调节，作为激素和神经递质与体内的 μ、δ、κ 受体相互作用；其特征是 N 端具有的脑啡肽序列(Tyr-Gly-Gly-Phe-Met/Leu)，具有镇痛，镇静，调节人体情绪、呼吸、脉搏、体温、消化系统及分泌等作用，如脑啡肽、内啡肽和强啡肽等；其诱发的激素作用似乎是通过多巴胺能和/或 5-羟色胺能机制介导的[6]。外源性阿片肽存在于外源性食物中，其活性同吗啡一样能被纳洛酮所逆转，它们可刺激胰岛素和消化道生长抑素的分泌、调节动物行为、促进肠道吸收水分和电解质、调节消化道运动、刺激摄食、抑制呼吸和调整睡眠模式[7]。目前研究人员已经从小麦谷蛋白和大米蛋白中提取出了外源性阿片样肽；它们与普通镇痛剂的不同点是经过消化道进入人体后无任何副作用，不会有成瘾性，这方面已成为药理学、功能食品学研究的热点[8]。

10.1.2　海洋生物活性肽的分布

海洋天然生物活性物质是现代生物学研究的热点，而天然海洋活性多肽是海洋活性物质研究的重要组成部分。海洋生物的生活环境与陆地生物迥异，海洋生物具有多样性、复杂性和特殊性，从而使源于其中的海洋天然产物与陆地天然产物不同，这为寻找新的天然活性物质提供了丰富的物质来源。

生物活性多肽是具有特殊生理活性的肽类，按其来源可分为天然存在的活性肽、蛋白酶解活性肽及化学合成的活性肽[3]。从目前研究的情况来看，海洋天然活性多肽的研究主要集中在鱼类、海绵、芋螺、海葵、海藻等少数几种海洋生物中，具有抗肿瘤、抗病毒、免疫调节等作用。尽管已在海洋生物中分离出多种活性多肽，但仅有一小部分进入市场。很多分离得出的海洋活性多肽可当作先导化合物，为研究新药提供线索。由于海洋活性物质在海洋生物体内含量极少，因此使用分离的方法很难大量获得，在研究清特定海洋活性物质，并确定其活性和结构之后，使用合成技术使生物肽可以批量化生产，并实现工业化生产。

10.1.3　海洋生物活性肽的生理功能

10.1.3.1　抗肿瘤活性

在抗肿瘤功能方面，海洋生物活性肽具有重要意义，其分子量小且极易被吸收、毒副作用小、对肿瘤细胞亲和力强、高效稳定，已经成为近年来研究抗肿瘤活性肽的热点。亲水性多肽（含有 Arg、Asp、His、Lys、Glu、Ser、Gln、Thr 等亲水性氨基酸）以静电吸引方式特异性作用于肿瘤细胞，使其破裂死亡[9]。Mccubbin 等[10]从念珠藻中提取出 7 种多肽类物质，其中的念珠藻素（cryptophycin）对小鼠移植乳腺癌、卵巢癌、胰腺癌都具有强烈的抑制活性。原位产生的 γ-不饱和醛的烯丙基化可以快速获得 cryptophycin 片段的乙烯基卤化物类似物。通过闭环复分解方法以克数为单位制备 3 个支架。通过各种交叉耦合协议进行衍生，并且可以提供有效的抗有丝分裂剂的新型类似物。其中活性最强的是大环内酯 1，有实验得出结论，大环内酯 1 具有良好的抗肿瘤活性，特别是针对具有多药耐药性（multi-drug resistance，MDR）的肿瘤细胞系，且 MDR 对肿瘤化疗效果的影响是非常重要的[10]。

10.1.3.2　抗菌和抗病毒活性

抗菌活性肽常从动物、植物、微生物体内分离获得，多数是 50 个氨基酸以下的碱性或正离子肽，富含赖氨酸和精氨酸。其具有亲水性和亲脂性，亲水性使其溶于体液；亲脂性使其与细菌细胞膜结合，使敏感细菌的细胞膜下形成小孔，致使细胞泄漏，导致生长受抑直至死亡。从乳链球菌中提取出来的乳链球菌素是目前唯一允许用于食品防腐且对人体安全的天然防腐剂。从乳铁蛋白中分离出来的抗菌肽具有拮抗产肠毒素大肠杆菌和李斯特杆菌的作用。抗菌肽在体内还不容易产生耐药性，因此有着广泛的应用前景[8]。

10.1.3.3　抗高血压活性

降血压药物——血管紧张素转换酶抑制剂（ACE inhibitor，ACEI），经研究人员采用酶工程技术在沙丁鱼、海蜇、牡蛎、金枪鱼、鲣、小虾、螃蟹、海藻的酶解物中均发现了该抗高血压作用的活性肽。其中，血管紧张素转换酶抑制剂是降血压药物中发展最快的一类，然而合成药物有诸如引发干咳、皮疹、血管性水肿、蛋白尿、白细胞减少和停药综合征等不良反应[11]。

由于降压肽要进入小肠且被吸收后才能起作用，并在活性状态下才能对心脑血管系统产生作用，说明肽的结构起着重要作用。从分子量大小而言，大多数 ACE 抑制肽是含有 3～9 个氨基酸的短肽，且有较好降压效果的乳源蛋白肽多为含 6～

10 个氨基酸残基的肽段，虽长肽链可能导致活性降低，但是食物中含有的多个氨基酸残基的肽链可以在肠道中被完全吸收并产生生物活性。从氨基酸组成上来看，C 端的氨基酸序列能在很大程度上影响 ACE 抑制肽的活性，大多数天然 ACE 抑制肽 C 端含 Ala-Pro 或 Pro-Pro 残基。从金枪鱼肌肉蛋白内酶解法的产物中得到的 ACE 抑制肽的 C 端都有 Pro 残基。同时大量实验也表明，ACE 抑制肽的活性也受与 C 端 Pro（疏水性氨基酸）临近氨基酸的影响，当 C 端临近氨基酸也是疏水性氨基酸时，其 ACE 抑制活性较高。肽链 N 端具有芳香环氨基酸和碱性氨基酸时，能提高降压效果，这说明高亲水性无法使肽接近 ACE 活性部位而导致活性较弱或无活性，因此肽链的疏水性也是影响其活性的重要因素。目前 ACE 抑制肽已成为研究最热门的一类生物活性肽[12]。此外，海洋胶原蛋白肽也可抑制或促进脂肪内分泌激素的表达而发挥降血压、抗动脉粥样硬化等作用[11]。

10.1.3.4　抗氧化活性

代谢过程氧化应激反应过程中产生的自由基具有氧化功能，极易对细胞及其功能造成损伤，因此体内过多的自由基还会诱发各种慢性疾病[13]。现代医学研究发现，自由基与多种年龄性疾病有关，如关节炎、动脉粥样硬化、白内障、肿瘤等[14]。根据对抗氧化活性肽的研究可知肌肽、谷胱甘肽及大豆肽都有可以清除活性氧的功能。其中，肌肽的抗氧化作用包括肌肽对活性氧的清除作用及肌肽抗脂质过氧化的作用[15]。Cha 等[16]采用自旋捕获与电子顺磁共振技术研究羟基与肌肽和相关的含 His 二肽的相互作用。含 His 的二肽能够淬灭由 Fe^{2+} 和过氧化氢产生的 49.1%～94.9%的羟基自由基。二肽的羟基自由基清除活性为 β-Ala＜γ-氨基丁酸（gamma aminobutyric acid，GABA）＜Gly＜His＜高肌肽（homocarnosine）＜肌肽（carnosine）＜Gly-His。在羟基自由基生成系统存在的情况下，从高肌肽、肌肽和 Gly-His 中检测到分裂常数相似的 5,5-二甲基-1-吡咯啉-N-氧化物自旋捕获的非羟基自由基。二肽和氨基酸抑制磷脂酰胆碱脂质体羟基自由基催化氧化的能力是α-Ala＜Gly=GABA＜Gly-His＜His＜homocarnosine＜carnosine。数据表明二肽的羟基自由基清除和抗氧化活性与肽键的存在及二肽的氨基酸组成有关。

张梦寒等[17]采用正交试验法研究了肌肽（β-丙氨酰-组氨酸二肽）对大豆脂质体的抗氧化活性。结果表明肌肽有效地抑制了金属离子和抗坏血酸促进的卵磷脂脂质体的氧化。在不同浓度的肌肽下，肌肽对脂质体氧化的抑制作用也不同。由此表明，在食品的加工过程中，将肌肽用作抗氧化剂是可以实施的，并且可以减缓肉产品的腐败。

10.1.4　海洋生物活性肽的制备

海洋生物活性肽的来源主要有两个：一是天然存在于海洋生物体内的活性肽，

主要包括肽类激素、组织肌肽、神经多肽等，此类活性肽被称为内源性海洋生物活性肽；二是通过水解海洋蛋白质资源所获得的具有各种生理功能的活性肽，此类活性肽被称为外源性海洋生物活性肽[18]。

目前，对内源性海洋活性肽的研究多集中于海藻多肽[19]、海鞘多肽、海葵毒素多肽[20]、芋螺多肽和鱼精蛋白[21]等，这些海洋生物活性多肽的功能集中于降血压[19]、抗氧化[9]、抗肿瘤、抗菌、镇痛等特性。内源性海洋生物活性肽的制备方法主要是溶剂萃取法，在提取过程中使用了大量的有机溶剂（多为丙酮、乙醇等），因此会对环境造成污染并且存在有机溶剂残留给活性肽带来毒性的问题[22]。外源性海洋生物活性肽可通过酶解法制得，由于溶剂萃取法所造成的各种污染及对人体的毒副作用，因此，对海洋活性肽提取方法的研究更多倾向于酶解法。蛋白质的可控酶解是采用内切肽酶对蛋白质进行水解，并通过控制水解条件和水解度，以获得尽可能多的目标分子量分布的肽类产物。在营养蛋白的多肽链内部可能普遍存在着功能区，通过可控酶解技术，就有可能把蛋白质中所蕴藏的功能区肽片段释放出来，制备出具有各种各样生理活性的生物活性肽。酶解法具有安全性高、毒副作用小、方便控制等优点，已逐步产业化应用，可有效避免环境污染及对人体的毒副作用，并且可用作一些海洋产品的边角料来进行生产，可提高资源利用率，增加生产价值。

10.2　海洋蛋白肽的自组装

10.2.1　简介

分子自组装(molecular self-assembly)是分子采用相同结构的排列而无人为干预条件下的指导或管理的过程，将分散的原子或分子通过各种力相互吸引融合成新的个体或结构。一般自组装分为分子间的自组装和分子内的自组装。通常意义上，分子自组装是指分子间的自组装，而分子内类似物的自组装被形象地称为折叠。分子自组装对细胞功能起着至关重要的作用，是生物体内生物大分子形成的构建基础。它在脂质的自组装中显示为以形成膜通过单个链的氢键形成双螺旋DNA，以及组装蛋白以形成四级结构。不正确折叠的分子自组装产生的不溶性淀粉样蛋白纤维是感染性朊病毒相关的神经变性疾病发生的原因[23]。

多肽由多种氨基酸按照一定的排列顺序通过肽键结合而成，是结构介于氨基酸和蛋白质之间的一类化合物，是主要涉及生物体内各种细胞功能的生物活性物质，由于多肽链段上氨基酸残基具有不同的化学结构，因此，通过化学改性天然产物的功能分子，多肽分子可以利用非共价相互作用(如氢气)促进各种超分子的组装键合、π-π堆叠、范德瓦耳斯力、静电相互作用和电荷转移相互作用。虽然在自然界中常见的氨基酸只有 20 种，但通过不同的合成手法可以得到无数结构不同且具有不同功能的多肽，这对多肽自组装的基元选择和自组装条件的优化十分有利。此外，由于多肽是生物体内各种细胞功能的生物活性物质，具有良好的生物相容性和可控的降解性，因此，多肽的自组装有着更为广阔的应用前景，尤其是在组织工程、基因治疗等生物医学领域。基于以上优点，近年来多肽的自组装已成为国内外研究人员的研究热点[24]。此外，它们良好的生物相容性、组织和生物活性使其组装具有广泛作用，还可应用于药物递送及细胞的动力成像等[25]。

10.2.2　常见的分子自组装的结构模型

多肽自组装可以分为自发型自组装和触发型自组装。自发型自组装是指多肽溶解在水溶液中后，可以自发地形成组装体。多肽的一级结构即为自身的化学结构，当把多肽溶解在水溶液中，多肽分子可自发或触发地向二级结构转变。这种空间构象的转变往往导致多肽自组装行为的发生。多肽自组装过程中常见的二级结构主要包括 α 螺旋、β 折叠、β 发夹等。

α 螺旋是多肽类分子主要的二级结构，空间上表现为多肽链段上肽键通过氢键作用形成的单一的螺旋结构，在构建 α 螺旋结构时，由于每一个螺旋状的旋转需要 3 或 4 个氨基酸残基，由此造成多肽链段上 3 或 4 个氨基酸残基组成的多肽片段需要具有与其相似的化学性质。由于 α 螺旋的热动力学不稳定性，因此难以以稳定的螺旋形式存在于溶液中。β 折叠也是常见的二级结构，其空间结构为多肽链通过平行或反平行形成的薄层，其键间的力主要为范德瓦耳斯力。β 发夹由多肽二级结构(β 转角)转变而来，与 β 折叠结构相似[24]。

10.2.3　多肽自组装的机理

从物理学角度看，多肽自组装主要由静电作用、范德瓦耳斯力、氢键、疏水作用引起。

蛋白质的组成成分包含各种氨基酸可离解的侧链基团，或带正电荷或带负电荷，可以在彼此之间产生静电，其与产品功率的相互作用强度及费用之间距离的平方成正比(库仑定律)。然而，蛋白质的微环境(特别是溶液的 pH 和电解质质量)对侧链的电离状态具有很大的影响，质量不好、环境恶劣的环境会破坏静电效果，可导致自我装配失败。

范德瓦耳斯力属于弱静电作用，包括取向力、诱导力和色散力。从量子动力学方面来看，范德瓦耳斯力源于邻近粒子极化摆动所产生的相互作用，特别是诱导力和色散力。3 种力都存在于极性分子中，色散力和诱导力在极性分子与非极性分子之间存在；而在非极性分子间存在的力主要是色散力。蛋白质分子含有众多基团，因此静电作用十分复杂。通常，球蛋白分子内部堆积大量非极性基团，色散力也大。但在溶液中，蛋白质分子之间的色散力相互作用与它们的分子量和几何形状关系不大，而与它们之间的互补表面相关。

氢键也可以被认为是一种固有偶极之间的范德瓦耳斯力，是一个分子中的氢原子被吸引到相同或不同分子中的电负性原子(通常为氮或氧)的弱键，氢键可以发生在分子间或单分子不同部分(分子内)，这取决于构成键的供体和受体原子的性质，以及它们的几何形状和环境，氢键的能量可以在 $1\sim40$kcal/mol，这使得它们比范德瓦耳斯力更强，并且弱于共价键或离子键。这种键可以发生在无机分子(如水)和有机分子(如 DNA 和蛋白质)中，多存在于 DNA 结构中[26]。

从几何学原理来看，如蛋白质，其层次主要可分为 4 个不同的结构，分别为氨基酸序列、α 螺旋和 β 片层、蛋白质单体或亚基的三维空间结构、蛋白质亚基之间形成的更高级的空间结构。结构的不同都因肽链折叠不同而形成[27]。

10.2.4 多肽自组装的调控

生物结构除了按物理学和几何学原理进行自组装，还具有十分复杂的生物学调控机制。

例如，在分子伴侣的帮助下，可形成一种新合成的肽链，有许多种折叠方式，正确的折叠方式能保证蛋白质有正常的功能，反之会导致功能的丧失。从而导致各种病症，如牛海绵状脑病、阿尔茨海默病、帕金森病等。

10.3 海洋蛋白质的凝胶化

10.3.1 蛋白质凝胶化

凝胶是一种由胶体或高分子微粒融化在液体介质中形成的溶胶，其中液体介质具有巨大的黏度，使得凝胶产生了类固体的不流动性。常见的凝胶主要有果冻、明胶等。

蛋白质作为食品的主要功能成分之一，其最重要的特性之一就是凝胶化作用[28]。蛋白质的凝胶化本质上是蛋白质分子聚集的过程，变性的蛋白质通过分子间相互作用力的变化，使得吸引力和排斥力相互平衡，从而形成含水的、有序的、均一稳定的三维网状结构[29]。由于蛋白质在凝胶化过程中可以吸附水分、脂肪、风味物质等，在豆腐、奶酪、皮蛋等食品的生产中具有广泛的应用。

热诱导蛋白质凝胶化过程是目前应用最为广泛的蛋白质凝胶化过程，对其作用机理的研究也相对最丰富[30]。Mine[31]认为热诱导蛋白质凝胶化机理可以阐述为以下过程，天然蛋白质在加热之后三级和四级结构遭到破坏，发生变性，蛋白质分子部分或完全展开并伴随有熔球态(molten-globule state)。熔球态即蛋白质分子三级结构展开后产生的具有许多二级结构的球形分子的过渡态。发生变性后的蛋白质分子间相互作用增强，蛋白质分子展开后暴露出众多的非极性多肽，它们之间由于相互作用的增强产生了疏水相互作用。Bouraoui 等[32]观察到并提出，在蛋白质凝胶时 α 螺旋减少而 β 折叠增加，而 β 折叠的形成对于发生变性的蛋白质分子的聚集过程十分重要[33]，而分子间氢键亦是形成与凝胶有关的 β 折叠的主要作用力[34]。功能基团之间的相互作用使得蛋白质分子发生聚集，形成初级网络结构。此时分子间二硫键的形成可能有助于增加多肽链的有效链长，并起到稳定凝胶网络的作用。在冷却后，各高分子聚集体之间重新生成氢键，连接成分子间作用力平衡的三维结构，使凝胶均一稳定[31]。

除热诱导凝胶之外，蛋白质凝胶还有冷冻凝胶[35]、高压诱导凝胶、金属离子诱导凝胶[36]、酸碱诱导凝胶[37]等，不同的诱导方式和外部条件会造成不同性状、功能各异的凝胶结构。不管何种方式，蛋白质凝胶化的机理都可以概括为变性、聚集和连接三大步骤[38]，变性是指蛋白质分子的展开和肽链结构的变化，聚集是指蛋白质分子在相互作用力改变的影响下聚集成高分子聚集物，连接是指聚集物在二硫键、氢键作用下连接成为三维网状结构。

10.3.2　蛋白质凝胶化的结构特性

由凝胶外形分类，蛋白质凝胶主要分为凝结块(不透明)和透明凝胶两种类型[28]。如果在聚集阶段蛋白质分子聚集速率大于其变性速率，则有可能形成透明度很低的凝结块凝胶结构；反之，若变性速率大于聚集速率，则有可能形成排列有序、透明度高的透明凝胶网络[39]。

蛋白质凝胶是一种高度水合的结构，不同的蛋白质底物形成的凝胶包含85%～98%的水分，这些水分具有与液态水相近的化学活性[30]。化学蛋白质凝胶的结构特性主要受到天然蛋白质本身结构特性及底物种类的影响。Weijers 等[40]比较了商业蛋白粉和蛋清蛋白的酸诱导凝胶过程，发现鸡蛋清中的卵转铁蛋白会对高分子纤维结构的形成产生干扰，从而不利于透明凝胶的形成。而不同的诱导条件也会影响蛋白质凝胶的结构特性。在不同诱导方法对蛋清蛋白凝胶过程的影响下，热诱导蛋清蛋白凝胶容易形成强度较高、弹性和凝结性差、在显微镜下呈致密颗粒状的凝胶结构；而强碱诱导形成的皮蛋蛋白凝胶则形成了强度较弱，在显微镜下呈疏松、较多孔洞的纤维状凝胶结构。

在蛋白质凝胶过程中加入淀粉、脂肪、糖等大分子物质也会影响到蛋白质分子变性后形成的空间结构。例如，在蛋清蛋白凝胶时嵌入木薯淀粉颗粒，可提高混合凝胶网络结构的强度和致密性，形成塑性大、黏性好的混合凝胶[41]。

10.3.3　蛋白质凝胶化的影响因素

蛋白质形成凝胶的过程、最终形成的结构及其性能会受到各种因素的影响，如加热的温度、时间、速率，加工条件，底物本身的特性和浓度，pH，离子强度，添加成分，等等[42]。我们在这里着重讨论加热条件和 pH 的影响。

通常来说，加热的时间越久、温度越高，蛋白质凝胶体的聚合程度会增加，所形成的凝胶体硬度较大，保水性差，纤维性降低。Barbut 和 Mittal[43]在研究加热速度对牛肉糜的稳定性、纹理和凝胶过程的影响时发现，较慢加热会使凝胶硬度提高，聚合度变大，更有咀嚼性。

pH 是另一个影响蛋白质凝胶化过程的重要因素。pH 的改变会对蛋白质分子的电离作用和电荷总量产生影响，从而改变分子间的静电引力和斥力，以及蛋白质分子与水结合形成氢键的能力[41]。以鸡蛋清为例，一些学者研究发现蛋清蛋白在 pH 2.3 以下或 pH 12.0 以上均会发生凝胶化反应[44]。而 Weijers 等[40]通过改变蛋白质等电点的方法进行诱导以使蛋白质发生凝胶化，其原理是通过减少高分子聚集体之间的静电斥力来促进聚集体的网络化过程。

10.3.4　蛋白质凝胶化的应用

蛋白质凝胶化的过程与产物在食品、药品、日化化工等领域具有广泛的应用。近年来在食品科学领域对于蛋白质凝胶化的应用研究有较多发展。大豆蛋白凝胶疏松的网状结构可用于吸附水分、脂肪、风味物质等，使其在肉制品、谷物制品、乳制品中都有应用。何隽菁[45]将用量在 2%～5%的大豆蛋白凝胶注入腌制液中，发现该方法可以改善肉类的组织特性，改良午餐肉、香肠等腌制食品的口感和保水性。Bajaj 和 Singhal[46]利用添加大豆分离蛋白、精制花生油、鹰嘴豆粉和海藻酸钠等的方法，制作出一种新型结冷胶，相比于过去的产品具有减少深度油炸时食品对油脂摄取量的功效。乐坚和黎铭[47]研究了将大豆分离蛋白凝胶化之后进行酶解，用于制备和发酵酸奶的工艺流程。

在医药领域，食品蛋白由于优良的凝胶特性，可以起到包封、保护特定药用微粒和营养物质的作用，使其成为包含和递送生物活性物质的理想材料[48]。Chen 等[49]研究了不同条件下乳清蛋白水凝胶对铁递送的影响，发现丝状凝胶在抵达对铁吸收的肠道 Caco-2 系统前对铁具有良好的保护作用，并能促进其吸收[49]。

在日化领域，蛋白质凝胶的新型应用亦十分广泛。舒子斌等[50]发明了一种胶原蛋白保湿面膜，利用蛋白酶提取猪皮中的胶原蛋白，加入纤维素衍生物、淀粉、交联剂等使其凝胶化，制成具有良好保湿功效、良好触感和黏结性的胶原蛋白面膜。而何兰珍等[51]利用相分离方法，冷冻诱导壳聚糖溶液和明胶进行凝胶化，制备出多孔海绵状伤口敷料，具有透气性、吸水性好的优点，对于营养物质的传递、吸收组织渗出液等都有良好效果。

10.4　海洋蛋白肽与钙化/矿化

钙化指钙盐在身体组织中的积累。它通常发生在骨的形成中，但钙可以在软组织中异常沉积，使其变硬。钙化物质在心血管组织中的积累被认为涉及细胞化学、细胞外基质和全身系统性的信号[52]。

魏蔚[53]首次提出以适当处理过的牙体硬组织为模板，结合噬菌体展示技术获得牙生物磷灰石的结合肽，并通过体外矿化实验证实该结合肽对钙磷沉积的活性有影响。

血管钙化（vascular calcification）是一种主动、可调控的异位钙磷沉积的过程，发生场所为心血管系统，是动脉粥样硬化、高血压、糖尿病、血管病变和衰老等普遍存在的病理表现。林芳等[54]研究发现，心血管系统不仅可以向机体血液循环提供动力及输送管道，还能合成具有生物学效应的生物活性肽。正常情况下内源性生物活性肽能够激活受体，从而发挥作用，来维持心血管系统的稳定性。据研究发现，有能够抑制血管钙化的内源性生物活性肽，如皮质抑素、降钙素基因相关肽、脂肪因子；也有促进血管钙化的内源性生物活性肽，如瘦素（leptin）、血管紧张素Ⅱ（angiotensin Ⅱ，Ang Ⅱ）、内皮素（endothelin，ET）等。因此当内源性生物活性肽不能维系血钙浓度时，就需要借助外源性生物活性肽来稳定血管系统内的钙浓度，从而防止血管钙化。高岩等[55]发现，血管钙化发生于血管壁的血管内膜和血管中膜中。

降钙素是一种多肽类激素，由 32 个氨基酸残基组成，可由脊椎动物的后腮体和哺乳动物的甲状腺 C 细胞分泌。当血液中的 Ca^{2+} 浓度升高时，降钙素分泌，使血液中的钙下降。降钙素通过作用于破骨细胞而降低血钙，以从鲑鱼内分离而得到的降钙素活性最高，并已在临床运用多年，用于防止钙化，对老年性骨质疏松、高钙血症、Paget 氏综合征等病症的治疗均有显著作用，并作为辅助治疗药物用于糖尿病、急性胰肠炎等疾病的治疗。但由于其成本高，在鲑体内的含量又极少，因此很难运用于广泛的工业化生产[55]。

10.5　海洋蛋白肽的螯合

10.5.1　多肽螯合物简介

微量元素对促进人体生长发育、调节身体功能、维持和促进人体新陈代谢具有重大意义。然而许多微量元素往往以营养性和人体吸收率较差的不溶性无机盐或有机盐的方式存在，如钙离子[56]；抑或部分元素在小肠偏碱性的环境中吸收较差，如锌离子[57]。相比之下，多肽微量元素螯合物比盐或盐溶液形式的微量元素更容易被人体吸收[58]，而且低值鱼蛋白螯合物酶解可产生的许多小肽极易被人体吸收，起到补充人体胶原蛋白的作用。因此，研究海洋蛋白螯合物在保健食品、医药等领域的应用具有广阔的前景。

10.5.2　多肽螯合物的螯合机理

螯合是指两个或两个以上具有相同配体基团的化合物与一个中心原子间形成键作用（或其他有吸引力的相互作用）。拥有螯合作用的共价化合物被称为"螯合物"[59]，多为环形物质。

以胶原蛋白肽金属螯合物为例，其螯合的主要方式为配位共价键结合和吸附结合[60]。胶原蛋白底物上氨基酸的功能基团类型是影响螯合物共价结合的重要因素，蛋白质表面的某些氨基酸，如组氨酸、色氨酸等，所含有的氰基、羧基、氨基等官能团，与钙、锌等金属离子形成离子键或配位键。所形成的化合键可缓和金属正离子间的排斥作用，保证螯合物的稳定[61]。

研究人员利用紫外光谱、红外光谱及 X 射线衍射分析等技术对多肽与金属元素的螯合机理进行了初步研究。结果显示，多肽的氨基、羧基及侧链中都含有具有很多孤对电子的氮、氧、硫原子，在一定条件下可以与金属阳离子以配位键结合形成络合物[58]。由于一个多肽分子中有多个配位原子，这些配位原子与微量金属离子间以多个配位键结合，所以它们反应生成的配合物多以环状的螯合形式存在。卢业玉等[62]认为 Zn^{2+} 可以与蛋白质中的羧基氧和氨基氮进行配合，形成一个五元环的螯合物。Armas 等[63]研究表明，Zn^{2+} 与人体肽（Humanin）的第八位侧链氨基酸残基通过配位键形成了八面体的 Zn-Humanin 螯合物。

10.5.2.1　多肽分子量与螯合活性的关系

多肽的螯合活性与多肽分子量大小有关，大多数情况下，分子量较小的多肽具有较高的螯合活性，原因是分子量过大的多肽会包封内部活性高的基团，使其无法暴露，从而导致螯合活性的降低。例如，从鹰嘴豆粉分离出来的小分子肽，其分子量<500Da，相对于其他更大的肽来说表现出更好的螯合活性。然而，分子量大并不一定说明螯合能力就弱，例如，Jiang 等[64]探究分子量对钙螯合能力的影响时发现，相对于乳清蛋白来说，1～3kDa 的卵黄高磷蛋白磷酸肽段螯合率就比 1kDa 的乳清蛋白螯合率高。同样，Seth 和 Mahoney[65]的研究结果表明，与铁螯合能力最强的多肽分子多在 10kDa 以上。这种结论的矛盾之处可能是不同的研究中分离纯化和评估肽段大小的方法不一致导致的。

10.5.2.2 多肽的氨基酸组成及其序列与螯合活性的关系

研究发现，His、Cys、Asp、Ser、Glu 是具有较高螯合活性的氨基酸，特别是对金属离子的螯合具有重要作用[66]。Chen 等[67]从罗非鱼鱼鳞的酶解液中分离出一种可以和钙离子高效螯合的多肽，并采用基质辅助激光解吸电离飞行时间质谱鉴定出该肽的氨基酸序列为 Asp-Gly-Asp-Asp-Gly-Glu-Ala-Gly-Lys-Ile-Gly，其中 Asp、Gly、Glu 这 3 种氨基酸在该多肽中的含量最高。值得一提的是，Kim 和 Lim[68]、Lee 和 Song[69]、Jung 等[70]分别发现从含乳清蛋白、猪血浆和鳕中提取的与钙螯合的多肽氨基酸序列中同样也含 Asp 和 Glu 残基。Wang 等[71]也发现了两个锌螯合能力较强的多肽片段，Asn-Cys-Ser 和 Ser-Met，经过分析得出 Ser 和 Cys 含有羟基和巯基，在与锌离子螯合时起重要作用。当多肽或蛋白质中大量存在这几种氨基酸时，其含有的羧基、氨基、侧链上的巯基等基团上存在的氧、氮、硫原子的孤对电子可能使局部电子电荷密集，在一定的条件下容易和金属离子以配位键结合形成螯合物。

10.5.2.3 螯合过程中多肽的构象变化

除氨基酸的序列和组成之外，在螯合过程中多肽的构象组成和变化也会影响多肽的螯合能力及其稳定性。Zhao 等[72]分离出一种与钙离子螯合的序列为 Gly-Tyr 的二肽，通过荧光光谱、傅里叶变换红外光谱学、核磁共振等方法对螯合物进行初步表征，分析了螯合过程中该二肽的羧基氧原子和氨基氮原子上的孤对电子与钙离子配位形成新化合物的过程。研究发现，这些带负电的氨基酸残基集中分布在 EF-loop 区域，钙离子结合到 EF-loop 的 N 端部分，同时氨基酸的侧链也通过螺旋改变其空间位置，重新排列成几乎垂直的构象，便于内部的疏水基团暴露出来，得到更多的识别位点[73]。Armas 等[63]的研究表明，当锌离子含量丰富时，Humanin 肽的第八个氨基酸侧链上的巯基与锌离子通过配位键形成了八面体的螯合物。

螯合过程中，无论是多肽自身的构象变化还是多肽与微量元素形成新的构象，都是为了更好地与这些元素结合形成螯合物。有关这方面的研究还较少，多肽与微量元素的螯合机制还需进一步探索。

10.5.3 多肽螯合物的制备

10.5.3.1 多肽螯合物制备的酶解工艺优化

多肽微量元素螯合物的制备方法有溶剂提取法、生物酶解法、化学合成法等[58]，其中溶剂提取法和化学合成法制备多肽后再与微量元素螯合的过程，不仅实验成本较高，步骤较为烦琐，也存在不同化学物质残留等问题，影响到实验制剂的纯度及实验本身的安全性。生物酶解法制备多肽并进一步制取多肽螯合物的方法，不仅安全性高、成本低廉，所需实验条件并不苛刻，还有水解过程便于控制等优点，所以现在多采用生物酶解法制备多肽进而制备螯合物的方法[74]。

张鹏等[75]采用复合酶解法，利用中性蛋白酶水解大豆分离蛋白，配合枯草杆菌发酵，制取天麻多糖，得出了最佳水解条件(4h，pH 8.5，底物浓度 4%，反应温度 50℃，酶浓度 6%)。李同刚等[76]采用中性蛋白酶和风味蛋白酶复合水解法，对罗非鱼下脚料进行酶解以制取锌螯合盐，通过调固液比、温度、pH，然后加酶酶解，灭酶，离心，测水解度等一系列工艺得到最佳酶解条件，并研究了锌离子螯合效果与水解度的关系。

10.5.3.2　多肽螯合物制备的螯合工艺优化

不同的蛋白酶性质不同，在蛋白水解过程中还受到温度、pH、酶的添加量、水解时间等多种因素的影响，目前多肽矿质元素螯合工艺的研究主要集中在螯合条件的优化上[77]。

崔潇等[78]以罗非鱼鱼皮为原料，研究了反应体系的 pH、螯合温度、螯合时间等因素对鱼皮中胶原蛋白的螯合反应的影响，通过响应面法优化了鱼皮胶原蛋白和镁离子的螯合工艺条件。类似地，刘永等[57]为了获得罗非鱼鳞片抗氧化肽的最佳制备工艺，使用响应面法优化了制备方法，在羟基自由基清除率和时间、酶与底物比例、pH 和温度等参数间建立了最优数学模型，并以此模型推算出了最佳螯合条件，此时肽锌螯合率为 91.96%。

10.5.4　多肽螯合物的生物活性及应用

10.5.4.1　多肽-铁螯合物

铁元素是人体所必需的微量元素之一，是人体合成血红蛋白的主要组成部分，缺铁会导致贫血及免疫力下降等众多疾病[79]。在传统补铁剂中，葡萄糖酸亚铁属于有机葡萄糖酸的亚铁盐，易被人体吸收，但是含铁量低；而硫酸亚铁含铁量高，风味却较差，而且被人体吸收利用的比率较低。而多肽-铁螯合物作为一种新型的补铁剂，有着能直接被肠道黏膜吸收、吸收率高等优点，较以上两种铁盐更具优势。

黄赛博[80]研究了带鱼蛋白多肽与亚铁螯合物的制备工艺和生物活性，通过蛋白酶水解和 $FeCl_2$ 修正制备了带鱼的亚铁螯合物(Fe-FPH)，并以 Wistar 乳大鼠为实验动物研究得出 Fe-FPH 具有提升血红蛋白饱和率、提升 SOD 活力和抗疲劳功效。林慧敏等[81]研究了舟山海域的 4 种低值鱼(马鲛、带鱼、鳀、梅童鱼)，用碱性蛋白酶酶解产生多肽后，其多肽本身没有抗菌活性，而与亚铁离子螯合生成的螯合物具有清除自由基、抑制细菌生长和抗氧化的功效。

10.5.4.2　多肽-钙螯合物

钙元素是维持人体各项生命活动都不可缺少的一种物质。它有助于维持细胞膜两侧正常的生物电位，维护人体神经传导的正常功能，以及保持肌肉活力，增进其伸缩、舒张能力等[82]。它还是参与骨骼形成、修复与生长的重要组成元素，缺钙会引起骨质疏松等多种疾病。钙离子和多肽形成多肽螯合物后，能借助多肽在体内的吸收机制提高其吸收率，补充人体需要的氨基酸和钙，又可以提高鱼类加工产生的副产物或下脚料(鱼皮、鱼骨、鱼鳞、内脏等)等的附加值。

王梦娅等[83]采用酶水解法研究了以大竹蛏肉蛋白与氯化钙作为原料的螯合过程，分析了螯合温度、时间、多肽与钙离子的质量比、pH 对螯合速率的影响，根据响应面分析得出了最佳螯合条件，又通过动物实验得出钙螯合物具有良好的抗氧化活性和抗菌活性。Jung 等[84]使用肉食性鱼肠道酶酶解了鳕鱼骨，分离出鱼骨磷酸肽，并在适当条件下与羟基磷灰石反应进行螯合，得到了一种新型钙营养剂——鱼骨肽螯合钙，该螯合物被证明有利于减少小鼠体内的钙质流失。陆剑锋等[85]使用碱性蛋白酶和风味蛋白酶两步酶解的方法，得到斑点叉尾鲴鱼骨胶原多肽，并与氯化钙进行螯合，不仅提高了海洋动物胶原蛋白的营养和功能特征，还减少了鱼骨废弃引起的环境污染，有利于增加企业的社会效益和经济效益。

10.5.4.3　多肽-锌螯合物

锌在生物的生长、神经发育和新陈代谢中都扮演着重要角色，缺锌会导致生长迟缓、免疫力下降等许多疾病[86]。锌和多肽形成的螯合物可以借助小肠对多肽的吸收特性和机制，被小肠主动吸收，从而避免锌离子的流失和小肠碱性条件下沉淀物的形成。

张继杰等[87]发现甘氨酸多肽-锌螯合物和无机锌盐均促进了肉鸡的生长，但只有螯合物组中肉鸡的总蛋白含量、免疫球蛋白含量和血清中钙质含量均有增加，说明锌螯合物除促进生物体对锌的吸收外，还能增强免疫力。另一个例子是，Tamamura 等[88]发现抗艾滋病肽 T22-锌螯合物与叠氮胸苷相比具有更显著的抗 HIV 活性。此外，部分多肽-锌螯合物还被发现具有抗菌活性。龚毅等[89]用 EDTA 络合滴定法测定了甘氨酸锌、苏氨酸锌、甲硫氨酸锌和赖氨酸锌的锌含量，并进行表征，发现其抑菌活性与锌离子浓度有关，在锌离子浓度相近时，抑菌效果基本相同。

10.5.5　多肽螯合物的安全性评价

多肽与矿物元素螯合而形成的化合物属于新型矿物质补充剂，需要对其毒理学安全性进行科学评估。2011 年，诺维思国际的 MINTREX 螯合微量元素被美国官方饲料管理协会(Association of American Feed Control Officials，AAFCO)接受为一种新的饲料成分，而后经美国食品与药物管理局兽医分会认定，将其定义为螯合矿物质[90]。欧洲食品安全局专家在 2012 年对氨基酸锌螯合物进行了安全评估，认为该螯合物可以作为新的饲料添加剂，以满足动物饲养中对微量元素锌的需求，且不会污染水质[91]。刘青等[92]自制氨基酸螯合钙制剂进行急性毒性和致突变性研究，发现 L-亮氨酸钙是无毒物质，后进行了小鼠染色体畸变试验、小鼠精子畸形试验和小鼠骨髓多染性红细胞微核试验，结果均显示阴性，也表明螯合物无致突变性。汪学荣等[93]研究了猪多肽-亚铁螯合盐的安全性，结果表明，亚铁螯合物为实际无毒物质，而一并进行器官组织病理学检查也未发现异常。

目前，有关多肽-矿质元素螯合物的安全性评估的相关研究并不多，这也限制了其开发利用，所以应进一步加强多肽-矿质元素螯合物的安全性评估研究，以期为后续的实际应用打下基础。

10.6　海洋蛋白肽的酶法制备

10.6.1　简介

目前获取海洋生物活性肽的方法主要有化学萃取、生物发酵和酶解法。由于海洋活性肽在海洋生物体内含量极少，用萃取法得到的海洋活性肽成分极少，如需大量获得海洋活性肽，需要极高的成本。因此，为得到大量海洋蛋白产物，更多研究将提取海洋活性肽物质的方法转向酶解法。并且由于利用酶解法不用面对有机溶剂及有毒化学品的残留问题，通过酶降解得到的活性肽安全性极高，现已成为食品和制药工业提取生物肽的首选。在生产过程中，酶的选择是最为关键的，直接影响到产品的生理功能、活性肽的获得率和反应的速度[2]。

10.6.2　海洋生物活性肽酶法制备工艺

酶法制备生物活性肽是通过适当的蛋白酶水解蛋白来制备生物活性肽的一种方法，因此在制备过程中要考虑到蛋白酶的选择、最佳酶解条件、分离技术的选择对酶活性的影响[94]。

陈忻等[95]研究发现，以木瓜蛋白酶酶解波纹巴非蛤可制备具有较强生物活性的短肽。该实验使用波纹巴非蛤作为活性肽制备原料，并比较利用不同种类的酶制备得到活性肽的量来确定并寻求最佳酶解条件及最适酶的种类。通过实验比较木瓜蛋白酶和菠萝蛋白酶在不同条件下的水解度，得到木瓜蛋白酶在 50℃、酶解时间 4h、加酶量 4%、pH 6.3、料水比 1∶3 时水解度最高，为 40.83%，高于该酶在其他实验条件下的水解能力，以及其他酶的水解能力，通过该方法所得的活性肽的量远高于通过普通的萃取法得到的活性肽的量。

10.6.3　酶法制备的主要海洋生物活性肽的功能特性

通过酶法制备的海洋活性肽主要有降血压肽、抗氧化肽、抗凝血肽及抗菌肽等。其中以具有降血压活性的血管紧张素转换酶抑制剂（ACEI）的研究最为详细。降血压肽是一类血管紧张素转换酶抑制剂，可以抑制 ACE 活性从而使血压下降。1986 年，Suesuna 等最先从带鱼和沙丁鱼水解物中发现 ACEI。之后，研究人员从明太鱼、金枪鱼、海参、文蛤和对虾等海洋动物中分离得到部分海洋降血压肽。经研究发现，从海洋生物中分离出的降血压肽对 ACE 的抑制活性很高，可用 IC_{50} 来表示这些海洋生物活性肽的效价，即海洋降血压肽浓度达到 50%时对 ACE 活性的抑制效率[96]。

10.6.4　多种酶作用的酶法制备

在实际应用中，单一的酶解法有时并不能满足对活性肽提取的要求，因此采用复合蛋白酶进行酶切的方法以此来提高酶解效率。朱碧英和毋瑾超[97]发现，采用胃蛋白酶和胰蛋白酶对鱼蛋白进行复合水解时，可提高水解程度，与其他方法相比，有更高的水解率且苦味值增加缓慢的优点。王玲琴等[98]通过比较 4 种不同的酶对大豆蛋白水解的效果得出，木瓜蛋白酶和植物蛋白酶联合作用可以作为水解工具酶，当植物蛋白酶与木瓜蛋白酶的质量比为 1∶2，水解度可达 14.2%，用双蛋白酶水解大豆分离蛋白，水解为 14.7%的产物降胆固醇活性最高，对胆固醇胶束的抑制率最高，为 61.7%。

10.7　海洋蛋白肽的其他加工技术

10.7.1　蛋白质柔性化加工技术

江连洲[99]首次对现有的蛋白质加工技术进行归纳总结，提出了蛋白质柔性化加工的方法。该方法可以通过物理、化学、生物技术对天然蛋白质的刚性结构进行改变，从而提高蛋白质的特性，提高其利用价值。经实验研究表明，对于已运用的蛋白质柔性化加工技术可分为如下几类，物理加工有高压、超声、辐照、高压脉冲电场、微波等技术；化学加工有蛋白质磷酸化、酰化、去酰胺化、糖基化，引入表面活性剂、棕榈酸分子，羟甲基化等技术；生物加工有生物解离、微生物发酵等技术。

10.7.2　可控酶解关键技术

可控酶解关键技术可将蛋白质进行靶向性酶解，从而得到功能性肽，这样能控制肽链的长度，也能保护功能性肽。刘朝龙[100]以紫贻贝为原料，研究了紫贻贝双酶同步酶解法及自溶法制备海鲜风味肽，并且检测其肽得率，结果表明在一定范围内，随复合酶的增加，肽得率增加。与自溶工艺相比，酶解工艺的肽得率提高了50.2%。通过感官测评可知，控制酶解得到的海鲜肽风味更好。

10.7.3　构效关系研究

现代科学已可通过进行定量构效关系(quantitative structure-activity relationship, QSAR)建模的方法对肽的生理活性与结构间的关系进行研究。多肽的QSAR建模就是通过建立数学模型来表达多肽类似物的化学结构信息与特定的生物活性强度，以研究多肽类似物的特性[101]。梅虎[102]已利用分子结构表征和QSAR建模方法对多种苦肽、血管舒缓激肽及抗菌肽等进行了定量构效建模对比，实验表明通过该方法能得到各种肽的体系，并且其建立的模型能取得与参考文献中所得数据相当的真实性和有效性。

10.7.4　分子修饰研究

蛋白质和抗体的分子修饰技术是指用生物或化学修饰的方法将生物方法所产生的药用蛋白和抗体进行分子改性，将分子结构的某些部位酰化或酯化的技术，使得重新构成的分子具有新的特性[103, 104]。例如，沈晴晴[105]利用Plastein反应，以海地瓜蛋白酶解物为原料，修饰海地瓜酶解物中的ACE抑制肽，从而改善其活性。Plastein反应机制分别是缩合作用、转肽作用和物理聚集，Plastein反应不是由单一因素作用产生的，而是由多种因素联合作用而产生的结果，包括通过非共价键参与的物理聚集、缩合作用和转肽作用而生成新肽键，多种作用共同作用。

10.7.5　发酵法制备技术

海洋鱼类是优质蛋白来源，利用微生物发酵，根据所用菌种的不同，可以制备多种多样的生物活性肽。吴海滨[106]利用米曲霉发酵法来水解鳕鱼皮，制备生物活性肽，从一定程度上对鱼皮这一海产品加工过程中可能产生的废料进行深度开发及利用，带来了很大的经济效益。由于其客观的经济效益，发酵法制备海洋生物活性肽在未来有一定的发展空间。

10.8　海洋活性肽研究展望

海洋，占地球表面积的 70%以上，其生物圈中的物种数量无疑是庞大的。特别是与陆栖动物相比，海洋生物有着独特的孕育环境，这也是其海洋生物体内的代谢系统千变万化的原因。因此，新型海洋活性物质的产生也是值得期待的。

到目前为止，海洋活性肽的研究仍具有较大局限制。首先，在保证生态平衡的条件下，有效的采集工作仍存在一定的限制。其次，广泛使用从海洋物种中获取的活性物质仍具有困难性，例如，海洋活性肽作为医疗资源被使用时，则需要更稳定的供给途径及批量化生产的方法。最后，在药理学研究方面，如何认证活性肽质量的研究也是不容忽视的大问题。在今后的运用过程中，海洋活性肽应被高效筛选后，通过规模化生产，作为更好的工具，投入更多的研究领域中。

目前多数获得的海洋活性肽具有抗高血压、抗病毒、抗氧化等功能，而在抵抗癌症方面并未完全得到应用。而通过海洋蛋白质酶解产生的肽具有抗癌功能，并且已经显示出抗氧化和抗增殖活性。使用特定酶能够选择蛋白质序列中可能对肽生物活性有决定性的断裂部位。但需要进一步研究以阐明生物活性肽结构，确定其作用方式，并确定其与癌细胞周期相互作用的方式[107]。

目前，研究制备海洋活性肽的方式也多集中在化学萃取法，而在酶法制备海洋生物活性肽技术方面仍比较薄弱，需要进一步加强。一方面应着力推进酶工程在海洋活性肽领域的应用，探索研究开发新型蛋白酶试剂，不满足于单一品种酶对于蛋白质的水解；另一方面应积极探索适合酶解的条件，可以使用正交试验或者和遗传神经网络相结合的方法对通过酶解法制备的海洋生物活性肽进行进一步的优化。在完成海洋生物肽的制备过后，应建立更加完备的分离鉴定系统及方法，以期得到精度更高的海洋活性肽。

海洋生物活性肽作为保健品及药品具有十分广阔的前景，但是在活体内的研究较少，且多集中于体外试验和小鼠试验，如想进行进一步研究，必须对其活性进行检测，并对其进行安全性评估。关于生物活性海洋动物肽的有限研究可能是由于缺乏足够数量的化合物、样品来源的问题、分离和纯化程序困难及生态考虑。此外，这些肽的化学合成在结构测定中起重要作用。这是具有挑战性的，因为所需量的化合物的合成可能构成问题，此外，已经证明一些构象问题在这些分子的生物活性中是决定性的。因此，对于已经获得的海洋生物活性肽，可以进行化学修饰，从而提升其活性，或者使之功能更加完善，更利于开发利用。

因此，作为未来海洋研究中的重要课题，科学家应针对其特性展开更多的预想，不局限于过往的研究领域与框架，跨越专业的协同研究是更为重要的。应尽快开发适用于产业化生产的活性肽分离设备，使得海洋生物活性肽能够尽快从实验室进入产业化生产。并且，海洋生物活性肽的开发应更注重于提高其产量来适应工业化的生产。

参 考 文 献

[1] 李勇. 生物活性肽研究现况和进展. 食品与发酵工业, 2007, 33(1): 3-9.

[2] 林伟锋, 等. 海洋生物活性肽的制备及其研究状况. 食品工业科技, 2003, 24(9): 90-93.

[3] 管华诗, 等. 海洋活性多肽的研究进展. 中国海洋大学学报, 2004, 34(5): 761-766.

[4] Brantl V, et al. Novel opioid peptides derived from casein (beta-casomorphins). Ⅰ. Isolation from bovine casein peptone. Hoppe-Seyler's Zeitschrift für Physiologische Chemie, 1979, 360(9): 1211-1216.

[5] Morley J E. The endocrinology of the opiates and opioid peptides. Metabolism-Clinical & Experimental, 1981, 30(2): 195-209.

[6] 吴建平, 潘文彪. 乳蛋白生物活性肽的研究概述. 中国乳品工业, 1999, 27(1): 12-15.

[7] 马玉敏. 乳源性生物活性肽及其生物学与保健意义. 生物学杂志, 1999, 16(6): 28-30.

[8] 李勇, 朱文丽. 生物活性肽研究现况及进展. 厦门: 达能营养中心第九次学术年会, 2006: 3-9.

[9] Erdmann K, et al. The ACE inhibitory dipeptide Met-Tyr diminishes free radical formation in human endothelial cells via induction of heme oxygenase-1 and ferritin. Journal of Nutrition, 2006, 136(8): 2148-2152.

[10] Mccubbin J A, et al. Total synthesis of cryptophycin analogues via a scaffold approach. Department of Chemistry, 2006, 8(14): 2993-2996.

[11] 张绵松, 等. 海蜇血管紧张素转化酶抑制肽的超滤分离. 食品与药品, 2010, 12(1): 20-23.

[12] 梁美艳, 陈庆森. 具有降低心血管疾病危险的相关生物活性肽的研究现状. 食品科学, 2009, 30(19): 335-340.

[13] Hancock J T, et al. Role of reactive oxygen species in cell signalling pathways. Biochemical Society Transactions, 2001, 29(2): 345-349.

[14] Halliwell B, Whiteman M. Measuring reactive species and oxidative damage in vivo and in cell culture: how should you do it and what do the results mean? British Journal of Pharmacology, 2004, 142(2): 231-255.

[15] 胡文琴, 等. 抗氧化活性肽的研究进展. 中国油脂, 2004, 29(5): 42-45.

[16] Chan W K M, et al. EPR spin-trapping studies of the hydroxyl radical scavenging activity of carnosine and related dipeptides. Journal of Agricultural and Food Chemistry, 1994, 42(7): 162-169.

[17] 张梦寒, 等. 肌肽对脂质体的抗氧化作用. 食品科学, 2002, 23(7): 52-55.

[18] 高森, 等. 冰岛刺参调节血脂及其作用机制. 武汉大学学报(理学版), 2009, 55(3): 324-328.

[19] Nagai T, et al. Antioxidative activities and angiotensin Ⅰ-converting enzyme inhibitory activities of enzymatic hydrolysates from commercial kamaboko type samples. Food Science & Technology International, 2006, 12(4): 335-346.

[20] 禤如朋, 等. 海葵毒素多肽的分离和初步表征. 生物化学与生物物理进展, 2001, 28(4): 605-609.

[21] 胡晓璐, 等. 鱼精蛋白的提取纯化及应用研究进展. 渔业研究, 2011, 33(2): 84-88.

[22] 林端权, 等. 海洋生物活性肽的研究进展. 食品工业科技, 2016, 37(18): 367-373.

[23] Min Y, et al. The role of interparticle and external forces in nanoparticle assembly. Nature Materials, 2008, 7(7): 527-538.

[24] 许小丁, 等. 多肽分子自组装. 中国科学: 化学, 2011, 41(2): 221-238.

[25] 高玉霞, 等. 基于天然小分子化合物的超分子自组装. 化学学报, 2016, 74(4): 312-329.

[26] Steiner T. The hydrogen bond in the solid state. Angewandte Chemie International Edition, 2002, 41(1): 49-76.

[27] 张先恩. 生物结构自组装. 科学通报, 2009, 54(18): 2682-2690.

[28] 陈彰毅, 等. 蛋清蛋白质凝胶化机理的研究进展. 食品工业科技, 2014, 35(4): 369-373.

[29] 胡坤, 等. 蛋白质凝胶机理的研究进展. 食品工业科技, 2006, 27(6): 202-205.

[30] Damodaran S, Paraf A. Food proteins and their applications. Food Science and Technology, 1997, 142(12): 1992.

[31] Mine Y. Recent advances in the understanding of egg white protein functionality. Trends in Food Science & Technology, 1995, 6(7): 225-232.

[32] Bouraoui M, et al. *In situ* investigation of protein structure in Pacific whiting surimi and gels using Raman spectroscopy. Food Research International, 1997, 30(1): 65-72.

[33] Gosal W S, Ross-Murphy S B. Globular protein gelation. Current Opinion in Colloid & Interface Science, 2000, 5(3): 188-194.

[34] Utsumi S, Kinsella J E. Forces involved in soy protein gelation: effects of various reagents on the formation, hardness and solubility of heat-induced gels made from 7S, 11S, and soy isolate. Journal of Food Science, 1985, 50(5): 1278-1282.

[35] Hongsprabhas P, Barbut S. Protein and salt effects on Ca^{2+}-induced cold gelation of whey protein isolate. Journal of Food Science, 1997, 62(2): 382-385.

[36] Totosaus A, et al. A review of physical and chemical protein-gel induction. International Journal of Food Science & Technology, 2010, 37(6): 589-601.

[37] Alting A C, et al. Formation of disulfide bonds in acid-induced gels of preheated whey protein isolate. Journal of Agricultural and Food Chemistry, 2000, 48(10): 5001-5007.

[38] Clark A H, et al. Globular protein gelation——theory and experiment. Food Hydrocolloids, 2001, 15(4): 383-400.

[39] 迟玉杰. 蛋清蛋白质的糖基化产物结构与凝胶强度关系的探究. 食品科学, 2009, 30(21): 485-488.

[40] Weijers M, et al. Structure and rheological properties of acid-induced egg white protein gels. Food Hydrocolloids, 2006, 20(2-3): 146-159.

[41] 邹凯, 等. 蛋清蛋白凝胶性能的影响因素分析. 粮食科技与经济, 2012, 37(2): 57-60.

[42] 杨龙江, 南庆贤. 肌肉蛋白质的热诱导凝胶特性及其影响因素. 肉类工业, 2001, 246(10): 39-42.

[43] Barbut S, Mittal G S. Effect of heating rate on meat batter stability, texture and gelation. Journal of Food Science, 1990, 55(2): 334-337.

[44] 马美湖. 蛋与蛋制品加工学. 北京: 中国农业出版社, 2007.

[45] 何隽菁. 大豆分离蛋白在食品加工工业中的应用进展. 科技创新导报, 2007, (10): 256.

[46] Bajaj I, Singhal R. Gellan gum for reducing oil uptake in sev, a legume based product during deep-fat frying. Food Chemistry, 2007, 104(4): 1472-1477.

[47] 乐坚, 黎铭. 大豆分离蛋白发酵酸奶的制备研究. 食品工业科技, 2005, 26(1): 113-114.

[48] 肖红, 段玉峰. 食品蛋白降血压肽及其研究进展. 食品研究与开发, 2004, 25(5): 3-7.

[49] Chen L, et al. Food protein-based materials as nutraceutical delivery systems. Trends in Food Science & Technology, 2006, 17(5): 272-283.

[50] 舒子斌, 等. 胶原蛋白保湿面膜的研制. 四川师范大学学报(自然科学版), 2008, 31(6): 739-741.

[51] 何兰珍, 等. 壳聚糖-明胶海绵状伤口敷料的制备及性能研究. 药物生物技术, 2006, 13(1): 45-48.

[52] Bertazzo S, et al. Nano-analytical electron microscopy reveals fundamental insights into human cardiovascular tissue calcification. Nature Materials, 2013, 12(6): 576-583.

[53] 魏蔚. 牙生物磷灰石结合肽的淘选及生物矿化的初步研究. 武汉: 华中科技大学博士学位论文, 2013.

[54] 林芳, 等. 内源性生物活性肽在血管钙化中的作用. 生理科学进展, 2015, 46(5): 397-400.

[55] 高岩. 转鲑鱼降钙素基因酵母对骨质疏松和血管钙化作用的研究. 青岛: 中国海洋大学博士学位论文, 2009.

[56] 曾敏莉, 周远大. 钙制剂的现状及发展趋势. 儿科药学杂志, 2004, 10(3): 16-18.

[57] 刘永, 等. 罗非鱼鳞胶原蛋白肽锌螯合物制备工艺优化. 食品与发酵工业, 2013, 39(4): 125-129.

[58] 刘温, 等. 多肽金属元素螯合物研究进展. 食品与发酵工业, 2014, 40(4): 142-146.

[59] Giarolla J, et al. Molecular modeling as a promising tool to study dendrimer prodrugs delivery. Journal of Molecular Structure Theochem, 2010, 939(1-3): 133-138.

[60] 孙姗姗, 等. 胶原蛋白肽金属螯合物及其生产制备工艺的研究进展. 生物技术进展, 2017, 7(4): 290-295.

[61] 汤克勇. 胶原物理与化学. 北京: 科学出版社, 2012.

[62] 卢业玉, 等. Zn(Ⅱ)-锌试剂络合物与蛋白质的显色反应及其应用研究. 理化检验-化学分册, 2001, 37(7): 303-304.

[63] Armas A, et al. Zinc(Ⅱ) binds to the neuroprotective peptide humanin. Journal of Inorganic Biochemistry, 2006, 100(10): 1672-1678.

[64] Jiang Y, et al. Study of the physical properties of whey protein isolate and gelatin composite films. Journal of Agricultural and Food Chemistry, 2010, 58(8): 5100-5108.

[65] Seth A, Mahoney R R. Iron chelation by digests of insoluble chicken muscle protein: the role of histidine residues. Journal of the Science of Food & Agriculture, 2001, 81(2): 183-187.

[66] 范鸿冰, 等. 鲢鱼骨胶原多肽螯合钙的制备研究. 南方水产科学, 2014, 10(2): 72-79.

[67] Chen J Y, et al. A fish antimicrobial peptide, tilapia hepcidin TH2-3, shows potent antitumor activity against human fibrosarcoma cells. Peptides, 2009, 30(9): 1636-1642.

[68] Kim S B, Lim J W. Calcium-binding peptides derived from tryptic hydrolysates of cheese whey protein. Asian Australasian Journal of Animal Sciences, 2004, 17(10): 1459-1464.

[69] Lee S H, Song K B. Purification of an iron-binding nona-peptide from hydrolysates of porcine blood plasma protein. Process Biochemistry, 2009, 44(3): 378-381.

[70] Jung W K, et al. Preparation of hoki (Johnius belengerii) bone oligophosphopeptide with a high affinity to calcium by carnivorous intestine crude proteinase. Food Chemistry, 2005, 91(2): 333-340.

[71] Wang C, et al. Separation and identification of zinc-chelating peptides from sesame protein hydrolysate using IMAC-Zn^{2+} and LC-MS/MS. Food Chemistry, 2012, 134(2): 1231-1238.

[72] Zhao L, et al. Novel peptide with a specific calcium-binding capacity from whey protein hydrolysate and the possible chelating mode. Journal of Agricultural and Food Chemistry, 2014, 62(42): 10274-10282.

[73] Gifford J L, et al. Structures and metal-ion-binding properties of the Ca^{2+}-binding helix-loop-helix EF-hand motifs. Biochemical Journal, 2007, 405(2): 199-221.

[74] 邓尚贵, 等. 低值鱼蛋白多肽-铁(Ⅱ)螯合物的酶解制备及其抗氧化、抗菌活性. 湛江海洋大学学报, 2006, 26(4): 54-58.

[75] 张鹏, 等. 复合酶解法制备功能性大豆多肽的研究. 食品工业科技, 2006, 27(11): 117-118.

[76] 李同刚, 等. 罗非鱼下脚料复合酶水解物锌螯合盐的制备. 包装与食品机械, 2013, 31(3): 13-17.

[77] 陈紫红, 等. 多肽-矿质元素螯合物的研究进展. 食品工业科技, 2017, 38(8): 350-355.

[78] 崔潇, 等. 响应面法优化罗非鱼鱼皮胶原多肽螯合镁的工艺条件的研究. 食品工业科技, 2013, 34(15): 238-241.

[79] 孙长峰, 郭娜. 微量元素铁对人体健康的影响. 微量元素与健康研究, 2011, 28(2): 64-66.

[80] 黄赛博. 带鱼蛋白多肽亚铁螯合物的制备及生物活性研究. 舟山: 浙江海洋大学硕士学位论文, 2016.

[81] 林慧敏, 等. 舟山海域 4 种低值鱼酶解蛋白亚铁螯合物自由基清除活性与抑菌活性研究. 中国食品学报, 2012, 12(1): 19-24.

[82] 王丽娟, 刘菊林. 微量元素对人体健康的作用. 临床合理用药杂志, 2013, 6(8): 63.

[83] 工梦娅, 等. 大竹蛏源多肽与钙螯合物的制备工艺及生物活性研究. 湖北农业科学, 2017, 56(8): 1530-1533.

[84] Jung W K, et al. Fish-bone peptide increases calcium solubility and bioavailability in ovariectomised rats. British Journal of Nutrition, 2006, 95(1): 124-128.

[85] 陆剑锋, 等. 斑点叉尾鱼骨胶原多肽螯合钙的制备及其特征. 水产学报, 2012, 36(2): 314-320.

[86] 周霞, 石群. 锌与临床疾病关系的探讨. 中华现代儿科学杂志, 2009, 6(3): 147-149.

[87] 张继杰, 等. 甘氨酸螯合锌对肉鸡生长、血液学及免疫学特性的影响. 饲料与畜牧: 新饲料, 2014, (9): 60-63.

[88] Tamamura H, et al. An anti-HIV peptide, T22, forms a highly active complex with Zn(II). Biochemical and Biophysical Research Communications, 1996, 229(2): 648-652.

[89] 龚毅, 等. 锌氨基酸螯合物的抑菌活性研究. 食品科学, 2009, 30(17): 84-87.

[90] Manangi M K, et al. The impact of feeding supplemental chelated trace minerals on shell quality, tibia breaking strength and immune response in laying hens. Journal of Applied Poultry Research, 2015, 24: 316-326..

[91] Additives E P O, Feed P O S U I A. Scientific opinion on the characterisation of zinc compound 'zinc chelate of amino acids, hydrate (Availa®Zinc)' as a feed additive for all animal species. EFSA Journal, 2013, 11(10): 3369.

[92] 刘青, 等. 新氨基酸螯合钙制剂 L-亮氨酸钙的急性毒性及致突变性. 华侨大学学报(自然科学版), 2009, 30(4): 429-431.

[93] 汪学荣, 等. 猪血多肽亚铁螯合盐的急性毒性及 30d 喂养实验研究. 食品工业科技, 2012, 33(1): 366-369.

[94] 张岩, 等. 酶法制备海洋活性肽及其功能活性研究进展. 生物技术通报, 2012, (3): 42-48.

[95] 陈忻, 等. 以波纹巴非蛤为原料制备海洋生物活性肽. 食品科学, 2008, 29(11): 399-402.

[96] 吴炜亮, 等. ACE 抑制肽的生理功能和研究进展. 现代食品科技, 2006, 22(3): 251-254.

[97] 朱碧英, 毋瑾超. 不同酶解条件对鳀鱼蛋白水解物苦味及氨基酸组成的影响. 中国水产科学, 2001, 8(3): 73-76.

[98] 王玲琴, 等. 双酶法制备大豆降胆固醇活性肽的研究. 大豆科学, 2010, 29(1): 109-112.

[99] 江连洲. 食用蛋白质柔性化加工技术概述. 中国食品学报, 2015, 15(8): 1-9.

[100] 刘朝龙. 紫贻贝海鲜风味肽的双酶可控酶解制备与分离纯化. 青岛: 青岛农业大学硕士学位论文, 2014.

[101] 周喜斌, 等. 几种 QSAR 建模方法在化学中的应用与研究进展. 计算机与应用化学, 2011, 28(6): 761-764.

[102] 梅虎. 肽的定量构效关系研究. 重庆: 重庆大学博士学位论文, 2005: 240-243.

[103] 周展. 分子修饰技术构建长效/靶向蛋白质药物. 北京: 中国科学院研究生院(过程工程研究所)博士学位论文, 2016.

[104] 丁玲, 等. 分子修饰后儿茶素的生物活性研究现状. 茶叶学报, 2005, (1): 1-3.

[105] 沈晴晴. Plastein 反应修饰海地瓜酶解物制备 ACE 抑制肽及其机理研究. 青岛: 中国海洋大学硕士学位论文, 2014.

[106] 吴海滨. 利用米曲霉(*Aspergillus oryzae*)发酵鳕鱼皮制备生物活性肽的研究. 青岛: 中国海洋大学硕士学位论文, 2011.

[107] Guadalupe-Miroslava S J, et al. Bioactive peptides and depsipeptides with anticancer potential: sources from marine animals. Mar Drugs, 2012, 10(5): 963-986.

第三篇　非蛋白类海洋食品及其功能

第11章 壳多糖及其衍生物的生理功能

（赫尔辛基大学，谢 翀）

壳多糖(chitin)，也称甲壳素或几丁质，于 1811 年由法国科学家 H. Braconnot 发现。壳多糖被认为是自然界中除纤维素外第二丰富的多糖，广泛分布于细菌和真菌的细胞壁、甲壳类动物和昆虫的外骨骼等部位[1]。壳多糖及其各种衍生物[如壳聚糖(chitosan)和壳聚寡糖(chitooligosaccharides)等]不但来源丰富，还具有成膜性、生物相容性、抗氧化性、可生物降解等诸多优点。因此，壳多糖及其衍生物被广泛地应用于化工、纺织、食品、化妆品、生物医学、污水处理及功能高分子材料等领域。近几十年来，大量研究发现了壳多糖及其衍生物还具有许多有价值的生理活性，如免疫调节、抗肿瘤、抗凝血和降血脂等。这些独特的生理功能使得壳多糖及其各种衍生物被广泛研究并开发成保健食品或药品。

11.1 壳多糖及其衍生物的来源与性质

11.1.1 壳多糖

壳多糖是一种白色、坚硬、无弹性固体，其与纤维素具有相似的化学结构，都是由六碳糖通过 β-1,4-糖苷键连接而成的聚合物[2]。两者的不同之处在于纤维素的组成单体是葡萄糖，而组成壳多糖的单体则是 α-(1,4)-N-乙酰氨基-D-葡萄糖胺[3]。

壳多糖占甲壳类动物体重的一半左右，虾蟹等产品在食用或加工后被遗弃的部分是壳多糖的主要来源。由于分子结构的不同，壳多糖具有 α、β 和 γ 3 种晶体形式。其中，分布最为广泛的 α-壳多糖由紧密堆积的反向平行链组成，主要存在于真菌和酵母的细胞壁，昆虫的角质层和甲壳动物的外骨骼。β-壳多糖则由正向平行链组成，主要存在于软体动物(如鱿鱼)的骨和角质层。而 γ-壳多糖的结构则介于前两者之间，通常由占总量 2/3 的正向平行链和 1/3 的反向平行链组成[4]。组成壳多糖的分子链之间通过 C=O 和 H—N 形成氢键连接成片。每条链都在相邻糖环之间通过在 C6 上的羰基与羟基键合形成分子内的氢键。另外，类似于纤维素分子，壳多糖 C3 上的羟基和糖环的氧之间也存在氢键。这些氢键的存在增强了壳多糖的刚性，同时也降低了壳多糖的溶解性。

11.1.2　壳聚糖

壳聚糖是自然界中唯一的天然碱性多糖，由壳多糖脱去部分乙酰基后产生。通常，壳聚糖的分子量在 $5×10^4\sim2×10^6$Da[5]。目前有 3 种方式制备壳聚糖，包括：①壳多糖在碱液中加热脱乙酰化；②酶促水解壳多糖脱乙酰化；③提取某些真菌中天然存在的壳聚糖。目前工业中的壳聚糖主要由虾和螃蟹壳中的壳多糖脱乙酰得到[6]。无论通过何种方法制备，在壳聚糖中仍然有部分乙酰化氨基，所以壳聚糖可以看成是 D-葡萄糖胺和 N-乙酰氨基葡萄糖通过 β-1,4-糖苷键组成的杂多糖。不同来源的壳聚糖中这两种单糖的相对比例差异很大，形成不同脱乙酰度的壳聚糖(通常为 40%～98%)。值得注意的是，当脱乙酰度达到约 50%时，壳聚糖开始溶于酸性水溶液[6]。

壳聚糖分子骨架上有 3 个功能部分，分别为 C2 上的氨基、C3 上的伯羟基和C6 上的仲羟基。这些基团在壳聚糖的功能中扮演重要角色。其中，氨基是最重要的基团，其会在酸性条件下发生质子化现象，与带负电荷的分子(或位点)相互作用。此外，壳聚糖聚合物的氨基和羟基离子可以通过螯合作用与金属阳离子结合[7]。

11.1.3　壳聚寡糖

虽然壳聚糖显示出许多独特的功能，然而，其实际效果却可能会由于低溶解度和难以被人体小肠吸收而受到限制。壳聚糖的水解产物中分子量等于或小于10kDa 的通常被称为壳聚寡糖。它们由于较短的分子链和在 D-氨基葡萄糖上含有游离氨基而易溶于水[8]。壳聚寡糖在中性 pH 下较低的黏度和较高的溶解度使得它们容易被吸收到血液中，显示出更多的生理功能和更显著的生理活性。

化学合成法和酶法是目前广泛使用的壳聚寡糖生产方法。其中化学水解法在工业生产中更常用。但是，化学水解法有产量较低和会产生一些有毒化合物等缺点。酶法虽然能克服这些缺点，然而，水解酶较高的成本限制了酶法在工业中的广泛应用[9]。

11.2　壳多糖及其衍生物降血脂和胆固醇的功能

肥胖是由于能量摄入和支出不平衡引起的慢性代谢紊乱，其产生与脂肪细胞分化、细胞内脂质积聚和脂肪分解代谢等多种因素有关[10]。伴随着肥胖的血脂和胆固醇含量过高会增加包括心血管疾病、2 型糖尿病、某些癌症和关节炎等疾病的发病率[11]。因此，全球近几十年来急剧上升的肥胖率已成为大众瞩目的一个公共健康问题。

通过食品中的天然成分调节人体代谢，降低血液和肝脏中的脂肪与胆固醇含量是降低肥胖率和相关疾病发病率的有效手段。20 世纪 80 年代就有研究人员在动物实验中观察到壳聚糖的降脂作用[12]。此后，大量研究证明了壳聚糖可以显著降低人体血浆和肝脏中的三酰甘油与胆固醇水平。例如，Maezaki 等[13]发现在成年男性每日饮食中添加 3～6g 的壳聚糖后，血清中的总胆固醇含量显著降低；当停止摄入壳聚糖后，血清中的胆固醇含量又会上升至摄入前的水平。而且，在摄入壳聚糖期间，血清中高密度脂蛋白的含量也显著上升。

壳聚糖的降血脂和胆固醇的机制目前尚无定论，但是根据大量的研究来看，这一功能的形成可能是由于多种因素在起作用。

壳聚糖分子中带正电荷的氨基和脂肪酸或胆固醇分子中带负电荷的羧基之间会因静电作用相互吸引，使得壳聚糖对脂肪和胆固醇具有很强的结合能力。此外，疏水作用力、范德瓦耳斯力及氢键作用力也被认为参与了壳聚糖与胆固醇和脂肪酸的结合过程[14]。

壳聚糖和脂类在胃的酸性环境中会形成不可溶的复合物。之后，这些复合物会在小肠道中沉降，从而延缓脂肪酶对其的消化作用。除与脂肪结合外，还有研究发现壳聚糖可以直接作为底物与脂肪酶结合，抑制脂肪的消化过程[15]。另外，胆囊储存的胆汁盐在人体进食后会排入十二指肠中和食物中的脂质通过乳化作用形成微胶粒参与脂质的消化吸收。而壳聚糖能通过色散力或极性相互作用等途径和胆汁盐进行结合，阻止微胶粒的形成和胆汁盐依赖性的脂肪酶活化过程，降低脂类的消化和吸收速率[16]。

壳聚糖还可以通过对食欲的抑制达到减脂作用。这是由于壳聚糖在胃肠道中较难消化，在呈酸性的胃环境中会发生水合和溶胀形成凝胶，引起饱腹感[17]。此外，壳聚糖减缓了脂肪的消化，使得脂肪颗粒能够进入回肠的远端。这些脂肪颗粒会被肠道细胞感觉到，使其分泌相应的激素和肽减缓消化过程并发送信号给中枢神经系统抑制食欲[18]。

肥胖会改变白色脂肪组织(white adipose tissue，WAT)的形态和组成，改变相应蛋白质，如瘦素(leptin)、抵抗素(resistin)、纤溶酶原激活物抑制剂-1(plasminogen activator inhibitor-1)、单核细胞趋化蛋白-1(monocyte chemoattractant protein-1)、促炎细胞因子白细胞介素-6(interleukin-6，IL-6)和肿瘤坏死因子-α(tumor necrosis factor-α，TNF-α)的生产与分泌，引起炎症和代谢紊乱。Kersten[19]发现给高脂饮食的小鼠饲喂壳聚糖可以显著降低血清中的 IL-6、抵抗素和瘦素的水平。同时，他们认为壳聚糖降低了脂肪细胞中禁食诱导脂肪细胞因子(fasting-induced adipose factor，FIAF)的表达，FIAF 可以对参与脂肪代谢的脂蛋白脂肪酶(lipoprotein lipase)进行抑制，降低脂肪在肝脏中的吸收速率。

11.3 壳多糖及其衍生物对免疫系统的影响

11.3.1 增强免疫力

免疫系统是分布于动物体内的一套精密的防卫系统，具有防御、抵抗、消灭入侵病原体，清理、修复组织的功能，对于生物的生存至关重要。免疫可以分为非特异性免疫和特异性免疫两种类型，大量的研究表明壳多糖及其衍生物对这两种免疫力都有增强作用。

Nishimura 等[20]发现壳多糖及其衍生物能够提高小鼠体内巨噬细胞的活性，增强宿主对大肠杆菌的非特异性抵抗力并表现出一定的抗肿瘤活性。Shibata 等[21]发现壳多糖可以通过甘露糖受体诱导小鼠产生 IL-12、IL-18 和 TNF-α，从而诱导自然杀伤细胞产生 γ 干扰素(interferon-γ，IFN-γ)，IFN-γ 具有抗病毒、调节免疫力及抗肿瘤等多种功能。同时，壳聚糖在 IFN-γ 的存在下可以通过核因子活化 B 细胞 κ 轻链增强子(NF-κB)信号通路增加巨噬细胞中一氧化氮的产生来增强巨噬细胞的功能[22]。此外，壳多糖和壳聚糖还可以通过激活补体系统来增强机体非特异性免疫系统的功能[23]。

特异性免疫是机体经过后天的感染或接种疫苗获得的抵抗力，其形成通常和免疫球蛋白及免疫细胞有关。Maeda 等[24]发现脱乙酰度 70%～90%的壳聚糖可以作为免疫球蛋白刺激因子，在无血清培养液中将人杂种瘤细胞 HB4C5 的免疫球蛋白 IgM 的产生量提高了 5 倍，但对 IgG、IgA 则没有影响。Yeh 等[25]发现给正常小鼠饲喂壳聚糖可以通过增加体内的 T 细胞、B 细胞、单核细胞和巨噬细胞标志物来调节免疫应答。

此外，研究发现小鼠皮下注射疫苗时使用壳聚糖溶液作为佐剂可以显著增强机体的免疫应答，导致抗原特异性血清 IgG 水平提高了 5 倍；将抗原特异性免疫细胞 CD4+的增殖量提高了 6 倍。壳聚糖的免疫佐剂效果可能一方面来源于其对于自然杀伤细胞和巨噬细胞的刺激。另一方面，壳聚糖溶液的高黏度使得抗原在注射处的扩散较慢，可以形成局部的抗原库，更有效地刺激免疫应答[26]。

11.3.2 抗慢性炎症

炎症是机体对各种刺激物(如物理损伤、病原体、有毒化学物质、紫外线照射等)产生的反应，典型的症状有肿胀、发红、发热、疼痛，甚至部分组织功能丧失。免疫系统的异常可导致慢性炎症的产生，长时间或过度的炎症被认为是对人体有害的，会增加包括慢性哮喘、类风湿性关节炎、多发性硬化、炎症性肠病、牛皮癣和癌症等各种疾病的发病率。运用具有抗炎功能的天然物质干预，减轻炎症反应是当前的一个研究热点。

NF-κB 由于可以调节与炎症反应相关的促炎性细胞因子、黏附分子、环氧合酶-2(cyclooxygenase-2，COX-2) 和诱导型一氧化氮合酶 (inducible nitric oxide synthase，iNOS) 的基因转录，在慢性炎症产生和发展中起重要的作用。da Silva 等[27]发现了壳多糖的免疫调节和抗炎作用，并且认为其抗炎作用与颗粒大小有关。其中，大颗粒(70～100μm)的壳多糖是惰性的；中等大小(40～70μm)和小颗粒壳多糖(<40μm，大部分为 2～10μm)刺激了小鼠巨噬细胞中 TNF 的产生；不同颗粒大小的壳多糖也可以通过刺激不同受体，激活 NF-κB 和脾酪氨酸激酶 (splccn tyrosine kinase)，调控促炎和抗炎细胞因子的产生。小颗粒壳多糖优先结合 Dectin-1 受体，而中等大小壳多糖则优先结合 TLR2 受体。

壳聚糖的衍生物也被发现有抗炎症的效果。例如，Ngo 等[28]发现氨基乙基壳聚寡糖可以抑制 TNF-α 和 IL-1β 的产生，并且可以通过抑制诱导型一氧化氮合酶和环氧合酶-2 的表达，降低 NO 和 PGE2 产生的水平，在不产生细胞毒性的情况下显示出很好的抗炎效果。

Okamura 等[29]发现壳多糖/壳聚糖可以促进人体内成纤维细胞中基质金属蛋白酶-1(matrix metalloproteinase-1，MMP-1)的释放，MMP-1 在伤口愈合的最后阶段起着关键作用。因此，壳多糖/壳聚糖可以加速伤口愈合。此外，壳聚糖也可以通过抑制 PGE2 和 COX-2 的形成达到加速伤口愈合及抗炎的效果[30]。

壳聚糖酸解后可以形成葡萄糖胺盐酸盐、磷酸盐或硫酸盐等盐制剂。这些单糖是结缔组织和软骨中蛋白聚糖的结构单元，可以被损坏或发炎的组织吸收用于组织的修复和再生。由于这些单糖没有副作用或毒性，可以作为治疗关节炎的药物长时间服用[31]。此外，由于壳聚糖具有游离氨基，可以中和胃酸，并在胃中形成保护膜，因此壳聚糖可用于治疗酸消化不良和消化性溃疡[32]。

11.3.3　抗过敏

过敏是因机体对无害的环境物质形成过度反应引起的免疫系统紊乱，过敏反应引起的(如过敏性鼻炎、哮喘和特应性皮炎等)疾病影响着接近全球 1/3 的人口[33]。过敏的发生是由于特异性过敏原诱导了 CD4+ 2 型淋巴细胞(Th2)的分化和激活产生。一旦被激活，Th2 细胞会产生 IL-4、IL-5 和 IL-13，导致 B 细胞产生过敏原特异性免疫球蛋白 IgE。随后，过敏原特异性的 IgE 附着于肥大细胞和嗜碱性粒细胞表面具有高亲和力的 IgE 受体。之后如果同一过敏原再次接触机体，其会与相应的 IgE 结合，触发肥大细胞或嗜碱性粒细胞脱粒并导致组胺、乙酰胆碱、腺苷和中性蛋白酶等过敏介质的释放，以及细胞因子、趋化因子和生长因子的持续合成，引起过敏性炎症反应。根据这个机制，控制 Th2 型细胞因子表达和 IgE 水平被认为是预防及治疗过敏反应的重要方法[34]。

壳多糖及各种衍生物已经被很多实验证明能够抑制过敏原诱导的过敏反应。

Shibata 等[35]在一项研究中发现口服壳多糖使得小鼠中 Th2 型免疫反应、IgE 的产生和肺嗜酸性粒细胞的增殖均被抑制。具体机制为壳多糖导致 Th1 细胞因子 IFN-γ 的产生，以及 Th2 细胞因子（如 IL-4、IL-5 和 IL-10）水平的降低。Strong 等[36]也发现鼻腔注射微克剂量的壳多糖微粒显著增加了 Th1 细胞因子 IL-12、IFN-γ 和 TNF-α 的水平并抑制 IL-4 的产生，因此显著降低了过敏原引起的血清中 IgE 的升高。

Chung 等[37]研究了低分子量壳聚寡糖在过敏小鼠细胞内和体内的抗炎作用，发现由葡萄糖胺组成的低分子量壳聚寡糖（小于 1kDa）能够抑制经过抗原刺激的小鼠嗜碱性白血病细胞（basophilic leukemia cell）RBL-2H3 中细胞的脱粒和细胞因子的产生，而在体内试验中，每日摄入低分子量壳聚寡糖（16mg/kg 体重）可导致小鼠肺组织中 IL-4、IL-5、IL-13、TNF-α 的 mRNA 和蛋白质水平的显著降低，有效减轻过敏的症状。Vo 等[38]发现 1000μg/ml 的壳聚寡糖（1～3kDa）可以显著抑制小鼠嗜碱性白血病细胞（RBL-2H3）中组胺和 β-氨基己糖苷酶（β-hexosaminidase）的释放，以及细胞内钙离子载体诱导的钙离子浓度升高；同时，细胞中与 TNF-α、IL-1β、IL-4 和 IL-6 相关的 mRNA 的表达量也显著下降了，这些结果显示出壳聚寡糖可以被用于抑制肥大细胞介导的过敏性炎症反应。

11.4　壳多糖及其衍生物的抗肿瘤功能

癌症是一类以异常细胞不受控制地分裂并通过血液和淋巴系统传播到身体其他部位为特征的疾病。在 20 世纪 70 年代开始就有学者发现壳聚糖/壳聚寡糖可以通过增强免疫系统的功能表现出抗肿瘤活性。例如，Matheson 等[39]发现壳聚糖的组成单糖葡萄糖胺能够通过增强细胞的溶解活性来加强自然杀伤细胞的作用，起到抗肿瘤效果。Suzuki 等[40]发现壳聚寡糖的六倍体衍生物 hexa-N-acetylchitohexaose 和 chitohexaose 在体外试验中没有显示出对癌细胞的直接杀伤效果，但是在小鼠体内试验中通过腹腔注射增强了免疫细胞的活性，显著抑制了癌细胞的生长。近几十年来，壳聚糖和壳聚寡糖的其他抗肿瘤机制也被陆续发现。

11.4.1　诱导肿瘤细胞的凋亡

细胞凋亡（apoptosis）是机体内的细胞由一系列基因编码控制的严格自主性死亡过程。作为目前生命科学领域中的一个重要研究课题，诱导癌细胞凋亡被认为是抑制和治疗癌症的有效途径[41]。

Kim 等[42]发现壳聚糖处理 24h 可以通过降低凋亡相关蛋白（如 Bcl-2）的表达量并提高胱天蛋白酶（caspase）的表达量诱导白血病细胞凋亡。同时，壳聚糖还可以通过抑制蛋白激酶 B 的磷酸化显著抑制白血病细胞的增殖。

壳聚寡糖也被发现可以通过上调促凋亡蛋白 Bax 的表达量来触发细胞凋亡程

序的启动，诱导人肝细胞癌细胞(SMMC-7721 细胞)的凋亡[43]。Karagozlu 等[44]则发现氨基衍生化的壳聚寡糖也可以诱导 Bcl-2、Bax、p53 和 p21 等与凋亡相关的蛋白质或核酸的水平上升，显示出诱导癌细胞凋亡的能力。

11.4.2　抗血管生成

血管生成(angiogenesis)是指从预先存在的脉管系统形成新血管的过程，这一过程为恶性肿瘤的生长和转移所必需[45]。血管生成是一个复杂的过程，其中，内皮细胞(endothelial cell)的迁移、增殖和重排对血管生成至关重要[46]；血管内皮生长因子(vascular endothelial growth factor，VEGF)是影响血管生成的重要细胞因子，其与相应的受体结合后可以增强血管/淋巴管内皮细胞的有丝分裂，从而刺激细胞的增殖[47]。同时，VEGF 能提高血管通透性，使血浆大分子渗出到细胞外基质中，促进新毛细血管网的形成[48]。

Prashanth 和 Tharanathan[49]发现低分子量壳聚糖和壳聚寡糖可以通过抑制 VEGF 的表达或抑制相关因子的分泌来抑制 Ehrlich 腹水瘤(ascites tumor)细胞新血管的生成，并且壳聚寡糖比低分子量壳聚糖更有效。Wu 等[50]发现壳聚寡糖对人类脐静脉内皮细胞(human umbilical vein endothelial cell，HUVEC)无显著毒性，却可以通过阻断促血管生成因子及其受体之间的信号转导而产生抑制肿瘤细胞诱导的内皮细胞增殖和血管生成。在后续研究中，他们发现壳聚寡糖对内皮细胞迁移的抑制可能是由于其干扰一氧化氮信号转导途径[51]。由内皮一氧化氮合酶产生的一氧化氮，是许多信号转导过程中的重要第二信使和有效的血管扩张剂，可以增强内皮细胞的存活、增殖和迁移能力，是血管生成的关键介质[52]。

MMP 家族也被认为与血管的生成有关[53]。Kim 和 Kim[54]发现壳聚寡糖对人皮肤成纤维细胞中 MMP-2 的活化和表达有抑制作用(可能机制是壳聚寡糖对于锌离子的螯合能力)，所以壳聚寡糖也可能通过这一途径抑制血管生成。

11.4.3　抑制癌细胞迁移

癌细胞转移是癌症引起死亡的主要原因。癌细胞的转移由多个过程组成，包括癌细胞从初级肿瘤分离出来；侵入周围组织和血管内进入血液或淋巴系统；以及从脉管系统外渗到目标器官上定植。控制癌细胞的转移可能是治疗癌症和维持癌症患者生命的一个重要手段。

Nam 和 Shon[55]在人乳腺癌细胞(MDA-MB-231)的研究中发现，壳聚寡糖处理可导致细胞的 MMP-9 分泌量减少、活性降低，并且细胞的转移随着壳聚寡糖浓度的升高受到更加显著的抑制。

Xu 等[56]发现壳聚寡糖可以部分阻止表皮生长因子(epidermal growth factor，EGF)诱导的小鼠上皮细胞 GE11 的细胞形态变化，抑制 EGF 受体的磷酸化和胞外信号调节激酶[促分裂原活化的蛋白激酶(mitogenactivated protein kinase，MAPK)]的活化，最终抑制 EGF 诱导的细胞生长和迁移。此外，壳聚寡糖还可以通过下调 N-乙酰葡糖胺转移酶-V(N-acetylglucosaminyl transferase-V，GnT-V)的表达及降低其产物支链 N-乙酰氨基葡萄糖的产生抑制乳腺癌细胞的转移。

11.5　壳多糖及其衍生物的降血压功能

　　高血压是全世界最常见的心血管疾病之一。高血压会增加人体患动脉硬化、脑卒中、心肌梗死和终末期肾病的概率。据估计，全球 62%的脑血管病和 49%的缺血性心脏病都可以归因于高血压[57]。在人体中，血管紧张素转换酶(angiotensin converting enzyme，ACE)可以将无活性的血管紧张素 I 转化为其活性形式血管紧张素 II，导致小血管狭窄和血压升高[58]。人体实验及动物实验都显示饮食中高水平的氯化钠，尤其是氯离子会激活血管紧张素转换酶，从而升高血压[59]。

　　Hiromichi 等[60]在易卒中型自发性高血压大鼠的高盐饮食饲养过程中发现添加壳聚糖显著降低了血清中的氯离子和血管紧张素转换酶浓度，导致收缩压显著降低。在人体实验中，他们发现膳食中添加的壳聚糖可以与带负电荷的氯离子形成聚电解质复合体，抑制氯离子在肠道中的吸收，从而降低受氯离子刺激的血管紧张素转换酶活性。

　　壳聚寡糖可以通过抑制血管紧张素转换酶的活性而显示出降血压的功能。Park 等[61]发现不同脱乙酰度(90%、75%和 50%)和分子量(5～10kDa、1～5kDa 和<1kDa)的壳聚寡糖都可以抑制血管紧张素转换酶的活性。此外，壳聚寡糖的抑制效果随着脱乙酰度的降低而增加。中等分子量和 50%脱乙酰度的壳聚寡糖抑制效果最佳，对血清血管紧张素转换酶的半抑制浓度(IC_{50})为 (1.22 ± 0.13) mg/ml。他们认为壳聚寡糖对血清血管紧张素转换酶的抑制一方面可能由于它们可以与血管紧张素转换酶活性位点的锌离子相互作用从而抑制酶活性。另一方面，也可能是由于壳聚寡糖的—OH 或—NH_2 基团可以通过氢键与酶结合位点的氢原子相互作用。

　　Je 等[62]在脱乙酰度分别为 10%、50%和 90%的壳多糖 C-6 位置引入氨乙基制成氨乙基壳聚糖，并观察这些壳聚糖衍生物的降压效果，结果显示氨乙基壳聚糖会通过氢键结合和螯合作用与底物竞争血管紧张素转换酶的活性位点，脱乙酰度为 50%的氨乙基壳聚糖对血管紧张素转换酶显示出最高的抑制能力，IC_{50} 可以达到 0.038μmol/L。

　　除血管紧张素转换酶之外，肾素，或称血管紧张肽原酶(angiotensinogenase)，也是肾素-血管紧张素系统中一种重要的酶，可以切割血管紧张素原产生血管紧张素 I。因此，抑制肾素的作用可能产生降血压的效果。Park 等[63]发现壳聚寡糖对于肾素同样有抑制作用，而且抑制作用也取决于分子量大小及脱乙酰度。

不过脱乙酰度越高抑制作用越强，同一脱乙酰度的壳聚寡糖里中等分子量的抑制效果最佳。

11.6　壳多糖及其衍生物的抗凝血功能

血液的凝固是血浆中的可溶性纤维蛋白原变成不可溶的纤维蛋白，并在受伤部位的血管壁形成凝块终止出血。高血脂等因素引起的血栓会导致心肌梗死、脑血栓等严重疾病。抗凝血剂可以干扰凝血过程，在防治此类疾病中有重要的作用。如今来源于哺乳动物组织中的一种高度硫酸化的多糖肝素仍被用作抗凝药物[64]。然而，肝素的临床应用会引起多种不良反应，如出血过多、血小板减少症、轻度转氨酶升高和高钾血症等[65]。

寻找更安全的抗凝剂替代肝素引起了很多研究人员的兴趣。壳多糖及其衍生物经硫酸酰化后可以得到与肝素类似的结构，且具有与肝素相当的抗凝血活性。此外，由于壳多糖和壳聚糖提取自节肢动物，它们衍生化得到的肝素样物质不会含有如病毒或朊病毒在内的感染因子，相比于肝素更加安全，是一类具有前景的肝素替代物。

Suwan 等[66]制备了一系列低分子量壳聚糖硫酸盐(分子量为 5120～26 200)，并对其抗凝血活性进行了比较研究，结果显示这些壳聚糖硫酸盐抗凝血的主要功能是通过调节肝素辅因子Ⅱ实现的，而这一作用与其分子量相关，且每种低分子量壳聚糖硫酸盐片段都显示了剂量依赖性的抑制血液凝固作用。

在壳聚糖的氨基中引入羧基可以大幅度地延长活化部分凝血活酶时间(activated partial thromboplastin time，APTT)和凝血酶时间(thrombin time，TT)[67]。Yang 等[68]制备了一系列具有不同数量的 N-乙酰基和硫酸根基团的肝素样 6-羧基壳多糖，并且研究了它们的体外抗凝血活性。结果显示所有 6-羧基壳多糖衍生物都能延长部分凝血活酶时间，显示出一定的抗凝血功能。同时，这些衍生物的抗凝活性强烈依赖于它们的结构。其中，3,6-O-硫酸化基团可以促进抗凝血活性，而 N-硫酸化基团则不能提高抗凝血活性。但是，N-硫酸基和 O-硫酸基具有协同作用，N-硫酸化组可以促进 N,O-硫酸化壳多糖衍生物的抗凝血活性。此外，羧丁酰基羟乙基取代的壳聚糖硫酸酯也被发现有抗凝血活性，N 位引入羧丁酰基能显著延长活化部分凝血活酶时间和凝血酶时间，并且随羧基含量增加，延长的效果越显著。对比未取代组，取代组中效果最好的壳聚糖硫酸酯将活化部分凝血活酶时间和凝血酶时间分别延长了 5 倍和 1.5 倍[69]。

参 考 文 献

[1] Kurita K. Chitin and chitosan: functional biopolymers from marine crustaceans. Mar Biotechnol, 2006, 8(3): 203-226.

[2] Rudall K M, Kenchington W. The chitin system. Biological Reviews, 1973, 48(4): 597-633.

[3] Roberts G A F. Structure of Chitin and Chitosan, in Chitin Chemistry. London: Macmillan Education, 1992: 1-53.

[4] Khoushab F, Yamabhai M. Chitin research revisited. Mar Drugs, 2010, 8(7): 1988-2012.

[5] Alishahi A. Chitosan: a bioactive polysaccharide in marine-based foods. *In*: Karunaratne D N. The Complex World of Polysaccharides. Rijeka: InTech, 2012: 409-428.

[6] Castro S P M, Paulin E G L. Is chitosan a new panacea? Areas of application. *In*: Karunaratne D N. The Complex World of Polysaccharides. Rijeka: InTech, 2012: 3-46.

[7] Ngo D H, et al. Biological effects of chitosan and its derivatives. Food Hydrocolloids, 2015, 51: 200-216.

[8] Jeon Y J, et al. Preparation of chitin and chitosan oligomers and their applications in physiological functional foods. Food Reviews International, 2000, 16(2): 159-176.

[9] Je J Y, Ahn C B. Antihypertensive Actions of Chitosan and Its Derivatives, in Chitin, Chitosan, Oligosaccharides and Their Derivatives. Boca Raton: CRC Press, 2010: 263-270.

[10] Hu X, et al. Marine-derived bioactive compounds with anti-obesity effect: a review. Journal of Functional Foods, 2016, 21: 372-387.

[11] Kopelman P G. Obesity as a medical problem. Nature, 2000, 404(6778): 635-643.

[12] Sugano M, et al. A novel use of chitosan as a hypocholesterolemic agent in rats. Am J Clin Nutr, 1980, 33(4): 787-793.

[13] Maezaki Y, et al. Hypocholesterolemic effect of chitosan in adult males. Bioscience, Biotechnology, and Biochemistry, 1993, 57(9): 1439-1444.

[14] Wydro P B, et al. Chitosan as a lipid binder: a langmuir monolayer study of chitosan-lipid interactions. Biomacromolecules, 2007, 8(8): 2611-2617.

[15] Muzzarelli R A A. Chitosan-based dietary foods. Carbohydrate Polymers, 1996, 29(4): 309-316.

[16] Yong S, Wong T. Chitosan for body weight management. *In*: Himaya S W A, Kim S K. Marine Nutraceuticals. Boca Raton: CRC Press, 2013: 151-168.

[17] Wanders A J, et al. Effects of dietary fibre on subjective appetite, energy intake and body weight: a systematic review of randomized controlled trials. Obes Rev, 2011, 12(9): 724-739.

[18] Wilde P J, Chu B S. Interfacial & colloidal aspects of lipid digestion. Advances in Colloid and Interface Science, 2011, 165(1): 14-22.

[19] Kersten S. Regulation of lipid metabolism via angiopoietin-like proteins. Biochem Soc Trans, 2005, 33(5): 1059-1062.

[20] Nishimura K, et al. Immunological activity of chitin and its derivatives. Vaccine, 1984, 2(1): 93-99.

[21] Shibata Y, et al. Chitin particle-induced cell-mediated immunity is inhibited by soluble mannan: mannose receptor-mediated phagocytosis initiates IL-12 production. The Journal of Immunology, 1997, 159(5): 2462-2467.

[22] Jeong H J, et al. Nitric oxide production by high molecular weight water-soluble chitosan via nuclear factor-kappaB activation. Int J Immunopharmacol, 2000, 22(11): 923-933.

[23] Suzuki Y, et al. Influence of physico-chemical properties of chitin and chitosan on complement activation. Carbohydrate Polymers, 2000, 42(3): 307-310.

[24] Maeda M, et al. Stimulation of IgM production in human-human hybridoma HB4C5 cells by chitosan. Biosci Biotechnol Biochem, 1992, 56(3): 427-431.

[25] Yeh M Y, et al. Chitosan promotes immune responses, ameliorates glutamic oxaloacetic transaminase and glutamic pyruvic transaminase, but enhances lactate dehydrogenase levels in normal mice *in vivo*. Exp Ther Med, 2016, 11 (4): 1300-1306.

[26] Zaharoff D A, et al. Chitosan solution enhances both humoral and cell-mediated immune responses to subcutaneous vaccination. Vaccine, 2007, 25 (11): 2085-2094.

[27] da Silva C A, et al. Chitin is a size-dependent regulator of macrophage TNF and IL-10 production. J Immunol, 2009, 182 (6): 3573-3582.

[28] Ngo D N, et al. Aminoethyl chitooligosaccharides inhibit the activity of angiotensin converting enzyme. Process Biochemistry, 2008, 43 (1): 119-123.

[29] Okamura Y, et al. Effects of chitin/chitosan and their oligomers/monomers on release of type I collagenase from fibroblasts. Biomacromolecules, 2005, 6 (5): 2382-2384.

[30] Chou T C, et al. Chitosan inhibits prostaglandin E_2 formation and cyclooxygenase-2 induction in lipopolysaccharide-treated RAW 264.7 macrophages. Biochemical and Biophysical Research Communications, 2003, 308 (2): 403-407.

[31] Bruyere O, et al. Glucosamine sulfate reduces osteoarthritis progression in postmenopausal women with knee osteoarthritis: evidence from two 3-year studies. Menopause, 2004, 11 (2): 138-143.

[32] Xia W, et al. Biological activities of chitosan and chitooligosaccharides. Food Hydrocolloids, 2011, 25 (2): 170-179.

[33] Ono S J. Molecular genetics of allergic diseases. Annual Review of Immunology, 2000, 18 (1): 347-366.

[34] Nguyen T H, Casale T B. Immune modulation for treatment of allergic disease. Immunol Rev, 2011, 242 (1): 258-271.

[35] Shibata Y, et al. Oral administration of chitin down-regulates serum IgE levels and lung eosinophilia in the allergic mouse. The Journal of Immunology, 2000, 164 (3): 1314-1321.

[36] Strong P, et al. Intranasal application of chitin microparticles down-regulates symptoms of allergic hypersensitivity to *Dermatophagoides pteronyssinus* and *Aspergillus fumigatus* in murine models of allergy. Clin Exp Allergy, 2002, 32 (12): 1794-1800.

[37] Chung M J, et al. Anti-inflammatory effects of low-molecular weight chitosan oligosaccharides in IgE-antigen complex-stimulated RBL-2H3 cells and asthma model mice. Int Immunopharmacol, 2012, 12 (2): 453-459.

[38] Vo T S, et al. Inhibitory effects of chitooligosaccharides on degranulation and cytokine generation in rat basophilic leukemia RBL-2H3 cells. Carbohydrate Polymers, 2011, 84 (1): 649-655.

[39] Matheson D S, et al. Effect of D-Glucosamine on human natural killer activity *in vitro*. Journal of Immunotherapy, 1984, 3 (4): 445-453.

[40] Suzuki K, et al. Antitumor effect of hexa-N-acetylchitohexaose and chitohexaose. Carbohydr Res, 1986, 151: 403-408.

[41] Burz C, et al. Apoptosis in cancer: key molecular signaling pathways and therapy targets. Acta Oncologica, 2009, 48 (6): 811-821.

[42] Kim M O, et al. Water-soluble chitosan sensitizes apoptosis in human leukemia cells via the downregulation of Bcl-2 and dephosphorylation of Akt. Journal of Food Biochemistry, 2013, 37 (3): 270-277.

[43] Xu Q, et al. Chitooligosaccharides induce apoptosis of human hepatocellular carcinoma cells via up-regulation of Bax. Carbohydrate Polymers, 2008, 71 (4): 509-514.

[44] Karagozlu M Z, et al. Aminoethylated chitooligomers and their apoptotic activity on AGS human cancer cells. Carbohydrate Polymers, 2012, 87 (2): 1383-1389.

[45] Folkman J. Angiogenesis. Annu Rev Med, 2006, 57: 1-18.

[46] Coultas L K, et al. Endothelial cells and VEGF in vascular development. Nature, 2005, 438(7070): 937-945.

[47] Bussolino F, et al. Molecular mechanisms of blood vessel formation. Trends in Biochemical Sciences, 1997, 22(7): 251-256.

[48] Folkman J. Angiogenesis in cancer, vascular, rheumatoid and other disease. Nat Med, 1995, 1(1): 27-31.

[49] Prashanth K V H, Tharanathan R N. Depolymerized products of chitosan as potent inhibitors of tumor-induced angiogenesis. Biochim Biophys Acta, 2005, 1722(1): 22-29.

[50] Wu H, et al. Anti-angiogenic activities of chitooligosaccharides. Carbohydrate Polymers, 2008, 73(1): 105-110.

[51] Wu H, et al. Chitooligosaccharides inhibit nitric oxide mediated migration of endothelial cells *in vitro* and tumor angiogenesis *in vivo*. Carbohydrate Polymers, 2010, 82(3): 927-932.

[52] Sessa W C. Regulation of endothelial derived nitric oxide in health and disease. Memórias do Instituto Oswaldo Cruz, 2005, 100: 15-18.

[53] Sang Q X A. Complex role of matrix metalloproteinases in angiogenesis. Cell Res, 1998, 8(3): 171-177.

[54] Kim M M, Kim S K. Chitooligosaccharides inhibit activation and expression of matrix metalloproteinase-2 in human dermal fibroblasts. Febs Letters, 2006, 580(11): 2661-2666.

[55] Nam K S, Shon Y H. Suppression of metastasis of human breast cancer cells by chitosan oligosaccharides. Journal of Microbiology and Biotechnology, 2009, 19(6): 629-633.

[56] Xu Q, et al. Chitosan oligosaccharide inhibits EGF-induced cell growth possibly through blockade of epidermal growth factor receptor/mitogen-activated protein kinase pathway. Int J Biol Macromol, 2017, 98: 502-505.

[57] Ha S K. Dietary salt intake and hypertension. Electrolytes & Blood Pressure, 2014, 12(1): 7-18.

[58] Kearney P M, et al. Global burden of hypertension: analysis of worldwide data. Lancet, 2005, 365(9455): 217-223.

[59] Boon N A, Aronson J K. Dietary salt and hypertension: treatment and prevention. British Medical Journal, 1985, 290(6473): 949-950.

[60] Hiromichi O, et al. Antihypertensive and antihyperlipemic actions of chitosan. J Chitin Chitosan, 1997, 2(3): 49-59.

[61] Park P J, et al. Angiotensin I converting enzyme (ACE) inhibitory activity of hetero-chitooligosaccharides prepared from partially different deacetylated chitosans. J Agric Food Chem, 2003, 51(17): 4930-4934.

[62] Je J Y, et al. Antihypertensive activity of chitin derivatives. Biopolymers, 2006, 83(3): 250-254.

[63] Park P J, et al. Renin inhibition activity by chitooligosaccharides. Bioorg Med Chem Lett, 2008, 18(7): 2471-2474.

[64] Lindahl U. 'Heparin'—from anticoagulant drug into the new biology. Glycoconj J, 2000, 17(7-9): 597-605.

[65] Desai U R. New antithrombin-based anticoagulants. Med Res Rev, 2004, 24(2): 151-181.

[66] Suwan J, et al. Sulfonation of papain-treated chitosan and its mechanism for anticoagulant activity. Carbohydrate Research, 2009, 344(10): 1190-1196.

[67] Huang R, et al. Influence of functional groups on the *in vitro* anticoagulant activity of chitosan sulfate. Carbohydrate Research, 2003, 338(6): 483-489.

[68] Yang J, et al. Preparation, characterization and anticoagulant activity *in vitro* of heparin-like 6-carboxylchitin derivative. International Journal of Biological Macromolecules, 2012, 50(4): 1158-1164.

[69] Ronghua H, et al. Preparation and anticoagulant activity of carboxybutyrylated hydroxyethyl chitosan sulfates. Carbohydrate Polymers, 2003, 51(4): 431-438.

第12章 壳聚糖在食品包装中的应用

（赫尔辛基大学，谢　翀）

食品包装是食品工业的重要组成部分。适当的包装能够延长食品的货架期并且使得食品的流通和携带更加方便，同时还能降低食品在运输和储存过程中因各种因素造成的营养物质损失。目前食品工业中还在大量地使用塑料制品作为包装材料，此类材料在遗弃后难以自然降解，会降低土壤水分和氧气的传输速率，导致土地的质量下降，从而带来严重的环境污染问题。同时，塑料制品的生产过程中也需要消耗不可再生的石油资源。所以，开发环保材料代替塑料作为包装手段以缓解环境和能源问题是当前的一个研究热点。

生物来源的可食用包装材料被认为是一种很好的塑料替代品。通过覆盖或喷涂，这些材料可以在食品表面形成一层薄膜，防止食品与外界交换氧气、水分和二氧化碳等物质，从而延长保质期。同时，这些包装材料可以作为食品的一部分被食用。即使是被遗弃，它们的可生物降解特性也可以确保它们在自然条件下在较短的时间内被分解。

甲壳素脱乙酰基后得到的壳聚糖是一种来源丰富的天然大分子多糖。由于具有生物相容性、可生物降解和成膜性等诸多优良特性，壳聚糖已经被广泛应用于轻工业、食品业、医药业、污水处理、生物材料、农业等各种领域。壳聚糖不溶于纯水或有机溶剂，但是在特定条件下可以溶于有机酸溶液中。壳聚糖分子在稀酸溶液中会发生分子链的断裂和重连，可以形成薄膜应用到食品的包装中。同时，由于壳聚糖具有抗氧化性和抗菌性，因此是一种极有开发前景的可食用材料。

12.1　壳聚糖膜的特性

12.1.1　机械性能

壳聚糖膜对氧气和二氧化碳等气体有很强的隔绝性。然而，壳聚糖分子的亲水性导致壳聚糖膜有相对较高的水蒸气渗透性[1]。壳聚糖膜的机械性能依赖于许多因素，如分子量、乙酰基、增塑剂、pH和储存期等[2]。

使用低脱乙酰度壳聚糖制成的膜具有较低的水蒸气渗透性和更高的抗拉强度，但是脱乙酰度对于延伸率则没有影响[3]。随着pH增加，壳聚糖膜的水蒸气渗透性会增加，而抗拉强度显著下降。用乙酸和丙酸溶剂制成的壳聚糖薄膜具有较低的水蒸气渗透性和较高的抗拉强度，而含乳酸的薄膜具有较高的延伸率和较低的抗拉强度[4]。

在制膜过程中加入甘油或其他多元醇作为增塑剂会改变膜的微观结构，从而影响膜的机械性能，但不同增塑剂效果不同。例如，随着溶液中甘油浓度的增加，壳聚糖膜的水蒸气渗透性和延伸率均降低，而拉伸强度则增加[2]。

12.1.2　抗氧化性能

自由基是具有不成对电子的原子或基团。食品在储存过程中会由于各种因素产生一些自由基，如超氧阴离子($O_2^-·$)、羟基($HO·$)、过氧化物($ROO·$)、烷氧基($RO·$)和氢过氧化物($HOO·$)。这些自由基引起的氧化会降低食品的营养和经济价值。因此，抗氧化剂被广泛应用于食品的保存和加工的过程中，以达到抗氧化的效果。研究发现壳聚糖可以通过螯合金属离子并与脂质结合清除自由基来控制脂质氧化。壳聚糖的抗氧化作用取决于它们的分子量、黏度和脱乙酰度，分子量越低、脱乙酰度越高，清除自由基的能力越强[5]。

12.1.3　抗菌性能

食品加工和存储过程中面临的一大问题是微生物生长代谢引起的食物腐败和安全问题。壳聚糖具有广谱的抗菌性能。但是，壳聚糖的抗菌机制还不清楚，只有多种假说。一种观点认为，壳聚糖的抗菌功能是因为其分了 C_2 位置上的 NH_2 基团质子化产生 NH_3^+，NH_3^+ 会和细菌或真菌细胞壁中带有负电荷的成分(蛋白质和脂多糖)因静电反应而相互作用，造成细胞壁结构的破坏，导致细胞内渗透压的变化和细胞内成分的泄漏[6]。另一种假说认为，壳聚糖分子能够进入部分真菌和细菌的细胞内，干扰 mRNA 或是蛋白质的合成，从而抑制微生物的生长繁殖。还有一种可能的机制是，由于壳聚糖分子中的氨基基团具有很强的金属螯合能力，能够和环境中游离的过渡金属元素形成复合物，从而限制微生物对于必需微量元素的吸收[7]。此外，壳聚糖形成的薄膜对气体有较强的隔绝能力，可以抑制菌丝体的生长，孢子形成和发芽，以及毒力因子的产生，从而干扰真菌的生长[8]。

壳聚糖的抗菌性能取决于其分子量、乙酰化程度、浓度、菌的种类、环境温度和 pH 等因素[9]。壳聚糖的抗菌活性与其脱乙酰度成正比，因为脱乙酰的程度增加意味着壳聚糖上氨基数目的增加，导致壳聚糖在酸性条件下具有更多的质子化氨基。同时，脱乙酰度的升高可以使得壳聚糖在水中有更高的溶解度，从而增加壳聚糖和微生物带负电荷的细胞壁之间相互作用的机会。壳聚糖所处微环境的 pH 功能决定了质子化和未质子化氨基的相对比例。pH 在 6.0 以下时，因为其中质子化形式占优势，溶解度较高，所以壳聚糖的抗菌效果也会更好。

此外，壳聚糖膜的抗微生物性能还可以通过在制膜过程中加入如乳链菌肽、植物精油和丙酸等抗菌物质而得到加强。

12.1.4 生物降解性能

能够水解葡糖胺-葡糖胺，葡糖胺-N-乙酰基-葡糖胺和 N-乙酰基-葡糖胺-N-乙酰基-葡糖胺之间键的酶类都可以降解壳聚糖。很多的微生物都含有几丁质酶，主要通过作用于 N-乙酰基-β-1,4-葡糖胺键来降解壳聚糖。高等植物虽然不含有几丁质，但是由于需要抵御含有几丁质的细菌和昆虫的入侵或与它们共生，也有几丁质酶存在。脊椎动物也含有几丁质酶，而且体内的溶菌酶及肠道中的微生物也可以降解壳聚糖。此外，果胶酶、猪胰酶和部分蛋白酶也都被报道有降解壳聚糖的能力。

不同来源的几丁质酶往往具有不同的性质，例如，酿酒酵母(*Saccharomyces cerevisiae*)中几丁质酶的最适 pH 为 2.5，而尼罗罗非鱼(*Oreochromis niloticus*)中几丁质酶的最适 pH 则为 9.0。壳聚糖的生物降解和分子中的脱乙酰度有关。通常，脱乙酰度越高，降解速率也越快。

12.1.5 安全性能

壳聚糖被广泛认为是无毒的聚合物。已经在芬兰、日本和意大利被批准在膳食中添加。FDA 也批准其作为伤口包扎的材料使用。大量的研究也都证明了其使用的安全性。Hirano 等[10]发现给兔子每天静脉注射每千克体重 4.5mg 的低分子量壳聚糖、壳聚寡糖，11 天之内未观察到异常生理学症状。当壳聚寡糖的注射浓度达到每千克体重 7.1~8.6mg 时，兔子血清中的溶菌酶活性在注射期间提高了一倍以上，但是兔子的食欲有所下降，且溶菌酶活性在60天后恢复正常。Rao 和 Sharma[11]在小鼠的急性毒理实验中也证明了壳聚糖没有显著的毒性作用，而且既对眼睛或皮肤无刺激作用，也不是致热原。

有研究发现小鼠口服壳聚糖的半数致死量是每千克体重 16g，与蔗糖相当[12]。一项研究发现当口服壳聚糖的浓度达到一定水平时，会呈现出细胞毒性并导致动物出现腹泻。但是，这种不利影响是轻微的，并且在停止口服后就会自然恢复[13]。

一些体外研究发现较高剂量的壳聚糖会表现出一定的细胞毒性，而且其毒性与其脱乙酰度和分子量相关。在高脱乙酰度时毒性较高，而且与分子量和浓度有关；在脱乙酰度较低时毒性较小，而且与分子量的相关性也较小。壳聚糖不同的制备方法在化学结构上有极大的多样性，这使得对于其安全性的研究十分复杂。壳聚糖的分子量、脱乙酰度和衍生基团等多种因素都会对其安全性产生影响。

12.2　壳聚糖膜的应用

12.2.1　水产品

水产品，如鱼虾蟹肉中通常含有较多的游离氨基酸，容易因细菌生长而导致腐烂。同时，水产品中丰富的多不饱和脂肪酸也容易在存储过程中发生氧化酸败而影响食用价值和产品质量。而且，随着食品工业的发展和全球化贸易的形成，有大量的水产品被分割加工后出售，此类分割后的水产品对于包装有更高的要求。

壳聚糖膜可以作为水产品包装中一个潜力巨大的发展方向。壳聚糖的抗氧化活性可以有效减缓水产品中的脂质氧化，而且壳聚糖的抗菌性能也有助于延长水产品的保质期。同时，很多研究显示，壳聚糖膜包裹可以降低存储过程中的水分损失。例如，将三文鱼片浸泡在新鲜壳聚糖溶液中，相比对照组，保存过程中好氧嗜温菌和嗜酸菌的细胞计数显著下降，在冷藏条件下鱼的保质期延长了 6 天。由于其抗氧化活性，壳聚糖涂抹后硫代巴比妥酸值从对照组的 7.4mg/kg 下降到 1.3mg/kg。在冷冻 8 个月内，对比使用乳酸溶液或蒸馏水处理的鱼片，浓度为 1% 的壳聚糖处理的三文鱼鱼片的解冻后产量较高[14]。

Duan 等[15]发现用 30g 含 10%鱼油的壳聚糖溶液包裹新鲜鳕鱼片后再冷藏，相比对照组，显著降低了脂类氧化程度，同时使冷藏鱼肉样品中总菌落数和嗜冷菌总数分别降低 0.37～1.19（lgCFU/g）和 0.27～1.55（lgCFU/g），货架期延长了 7 天，而且，冷冻鱼片的滴水损失也降低了 14.1%～27.6%。

Remya 等[16]研究了在壳聚糖溶液中添加 0.3%的姜精油制成具有抗微生物功能的可食用膜作为鱼排的包装。在储存期间，使用抗菌膜可以显著抑制包括假单胞菌、乳酸菌、热死环丝菌在内的多种微生物的生长，并且显著减缓了硫化氢的产生。同时，用抗微生物膜包裹的同时填充有氧气清除剂的鱼排，可以更进一步减缓总挥发性碱的形成和脂质氧化速率，将鱼排的保质期从对照袋中的 15 天延长至 30 天。

12.2.2　畜产品

12.2.2.1　肉制品

肉制品因其味道鲜美而受到全世界消费者的喜爱。但生鲜肉及肉制品由于其营养丰富而极易受微生物污染导致食用品质的下降，甚至造成食物中毒。应用壳聚糖膜可以抑制肉制品中细菌的生长，延长肉制品的保质期。同时，壳聚糖的抗氧化功能也可以延缓肉制品中脂质氧化导致的风味变化。

Kanatt 等[17]研究了壳聚糖涂抹对冷藏鸡肉和羊肉产品保质期的影响。结果表明，在贮藏过程中用 20g/L 的壳聚糖乙酸溶液涂抹可以显著抑制保藏过程中金黄色葡萄球菌、蜡样芽孢杆菌、假单胞菌和大肠杆菌的生长；TBARS 的变化也显示壳聚糖涂抹抑制了肉制品在储存过程中的脂质氧化。同时，壳聚糖涂抹的产品即使在储存 7 天后仍未出现明显的腐败变质现象，而未经涂抹的产品在同样条件下保存 3 天后就出现黏液和异味[17]。

Rao 等[18]发现应用壳聚糖膜显著减少了即食羊肉串和牛肉培根在 4℃储存期间的脂质氧化速率和水分流失。同时，剂量为 4kGy 的 γ 射线处理可以显著降低牛羊肉产品中初始微生物的含量，但是不会破坏壳聚糖膜的结构。经过 γ 射线处理并涂抹壳聚糖的即食牛肉饼在储存 4 周后仍未检测出微生物。

12.2.2.2　禽蛋

禽蛋可以提供优质蛋白质和磷脂等多种营养物质，在世界各国人民的日常饮食中占据重要地位。虽然有蛋壳提供一定的屏障作用，但是禽蛋在储存期间由于内外气体交换和水分流失可能会出现重量减轻或内部成分变化等问题。而且，如沙门氏菌等微生物甚至可以渗入禽蛋的内部进行繁殖，导致食用品质下降并产生食品安全问题[19]。因此，应用包装膜降低禽蛋的气体和水分流失并避免微生物污染是一个很有意义的研究方向。

Bhale 等[20]把鸡蛋使用 3 种不同分子量的壳聚糖溶液涂抹，并放置在 25℃下进行储存实验。哈氏单位和蛋黄指数结果表明壳聚糖涂抹的鸡蛋可以保存 5 周以上（未涂抹的鸡蛋只能保存 2 周左右）。而且，低分子量（470kDa）的壳聚糖涂抹相比其他两组更有效地降低了重量的损失。此外，壳聚糖涂抹鸡蛋与未涂抹鸡蛋之间消费者的整体接受度并没有差异。

溶菌酶，或称 N-乙酰胞壁质聚糖水解酶，是一种广泛存在的天然抗菌物质，可以破坏细菌的细胞壁，导致其细胞壁破裂，内容物逸出而死亡。由于壳聚糖可以增强溶菌酶的抗菌能力，因此使用含有溶菌酶的壳聚糖溶液涂抹的方法也日益受到重视，用含溶菌酶的壳聚糖涂抹可以有效控制肠炎沙门氏菌的生长[21]。例如，Yuceer 和 Caner[22]发现用含溶菌酶的壳聚糖溶液涂抹可以显著抑制蛋清 pH 升高，延长货架期，同时还可以提高蛋壳的硬度。

12.2.2.3　奶酪制品

奶酪是一种具有悠久历史的食物，由奶发酵得到。含有丰富的蛋白质、脂肪、钙和维生素等多种营养成分。由于奶酪营养丰富，因此对于其包装的要求较高，通常需要氮气或二氧化碳的气调包装以减少氧气的含量，也可与防腐剂组合使用或不与防腐剂组合使用，以延长奶酪的保质期。但是，这些技术并不能保证彻底抑制腐败菌的生长，因为即使在低氧浓度和高二氧化碳浓度下也不能避免酵母与细菌的微生物腐败。而且，过量的二氧化碳会导致奶酪风味的改变[23]。

Embuena 等[24]发现应用含有牛至精油或迷迭香精油的壳聚糖涂抹可以降低山羊奶酪在保存过程中重量的下降，同时还可以通过抑制部分微生物的生长及脂肪酶和蛋白酶的活性而延长保质期。此外，感官评价显示，涂抹含有牛至精油壳聚糖的奶酪得分最高。

12.2.3　农产品

农产品，尤其是鲜切果蔬在清洗和切割过程中会造成机械损伤，在之后的储存期间容易引起许多生理变化，包括组织软化，糖含量增加，有机酸含量下降，叶绿素降解，挥发性风味化合物的损失，酚类和氨基酸含量降低，发生褐变现象。这些反应会影响农产品的色泽、质地、风味，导致部分营养成分含量降低，甚至可能会造成有害微生物增殖或毒素的产生。壳聚糖膜有很好的气体隔绝性能，可以控制植物细胞的呼吸，防止植物组织衰老和死亡，从而显著延长新鲜农产品的保质期，同时还可以减缓农产品保存过程中的脂质氧化。同时，壳聚糖膜还可以防止水分流失及水滴的形成，抑制微生物的生长。除了使用壳聚糖膜包裹农产品，也可以将产品浸在壳聚糖的稀酸溶液中进行保鲜。

Durango 等[25]发现浓度为 1.5g/100ml 的壳聚糖涂膜在 15 天的贮藏期内能够有效降低胡萝卜表面霉菌和酵母菌的生长速率。但是，浓度为 0.5g/100ml 的壳聚糖涂膜组只能在贮藏的前 5 天内很好地降低胡萝卜表面微生物的生长速率，在 5 天后则与未涂抹组无显著差异。

Vangnai 等[26]用不同浓度(0g/100ml、0.5g/100ml、1.0g/100ml、1.5g/100ml)的低分子量壳聚糖涂抹于龙眼表面，将龙眼贮藏在相对湿度为 90%～95%的 4℃条件下 20 天，通过与未涂膜组对比，发现涂膜组的龙眼失重率略微降低，多酚氧化酶活性降低，并且其果皮的褐变情况得到了缓解。质量浓度为 1.0g/100ml 和 1.5g/100ml 的壳聚糖涂膜组的保鲜效果最好。

参 考 文 献

[1] Butler B L, et al. Mechanical and barrier properties of edible chitosan films as affected by composition and storage. Journal of Food Science, 1996, 61(5): 953-956.

[2] Venugopal V. Edible films and carrier matrices from marine polysaccharides. *In*: Venugopal V. Marine Polysaccharides. Boca Raton: CRC Press, 2011: 259-307.

[3] Baskar D, Kumar T S S. Effect of deacetylation time on the preparation, properties and swelling behavior of chitosan films. Carbohydrate Polymers, 2009, 78(4): 767-772.

[4] Kjm K M, et al. Properties of chitosan films as a function of pH and solvent type. Journal of Food Science, 2006, 71(3): 119-124.

[5] Hayes M, et al. Mining marine shellfish wastes for bioactive molecules: chitin and chitosan—Part B: applications. Biotechnol J, 2008, 3(7): 878-889.

[6] Raafat D, et al. Insights into the mode of action of chitosan as an antibacterial compound. Appl Environ Microbiol, 2008, 74(12): 3764-3773.

[7] Wang X, et al. Chitosan-metal complexes as antimicrobial agent: synthesis, characterization and structure-activity study. Polymer Bulletin, 2005, 55(1): 105-113.

[8] Ghaouth A E, et al. Antifungal activity of chitosan on post-harvest pathogens: induction of morphological and cytological alterations in *Rhizopus stolonifer*. Mycological Research, 1992, 96(9): 769-779.

[9] Khan F I, et al. Implications of molecular diversity of chitin and its derivatives. Appl Microbiol Biotechnol, 2017, 101(9): 3513-3536.

[10] Hirano S, et al. Enhancement of serum lysozyme activity by injecting a mixture of chitosan oligosaccharides intravenously in rabbits. Agricultural and Biological Chemistry, 1991, 55(10): 2623-2625.

[11] Rao S B, Sharma C P. Use of chitosan as a biomaterial: studies on its safety and hemostatic potential. J Biomed Mater Res, 1997, 34(1): 21-28.

[12] Kean T, Thanou M. Biodegradation, biodistribution and toxicity of chitosan. Adv Drug Deliv Rev, 2010, 62(1): 3-11.

[13] Zheng F, et al. Chitosan nanoparticle as gene therapy vector via gastrointestinal mucosa administration: results of an *in vitro* and *in vivo* study. Life Sci, 2007, 80(4): 388-396.

[14] Sathivel S, et al. The influence of chitosan glazing on the quality of skinless pink salmon (*Oncorhynchus gorbuscha*) fillets during frozen storage. Journal of Food Engineering, 2007, 83(3): 366-373.

[15] Duan J, et al. Quality enhancement in fresh and frozen lingcod (*Ophiodon elongates*) fillets by employment of fish oil incorporated chitosan coatings. Food Chemistry, 2010, 119(2): 524-532.

[16] Remya S, et al. Combined effect of O_2 scavenger and antimicrobial film on shelf life of fresh cobia (*Rachycentron canadum*) fish steaks stored at 2℃. Food Control, 2017, 71: 71-78.

[17] Kanatt S R, et al. Effects of chitosan coating on shelf-life of ready-to-cook meat products during chilled storage. LWT-Food Science and Technology, 2013, 53(1): 321-326.

[18] Rao M S, et al. Development of shelf-stable intermediate-moisture meat products using active edible chitosancoating and irradiation. Journal of Food Science, 2005, 70(7): 325-331.

[19] Padron M. Salmonella typhimurium penetration through the eggshell of hatching eggs. Avian Dis, 1990, 34(2): 463-465.

[20] Bhale S, et al. Chitosan coating improves shelf life of eggs. Journal of Food Science, 2003, 68(7): 2378-2383.

[21] Kim K W, et al. Edible coatings for enhancing microbial safety and extending shelf life of hard-boiled eggs. J Food Sci, 2008, 73(5): 227-235.

[22] Yuceer M, Caner C. Antimicrobial lysozyme-chitosan coatings affect functional properties and shelf life of chicken eggs during storage. J Sci Food Agric, 2014, 94(1): 153-162.

[23] Cerqueira M A, et al. Functional polysaccharides as edible coatings for cheese. Journal of Agricultural and Food Chemistry, 2009, 57(4): 1456-1462.

[24] Embuena A I C, et al. Quality of goat's milk cheese as affected by coating with edible chitosan-essential oil films. International Journal of Dairy Technology, 2017, 70(1): 68-76.

[25] Durango A M, et al. Microbiological evaluation of an edible antimicrobial coating on minimally processed carrots. Food Control, 2006, 17(5): 336-341.

[26] Vangnai T, et al. Quality maintaining of 'daw' longan using chitosan coating. *In*: Purvis A C. Proceedings of the 4th International Conference on Managing Quality in Chains, Vols 1 and 2: The Integrated View on Fruits and Vegetables Quality. Bangkok: Acta Horticulturae, 2006: 599-604.

第13章 藻类食品及其功能

（中国科学院海洋研究所，史大永、郭书举、张仁帅）

海藻是一类宝贵的海洋资源，对人类的生存发展起着非常重要的作用。进入21世纪以来，海藻资源的开发利用引起了多个国家的重视。目前针对海藻及其产品的开发研究，主要集中在海藻食品、海洋药物、生物活性物质、有机肥料、化妆品及生物能源等领域。海藻作为食品，有其特殊的营养成分，对人类有一定的营养价值和食疗作用。海藻中的营养成分包括碳水化合物(如藻胶、海藻酸、海藻淀粉、甘露醇及纤维素等)、蛋白质、维生素、多种矿物质、微量元素及其他活性成分等。研究表明，海藻中的上述成分可以降低胆固醇的吸收率，促进肠道蠕动，进而防止肥胖、胆结石、便秘等疾病的发生，同时还有降血压、降血糖的作用。正因为其营养成分的多样性，有人将海藻称为蔬菜+矿物质+维生素+特异成分的综合体。海藻作为一种低热量、低脂肪的健康食品正在风靡世界。

13.1 红藻卡拉胶的生产及其在食品行业的应用

13.1.1 来源

卡拉胶，又称为麒麟菜胶、石花菜胶，最早可追溯到几百年前爱尔兰渔民对角叉菜(最早被称为爱尔兰苔)的应用。在19世纪30年代，美国东海岸开始生产角叉菜提取物，被称为carrageenin。直至近代，根据国际多糖命名委员会的建议，改名为carrageenan，后被引入我国，于1965年由纪明侯翻译为卡拉胶。生产卡拉胶的原藻主要为卡帕藻和麒麟菜两属，此外，角叉菜、银杏藻、叉红藻等属的各种类也被各国和地区用作生产卡拉胶的原藻。

13.1.2 化学成分及测定方法

卡拉胶原藻化学成分复杂，早在19世纪，高桥等对角叉菜等卡拉胶原藻的化学成分分析表明，原藻50%以上为碳水化合物，主要为卡拉胶。纪明侯等[1]对我国生产的卡拉胶原藻琼枝和沙菜中碳水化合物含量的分析结果表明，碳水化合物(主要为卡拉胶)的含量分别为60%和39%。

对卡拉胶的化学成分分析表明，卡拉胶是一类线性、含有硫酸酯基团的高分子多糖(图13-1)。具有重复的α, β-半乳糖吡喃糖二糖单元骨架结构。其中含有硫酸基团是卡拉胶的重要特征。硫酸基团在卡拉胶中的含量为 20%～40%(w/w)，导致卡拉胶具有较强的负电性。

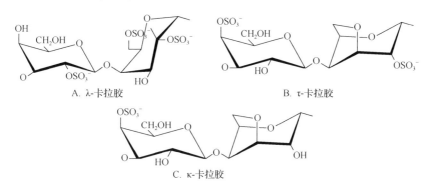

图 13-1　几种常见卡拉胶的结构式

　　到目前为止，还没有确切的方法能够有效、精确地分析食品和原料藻体中所含卡拉胶的聚合度及纯度等。这方面的分析一般是先分离、纯化样品中的卡拉胶再进行化学分析。最初采用的化学修饰、降解等方法既烦琐又耗时。20 世纪 70 年代，核磁共振(NMR)分析方法开始应用于卡拉胶的分析。这种方便、精确的方法很快成为卡拉胶样品化学结构分析的标准工具。此外，高效阴离子交换层析法、毛细管电泳分离法及反相高效液相色谱法(reversed phase HPLC，RP-HPLC)结合甲基化法都已被开发用于卡拉胶多糖的定性定量分析。值得一提的是，Quemener 等[2]开发的反相 HPLC 结合甲基化法由于受其他水溶性胶体(如果胶、褐藻胶等)的影响较小，因此非常适用于酸奶、牛奶等复杂产品体系中添加的卡拉胶定量分析。此外，Fernandez 等[3]将傅里叶变换中红外光谱分析与偏最小二乘法(partial least square method，PLS)用于工业混合卡拉胶的定量测定，避免了常规测定方法所需的复杂、烦琐的样品预处理过程。在室温条件下即可测量溶液状态的卡拉胶样品。该方法不会破坏卡拉胶的结构，可望为工业生产中的质量控制提供方便、快捷的分析检测方法。

13.1.3　应用与生产

　　卡拉胶的用途主要是在食品工业方面，主要应用其凝胶、增稠和蛋白反应作用。一方面，卡拉胶在价格上比琼脂便宜，可以代替琼脂使用。另一方面，卡拉胶的性质特殊，既有很强凝固力的 κ-卡拉胶，又有弹性丰富的 τ-卡拉胶或者高黏度但无凝固力的 λ-卡拉胶。这样，可根据卡拉胶产品的性质而将其广泛地用于具有不同特点的食品中。例如，在牛奶中 κ-卡拉胶可以作为稳定剂使用，而 λ-卡拉胶的加入则可以增加饮品的稠度和稳定性。在面包和其他面食制品中加入卡拉胶可以改进其蓬松度，改善其口感及外观。此外，在牙膏的生产中加入 κ-卡拉胶和

τ-卡拉胶可增加牙膏的发泡程度，并提升其口感。在医药领域卡拉胶也有着广泛的用途。例如，药物制品中 τ-卡拉胶的加入可使矿物油和不溶药物形成稳定的乳化体与悬浮体。

目前国际市场上出现的卡拉胶产品有 κ-卡拉胶、τ-卡拉胶和 λ-卡拉胶。对于κ-卡拉胶的制备主要使用耳突卡帕藻、琼枝等原藻，其生产工艺基本上与琼脂的生产相类似，主要采用冻结法和氯化钾沉淀法。基本步骤为通过氢氧化钠或氢氧化钾的碱溶液提取，冷冻干燥，磨粉精制。而对于 τ-卡拉胶和 λ-卡拉胶的制备一般采用醇类沉淀法，即热水提取后，蒸发浓缩，加乙醇或异丙醇沉淀，然后通过干燥磨粉得到 τ-卡拉胶或 λ-卡拉胶。

13.1.4　前景展望

卡拉胶具有形成亲水胶体、凝胶、增稠、乳化、稳定分散等特性，这些独特的性能使其特别适合作为优良的食品添加剂用于食品的加工生产。据粗略统计，目前全球生产的卡拉胶有 70%～80%用于食品工业。随着卡拉胶结构、性质研究的深入，卡拉胶的应用越来越广泛，特别是它还具有广谱抗病毒活性，已经引起国内外药物学家，尤其是多糖药物学家的高度重视。海藻是丰富的天然海洋药物来源，副作用小，价格低廉。卡拉胶作为含有硫酸酯基的多糖(通称"硫酸多糖")，可望成为抗 HIV 和 HSV 药物。卡拉胶经过生物降解产生的卡拉胶低聚糖、寡聚糖具有独特的新型生理活性，如抗病毒、抗肿瘤等。目前研究较多的是哺乳动物寡聚糖，或者寡聚糖蛋白，例如，羊奶富含低聚半乳糖(galactooligosaccharide，GOS)和低聚果糖(fructooligosaccharide，FOS)，这些寡聚糖可以加快肠道益生菌的生长，增加美拉德反应，进而有助于消化、吸收[4]。目前的研究显示，作为典型的红藻类硫酸多糖，经过一定的生物技术处理(如酶降解、分子修饰)是今后药用研究的有效途径，也是卡拉胶工业高值化研究的重要方向。卡拉胶及卡拉胶低聚糖、寡聚糖具有重要的研究价值和广阔的开发前景。

13.2　海带功能成分的研究

海带(*Laminaria japonica*)属褐藻纲海带科，是一种在低温海水中生长的大型海生褐藻植物，新鲜的海带接近绿色，晒干后接近黑色。在我国境内主要分布于黄海、渤海、东海等地。其孢子体大型，褐色，扁平带状，最长可达 20m。分叶片、柄部和固着器，固着器呈假根状。叶片由表皮、皮层和髓部组织所组成，叶片下部有孢子囊。具有黏液腔，可分泌滑性物质。固着器树状分支，用以附着海底岩石。生长于水温较低的海中。我国北部沿海及浙江、福建沿海大量栽培。富含褐藻胶和碘，可食用并用于提取碘、褐藻胶、甘露醇等工业原料。海带也是一种营养价值很高的蔬菜，同时具有一定的药用价值，其叶状体可入药。含有丰富的碘等矿物质元素。海带热量低、蛋白质含量中等、矿物质丰富，研究发现，海带具有降血脂、降血糖、调节免疫、抗凝血、排铅解毒和抗氧化等多种生物功能。

13.2.1 海带中的主要成分

海带中化学成分众多，除去碘、食用盐等无机成分外，其含有的海带多糖是其有机组分中含量最大、研究最多的有效成分之一。至今已发现海带中有 3 种主要多糖，即褐藻胶(algin)、褐藻糖胶(fucoidan)和海带淀粉。褐藻胶和褐藻糖胶是细胞壁的填充物质；海带淀粉存在于细胞质中。褐藻糖胶主要成分是 α-L-岩藻糖-4-硫酸酯的多聚物，同时还含有不同比例的半乳糖、木糖、葡萄糖醛酸和少量结合蛋白质。

褐藻胶，包括水溶性褐藻酸钠(碱金属盐类)(图 13-2)和水不溶性褐藻酸及其 2 价以上金属离子结合的褐藻酸盐类。褐藻胶在市场上一般指褐藻酸钠，这是生产最为广泛、最为用户常用的水溶性产品。褐藻胶是由 Stanford 等于 1881 年首次从海带中加碱提取出的一种胶质，被称为 algin。其后对其化学成分的分析表明，褐藻胶组成单糖为 D-甘露糖醛酸。Fischer 等于 1955 年提出分离各种糖醛酸及其内酯的纸色谱液系统，并且用稀酸水解方法对褐藻胶进行水解，结合使用新提出的纸色谱溶剂，从褐藻胶水解液中除确定有 D-甘露糖醛酸外，还首次证实了有 L-古罗糖醛酸存在。

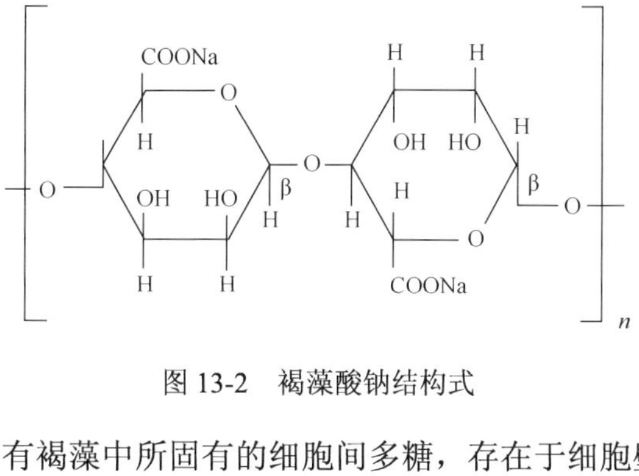

图 13-2 褐藻酸钠结构式

褐藻糖胶是所有褐藻中所固有的细胞间多糖，存在于细胞壁基质中。褐藻糖胶的起源可追溯到 19 世纪初期，Kylin 等从海带中分离得到了一种多糖，经水解后以苯胺分离出甲基戊糖，被命名为 fucoidan[1]。现今，根据国际命名原则统一称为褐藻糖胶。随着研究的不断深入，对其进一步的结构解析表明褐藻糖胶并非单一结构的化合物，而是具有不同化学组分的一族化合物。其也被称为褐藻糖的硫酸多糖，其主要由褐藻糖和硫酸基组成，尚含有一些木糖、半乳糖等。

海带淀粉（又名褐藻淀粉）是 1885 年 Schmiedeberg 在褐藻的海带科种类中发现的一种水溶性多糖。该多糖由葡萄糖组成，是褐藻代谢的贮存产物。其生理功能可能类似于高等植物的淀粉，但二者在化学性质与结构上彼此是不同的。1939～1955 年，Barry、Peat 等先后确定了海带淀粉的主要组分为 D-葡萄糖，同时还含有少量的甘露醇单元。Fleming 等于 1966 年提出了海带淀粉的体内合成路径猜测。海带淀粉很可能与其他高等植物中多糖的合成一样，也是 D-葡萄糖从核糖苷二磷酸-D-葡萄糖经连续酶转移而形成的由 β-1,3-糖苷键连接的 D-葡萄糖单元构成的线性长链。

13.2.2　海带成分的主要功能

随着近代药理和临床的深入研究及仪器分析的发展，人们对海带营养成分和生物功能，尤其是多糖组分有了进一步的认识。海带多糖在免疫调节、抗肿瘤、抗病毒、抗菌、抗氧化、抗疲劳、降脂、抗凝血、降血糖、放射防护等方面展现出不错的生物活性及临床应用价值。

（1）抗肿瘤活性

已有多个学者详细研究报道了海带多糖的抗肿瘤作用[5]。多糖抗肿瘤作用的免疫学机制，除其本身可以直接抑制肿瘤细胞生长外，还可能通过增强机体免疫功能，抑制肿瘤细胞的生长扩散[6]。例如，日本的学者从海带中分离纯化的 4%褐藻糖胶，可以有效地阻止癌细胞生长，并引起肿瘤细胞凋亡[7]。目前，国内对海带多糖的抗肿瘤活性的探索也已开展多年。邓槐春[8]通过腹腔注射海带多糖，研究海带多糖对小鼠肉瘤 S180 体内活性的影响。结果显示，当海带多糖浓度在 20mg/kg，给药 14 天后对小鼠肉瘤的抑制率在 35%以上，并可增加接种肉瘤小鼠的脾脏重量。纪明侯[1]也通过对海带多糖抑制 Ehrlich 肿瘤的研究，证明了海带多糖的抗肿瘤活性。褐藻糖胶可以抑制肝癌细胞 QGY7703 进入对数生长期，从而遏制了肿瘤的增长，并且不同浓度的褐藻糖胶对肝癌细胞的杀伤效果不同，随剂量增大，杀伤效果明显提升。结果说明褐藻糖胶的抗肿瘤效应至少包括它们直接杀伤肿瘤细胞的途径。部分海带多糖对 Hepes 瘤株的抑瘤率超过 50%，且不影响小鼠的正常生长，从而表现出相对于阳性药物的优越性。

（2）抗凝血活性

海带多糖在体内体外均有抗凝血作用，其每 1mg 抗凝活性相当于肝素 7U[9]。研究发现，不同的海带多糖组分均有不同程度的抗凝作用。褐藻糖胶具有明显的抗凝血和促纤溶的药理学活性[10]，与对照组相比，小鼠的凝血时间都有明显的延长，且随浓度增加，作用增强，但由于多糖的分子量大，不易吸收，因此其抗凝效果比肝素弱，适用于血黏度高的患者，可作为预防血栓形成的药物或保健品。研究发现多糖的抗凝血效果还跟摄取方式有关，静脉注射的效果明显高于腹腔注射[9]。同时，由于褐藻糖胶对内源性和外源性两种凝血酶原途径形成的凝血均有抑制作用。因此推测它的作用靶点可能类似于肝素，即抑制凝血酶原的激活。此外，国内第一个海洋药物 PSS，即从海带等褐藻中分离提取，经化学修饰合成的一种半合成的藻酸双酯钠，它具有明显的抗凝血、降低血黏度、降低血脂、抑制红细胞和血小板聚集，以及改善微循环的作用[11]。用 PSS 治疗缺血性心脑血管疾病的总有效率达 91%～98%。

(3)降糖活性

在研究海带多糖对糖尿病的预防和治疗中发现，海带多糖可降低四氧嘧啶诱导的糖尿病小鼠的血糖，且随多糖纯度提高其降糖作用增强[12-14]。由于四氧嘧啶引起高血糖是通过损伤小鼠胰岛 β 细胞，从而影响胰岛素的分泌而实现的，褐藻糖胶可能对胰岛细胞损伤有保护作用。此外，对四氧嘧啶诱导生成的糖尿病小鼠的实验研究表明，褐藻糖胶对缓解糖尿病小鼠症状、减少饮水量具有一定作用，且糖耐量明显改善。

13.2.3　海带中主要成分的应用及生产

13.2.3.1　褐藻胶的应用与生产

褐藻胶用途广泛，尤其在食品工业、医药卫生及科学研究等方面具有广泛的应用。

(1)在食品工业的应用

褐藻胶在食品中应用较多的为稳定剂、增稠剂等，可添加到冰激凌、巧克力、牛奶等日常食品中。作为稳定剂添加时，一般的添加量为 0.05%～0.25%。作为增稠剂使用时，可替代果胶制作果酱、果冻、色拉、调味汁、布丁等。除此之外，褐藻胶还可以用作肠衣薄膜、蛋白纤维、固定化酶的载体用以生产各种氨基酸、醇类等。

(2)在医药领域的应用

随着医药产业对新产品的需求日益增加，褐藻胶在医药领域的开发应用也越来越受到重视。目前，纯化后的褐藻胶可用作代血浆、止血剂、止血粉或织成止血纱布等。褐藻酸或褐藻酸丙二酯经磺酸化处理后可制成相应的硫酸盐类，用作抗凝血剂、心血管疾病防治药剂。在各国口腔医疗手术中广泛使用的弹性印膜料也是用褐藻胶配置的。此外，褐藻胶还可以用于制作胶囊或药片崩解剂、赋形剂、药膏基材、药效延长剂、钡餐稳定剂。

(3)在其他领域的应用

除在医药领域、食品行业的应用之外，褐藻胶在纺织工业、农业方面也有广泛的应用。例如，褐藻胶可制作印花色浆，特别是用于活性染料的印花，效果较好，已被各国广泛使用。在农业领域，褐藻胶可用作种子处理剂、杀虫药分散剂、抗病毒喷洒剂等。此外，日用化妆品、洗涤剂、发泡剂等生产中也使用一定量的褐藻胶。

褐藻胶在海带细胞壁中是以金属盐类存在的。其生产的基本原理是：先用稀酸处理海带，使不溶性的褐藻酸盐转变为褐藻酸，然后加碱加热提取，使其生成可溶性的钠盐溶出。经过滤后，加钙盐生成褐藻酸钙沉淀。该沉淀以酸液处理，使其进一步转变为不溶性褐藻酸。脱水处理加碱后再转变为钠盐，烘干后即得褐藻酸钠。

13.2.3.2 褐藻糖胶的应用与生产

褐藻糖胶在医药、农业等领域有着广泛的应用。例如，用 CTAB 法提取得到的褐藻糖胶，经气相色谱分析，确定含褐藻 80%～90%。使用此多糖对金属离子的交换活性研究表明，在 Fe 和 Pb 同时存在时，褐藻糖胶优先结合 Pb，但不影响 Fe 的代谢。因此，褐藻糖胶可用作对 Pb 等有毒金属离子的有效去污剂。在其医药活性的研究中，褐藻糖胶经过各方面的实验，被证实有一定的抗凝血效果。此外，对海带热水提取物的活性成分研究表明其具有明显的抑制肿瘤的药物活性。对其化学分析表明，其提取物的主要成分为含硫酸的褐藻糖胶组分。此外，褐藻糖胶还可以用作生产 L-褐藻糖的原料。

褐藻糖胶的生产制备主要涉及其分离与提纯。褐藻糖胶可用水或稀酸提取，然后于提取液中加入氢氧化钠、氢氧化铝或乙醇，即可使粗褐藻糖胶被分离出来。然后可通过进一步的乙醇沉淀或季铵盐沉淀进行提纯。其中褐藻糖胶的分离方法主要有氢氧化铅络合物沉淀法、氢氧化铝络合物沉淀法、乙醇沉淀法等。

13.2.3.3 海带淀粉的衍生化及应用

与海带中褐藻胶广泛的生产应用相比，海带淀粉在工业上的生产性应用仍然比较有限。Boots 药厂曾将海带淀粉溶于或分散于二甲基甲酰胺的介质中，于 -30°C 左右加入液态 SO_2 进行硫酸化，注入 NaOH 溶液中，然后于乙醇中沉淀，离心分离，得到海带淀粉硫酸钠。每个单糖单元含 1.46 个硫酸基团，其抗凝血活性为 1.4 单位/mg，抗血脂活性为 50 单位/mg。研究人员尝试给兔子长期喂养胆固醇，同时饲喂海带淀粉硫酸酯长达 18 个月，发现可以抑制因胆固醇所引起的冠状动脉粥样硬化病变。Jolles 等[15]将海带淀粉硫酸酯注射于接种肿瘤 Sarcoma-180 的小鼠中，发现可以抑制肿瘤细胞的生长。

国内在 20 世纪 70 年代就已经开始了海带淀粉的功能化研究。将提取得到的海带淀粉加入二甲基甲酰胺中，低温处理，然后加入氯磺酸对海带淀粉进行磺酸化，加乙醇沉淀。经 NaOH 处理后得到海带淀粉硫酸钠，用作小鼠实验。结果证明海带淀粉具有延长凝血时间的作用，对于冠心病患者的凝血和血栓的形成具有一定的改善作用。并且其血脂澄清作用也得到了证明。

13.2.4　海带多糖的研究展望

我国目前对海带的综合利用研究主要是在褐藻酸、甘露醇、碘等的大宗粗提物上。对海带多糖药理实验的研究中所用的实验材料多是粗制品，缺乏纯化和组成鉴定技术，一种粗多糖经分级可以提出多种粗多糖。今后应加强海带多糖各组分的分离纯化技术和药理学研究，进一步研究各类多糖的结构和生物活性的关系，确定多糖活性决定部位，尤其是加强各种多糖分离纯化的工程化技术研究，提高产品的质量和纯度，实现生产过程的自动化和连续化，并进行中间质量控制，为海带产业化建立完善的技术平台，从而更好地综合利用我国丰富的海带资源，创造更大的经济效益。

13.3　紫菜功能成分的研究

紫菜是红藻门(Rhodophyta)红藻纲(Rhodophyceae)红毛菜目(Bangiales)红毛菜科(Bangiaceae)紫菜属(*Porphyra*)的统称，是一种常见的食用海藻。紫菜的经济价值很高，仅中、日、韩三国的紫菜产值就超过了 20 亿美元。在中国大陆被大规模栽培的紫菜主要是坛紫菜(*Porphyra haitanensis*)和条斑紫菜(*P. yezoensis*)。紫菜是一种高蛋白、高纤维、低热值、低脂肪的高营养海藻，干紫菜中蛋白质含量为25%~50%、多糖含量为 20%~40%、脂肪含量为 1%~3%、灰分含量为 7.8%~26.9%，含有丰富的氨基酸(包括 8 种必需氨基酸)、矿物质元素、维生素(主要为B 族维生素、维生素 C、维生素 E、胡萝卜素等)及不饱和脂肪酸，具有很高的营养价值，是理想的保健食品及重要的工业原料[16]。目前报道的紫菜中的功能成分主要有紫菜多糖、紫菜藻胆蛋白、活性多肽、紫菜多酚及风味成分等。

13.3.1　紫菜多糖

紫菜多糖主要分为紫菜胶和琼脂两大类[17,18]，二者的主要区别在于硫酸基含量的高低，其中琼脂中硫酸基含量比紫菜胶的少。由于种类、生长环境和生长季节的不同，海藻多糖的单糖组成也不同，但主要由岩藻糖、半乳糖、甘露糖、葡萄糖和木糖组成；紫菜多糖是一种水溶性的含糖醛酸的酸性杂多糖，属半乳聚糖硫酸酯，主要由半乳糖、3,6-内醚半乳糖和硫酸基等组成，其基本结构单位为由3-β-D-半乳糖苷-1,4-α-L-3,6-内醚半乳糖组成的二糖。研究表明，紫菜多糖具有多种生物活性，如降血脂、降血糖、抗血栓、抗炎、增强免疫、抑制肿瘤生长等作用，在保健品和药物开发中具有广阔前景。

周小伟和钟瑞敏[19]对紫菜多糖的抗氧化活性进行了体外抗氧化实验，发现其具有较强的抗氧化活性，紫菜多糖对·OH 和 1,1-二苯基-2-三硝基苯肼(1,1-diphenyl-2-picrylhydrazyl，DPPH·)均有良好的清除效果，并呈现出明显的线性关系。谢飞[20]以末水坛紫菜为原料提取多糖并进行除蛋白工艺优化，研究多糖在细胞内的抗氧化作用，建立 H_2O_2 诱导 HeLa 细胞氧化损伤模型，发现与模型组相比，经紫菜多糖处理的损伤细胞存活率显著提高，且细胞内活性氧含量显著下降。张全斌等[21]发现紫菜多糖对免疫细胞增殖及细胞和腹腔巨噬细胞杀伤活性有不同程度的抑制作用。Osumi 等[22]对条斑紫菜多糖酶解后的寡糖成分进行了研究，该寡糖组分对 Ehrlich 腹水瘤和 Meth-A 纤维瘤具有很大的抑制活性，且腹腔注射此寡糖能显著增强巨噬细胞的吞噬作用。

13.3.2　紫菜藻胆蛋白

藻胆蛋白是紫菜等某些藻类特有的重要捕光色蛋白，分为藻红蛋白(phycoerythrin，PE)、藻蓝蛋白(phycocyanin，PC)、藻红蓝蛋白(phycoerythrocyanin，PEC)和别藻蓝蛋白(allophycocyanin，APC)4 大类，通常蛋白质质量分数占紫菜藻体干重的 25%～50%。藻红蛋白的用途非常广泛，既可以作为天然色素广泛应用于化妆品、食品、药品、染料等工业；还具有很高的医疗价值，它经适宜波长的光激发后，可以产生单线态氧及其他的氧自由基，杀伤生物大分子，可为癌症等疾病的辅助治疗提供新的技术手段，具有十分重要的研究价值和应用意义。

紫菜藻胆蛋白具有很好的抗氧化作用，紫菜蛋白由 3 类分子量分别为 55kDa、22kDa、17kDa 的蛋白质(亚基)组成，这 3 类蛋白质都有明显的抗氧化活性，且抗氧化活性随分子量的降低而增大，紫菜藻胆蛋白具有体外清除·OH 和 O_2^-·的能力，并能显著地提高小鼠全血过氧化氢酶、谷胱甘肽过氧化物酶、血清总 SOD 的活力，降低红细胞丙二醛含量[23, 24]。

研究表明，紫菜藻胆蛋白具有抗肿瘤的作用，能抑制肿瘤细胞生长，破坏、杀伤肿瘤细胞。刘宇峰等[25]利用 MTT 法研究发现坛紫菜红藻藻蓝蛋白(R-PC)能够显著抑制 HL-60 细胞的生长，且存在浓度和时间效应关系。

13.3.3　紫菜多肽

紫菜多肽是通过生物酶解技术从紫菜蛋白中提取获得的多肽活性物质，研究表明，紫菜多肽也表现出了多种生物活性。姚兴存等[26]以条斑紫菜为原料，使用蛋白酶水解紫菜蛋白获得了紫菜活性肽，并测定了其自由基清除能力，发现经过3 种蛋白酶酶解所得到的紫菜多肽均具有一定的抗氧化能力。他们还发现经木瓜蛋白酶酶解得到的紫菜寡肽表现出一定的降血压活性，其对 ACE 的半抑制浓度可达 4.48mg/ml[27]。王茵等[28]通过高血脂大鼠模型分析了紫菜多肽的血脂调节作用，结果表明，紫菜多肽能有效改善模型大鼠的血脂水平。此外，任珊珊等[29]还发现紫菜多肽具有舒张血管的作用，且呈剂量-效应正相关。

13.3.4　紫菜多酚

多酚又称单宁，广泛存在于蔬菜、水果、谷物、豆类等植物中，是一大类结构不同、含有多个酚羟基化合物的总称。近年来的研究显示，紫菜多酚也表现出多种生物活性。Karadeniz 和 Kim[30]发现紫菜多酚对多种肿瘤细胞株具有较强的抑制作用。紫菜多酚还可有效降低糖尿病小鼠的空腹血糖值，提高实验动物的葡萄糖耐受能力和对胰岛素的敏感性。Machu 等[31]发现，紫菜多酚可降低实验动物血清和肝脏中的丙二醛含量，提高超氧化物歧化酶等抗氧化酶活性，在体外具有较强的抑制自由基活性。

13.3.5　挥发性成分

紫菜产品一般都对风味有较大的要求，通过对其挥发性成分进行研究，可以对紫菜的分类加工和质量控制提供理论指导。应苗苗等[32]通过气相色谱-质谱法（gas chromatography-mass spectrometry，GC-MS）对坛紫菜的挥发性成分进行了分析，发现其中以醛酮类和烷烃类为主，8-十七烯、壬醛和己醛是坛紫菜中主要的挥发性物质，且不同收割期坛紫菜的挥发性物质也有较大变化。胡传明等[33]在条斑紫菜中鉴定出 32 种挥发性成分，其中烃类占总量的 60%以上，另外含有少量醇类、醛类及醋类物质；其中 8-十七烯含量超过 30%，且含量稳定。

紫菜含有多种营养成分，其在食用、保健、药用等方面的应用已有很长的历史。随着紫菜中生物活性成分研究的逐步深入，紫菜在功能性保健食品开发方面的应用也将受到越来越多的关注。

13.4　裙带菜功能成分的研究

裙带菜[*Undaria pinnatifida*(Harvey) Suringar]又名海芥菜，为多年生大型褐藻（图 13-3），属于褐藻门褐藻纲海带目翅藻科裙带菜属。裙带属有 3 个种，中国有一个种，主要分布在辽宁、山东、江苏、浙江等地[34]。《食疗本草》中记载其有"软坚散结，消肿利水"的作用。《吴普本草》《本草纲目》中也均有记载，故其被誉为海中的蔬菜、餐桌上的绿色保健食品，是经济价值、药用价值很高的大型褐藻。研究表明，裙带菜全藻含多糖、挥发油、甘油酯、甾醇、氨基酸、多肽、类胡萝卜素、不饱和脂肪酸及其卤化物、微量元素等多种化学成分，具有降血脂、降血压、免疫调节、抗突变、抗肿瘤等多种生理活性[35]。

图 13-3　裙带菜

13.4.1　多糖类成分

多糖是裙带菜中重要的活性成分，目前文献中已报道的裙带菜多糖按其组成可分为 3 部分：褐藻糖胶、褐藻酸钠、膳食纤维。文献表明，裙带菜多糖的主要活性为抗肿瘤、抗病毒和免疫调节。Maruyama 等[36]通过动物实验证明裙带菜中提取的褐藻糖胶能够显著增强 NK 细胞的溶解活性，能近两倍提高 T 细胞产生干扰素 INF-γ 的量，从而抑制肿瘤细胞的生长。Maruyama 等[37]还研究了裙带菜褐藻糖胶对 Th2 细胞的影响，结果表明该褐藻糖胶对 Th2 细胞主导的应答起负调节作用。Lee 等[38]对裙带菜孢子叶中的岩藻聚糖硫酸酯进行了提取和纯化，并研究了其结构及抗病毒活性。该岩藻聚糖硫酸酯对疱疹病毒 HSV-1、HSV-2、HCMV 及甲型流感病毒均显示出较强的抑制活性，IC_{50} 值分别为 2.5mg/L、2.6mg/L、1.5mg/L 和 15mg/L。

13.4.2　活性肽类成分

有研究表明，通过日常饮食摄取裙带菜能够降低人的血压。Suetsuna 和 Nakano[39]与 Suetsuna 等[40]对裙带菜中的降压活性肽进行了系统的研究，从中发现了4个有血管紧张素转换酶（angiotensin converting enzyme，ACE）抑制活性的四肽，10个有ACE抑制活性的二肽；动物实验证明，上述4个四肽和其中的4个二肽能显著降低大鼠血压。Sato等[41]用嗜热脂肪芽孢杆菌（*Bacillus stearothermophilus*）中的蛋白酶水解裙带菜，得到7个ACE抑制活性肽。自发性高血压大鼠经单独喂饲以上各肽，血压水平下降明显。

13.4.3　岩藻黄质

岩藻黄质（fucoxanthin）也称褐藻素（图13-4），是一种类胡萝卜素成分，为褐藻硅藻、金藻及黄绿藻所含有的色素，参与光合作用的光化学系统Ⅱ。目前报道的岩藻黄质的主要活性有抗肿瘤活性、减肥作用及神经细胞保护作用。

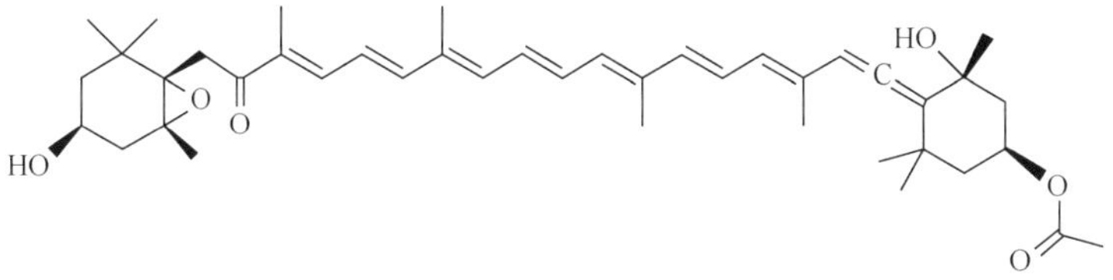

图13-4　岩藻黄质结构式

裙带菜中岩藻黄质能诱导DNA发生断裂，从而使人肠癌Caco-2、HT-29和DLD-1细胞凋亡。研究还发现，岩藻黄质还可抑制Bcl-2蛋白水平[42]。Maeda等[43]通过小鼠实验发现，用裙带菜中提取的富含岩藻黄质的组分饲养的小鼠的白色脂肪组织（WAT）含量显著下降；Maeda等[44]还发现，岩藻黄质能下调3T3-L1细胞中的过氧化物酶体增殖剂激活受体γ（peroxisome proliferators-activated receptors-γ，PPAR-γ），而该受体可以调节肥胖基因的表达。Ikeda等[45]研究了岩藻黄质对缺血性神经细胞死亡的保护作用，发现岩藻黄质可显著降低缺氧/复氧神经细胞损伤。

裙带菜是一种有多种药理活性的可食用海藻，我国对裙带菜的开发和利用基本上以食品加工与原料出口为主。裙带菜是大自然赋予人类健康的珍贵食物，其突出的生物活性已引起各国的重视。因此，充分发掘和利用裙带菜资源，对提高裙带菜产业的附加值、发展我国的褐藻工业具有深远的意义。

13.5　龙须菜功能成分的研究

龙须菜（*Gracilaria lemaneiformis*）是一种大型的经济藻类，属红藻门真红藻纲龙须菜目江蓠科龙须菜属。龙须菜原产于山东半岛和辽东半岛沿海海域，近年来通过人工育苗，已在广东、福建等省沿海实现大规模养殖[46]。龙须菜分枝较多，生长快，藻体含胶量高，凝胶强度大，质量好，所以它早期的主要用途是作为提取琼脂的原料。另外，由于龙须菜藻体较腥，很少直接食用，而常用作鲍鱼养殖的饵料，因此人们以往对其所做的研究也相对较少。随着龙须菜人工养殖规模的不断扩大，对龙须菜的研究也逐渐引起了人们的更多关注。

龙须菜营养丰富，其粗蛋白、粗脂肪、粗纤维、总糖、多糖、灰分含量分别为 21%、0.46%、6.25%、43.76%、32.1%、28.52%，并富含 8 种人体必需氨基酸、牛磺酸及 Fe、Zn 等必需微量元素。与其他海藻相比，其维生素 C 的含量也较高[47]。研究表明，龙须菜还表现出多种重要的药理活性，可广泛应用于食品、药品和化妆品行业。

(1)龙须菜多糖

龙须菜多糖的提取有多种方法，其中以纤维素酶法的提取率最高，可达34.79%[48]。余杰等[49]用 DEAE-纤维素离子交换柱层析，分离出 3 个级分，通过分析表明龙须菜多糖是一类主要由 D-半乳糖和 3,6-内醚-L-半乳糖组成的含有 β-糖苷键的硫酸多糖，但各级分 3,6-内醚-L-半乳糖及硫酸基含量相差较大。

进一步的研究表明龙须菜多糖具有抗肿瘤、抗病毒、抗氧化、抗突变等多种药理作用。通过 MTT 法检测发现，龙须菜多糖对 HeLa 细胞生长有显著的抑制作用，并呈剂量依赖性[50]。陈美珍等[51]对龙须菜多糖的研究表明，龙须菜多糖抗流感病毒 H1-364 的能力随着硫酸基含量的增加而增加;同时龙须菜多糖还表现出显著的抗突变能力和自由基的清除能力[52]。

(2)蛋白质类成分

龙须菜所含的藻胆蛋白主要为藻红蛋白。目前一般提取分离龙须菜中藻红蛋白的主要步骤依次为破碎藻体细胞、离心取上清液、硫酸铵盐析、离心取沉淀、柱层析分离。王广策等[53]从龙须菜中分离纯化得到了叶绿素-蛋白质复合物。他们还用苯基-琼脂糖凝胶(Phenyl-Sepharose)膨化柱分离纯化藻红蛋白粗提液，得到了藻红蛋白[54]。陈美珍等[55]将从龙须菜中分离出的藻红蛋白进行了分子量测定与光谱测定。龙须菜藻红蛋白的亚基分子量分别为 18 000Da 和 24 000Da。该藻红蛋白的吸收光谱有二峰一肩，最大吸收值均在 570nm 处，属 I 型 R-藻红蛋白。他们还发现龙须菜藻红蛋白具有体内抑制 S180 肉瘤生长的活性，体外培养对人宫颈癌 HeLa 细胞也有较强的抑制作用[56]。

(3)脂肪酸类化合物

龙须菜中不饱和脂肪酸占总脂肪酸的 61%(主要成分为亚油酸和油酸)，饱和脂肪酸占 39%(主要成分为棕榈酸)[57]。张敏等[58]利用 GC-MS 对龙须菜的脂溶性成分进行了研究，从中鉴定出 18 种脂肪酸，以 C16 和 C20 类脂肪酸为主。梅文莉等[59]将其中的有机酸甲酯化后，以 GC-MS 对其组成和含量进行了研究，从中鉴别出 13 个化合物，主要成分为棕榈酸甲酯(61.34%)，各组分对应的有机酸主要是 C16 或 C18 脂肪酸和邻苯二甲酸类等化合物。他们还用 MTT 法测定了龙须菜有机酸提取物对 HeLa 细胞的生长抑制活性，结果显示该脂肪酸提取物对 HeLa 细胞有明显的体外抑制活性。

龙须菜不仅营养丰富，而且有显著的药理活性，可作为海洋保健食品、药物资源，用来辅助治疗多种疾病，具有广泛的应用价值；但现在其主要用于提取琼脂和饲养鲍鱼，是对其资源的极大浪费。虽有报道称其可用于制作风味食品和复合饮料，但仍然有很大的开发利用空间。

13.6　孔石莼功能成分的研究

孔石莼是绿藻门石莼科石莼属海藻，俗称海波菜、海条、猪母菜，广泛分布在太平洋沿海，资源十分丰富。《本草纲目》中记载孔石莼具有软坚散结、清热解毒、利水消肿等功效。

孔石莼的化学组分主要有多糖、脂类、蛋白质、氨基酸、维生素及无机矿物元素等。其中因多糖含量高，提取相对容易，最先为人们认识并开始研究；脂类物质与之相比含量虽少，但种类多，活性强，成为近十几年来有关孔石莼研究的热点和焦点，主要包括三萜类、甾体类、芳香类等。

13.6.1　孔石莼多糖

日本的三田对孔石莼的水提多糖水解后进行了纸色谱分析，结果表明含有 D-葡萄糖、L-鼠李糖、D-木糖和 D-葡萄糖醛酸等[1]。綦慧敏[60]对孔石莼多糖进行了系统的研究，发现其主要由糖醛酸、鼠李糖、木糖、葡萄糖和硫酸根组成，还含有微量的半乳糖、甘露糖和阿拉伯糖。多糖中主要的二糖重复单位为[β-D-Glcp A-(1-4)-α-L-Rhap 3S]和[α-L-Idop A-(1-4)-α-L-Rhap 3S]。进一步的生物活性研究表明，不同分子量的孔石莼多糖，其抗氧化活性是不同的，分子量低的孔石莼多糖表现出了较强的抗氧化活性；孔石莼多糖及其衍生物都具有很好的调血脂效果，中剂量组与原料组相比，小鼠血清三酰甘油含量明显降低($P<0.05$)，低密度脂蛋白胆固醇含量明显降低($P<0.01$)。孔石莼多糖通过口服方式、常规剂量给药，对埃尔希癌(Ehrlcih carcinoma)的抑制率为 32.6%。

13.6.2　蛋白质和氨基酸

孔石莼的蛋白质含量因地域、季节变化略有差异，为 17%～19%。孔石莼经碱提酸解后，可检测出约 20 种氨基酸，孔石莼蛋白质全部必需氨基酸的含量占总氨基酸含量的 41.2%，表明孔石莼富含必需氨基酸；4 种呈味氨基酸含量为 41.5%，因此孔石莼是一种营养且味道较鲜美的海藻[61]。孔石莼的蛋白质营养价根据第一限制性氨基酸价(44.3)评价较低，不过第二限制性氨基酸价(88.0)较高，其他氨基酸价较均匀，缬氨酸价最高[62]。与陆地高等植物和动物蛋白相比，孔石莼蛋白是一种优质蛋白质。孔石莼中典型的含硫氨基酸为 3-羟基-D-半胱磺酸，其在硫代谢，特别是硫元素转向硫酸多糖的代谢途径中可能起重要作用[63]。孔石莼中的糖蛋白是一种有效的抗病毒成分，它可强烈抑制反转录酶的活性，从而起到反转录病毒抑制剂的作用[64]。

13.6.3　脂质及其他成分

孔石莼中含有多种脂类物质。中性脂类物质有庚烷、辛烷、十四烷、十五烷、十六烷、十七烷、十八烷、十四烯、十六稀、十七烯、十八烯和柠檬烯等；极性脂类物质种类比中性脂类要多，Sugiswa 等[65]用气相色谱-质谱联用的方法从孔石莼中检测出 28 种醛、10 种萜、7 种醇、4 种脂肪酸、2 种酯、2 种呋喃类物质、1 种酮和 10 种含硫化合物。卢启洪[63]从孔石莼中分离得到了 35 种次生代谢产物，其中主要为甾醇和萜类。

13.7　角叉菜功能成分的研究

角叉菜，属红藻门杉藻科角叉菜属，自然分布于大西洋沿岸、我国东南沿海及青岛、大连等海域，是我国的一种重要经济海藻，多用于生产水溶性的卡拉胶。从古至今，我国沿海居民就有食用角叉菜的习惯。据《中国海洋药物辞典》记载，该藻全体均可食、入药，具有润肠通便、和血消肿、止痛生肌之功效，主治慢性便秘、骨折、跌打损伤等症，现代药理实验证明，角叉菜具有收敛、消炎、保护、保湿的功效，引起了人们的广泛关注，近年来开始应用于医药领域。

陶平和贺凤伟[66]对在大连采集的角叉菜的化学成分进行了分析，结果显示，角叉菜中粗蛋白、粗脂肪、总糖、粗纤维、灰分的含量分别为 9.7%、0.1%、63.5%、1.7%、19.5%，可见角叉菜中脂肪含量很低，而总糖含量非常高，但由于总糖中大多是非消化性的多糖类，因此角叉菜属于低热量、高蛋白食品。角叉菜中氨基酸含量高，其中以天冬氨酸、丝氨酸、谷氨酸、甘氨酸、丙氨酸、亮氨酸和精氨酸的含量居多，必需氨基酸的含量占氨基酸总含量的 35.1%~39.9%；不饱和脂肪酸含量高，各地区角叉菜不饱和脂肪酸占总脂肪酸的 46.6%~63.3%不等。

卡拉胶是角叉菜多糖的主要成分，青岛地区生长的角叉菜，其卡拉胶产率约为58%。角叉菜不仅是卡拉胶生产的重要原藻，近年来还越来越多地应用于医药领域，引起人们的广泛关注。日本狮王株式会社研究表明，角叉菜能促进皮肤表面蛋白质膜状结构的形成，因此可以用在化妆品行业。从菲律宾产的角叉菜中提取的卡拉胶可用来治疗杜兴氏肌肉营养不良症；研究表明，角叉菜 λ-卡拉胶具有显著的抗肿瘤和免疫增强活性，1987 年研究人员发现角叉菜 λ-卡拉胶能抑制大鼠乳腺癌

13762MAT 细胞向肺组织转移；周革非[67]发现，角叉菜λ-卡拉胶对小鼠移植性实体瘤 S180 和 H-22 都有一定的体内抑制作用，其中抑制作用最强的降解级分抑瘤率分别达到 68.97%和 66.15%；而且角叉菜λ-卡拉胶还表现出一定的抗氧化活性。

目前，关于角叉菜的研究主要集中于多糖，对其他成分的研究相对较少；其主要应用也仅限于卡拉胶的生产，综合应用价值还远未得到发掘。

13.8　马尾藻功能成分的研究

马尾藻(*Sargassum*)属于褐藻门褐藻纲墨角藻目马尾藻科，藻体多年生，在中国沿海均有分布，通常生长于中、低潮间带岩石上。马尾藻是一种重要的经济藻类，是生产褐藻胶、甘露醇和碘的重要原料，部分马尾藻还可食用和药用，具有很高的生态和经济价值。

马尾藻的主要成分是碳水化合物(多糖+不溶性膳食纤维)，其含量在 40%～75%不等[68]；马尾藻中的膳食纤维对人体有重要的生理功能，如通便、排毒等。而马尾藻多糖具有抗肿瘤、抗氧化及免疫调节等多种生理活性。叶红[69]研究表明，马尾藻多糖组分 SPP-3-1 和 SP-3-2 对人肝癌细胞株 HePG2、人肺癌细胞株 A549 和人胃癌细胞株 MGC-803 的生长具有明显的体外抑制作用，且抑制能力具有剂量依赖性；刘秋英和孟庆勇[70]发现，高浓度的马尾藻多糖可使小鼠血清中的超氧化物歧化酶(SOD)活性明显增强，丙二醛的含量明显减少，从而表现出较高的自由基清除活性。周贞兵等[71]发现马尾藻多糖能使小鼠腋下淋巴结的重量显著增加，能明显提高小鼠巨噬细胞的吞噬功能。

马尾藻粗蛋白含量范围为 5.94%～19.35%，马尾藻的蛋白质含有 18 种氨基酸，其中含量较高的依次为谷氨酸、天冬氨酸、亮氨酸及丙氨酸。8 种必需氨基酸中，亮氨酸含量最高；与常见经济褐藻海带(*Laminaria japonica*)比较，半叶马尾藻、瓦氏马尾藻、展枝马尾藻、裂叶马尾藻与海带的第一限制性氨基酸同为赖氨酸，但它们的氨基酸评分显著高于海带[68]。

马尾藻的灰分含量较高，矿物质含量丰富，最高可达 47.08%。其中 Ca、P、K 含量丰富，铁、铜、锰、锌、碘等含量也较高；与海带相比，马尾藻铜、锰含量均高于海带；马尾藻中碘含量显著低于海带，不能替代海带作为碘的来源[68]。

马尾藻次生代谢产物丰富，包括甘油糖脂、甾醇、萜类、多酚类及含氮化合物等成分，这些化合物具有抗肿瘤、抗氧化、降血脂、抗病毒等生物活性[72]。

我国海藻资源丰富，海藻食用和药用历史悠久，随着健康生活理念的深入人心，海藻作为保健食品也越来越多地出现在人们的视野中，人们对海藻食品的需求也日渐增长；与此同时，我国海藻食品的发展相对较慢，大部分企业产品品种单一，研发力度不足，缺少新口味、新产品的开发。针对这种状况，我国的海藻食品开发应按照科学的方法，因地、因材制宜。针对不同海藻、不同部位、不同生长期及地理位置，来开发具有不同特色的产品；同时提高产品的质量、档次，进而提高经济效益。

参 考 文 献

[1] 纪明侯. 海藻化学. 北京: 科学出版社, 1997: 356-684.

[2] Quemener B, et al. Quantitative analysis of hydrocolloids in food systems by methanolysis coupled to reverse HPLC. Part 1. Gelling carrageenans. Food Hydrocolloids, 2000, 14: 9-17.

[3] Fernandez J P, et al. Quantitation of κ-, ι-and λ-carrageenans by mid-infrared spectroscopy and PLS regression. Analytica Chimica Acta, 2003, 480: 23-37.

[4] Thum C, et al. *In vitro* fermentation of caprine milk oligosaccharides by bifidobacteria isolated from breast-fed infants. Gut Microbiology, 2015, 6(6): 352-363.

[5] 廖建民, 等. 海带多糖中不同组分降血脂及抗肿瘤作用的研究. 中国药科大学学报, 2002, 33(1): 57-59.

[6] Itoh H, et al. Antitumor activity and immunogical peoperties of marine algal polysaccharides, especially fucoidan, prepared from sargass in thunbergii of phaeophyceae. Anticancer Res, 1993, 13(6A): 2045-2052.

[7] Beress A, et al. A new procedure for the isolation of anti-HIV compounds (polysaccharides and polyphenols) from the marine alga. J Nat Prod, 1993, 56(4): 478-488.

[8] 邓槐春. 海带多糖的药理作用. 中草药, 1987, 18(2): 15-17.

[9] 施志仪, 等. 海带褐藻糖胶的药理活性. 上海水产大学学报, 2000, 9(3): 268-271.

[10] 彭波, 等. 褐藻多糖硫酸酯的抗凝和纤溶活性. 中草药, 2001, 32(11): 58-61.

[11] 关美君, 等. 海洋药物——二十一世纪中国药学研究的新热点. 中国海洋药物, 2001, (1): 1-5.

[12] 李福川, 等. 三种海带多糖的降糖作用. 中国海洋药物, 2000, (5): 12-15.

[13] 李德远, 等. 岩藻糖胶对实验性糖尿病小鼠血糖影响的研究. 华中农业大学学报, 1999, (2): 95-97.

[14] 薛惟建, 等. 昆布多糖和猴头多糖对实验性高血糖的防治作用. 中国药科大学学报, 1989, (6): 378-380.

[15] Jolles B, et al. Effect of sulfated degraded laminarin on experimental tumor growth. Brit J Cancer, 1963, 17: 109-115.

[16] 王治. 紫菜活性成分研究进展. 食品研究与开发, 2017, 38(10): 215-218.

[17] Branch D J, et al. A13C-NMR study of some agar-related polysaccharide from New Zealand seaweeds. Aust J Chem, 1981, 34: 1095-1105.

[18] 史燚, 史升耀. 紫菜胶与紫菜琼脂. 海洋科学, 1994, 18(1): 48-52.

[19] 周小伟, 钟瑞敏. 紫菜多糖提取工艺技术及抗氧化活性研究. 食品研究与开发, 2014, 35(19): 43-47.

[20] 谢飞. 响应面试验优化末水坛紫菜多糖除蛋白工艺及其抗氧化活性. 食品科学, 2016, 37(22): 77-84.

[21] 张全斌, 等. 坛紫菜多糖对脾细胞活性的影响. 中国海洋药物, 2003, (6): 14-18.

[22] Osumi Y, et al. Effect of oligosaccharides from porphyran on *in vitro* digestions, utilizations by various intestinal bacteria, and levels of serum lipid in mice. Nippon Suisan Gakkaishi, 1998, 64(1): 98-104.

[23] 姚兴存, 等. 紫菜藻胆蛋白的制备及其体外模拟消化研究. 食品与生物技术学报, 2014, 33(4): 403-408.

[24] 钱晓婕, 等. 坛紫菜中藻胆蛋白的提取及其抗氧化活性研究. 中国海洋药物杂志, 2008, 27(20): 42-45.

[25] 刘宇峰, 等. 红藻藻蓝蛋白对 HL-60 细胞生长的抑制作用. 中国海洋药物, 2000, (1): 20-24.

[26] 姚兴存, 等. 条斑紫菜活性肽的抗氧化作用. 食品科学, 2011, 32(7): 104-108.

[27] 姚兴存, 等. 条斑紫菜蛋白酶解物降血压活性. 食品与发酵工业, 2011, 37(2): 62-64.

[28] 王茵, 等. 紫菜多肽降血脂及抗氧化作用的研究. 食品工业科技, 2013, 34(16): 334-337.

[29] 任姗姗, 等. 条斑紫菜酶解多肽的保健功能作用. 食品研究与开发, 2011, 32(2): 38-41.

[30] Karadeniz F, Kim S K. Antitumor and antimetastatic effects of marine algal polyphenols. *In*: Kim S K. Handbook of Anticancer Drugs from Marine Origin. Berlin: Springer International Publishing, 2015: 177-183.

[31] Machu L, et al. Phenolic content and antioxidant capacity in algal food products. Molecules, 2015, 20(1): 1118-1133.

[32] 应苗苗, 等. 紫菜不同收割期营养成分的分析. 浙江农业科学, 2009, (6): 1227-1228.

[33] 胡传明, 等. 条斑紫菜几种风味成分分析与代谢研究. 上海: 中国藻类学会第八次会员代表大会暨第十六次学术会论文摘要集, 2011.

[34] 国家中医药管理局《中华本草》编委会. 中华本草, 第一册, 第三卷. 上海: 上海科学技术出版社, 1999.

[35] 张文竹, 等. 裙带菜的化学成分及其生物活性研究进展. 海洋科学, 2009, 33(4): 72-75.

[36] Maruyama H, et al. Antitumor activity and immune response of mekabu fucoidan extracted from sporophyll of *Undaria pinnatifida*. In Vivo, 2003, 17: 245-249.

[37] Maruyama H, et al. Suppression of Th2 immune responses by mekabu fucoidan from *Undaria pinnatifida* sporophylls. Int Arch Allergy Immunol, 2005, 137: 289-294.

[38] Lee J B, et al. Novel antiviral fucoidan from sporophyll of *Undaria pinnatifida*(mekabu). Chem Pharm Bull, 2004, 52(9): 1091-1094.

[39] Suetsuna K, Nakano T. Identification of an antihy pertensive peptide from peptic digest of wakame (*Undaria pinnatifida*). J Nutr Biochem, 2000, 11(9): 450-454.

[40] Suetsuna K, et al. Antihy pertensive effects of *Undaria pinnatifida* (wakame) peptide on blood pressure in spontaneously hypertensive rats. J Nutr Biochem, 2004, 15(5): 267-272.

[41] Sato M, et al. Angiotensin I converting enzyme inhibitory peptides derived from wakame (*Undaria pinnatifida*) and their antihypertensive effect in spontaneously hypertensive rats. J Agric Food Chem, 2002, 50(21): 6245-6252.

[42] Hosokawa M, et al. Fucoxanthin induces apoptosis and enhances the antiproliferative effect of the PPARgamma ligand, troglitazone, on colon cancer cells. Biochim Biophys Acta, 2004, 1675(1-3): 113-119.

[43] Maeda H, et al. Fucoxanthin from edible seaweed, *Undaria pinnatifida*, shows antiobesity effect through UCP1 expression in white adipose tissues. Biochem Biophys Res Commun, 2005, 332(2): 392-397.

[44] Maeda H, et al. Fucoxanthin and its metabolite, fucoxanthinol, suppress adipocyte differentiation in 3T3-L1 cells. Int J Mol Med, 2006, 18(1): 147-152.

[45] Ikeda K, et al. Effect of *Undaria pinnatifida* (wakame) on the development of cerebrovascular diseases in stroke-prone spontaneously hypertensive rats. Clin Exp Pharmacol Physiol, 2003, 30(1-2): 44-48.

[46] 朱春霞, 等. 海藻龙须菜化学成分及其活性的研究概况. 中山大学研究生学刊, 2014, 35(3): 34-39.

[47] 张永雨. 龙须菜营养成分分析及其藻红蛋白的分离、纯化与生理功能研究. 汕头: 汕头大学硕士学位论文, 2005.

[48] 竺巧玲, 等. 酶法提取龙须菜多糖工艺条件的研究. 食品工业科技, 2007, 29(6): 150-152.

[49] 余杰, 等. 潮汕沿海龙须菜的营养成分和多糖组成分析. 食品科学, 2006, 27(1): 93-97.

[50] 谢好贵, 等. 3种多糖复合体外抗肿瘤协同增效作用. 食品科学, 2013, 34(15): 289-294.

[51] 陈美珍, 等. 龙须菜多糖硫酸基含量对抗流感病毒活性的影响. 食品科学, 2008, 29(8): 587-590.

[52] 陈美珍, 等. 龙须菜多糖抗突变和清除自由基作用的研究. 食品科学, 2005, 26(7): 219-222.

[53] 王广策, 等. 龙须菜叶绿素-蛋白复合物的分离及鉴定. 植物学通报, 2004, 21(4): 449-454.

[54] 王广策, 等. 一种从龙须菜等含胶海藻中同时提取藻红蛋白和琼脂的方法: 中国, 101138414A. 2008-3-12.

[55] 陈美珍, 等. 龙须菜藻胆蛋白的分离及其清除自由基作用的初步研究. 养殖与饲料, 2004, 25(3): 159-162.

[56] 陈美珍, 等. 龙须菜藻红蛋白抗肿瘤活性的研究. 中国海洋药物杂志, 2007, 26(4): 27-31.

[57] Wen X. Nutritional composition and assessment of *Gracilaria lemaneiformis* Bory. Journal of Integrative Plant Biology, 2006, 48(9): 1047-1053.

[58] 张敏, 等. 4种经济海藻脂肪酸组成分析. 海洋科学, 2012, 36(4): 7-12.

[59] 梅文莉, 等. 龙须菜的有机酸组成及其细胞毒活性. 中国海洋药物杂志, 2006, 25(2): 45-47.

[60] 綦慧敏. 孔石莼多糖及其衍生物的研究. 青岛: 中国科学院研究生院(海洋研究所)博士学位论文, 2007.

[61] Fleurence J, et al. Determination of the nutritional value of proteins obtained from *Ulva armoricana*. Journal of Applied Phycology, 1999, 11: 231-239.

[62] Lei X L, et al. Elementary study on nutritional compositions of the green alga, *Ulva lactuca* in the South China Sea. Journal of Hainan Normal University, 2003, 16(2): 79-83.

[63] 卢启洪. 海藻孔石莼化学成分研究. 杭州: 浙江大学硕士学位论文, 2006.

[64] Muto S, et al. Polysaccharides from marine algae and antiviral drugs containing the same as active ingredient: US, 5089451. 1992-2-18.

[65] Sugiswa H, et al. The aroma porfile of the volatilesin marine green algea (*Ulva pertusa*). Food Reviews International, 1990, 6(4): 573-589.

[66] 陶平, 贺凤伟. 大连沿海3种大型速生海藻的营养组成分析. 中国水产科学, 2001, 7(4): 60-63.

[67] 周革非. 角叉菜的化学组成及其抗肿瘤活性的研究. 青岛: 中国科学院研究生院(海洋研究所)博士学位论文, 2004.

[68] 胡斌, 等. 马尾藻营养成分研究进展. 水产学杂志, 2016, 29(1): 48-53.

[69] 叶红. 马尾藻多糖的分离纯化、生物活性及结构分析. 南京: 南京农业大学博士学位论文, 2008.

[70] 刘秋英, 孟庆勇. 半叶马尾藻多糖对小鼠S180肉瘤的抑制作用及其机制. 癌症, 2005, 24(12): 1469-1473.

[71] 周贞兵, 等. 马尾藻多糖的提取及免疫研究. 安徽农业科学, 2009, 37(16): 7467-7470.

[72] 陈震, 刘红兵. 马尾藻的化学成分与生物活性研究进展. 中国海洋药物杂志, 2012, 31(5): 41-51.

第14章　海带深加工与高值化利用

(福建农林大学，陈继承)

14.1　海带概述

14.1.1　海带生长习性及其分布

海带（*Laminaria japonica*），又称江白菜，作为药物时称其为昆布，是生长在低温海水中的一种大型海生褐藻植物，是一种重要的多年生大型食药两用性的海藻[1-4]。正常海带为褐绿色，藻体呈扁平长叶状，形如宽带状，一般长2~4m，宽20~30cm，最长达6m，最宽至50cm。藻体主要包括三部分结构，即叶片、固着器和柄部。海带主要为自然生长，整体分为冷温带性和暖温带性两种，广布于我国北部沿海地区及朝鲜、俄罗斯太平洋地区的为冷温带性种类；后经人工养殖推广至浙江、福建、广东等地沿海，形成暖温带性种类，拥有较高的营养价值[5]。野生海带生长在海岸潮线以下2m左右的岩石上，人工养殖海带多生长于近海固定的竹材或绳索上。我国是世界上最大的海带养殖基地，以人工养殖为主，以2~7℃为最适温度，海带进行光合作用需有足够的光能，并从海水中吸收营养，由于海水浑浊度或透明度不同，养殖海区应设在无工业"三废"及医疗废弃物污染的海域，远离农业城镇生活区。水深以8~30m为宜，其中以水深15~25m的海区最佳，属高产区。海流流速在0.17~0.7m/s，在流速大的海区生长良好，反之生长很慢且易染病害，一般以0.41~0.7m/s为宜。

海带的人工养殖最初兴起于青岛市，它使得人们不再局限于单一的捕捞方式，从而使我国的渔业生产跃居世界第一。海带是一种非常重要的经济藻类，年经济产值达40亿元以上。目前，我国海带养殖区域分布很广，从北方的辽宁一直延伸到南方的广东沿海，我国海带养殖业已经成为一个令人瞩目的庞大产业。我国的海带年产量也接近世界海藻产量的50%，养殖面积、产量均居世界第一，主要产于福建、山东和辽宁等沿海地区[6,7]，当前，不管是我国的海带产量还是海带养殖技术都走在世界的前列。

14.1.2　海带的营养成分

海带属于极具营养价值的海洋藻类，含有碳水化合物、蛋白质、膳食纤维、脂肪酸、维生素、矿物质、碘等60多种营养成分。据测定，每100g干海带中含有碳水化合物 56.2g、蛋白质 8.2g、脂肪 0.1g、粗纤维 7g、钙 2.25g、铁 0.15g、碘 340mg、胡萝卜素 0.57mg、烟酸 16mg、硫胺素 0.69mg、核黄素 0.36mg[8]（表 14-1）。此外还含有铜、硒、锰、锌、硼、磷、钾等多种元素[9]，其中粗蛋白、多糖、钙、铁的含量比菠菜、油菜等蔬菜均高出几倍，甚至几十倍。

表 14-1 海带营养成分表

物质	含量(每100g 干海带)	物质	含量(每100g 干海带)
蛋白质	8.2g	碘	340mg
脂肪	0.1g	钴	22μg
碳水化合物	56.2g	氟	1.89μg
粗纤维	7g	胡萝卜素	0.57mg
无机盐	12.9g	硫胺素	0.69mg
钙	2.25g	核黄素	0.36mg
铁	0.15g	烟酸	16mg

此外，海带中含有丰富的人体所需的营养活性物质，迄今为止已发现的海带生物活性物质有以下几种：甘露醇、海带多糖（包括褐藻胶、褐藻糖胶和褐藻淀粉）、海带蛋白、酸性聚糖类物质、岩藻半乳多糖硫酸酯、昆布氨酸、半乳糖醛酸、牛磺酸、大叶藻素、双歧因子等。从海带中提取的这些物质都具有一定的生物活性，如有较好的降血压、降血糖、调血脂、抗凝血、抗肿瘤、抗血栓、免疫调节及抗氧化等功效。

(1) 甘露醇

甘露醇别名 D-甘露糖醇、D-甘露蜜醇及木蜜醇，其分子式为 $C_6H_{14}O_6$，分子量是 182.17，属于一种己六醇。Proust 在 1806 年第一次从甘露蜜树中将其分离出来，因而取名为甘露醇。甘露醇是一种白色或无色的晶体粉末，熔点在 165～168℃，沸点是 290～295℃（467kPa），相对密度为 1.489（20℃），无臭，具有清凉的甜味，其甜度相当于蔗糖的 70%，热量相当于蔗糖的 1/2[10]；可溶于水（溶解率为 18%），微溶于冷的甲醇、乙醇，随着温度的上升，甘露醇的溶解度增大，不溶于乙醚，不与稀碱、稀酸反应，且不易被空气氧化。甘露醇由于具有干燥快、无吸湿性及较好的化学稳定性等特点，被广泛应用于食品及药品行业，且在农业与化工等方面也具有较大的用途。

海带中还含有大量的甘露醇，而甘露醇具有利尿消肿的作用，可防治肾功能衰竭、老年性水肿、药物中毒等。甘露醇与碘、钾、烟酸等协同作用，对防治动脉硬化、高血压、慢性气管炎、慢性肝炎、贫血、水肿等疾病都有较好的效果。在食品工业，由于甘露醇的无吸湿性，无生龋性，因此常被用作口香糖、麦芽糖及年糕等食品的防黏剂；由于甘露醇硬脂酸酯可防止食品中的油脂分离，将甘露醇用于饼干生产中，可使饼干松脆，不易受潮；基于甘露醇的甜度较高（相当于蔗糖的 70%），热量较低，其可被用作低热值食品或者低糖食品的甜味剂，用以减少糖尿病患者的糖摄入量。

在医药工业，甘露醇仅作为注射液就需要消耗约 3800t/a，该注射液可使血液中的渗透压迅速增高，组织内水分进入血液，进而降低颅内压或眼内压，减轻水肿等，由于甘露醇不能在体内发生分解代谢，因此以原型从尿液排出，同时带走大量水分，起到利尿作用；基于其化学性质稳定、味甜及低热量，其常被用于制作咀嚼片或者粒状粉末的药品配方，同时可以掩盖多种药物的不良风味；另有研究显示，甘露醇的硝酸酯类衍生物、磺酸酯类衍生物及氮类衍生物等系列衍生物有显著的降血脂、抑菌、抗肿瘤功效，可用于开发相应药物。

在化工、农业等方面，甘露醇可与环氧丙烷结合生成甘露醇环氧丙烷聚醚，用以制作耐热性好、机械强度高、耐老化的聚氨酯硬质泡沫塑料；甘露醇缩水后可与油酸酯化成一种性能良好的缓蚀剂和乳化剂——甘露醇油酸酯，广泛用于化工、农药、机械加工等方面；甘露醇可替代甘油作为乳化剂用于牙膏生产，还可作为植物生长调节剂，用于苹果的贮藏保鲜，减缓果酸氧化，提高维生素 C 含量。

(2) 褐藻糖胶

褐藻糖胶又称褐藻多糖硫酸酯、岩藻聚糖硫酸酯，是一种含有硫酸基的水溶性多糖[11]，存在于所有褐藻的细胞之间、藻间组织或黏液基质中，可以从叶片表面分泌出来。褐藻糖胶首次从掌状海带中提取分离出来，而后受到了研究者的极大关注，他们在分离纯化、结构、理化性质及生物活性等方面做出了诸多研究[12, 13]。

褐藻糖胶是一种组成和结构较为复杂的杂多糖，主要由 α-1,2、α-1,3 或 α-1,4 连接的 L-岩藻糖为主链，C4 位的羟基由复杂的硫酸基团取代，同时还含有少量的木糖、半乳糖、糖醛酸及甘露糖等成分[14, 15]。1962 年 Schweiger 从巨藻中分离的褐藻糖胶是由褐藻胶与半乳糖以 18∶1 的比例组成的，首次证明了褐藻糖胶并非一种单纯的多糖，而是含褐藻胶、半乳糖及木糖的聚合物，不同来源的褐藻糖胶具有不同的聚合结构[16]。随后，褐藻糖胶中的糖醛酸、甘露糖、葡萄糖、乙酰基等相继被发现[17, 18]。褐藻糖胶中含有大量的硫酸基团，平均 2 个岩藻糖基带有 1 个硫酸基[19]。

海带中褐藻糖胶含量一般为 0.3%～1.5%，然而随着产地与季节的变化，褐藻糖胶的含量也有不同，产地为大连、福建、青岛的海带中褐藻糖胶含量分别大约为 5.5%、2.8%、2.6%；7～8 月褐藻糖胶的含量较高，而 3～4 月较低。

自 1957 年 Springer 等[20]首次研究发现墨角藻中提取出的褐藻糖胶具有抗凝血活性，便开启了褐藻糖胶生物活性研究的大门，国内外研究者对褐藻糖胶展开了深入的研究。在过去的 50 多年中，褐藻糖胶的多种生物活性功能不断被发掘，如抗凝血、抗菌、抗氧化、抗炎、抗肿瘤、抗病毒等。褐藻糖胶具有毒性低、口服生物利用度高等多个优点，已在韩国、日本、中国等地作为膳食补充剂或营养食品进行销售。在海洋战略的指引下，褐藻糖胶的功能活性研究已成为海洋热点研究方向之一。

(3) 膳食纤维

膳食纤维是指不能被人体消化道酶分解的多糖类及木质素。膳食纤维与水、蛋白质、脂肪、碳水化合物、矿物质、维生素及水合并为人体所需的八大营养素。膳食纤维是健康饮食不可缺少的，在保持消化系统健康上扮演着重要的角色，在消化系统中有吸收水分的作用；可增加肠道及胃内的食物体积，增加饱足感；又能促进肠胃蠕动，可舒解便秘；同时膳食纤维也能吸附肠道中的有害物质以便排出；还可以改善肠道菌群，为益生菌的增殖提供能量和营养。膳食纤维是非淀粉多糖的多种植物物质，主要来自于动植物的细胞壁，包括纤维素、木质素、蜡、甲壳质、果胶、β-葡聚糖、菊糖和低聚糖等，通常分为非水溶性膳食纤维及水溶性膳食纤维两大类。人体摄取足够的膳食纤维也可以预防心血管疾病、癌症、糖尿病及其他疾病。膳食纤维可以清洁消化壁和增强消化功能，同时可以稀释食物中的致癌物质和加速有毒物质的移除，保护脆弱的消化道，预防结肠癌。膳食纤维可减缓消化速度并最快速地排泄胆固醇，因此可让血液中的血糖和胆固醇控制在最理想的水平。

在食品工业中，膳食纤维因其持油性、凝胶性、持水性和乳化性，可以作为营养增强剂和天然添加剂，主要作用是改变食品的风味与质构。通过添加膳食纤维，以改变食物(饮料、奶制品、烘烤食品、面食、肉、果酱等)的品质特性，进而避免胶体脱水收缩和高脂肪食品的固化及乳化。膳食纤维可作为均质剂、增厚剂、稳定剂和脂肪替代品添加到饮料及加工食品中。此外，膳食纤维在香肠、膨化食品、冰淇淋、内酯豆腐、糖果、调味料品中也有广泛应用[21]。

(4) 海带蛋白

海带蛋白中的氨基酸种类齐全，比例适当，尤其是人体必需的 8 种氨基酸，十分接近理想蛋白质中必需氨基酸含量模式。其中褐藻氨酸是一种胆碱样的碱性氨基酸，具有明显的降血压、调节血脂平衡及防治动脉粥样硬化的作用。目前，工业上对海带的综合利用以提取海藻酸钠、碘及少量的甘露醇为主，提取上述成分后的海带中尚含有较丰富的蛋白质、糖胶、膳食纤维、矿物质元素等成分。这不仅浪费了大量的自然资源，还带来了一系列环境污染问题。海带作为我国主要经济藻类资源，虽然海带中的蛋白质含量较高，但目前对海带蛋白的研究还较少。因此有必要加强海带蛋白方面的研究，以便对海带进行多层次的开发利用，提高海带的经济利用价值。海带科的粗蛋白含量为 5%~20%，其中海带的蛋白质含量最高，为 8%~20%。然而海带蛋白资源尚未得到充分开发利用，可能是因为海带中的黏性多糖含量较多，阻碍了蛋白的溶出，使得海带蛋白的提取效率较低，进而影响了海带蛋白的研究与利用。研究者尝试用多种提取液提取海带蛋白，并通过抑菌实验发现海带蛋白能有效抑制产气杆菌、大肠杆菌、金黄色葡萄球菌的生长。并以 5mg/kg 的海带蛋白对高血压模型大鼠进行灌胃试验，结果显示灌胃 23 天后高血压大鼠的舒张压和收缩压均显著降低，此降压效果与 20mg/kg 的卡托普利相当，据推测，该功效可能与海带蛋白中的多肽有密切联系。

14.1.3　海带的利用及其保健功能

随着人们生活方式及生活习惯的变化，海带作为一种健康食品越来越受到人们的追捧和青睐，海带的食用人群和食用总量也在不断增加。关于海带的研究也越来越成熟。同时海带的药用价值也得到开发，例如，海带能提高机体的体液免疫，促进机体的细胞免疫。海带功能性成分的提取工艺已经逐步成熟，但是海带中功能性成分的应用区域较狭窄。研究海带功能性成分在新区域的应用，扩大海带功能性组分的应用范围，就可以提高海带的高值化利用程度，提高海带的综合利用价值。

1. 海带的常见加工与食用方式

人类食用海带历史悠久，早在1000 多年前海带就被视为营养丰富的食品，受到了世界各地人群的喜爱。在日本，人们将海带调味、干燥后制作各种式样的造型食品，共有十多种不同的加工方法，除菜用外，海带还被用来制成方便米饭配菜，酿造海带酱作调味料，用作大米糕点馅料和点心配料，等等，全国每年食用海带 14 万～15 万 t；在美国纽约和旧金山等地，以海带丝为配料的日式寿司食品大为流行，由于海带消费量大增，一些西方传统凉拌菜——色拉，也有海带介入其中，有些点心卷也加入了海带末；20 世纪 80 年代的法国大菜也因海带热风的侵袭，在一些菜肴中的配菜方面发生了变化，采用海带作配菜，不仅如此，有些带馅面包也掺用了海带。在欧洲地中海一带，苏格兰、爱尔兰和法国人则习惯吃糖海带。在我国，海带的烹调方法很多，如海带炖排骨、海带烧肉、肉丝海带、海带汤、凉拌海带丝等。

海带(鲜)适合人群：一般人都能食用。特别是缺碘、甲状腺肿、高血压、高血脂、冠心病、糖尿病、动脉硬化、骨质疏松、营养不良性贫血及头发稀疏者可多食，同时精力不足、缺碘人群、气血不足、肝硬化腹水和神经衰弱者尤宜食用，但是脾胃虚寒者、甲亢中碘过盛型的患者要忌食。因为海带自身成分的特点，所以有两类人不适宜大量食用海带。一类是孕妇，一方面，海带有催生的作用；另一方面，海带含碘量非常高，过多食用可以影响胎儿甲状腺的发育，所以孕妇要慎食。第二类，海带本身按中医讲是偏寒的，所以脾胃虚寒的人，在吃海带的时候不要一次吃太多，或者不要跟一些寒性的物质搭配，否则会引起胃肠不适。

在我国，海带多以蔬菜的形式直接食用。因此在食用海带时，从安全角度出发，一定要洗干净，海带经水浸泡以后，砷和砷的化合物溶解在水中，含砷量会大大减少。浸泡时水要多些，或者换一两次水，至于浸泡时间，也不好说得很绝对，这与海带质地和含砷量有很大关系。海带比较嫩、含砷量少的浸泡时间不能太长。如果是质地硬的，含砷量多的，浸泡时间可相对较长。但由于含砷量的多少难以用肉眼鉴别，因此，一般浸泡 6h 左右就可以了，因为如果浸泡时间过长，海带中的营养物质，如水溶性维生素、无机盐等也会溶解于水，营养价值就会降低。近些年，由于海带的食用量逐步攀升，为方便人们食用，海带初加工产业悄然兴起，海带逐渐被加工为更利于人们食用的产品形式，如海带丝、海带结、海带干等。随着海带的营养保健功能越来越多地被人们发现，更多的海带产品被研发。例如，将海带、豆饼、麸皮等主要原料发酵酿制勾兑而成的海带保健酱油，除具有酱油原有的营养成分外，还含有海带中富有的营养成分，各种营养成分均高于国家一级酱油标准，并具有特殊的风味和滋味，可以满足人们对调味品的保健作用的要求；用海带粉、卡拉胶等制作的低热海带保健果冻具有热量低、防龋齿且营养丰富的功效，扩大了果冻市场和消费人群；此外，还有海带保健醋、海带酒、海带酸奶、海带花生酱、海带面条等较为深加工的食品现世。这些食品的研制和开发将为人们科学地获得海带的营养与保健作用提供更广泛的途径。

2. 海带有效成分的保健功能

海带成本低廉、营养丰富、功能众多，素有"海上之蔬""长寿菜""含碘冠军"等美誉，又被誉为"海上冬虫夏草"。作为一种重要的海生资源，其药用与食用价值很早就为世人所知。汉代的《本草汇》中记载"昆布之性，雄于海藻，噎症恒用之。盖取其祛老痰也"；唐朝孟诜所著的《食疗本草》记载"昆布下气，久服瘦人"等表明海带具有祛痰消肿、减肥之功效；明代著名药学家李时珍编撰的《本草纲目》中记载海带"可催生，治妇人病，及疗风下水。治水病瘿瘤"，对海带的营养功效做出了精辟的阐述。随着医学、药理学、营养学等学科的发展，人们逐渐发现海带在医疗保健方面有更多的功用，如调节血脂、降血糖、降血压、抗凝血、抗突变、防辐射、抗病毒、增强免疫功能等，在有效功能成分提取和食品加工中作用明显，市场潜力巨大。

(1)促进智力发育，预防和治疗甲状腺肿

海带具有一定的药用价值，因为海带中含有大量的碘，碘是甲状腺合成的主要物质，如果人体缺少碘，就会患"大脖子病"，即甲状腺功能减退症，所以，海带是甲状腺机能低下者的最佳食品。碘是人体合成甲状腺素的原料，而甲状腺素又是人脑发育所必需的激素，所以称碘为"智力元素"。当人体摄入碘过少时，甲状腺素的生成受阻，代谢速率紊乱，营养难以吸收，进而影响到智力与身体的正常发育。孕妇如果缺碘，不仅自身会出现头发变得粗糙、甲状腺肿胀的问题，甚至可能流产或者早产，生出的胎儿可能智力会有问题，患呆小病的概率大大增加。海带因富含碘质，且其含有的碘约 80%是无机活性碘，可防治碘缺乏症，促进智力发育。

我国有 4 亿多人生活在碘缺乏地区。海带中含有非常丰富的碘，食用海带对预防和治疗甲状腺肿有很好的作用。日本人食用海带和其他海产品很普遍，该国是世界上甲状腺肿发病率最低的国家。在我国也利用海带粉制成海藻盐、海藻片治疗甲状腺肿。碘在海带中呈溶于水的碘化物存在，用水浸泡时可溶解。因此，用来治疗甲状腺肿的海带不能长时间浸泡，否则碘流失过多达不到预期效果。正常人每天需补充 0.4mg 的碘；处于发育期的儿童，妊娠期、哺乳期妇女，要增加碘的用量。

(2) 抗凝血

海带中富含大量的褐藻糖胶。褐藻糖胶的抗凝血功效是首先被发掘的功能活性，受到了国内外研究者的广泛认可。研究发现褐藻糖胶可以抑制纤维蛋白原凝结的形成，并可抑制凝血酶原的激活及凝血酶的活性。彭波[22]和赵金华从凝血酶原激活的内源途径与外源途径两个方面入手探究褐藻糖胶的作用途径，结果显示，褐藻糖胶可剂量依赖性地延长草酸钾兔血浆复钙凝血时间，并可明显剂量依赖性延长大鼠凝血酶原时间，充分证明褐藻糖胶在内源及外源两种途径上均能抑制凝血的形成。分子量为 100~140kDa 的褐藻糖胶经硫酸化和去硫酸化演变为褐藻糖胶的两种衍生物，后用发色底物法检测 3 种物质在增加 t-PA 激活纤溶酶原中的作用。研究表明，硫酸化的褐藻糖胶更能促进纤溶酶原激活，而在相同物质的量浓度，去硫酸化褐藻糖胶无此作用，显示出褐藻糖胶的抗凝血功效与硫酸基团含量密切相关。

(3) 降血压

海带中含有膳食纤维褐藻酸钾，能调节钠钾平衡，减少人体对钠的吸收，从而起到降血压的作用。在我国民间，就有食用蒸海带降血压的做法。将海带根用水提醇沉淀法，经阴阳树脂处理提取的多糖成分饲喂实验狗，发现其对实验狗血压和心率有明显的影响。结果表明：海带根具有降压、减慢心率、镇静等作用，降压机制可能是抑制某种受体，促使外周血管扩张，以及减慢心率、镇静等因素的综合作用。目前，人们对从海带中提取出来的活性多肽已经有了初步的认识，但是对其应用还鲜有研究。海带降血压活性肽具有降血压效果，降血压肽主要通过抑制机体中血管紧张素转换酶(ACE)的活性，进而起到降低血压的作用，因此又被称为血管紧张素的转化酶抑制肽。在生物机体中血压控制主要依赖于肾素-血管紧张素系统(renin-angiotensin system，RAS)及激肽释放酶-激肽系统(kallikrein-kinin system，

KKS)的协同调控。而在 RAS 系统中，肾素能够将没有活性的血管紧张素原转化为血管紧张素 I，在 ACE 作用下切除末端二肽 His-Leu 后转化为可使血管收缩、血压升高的血管紧张素 II；与此同时，ACE 使 KKS 系统中控制血管扩张、血压降低的舒缓激肽失活，进一步促使血压升高。这两个血压调控系统中，ACE 是促使血压升高的关键酶，因此，通过对 ACE 的活性进行抑制，将能够实现高血压防治的目的。降血压肽能够与 ACE 中活性部位的 Zn^{2+} 进行竞争性结合，致使 ACE 活性被抑制，从而阻碍了 ACE 催化血管紧张素 I 的水解，并使舒缓激肽失活，实现良好的降血压作用。目前关于海带降血压活性肽的应用鲜有研究，对于其应用还处在研究状态。

李伟等[23]运用 5%的 NaOH 溶液合并 0.06%的纤维素酶对海带蛋白进行提取，其提取量较多，所提取的蛋白质分子量为 872～7705Da，同时发现用海带蛋白对高血压模型大鼠灌胃具有很好的降血压效果。吴凤娜[24]采用酶解的方法提取出多种蛋白组分，研究显示海带蛋白对大肠杆菌、金黄色葡萄球菌和假单胞菌有抑制作用。闫秋丽和郭兴凤[25]研究结果显示，海藻多肽具有较强的抗肿瘤细胞活性、抗病毒、抗细菌感染及提高机体免疫力的功效。赵志梅[26]采用现代工艺从海藻中提取的海藻多肽的氨基酸含量丰富，并且生物活性分析显示海藻多肽在改善心脑血管、抗肿瘤、抗感染领域均具有很好的应用效果，能够激活并改善人体的免疫反应，调节血压和血管软化度。Mustafa 和 Nakagawa[27]研究指出，在鱼饲料中添加海藻有助于鱼抗压及抗病能力的改善。国内外研究结果显示海带多肽的制备工艺已经取得了初步的效果，但是关于海带多肽的应用还鲜有研究。

(4) 降血脂

海带能降血脂是因为其胶体纤维对降低血浆胆固醇有作用。海带中丰富的各种胶体纤维，如褐藻糖胶、褐藻胶、纤维素等，都不易被人体消化吸收，但是又能够提供给人体饱腹感，使得人类在吃饱的同时，又避免摄入过多的能量，起到预防肥胖、减肥、减少胃肠道疾病发生概率的作用。海带也能够减少脂肪在人体的集聚，有效地将脂肪排出体外，同时降低人体内胆固醇的含量，对一些慢性疾病(如高血压、高胆固醇等)有一定的预防作用。我国学者研究用胶体纤维褐藻酸钠阻止动物脂质吸收，结果证明，褐藻酸钠具有明显的降血脂作用。另研究显示，服用 150mg/kg 海带褐藻糖胶即可显著降低高血脂小鼠血清中的三酰甘油、胆固醇水平，可以有效防治小鼠的高脂血症。将褐藻糖胶运用于临床医学，通过临床观察发现，褐藻糖胶可以显著降低机体内的血清胆固醇水平及三酰甘油含量，且服用 1 疗程后对肝、肾功能无损害。因此，海带中的胶体纤维拥有成为天然降血脂营养药物原料的潜质。

(5)降血糖

海带中含有 60%的岩藻多糖，是极好的食物纤维，糖尿病患者食用后，能延缓胃排空和食物通过小肠的时间，如此，即使在胰岛素分泌量减少的情况下，血糖含量也不会上升，而达到治疗糖尿病的目的。海带除含多种维生素及微量元素外，还有大量的膳食纤维，尤其是可溶性纤维具有很高的比例。膳食纤维是指不被人体消化道酶系分解的植物组分，在人体内可通过多种特定的机制发挥作用，主要有吸水膨胀，增加饱腹感，加速胃排空，降低肠腔 pH，促进胆汁酸代谢，降低血中胆固醇水平，提高胰岛细胞外周敏感性以降低血糖，促进体内能量随粪便丢失等功能，从而达到降血糖作用。从海带中提取褐藻酸类物质，将其制备为口服液，饲喂高血糖小鼠，研究褐藻酸类物质对小鼠血糖的影响，结果显示，连续饲喂 7 天即可显著降低高血糖小鼠的血糖值。

(6)抗放射性物质危害

海带能阻止放射性元素锶的吸收。放射性锶进入人体后对人体危害很大，可在体内放射射线，对骨髓造成损伤，损坏其造血功能，影响骨髓生长，可诱发骨癌和白血病。海带中的海藻酸钠不但能防止锶被消化道吸收，而且对生物体内旧有的放射性锶有排出作用。另外，褐藻酸钠在体内有排铅作用。铅进入人体会对神经系统和造血系统造成严重危害，而常吃海带会起到排铅的作用。

(7)抗肿瘤

海带所含的海藻酸钠与具致癌作用的锶、镉有很强的结合能力，并可将它们排出体外；海带可选择性杀灭或抑制肠道内能够产生致癌物的细菌，所含的纤维还能促进胆汁酸和胆固醇的排出；海带提取物对各种癌细胞有直接抑制作用。并且海带中含有大量的褐藻糖胶，研究表明，褐藻糖胶可以直接杀死肿瘤细胞，其主要作用机制包括细胞周期阻滞(尤其对 G_1 期有明显的阻滞作用)、诱导细胞凋亡、诱导细胞自噬、抑制血管生成和抑制细胞迁移。细胞周期阻滞是通过干预细胞周期蛋白、C-X-C 基序趋化因子配体 12(C-X-C motif chemokine ligand 12，CXCL 12)、周期蛋白依赖性激酶(cyclin dependent kinase，CDK)及 CDK 抑制剂来发挥作用的；诱导细胞凋亡主要是通过调控 B 淋巴细胞瘤-2 家族蛋白、促分裂原活化的蛋白激酶(MAPK)信号通路、天冬氨酸特异性半胱氨酸蛋白酶非依赖性细胞凋亡诱导因子信号通路及活性氧的产生而发挥作用；诱导细胞自噬主要是通过诱导肿瘤细胞微管相关蛋白 1 轻链 3 的表达而提高细胞自噬活性；抑制血管生成主要是通过调控血管内皮生长因子和内皮细胞型纤溶酶原激活物抑制剂-1 的表达而发挥作用；抑制细胞迁移是通过调控基质金属蛋白酶和 CXCL12 的表达来实现。

研究报道，通过对接种 Heps 瘤株的小鼠腹腔注射海带多糖 100mg/(g·d)，连续给药 10 天，发现提纯海带多糖可有效抑制肿瘤的生长，抑瘤率高达 61.15%。韩国学者通过研究褐藻糖胶对 PC-3 前列腺癌细胞、HeLa 宫颈癌细胞、A549 肺癌细胞和 HepG2 肝癌细胞的作用发现，褐藻糖胶可以显著抑制 4 种细胞的生长，且对机体没有毒性。

(8) 抗氧化

医学研究表明，自由基在机体内累积过多可引起衰老、动脉硬化、阿尔茨海默病等多种疾病，因而，寻求健康安全的天然抗氧化剂成为近些年研究的热点。多年研究显示，褐藻糖胶显示出很强的抗氧化能力，可以有效清除机体内的自由基，具有延缓衰老等生物活性。Costa 等[28]研究了从 11 种热带海藻中提取的褐藻糖胶的抗氧化能力，结果显示，11 种褐藻糖胶均可以清除羟基自由基和超氧阴离子自由基，具有很强的总抗氧化能力，且抗氧化能力强弱与褐藻糖胶的分子量、硫酸基团的含量等紧密相关。

(9) 补充矿质元素

海带中的钙元素能坚固和保护牙齿，提高骨密度，增强肌肉的弹性。海带中铁的含量较丰富，常吃可预防铁缺乏及其他慢性病。作为人体所必需的微量元素之一，硒参与着氧化代谢等生理反应。同时研究表明，硒可提高人体免疫力，预防心血管疾病与癌症的发生，提高视觉功能、抗衰老、解重金属中毒等，所以适当食用海带可确保人体硒的摄入进而预防多种疾病。

(10) 保养皮肤及美发

海带汁可以美容养颜，用海带熬成的汤汁泡澡，可以润泽肌肤，使皮肤清爽细滑，光洁美丽，海带中含有多种维生素，尤以能转变为维生素的胡萝卜素含量丰富。维生素有助于形成糖蛋白，维持皮肤的正常功能，防止感染皮肤病，使皮肤保持光滑细腻，韧性增强。海带中还有大量含硫蛋白质等营养物质，对美发大有裨益。

此外，褐藻糖胶还具有抗炎、抗病毒、防辐射等功效，并可抑制肠腔对重金属的吸收，且该物质无毒副作用，可作为预防和治疗相关疾病的药物的原料，成为当今海洋药物的主攻方向之一。

14.1.4 海带食品的开发潜力与市场前景

我国海洋生物的开发，为大众提供了相对安全的食品。与陆地的农副产品深加工相比，海洋生物资源的综合利用具有更重要的经济价值，也是对生态环境的保护。向海洋索取食物、功能蛋白质和活性物质，已成为世界各沿海国家海洋开发的重要内容。海带作为营养价值丰富的海洋生物之一，成为人们补充营养的不可多得的优良食品。虽然我国是海带生产大国，但由于将海带作为经常食用食品的人数较少，海带的销售主要还是依靠出口，究其原因是我国的海带加工技术还不够成熟，加工产品多以传统的盐渍海带、海带结、海带卷等形式为主，新产品和深加工产品的品种及数量较少，且未能广泛推广。

随着我国科技和经济的发展，以及人们对食品营养需求的不断提高，部分药学和食品营养学工作者将目光聚集到了富有营养价值的海带研究上，伴随着对海带药理及有效成分研究的不断深入，从海带中提取有效成分制成药剂或者保健产品，将成为人们研究的热点，其中日本研制生产出的海带系列保健食品最多，包括减肥食品、降脂食品、排铅食品、糖尿病患者专用食品等 200 多种，同时海带加工业也面临进一步的创新与更高的技术要求。因此，充分利用我国海带产量的优势，集中科学技术力量，对海带进行更加深入的研究和开发，味美价廉、营养丰富的海带食品必将拥有广阔的前景。

14.2 海带活性成分提取与综合利用

14.2.1 海带活性成分提取技术

在 14.1.2 海带的营养成分中我们已经了解到海带的主要活性成分包括甘露醇、海带多糖、海带蛋白及膳食纤维，因此，海带活性成分的提取技术将围绕这几种主要的活性成分进行介绍。

1. 甘露醇的提取技术

甘露醇的制备方法有海带提取法、催化还原法及电解还原法。其中海带直接提取法制备甘露醇是最传统的甘露醇制备方法，可有效避免化学合成法中山梨醇的产生，得到纯度较高的甘露醇。海带提取甘露醇主要使用的是浸提法，以水、酸或乙醇为浸提液，在一定温度下进行浸泡提取，其间可以使用超声波或者旋转蒸发仪等进行辅助浸提，然而，该方法往往需要耗费数小时时间及较高温度才能达到理想效果，费时较久，能耗较高，且海带利用率较低，生产每吨甘露醇产品需耗费 13～15t 海带，褐藻糖胶等营养物质则被大量废弃，导致加工成本较高。

2. 海带多糖的提取技术

海带多糖主要有 3 种，即褐藻胶、褐藻糖胶和海带淀粉，这是广义上所说的海带多糖，而褐藻糖胶是指狭义上的海带多糖，褐藻胶和褐藻糖胶是细胞壁的填充物质，而海带淀粉存在于细胞质中。海带多糖是大分子化合物，具有较强的极性，因此在提取前必须先将原料脱脂、脱色，提取后需将提取物浓缩、加沉淀剂(如异丙醇、丙酮、乙醇等)沉淀离心得粗多糖。目前国内外常用的褐藻糖胶提取方法有热水提取法、碱提取法、酸提取法、超声波提取法及酶解提取法。

(1)热水提取法

热水提取法是最为常用、最为传统的海带多糖提取方法，需要采用不同比例、不同温度的水进行浸提，也是最为简单和经济的提取方法。提取时需注意提取时间宜短，提取温度应控制适当，不能太高，以免造成糖苷键断裂。该方法操作简便,不会引起多糖的降解,然而该方法耗时较久,难以使多糖从细胞内释放出来,且提取液体积较大,提取液中含有大量的褐藻酸,大大增加了分离和纯化的难度,提取率较低。

(2)碱提取法

研究显示,海带中的部分多糖以钙盐形式存在于细胞中,水溶解度较小。碱提取法即是利用该原理,通过在提取液中加入 NaOH 或者 Na_2CO_3 等使海带中的钙盐多糖转化为易溶的钠盐多糖而分离出来。该种方法有利于提取碱溶性多糖,如褐藻胶,然而热碱提取物中杂质的含量较高,同时较易引起多糖的降解。

(3)酸提取法

酸提取法大多数采用的是盐酸、三氯乙酸等酸性液体的稀释溶液,主要原理是通过酸液的作用,使得海带细胞的细胞壁充分膨胀破裂,进而使海带多糖可以游离出来。其中褐藻糖胶和褐藻淀粉易溶于水,因此可以充分溶解于提取液中,褐藻胶则因不溶于稀酸溶液而存留在滤渣当中。该方法有利于酸溶性多糖的提取,例如,褐藻糖胶的提取率会较高,可避免大分子褐藻胶的溶出,但酸提法的多糖黏度小于水提法,说明该方法容易引起部分多糖分子的部分降解。

(4)超声波提取法

超声波辅助提取技术是一种新型的提取技术,主要利用超声波的机械效应及热效应,促进非混相物质之间的传质,进而破坏细胞壁组织,促进海带细胞内多糖的释放、扩散及溶解;同时,超声波的空化作用可以增大溶剂与样品的接触面积,更有利于海带多糖的溶出。超声波辅助提取技术可减少溶剂的使用量,缩短提取时间,且用该方法提取的多糖,各项质量参数介于热水提取法与酸提取法之间,因此该方法是一种廉价、简便、高效的提取方法。

(5)酶解提取法

酶解提取法主要是利用纤维素酶、果胶酶、木瓜蛋白酶等酶类能够有效破坏海带细胞的细胞壁骨架结构,进而可以在降低提取温度、缩短提取时间的条件下促进海带细胞中的活性成分溶出。该方法是在较温和的条件下分解植物组织细胞,加速多糖成分的释放和提取,且不会破坏多糖的分子结构,亦不会影响多糖的生物活性,可大规模用于工业化生产,但是酶的价格比较昂贵。

海带粗多糖提取液浓缩后,利用多糖在有机溶剂中溶解度极小的原理,采用甲醇、乙醇、异丙醇或丙酮这些溶剂来降低海带多糖的溶解度,进而得到海带粗多糖,其中食品级乙醇和异丙醇是 FDA 认可的适合食品级多糖提取的最佳沉淀剂。在 pH 7.0 左右,反复溶解与醇析即可得到海带粗多糖。海带粗多糖经过三氯乙酸法、酶法或酶法结合 Sevage 法脱蛋白处理,采用离子交换法、氧化法、金属络合物法、吸附法(活性炭、高岭土或硅藻土柱)或 DEAE-纤维素等方法进行脱色处理，最后采用柱层析法进行分类纯化。一般常见的柱层析法分为两类，一类是离子交换柱层析，主要依靠电荷性质不同进行洗脱分离，如 DEAE-纤维素、DEAE- Sephadex、CM-Sephadex 等；一类是凝胶柱层析，如 Sephadex、Sepharose、Biogel 等。采用示差折光及紫外检测器，各组分的峰位自动记录进行多糖的纯化与分离，进而得到不同种类的较为纯净的海带多糖(包括褐藻糖胶、褐藻胶等)。

3. 海带蛋白及功能性肽的提取技术

研究显示，海带中的蛋白质含量高达 8%～20%，然而由于海带中多糖分子较多，对海带蛋白的提取有着较大的影响，不利于海带蛋白的溶出。研究显示，通过酶解、水解、发酵或者肠胃消化得到的氨基酸数量在 2～20 的小分子食源性生物活性肽具有较高的营养及药用价值，能够在为机体提供营养的同时参与调节机体的生理功能。例如，作为化学信使参与细胞及器官之间的沟通，为机体传递各种特异信息，进而调节机体的生长、发育、繁殖、代谢等各环节的生理活动。因此，结合酶工程技术，利用酶生物转化法对海带蛋白进行水解，将海带蛋白水解为小分子的功能性多肽，有利于小分子肽的溶出，可以增强海带的利用价值。酶工程技术常用的酶类有纤维素酶、果胶酶、胰蛋白酶、中性蛋白酶、碱性蛋白酶等，通过对细胞壁进行破坏或将蛋白质酶解为小分子的多肽，进而有利于海带中蛋白质或者多肽的溶出。

14.2.2　海带功能成分开发潜力与趋势

海带具有独特的食用及药用价值，海带中含有多种具营养价值与生理活性的天然大分子物质，它们主要存在于海带细胞间和细胞内。国内外对海带进行了大规模的生产养殖及开发利用。针对海带中功能成分的研究，当前主要集中在海带多糖、膳食纤维、多不饱和脂肪酸、海带氨基酸、甘露醇及有机碘等功能成分。例如，海带多糖，它除具有免疫调节、抗肿瘤、抗氧化、降血脂、降血糖、抗凝血、抗血栓、抗病毒、防辐射等生物活性功能外，还有降血压、抗菌、抗疲劳、耐缺氧、消除自由基、抗突变、吸附金属离子等作用。近年来，国内外对海带多糖、膳食纤维、多不饱和脂肪酸、海带氨基酸、甘露醇及有机碘等功能成分的化学结构、生理活性、药理功能、生产开发等的研究都取得了很大的进展，海带多糖研究已成为深入挖掘海带营养保健价值的一个突破点。随着药学工作者和食品营养学者对海带药理及有效成分研究的不断深入，该研究方向将成为人们研究的热点，开发前景非常广阔。

14.3 海带加工现状与深加工研究

14.3.1 我国海带加工产业现状

近年来，国内外对海带深加工的研究越来越深入。日本等国已把海带制成海带糕等产品。我国已将海带用于食品、化妆品等领域中，对海带的功能性营养有诸多研究。研究发现海带具有降血糖、降血脂、降血压、防止"文明病"等保健作用，实验还发现海带多糖是具有生物活性的一类大分子化合物，它不仅能显著降低脂质过氧化物(LPO)的含量水平，而且能提高超氧化物歧化酶(SOD)和过氧化氢酶(CAT)的活性，具有清除过多自由基和抗脂质过氧化的多重作用。目前，海带的加工产量大，但是相对的产值并不高，在深加工和综合利用方面薄弱。许多中小型海带加工企业基础条件差，技术设备落后，所生产出的海带加工产品类型单一，质量参差不齐，主要集中于海带粗加工的即食海带等产品；海带加工率较低、技术含量低、开发的深度不够、品质单一、缺乏竞争力，企业将海带开发成高附加值的产品很少。

海带作为一种大型食用藻类，由于其营养丰富、价格低廉、保健作用突出，日益受到人们的关注。目前国内外对海带的研究主要集中在两大方面：一是海带生物活性物质的提纯分析及营养保健功能研究；二是新型海带深加工系列产品的开发利用研究。但由于大部分中小型海带加工企业基础条件差，生产技术与加工设备落后，所生产出的海带加工品品种少，质量参差不齐，主要集中于粗加工的海带干品(淡、咸)、简单加工的海带结、海带丝等产品，工业加工比率仅占原料的14%左右，主要集中于褐藻糖胶、甘露醇、碘等，造成富含蛋白质的海带未能充分发挥其作用，技术含量低，产品价格也相应较低，市场竞争力小，企业利润低，无法对养殖农户进行保护价收购，影响了我国海带加工产业的可持续发展。因此如果深入研究海带，挖掘其功效，对于海带深加工行业会有很大的促进作用。

据《2016中国渔业统计年鉴》结果，2015年我国藻类海水养殖产量为2 098 078t，其中海带的养殖产量为1 411 289t，占藻类养殖总产量的67.27%，是我国人工养殖产量最大的海藻，同时，2015年全国海带养殖产量与2014年相比增加了3.69%。我国海带养殖主要分布在福建、山东、辽宁等地区[29]，2015年福建养殖海带的总产量占全国总产量的63.35%，位居全国第一，拥有丰富的海带资源。

由于海带营养丰富、价格低廉、保健作用突出，日益受到人们的关注。现在海带除作为传统蔬菜直接食用外，越来越多的人意识到海带独特的营养保健功能，国内外相继开发出一系列海带即食食品和保健食品。在海带食品的开发利用上，日本目前已研制的海带系列保健食品最多，包括减肥食品、降脂食品、排铅饮料、糖尿病食品、维生素海带，并开发出200多种海藻食品，包括海藻胶囊、海藻茶、海藻饮料、海藻酒、海藻豆腐、海藻糖果、海藻糕点、海藻面包、海藻罐头等[30]。在我国，近些年来除市场上常见的海带干、海带结产品外，也相继开发出了超细海带粉[31]、即食海带丝[32]、海带面包[33]、调味海带脆片[34]、风味海带酱[35]、海带复合饮料[36]等产品。海带浓缩汁产品是将海带中有效成分充分提取，经脱腥处理后制成海带浓缩汁，可直接调配成海带饮料或与其他水果浓缩汁混合配制成海带复合饮料。这些食品的成功研制和开发将为人们更方便地获取海带营养保健功能提供更广泛的途径，同时有效提高了海带的附加值，拓宽了海带的应用范围，延伸了海带产业链，具有良好的经济效益和社会效益。

与此同时，我们也应该清醒地看到我国作为海带养殖生产第一大国在海带开发方面存在的不足。总体来说，我国海带加工业还处于初级阶段，具体表现为产品层次低，花色品种少，精深加工不足。此外，如何将海带加工废弃物进行合理有效的利用，从而变废为宝，更好地综合开发海带资源，将是一项十分有意义的课题。例如，海带粗老的根部可用来提取海带多糖、有机碘及膳食纤维，将碎裂的海带原料用于开发褐藻胶，从而作为食品增稠剂，这些可以从根本上避免资源浪费和环境污染，同时提升海带的商品价值。

因此，总体来说，当前对海带的研究趋势是朝着海带产品精深加工、综合利用的方向发展，研制出高品质、高附加值的产品，从而带动整个海带产业的发展与繁荣。

14.3.2　海带精深加工技术与产业化情况

我国海带年产量居世界首位，但是关于海带产品的加工还停留在初级阶段，以盐渍海带、海带结、海带卷、海带丝等为主。而在日本、韩国的海带加工多以深加工为主，并且品种多样，如海带胶囊、海带茶、海带饮料、海带面包、海带色拉等。目前我国已经研制出一些海带精深加工产品，主要是将海带磨粉、打浆或者酶解处理后在食品工业中的应用，如海带面条、海带糕等产品。海带中的多肽、甘露醇、褐藻胶和膳食纤维等功能性成分含量较高，这些功能性成分具有保健功效，这些食品的研制和开发将为人们科学地获得海带的营养与保健作用提供更广泛的途径。

（1）海带豆腐

豆腐富含铁、钙、磷、镁和其他人体必需的多种微量元素，但豆腐中含有的多种皂角苷会促进碘的排泄，易引起碘缺乏。碘是人体必需的元素之一，而海带是一种含碘量很高的海藻，一般含碘 3‰～5‰，完全能补偿豆腐排碘的损失，二者搭配可以起到"优势互补、相辅相成"的正面效应[37, 38]。根据这一特点，以大豆和海带为主原料，采用复合型凝固剂制作碘含量高的海带豆腐，并通过研究发现最佳工艺条件如下，海带降血压溶液为 20%，混合凝固剂为石膏：葡糖酸内酯=2：1，豆浆浓度为 3：1，凝固剂添加量为 0.3%[39]。与市售豆腐比较得知，海带豆腐的质构、感官评定等各项指标均具有一定的优势（表 14-2）。

表 14-2　海带降血压豆腐与市售豆腐的质构比较

处理条件	硬度	弹性	黏弹性	咀嚼性
老豆腐	315.973±5.15	0.983±0.06	0.747±0.014	232.087±4.91
海带豆腐	139.309±7.31	0.847±0.012	0.603±0.009	72.493±0.23
内酯豆腐	54.173±4.93	0.702±0.016	0.531±0.02	20.186±6.17

由表 14-2 可知，老豆腐、海带豆腐及内酯豆腐的质构特性区别显著。与老豆腐跟内酯豆腐相比，海带豆腐的硬度、弹性、凝聚力、咀嚼性都居中。老豆腐采用单一凝固剂石膏，点卤后，形成凝胶的速度很快，所以老豆腐的结构粗糙、硬度大；内酯豆腐细腻嫩滑，但是易碎，硬度低，弹性不足；由海带降血压溶液制得的豆腐硬度适中，弹性适中。

由图 14-1 与图 14-2 可知，海带豆腐的保水率和感官评分高于老豆腐与内酯豆腐。海带豆腐的感官评分最高，内酯豆腐的感官评分最低，这是因为海带豆腐

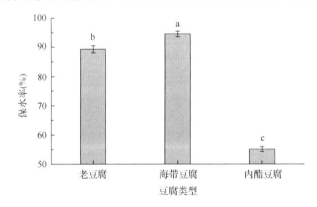

图 14-1　海带降血压豆腐与市售豆腐的保水率比较[40]
不同字母代表不同处理间差异显著($P<0.05$)

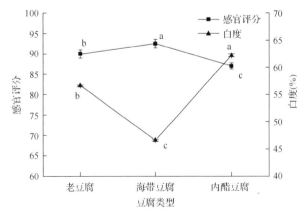

图 14-2　海带降血压豆腐与市售豆腐的白度及感官评分比较[40]
不同字母代表不同处理间差异显著($P<0.05$)

采用石膏与葡糖酸 δ 内酯两种凝固剂，结构细致富有弹性，保水率较好，味道鲜美；内酯豆腐结构虽然嫩滑细腻，但是在运输过程中易碎，且吃完会留有略微的酸味，所以会比其他两种豆腐逊色。

由图 14-3 可知，海带豆腐的 IC_{50} 值显著小于其他两种豆腐，说明海带溶液在豆腐的制作过程中与豆腐蛋白进行了螯合，制作出的海带豆腐与其他豆腐相比具有更强的降血压功效，而且提高了豆腐的食用品质，产品口感好、品质佳。

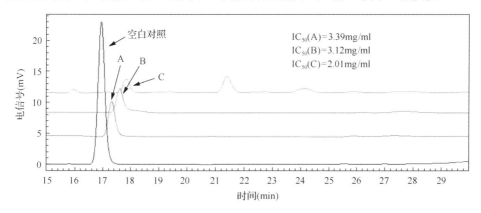

图 14-3　ACEI 检测图谱

A. 石膏豆腐抑制 ACE 检测图谱；B. 内酯豆腐抑制 ACE 检测图谱；
C. 海带降血压豆腐抑制 ACE 检测图谱[40]

由放大 10 000 倍的豆腐电镜结果图 14-4 可知，市售的老豆腐、内酯豆腐与本实验制作出的豆腐在结构上存在一定的差异。图 14-4A 中的老豆腐在结构分布上较为致密，且网孔少；图 14-4B 中的内酯豆腐结构疏松散乱，网孔分散，分布很广；图 14-4C 的豆腐是采用两种凝固剂配与海带降血压溶液制作的，在石膏和内酯两种凝固剂对蛋白质相互作用的情况下，电镜扫描出的微观结构结果显示其结合了 A、B 两种豆腐样品各自的特点，网孔分布均匀，保水率较好。

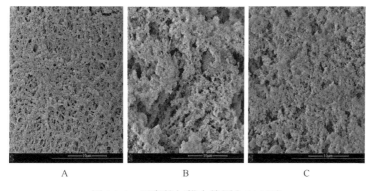

图 14-4　豆腐的扫描电镜图（×10 000）

A. 老豆腐；B. 内酯豆腐；C. 海带豆腐

　　海带豆腐不仅保留了海带本身丰富的蛋白质,提高了降血压活性,同时豆腐的传统口感与风味得到进一步改善,这将为研发大豆制品及合理利用海带提供新思路,海带豆腐产品营养丰富,食用方便,口感细腻,成本低廉,是一款极具潜力的营养食品。

　　(2)海带降血压冷冻面条

　　面条作为我国北方众多地区的传统主食,距今已有几千年历史,随着当下各国文化的交流和融合,面条已经传播于众多国家和地区,并受到热烈的欢迎。冷冻面条是将制作好的面条放在低温环境下保存,低温环境能够使面条迅速冷冻,形成极小的冰晶体,极大地保护了面条的结构,能够对面条的色、香、味及内在营养进行较好的保存。且在低温环境下各类微生物的活性大大下降,从而抑制了酶反应的发生,所以冷冻面条的保质期比较长。因此,冷冻面条凭借其营养、健康、便捷、安全等优点而逐渐引发人们的关注,成为面食食品的新兴发展领域。海带冷冻面条主要是将海带功能组分按面条加工工艺和生物活性提升要求添加到面条中,以改善并提升面条的质构、感官品质及营养价值,得到的面条避免了海带风味对面条本身风味的影响,丰富了日常主食面条的品类,为海带高值化利用开辟了新的途径。

　　海带冷冻面条研发显示:海带降血压肽添加量为 0.5%,甘露醇添加量为 1.8%,褐藻胶添加量为 0.3%时,实际测得的最大抗拉伸阻力为 36.72g,拉伸距离为26.32mm,得到的海带冷冻面条的品质较好,韧性与拉伸程度最高。

　　(3)海带酸奶

　　酸奶能保留鲜牛奶的全部营养成分,具有维持肠道菌群平衡、促进消化等功效,且较牛奶易消化和吸收。海带含有丰富的碘和钙等元素,将海带加入奶粉或牛奶中,生产功能性酸奶,可以提高酸奶的营养保健功效,同时也能提高海带的经济效益。李光辉和钟世荣[41]研发了新型海带发酵饮料,以干海带为原材料,经过清洗、浸泡、脱腥、打浆、过胶体磨、均质、灭菌、发酵、调配、脱气及灌装等一系列操作而成。通过对发酵时间、发酵温度、菌种接入量等因素的研究,确定海带发酵饮料的最佳发酵条件如下,乳酸菌接种量为 6.00%,发酵时间为 12h,发酵温度为39℃。最佳配方如下,海带发酵原汁添加量为50.00%、柠檬酸为0.08%、白砂糖为 2.00%。按照上述条件得到的海带发酵饮料细腻均匀,颜色呈黄绿色,有浓郁的海带香气和乳香,酸甜适口,无腥味和其他异味。

　　(4)海带八宝粥

　　八宝粥是一款深受消费者青睐的传统食品,具有健脾养胃、益气安神的功效。传统的八宝粥在配料上以谷物为主,存在营养不全面、色泽单一的问题。海带八宝粥充分利用其颜色特点与营养价值改善了以上现象。杨巧绒和马海乐[42]按照糯米 40.00%、薏仁 6.00%、绿豆 5.00%、海带 9.00%、花生仁 8.00%、红豆 13.00%、桂圆 2.00%、麦仁 5.00%、白砂糖 12.00%的比例生产海带八宝粥。在此过程中，海带的护绿技术非常重要，通过实验研究发现，当 pH=5.0 时，用 200mg/L 的 ZnCl$_2$ 溶液煮沸反应 10min，海带呈现出的绿色最新鲜，在实验范围内护绿效果最好，而且腥味较淡。

(5)海带罐头

中国是海带生产大国，市场上买到的海带多是整把的干海带，食用时根据食用量浸泡后烹饪，但泡发后的海带和新鲜海带因含有较多水分而容易腐烂，保质期较短，如加工成软罐头，则便于贮存(常温下可保存 1 天以上)，携带和食用方便。王锭安[43]以二级海带和瘦猪肉为原料，将海带与猪肉切丝，配置调味液，加工生产了海带肉丝软罐头。海带切丝前需用醋酸水预处理，达到软化海带的效果，并可除去海带固有的腥味。海带肉丝软罐头解决了海带鲜食不方便的问题，且味道鲜美，是居家和旅游的佳品。

(6)其他海带产品

鉴于海带所具有的营养价值与保健功能，国内外对海带产品加工技术的研发不断深入，除上述产品外，海带加工食品还包括海带泡菜、海带面包、海带酱、海带茶及海带糕等。

14.3.3　海带功能成分开发与高值化利用

海带作为日常食用的天然保健食品，研究者目前主要是针对海带中常见有效成分褐藻酸钠、碘、甘露醇等进行研究，很少涉及海带蛋白的研究利用，海带高值化综合利用更是鲜见报道。结合现代营养学研究发现，蛋白质在人体内经消化道酶解后大多数以多肽的形式被小肠吸收，进一步试验证实多肽易吸收、易消化，且常常以多肽的形式参与人体细胞的生理及代谢功能调节，具有较高的生物效价与营养价值。1965 年，Ferreira 首次从蝮蛇蛇毒中分离出可舒张血管的多肽类物质，并发现该肽可抑制机体内的 ACE 进而降低血压，自此掀起了研究 ACE 抑制肽的热潮。随后，人们从各种食物的蛋白酶解物中分离出大量的 ACE 抑制肽，并经多项动物实验及临床试验证实，降血压肽只对高血压患者起到降低血压的作用，而对血压正常者并无该功效，且安全性高，无任何毒副作用，是一种极具开发潜力的降血压药物与生物制品。因此，活性多肽逐步成为开发降血压药物的目标食源性原材料之一，而海带降血压活性肽也成为降血压制品的研究热点，不但能提高海带的综合利用率，而且能够提升海带制品的价值。

海带中除含有 8%～20%的粗蛋白，可以用于提取海带降血压活性肽之外，还含有大量的多糖、甘露醇及膳食纤维等营养物质，而多糖与甘露醇为水溶性物质，可以增加水溶液的黏度，严重影响了蛋白酶的水解活性，因此，若能将多糖与甘露醇去除，则可以有效提高蛋白酶的酶解效果。研究显示，褐藻糖胶因具有高活性的硫酸基而具有抗凝血、抗氧化、抗肿瘤等多种功效；甘露醇也具有降低血压、利尿等功能，是医药工业不可或缺的药品。因此，如能在生物制备海带降血压肽的同时实现对海带中甘露醇和褐藻糖胶进行提取综合利用，不仅有助于海带蛋白酶解效率的提升，而且有利于提高海带的附加值，增加海带产业的技术水平。

针对海带降血压活性肽制备过程中同时实现多种功能性物质综合提取的方案进行试验，得知海带具体的高值化综合利用物料平衡图如图 14-5 所示，各种组分的提取量大致如下：100g 海带粉中可提取 15.0g 甘露醇、2.6g 褐藻糖胶、29.6g 褐藻胶、12.8g 海带粗蛋白及 39.0g 膳食纤维，可显著看出其中海带粗蛋白、甘露醇、褐藻糖胶的潜在利用价值。

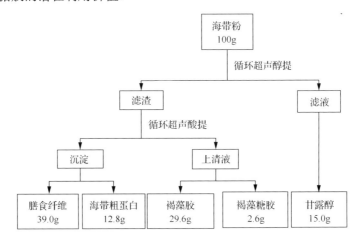

图 14-5　海带高值化综合利用物料平衡图

(1) 甘露醇与褐藻糖胶分步提取工艺优化

利用超声波的机械效应、热效应，促进非混相物质之间的传质，进而破坏细胞壁组织，促进海带中甘露醇的溶出，以及细胞内多糖的释放、扩散及溶解；同时，超声波的空化作用增大了溶剂与样品的接触面积，更有利于海带甘露醇及海带多糖的溶出。因此，采用超声波辅助提取技术分步提取海带中的甘露醇与褐藻糖胶，可有效减少溶剂的使用量，缩短提取时间。

以 100 目海带粉末为提取原料，结合 Box-Behnken Design 中心实验组合设计方案分步优化甘露醇与褐藻糖胶的提取工艺，由于褐藻糖胶不溶于乙醇溶液，且纯乙醇溶液作溶剂提取甘露醇的提取率较 95%乙醇为溶剂提取甘露醇的提取率相差不大，故先以 95%乙醇为提取剂提取甘露醇，超声功率设置为 300W，液固比为 52ml/g、超声时间为 33min，超声温度为 60℃，连续提取两次，提取得到的甘露醇含量最高，平均提取率为 16.36%。将甘露醇提取后的海带残渣烘干后作为提取褐藻糖胶的原料，以 0.1mol/L 的盐酸为提取剂，海带中褐藻糖胶的最佳提取工艺条件为液固比 20∶1，超声温度 49℃，超声时间 25min，超声功率 300W，褐藻糖胶提取率为 3.18g/100g。

(2)海带降血压活性肽检测方法的建立

目前世界范围内常用的生物活性多肽检测与分离方法为毛细管电泳法、高效液相色谱法、质谱法、核磁共振法等。其中，毛细管电泳法高效快速、分辨率高，能在短时间内实现检测分离，并使分析科学步入纳升(nl)水平，然而，毛细管管径较小，致使光路较短，对特殊检测方法(如紫外吸收光谱法)则灵敏度较低，且易受样品组分干扰，重复性较差；质谱法与核磁共振法稳定性、重现性好，准确性及灵敏度较高，然而二者的样品前处理要求较高，制样烦琐，且仪器昂贵，成本代价较高，不利于普及使用；高效液相色谱法具有检测范围广、灵敏度高等优点，且不受温度和流量变化的影响，价值低廉，易于推广，是世界范围内常用的多肽识别和定量检测技术之一。因此，可采用高效液相色谱法，结合高效液相色谱-质谱联用法进行检测鉴定，建立海带中降血压活性肽的检测方法。

以海带蛋白酶解液为样品在流动相、流动相比例、流速、检测波长及柱温 5 个方面对 HPLC 检测方法进行优化得知：选用乙腈-水为流动相，将 0.1%的三氟乙酸作为离子对分别加入乙腈和水中，可显著减少拖尾现象，且在流动相中添加三氟乙酸可抑制羧基肽的电离，进而增强肽的疏水性。采用浓度梯度洗脱，即调整流动相乙腈与水的比例进行洗脱。流速采用 0.7ml/min 时能得到完全分离峰，且峰型良好。紫外波长扫描检测显示 8 条肽的最大吸收峰在 218nm 左右。柱温为 45℃时得到 8 条肽的最佳分离效果图谱。

采用优化后的高效液相色谱法对 8 种小肽的混合标准溶液进行检测，检测结果显示，8 种小肽能够完全分离，且峰型良好、对称，检测图谱结果在认可范围内如图 14-6B 所示。海带酶解液样品的液相图谱显示，在与标准肽混合溶液图谱的相同出峰时间有相应的峰存在，如图 14-6C 所示；在海带酶解液样品中加入 8 条肽的标准混合溶液后进行检测，图谱显示 8 种小肽的峰面积值明显相应增高，证明酶解液样品中确实含有 KY、GKY、SKTY、AKY、AKYSY、KKFY、FY、KFKY 8 种小肽，具体如图 14-6D 所示。

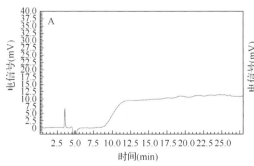
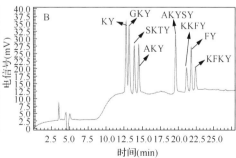

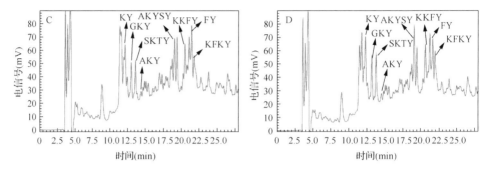

图 14-6 HPLC 检测图谱

A. 空白对照；B. 8 条多肽的混合标准图谱；C. 混合蛋白酶解海带粗蛋白
样液检测图谱；D. 加标酶解液检测图谱

HPLC 检测图谱显示，8 条多肽的出峰时间按顺序为 12.785min、13.195min、13.880min、14.482min、19.608min、21.122min、21.765min、22.375min，依次对应的小肽为 KY、GKY、SKTY、AKY、AKYSY、KKFY、FY、KFKY。由保留时间可知，每条多肽对应峰的保留时间间隔较长，足以使相邻两条多肽完全分离，说明该 HPLC 方法可以完全分离 8 种小肽，并可以进行准确的定量分析(表 14-3)。

表 14-3　8 种降血压小肽的保留时间及标准曲线

多肽	保留时间(min)	标准曲线	相关系数
KY	12.785	$y=14\,016x+24\,520$	$r^2=0.999\,9$
GKY	13.195	$y=11\,615x-27.146$	$r^2=0.999\,8$
SKTY	13.880	$y=12\,299x+5\,363.4$	$r^2=0.999\,9$
AKY	14.482	$y=12\,254x+8\,453.3$	$r^2=0.999\,7$
AKYSY	19.608	$y=33\,296x+5\,410.6$	$r^2=0.999\,7$
KKFY	21.122	$y=13\,976x+2\,096.7$	$r^2=1.000\,0$
FY	21.765	$y=19\,355x+3\,691.3$	$r^2=0.999\,9$
KFKY	22.375	$y=13\,514x-1\,762.5$	$r^2=0.999\,7$

如表 14-4 所示，8 条多肽的检测限较低，说明该检测方法灵敏度较高，可用于样品中 8 条多肽微量的检测；定量限相对也较低，且线性范围较广，能够在较大范围内准确检测样品中 8 条多肽的含量。

表 14-4　8 种降血压小肽的检测限及线性范围

多肽	检测限(µmol/L)	定量限(µmol/L)	线性范围(µmol/L)
KY	0.1749	0.5829	0.5829~40
GKY	0.1859	0.6196	0.6196~40

多肽	检测限（μmol/L）	定量限（μmol/L）	线性范围（μmol/L）
SKTY	0.1594	0.5314	0.5314～50
AKY	0.1616	0.5386	0.5386～40
AKYSY	0.0624	0.2079	0.2079～40
KKFY	0.2110	0.7033	0.7033～50
FY	0.1124	0.3747	0.3747～50
KFKY	0.2365	0.7883	0.7883～25

表 14-5　精密度及准确度实验

多肽	添加量（μmol/L）	精确度（RSD，%）		准确度（%）	
		日内	日间	回收率	RSD
KY	10.0	2.35		95.81	1.24
	20.0	2.69	0.97	96.52	1.02
	40.0	2.95		92.17	1.16
GKY	2.5	2.57		92.42	1.04
	5.0	1.98	1.02	94.17	2.00
	10.0	2.31		95.81	1.70
SKTY	5.0	2.28		110.32	3.71
	10.0	2.59	1.45	92.71	1.57
	20.0	1.92		97.45	0.96
AKY	10.0	1.27		91.75	1.35
	20.0	1.78	0.89	120.08	4.32
	40.0	1.58		105.23	3.11
AKYSY	5.0	1.12		98.51	1.07
	10.0	1.35	0.75	96.22	0.98
	20.0	2.08		99.43	1.29
KKFY	5.0	2.03		99.12	1.34
	10.0	2.13	0.93	93.57	1.75
	20.0	2.67		98.63	1.97
FY	5.0	2.24		101.94	1.55
	10.0	2.38	1.27	96.78	1.79
	20.0	1.91		98.61	1.04
KFKY	2.5	1.24		92.27	1.48
	5.0	1.98	0.91	95.39	1.92
	10.0	2.25		97.27	1.13

注：RSD，相对标准偏差

(3)海带降血压活性肽的制备

除去甘露醇与褐藻糖胶后的海带残渣，碱溶海带蛋白，离心除去海带粗纤维，得到海带粗蛋白液，经大孔树脂吸附除去残余多糖，冷冻干燥后磨粉，得海带粗蛋白粉。将海带粗蛋白粉用不同的蛋白酶进行酶解，并对4种酶解产物进行ACE抑制活性体外检测分析，结果如图14-7所示，得知混合蛋白酶酶解产物的ACE活性抑制率最强，IC_{50}值为0.61mg/ml，故选择混合蛋白酶为后续降血压肽制备的作用酶。

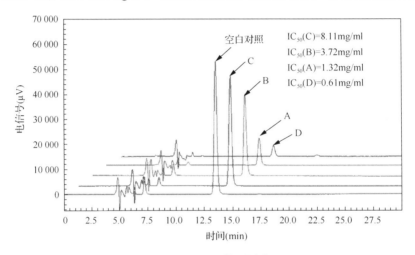

图 14-7　ACEI 检测图谱

A. 碱性蛋白酶酶解液抑制 ACE 检测图谱；B. 胰蛋白酶酶解液抑制 ACE 检测图谱；
C. 木瓜蛋白酶酶解液抑制 ACE 检测图谱；D. 混合蛋白酶酶解液抑制 ACE 检测图谱

采用响应曲面法优化的 3 种蛋白酶的最佳混合特性如下，在海带酶解降血压肽制备工艺中，3 种混合蛋白酶的最佳酶特性参数中酶比例为 1∶2∶1(木瓜蛋白酶∶碱性蛋白酶∶胰蛋白酶)、pH 8.0、温度 60℃；在此基础上降血压肽酶解制备工艺优化结果如下，底物浓度为 1.7%，酶添加量为 4.4%，酶解 5.1h，得到的海带粗蛋白酶解液的 ACE 抑制活性 IC_{50} 值为 5.64mg/ml。

(4)海带中的风味物质

近年来，海带被广泛地用来制作各种食品，而挥发性风味对海带极为重要，在一定程度上决定了干海带的食用价值和品质，目前对海带风味物质检测一般采用 SPME-GC-MS，固相微萃取(solid phase micro-extraction，SPME)技术是 20 世纪 90 年代兴起的一项新颖的样品前处理与富集技术，最先是由加拿大 Waterloo 大学 Pawliszyn 教授研究小组于 1989 年进行开发研究的，属非溶剂型选择性萃取法，由于固相微萃取在测定挥发性成分方面具有适应范围广、灵敏度高、操作简捷、无须使用溶剂等特点，近年来在中国也被广泛应用于各种食品挥发性成分的检测。

　　为了鉴定海带的挥发性风味品质,有研究机构也采用固相微萃取(SPME)法提取海带的挥发性风味成分,利用气相色谱-质谱法(GC-MS)对海带成品中挥发性风味成分进行分离鉴定,采用面积归一化法测定了各种成分的相对质量分数。研究结果表明,实验材料海带中含有 58 种挥发性物质,其中醛类 17 种、醇类 14 种、酮类 7 种、烃类 13 种、酸类 3 种、其他类化合物 4 种。醛类化合物占全部挥发性化合物的比例最大,为 39.22%;其次为醇类化合物,达到 30.73%;烃类占 18.51%,酮类占 6.86%,酸类占 2.67%。海带的主要挥发性成分是正己醛(20.48%)、1-戊烯-3-醇(10.44%)、丁基甲苯(8.71%)、2-戊酮(3.89%)和(S)-甲基-环氧乙烷(3.85%)等化合物。

　　从海带中检测出的嗅感成分中,以低碳数的醛、醇等化合物居多。海带成分较为丰富,每 100g 海带中含有碳水化合物 56.2g,粗蛋白 5~9g,脂肪 0.1g,钙 2.25g,铁 0.15g,碘 0.34g,胡萝卜素 0.57mg,硫胺素 0.69mg,核黄素 0.36mg,烟酸 16mg,并含有磷、钾、钠、镁等矿质元素。海带的有机化合物在其生长过程中,经过复杂的代谢,以氨基酸、脂肪酸、羟基酸、单糖、糖苷和色素为前体进行生物合成,生成复杂的挥发性风味物质。海带收成后加工制作成干海带的过程中再次发生变化,特别是在高温烘干过程中,海带中脂质受热分解为游离脂肪酸,其中的不饱和脂肪酸含有双键,容易发生氧化作用,生成的过氧化物进一步分解生成酮、醛、酸等挥发性羰基化合物,致使干海带中的挥发性风味物质组分更为丰富,形成特有的藻香、藻腥味,不同种类的具体风味成分,对海带具体风味的影响是不同的。

　　1)醛类:它是海带中一类重要的挥发性风味化合物。通常低级饱和脂肪醛有强烈的刺激性气味,随着分子量的增加,刺激性气味减弱,并逐渐出现愉快气味;己醛比较特殊,含量低时,产生令人愉悦的青草香味,含量过高则会产生酸败味。

　　2)醇类:不饱和醇阈值较低,气味强于饱和醇类,具有蘑菇味和类似金属味。据报道,饱和醇类中,C10 以内的醇的气味随分子量增加而增强:C1~C3 具有轻快的香气;C4~C6 有近似麻醉性的气味,C7~C10 则显芳香气味。

　　3)酸类:低级的饱和羧酸一般都有不愉快的嗅感,例如,甲酸有强烈的刺激性气味,丁酸有酸臭气,己酸有汗臭气,碳数继续增加的饱和羧酸带有脂肪气味。实验测定出的酸类化合物的总含量较低,对于海带的风味贡献不大,但其与其他物质成分之间的协同效应有助于提升干海带的整体风味。

　　4)酮类:脂肪酮通常具有较强的特殊嗅感,低级饱和酮一般有特殊的香气,酮类的阈值比醛类高,对海带良好香气的形成有特殊贡献。酮类化合物中,二酮类化合物是许多食品的嗅感成分,低分子量时会有较强的刺激性气味,随着碳链的增加,低浓度时呈奶油类的香气,高浓度时会出现油脂腐败的气味。

　　5)烃类化合物:包括烷烃、环烷烃、烯烃和芳烃等,其中重要的脂肪烃类化合物多具有石油气味,由于它们的阈值较高,气味一般较弱,因此,对海带香味形成的直接贡献不大。一般海带中的丁基甲苯、甲基-环氧乙烷含量较高，可能对海带气味整体的协调性具有重要贡献。

参 考 文 献

[1] 钟晨辉, 等. 福建连江海带循环制冷育苗水体的浮游植物群落结构分析. 海洋渔业, 2016, 38(3): 283-290.

[2] 张忠山, 等. 海带多糖的含量测定方法正确性研究. 时珍国医国药, 2008, 19(6): 1380-1381.

[3] 崔惠玲, 等. 海带保健冰激淋的研制. 食品研究与开发, 2008, 29(8): 96-98.

[4] 姜颖, 等. 海带多糖降糖作用的研究进展. 中国疗养医学, 2016, 25(7): 690-692.

[5] 仇哲, 等. 酶解海带产物的营养成分分析. 黑龙江八一农垦大学学报, 2016, 28(2): 60-63.

[6] 李来好, 等. 海带膳食纤维的提取与功能性试验. 青岛海洋大学学报, 2003, 33(5): 687-694.

[7] 岳昊, 等. 中国海带产业及国际贸易情况分析. 农业展望, 2013, (9): 65-69.

[8] 董以爱, 刘建民. 海带的食用价值. 山东食品科技, 2004, (8): 25-26.

[9] van Natten C, et al. Elemental and radioactive analysis of commercially available seaweed. Science of the Total Environment, 2000, 255(1): 169-175.

[10] Perry R H, et al. Perry's Chemical Engineers' Handbook. New York: McGraw-Hill, 1997.

[11] 郭辽朴, 李洪军. 褐藻胶生物活性及在食品中应用的研究进展. 四川食品与发酵, 2007, (6): 9-12.

[12] Conchie J, Percival E. The hydrolysis of a methylated fucoidin prepared from *Fucus vesiculosus*. Journal of the Chemical Society, 1950, 10: 827-832.

[13] Patankar M S, et al. A revised structure for fucoidan may explain some of its biological activities. Journal of Biological Chemistry, 1993, 268(29): 21770-21776.

[14] Bilan M I, et al. Structure of a fucoidan from the brown seaweed *Fucus evanescens* C. Ag. Carbohydrate Research, 2002, 337(8): 719-730.

[15] Marais M F, Joseleau J P. A fucoidan fraction from *Ascophyllum nodosum*. Carbohydrate Research, 2001, 336(2): 155-159.

[16] Ale M T, et al. Important determinants for fucoidan bioactivity: a critical review of structure-function relations and extraction methods for fucose-containing sulfated polysaccharides from brown seaweeds. Marine Drugs, 2011, 9(10): 2106-2130. DOI: 10.3390/md 9102106.

[17] Li B, et al. Structural investigation of a fucoidan containing a fucose-free core from the brown seaweed, *Hizikia fusiforme*. Carbohydrate Research, 2006, 341(9): 1135-1146.

[18] You S, et al. Molecular characteristics of partially hydrolyzed fucoidans from sporophyll of *Undaria pinnatifida* and their *in vitro* anticancer activity. Food Chemistry, 2010, 119(2): 554-559.

[19] Duarte M E, et al. Structural studies on fucoidans from the brown seaweed *Sargassum stenophyllum*. Carbohydrate Research, 2001, 333(4): 281-293.

[20] Springer G F, et al. Isolation of anticoagulant fractions from crude fucoidin. Experimental Biology and Medicine, 1957, 94(2): 404-409.

[21] 刘楠, 等. 膳食纤维的理化性质、生理功能及其应用. 食品安全质量检测学报. 2015, (10): 3959-3963.

[22] 彭波, 赵金华. 褐藻多糖硫酸酯的抗凝和纤溶活性. 中草药, 2001, 32(11): 1015-1018.

[23] 李伟, 等. 海带蛋白的提取和活性研究. 水产科学, 2008, (10): 530-532.

[24] 吴凤娜. 海带蛋白提取及理化性质的研究. 济南: 山东轻工业学院硕士学位论文, 2012.

[25] 闫秋丽, 郭兴凤. 海藻蛋白研究及应用进展. 食品开发, 2008, (1): 179-182.

[26] 赵志梅. 海藻多肽对运动员运动耐力的影响. 食品研究, 2016, (21): 169-172.

[27] Mustafa M G, Nakagawa H. Areview: dietarybenefits of algae. Journal of Aquaculture, 1995, (47): 155-162.

[28] Costa L, et al. Biological activities of sulfate polysa from topical seaweeds. Biomedicine & Pharmacotherapy, 2010, 64(1): 21-28.

[29] 王芙蓉, 等. 海带功能成分的研究进展. 广东饲料, 2009, 18(5): 38-40.

[30] 刘艳如, 等. 海带的深加工及营养成分分析. 食品工业科技, 1998, (2): 54-55.

[31] 曹新志, 等. 超细海带粉的生产工艺. 粮油食品科技, 2000, 8(6): 28-29.

[32] 柯范生, 等. 即食凉拌海带丝工艺的研究. 江西食品工业, 2008, (8): 37-39.

[33] 徐桂花, 徐惠娟. 海带面包的制作工艺. 农业科学研究, 2005, 26(2): 37-39.

[34] 刘海新, 叶玫. 调味海带脆片生产工艺. 福建水产, 2002, (2): 71-73.

[35] 王小军, 等. 风味海带酱的研制. 农产品加工·学刊, 2008, (6): 39-41.

[36] 贺小贤, 等. 水果海带复合饮料的研究. 食品研究与开发, 2003, 24(4): 37-39.

[37] 李晓仆. 海带豆腐延年益寿. 现代农业科学, 1996, (7): 37.

[38] 趾祥. 海带加豆腐, 优势互相补. 食品与健康, 2002, (5): 8.

[39] 高雅文, 等. 海带豆腐加工工艺研究. 食品与机械, 2008, 24(6): 138-140.

[40] 陈莉. 超声酸解预处理复合酶解法制备海带降血压肽工艺研究. 福州: 福建农林大学硕士学位论文, 2017.

[41] 李光辉, 钟世荣. 海带酸奶的制备原理与方法. 食品科学, 2002, 23(2): 80-82.

[42] 杨巧绒, 马海乐. 海带八宝粥加工工艺的研究. 贵州农业科学, 2000, 28(4): 21-22.

[43] 王锭安. 美味海带肉丝软罐头加工工艺. 中国水产, 1996, (5): 35-36.

第四篇　海洋食品资源与深加工

第15章 海洋特异功能酶

（新乡医学院，张文博）

酶是一类具有催化功能的生物大分子，主要由蛋白质构成。食品经酶加工，能够改变食品风味、鲜度和味道；软化某些软体动物外壳，使其易于加工；能生产肽、蛋白胨，回收蛋白质；能分离鱼油、几丁质、胶原、糖胺聚糖和寡糖等副产品。酶能够转化底物分子，成为应用于食品、保健食品和特殊医学用途配方食品行业的原料或生物技术工具。作为食品成分，酶能够影响食品的污染、储存、加工与安全等[1]。海洋酶主要来源于海产品提取物及海洋微生物。

在海洋来源的提取物中，已经发现了许多在食品和医药等行业中具有重要应用价值的酶（表 15-1）。其中，蛋白酶（protease；如碱性蛋白酶、胰蛋白酶、胃蛋白酶和风味酶等商业酶）、脂肪加工酶类（如酯酶和磷脂酶）及碳水化合物活性酶（carbohydrate-active enzyme，CAZy；如几丁质酶、海藻酸裂合酶、琼脂水解酶和卡拉胶酶）尤其有应用价值，它们的分离、表征和优化是蛋白质工程的目标。源于海产品的酶，包括脂肪酶（lipase；EC 3.1.1.3）、几丁质酶（chitinase；EC 3.2.1.14）、多酚氧化酶（儿茶酚酶、酪氨酸酶、甲酚酶、儿茶酚氧化酶、酚酶）、超氧化物歧化酶（EC 1.15.1.1）、酰胺酶和转谷氨酰胺酶（transglutaminase，TGase；EC 2.3.2.13）及具有降解淀粉活性的红藻酶等。涉及酶水解以生产海洋产品成分的生物过程技术（bio-processing technology）是开发海洋生物资源的一套重要策略，此过程每年允许使用 1.4 亿 t 鱼和贝类副产品中 30%～50%的附加值。在最适 pH 和最适温度下，使用批式反应器让酶和海洋底物溶液接触便能完成酶水解这样一个相对简单的体外过程[2]。相对于陆生酶，相应的海洋酶具有更优秀的化学、物理与催化特性。它们具有在中温下能够失活，低温下催化活力高的特点。另外，这些酶具有耐盐、专一性好、特性多样化及温和 pH 下活力高的特点，因此能够用作食品原料。

表 15-1 海产品提取物中酶的活性

生物活性分子	应用	主要的海洋来源
胃蛋白酶、胃亚蛋白酶、凝乳酶	低温凝乳奶与鱼饲料消化助剂	大西洋鳕、鲤、格陵兰海豹、金枪鱼等的各种脏器
丝氨酸与半胱氨酸蛋白酶	防止食物变色，肉的嫩化，鲱鱼片加工，鱿鱼发酵	甲壳纲动物、软体动物、短鳍鱿

续表

生物活性分子	应用	主要的海洋来源
脂肪酶	在油脂工业中应用广泛	大西洋鳕、格陵兰海豹、鲑、沙丁鱼、鲭、真鲷
转谷氨酰胺酶	改善凝胶流体力学性质，如鱼糜、明胶	真鲷、虹鳟、多线鱼、北美鲥、青鳕肝及软体动物
透明质酸酶	化妆品原料	蛤

注: 表 15-1 根据文献[3]修改

海洋丰富多样的环境为酶的多样性提供了基础。在海洋未培养微生物中有大量极端微生物，它们是一个巨大的宝贵资源。来源于极端微生物的酶，由于其在异常条件下具有独特的活性和稳定性，因此在食品工业中十分有用，而且在生物技术领域是非常有价值的资源[3]。功能宏基因组学是发现海洋酶基因的重要手段。除了传统的基因工程等手段，使用转基因藻类作为细胞工厂是低成本生产酶的一个研究方向。本章重点就海洋酶的来源、相关生物技术、重要的海洋来源酶进行总结，分析了该领域存在的问题与发展潜力。

15.1　海洋特异功能酶的来源

海洋酶来自于细菌、真菌、鱼类、无脊椎动物(如海绵、腔肠动物、环节动物、苔藓动物、软体动物、节肢动物和棘皮动物)、植物和藻类等。它们常具有良好的热稳定性、盐耐受性、耐压性、冷适应性、化学选择性、区位选择性和空间选择性。海洋丰富多变的环境为筛选生物催化剂提供了一个巨大的资源库[4]。本研究重点总结了当前海洋酶的主要来源，如海洋副产品、海藻微生物和极端酶等。

15.1.1　海洋副产品

尽管利用海洋副产品生产腌制和发酵食品有着悠久的历史，但是在海产品加工厂，全球每年有数千万吨的副产品(如鱼内脏、头、鳞片、骨等，大约占原料的 50%)未经充分利用。因此，研究者致力于开发这些废弃物并从中鉴定出许多有生物活性的物质，如酶、肽、胶原/明胶、寡糖、脂肪酸、类胡萝卜素、钙、水溶性矿物质和生物高分子。其中，从鱼类副产品中获得的生物活性肽具有抗高血压、抗氧化等活性，在食品工业和生物医药行业有应用潜力。壳聚糖等生物高分子在给药系统开发、食品行业中有巨大应用。使用酶来进行肽和多糖的加工，有助于环保。

目前，研究者从渔业废物中已经获得了蛋白酶、脂肪酶、几丁质酶、碱性磷酸酶、转谷氨酰胺酶、透明质酸酶、乙酰葡糖胺糖苷酶(acetylglucosaminidase)等酶。从鱼类和水生非脊椎动物中获得的蛋白酶包括 4 类：天冬氨酸蛋白酶(如胃蛋白酶、组织蛋白酶 D)、丝氨酸蛋白酶(如胰蛋白酶、胰凝乳蛋白酶)、半胱氨酸蛋白酶及金属蛋白酶。从鱼和软体动物中获得的胰蛋白酶在较宽的 pH 和温度范围内普遍具有较高活性。从鱼内脏中提取的碱性蛋白酶其最适 pH 为 10。海豹凝乳蛋白酶具有很高的活性。鱼胰凝乳蛋白酶比活性远高于牛胰凝乳蛋白酶比活性。许多酶已经商业化，如冷活性的海洋溶菌酶 Chlamysin、蛋白水解酶 Penzim 等[5, 6]。

15.1.2　海洋微生物

尽管酶广泛来自于动物和植物，然而微生物显然是酶的最重要来源。微生物具有广泛的生化多样性、生长速率快、培养基便宜、大规模培养的可行性及易于进行基因操作等优点。无数的海洋微生物为深入理解酶、揭示酶的生化秘密提供了一个新视角。由于海洋酶比相应的陆生酶相对更稳定，因此吸引了越来越多的关注(表 15-2)。这些酶可用作药物、食品添加剂和精细化学品。目前，从海洋细菌、放线菌和酵母等微生物中已经产生了一些有工业应用价值的酶。其中，尤其值得关注的是，有些酶可用于生产药物候选分子。海洋酶学正处于萌芽期，是一个十分有前途的领域[7]。

表 15-2　一些具有应用潜力的稳定的酶

酶名称	来源
α-淀粉酶(EC 3.2.1.1)	*Bacillus licheniformis*，*Bacillus* sp.，*Geobacillus*
蛋白酶	*Bacillus*，*Pseudomonas*，*Clostridium*，*Rhizopus*，*Penicillium*，*Aspergillus*
木聚糖酶(EC 3.2.1.8)	*Thermoactinomyces thalophilus*，*Humicolainsolens*，*Bispora*，海藻
木质素酶	Basidiomycetes
纤维素酶	Basidomycetes strains，*Polyporus* sp.，*Pleurotus* sp.，*Trichoderma* sp.，*Aspergillus* sp.，*Cytophaga*，*Cellulomonas*，*Vibrio*，*Clostridium*，*Nocardia*，*Streptomyces*
磷脂酶(EC 3.1.1.4)	酵母与霉菌
角蛋白酶(EC 3.4.99)	放线菌，霉菌
β-半乳糖苷酶(EC 3.2.1.23)	海洋软体动物
α-半乳糖苷酶(EC 3.2.1.33)	*Arthrobacteria* sp.，SB
环氧化物水解酶(EC 3.3.2.10)	*Rhodobacterales bacterium*
β-淀粉酶(EC 3.2.1.2)	细菌，霉菌
β-D-甘露糖苷酶(EC 3.2.1.25)	*Aplysia fasciata*
超氧化物歧化酶(EC 1.15.1.1)	*Cyanobacterium*，*Synechococcus* sp.，LE 392 *E. coli*
岩藻糖苷酶(EC 3.2.1.51)	海洋软体动物
酯酶(EC 3.1.1.1)	海岸沉积物，深海水热区，红盐水池

续表

酶名称	来源
耐盐酯酶(EC 3.1.1.1)	潮汐拍打沉积物
磷脂酶(EC 3.1.1.4)	深海，*Moraxella*
酯酶(EC 3.1.1.85)	滩涂
糖苷酶/糖苷水解酶(EC 3.2.1)	波罗的海，热泉出口
氯化物过氧化物酶(EC 1.11.1.10)	*Caldariomyces fumago*
磷脂酶(EC 3.1.4.11)	热泉
延胡索酸酶(EC 4.2.1.2)	海水
β-葡萄糖苷酶(EC 3.2.1.21)	热泉
漆酶(EC 1.10.3.2)	海水，植物，真菌
汞还原酶(EC 1.16.1.1)	红盐水池
糖化酶(EC 3.2.1.3)	*Aspergillus oryzae*
普鲁兰酶(EC 3.2.1.41)	*Bacillus deramificans*
环糊精糖基转移酶(EC 2.4.1.19)	海水
琼脂酶(EC 3.2.1.81)	*Cytophaga*，*Bacillus*，*Vibrio*，*Alteromonas*，*Pseudoalteromonas*，*Streptomyces*
几丁质酶(EC 3.2.1.14)	*Aspergillus*，*Penicillium*，*Rhizopus*，*Myxobacter*，*Sporocytophaga*，*Bacillus*
凝胶酶(EC 3.4.24.24)	海水
荧光素酶(EC 1.13.12.7)	*Photinus pyralis*
卤过氧化物酶(EC 1.11.1.10)	*Druinella purpurea*
胶原酶(EC 3.4.24.3)	*Clostridium histolyticum*
DNA连接酶(EC 6.5.1.1)	*Thermococcales*

注：本表格根据文献[8]改写

　　海洋微生物包括古菌、细菌、真菌、酵母、病毒、原生生物等，为适应多样的海洋环境，它们具有极大的多样性。据估计，每升海水中含有大约38 000种微生物。从这些多样的微生物中，更容易发现具有新颖性的酶分子。在新发现的各类酶分子中，海洋细菌来源最为丰富（约占70%）。在海洋细菌中，最为重要的是放线菌[9]。发光杆菌属（*Photobacterium*）能够产生脂肪酶、酯酶和天冬酰胺酶等重要的酶[10]。有些来自于发光杆菌的酶具有良好的冷适应性。研究者在海洋嗜热霉菌中分离到了多功能α-淀粉酶[11]。众多种属的海洋酵母在海水、入海口、海底、水藻生态环境及极端环境等处均能被发现[12]。海洋酵母能够表达许多具有工业应用潜力的酶，如淀粉酶、蛋白酶、纤维素酶、木聚糖酶、菊粉酶、植酸酶、脂肪酶、乳糖酶、外切-β-1,3-葡聚糖酶、SOD 等。

15.1.3　极端酶

海洋本身是一个高盐、高压、低温和光照条件特殊的环境。海底火山、洋流和气候变化等众多因素，丰富了海洋微生物的生存环境。极端环境是指高温或低温、高压、低 pH、高盐浓度或者这些条件的组合[13, 14]。人类将从基于石油的经济走入生物经济；在生物经济中，生物催化剂可为可持续发展提供核心技术平台。食品短缺、食品污染和能源紧张等问题将依赖生物催化剂的发展来解决。因此，来源于海洋的极端酶(extremozyme)必将发挥很大的作用[15]。随着宏基因组学等新技术的发展，越来越多的嗜温(thermophile)、嗜盐(halophile)、嗜碱(alkalophile)、嗜冷(psychrophile)、嗜压(piezophile 或 barophile)及多嗜极(polyextremophile)未培养微生物在极端环境中被发现[14]。目前，在 120℃、pH 0、pH 12 及 100MPa 的极端环境中已经发现了极端微生物，例如，*Methanopyrus kandleri* 能在 122℃下生长，*Picrophilus torridus* 可以在 pH 0 和 65℃条件下生长，*Bacillus halodurans* 能够在 pH ＞11 条件下产酶。随着各种"组学"(-omics)的组合应用，将会在这些极端微生物中发现更多极端酶。依靠蛋白质工程改造这些生物催化剂，将达到"定制"的程度。海洋和陆地生物质能被这些酶"生物炼制"为更加有价值的产品，并可减少粮食浪费和污水排放。因此，极端酶的广泛应用将为绿色可持续生物制造提供宝贵的工具。例如，古菌 *Dictyoglomus thermophilum* 能够产生高温下极端稳定的内切葡聚糖酶、纤维二糖水解酶和 β-葡萄糖苷酶等可用于生物炼制或糖化过程与饲料生产。在某些海洋废物中能够提取降解几丁质的酶，能够降解几丁质的极端酶有望用作抗真菌剂、生物杀虫剂，同时，有可能用于食品安全领域。一些嗜冷、嗜盐的酶可用于苛刻条件下的食品加工过程。例如，有些嗜冷木聚糖酶能应用于面包加工[16]。

15.1.4　藻类及微藻类

海洋藻类(algae)、微藻(microalgae)和蓝细菌(cyanobacteria)是一类单细胞或多细胞海洋植物。据估计，全世界每年产 1800 万 t 海洋藻类。它们是获得天然产物的巨大宝库[4, 17-19]。这些天然产物具有抗菌、抗病毒、抗氧化、抗炎和抗肿瘤等活性。海洋藻类天然产物具有丰富的多样性，研究其代谢相关酶类无疑具有重大的科学意义和经济价值。但是，除琼脂、卡拉胶和海藻酸外，藻类来源的其他产品产值较低。

从 *Anabaena*、*Arthrospira*、*Chlorella* 和 *Porphyridium* 等藻类中能提取较高水平的 SOD、碳酸酐酶(carbonic anhydrase)等有用的蛋白质。研究者从微藻 *Isochrysis galbana* 中发现了碳酸酐酶。由于这些藻类蛋白质含量较高，因此可不进行提取，直接用于生产功能食品[19]。实际上，来自于微藻 *Arthrospira* 和 *Chlorella* 的商品已经上市。某些具有抗菌活性的酶(如溶菌酶)可望被添加到特殊医学用途配方食品中以缓解某些患者(如克罗恩病)术后吸收不良的症状。碳酸酐酶是一类金属蛋白酶，在人体血液中负责将二氧化碳转化为碳酸和碳酸酐。藻类蛋白质含量随藻类品种而变化，例如，褐藻含 3%~15%(干重)、绿藻或红藻含 10%~47%(干重)。总体而言，从藻类中提取蛋白质和酶尚未从实验室走入产业化阶段。一般先采用水或碱溶液提取，然后再使用色谱技术(如离子交换)纯化蛋白。

超临界萃取技术等新一代提取工艺在藻类加工中的应用大大推动了酶及生物活性天然产物的发掘，提高了产率，降低了产品成本和加工时间。在生产海洋多糖、海洋多酚、ω-3 脂肪酸和色素等重要的海洋天然产物过程中，酶辅助提取法(enzyme-assisted extraction，EAE)是一类重要的方法。在提取时，常常采用酶降解细胞壁，这些酶包括 Viscozyme、Cellucast、Termamyl、Ultraflo、Kojizyme、Neutrase、Alcalase、Umamizyme 及卡拉胶酶、琼脂酶、木聚糖酶等商品酶，有些酶(如卡拉胶酶、琼脂酶、木聚糖酶等)可以通过藻类获得。EAE 是一种环境友好的方法，适用于食品加工。

生活在藻类中的微生物具有重要的开发价值。利用两者动态的相互作用，能够开发抗微生物活性天然产物、脱卤酶、琼脂酶、卡拉胶酶、海藻酸裂解酶等。海洋微藻 *Tetraselmis suecica* 能够通过一系列酶(如磷酸酶、海藻酸磷酸合成酶)生产具特殊结构的淀粉，在某些压力条件能达到微藻干重的 45%[20]。*T. suecica* 和 *T. subcordiformis* 等微藻淀粉有望应用于生物乙醇、饲料、医药原料的生产[21]。

红藻 *Asparagopsis taxiformis* 可产生许多活性物质，例如，有些卤代烷类化合物具有抗细菌、抗真菌和细胞毒活性[22]。*A. taxiformis* 等藻类产生的卤化酶在生物催化中的应用值得关注。总之，藻类酶学领域处于萌芽期，有待深入挖掘。

15.1.5　海绵

海绵即海洋多细胞多孔动物(Porifera)。从海绵中能够提取酶、溴化酪氨酸、酶抑制剂、聚酮类物质和表面活性剂[23]。它们的结构多样性使其具有很好的开发前景。Schroder 等[24]采用生物矿化作用将海绵固定在硅玻璃上生产酶。这种方法在纳米生物技术和医学上有很好的应用前景。

15.2　海洋酶生物技术

海洋生物技术将崛起为一种"蓝色生物技术"，该领域属于商业中的"蓝海"。支撑蓝色生物技术的发展需要不断运用最新的生物技术(如各种组学、合成生物学、新型生物分离技术)挖掘和改造海洋酶。

15.2.1　海洋酶的发掘

海洋中 50%～90%的生物是未知生物。海洋生物,尤其是极端微生物的发现,越来越依赖新技术,如(宏)基因组学、(宏)转录组学、(宏)蛋白质组学或代谢组学[15]。这些新技术随着新一代测序技术和生物信息学的发展而更新。用生物信息学策略研究极端微生物酶的 3D 结构有利于揭示其特殊活性的秘密。目前,研究者已经对超过 120 种超嗜热微生物(hyperthermophile)的基因组进行了测序。MetaBioME 数据库公布了许多从宏基因组数据库发掘的有商业价值的酶。来自于极端微生物的酶已经在工业微生物中进行了表达。随着合成生物学的发展,将会有很多来源于海洋生物的功能元件、调控元件和代谢途径得以发掘与标准化。蓝细菌将成为一种重要的底盘细胞应用于基于合成生物学的微生物制造[25, 26]。对于可培养微生物,高通量筛选是获得高活性酶的关键技术。例如,从海洋枯草芽孢杆菌中能够筛选获得高活性菊粉酶[27]。

15.2.2　海洋酶的改造与生产

海洋酶的改造与生产技术和陆生酶相似,主要包括酶的提取与纯化、酶的生物学改造、酶的化学改造等过程,采用盐析、离子交换和膜过滤等单元操作。酶的提取、纯化和改造,要充分考虑物料性质、酶含量、稳定性等具体因素设计和优化工艺[28]。由于酶学性质(最适 pH、最适温度、稳定性、底物专一性等)存在差异,因此在具体用途上存在区别。在应用时,可以采用固定化酶技术提高酶的稳定性[29]。

作为一种催化剂,海洋酶能够用于食品检测及食品安全。另外,海洋酶既有潜力用于监控海洋污染,又有潜力应用于海洋环境的修复。SOD 能够通过海洋生物获得。氧化态的 SOD 能够将超氧阴离子转化为氧气;还原态的 SOD 能够将超氧阴离子和质子转化为过氧化氢。利用这一原理,酶传感器能灵敏地检测超氧阴离子的存在[30]。SOD 能够作为评判某些海产品是否受污染的一个指标[31]。海洋中的单加氧酶、氧化酶、脱氢酶等目前已经应用于海洋环境修复,这些过程有利于提高海洋食品的安全。不过,有的酶有利于海洋污染物的产生或在海洋食品链的积累[32]。

为进一步降低海洋酶的成本,可以采用基因工程和发酵工程等现代生物技术进行改造生产工艺。当前,大部分发酵工程均采用液体深层发酵(submerged fermentation,SmF)的方式,但是也有采用固态发酵(solid state fermentation,SSF)获得酶的成功例子。L-谷氨酰胺酶能够增加一些豆制品的食品风味,使用曲霉 *Aspergillus flavus* MTCC 9972 通过 SSF 能生产 L-谷氨酰胺酶[33]。采用对基质的混合设计(mixture design,MD)、碳氮源的 Plackett-Burman 法优化、前馈神经网络

(feedforward neural network，FFNN) 和遗传算法 (genetic algorithm，GA) 等一系列优化方法，能够使产量提高 2.7 倍。L-天冬氨酸酶能用于白血病治疗；能够降低富糖烘焙食品中的丙烯酰胺含量，从而减轻其致癌性。陆生微生物和海洋微生物均能产 L-天冬氨酸酶。无论是 SmF 还是 SSF 均能够生产 L-天冬氨酸酶，后者以其成本上的优势和环保性而更受到关注[25, 34]。

15.3　重要海洋酶制剂

海洋酶种类多样，包括氧化还原酶、水解酶、转移酶、异构酶、连接酶和裂合酶。其中在食品工业中应用较多的酶主要为多糖加工酶、脂肪加工酶和蛋白酶等水解酶。

15.3.1　多糖加工酶

研究者在细菌、真菌、动物、植物、藻类等海洋生物中发现了许多类多糖，如几丁质及其衍生物、脱氧半乳聚糖、海藻酸和糖胺聚糖等。在 *Kappaphycus alvarezii*、*Eucheuma denticulatum* 和 *Betaphycus gelatinum* 等微藻中能够提取卡拉胶。卡拉胶主要用于肉和乳制品中凝胶的形成，也可用于抗艾滋病给药材料和抗凝血材料[35]。从红藻 *Gelidium*、*Gracilaria*、*Hypnea* 和 *Gigarina* 中能够提取琼脂，琼脂主要用作食品胶。从褐藻细胞壁、海胆卵和海参中能够提取脱氧半乳聚糖，这类多糖具有抗氧化、抗病毒、抗血栓形成和抗炎等活性。在虾、蟹、磷虾等甲壳类动物中能够提取甲壳素、几丁质及其衍生物。从微藻 *Chlorella pyrenoidosa* 和 *C. ellipsoidea* 中提取的多糖复合物(含有葡萄糖、半乳糖、鼠李糖、甘露糖、阿拉伯糖、*N*-乙酰葡萄糖胺和 *N*-乙酰半乳糖胺)具有免疫增强活性[17]。合成、修饰和降解这些多糖涉及一系列酶。在工业上有广泛应用的碳水化合物活性酶 CAZy，主要是糖水解酶，如琼脂酶、壳聚糖酶等。有些酶能够用于对多糖进行改性，以扩大多糖的使用范围[36]。

15.3.1.1　琼脂酶

琼脂酶(agarase，又称琼脂糖酶)是一类能够水解琼脂的酶，根据水解模式，可分为 α-琼脂酶(EC 3.2.1.158) 和 β-琼脂酶(EC 3.2.1.81)。琼脂的主链由 β-D-半乳糖和 3,6-脱水-α-L-半乳糖组成。α-琼脂酶能够切割 α-1,3 键产生一系列与琼脂二糖有关的琼脂寡糖；β-琼脂酶能够切割 α-1,6 键产生与新琼脂二糖有关的新琼脂寡糖。在海洋水及海洋沉积物细菌中，发现了多类琼脂酶，有些已进行工程化。琼脂酶在食品、化妆品、医药和生物乙醇发酵等众多领域有广泛的应用。作为工具酶，琼脂酶能够用于生物学、细胞学和生理学研究，例如，琼脂酶能够用于制备红藻细胞原生质体、在琼脂糖中回收 DNA、生产琼脂寡糖[37]。寻找高活性琼脂酶,通过工程化改造,获得更高 pH 和温度稳定性的酶制剂有助于推动琼脂酶产业化。

15.3.1.2 几丁质酶与壳聚糖酶

几丁质(chitin)是一种自然界中广泛存在的无毒的生物高分子[7]。在自然界中,几丁质是数量仅次于纤维素的多糖,一般存在于真菌细胞壁或昆虫与甲壳动物的甲壳中。自然界中年产几丁质约 10^{10}t。几丁质与壳聚糖化学结构相似,几丁质由乙酰葡萄糖胺主链组成,而壳聚糖则由几丁质移去一定的侧链残基构成。几丁质能用于固定化酶或细胞,这类技术广泛应用于食品加工。壳聚糖具有抗氧化、抗菌、抗病毒、降血脂和免疫调节等活性。有些几丁质衍生物具有血管紧张素转换酶抑制剂(ACEI)活性,其活性与乙酰化程度有关。

壳聚糖酶(EC 3.2.1.132)是一种内切 β-1,4-糖苷键的水解酶[38]。许多细菌、霉菌和海洋生物(如 *Anabaena fertilissima* RPAN1)能够产壳聚糖酶。壳聚糖酶的主要用途是生产壳寡糖(chitosan oligosaccharide,COS)。通过在膜反应器或柱反应器中使用固定化壳聚糖酶能够连续生产 COS。COS 具有抗菌、抗氧化、降低血脂、降低血压、抗炎和抗肿瘤等功能。海鲜加工业产生大量含几丁质类的废水。壳聚糖酶能够将这些废水进行生物转化,产生有价值的活性分子。COS 作为一种绿色农药,可降低化学农药使用量,从而提高农产品安全。几丁质酶能够用于几丁寡糖(chitin oligosaccharide)生产、EAE 过程、研究几丁质结构和生物防治[39]。几丁质酶广泛存在于细菌、病毒、植物、昆虫和人体中;细菌、真菌、海产品废水是生产几丁质酶的主要来源[40, 41]。海洋细菌 *Plectosphaerella* sp. 和 *Aspergillus terreus* 已经用于液态深层发酵生产几丁质酶;有人采用 *Alcaligenes xylosoxidans*、*Pantoea dispersa* 和 *Streptomyces* sp. Da11 进行固态发酵获得几丁质酶[41]。此外,*N*-乙酰葡糖胺糖苷酶(*N*-acetylglucosaminidase;EC 3.2.1.50)也参与降解几丁质。

15.3.1.3 海藻酸相关酶

海藻酸指一类 C5-差向-β-D 甘露糖醛酸(M)和 α-L-古罗糖醛酸(G)以 1,4-糖苷键连接的在工业上十分重要的生物高分子。海藻酸一般从褐藻细胞壁获得。特定海藻酸分子的物理学性质,如凝胶强度、持水性、黏度和生物相容性,由聚合物长度、G 的相对含量及分布与酰基含量决定,而这些生化性质由海藻酸修饰酶决定。海藻酸也能够从细菌中分离得到,如 *Pseudomonas* spp. 和 *Azotobacter* spp.。细菌海藻酸往往会发生 *O*-2-或 *O*-3-乙酰基化。海藻酸最初以聚甘露糖醛酸的形式合成出来,然后一些 M 残基会发生表异构化而成为 G 残基。在细菌中,甘露糖醛酸C5-表异构酶(AlgG)和海藻酸乙酰化酶(AlgX)是负责海藻酸聚合及转运的蛋白复合物中的一部分。所有的产海藻酸的细菌都使用周质海藻酸裂合酶(alginate lyase；EC 4.2.2.3)以去除异常释放到周质中的海藻酸分子。一些以海藻酸为碳源的生物会产生海藻酸裂合酶。大部分产海藻酸生物编码多种甘露糖醛酸 C5-表异构酶，每一种均产生独特的 G 残基模式。乙酰化阻止了进一步的表异构化作用及海藻酸裂合酶作用。海藻酸裂合酶能够用于海藻酸表征[42]。

15.3.1.4　卡拉胶酶

卡拉胶(角叉藻聚糖)是由卡帕藻属(*Kappaphycus*)、杉藻属(*Gigartina*)、麒麟菜属(*Eucheuma*)、角叉菜属(*Chondrus*)和沙菜属(*Hypnea*)等红藻(Rhodophyta)生产的一种食品胶。其主链是 α-1,3-和 β-1,4-糖苷键交替连接，由半乳糖及 3,6-脱水半乳糖组成的硫酸化聚糖。根据硫酸酯化数量和位置，进一步分为 κ-、ι-和 λ-卡拉胶[43]。相应的降解酶称为 κ-卡拉胶酶(EC 3.2.1.83)，ι-卡拉胶酶(EC 3.2.1.157)和 λ-卡拉胶酶(EC 3.2.1.162)。卡拉胶酶在生物医药、生物乙醇生产、洗涤剂添加剂及分离海藻原生质体等方面有重要应用潜力。卡拉胶酶一般由革兰氏阴性菌产生，包括 *Pseudoalteromonas*、*Cellulophaga*、*Pseudomonas*、*Cytophaga*、*Tamlana*、*Vibrio*、*Catenovulum*、*Microbulbifer*、*Zobellia* 和 *Alteromonas* 等属。产卡拉胶酶的海洋细菌大多以胞外方式产酶，且这些酶活性的温度范围较广。它们都是水解 β-1,4-糖苷键的内切酶，其活性专一性高，产物是分子量较为均一的卡拉胶寡糖。卡拉胶寡糖具有一定的抗肿瘤、抗病毒活性，在生物医药、功能食品等领域有应用潜力。

15.3.1.5　褐藻糖胶酶

褐藻(主要包括 Ectocarpales 和 Laminariales 两个目)含有一类高度复杂的、硫酸化的多糖，称为褐藻糖胶(fucoidan)。褐藻糖胶的骨架是由 α-1,3-糖苷键连接的吡喃型岩藻糖(fucose)。鹿角菜科(Fucaceae)的褐藻糖胶由 α-1,3-糖苷键和 α-1,4-糖苷键交替组成。褐藻糖胶来源不同，则分子量、硫含量、硫酸基团位置、连接键型不同。有些褐藻糖胶具有一定程度的乙酰化。褐藻糖胶具有抗凝血、抗血小板生成、抗肿瘤、抗炎和免疫调节等活性。褐藻糖胶分子量过于巨大，限制了其应用，因此，需要通过酶解成小片段才便于投入应用。褐藻糖胶酶(fucoidanase；EC 3.2.1.44)是一类能够降解褐藻糖胶的酶，其降解产物是寡糖。开发褐藻糖胶酶使其商业化既有助于生产低分子量的褐藻糖胶，又有助于阐明褐藻糖胶的结构。按照 CAZy 数据库的分类，褐藻糖胶酶属于 GH107 家族。Kusaykin 等[44]对目前已鉴定的褐藻糖胶酶的来源、性质进行了总结。

15.3.1.6　昆布多糖酶

昆布多糖(laminarin)大量存在于海洋植物昆布(*Ecklonia kurome*)中，它是一种

水溶性多糖，主链由 20～30 个葡萄糖残基通过 β-1,3-糖苷键相连，含大约 5%的
β-1,6-糖苷键。可得然胶是一种来源于 *Alcaligenis faecalis* 的非水溶性 β-1,3-葡聚糖。
由于 β-1,3-葡聚糖及相应寡糖具有抗肿瘤、免疫调控等生物活性，因此，它们受
到越来越多的关注。β-1,3-葡聚糖在细菌、真菌、植物和海洋动物中均已发现，这
些水解酶专一性水解吡喃型葡萄糖间的 β-1,3-*O*-糖苷键。这些酶[泛称为昆布多糖
酶(laminarinase)]在结构和分类上非常多样化。有内切和外切两种水解方式，但内
切酶研究较多。例如，研究者从一种海洋嗜热菌 *Pyrococcus furiosus* 中分离到了
内切-β-1,3-葡聚糖酶[45]。一种嗜热真细菌 *Rhodothermus marinus* ITI278 的 lamR 编
码产物及其水解机制已通过 NMR 进行阐明。该酶采用 *E. coli* 进行表达，纯化的
酶能够内切地衣多糖、大麦和燕麦葡聚糖(这些多糖混杂地含有 β-1,3-和 β-1,4-糖
苷键)，以及内切昆布多糖和可得然胶等同聚葡萄糖。终产物主要为单糖与二糖[昆
布二糖(laminaribiose)]。有些海洋动物，如 *Strongylocentrotus purpuratus*、*Haliotis
tuberculata* 和 *Spisula sachalinensis*，能够表达 β-1,3-葡聚糖酶。研究者在一些食草
鱼类消化道内分离到很多能够降解昆布多糖及其他海洋多糖的酶。

15.3.1.7　其他多糖加工酶

CAZy 是一大类能够加工糖的酶，尤其以多糖水解酶最为丰富。除了多糖水
解酶、糖苷转移酶，有些微生物会合成一些稀有糖，这涉及次级代谢过程与糖的
转运系统等。有些糖残基会发生硫酸酯化、磷酸酯化等修饰。广义而言，这些合
成稀有糖的酶(如表异构化酶)和糖苷修饰酶均应视为 CAZy。

随着宏基因组学等新技术的发展，会有越来越多的海洋生物(尤其是极端微生
物)及其糖加工酶被发现。淀粉酶在食品工业中十分重要。目前，在海洋微生物中
已经分离到了淀粉酶，如 α-1,4-淀粉酶[7]。Gao 等[46]采用基因组测序的方法发现一
种新型海洋细菌 *Flammeovirga pacifica* WPAGA 具有复杂多糖降解能力，包括潜
在的淀粉酶、木糖苷酶、纤维素酶、海藻酸裂合酶、果胶裂合酶、鼠李糖半乳糖
醛酸酶、几丁质酶、卡拉胶酶、肝素酶和岩藻糖苷酶等。Han 等[47]从海洋细菌 *Vibrio*
sp. FC509 中发现了一种新型消除酶(具有消除反应机制的裂合酶)，能够降解透明
质酸和硫酸软骨素。此外，在海洋生物中发现的甘露聚糖酶、木聚糖酶、*N*-乙酰
葡糖胺糖苷酶(*N*-acetylglucosaminidase)、半乳糖苷酶、纤维素酶等均具有重要开
发潜力[45]。

15.3.2　脂肪加工酶

脂肪加工酶包括很多种，如脂肪酶、酯酶、磷脂酶、羧酸酯酶、脂肪酸脱饱
和酶(desaturase)等。在很多极端微生物中能够分离到脂肪加工酶，它们往往具有
独特性质。

脂肪酶广泛存在，能催化降解脂和油，并释放游离脂肪酸、二酰甘油、单酰甘油和甘油。此外，脂肪酶能高效参与酯化反应、转酯反应和氨解反应。脂肪酶能够在温和条件下的有机溶剂中稳定存在，并显示出广泛的底物专一性，具有较高的区位和立体专一性。脂肪酶的性质与其他酶不同，这类酶能够加工疏水性物质，因此，可用于非水相催化[48, 49]。例如，从热泉发现的杆菌 *Bacillus* sp. HT19 中分离到耐热、耐碱的脂肪酶基因 *lip256*，该酶在有机溶剂中十分稳定[50]。脂肪酶 Lip256 在洗涤剂、非水相催化等领域具有良好应用前景。从极端环境微生物中往往可以挖掘出具有特殊性质的酶。研究者采用基因组学方法，从深海细菌 *Moritella* sp. JT01 中发现了脂肪酶和酯酶，它们能够耐受 200MPa 高压[51]。

人类缺乏 δ-12 和 δ-15 脱饱和酶，因此，必须在食物中补充 ω-3 和 ω-6 等多不饱和脂肪酸(polyunsaturated fatty acid，PUFA)。PUFA 对于改善肿瘤、神经失调等患者的健康有积极意义。海洋膳食能够补充 PUFA(如 α-亚麻酸、二十碳五烯酸、二十二碳六烯酸)[52, 53]。海洋生物中一些加工脂类物质的酶性质十分特殊。蓝细菌中的脱饱和酶已经被克隆，其他生物中的脱饱和酶也逐步被克隆[54]。人们将可以通过基因工程、代谢工程的方法改造微藻或细菌生产 PUFA[55, 56]。另外，鱼类磷脂酶生理功能十分重要，它影响着类花生酸的生物合成、冷藏过程中鱼肉的腐败等过程，有必要进一步开发海洋动物磷脂酶的纯化方法并研究其结构，阐明其功能。

15.3.3　蛋白水解酶/肽酶

海洋蛋白水解酶在食品工业中应用的热点是生产肽，这些肽具有抗凝血、抗高血压、抗氧化、抗菌、免疫调节、抗肿瘤细胞增殖、刺激缩胆囊肽(cholecystokinin，CCK)产生、类似于降钙素基因相关肽等多种生理活性[3, 57]。对海洋副产物蛋白进行水解，通常包括两类过程：①采用胃内生样蛋白酶(如胃蛋白酶、胰蛋白酶和凝乳蛋白酶)或溶酶体酶(如组织蛋白酶)对原料自溶(对海产品去鳞、去皮、制作鱼酱、鱼子酱和饲料等)，这类过程因受限于鱼的种类、季节等因素而难以控制；②采用酶在可控条件下进行水解(pH、温度、水解度、酶与底物的比率)，需要加入商业酶，这些商业酶主要由细菌发酵产生。第二类过程可控且重复性良好。原料性质和酶的专一性均影响产物活性。在筛选功能肽时，可以采用单一酶进行水解，也可以采用混合酶进行水解以模拟体内过程。Cudennec 等[58]总结了商业上用于生产肽的酶，如 Alcalase、Neutrase、Protamex、Pronase 和 Flavourzyme 等。此外，还有一些较少使用的商业酶，如 Kojizyme、Newlase F、中性蛋白酶、酸性蛋白酶和胰酶等[57]。从海洋极端微生物中有潜力分离到性能良好的蛋白酶，例如，从高度耐热的 *Thermatoga maritime* 中分离到的同聚多亚基酶 Maritimacin；从 *Halobacterium halobium* 中分离到的耐有机溶剂的肽酶[14]。

一些来源于海洋的蛋白水解酶及其水解产物肽能够作为降低血脂的功能食

品[59]。这些酶或者肽，主要通过结合胆酸、破坏消化道中的胆固醇微囊、调节脂代谢及改变肝和脂肪细胞中的酶活性等机制起作用。它们的活性与其理化性质(如疏水性)相关。有些蛋白质经水解酶处理，其产物仍可能具有一定的生物学活性。例如，藻蓝蛋白(C-phycocyanin，C-PC)及其水解产物均具有一定的抗肿瘤、抗病毒和抗氧化效果。从海洋中能够筛选出具有低温活性的蛋白酶[60, 61]。

15.3.4　超氧化物歧化酶

SOD 是海洋生物防御氧化应激最重要的酶[62]。SOD 具有抗氧化、抗炎、蔬菜保鲜、保护生物制品、降低烟酒伤害、护肤、检测自由基、除去阿马道里(Amadori)和美拉德反应产物等功能，既可添加到功能食品中，也可用于治疗动物炎症等。超氧阴离子能够通过炎症反应加速肿瘤演进，而口服活性 SOD 能够减缓该过程。

SOD 按照其金属中心，可分为 4 类: Cu/Zn-、Ni-、Mn- 和 Fe-SOD。Cu/Zn-SOD 和 Mn-SOD 既存在于真核生物也存在于原核生物中。海洋发光微生物一般含有 Fe-SOD，例如，细菌 *Photobacterium sepia* 及其共生的 *P. leiognathi* 中的 Fe-SOD 均已得到纯化，它们具有良好的热稳定性。研究者在 *P. leiognathi*、*P. sepia*、*Cyanobacterium*、*Nodularia*、*Aphanizomenon*、*Anabaena*、*Geobacillus* sp. 等微生物中提取到了 SOD。海洋细菌 SOD 的 pI 常在 4.10~4.65，热稳定性和 pH 稳定性好，对失活剂、变性剂耐受性好。在海洋真菌中也能够分离到 SOD，如 *Debaryomyces hansenii*、*Cryptococcus* sp. N6、*Rhodotorula* spp. 和 *Udeniomyces* spp. 等。在放线菌和蓝细菌聚球藻(*Synechococcus*)中可能存在 Ni-SOD[62, 63]。在 *Phaeodactylum tricornutum*、*Porphyridium*、*Anabaena*、*Synechcoccus* 等藻类生物中均可提取到 SOD[19]。一些藻物界生物含有 SOD，如 *Lingulodinium polyedrum*，它对于重金属离子产生的氧化应激具有很强的抗性。海洋动物中含有的 SOD 种类繁多，分子量、pI 等性质差别较大。

15.3.5　核苷酸降解酶类

海洋动物在死后其 ATP 及相关物质将发生降解，降解过程涉及一系列酶，如 ATP 酶(EC 3.6.1.3)、AMP 脱氨酶(EC 3.5.4.6)、5′-核苷酸酶(EC 3.1.3.5)、核苷酸磷酸化酶(EC 2.4.2.1、EC 2.4.2.4 等)、次黄嘌呤核苷酶(EC 3.2.2.2)和黄嘌呤氧化酶(EC 1.17.3.2)等[64]。这一降解过程将改变肌肉的外观、质地和理化特性。温度、储存时间、动物种类、加工过程等因素可以影响酶活性和降解程度。通过跟踪这些酶的活性或测定相关核苷酸含量，可以对海产品品质进行监控。

15.4　海洋酶抑制剂及其应用

许多来源于海洋的天然产物具有酶抑制剂或激活剂活性，在食品和医药行业有着广泛的应用潜力[3, 65]。一些重要的酶抑制剂已投入应用。例如，从海洋鱼类中提取的一些肽类血管紧张素转换酶抑制剂，具有开发为抗高血压药物或功能食品的潜力[66-68]。从某些海洋微生物中提取的抑制泛素-蛋白酶体的 Salinosporamide A（Marizomib，NPI-0052）具有抗肿瘤功能[69-71]。来源于海藻的岩藻聚糖硫酸酯具有抑制基质金属蛋白酶活性，有望用于抗肿瘤药物、功能食品或者药妆品（cosmeceutical）[72]。一些植物来源的蛋白酶抑制剂能够减缓海产品蛋白质的降解，延长产品货架期[64, 73]。

15.5　结　　语

　　总之，来自海洋的功能酶具有丰富的多样性、优越的性能和广泛的应用潜力，通过宏基因组学、合成生物学等新的生物技术对海洋生物，尤其是极端微生物进行挖掘与改造，必将产生更多有商业价值的酶应用于食品行业、医药行业和生物技术领域。

参 考 文 献

[1] Trincone A. Enzymatic processes in marine biotechnology. Mar Drugs, 2017, 15(4): 93.

[2] Freitas A C, et al. Marine biotechnology advances towards applications in new functional foods. Biotechnol Adv, 2012, 30(6):1506-1515.

[3] Suleria H A, et al. Marine-based nutraceuticals: an innovative trend in the food and supplement industries. Mar Drugs, 2015, 13(10): 6336-6351.

[4] Lima R N, Porto A L. Recent advances in marine enzymes for biotechnological processes. Adv Food Nutr Res, 2016, 78: 1531-1592.

[5] Venugopal V. Enzymes from seafood processing waste and their applications in seafood processing. Adv Food Nutr Res, 2016, 78: 47-69.

[6] Senevirathne M, Kim S K. Utilization of seafood processing by-products: medicinal applications. Adv Food Nutr Res, 2012, 65: 495-512.

[7] Zhang C, Kim S K. Application of marine microbial enzymes in the food and pharmaceutical industries. Adv Food Nutr Res, 2012, 65: 423-435.

[8] Rao T E, et al. Marine enzymes: production and applications for human health. Adv Food Nutr Res, 2017, 80: 149-163.

[9] Zhao X Q, et al. Production of enzymes from marine actinobacteria. Adv Food Nutr Res, 2016, 78: 137-151.

[10] Moi I M, et al. The biology and the importance of *Photobacterium* species. Appl Microbiol Biotechnol, 2017, 101(11): 4371-4385.

[11] Han P, et al. A novel multifunctional alpha-amylase from the thermophilic fungus *Malbranchea cinnamomea*: biochemical characterization and three-dimensional structure. Appl Biochem Biotechnol, 2013, 170(2): 420-435.

[12] Chi Z, et al. Bio-products produced by marine yeasts and their potential applications. Bioresour Technol, 2016, 202: 244-252.

[13] Poli A, et al. Microbial diversity in extreme marine habitats and their biomolecules. Microorganisms, 2017, 5(2): 25.

[14] Dalmaso G Z, et al. Marine extremophiles: a source of hydrolases for biotechnological applications. Mar Drugs, 2015, 13(4): 1925-1965.

[15] Kruger A, et al. Towards a sustainable biobased industry—Highlighting the impact of extremophiles. N Biotechnol, 2018, 40(Pt A): 144-153.

[16] Dornez E, et al. Use of psychrophilic xylanases provides insight into the xylanase functionality in bread making. J Agric Food Chem, 2011, 59(17): 9553-9562.

[17] Matos J, et al. Microalgae as healthy ingredients for functional food: a review. Food Funct, 2017, 8(8): 2672-2685.

[18] Kadam S U, et al. Application of novel extraction technologies for bioactives from marine algae. J Agric Food Chem, 2013, 61(20): 4667-4675.

[19] de Jesus R M F, et al. Health applications of bioactive compounds from marine microalgae. Life Sci, 2013, 93(15): 479-486.

[20] Kermanshahi-pour A, et al. Enzymatic and acid hydrolysis of *Tetraselmis suecica* for polysaccharide characterization. Bioresour Technol, 2014, 173: 415-421.

[21] Yao C, et al. Enhancing starch production of a marine green microalga *Tetraselmis subcordiformis* through nutrient limitation. Bioresour Technol, 2012, 118: 438-444.

[22] Greff S, et al. Mahorones, highly brominated cyclopentenones from the red alga *Asparagopsis taxiformis*. J Nat Prod, 2014, 77(5): 1150-1155.

[23] Santos-Gandelman J F, et al. Biotechnological potential of sponge-associated bacteria. Curr Pharm Biotechnol, 2014, 15(2): 143-155.

[24] Schroder H C, et al. Enzymatic production of biosilica glass using enzymes from sponges: basic aspects and application in nanobiotechnology (material sciences and medicine). Naturwissenschaften, 2007, 94(5): 339-359.

[25] Batool T, et al. A comprehensive review on L-asparaginase and its applications. Appl Biochem Biotechnol, 2016, 178(5): 900-923.

[26] Uria A R, Zilda D S. Metagenomics-guided mining of commercially useful biocatalysts from marine microorganisms. Adv Food Nutr Res, 2016, 78: 1-26.

[27] Rodrigues C J C, et al. Cultivation-based strategies to find efficient marine biocatalysts. Biotechnol J, 2017, 12(7): 1700036.

[28] Muffler K, Ulber R. Downstream processing in marine biotechnology. Adv Biochem Eng Biotechnol, 2005, 97: 63-103.

[29] Ulu A, Ates B. Immobilization of L-asparaginase on carrier materials: a comprehensive review. Bioconjug Chem, 2017, 28(6): 1598-1610.

[30] Zhu X, et al. Ultrasensitive detection of superoxide anion released from living cells using a porous Pt-Pd decorated enzymatic sensor. Biosens Bioelectron, 2016, 79: 449-456.

[31] Capkin E, Altinok I. Effects of chronic carbosulfan exposure on liver antioxidant enzyme activities in rainbow trout. Environ Toxicol Pharmacol, 2013, 36(1): 80-87.

[32] Agarwal V, et al. Biosynthesis of polybrominated aromatic organic compounds by marine bacteria. Nat Chem Biol, 2014, 10(8): 640-647.

[33] Sathish T, et al. Sequential optimization methods for augmentation of marine enzymes production in solid-state fermentation: l-glutaminase production a case study. Adv Food Nutr Res, 2016, 78: 95-114.

[34] Doriya K, et al. Solid-state fermentation vs submerged fermentation for the production of l-asparaginase. Adv Food Nutr Res, 2016, 78: 115-135.

[35] Vlieghe P, et al. Synthesis of new covalently bound kappa-carrageenan-AZT conjugates with improved anti-HIV activities. J Med Chem, 2002, 45 (6) : 1275-1283.

[36] Karaki N, et al. Enzymatic modification of polysaccharides: mechanisms, properties, and potential applications: a review. Enzyme Microb Technol, 2016, 90: 1-18.

[37] Fu X T, Kim S M. Agarase: review of major sources, categories, purification method, enzyme characteristics and applications. Mar Drugs, 2010, 8 (1) : 200-218.

[38] Thadathil N, Velappan S P. Recent developments in chitosanase research and its biotechnological applications: a review. Food Chem, 2014, 150: 392-399.

[39] Jung W J, Park R D. Bioproduction of chitooligosaccharides: present and perspectives. Mar Drugs, 2014, 12 (11) : 5328-5356.

[40] Langner T, Gohre V. Fungal chitinases: function, regulation, and potential roles in plant/pathogen interactions. Curr Genet, 2016, 62 (2) : 243-254.

[41] Das S, et al. Utilization of chitinaceous wastes for the production of chitinase. Adv Food Nutr Res, 2016, 78: 27-46.

[42] Ertesvag H. Alginate-modifying enzymes: biological roles and biotechnological uses. Front Microbiol, 2015, 6: 523.

[43] Chauhan P S, Saxena A. Bacterial carragenases: an overview of production and biotechnological applications. 3 Biotech, 2016, 6 (2) : 146.

[44] Kusaykin M I, et al. Fucoidanases. Glycobiology, 2016, 26 (1) : 3-12.

[45] Giordano A, et al. Marine glycosyl hydrolases in the hydrolysis and synthesis of oligosaccharides. Biotechnol J, 2006, 1 (5) : 511-530.

[46] Gao B, et al. Genome sequencing reveals the complex polysaccharide-degrading ability of novel deep-sea bacterium *Flammeovirga pacifica* WPAGA1. Front Microbiol, 2017, 8: 600.

[47] Han W, et al. A novel eliminase from a marine bacterium that degrades hyaluronan and chondroitin sulfate. J Biol Chem, 2014, 289 (40) : 27886-27898.

[48] Snellman E A, Colwell R R. *Acinetobacter* lipases: molecular biology, biochemical properties and biotechnological potential. J Ind Microbiol Biotechnol, 2004, 31 (9) : 391-400.

[49] Su H, et al. Cloning, expression, and characterization of a cold-active and organic solvent-tolerant lipase from *Aeromicrobium* sp. SCSIO 25071. J Microbiol Biotechnol, 2016, 26 (6) : 1067-1076.

[50] Li J, Liu X. Identification and characterization of a novel thermophilic, organic solvent stable lipase of *bacillus* from a hot spring. Lipids, 2017, 52 (7) : 619-627.

[51] Freitas R C, et al. Draft genome sequence of the deep-sea bacterium *Moritella* sp. JT01 and identification of biotechnologically relevant genes. Mar Biotechnol, 2017, 19 (5) : 480-487.

[52] Sinclair A J, et al. Marine lipids: overview "news insights and lipid composition of lyprinol". Allerg Immunol, 2000, 32 (7) : 261-271.

[53] Kishimura H. Enzymatic properties of starfish phospholipase A2 and its application. Adv Food Nutr Res, 2012, 65: 437-456.

[54] Lee J M, et al. Fatty acid desaturases, polyunsaturated fatty acid regulation, and biotechnological advances. Nutrients, 2016, 8 (1) : 23.

[55] Walsh T A, et al. Canola engineered with a microalgal polyketide synthase-like system produces oil enriched in docosahexaenoic acid. Nat Biotechnol, 2016, 34 (8) : 881-887.

[56] Gemperlein K, et al. Metabolic engineering of *Pseudomonas putida* for production of docosahexaenoic acid based on a myxobacterial PUFA synthase. Metab Eng, 2016, 33: 98-108.

[57] Chai T T, et al. Enzyme-assisted discovery of antioxidant peptides from edible marine invertebrates: a review. Mar Drugs, 2017, 15: 42.

[58] Cudennec B, et al. Upgrading of sea by-products: potential nutraceutical applications. Adv Food Nutr Res, 2012, 65: 479-494.

[59] Howard A, Udenigwe C C. Mechanisms and prospects of food protein hydrolysates and peptide-induced hypolipidaemia. Food Funct, 2013, 4 (1): 40-51.

[60] Prasad S, et al. Diversity and bioprospective potential (cold-active enzymes) of cultivable marine bacteria from the subarctic glacial Fjord, Kongsfjorden. Curr Microbiol, 2014, 68 (2): 233-238.

[61] Zhang L, et al. Degradation properties of various macromolecules of cultivable psychrophilic bacteria from the deep-sea water of the South Pacific Gyre. Extremophiles, 2016, 20 (5): 663-671.

[62] Zeinali F, et al. Sources of marine superoxide dismutases: characteristics and applications. Int J Biol Macromol, 2015, 79: 627-637.

[63] Palenik B, et al. The genome of a motile marine *Synechococcus*. Nature, 2003, 424 (6952): 1037-1042.

[64] Haard N F, Simpson B K. Seafood Enzymes: Utilization and Influence on Postharvest Seafood Quality. Montgomery: CRC Press, 2000.

[65] Al-Awadhi F H, et al. Tasiamide F, a potent inhibitor of cathepsins D and E from a marine cyanobacterium. Bioorg Med Chem, 2016, 24 (15): 3276-3282.

[66] Kim S K, et al. Marine fish-derived bioactive peptides as potential antihypertensive agents. Adv Food Nutr Res, 2012, 65: 249-260.

[67] Lee S Y, Hur S J. Antihypertensive peptides from animal products, marine organisms, and plants. Food Chem, 2017, 228: 506-517.

[68] Manikkam V, et al. A review of potential marine-derived hypotensive and anti-obesity peptides. Crit Rev Food Sci Nutr, 2016, 56 (1): 92-112.

[69] Feling R H, et al. Salinosporamide A: a highly cytotoxic proteasome inhibitor from a novel microbial source, a marine bacterium of the new genus Salinospora. Angew Chem Int Ed Engl, 2003, 42 (3): 355-357.

[70] Macherla V R, et al. Structure-activity relationship studies of salinosporamide A (NPI-0052), a novel marine derived proteasome inhibitor. J Med Chem, 2005, 48 (11): 3684-3687.

[71] Ma L, Diao A. Marizomib, a potent second generation proteasome inhibitor from natural origin. Anticancer Agents Med Chem, 2015, 15 (3): 298-306.

[72] Thomas N V, Kim S K. Fucoidans from marine algae as potential matrix metalloproteinase inhibitors. Adv Food Nutr Res, 2014, 72: 177-193.

[73] Sun L C, et al. Mung bean trypsin inhibitor is effective in suppressing the degradation of myofibrillar proteins in the skeletal muscle of blue scad (*Decapterus maruadsi*). J Agric Food Chem, 2010, 58 (24): 12986-12992.

第16章 鱿鱼鱼糜加工研究进展

（浙江海洋大学，缪文华、Ariel Siloam、邓尚贵）

阿拉斯加鳕等低值白肉鱼是目前主要的鱼糜加工原料。近年来，由于过度捕捞和环境恶化等，这些鱼类的捕捞量急剧下降，但人们对鱼糜及其制品的需求不断增长，因此，迫切需要寻找其他替代原料用于鱼糜的生产。鱿鱼因其营养价值高和产量的可持续性被认为是一种很好的替代品。然而，由于内源蛋白酶活性高，肌球蛋白在低离子强度下溶解度高，内源性转谷氨酰胺酶(transglutaminase，TG)活性较低，鱿鱼鱼糜的凝胶能力较差。目前主要有 pH 调节法，添加淀粉、膳食纤维、蛋白酶抑制剂、魔芋葡甘聚糖、转谷氨酰胺酶、有机盐等方法来提高鱿鱼鱼糜的凝胶性。本章重点综述了该领域前期的研究成果，同时提出了鱿鱼在鱼糜产业中的潜在应用。

鱼糜是一种水产调理食品原料，可以视为将鱼经过去头、去内脏、去骨取肉、斩拌、洗涤、脱水、精制等步骤后获得的肌原纤维蛋白浓缩物[1]。冷冻鱼糜中含有 15%～16%的水不溶性蛋白质、75%的水分和 8%～9%的冷冻稳定剂[2]，通常被加工成鱼糕、蟹肉棒、竹轮、鱼丸等产品[3]。目前，用于鱼糜加工的主要有阿拉斯加鳕、太平洋鳕、箭齿鲽、蓝鳕、鲭、鲱、黄笛鲷、红加利鱼、狗母鱼、罗非鱼、带鱼、白姑鱼等低值白肉鱼[4, 5]。但由于过度捕捞和环境恶化等，很多品种的捕捞量正在逐年减少，因此我们迫切需要寻找其他水产蛋白质资源来替代或补充，以保障鱼糜的生产能满足快速增长的消费需求。

鱿鱼产量高，可食部分比重大，肌肉又具有色泽白、无气味等特点，是一种不可多得的优质水产蛋白质资源。前期研究显示，将鱿鱼加工成鱼糜制品存在一定的困难，主要原因是鱿鱼肌肉中含有的丝氨酸蛋白酶和金属蛋白酶等高活性内源酶，会导致肌球蛋白水解，影响其凝胶能力[6]。同时，传统鱼糜生产工艺也不适合鱿鱼鱼糜生产，由于鱿鱼肌原纤维蛋白具有很高的水溶性，传统工艺中的漂洗工艺会导致肌原纤维蛋白的大量流失，从而影响鱿鱼鱼糜的凝胶性和产量[7, 8]。因此，人们在改进鱿鱼鱼糜凝胶性方面做了很多尝试，例如，运用 pH 调节法[9, 10]，酸诱导工艺[11, 12]，添加抗冻剂、转谷氨酰胺酶(TG)、蛋白酶抑制剂[13-15]，以及高温、高压与 TG 的组合等[16]。在上述方法中，pH 调节法被认为是目前相对最有效的方法[5]，然而通过该方法所得鱼糜的凝胶强度仍然不如阿拉斯加鳕鱼鱼糜[17]。

本章简要综述了鱿鱼作为鱼糜加工原料的潜力及影响鱿鱼鱼糜凝胶性的关键因素。同时，总结并讨论了改进鱿鱼鱼糜品质的一些方法和相关研究。

16.1　鱿鱼的加工潜力

近年来，随着鱿鱼捕捞持续高产，其作为潜在的水产肌肉蛋白来源也越来越受到人们的关注，被认为是鱼糜原料的可持续替代品[18, 19]。

鱿鱼在世界各地都有丰富的供应。以秘鲁鱿鱼和阿根廷鱿鱼计算，2003～2014年其捕捞量有 100 万～200 万 t，在未来还会继续增长，考虑到鱿鱼产量的可持续性，所以它具有可持续生产鱼糜的潜力[18, 19]。同时，鱿鱼价格低廉，其本身又具有肉色白、低脂肪、无气味等特点，鱿鱼肌肉蛋白具有一定的凝胶能力，因此也可以考虑将其加工成鱼糜等基于蛋白质凝胶性的产品[20]。此外，鱿鱼种群在面临不利情况(如环境胁迫、过度捕捞)时，有一种独特的能力来恢复其数量，这也使其成为可持续生产鱼糜的重要候选原料[21]。但目前限制鱿鱼加工的一个常见特征是某些品种鱿鱼的肌肉有强烈的酸味和氨味，这大大降低了它们在感官上的整体可接受性[15]。除此之外，目前鱿鱼加工产品只有罐头、干制品和烟熏制品等，加工方法有限[18]，这也从侧面说明鱿鱼加工还有很多方面需要改进。

16.2　鱿鱼肌肉特性与其凝胶性的关系

鱿鱼肌肉蛋白由三部分组成，即肌原纤维蛋白(占总蛋白的 75%～85%)、肌浆蛋白(占总蛋白的 10%～15%)和肌基质蛋白(占总蛋白的 11%)。图 16-1 显示了

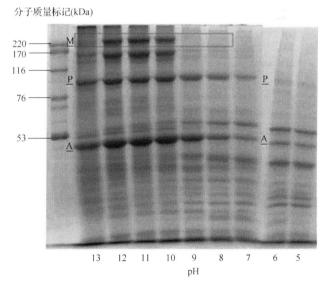

图 16-1　鱿鱼肌肉蛋白凝胶电泳图
M：肌球蛋白；P：副肌球蛋白；A：肌动蛋白

构成鱿鱼肌肉肌原纤维蛋白的 3 种主要成分：肌球蛋白(220kDa)、副肌球蛋白(100kDa)和肌动蛋白(45kDa)[22]。其变性温度分别为 50～60℃、57～67℃和 74～80℃[23]。

影响鱼糜品质的因素主要包括凝胶强度、含水量、杂质、微生物数量、pH、蛋白质含量、抗冻剂和其他食品添加剂等[24]。其中，质地(包括凝胶强度)因素最为重要，因此凝胶强度也被认为是能够直接影响鱼糜品质和价格的关键因素[1]。而鱿鱼肌肉中肌球蛋白含量的增加与其凝胶强度的提高存在直接联系(图 16-2)，因为肌球蛋白尾部包含更多的双链 α 螺旋。此外，已有大量研究表明内源蛋白酶引起的蛋白质水解是导致凝胶劣化的主要原因之一，肌球蛋白水解后的重酶解肌球蛋白(heavy meromyosin，HMM)和轻酶解肌球蛋白(light meromyosin，LMM)无法形成鱼糜凝胶的三维网络结构[2, 25-27]。

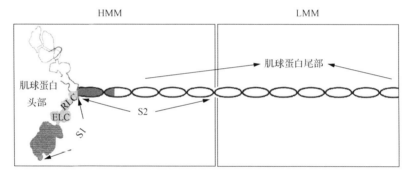

图 16-2　肌球蛋白二聚体结构图
HMM：重酶解肌球蛋白；LMM：轻酶解肌球蛋白；
ELC：必需轻链；RLC：调节轻链；S：亚片段

肌肉中的高活性内源蛋白酶主要存在于肌浆蛋白中[22]。秘鲁鱿鱼的肌浆蛋白在 pH 为 11 时具有最高的溶解度，在 pH 为 5 时溶解度最低。这是由于肌浆蛋白残基中酸性氨基酸(Asp 和 Glu)的含量较高，而碱性氨基酸(Lys、Arg 和 His)的含量较低，因此其等电点(pI)可能接近于 5[28]。

鱿鱼肌肉蛋白的另一个显著特征是它含有大量的胶原蛋白和副肌球蛋白[29]。其中胶原蛋白主要存在于鱿鱼的鳍和表皮中。在凝胶形成过程中，胶原蛋白可以通过其三重螺旋的相互作用增强凝胶结构，也可能增加肌球蛋白对热的敏感性，从而降低凝胶性[22, 30, 31]。人们观察到胶原蛋白的存在能够提高欧洲枪乌贼的凝胶强度，在 55℃时，肌肉较高的 G'(弹性模量)值表示其形成了更多的交联(主要是氢键)，从而形成了较强的凝胶(图 16-3)[31]。

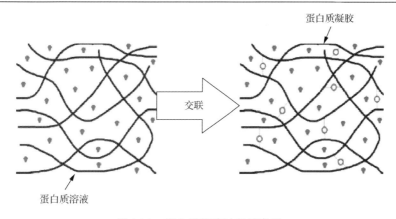

图 16-3　蛋白质凝胶过程示意图

另外,副肌球蛋白是只存在于无脊椎动物中的特殊的肌原纤维蛋白(图 16-4),其结构全部由 α 螺旋构成,提取 pH 为 8~9[30]。因此,鱿鱼鱼糜的凝胶强度可能受副肌球蛋白浓度的影响。当副肌球蛋白含量在 15%~35%,同时肌球蛋白含量在 40%~60%时,形成的凝胶强度较好[32]。在另一项研究中,理想凝胶强度的形成要求副肌球蛋白浓度范围在 5%~25%,但当其浓度在 50%~100%时,会使凝胶容易破裂[33]。

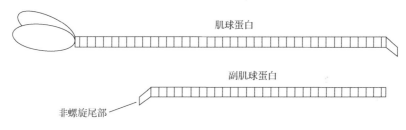

图 16-4　肌球蛋白与副肌球蛋白结构

16.3　内源蛋白酶的活性特点

鱿鱼肌肉中存在大量的内源蛋白酶,因此鱿鱼被捕获之后,其肌球蛋白在内源蛋白酶作用下会大量降解,这是影响鱿鱼鱼糜加工产业发展的主要难题[8, 26, 34]。鱿鱼内源蛋白酶根据其对蛋白质攻击位点的不同可以分为内肽酶和外肽酶,其中内肽酶攻击肽链中间的肽键,而外肽酶则攻击肽链终端的肽键[35]。如图 16-5 所示,内肽酶能够从蛋白质分子中间切断肽键,使蛋白质聚合物减小,从而使鱼糜凝胶能力显著下降,因此其对鱼糜凝胶的影响更严重[24]。

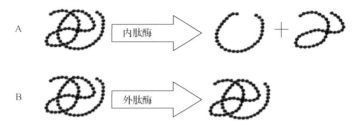

图 16-5　内肽酶和外肽酶对蛋白质作用效果对比

蛋白酶活性温度范围通常在 25~75℃，最适温度为 40℃[31]。据报道，普通鱿鱼(太平洋褶柔鱼)胴体肌肉中含有两种蛋白酶，一种负责将肌球蛋白水解成重酶解肌球蛋白和轻酶解肌球蛋白；另一种则将肌球蛋白水解成 S1 片段和杆状片段[3]。内源蛋白酶还存在于鱿鱼的肝脏和肝胰腺等部位[36]。研究表明，鱿鱼内源蛋白酶活性高可能与其较短的寿命有关系[37]。

目前，关于 pH 和温度对蛋白水解酶活性的影响已有不少研究。Sakai 和 Matsumoto[37]以太平洋褶柔鱼为研究对象考察了 pH 对蛋白酶活性的影响，结果显示，当 pH 为 3.1 时，导致肌球蛋白迅速降解的是羧基蛋白酶(组织蛋白酶 B 和组织蛋白酶 D)和丝氨酸蛋白酶；当 pH 为 6.6~8.1 时，金属蛋白酶是引起鱿鱼肌肉蛋白质降解的关键酶。人们在秘鲁鱿鱼中也找到了大量的蛋白酶，如类胰蛋白酶、类胰凝乳蛋白酶、氨肽酶和羧肽酶，其最适酶活温度和 pH 会随着季节的变化而变化[38]。

在其他研究中，人们发现短鳍鱿鱼(*Illex illecebrosus*)的内源蛋白酶活性在 pH 2.6 时最高，而长鳍鱿鱼(*Loligo pealei leseur*)则是 pH 3.6，其原因可能是短鳍鱿鱼肌肉中内源蛋白酶的种类比长鳍鱿鱼丰富。鱿鱼中最主要的内源蛋白酶分别是组织蛋白酶 E 和组织蛋白酶 D[39]。长鳍鱿鱼内源蛋白酶在 20℃时活性最高[40]。研究发现，组织蛋白酶 C 和组织蛋白酶 D 的作用机制不同，短鳍鱿鱼的组织蛋白酶 C 在 pH 5~6 和 pH 7 时对氨基酸序列中的作用位点存在差异。组织蛋白酶 D 的活性具有 Ca^{2+} 依赖性，而组织蛋白酶 C 的活性则依赖于 Cl^- 和巯基[41]。Konno 和 Fukazawa[26] 研究发现，太平洋褶柔鱼胴体自溶酶在 40℃、中性 pH 和 0.3mol/L NaCl 存在下具有最高酶活，但其金属蛋白酶需要 Co^{2+} 激活其活性。

研究者在欧洲枪乌贼肌肉的流变学研究中发现，丝氨酸蛋白酶在 38~40℃温度范围内具有较高的活性，肌肉的弹性模量(G′)较低[31]。较低的 G′说明欧洲枪乌贼的肌球蛋白被水解成了分子量较小的片段及变性的肌球蛋白片段[42]。

16.4　鱿鱼鱼糜品质改良研究进展

16.4.1　pH 调节法

多年来，为了提高鱿鱼鱼糜的质量，人们进行了多种尝试和多项研究。鱿鱼鱼糜凝胶强度低主要由于其具有某些固有的特性,如转谷氨酰胺酶(诱导肌球蛋白交联)活性低[16];内源蛋白酶活性高[34];鱿鱼肌球蛋白易溶于低离子强度溶液(如水)中,这导致应用传统的鱼糜工艺生产鱿鱼鱼糜效率低下[5]。

在迄今为止的研究中,pH 调节法是提高鱿鱼鱼糜品质较有效的方法(表 16-1),该方法在秘鲁和墨西哥已被应用于秘鲁鱿鱼鱼糜的小规模工业化生产[5]。在生产过程中,首先将鱿鱼肌肉溶解于酸性(pH 2~3)或碱性(pH 10~11)溶液中,随后调节溶液 pH 至 5.2~5.5 使蛋白质沉淀。鱿鱼鱼糜生产中 pH 调节法的应用主要是为了解决鱿鱼肌纤维蛋白质在低离子强度溶液中溶解度过高的问题,从而提高鱿鱼鱼糜中肌原纤维蛋白的总量,进而提高凝胶强度[1]。

表 16-1　鱿鱼鱼糜凝胶品质改进方法和效果汇总表

序号	鱿鱼品种	方法或因素	主要结果
1	秘鲁鱿鱼	多种因素的作用:pH、盐浓度、抗冻剂、Ca(OH)₂ 等	秘鲁鱿鱼鱼糜加工工艺:将鱿鱼肌肉匀浆溶于 0.16mol/L NaCl、0.1% NaHCO₃ 和 250mg/kg EDTA 的混合溶液中,通过等电点(pH 4.7~4.9)沉淀后再加入 0.2% Ca(OH)₂ 和 1% NaCl 进行斩拌和 90℃加热凝胶,得到的凝胶无异味,凝胶强度为 400g/cm²[43]
2	秘鲁鱿鱼	pH 调节法:酸溶沉淀法(pH 3.0→5.5)和碱溶沉淀法(pH 11.0→5.5)	1)pH 调节法中的酸溶沉淀法(pH 3.0→5.5)和碱溶沉淀法(pH 11.0→5.5)都能有效提取新鲜或冷冻鱿鱼肌肉蛋白[10] 2)pH 调整法会引起蛋白质表面疏水性增加,蛋白质凝聚,α 螺旋转变为 β 折叠等结构变化,表现为鱼糜凝胶性的提高[9] 3)采用 pH 调节法(pH 3.2→5.5)制备的鱿鱼鱼糜具有较好的凝胶强度、弹性和内聚性,可以有效控制肌球蛋白的水解[11] 4)采用碱溶沉淀法(pH 11.0→5.5)制备的鱼糜中,蛋白质的二硫键增加,鱼糜凝胶硬度提高但持水性下降[17]
3	秘鲁鱿鱼	添加抗冻剂:山梨糖醇、蔗糖、海藻糖	1)不同的抗冻剂对酸溶沉淀法制备的鱿鱼鱼糜凝胶性的影响没有显著差异[15] 2)添加了海藻糖的鱿鱼鱼糜(等电点沉淀法制备),在-15℃储藏 2 个月后保持了良好的凝胶品质[14]
4	秘鲁鱿鱼	添加膳食纤维	膳食纤维会降低凝胶的强度(硬度、内聚性)和持水性,也会使鱼糜颜色轻微变黄[44]
5	秘鲁鱿鱼	添加魔芋葡甘聚糖	添加 1%魔芋葡甘聚糖的鱼糜,凝胶性显著增强,在流变性上接近于阿拉斯加鳕[45]
6	秘鲁鱿鱼	添加转谷氨酰胺酶(TG)和蛋白酶抑制剂(IAA、PMSF、ppi、Pepstatin)	添加单一的转谷氨酰胺酶(TG)可以增加鱼糜的弹性;同时添加 TG 和蛋白酶抑制剂可以增加鱼糜的硬度[16]
7	秘鲁鱿鱼	添加淀粉、ι-卡拉胶、蛋清、NaCl 等	1)添加淀粉、ι-卡拉胶、蛋清后可以通过增加持水性和肌球蛋白凝胶网络的形成增强凝胶强度 2)经过 90℃凝胶后,添加 1.5% NaCl 的鱼糜凝胶强度远大于添加 2.5% NaCl 的鱼糜[46]
8	秘鲁鱿鱼	高静压、温度、时间因素的作用	将鱼糜在 15℃ 300MPa 高静压下处理 30min,可以使鱼糜蛋白形成更好的凝胶网络,从而提高持水性等理化性质,但高静压会导致 L^* 值(色度)的降低[13]

续表

序号	鱿鱼品种	方法或因素	主要结果
9	太平洋褶柔鱼	添加转谷氨酰胺酶(TG)和马铃薯淀粉	淀粉可以增强凝胶的硬度，但会减弱其弹性；同时添加淀粉和TG与单独添加TG的效果类似[24]
10	太平洋褶柔鱼	添加柠檬酸钠、柠檬酸、TG、蛋清等	同时添加3%柠檬酸钠、10%柠檬酸、TG和蛋清可以增加凝胶的破裂强度[47]

pH调节法的主要原理是蛋白质在不同pH范围内的溶解性等特征差异。一方面，在等电点(pI)时，由于蛋白质羧基侧链的负电荷和氨基基团的正电荷相等，蛋白质没有净电荷。因此，在等电点时蛋白质会沉淀，从而导致其在水中的溶解度非常低。此时，蛋白质之间通过离子键强烈地结合在一起，蛋白质主要与蛋白质发生相互作用，蛋白质与水的相互作用大大减弱[1]。

另一方面，蛋白质-水的相互作用发生在等电点(pI)以下或以上，分别带有正电荷和负电荷，当它们所带的电荷增加时，蛋白质分子与水分子间的斥力减弱，从而提高蛋白质的溶解度[1]。根据研究报道，秘鲁鱿鱼的等电点在pH 5~6范围内，因此它适用于pH调节法[8, 30]，而0.5mol/L NaCl可以将其pI降到4.5~5[8]。

然而，Cortés-Ruiz等[9]研究提出了质疑，认为pH调节法不一定是绝对有效的方法。他们比较了pH调节法对秘鲁鱿鱼3种蛋白质组分[酸性蛋白浓缩物(acid protein concentrate，APC)、中性蛋白浓缩物(neutral protein concentrate，NPC)和鱿鱼胴体(squid midsection，SM)]功能性的影响。对APC应用pH调节法，先将样品酸化到pH 3.2，然后调整到pH 5.5，以恢复蛋白质状态。结果显示pH调节法对内源性蛋白酶活性的影响微乎其微，APC中重酶解肌球蛋白(HMM)和轻酶解肌球蛋白(LMM)的数量显著高于NPC或SM，因为酸性pH环境可以增加金属蛋白酶的活性，从而导致肌球蛋白严重降解[11]。在后续研究中，Cortés-Ruiz等[11]考察了酸性pH对肌球蛋白四级结构展开的影响，发现酸性环境会引起蛋白质球状头部从肌球蛋白重链分离。这样，位于蛋白质球状头部的巯基会很容易氧化形成二硫键，从而增加凝胶的硬度。

此外，将pH调整到5.2(以前研究中为pH 5.5)，肌球蛋白质二级结构的主要形式α螺旋会转变成β折叠。众所周知，较多β折叠的形成会导致凝胶强度的增加，促进蛋白质在其等电点(pI)附近相互聚合。同时，氢键的稳定性也会得到提高，这意味着APC具有更好的蛋白质-水交互作用及更好的凝胶结构完整性[9]。

除了上述研究，人们还将碱性pH调节法与酸性pH调节法进行了比较。将鱿鱼肌肉匀浆的初始pH分别调整到3.0(酸性)和11.0(碱性)，然后调整到pH 5.5进行等电点沉淀。结果显示，两种处理后的蛋白质回收率没有显著差异，分别为

84%(酸处理)和 85%(碱处理)[10]。当在酸性环境时，由于天冬氨酸和谷氨酸的羧基侧链上的负电荷被中和，鱿鱼蛋白质的溶解度增加[48]。当在碱性环境时，碱基和酚侧链的去质子化起了重要作用[49]。而 SDS-PAGE 分析结果显示，两种处理后的蛋白质片段没有差异(图 16-6)，这说明两种处理对蛋白质回收的作用差别不大[10]。对太平洋鳕的研究也得到了类似的结果，其蛋白质的表面疏水性在 pH 3 和 pH 11 时没有显著区别，说明酸性和碱性环境引起的肌球蛋白分子展开的效果类似[50]。

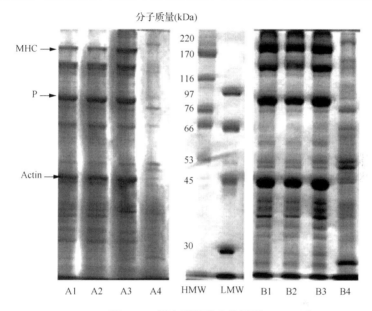

图 16-6　蛋白质凝胶电泳图谱

A：pH 3；B：pH 11；1：肌肉匀浆；2：第一次离心后的可溶性成分；3：分离蛋白；
4：水；MHC：肌球蛋白；P：副肌球蛋白；Actin：肌动蛋白；HMW：大分子量；LMW：小分子量

　　然而，对比鱼糜凝胶(最终产品)性质时发现，两种 pH 调节法存在很大区别。酸性 pH 调节法制备的浓缩蛋白具有良好的持水性和结构完整性[9]。相反，碱性 pH 调节法制备的鱼糜由于较低的持水性，凝胶硬度大但不稳固，这是因为巯基被氧化形成了大量的二硫键，导致蛋白质无法与水发生相互作用[17]。上述研究的实验原料是鱿鱼胴体，人们还用鱿鱼鳍进行了研究并得到了类似的结果，鱿鱼鳍肌肉经过碱性 pH 调节法处理后所形成的凝胶也是易碎的；然而与胴体不同的是，鱼鳍肌肉的持水性要比中性处理好得多[51]。

16.4.2　pH 调节法的改进

　　如前所述，单一应用 pH 调节法无法将鱿鱼鱼糜凝胶的质量提高到令人满意的程度，因此，该方法还需要进一步的改进[1]。

人们研究了用魔芋葡甘聚糖来进一步提高鱿鱼鱼糜的凝胶质量。首先将鱿鱼匀浆酸化至 pH 3.0，再在 pH 5.5 下进行等电点沉淀，获得蛋白质浓缩物，然后将山梨醇、蔗糖和三聚磷酸钠加入，调节 pH 后加热制成鱼糜凝胶[45]。结果显示，在高 pH 的情况下，蛋白质-蛋白质的相互作用非常广泛，而蛋白质-水的相互作用较弱[17]。然而，在高 pH（10.4）鱼糜中加入 1%魔芋葡甘聚糖后，鱼糜中形成的氢键显著增加，鱼糜凝胶的持水性提高。同时，离子键和疏水相互作用也增加，这使鱿鱼鱼糜凝胶的流变性接近于性能优越的阿拉斯加鳕凝胶[45]。

冷冻鱼糜中的抗冻剂对凝胶形成过程会产生一定的影响，因此抗冻剂的选择对鱼糜凝胶的品质也很重要[15]。人们对比研究了 3 种不同的抗冻剂（山梨醇、蔗糖、海藻糖），发现海藻糖的加入能够提高鱼糜的持水性，进而提高鱼糜凝胶的功能性（鱼糜凝胶的弹性模量增加）[14, 15]。

16.4.3 其他改进措施

除了 pH 调节法，人们还研究了其他方法来改善鱿鱼鱼糜的凝胶性：向鱼糜添加微生物来源的转谷氨酰胺酶（TG）和蛋白酶抑制剂。TG 能够催化蛋白质之间交联形成异肽键，从而提高蛋白质的功能性[52]。鱿鱼胴体肌肉中的 TG 具有钙离子（Ca^{2+}）依赖性，但如果向鱿鱼鱼糜中添加钙离子来激活 TG 时，也会激活其中的钙蛋白酶[24]，因此只能添加完全活化的 TG[16]。将添加了 TG 的鱿鱼匀浆在 40℃保温 24h 可以促进分子间共价键的形成[53]，从而诱导凝胶强度增加[25]。在未添加 TG 的鱿鱼匀浆中可以检测到肌球蛋白的轻度降解，而在添加了 TG 的鱿鱼匀浆中未观察到降解产物[24]。

值得一提的是，当鱿鱼内源蛋白酶的活性被部分抑制的时候，TG 对提高鱼糜凝胶质量有更大的效果[16]。Hemung 等[54]研究发现马鲅和太平洋鳕也存在类似现象，即 TG 的作用需要鱼糜中存在天然结构的肌动球蛋白。

蛋白酶抑制剂的作用具有很强的专一性。例如，苯甲基磺酰氟（phenylmethyl-sulfonyl fluoride，PMSF）能抑制丝氨酸蛋白酶，EDTA 能抑制金属蛋白酶，胃蛋白酶能抑制羧基蛋白酶，对氯汞苯甲酸（parachloromercuribenzoate，PCMB）能抑制巯基蛋白酶[37]。但这些用于研究的抑制剂多数因具有毒性而不适宜食用，在目前研究过的抑制剂中，只有焦磷酸钠[16]和胃蛋白酶抑制剂[31]可以作为食品添加剂。

膳食纤维的加入对鱿鱼鱼糜凝胶质量的影响几乎可以忽略。随着鱿鱼鱼糜中膳食纤维（250μm）添加量从 3%增加到 6%，凝胶的强度逐渐减小，持水性也逐渐降低。其原因可能是鱼糜中蛋白质浓度的降低，蛋白质凝胶网络不均匀或者是凝胶基质的破坏[44]。当鱿鱼鱼糜中同时加入淀粉和 TG 时，发现淀粉对鱿鱼鱼糜凝胶的质量有显著影响，但其效果不如单一的 TG[24]。在没有 TG 的情况下，淀粉与ι-卡拉胶、蛋清和低盐浓度（1.5%）可以产生协同作用。在这种情况下，乙酰化的淀粉有助于保持水分,从而提高鱼糜凝胶的持水能力[46]。

16.5 结　语

鱿鱼是非常优良的鱼糜加工原料,但关键还是要解决其内源蛋白酶活性过高和肌原纤维蛋白稳定性等问题。pH 调节法虽然能够部分解决现存的问题,但要将鱿鱼鱼糜的质量提高到阿拉斯加鳕鱼鱼糜的品质还面临着相当大的挑战。

参 考 文 献

[1] Park J W, et al. Historical review of surimi technology and market developments. *In*: Park J W. Surimi and Surimi Seafood. 3rd ed. Boca Raton: CRC Press, 2014: 3-24.

[2] Shaviklo G R. Quality assessment of fish protein isolates using surimi standard methods. *In*: UNU fisheries training program, Iceland. Reykjvik: The United Nations University, 2006.

[3] Nopianti R, et al. Loss of functional properties of proteins during frozen storage and improvement of gel-forming properties of surimi. Asian Journal of Food and Agro-Industry, 2010, 3(6): 535-547.

[4] Ismail I, et al. Surimi-like material from poultry meat and its potential as a surimi replacer. Asian J Poult Sci, 2011, 5: 1-12.

[5] Guenneugues P, Ianelli J. Surimi resources and market. *In*: Park J W. Surimi and Surimi Seafood. 3rd ed. Boca Raton: CRC Press, 2014: 25-54.

[6] Park S, et al. Influence of endogenous proteases and transglutaminase on thermal gelation of salted squid muscle paste. J Food Science, 2003, 68(8): 2473-2478.

[7] Matsumoto J J. Identity of M-actomyosin from aqueous extract of the squid muscle with the actomyosin-like protein from salt extract. Bull Jap Soc Sci Fish, 1959, 25: 38-43.

[8] Rocha-Estrada J, et al. Functional properties of protein from frozen mantle and fin of jumbo squid *Dosidicus gigas* in function of pH and ionic strength. Food Science and Technology International, 2010, 16(5): 451-458.

[9] Cortés-Ruiz J A, et al. Conformational changes in proteins recovered from jumbo squid (*Dosidicus gigas*) muscle through pH shift washing treatments. Food Chemistry, 2016, 196: 769-775.

[10] Palafox H, et al. Protein isolates from jumbo squid (*Dosidicus gigas*) by pH-shift processing. Process Biochemistry, 2009, 44(5): 584-587.

[11] Cortés-Ruiz J A, et al. Production and functional evaluation of a protein concentrate from giant squid (*Dosidicus gigas*) by acid dissolution and isoelectric precipitation. Food Chemistry, 2008, 110(2): 486-492.

[12] Techaratanakrai B, et al. Effect of setting conditions on mechanical properties of acid-induced kamaboko gel from squid *Todarodes pacificus* mantle muscle meat. Fisheries Science, 2011, 77(3): 439-446.

[13] Pérez-Mateos M, et al. Addition of microbial transglutaminase and protease inhibitors to improve gel properties of frozen squid muscle. European Food Research and Technology, 2002, 214(5): 377-381.

[14] Moreno H M, et al. Improvement of cold and thermally induced gelation of giant squid (*Dosidicus gigas*) surimi. Journal of Aquatic Food Product Technology, 2009, 18: 312-330.

[15] Campo-Deaño L, et al. Effect of several cryoprotectants on the physicochemical and rheological properties of suwari gels from frozen squid surimi made by two methods. Journal of Food Engineering, 2010, 97(4): 457-464.

[16] Campo-Deaño L, et al. Rheological study of giant squid surimi (*Dosidicus gigas*) made by two methods with different cryoprotectants added. Journal of Food Engineering, 2009, 94(1): 26-33.

[17] Tolano-Villaverde I, et al. A jumbo squid (*Dosidicus gigas*) protein concentrate obtained by alkaline dissolution and its conformational changes evaluation. Food Science and Technology Research, 2013, 19(4): 601-608.

[18] Arkhipkin A I, et al. World squid fisheries. Reviews in Fisheries Science & Aquaculture, 2015, 23(2): 92-252.

[19] FAO. The State of World Fisheries and Aquaculture 2016. Rome: FAO, 2016: 200.

[20] Gómez-Guillén M, et al. Functional and thermal gelation properties of squid mantle proteins affected by chilled and frozen storage. Journal of Food Science, 2003, 68(6): 1962-1967.

[21] Rodhouse P G. Role of squid in the Southern Ocean pelagic ecosystem and the possible consequences of climate change. Deep Sea Research Part II: Topical Studies in Oceanography, 2013, 95: 129-138.

[22] de la Fuente-Betancourt G, et al. Effect of storage at 0℃ on mantle proteins and functional properties of jumbo squid. International Journal of Food Science & Technology, 2008, 43(7): 1263-1270.

[23] Mochizuki Y, et al. Changes of rheological properties of cuttlefish and squid meat by heat treatment. Fisheries Science, 1995, 61(4): 680-683.

[24] Park S H, et al. Effects of microbial transglutaminase and starch on the thermal gelation of salted squid muscle paste. Fisheries Science, 2005, 71(4): 896-903.

[25] Jiang S T, Yin L J. Surimi Enzymology and Biotechnology. Lexington: Proceedings of the 57th American Meat Science Association Reciprocal Meat Conference, 2004: 8.

[26] Konno K, Fukazawa C. Autolysis of squid mantle muscle protein as affected by storage conditions and inhibitors. Journal of Food Science, 1993, 58(6): 1198-1202.

[27] Lin T M, Park J W. Solubility of salmon myosin as affected by conformational changes at various ionic strengths and pH. Journal of Food Science, 1998, 63: 215-218.

[28] Lopez-Enriquez R L, et al. Chemical and functional characterization of sarcoplasmic proteins from giant squid (*Dosidicus gigas*) mantle. Journal of Chemistry, 2015, (6): 1-10.

[29] Benjakul S, et al. Physicochemical and textural properties of dried squid as affected by alkaline treatments. Journal of the Science of Food and Agriculture, 2000, 80(14): 2142-2148.

[30] de la Fuente-Betancourt G, et al. Protein solubility and production of gels from jumbo squid. Journal of Food Biochemistry, 2009, 33(2): 273-290.

[31] Gómez-Guillén M, et al. Autolysis and protease inhibition effects on dynamic viscoelastic properties during thermal gelation of squid muscle. Journal of Food Science, 2002, 67(7): 2491-2496.

[32] Ehara T, et al. Effect of paramyosin on invertebrate natural actomyosin gel formation. Fisheries Science, 2004, 70(2): 306-313.

[33] Sano T, et al. Contribution of paramyosin to marine meat gel characteristics. Journal of Food Science, 1986, 51(4): 946-950.

[34] Gómez-Guillén M, et al. Thermally induced aggregation of giant squid (*Dosidicus gigas*) mantle proteins, physicochemical contribution of added ingredients. Journal of Agricultural and Food Chemistry, 1998, 46(9): 3440-3446.

[35] Koolman J, Klaus-Heinrich R. Color Atlas of Biochemistry. 2nd ed. New York: Thieme, 2005.

[36] Wako Y, et al. Angiotensin I-converting enzyme inhibitors in autolysates of squid liver and mantle muscle. Bioscience, Biotechnology, and Biochemistry, 1996, 60(8): 1353-1355.

[37] Sakai J, Matsumoto J J. Proteolytic enzymes of squid mantle muscle. Comparative Biochemistry and Physiology Part B: Comparative Biochemistry, 1981, 68: 389-395.

[38] Ezquerra-Brauer J, et al. Influence of harvest season on the proteolytic activity of hepatopancreas and mantle tissues from jumbo squid (*Dosidicus gigas*). Journal of Food Biochemistry, 2002, 26(5): 459-475.

[39] Leblanc E L, Gill T A. Comparative study of proteolysis in short-finned (*Illex illecebrosus*) and long-finned (*Loligo pealei leseur*) squid. Comparative Biochemistry and Physiology Part B: Comparative Biochemistry, 1982, 73(2): 201-210.

[40] Rodger G, et al. Effect of alkaline protease activity on some properties of comminuted squid. Journal of Food Science, 1984, 49(1): 117-119.

[41] Hameed K, Haard N. Isolation and characterization of cathepsin C from Atlantic short finned squid *Illex illecebrosus*. Comparative Biochemistry and Physiology Part B: Comparative Biochemistry, 1985, 82(2): 241-246.

[42] Ahmad M, et al. Gelation mechanism of surimi studied by[1]H NMR relaxation measurements. Journal of Food Science, 2007, 72(6): E362-E367.

[43] Sánchez-Alonso I, et al. Method for producing a functional protein concentrate from giant squid (*Dosidicus gigas*) muscle. Food Chemistry, 2007, 100(1): 48-54.

[44] Sánchez-Alonso I, et al. Technological implications of addition of wheat dietary fibre to giant squid (*Dosidicus gigas*) surimi gels. Journal of Food Engineering, 2007, 81(2): 404-411.

[45] Iglesias-Otero M A, et al. Use of konjac glucomannan as additive to reinforce the gels from low-quality squid surimi. Journal of Food Engineering, 2010, 101(3): 281-288.

[46] Gómez-Guillen C, et al. Effect of heating temperature and sodium chloride concentration on ultrastructure and texture of gels made from giant squid (*Dosidicus gigas*) with addition of starch, l-carrageenan and egg white. Zeitschrift für Lebensmittel-Untersuchung und Forschung, 1996, 202(3): 221-227.

[47] Techaratanakrai B, et al. Effect of organic salts on setting gels and their corresponding acids on kamaboko gels prepared from squid *Todarodes pacificus* mantle muscle. Fisheries Science, 2012, 78: 707-715.

[48] Cortes-Ruiz J, et al. Functional characterization of a protein concentrate from bristly sardine made under acidic conditions. Journal of Aquatic Food Product Technology, 2001, 10: 5-23.

[49] Undeland I, et al. Recovery of functional proteins from herring (*Clupea harengus*) light muscle by an acid or alkaline solubilization process. Journal of Agricultural and Food Chemistry, 2002, 50: 7371-7379.

[50] Kim Y S, et al. New approaches for the effective recovery of fish proteins and their physicochemical characteristics. Fisheries Science, 2003, 69(6): 1231-1239.

[51] Márquez-Alvarez L, et al. Production and functional evaluation of a protein concentrate from giant squid (*Dosidicus gigas*) fins obtained by alkaline dissolution. Journal of Food Processing and Preservation, 2015, 39: 2215-2224.

[52] Kieliszek M, Misiewicz A. Microbial transglutaminase and its application in the food industry, a review. Folia Microbiologica, 2014, 59(3): 241-250.

[53] Lee H, et al. Covalent cross-linking effects on thermo-rheological profiles of fish protein gels. Journal of Food Science, 1997, 62: 25-28.

[54] Hemung B O, et al. Thermal stability of fish natural actomyosin affects reactivity to cross-linking by microbial and fish transglutaminases. Food chemistry, 2008, 111: 439-446.

第17章 海洋鱼糜加工

（成都大学，张 鉴）

17.1 概 述

我国的水产品加工业在改革开放以来得到了很大发展，逐步成为渔业内部支柱产业。目前已经形成冷冻冷藏、调味休闲品、鱼糜与鱼糜制品、海洋保健食品等几十个产业门类。我国的水产品产量位居世界第一，但精深加工和综合利用与世界水平差距很大。主要表现在水产品加工比例低，不到总产量的30%，淡水产品不足5%；加工技术落后，高附加值产品少；废弃物综合利用水平不高。

在国际市场上，鱼糜属高附加值产品，对生产技术要求较高。世界较大的鱼糜生产国为美国、泰国和日本，主要消费市场为日本和韩国，而美国和欧盟市场近几年一直保持飞快上升势头。近年来，许多欧美及发达国家和地区，因疯牛病、口蹄疫及禽流感等疫情，畜禽肉的食用量大大减少，而水产品成了人们的首选。方便、营养的鱼糜制品更是受到人们的青睐，其需求量在逐年增加[1]。

17.2 海洋鱼糜及其制品加工原理

弹性是鱼糜制品特性的典型代表。当鱼体肌肉作为鱼糜加工原料经绞碎后，其肌纤维受到破坏，在鱼肉中添加2%～3%的食盐进行擂溃。由于擂溃的机械作用，肌纤维进一步被破坏，并促进了鱼肉中盐溶性蛋白的溶解，它与水混合发生水化作用并聚合成黏性很强的肌动球蛋白溶胶，然后根据产品的需求加工成一定的形状。把已成型的鱼糜进行加热，在加热中，大部分呈现长纤维的肌动球蛋白溶胶发生凝固收缩并相互连接成网状结构固定下来，其中包含与肌球蛋白结合的水分，加热后的鱼糜便失去了黏性和可塑性，而成为橡皮般的凝胶体[2]。

鱼糜在形成弹性的凝胶化过程中有两个温度带；一个是在50℃以下的凝胶化过程；另一个是在50～70℃的凝胶劣化过程。如果鱼糜中加了食盐和淀粉进行擂溃之后，不加热，任其放置一段时间以后，也会失去黏性和柔软性，产生弹性，这就是一个凝胶化过程。若把已有弹性的鱼糜制品长时间放置，弹性也会逐步消失而变脆，且无黏性和可塑性，呈豆腐状，这种现象称为劣化。

加热的温度和时间直接关系到鱼糜制品弹性形成的强弱，高温短时间加热的制品富有弹性，而低温长时间加热的却相对差一些。这是因为任何一种蛋白质都是热凝固的，在肌动球蛋白溶胶向凝胶转化的过程中所形成的结构将因加热方法不同而产生差异。在高温短时加热中，肌动球蛋白形成的网状结构可即刻固定下来，分布均匀，因而弹性强；而低温长时间加热，有一部分肌球蛋白和肌动蛋白就会凝集成团，因而在制品中形成的网状结构分布就不均匀，所以弹性就要差些[3]。

17.3　海洋鱼糜制品加工

鱼糜制品花色品种繁多，制作方法不尽相同，主要种类有鱼丸、鱼糕、鱼肉香肠、鱼肉火腿、鱼卷等。有些鱼糜制品在日本、美国等国家均已有工业化的规模生产，畅销国际市场。在国内除大宗的鱼丸、鱼肉香肠、鱼面等制品已有正常生产外，近些年通过有关技术、设备的引进，我国的鱼糜制品开发有了良好的进展，但就目前的总体水平来看，全国的鱼糜生产尚处于开发阶段，急待水产加工研究者、生产者继续齐心协力，充分借鉴国外的先进技术及管理经验，结合我国水产资源、生产能力及消费特点，开发适销对路、独具特色的鱼糜制品[4]。

17.3.1　鱼丸

鱼丸是我国传统的、最具代表性的鱼糜制品，深受人们喜爱。各地生产的鱼丸各具特色，其中福州鱼丸、鳗鱼丸、花枝鱼丸等享誉海内外。鱼丸的品种可以选用原料鱼种、有无包馅、有无淀粉、水煮还是油炸、鱼丸大小乃至鱼丸产地等加以区别。鱼丸类产品以往仅由家庭式、作坊手工生产，当日销售完毕。近几年来，鱼丸生产技术与设备逐步完备，现已有较具规模的机械化工厂生产，在良好的卫生及品质管理下生产并经冻结，以美观、安全的包装投放超级市场[5]。

1. 工艺流程

鱼丸生产工艺流程如图 17-1 所示。

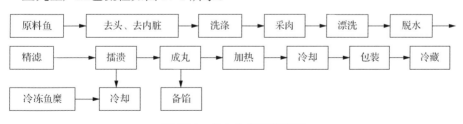

图 17-1　鱼丸生产工艺流程

2. 工艺要点

(1) 原料鱼

原料鱼的品种和鲜度对鱼丸品质起决定性作用。为确保鱼丸的良好质量，应选用凝胶形成能较高、含脂量不太高的白色鱼肉比例较大的鱼种或其有关部位肉,如海鳗、乌贼、白姑鱼、梅童、鲨鱼等海水鱼及草鱼、鲢等淡水鱼,此外还要求原料鱼具有较高的鲜度,如淡水鱼,以鲜活作为基本要求。

(2) 前处理

鉴于鱼丸产品的不同要求,在前处理工序上也有所区别,例如,对质量要求较高的水发鱼丸,机械采肉 1 或 2 次,漂洗、脱水等工艺操作不可缺少。对质量要求相对略低的油炸鱼丸,可多次重复采肉,而漂洗、脱水工艺操作可以省略。此外如采用冷冻鱼糜为原料进行鱼丸生产时,需先将冷冻鱼糜作半解冻处理,或最好配置一台冷冻鱼糜切削机,将冷冻鱼糜块切成薄片,此操作既加快了前处理操作,确保了鱼糜的质量,又方便了后续工序,但应注意解冻时的卫生并严防异物混入。

(3) 擂溃

此工序是鱼丸生产过程中相当关键的工序,直接影响鱼丸的质量。擂溃可使鱼肉蛋白质充分溶出形成空间网状结构,水分固于其中,从而保证制品具有一定的弹性。擂溃时间必须保证擂溃充分又不过度,鱼糜之黏性达到最大为准,可取一小匙鱼糜投入盛冷清水的容器中,鱼糜浮出水面即可停止擂溃,在大生产中,应尽量选择高速度的擂溃机,以提高劳动生产率,节省擂溃时间。

(4) 成丸

现代大规模生产时均采用鱼丸成型机连续成型生产,生产数量较少时也可用手工成型,大小均匀、表面光滑、无严重拖尾现象的成型鱼丸随即投入一盛有冷清水的面盆或塑料桶中,使其收缩定型。

(5) 加热

鱼丸的加热也是十分重要的操作,有两种方式:水发鱼丸所用的水煮和油炸鱼丸所用的油炸。水煮鱼丸常用夹层锅,为确保升温迅速,避免在 60～70℃停留时间过长。每锅鱼丸的投放量要视供汽量的大小而定,供汽量大,投入鱼丸量大;供汽量小,投入鱼丸量就相应减少。另外也可采用分段加热法,先将鱼丸加热到 40℃,保持 20min,以形成高强度凝胶化的网状构造,再升温到 75℃。这类制品比前者好,不过大大增加了工业生产难度,为此有时可采用具一定温度的温水桶盛装成型鱼丸的简便措施。

(6) 冷却包装

无论是水煮还是油炸后的鱼丸均应快速冷却,可分别采用水冷或风冷措施。包装前的鱼丸应凉透,同时应按有关质量标准检验鱼丸质量,剔除不合格品,然后按规定分装于塑料袋中封口。如今为延长鱼丸的货架期,出现了鱼丸罐头,其生产工艺必须完成包装前所述的各个操作,此处包装即装罐。

17.3.2　鱼糕

鱼糕又称 Kamaboko、板鱼(我国台湾省称之为鱼板)，在我国生产不够普遍，而在日本销售量很大，且品种较多，是品质上乘的传统性鱼糜制品，其中板蒸鱼糕为日本独特的一种产品。鱼糕的品种可以按制作时所用配料、成型方式、加热方式乃至产地等加以区分，如单色、双色、三色鱼糕；方块形、叶片形鱼糕；板蒸、焙烤及油炸鱼糕等。花色品种繁多，且各具特色[6]。

1. 工艺流程

鱼糕生产工艺流程如图 17-2 所示。

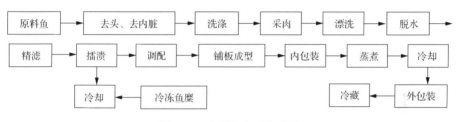

图 17-2　鱼糕生产工艺流程

2. 工艺要点

(1)原料

鱼糕属于较高级的鱼糜制品，消费者对其弹性、色泽的要求较高，因此作为鱼糕生产用的原料应新鲜、含脂量少、肉质鲜美，尽量不用褐色肉，而弹性强的白色鱼肉配比应适当增多。高品质等级的鱼糕在制备时应选用冷冻鱼糜。

(2)前处理

鱼糕的加工过程在擂溃之前的前处理与鱼糜制品的一般制造工艺基本相同，只是漂洗的工艺更为重要，不可忽视(对于弹性强、色泽白、呈味好的鱼种也可不漂洗)。

(3)擂溃

擂溃对确保鱼糕良好的弹性尤为重要。擂溃的方法分空擂、盐擂、拌擂，即按配方比例称取鱼肉，置于擂溃机内，先不加配料开动擂溃机操作一定时间，以破坏鱼肉细胞纤维，然后逐次加盐擂溃，必要时添加适量水，以促进盐溶性蛋白溶出，形成一定黏性，再加其他辅料擂溃 20～30min 即告完成。

(4)调配

在擂溃完成后，对于双色鱼糕、三色鱼糕还需将鱼糜着色调配。例如，配制三色鱼糕，需先将原配料分成三份，其中一份加鸡蛋清(6%)、红米粉(2.2%)、胡椒粉(0.75%，可适量)，制成红色并具辣味的鱼肉糜；另一份加鸡蛋黄(8%)制成黄色鱼肉糜；第三份为本色(白色)鱼肉糜，然后将上述配制成的红、黄、白三种不同颜色的鱼肉糜分别置于三色成型机中三个不同的料斗中，供铺板成型用。此外，利用鲜鱼制造白烤鱼糕时，为确保其优良性能基本上不加淀粉。

(5)铺板成型

鱼糕的成型：小规模生产时往往将调配好的鱼糜用菜刀手工成型，其需要相当熟练的技术；现在逐渐采用机械化成型，如日本的三色付板成型机，每小时可铺 300～900 块，其原理是由送肉螺旋把调配好的鱼糜按鱼糕形状挤出，连续地铺在松木板上，再等距切断而成。其大小有不同规格，特大型者为 25cm×11cm (250g)，大型者为 21cm×10cm(200g)，中型者为 16cm×17cm(130g)，小型者为 13cm×5.1cm(100g)。

(6)加热

鱼糕的加热方式有蒸煮、焙烤、油炸三种。最普遍的是以蒸煮方式加热，事实上即便焙烤、油炸一般也先进行蒸煮操作。目前已采用连续式蒸煮器，实现机械化蒸煮，一般蒸煮加热温度在 95～100℃，中心温度达 75℃以上。加热时间视制品大小而定，大型者以 80～90min 居多，小型者则以 20～30min 居多。焙烤是将鱼糕放在传送带上，以 20～30s 的时间通过隧道式红外线焙烤机，使表面着色并涂油使其有光泽，然后再烘烤熟制。

(7)冷却

蒸煮完成后的鱼糕应该立即放在冷水中急速冷却，目的是使鱼糕吸收加热时失去的水分，在无内包装时还可防止因表面蒸汽发散而发生皱皮和褐变等，由此可以弥补因水分蒸发所减少的重量，并有使鱼糕表面柔软和光滑的优点。即使经过急速冷却，鱼糕中心温度仍然较高，通常还要放在凉架上于空气中自然放冷或冷风吹冷。若生产罐藏鱼糕，则还需将冷却后的鱼糕切条，装罐，真空封罐，高压杀菌，冷却。

17.3.3　鱼肉香肠和鱼肉火腿

鱼肉香肠是在鱼肉绞肉或鱼糜中加入畜肉绞肉，以调味品、香辛料调味，在其中加入其他辅助材料及添加剂后擂溃，脂肪含量大于2%，充填于肠衣中加热后的成品。这些辅助材料和添加剂按需要可加入淀粉、粉末状植物蛋白、其他结着材料、食用油脂、结着增强剂、抗氧化剂、合成保存剂。在鱼肉香肠中，鱼肉用量需占成品重量的 50%以上，植物蛋白量占成品重量的 20%以下。鱼肉香肠按是否加入畜肉而分成畜肉型香肠、鱼糕型香肠[7]。

鱼肉火腿是在盐渍鱼肉、盐渍畜肉和鸡肉中加入植物蛋白及动物的脂肪层，再加入辅助材料(如淀粉、明胶等)、调味品、香辛料后，加入鱼糜混合，充填于肠衣中加热后的成品，按照需要也可以加入结着增强剂、抗氧化剂、合成保存剂等。在鱼肉火腿中，鱼肉用量必须占成品重量的 50%以上，鱼肉块占成品重量的 20%以上，鱼糜需占成品重量的 50%以下，植物蛋白的量只能占成品重量的 20%以下。

1. 工艺流程

鱼肉香肠与鱼肉火腿制造工艺过程原则上大致相同，但鱼肉香肠较鱼肉火腿工艺及其要求简单，无肉块腌渍和混合工序。鱼肉香肠生产工艺流程如图 17-3 所示。

图 17-3　鱼肉香肠生产工艺流程

2. 工艺要点

(1) 原料鱼、畜肉

最早生产鱼肉香肠、鱼肉火腿的原料鱼主要是金枪鱼，此外还采用明太鱼、鲨鱼、鲸鱼肉，但以金枪鱼为最佳选择。虽然世界渔业资源正在发生变化，利用现有高产渔业资源开发鱼肉香肠、鱼肉火腿等制品也是十分必要的。而加工时所用材料有瘦猪肉、牛肉、马肉、鲸肉、兔肉或羊肉等。

(2) 原料前处理

原料鱼处理同鱼糜制品的一般工艺，原料畜肉则应剔骨，切丁后按要求处理。值得一提的是，在鱼肉火腿制造时需有一重要的腌渍工序，即将切块后的鱼肉、畜肉等进行硝酸盐或亚硝酸盐及其他调味料处理，可采用腌渍法，控制好腌制剂的种类、用量及腌渍温度、时间，同时以将鱼肉、畜肉分别腌渍为妥，总之按照食品卫生相关法律的要求，应严格控制鱼肉火腿成品中硝酸盐及亚硝酸盐的残留。

(3) 擂溃

基本要求与一般鱼糜制品大同小异，差异在于最好使用真空型的擂溃设备以减少擂溃时鱼糜中空气的混入量，确保成品中的气孔量降至最少；另外对添加畜肉的香肠，为改善口感的均匀一致性，应将畜肉充分斩拌后掺加到鱼糜中去，然后再按工艺配方添加淀粉、植物蛋白、调味料、着色料等其他配料。

(4) 混合

鱼肉火腿类似于畜肉火腿，质地韧性较大，其中鱼肉块较大，为此鱼肉火腿不同于鱼肉香肠之处是，将腌渍鱼肉、猪脂小块与擂溃后的鱼糜拌和均匀后直接灌肠。另外对畜肉型鱼香肠，在擂溃后一般也掺和 7%～10% 的猪脂小块再灌肠，以改善鱼肉香肠的适口性。

(5) 充填

将上述鱼肉糜用充填机压入肠衣内，所用的肠衣有天然肠衣、人工肠衣。天然的猪肠衣有干肠衣和盐肠衣，在使用前均需用温水浸泡洗涤，并检查，若有漏孔则剪断，另起一节。人工肠衣通常由成卷的塑料薄膜在充填机上当场成型同时进行鱼糜的灌注。一般使用中号或小号肠衣，其折径为 18～35mm，每节香肠则因规格不同而长短有异，现有鱼肉香肠规格有 30g/根、75g/根、130g/根、250g/根。而对于鱼肉火腿有圆形肠及方形肠两大类，且以后者居多，相应的规格分别有 160g/根、330g/根、224g/根、1530g/根。此外，也有仿效午餐肉生产工艺进行鱼糜类罐头的加工，鱼糜在装罐前先用加热到 100℃的精制植物油涂抹在干净的空缸内壁上，随即装入鱼糜，然后在鱼糜表面抹上油。

(6)结扎

按一定规格充填后的鱼肉香肠或鱼肉火腿应及时进行两头结扎。对天然肠衣通常是 8 根联结 1 串，仅需头尾用棉线结扎，而每两根之间可将肠衣扭几圈，一旦受热后便凝固，起到同样的结扎效果。对人工塑料肠衣则用金属卡子在充填机上一并完成结扎工序。需要强调的是结扎好坏关系到制品的质量，结扎的香肠或火腿应呈九成满，不然加热后因肠内肉糜受热膨胀可致破肠。在鱼肉香肠或鱼肉火腿质量问题上常与结扎不良有关。对鱼糜罐头则采用预封、排气后再真空封罐。

(7)冷却

经加热或杀菌后的香肠或火腿应及时迅速冷却。香肠水煮后快速冷却，再烟熏，烟熏香肠采用空气冷却并外涂麻油使成品光润美观，而对一般水煮香肠则采用水冷却，此时应当注意冷却用水的卫生，高压杀菌后冷却时注意加压以免肠衣破裂。此外，由于热胀冷缩作用，肠衣会产生很多皱纹，为使肠衣光滑美观，常将其在 95℃左右热水中浸泡 20～30s 立即取出，自然放冷即可使肠衣表面的皱纹展开。

17.3.4　鱼卷

目前鱼卷已实现机械化、成套化工业生产，可根据实际情况选配单机或鱼卷生产机械。鱼卷属于焙烤类制品，其贮、运、销等流通环节需"冷藏链"，故现行制品又称为冷冻烤鱼卷，面市的制品可具不同的风味及等级。

1. 工艺流程

鱼卷生产工艺流程如图 17-4 所示。

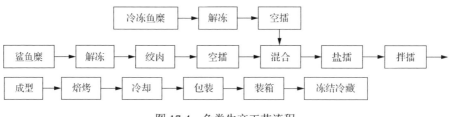

图 17-4　鱼卷生产工艺流程

2. 工艺要点

(1)原料鱼

原先生产鱼卷用的原料鱼是油鲨或大青鲨，近年来随着渔业资源的变化，常以狭鳕鱼糜为主要原料，并适当加入一些鲨鱼鱼糜。此外也有采用其他小杂鱼为原料，为了保证鱼卷的弹性，一般用 50%的小杂鱼和 50%的鲨鱼相搭配。

（2）绞肉

新鲜原料的预处理则同鱼糕产品，冷冻鱼糜经解冻后使用，由于采肉机挤出来的鱼肉纤维粗，为此在擂溃前可采用绞肉机将其绞碎，为后续擂溃做好准备。

（3）成型

经擂溃后的鱼糜用手工搓捏加工成长圆筒形，其中串有一根辊子，然后将一根根鱼卷顺序放在烤鱼卷机的架子上，或用自动成型机形成鱼卷，即将 80～100g 调味鱼糜卷在金属铜管（直径 1.0cm）上，并由链条输送带送至烤鱼卷机上，其间恰好进行一定程度的"凝胶化"。

（4）焙烤

焙烤机分为两段，前段为干燥部分，目的在于增强成品之弹力；后段为热源。鱼卷以滚动方式前进，最初用文火，使鱼卷表面积成一层没有焙烤色的很薄的皮，然后用强火烤制表面产生纽扣状的焦斑，呈金黄色或深黄色。热源可用煤气、液化气或电，在火上放一块铁板，以使热辐射均匀和使鱼卷制品清洁。当烤制完成后，卷管可自动拔出，以便反复使用。至此外表为黄褐色的优质鱼卷已获得。在焙烤时有时在鱼卷表面涂上葡萄糖液以利呈色，并在焙烤后的制品表面涂上食油。

17.4　典型加工设备

鱼糜制品的种类繁多，生产方法也各不相同，相应所需配置的机器设备也各有差异，但根据鱼糜制品一般生产流程，大致可分为前处理机械设备、冷冻鱼糜机械设备、鱼糜制品机械设备等三大类。典型加工设备如图 17-5 所示。

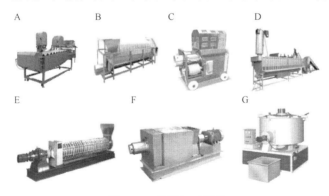

图 17-5　典型加工设备

A. 去头机；B. 连续式洗鱼机；C. 滚筒式采肉机；D. 连续式漂洗槽；
E. 螺旋式压榨机；F. 大型精滤机；G. 冷却混合机

17.4.1 去头机

1. 作用

借助于机械控制的刀片将鱼头切去，以利于后续去内脏、采肉等操作能良好进行，并便于鱼头的专门利用。

2. 工作原理

将鱼体放置在输送带上，用上部的橡胶带或链夹紧(鱼体定位)，鱼体移动至上下两把高速旋转的圆盘刀处，刀切入鱼体中骨部位，并切断中骨而去头，此后如被两个表面毛糙的伞形齿轮夹住，随着齿轮的旋转，鱼头连同内脏一起被拉出除去。去头机(图 17-5A)除上述高速旋转的圆盘刀型外，还有另外一种往复式子板刀型。当然也可设计更为简单的去头机，即不用输送带，人工进行鱼体定位，最需注意的是操作工人的安全。

3. 操作要点

去头机操作的有效性必须注意刀切位置准确，要不然切不尽鱼头或去头同时也切去部分鱼肉，造成去头不彻底或去头后原料得率偏低，为此应恰当调整鱼体定位，要使操作方便和效率高，在去头前应按鱼的类别和大小分类、分级。目前生产中，去头机主要是用在个体较大型的鱼类加工上。

17.4.2 洗鱼机

1. 作用

将经去头机或人工除去头、内脏、鳞等处理后的原料鱼用洗鱼机清洗干净后，确保后续工序采肉的卫生与质量；提高操作效率；节省生产用水。

2. 工作原理

依靠鱼体在水中受到机械的搅拌作用和鱼体之间的相互摩擦洗鱼。洗鱼机可分为间歇式洗鱼机和连续式洗鱼机两种。间歇式洗鱼机的洗鱼能力为每次 150～200kg，鱼从洗鱼机上面倒入，水也从上面加入。在卧式洗鱼机的底侧有洗涤水的排出口，平时关闭，需要时可定时把排水口打开，排出污水。洗鱼机内部装有带漏孔的搁板，使洗下来的杂质污物通过孔板落入洗鱼机底部而与鱼分开。洗鱼机中下部两端装有一根长的圆轴搅拌器，轴身上装有头不同角度上弯的"丁"式搅拌棒，搅拌器转动时，鱼体和搅拌器之间发生轻微摩擦，加上水的翻动作用，不断清洗鱼体。洗鱼结束时，从排污口排出污水，并倾斜洗鱼机而从上口出料。连续式洗鱼机(图 17-5B)由水槽、网筒和出料装置组成。水槽全长 2～4m，宽 1m，高 0.6m 左右，进出料口间略有倾斜，在进料口的另一端底部装有排水阀，网筒上孔的直径为 20mm 左右，在网筒的内壁上装有螺旋式导轨，将鱼投入网筒后，随网筒的旋转，鱼一面向前移动，一面在清水中清洗，鱼鳞及污物穿过网孔积累在水槽底部，每隔一定时间开放排水阀，将污物排出机外，鱼体在出口处通过出料装置排出。

3. 操作要点

以上两种洗鱼机操作时最终目的是达到后续工序所要求的洗净度，为此需控制每次水、鱼间的比例及排污水次数。生产鱼糕制品时特别忌讳黑膜等有色物质的混入，应在前处理时引起重视，必须清洗干净。为保持鱼肉鲜度，需注意控制好所用水的水质、水温，即水质应符合国家卫生标准，水温以偏低较为有利。

17.4.3　采肉机

1. 作用

迫使鱼肉与骨刺、皮等分离，获得纯鱼肉，是实现鱼糜规模生产的关键步骤。

2. 工作原理

依靠机械挤压鱼体，仅使鱼肉穿过细孔，而达到采肉之目的。采肉机的种类依据采肉原理大致上可分为滚筒式、圆盘压碎式、履带式 3 种，这些采肉机各有其优缺点，但实际生产中使用较多的是滚筒式采肉机(图 17-5C)。操作时将鱼放在回转的橡胶带和带有细孔的回转滚筒之间，利用橡胶带和滚筒之间的挤压作用力，迫使鱼肉从滚筒的细孔中穿过，鱼皮及鱼骨等留在滚筒外表面由刮刀除去，达到采肉分离目的。

3. 操作要点

为实现有效采肉，一般需对前处理的原材料作必要的剖片，操作时应将不带鱼皮的肉面紧贴滚筒表面，且鱼片间不宜相叠。此外，综合考虑所采肉的质量、采肉率及采肉机的正常运转，滚筒的孔径一般不宜过小，滚筒与橡胶带间的间距也不宜过大，在实际操作时经常调整后者，即为获取高品质的鱼肉，先将滚筒与橡胶带间贴紧度调小，以减小黑膜、皮下的褐色肉及小骨刺等杂质穿过滚筒，这样可保证滚筒上细孔的通畅和采肉操作效率的提高，有利于漂洗、精滤等后道工序，然后再将刚采肉后留下的未采净肉的鱼骨、皮等部分进行第二次采肉，以确保较高的采肉率，但需将第二次所采肉与第一次所采肉分别收集，区别利用。总之，在操作使用中必须按原料鱼的鲜度品质及产品等级的不同情况调节压紧带与滚筒接触的松紧程度，控制鱼的送入量，使采肉机处于最佳工作状态。此外，已采下的肉，应及早进行漂洗，以防止血液氧化。

17.4.4　漂洗装置

1. 作用

漂洗除去鱼肉中脂肪、水溶性蛋白、色素、无机离子等对鱼糜及其制品质量有影响的成分，是实现冷冻鱼糜及高品质鱼糜制品生产的关键。

2. 工作原理

利用鱼肉在漂洗水槽(或筒)里，边搅拌、边冲洗一定时间，静置后分离上层水及脂肪，并根据原料鱼肉情况如此重复数次，以达到有关要求。漂洗装置有间歇式操作和连续式操作(图 17-5D)两种装置。

3. 操作要点

鉴于漂洗操作是鱼糜生产的关键，控制有关操作条件十分必要。例如，漂洗时间、漂洗鱼肉与水的比例、漂洗次数等均应根据鱼肉实际情况加以摸索确定；至于漂洗时的搅拌时间、搅拌速度一般不宜过大。漂洗水质、水温也同样重要，水质应符合国家标准，水温选用 3～10℃较宜。过高会导致鱼肉变性及营养成分过多流失；过低不利于水溶性蛋白等成分的溶出，而影响漂洗效果。

17.4.5　脱水机

1. 作用

漂洗后的鱼肉含水量偏高，通过脱水使鱼肉的含水量达到 78%～80%，以此除去偏高的水分，确保达到冷冻鱼糜及其制品加工的要求。

2. 工作原理

利用过滤和压榨等作用除去漂洗后鱼肉中过多的水分。脱水机依据脱水情况不同可分为过滤式和压榨式两类。过滤式脱水机又有旋转筛及离心脱水机两种。前者是鱼肉水溶液在倾斜的网孔筛内，随着筛的旋转，水从孔眼中不断流出，而鱼肉渐渐向前移动从另一端排出；后者是鱼肉水溶液经漏斗直接流入离心机篮筐中，借离心力作用，把部分水分甩出，而鱼肉保留在筐内，停机取出，属间歇式操作。压榨式脱水机又有螺旋式压榨机(图 17-5E)和液压式压榨机两种，前者是鱼肉在螺旋式压榨机中被向前推进时，随着螺旋缩小或螺径扩大，网筒内空间容积逐渐减小而使鱼肉受到挤压，水便从网眼中流出而完成脱水；后者即采用先将鱼肉装入较高强度的棉或尼龙布袋中，封口后铺平放置于油压机上逐步加压、脱水，同样属间歇式操作。尽管有上述诸多脱水机，但它们在脱水操作效率及脱水后鱼肉质量上各有差异，故需视不同情况有所选择。

3. 操作要点

旋转筛脱水时，由于鱼骨等物容易堵塞网孔，因此每间隔一段时间需用高压水枪在筛外表面作反冲洗，而离心脱水机同样应控制每次离心投入量和脱水时间，以确保脱水效率。至于压榨式脱水机关键在于控制适度的脱水率，原则上鱼糜质量越好脱水率越少，但不宜过头，以免造成鱼肉升温，引起蛋白质变性，反而影响鱼肉质量，也会造成出成率下降。总之，必须按鱼肉的鲜度、精滤鱼肉的含水量要求进行脱水。

17.4.6　精滤机

1. 作用

除去混入鱼肉中的骨刺、筋、鳞、皮、黑膜及其他杂质，确保和提高鱼糜及其制品的质量。

2. 工作原理

鱼肉进料于密布直径 1.2～3.2mm 眼孔的筒体内，由螺旋轴推进使鱼肉向前移动，筒体容积逐渐变小，鱼肉受到挤压从孔眼中挤出，而小骨刺、鳞等杂物继续向前移动，由排渣口排出。由排渣口的开启度或螺旋轴的转速来控制精滤机的性能。

3. 操作要点

因精滤机转速较高，故鱼肉在机内摩擦生热，易使鱼肉蛋白质热变性。以大型精滤机(图 17-5F)而言，前段精滤鱼肉温升低、色泽好、质量较佳，在后段精滤鱼肉温升高、色泽差、质量差，故需注意冷却降温，还应调整合适的转速。而以小型精滤机而言，同样需控制好排渣口的开启度来确保精滤鱼肉的质量。在这里需加以说明，鉴于精滤时产生的温升效应，现时冷冻鱼糜生产线上采用先精滤后脱水工序，较以往先脱水后精滤更加合理，但对多脂性鱼类却因有乳化之嫌而不能采用。

17.4.7　冷却混合机

1. 作用

冷冻变性防止剂的应用是冷冻鱼糜生产成功的关键，冷却混合机使精滤鱼肉和冷冻变性防止剂实现均匀混合，以利保藏。

2. 工作原理

将精滤鱼肉加入冷却混合机(图 17-5G)，再加入定量的冷冻变性防止剂，经两个差速翼带状搅拌叶片的搅拌，使鱼糜和添加物达到均匀混合，混合完毕后倾斜出料。

3. 操作要点

在操作时夹套中的冰水要充足，一旦发现冰很少时需及时补加，同时在鱼肉加入后先搅拌几次后慢慢分批加入添加物，全部加完后再盖上面的盖以免外来异物混入，继续搅拌混匀一定时间，然后倾斜出料。此外，如采用斩拌机进行添加剂混合，时间可大大缩短。

参 考 文 献

[1] 张崟. 罗非鱼鱼糜及其制品品质改良. 广州: 华南理工大学博士学位论文, 2009.

[2] 王崴, 等. 鱼糜凝胶的形成机制及混合鱼糜研究进展. 食品安全质量检测学报, 2016, 7(1): 231-237.

[3] 吴光红. 水产品加工工艺与配方. 北京: 科学技术文献出版社, 2001: 422.

[4] 严泽湘. 海产食品加工技术. 北京: 化学工业出版社, 2015: 251.

[5] 吴云辉. 水产品加工技术. 北京: 化学工业出版社, 2016: 226.

[6] 郝涤非. 水产品加工技术. 北京: 中国农业科学技术出版社, 2008: 469.

[7] 叶桐封. 水产品深加工技术. 北京: 中国农业出版社, 2007: 310.

第18章 海洋仿生食品

（成都大学，张 鉴）

18.1 概 述

海洋仿生食品是采用价格低廉的原料，经过系统加工处理，从形状上或从风味、营养上模仿天然海洋食品而制成的一种新型食品。这种制品首先在日本试制成功，之后世界上许多国家也开始竞相研制海洋仿生食品，美国、英国等每年的出口量均居于世界前列[1]。目前已生产出来的产品主要有仿生鱼翅、仿生蟹腿肉、人造虾仁、人造海胆、人造鱼子、海洋牛肉等。这些产品大多采用一些低值鱼类、虾类为主要原料，以调味品、色素、黏合剂等配制而成，因其价廉物美而受到广大消费者的欢迎。由此可见，海洋仿生食品在我国还有极大的市场可开发，进一步开发研制海洋仿生食品，有着十分重要的经济战略意义。

18.2 开 发 现 状

海洋仿生食品最大的好处是可以有效而又合理地利用资源，它可以根据人们的意愿，以最廉价的资源和投入，获取不同类型的海洋食品。随着世界人口的日益增加，按传统方式生产食品，粮食将严重短缺，必须向人工合成食物的领域探索和寻求突破。大批科学家和研究人员投入了巨额资金从事仿生食品的开发。美国目前仿生食品年销售额为23亿美元，品种有仿生肉、仿生鸡蛋、仿生鱼干、仿生火腿、仿生虾等高价值的食品[2]。

仿生蟹腿肉食品是日本食品专家研制出的一种新型美味仿生海鲜食品。这种仿生蟹腿肉肉质洁白，口感细腻，其色、形、味与天然蟹肉几乎一样，而成本却远低于螃蟹肉。它易于贮存和运输，在日本乃至其他国家非常畅销。制造仿生蟹肉既可让食客大饱口福，形态上又不失雅观，食用更为方便。近年来，我国市场上也出现了一些品种，但还有待于进一步开发[3]。

虾的肉质细腻，脂肪含量低，味道鲜美可口，是人们喜爱的高档水产品；天然虾肉组织是由直径几微米至几百微米的肌肉纤维紧密结合而成的，在食用时其破断力强弱的不同造就了虾肉独特的口感。美国食品专家新近研制生产了一种外形、颜色、口味均可与天然对虾媲美的人造对虾。这种人造对虾就是以鱼肉或小虾为主要原料生产的。

墨鱼也是传统的八大海珍品之一，市场价格不菲。近年来食品专家利用低值鱼制造的鱼糜和鱼蛋白为原料，制出了与天然制品相似的各种仿生墨鱼制品。例如，仿生墨鱼肉是以乳蛋白与鱼糜配合制成的，原料均为优质蛋白质，不仅口感风味与墨鱼相似，营养价值也不逊于真正的墨鱼。仿生墨鱼干所选用的原料为活性面筋，它具有韧性面筋蛋白的大分子结构，通过压延拉伸可使其纤维化，这样便具有了墨鱼干特有的口感。

仿生海蜇食品是以褐藻酸钠为主要原料，经过系统加工处理而成的一种仿生食品。褐藻酸钠也称海藻酸钠，它可与二价金属钙离子进行钙盐反应，形成不溶于水的褐藻酸钙。这种不溶于水、在水中具有致密网状结构的钙盐，就是人造海蜇食品的主要成分。通过调节褐藻酸钠和钙离子的浓度及置换时间，就可以得到口感及软硬程度不同的仿生海蜇食品。它具有天然海蜇特有的脆嫩口感及色泽，而且可以按人们的营养需要对其进行营养强化，是一种很有发展前景的佐餐食品。

此外，其他海洋仿生食品还有仿生鱼子、仿生蟹子、仿生海胆风味食品等。据研究，海产品中赖氨酸含量比较丰富，但色氨酸含量较低，若将赖氨酸含量丰富的海产品辅以色氨酸含量丰富的谷类原料，制成各种海洋仿生食品，则可获得营养更为合理、风味更佳的新型海洋仿生食品。另外，海洋仿生食品的制造也可按照人们的意愿人为地加以控制，例如，不喜欢腥味的可加入去腥剂等，从而适合更多人食用。同时，海洋仿生食品都是由低值海产原料精制而成的，其风味及口感几乎可以乱真。由于其是以捕捞的低值小杂鱼、虾等为原料制成的，既变废为宝，还使其成本远低于天然海鲜，更适合大众化消费，从而为人们的生活和健康开辟新的途径。世界范围内仿生食品已被列为十种新型食品之一，因海洋食品的特殊性，有海洋专家认为，21世纪将会是名副其实的"海洋世纪"，功能各异的海洋仿生食品将会获得更大的发展空间。

18.3 加 工 原 理

海洋仿生食品的加工技术主要有两类：模具成型和挤压成型。

模具成型是在一定形状的模具中加入混合均匀的加工原料和各类辅料，在水和热作用下，使原料中的各种组分发生变化，相互作用，进而形成具一定质地结构和形状的食品。但该方法不能连续生产，生产效率较低，所得产品质地结构往往因为没有充分混合而不均匀，组织结构较差。因此，在海洋仿生食品的生产中，目前主要采用的加工技术是挤压技术[4]。

挤压蒸煮技术是一种集原料的混合、输送、熔融、挤压成型等多种加工单元于一体的非传统食品加工技术，具有高效、节能、清洁及加工产品多样化等优势，是一种新型高效的食品加工技术，现已广泛应用于各类食品的加工[5]。由于在挤压机内，原辅料和水在螺杆式搅拌、剪切、推进作用下，在可控的温度和压力下混合、加热更加均匀与充分，所得产品质地均匀，口感、质地结构均优于模具成型产品。此外，挤压生产海洋仿生食品在一定的挤压参数下可连续生产，通过更换不同的模头，即可生产不同形状的产品，其产品质量稳定，生产效率高，且无三废排放，是加工海洋仿生食品的理想技术[6]。

18.4　产　品　加　工

近年来不少国家，特别是日本和美国，已研制出品种繁多的模拟食品供应市场。模拟食品以鱼糜为主原料，生产诸如模拟蟹肉、模拟贝肉、模拟虾肉、模拟鲍鱼肉等各种模拟海味食品及模拟畜肉(海洋牛肉)[7]。

模拟食品又称人造食品、仿造食品、工程食品，其产生和发展的主要原因在于以下两个方面。

1)模拟食品是一种低热量、低脂肪、低胆固醇、高蛋白、有益于健康的理想食品，符合人们的食品保健要求。

2)随着海洋捕捞强度的增加，渔业资源发生了深刻的变化，优良水产品的产量不断下降，而低值水产品的比重不断上升，因此天然水产品，特别是珍贵的高价海味产品已远不能满足人们日益增长的需要，模拟食品无论是色泽、外形，还是风味、口感，均可与天然产品相媲美。以低值鱼为原料，既可以充分利用现有的渔业资源，又有使模拟食品在价格上明显地可与对应的天然水产品相竞争的优势。现将国内外已研制或生产的有关模拟食品介绍如下。

18.4.1　模拟蟹肉

模拟蟹肉是日本研究者于 1972 年研制成功的以狭鳕鱼糜为原料的新颖模拟制品，从此在国际市场十分走俏，业已引起世界上很多国家水产加工业的注目。

模拟蟹肉食品目前有两种工艺，其成品的形态及肉质有所不同，但味道基本一致，它们的主要差别是：一种产品是将鱼糜先经涂成薄片、蒸煮及火烤后轧条纹再卷成卷状，成品展开后可将鱼肉顺着条纹撕成一丝丝的肉丝；另一种产品是将鱼糜直接充填成圆柱形，经蒸煮后而成，而这一种产品在成型前的配料中加入了预先制作好的人工蟹肉纤维，因此食用时有海产蟹肉的感觉。现将上述卷形蟹腿肉和棒状蟹腿肉两种生产工艺分别说明。

18.4.1.1　卷形蟹腿肉生产工艺

1. 工艺流程

卷形蟹腿肉的工艺流程如图 18-1 所示。

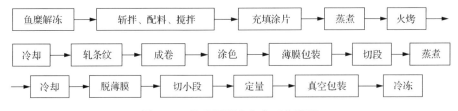

图 18-1　卷形蟹腿肉生产工艺流程

2. 工艺要点

（1）原料

选用色白、弹性好、鲜度优良、无特别腥臭味的鱼肉为最好。如采用未经冷冻的鱼糜，为保证后续工序中鱼糜温度不高于 10℃，最好与冷冻鱼糜配合使用。较高级的模拟蟹肉食品，常加 15%～20% 的真蟹肉。

（2）鱼糜解冻

可采用自然空气解冻、高频解冻机解冻或平板解冻机解冻，解冻的最终温度在 −3～−2℃ 较为适宜。此外，最好用切割机直接将冷冻鱼糜切成 2mm 厚的薄片，直接送入斩拌机斩拌配料。

（3）涂膜片

将鱼糜送入充填涂膜机的送肉泵贮料斗内，贮料斗的夹层内放冰水，以防鱼糜温度提高。经充填涂膜机的平口型喷嘴"T"形狭缝形成 1.5～2.5mm 厚、120～220mm 宽的薄带，粘在不锈钢片传送带上。

（4）蒸煮、火烤

薄片状的鱼糜随着传送带送入蒸汽箱，经温度 90℃、时间 30s 湿热加热的促胶处理（注意此处蒸煮的目的是使涂片定型稳定，并非蒸熟）。薄片的鱼糜又随着传送带送入火烤箱，进行干热，火源为液化气，火苗距涂片 3cm，火烤时间为 40s，火烤前要在涂片边缘喷淋清水，以防火烤后涂片与白钢板相粘连。

（5）轧条纹

利用带条纹的轧辊与涂片挤压以形成深度为 1mm×1mm、间距为 1mm 的条纹，使成品表面接近于蟹腿肉表面的条纹，使食品更加美观。

（6）成卷

将薄片利用成卷器自动卷成卷状，卷层为 4 层。从一个边缘卷起的称为单卷（卷的直径为 20mm），也有从两个边缘同时卷起的，称为双卷。

（7）冷却

先淋水冷却，水温 18～19℃，时间 3min，冷却后的制品温度为 33～38℃，然后再进连续式冷却柜、温度分 4 段（0℃、−4℃、−13℃、−16℃），制品通过框内时间为 7min，冷却后的温度为 21～26℃。

(8)切小段

可有两种切法，斜切段，斜切角为 45°，斜切刀矩为 40mm；横切段，一般段长 100mm 左右，也可按不同要求切成不同长度的段，以利于消费者自由改刀。切段由切段机完成，以制品的进料速度和刀具旋转速度来调整刀矩。

(9)冷冻

先将袋装制品装入铁盘，分上、下两层，层间用铁板隔开，以防冻结粘在一起或制品变形，然后将装入制品的铁盘送入平板速冻机，在−40℃下冷冻 2h(或−35℃，冷冻 3～4h)。

18.4.1.2 棒状(肉质含纤维肉)蟹腿肉生产工艺

1. 工艺流程

棒状蟹腿肉的工艺流程如图 18-2 所示。

图 18-2 棒状蟹腿肉生产工艺流程

2. 工艺要点

(1)人造蟹肉纤维的制作

采用冷冻一级狭鳕鱼糜，经解冻或切削，再行斩拌，斩拌结束后，装盘于 15～17℃预冷 12～16h，再经 92℃、35min 杀菌，浸水冷却 1～2h 至最终制品温度 18℃，此时制品呈熟蛋清状，可冷藏数日或当天直接切成细粉丝状，长度约为 5cm，即可作为纤维状肉配合在模拟蟹腿鱼糜中。

(2)斩拌、配料

基本同前述斩拌要求，而人造蟹肉纤维及海蟹肉应在最后加入；并禁止使用斩拌机，应使用搅拌器，以避免纤维肉被斩碎，失去该制品的特色。

(3)充填成型

将斩拌、混合完成后的鱼糜送入具夹层的充填机贮肉槽内，经充填器即可形成半圆柱形制品，并由白钢传送带送往下道工序加工。

(4)涂色素

色素涂法可有两种，一是在充填器出口端，安装旁通管，输入色素鱼糜，当制品挤出充填器出口端时，色素鱼糜就附着在制品表面。二是制品成型后，在制品表面用毛刷蘸色素液涂刷。其他要求同前述。

(5)预冷、切段

制品经自然冷却降温至 60℃后进行切段，有两种规格，一是单独包装者，长度为12cm；二是与卷形模拟蟹腿肉混合包装者，长度为2cm。

　　(6)冷却

　　采用–25℃冷却温度强制冷却3min，冷却制品的最终温度为19℃。

18.4.2　模拟贝肉

　　模拟贝肉又称模拟干贝、模拟扇贝肉、扇贝鱼糕。模拟贝肉外形似扇贝丁，有滚面包粉和不滚面包粉两种。加工方法类似于模拟蟹肉；将冷冻鱼糜解冻后，加盐擂溃，再加入2%～3%的扇贝汁提取液及其他配料等做成扇贝风味的调味鱼糜，此后的生产工艺有下述a和b两种，工艺流程如图18-3所示。

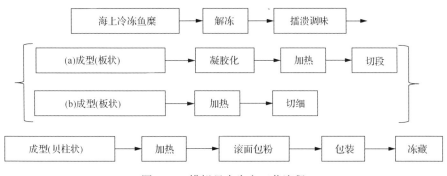

图18-3　模拟贝肉生产工艺流程

　　a工艺：将擂溃调味后的鱼糜压成300mm×600mm×50mm的板状，于40～50℃的条件下凝胶化60min或于15℃下放置一夜进行凝胶化，再以85～90℃的高温加热50～60min，冷却后用食品切斩机切成2.0mm宽的薄片。改变方向后再切一次，切削成细丝鱼糕，再加入经同样调味后的鱼糜10%～20%，混合后用成型机做成直径30～40mm的圆柱状，并切成50～60mm长的段，压入内表呈扇贝褶边两边半圆柱形模片组成的成型模内。用85～90℃的高温加热30min以保型，冷却后按要求切成厚15mm的扇贝片状，之后滚或不滚面包粉，有时再用竹签串联，装入塑料容器内，真空包装更妥，8～15个1盒。

　　b工艺：将擂溃调味后的鱼糜压成厚1.5～2.0mm、宽40～50cm的带状，置于不锈钢输送带上，于85～90℃温度下加热3～5min，由薄形刮刀从加热板上剥离后进入管形带，同时冷却，再用切面机切刻成2mm的纤维状，两端卷起集束成扇贝柱状，并在两面合料处滴入少量植物蛋白类黏着剂使其黏合，形成圆柱状，并切成500mm的长条，以后的工艺同a。

18.4.3　模拟虾肉

　　模拟虾肉的制作方法与模拟蟹肉不尽相同，其原因在于蟹肉与虾肉组织结构上有所差异。蟹肉由许多细长的肌肉纤维束组成,每束纤维直径为 1～3mm,当用牙齿咀嚼时,一束束肌肉纤维分离成单束,因而可产生一种特殊的适口性或咀嚼性,而虾肉则由大量紧密缠绕在一起的肌肉纤维组成,纤维直径为数十微米至数百微米,因而咬碎的虾肉或切断的虾肉纤维吃起来有弹性感觉。这似乎表明虾肉纤维具有两种不同剪应力,即强剪应力和弱剪应力,正是这两种不同的剪应力形成了脆性和弹性相结合的适口性。因此简单地仿效模拟蟹肉的制备方法不可能生产出与真虾肉结构和风味相同的食品,经长期摸索,采用传统鱼糕中加入适量的食用纤维是成功的关键。此外,加入少量擂溃后的真虾肉糜及虾汁提取液或真虾粉调味料可使模拟虾肉产品更趋完善。

1. 工艺流程

模拟虾肉生产工艺流程如图 18-4 所示。

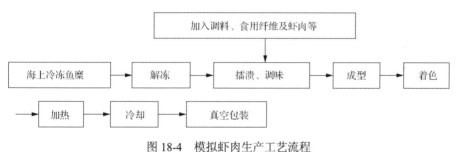

图 18-4　模拟虾肉生产工艺流程

2. 工艺要点

在鱼糜中加入 2.5%的精盐、1%味精、5%～10%淀粉、5%～20%的碎虾肉及少量虾汁提取液等配料,擂溃后再加入一定量的食用纤维 E(占鱼糜重量的 20%或40%),搅匀后使之呈 10mm 厚薄板状在 90℃下蒸煮 30min,冷却后在模型上印模,倒出后在其表面涂上色素即可,或者直接通过模具挤压成虾状,再经加热脱模上色即可。然后用聚乙烯袋包装低温贮藏或采用复合包装袋经高温杀菌后常温流通,有时也可再涂上面包粉然后冻藏,用作炸食。

食用纤维的制取有多种方法。现介绍可食性鱼肉纤维的一种制造方法:新鲜鱼预处理后采肉,继而用 0.05%～0.20%的氯化钠水溶液反复浸洗,鱼肉与盐水溶液之比为 1:10～1:3,除去可溶性蛋白质及其他可溶性成分,再以离子强度为0.4～1.0mol/L 的盐水漂洗,使肌原纤维蛋白充分溶解出来,然后把溶解的肌原纤维蛋白、淀粉、调味料及有机酸调和成肉酱,先在 0～10℃放置 1～10h,而后在40～60℃加热 3～20min,再在 80～100℃加热 0.25～10min,使蛋白质变性凝固,形成固化的块状,然后将其切成 1～3mm 的丝状纤维。

18.4.4　模拟火腿

以狭鳕、鳗、黄鱼等鱼肉为原料，添加精盐，使肌原纤维蛋白溶解，然后按下面的工序制作。

1. 模拟畜肉的制作

取上述溶解的鱼肉，添加淀粉、味精、核酸、牛肉提取物、牛肉粉、牛油、各种香料、天然着色剂等加工成具有畜肉风味的鱼糜，经成型、凝固后加热，使其凝胶化，然后切成方块状。

2. 模拟猪脂肪的制作

取溶解的鱼肉，添加味精、核酸、碳酸钙、植物性油脂、淀粉、香料等加工成类似猪脂肪的鱼糜。经成型、凝固后加热，使其凝胶化。冷却后切成 1.5～3.0mm 见方大小。

3. 结合剂的制作

取溶解的鱼肉，添加淀粉、味精、核酸、牛肉提取物、牛肉粉、牛油、各种香料、动物性蛋白等混合搅拌均匀。

4. 模拟火腿的制作

取模拟畜肉 60%、模拟猪脂肪 10%、结合剂 30%，进一步添加上述总量 10% 的淀粉、2%的动物性蛋白，经加工整理后定量充填入圆筒状的胶原薄膜中，将两端拧紧，呈密封状态。通过炸、蒸煮或烤等加热处理浸渍于 pH 为 2.0～2.1 的柠檬酸等酸性溶液中。冷却后包装，即得到模拟火腿制品。

18.5　典型加工设备

海洋仿生食品的生产设备包括原料鱼预处理设备、鱼糜浆生产设备和仿生食品成形设备等。其中，原料鱼预处理设备和鱼糜浆生产设备是各种仿生食品普遍使用的生产设备，可称为仿生食品生产的通用设备；而仿生食品成形设备则随仿生食品品种不同有所区别，也可称为仿生食品生产的专用设备。

原料鱼预处理设备用于原料鱼的清洗、分级、剖割等预处理，有洗鱼机、鱼体分级机、自动投料机、鱼体剖切机、去鱼皮机等，不过这类机械设备目前主要由国外制造和使用，国内除极少数大型水产加工企业引进使用外，基本采用手工方式进行原料鱼的预处理。

鱼糜浆生产设备负责完成采肉、漂洗、脱水、精滤、混合、擂溃等操作，有采肉机、鱼肉漂洗装置、鱼肉脱水机、鱼肉精滤机、混合设备、擂溃机和斩拌机等。如果鱼糜浆直接来自冷冻鱼糜厂生产的冷冻鱼糜，那么在冷冻鱼糜生产厂，还要有将抗冷冻变性剂加入鱼糜中的混合机及充填包装机、冻结设备和冷库等；在仿生食品制造厂，还要有冷库、解冻设备等。

仿生食品成形设备是专用设备，虽然因产品种类而异，但也有相似、相通之处。典型仿生食品——模拟虾仁制品的成形设备，是模拟虾仁生产的专用设备，但通过更换模具和改动部分结构，即可成为其他仿生食品（如模拟蟹钳、模拟干贝）的成形设备。

参 考 文 献

[1] 庞杰, 等. 仿生海洋食品的加工技术. 畜牧市场, 2002, (12): 43-44.

[2] 杨凤琼, 陈有容. 仿生海洋食品. 食品与生活, 2003, (2): 24-25.

[3] 迟玉森. 新型海洋食品. 北京: 中国轻工业出版社, 1999: 240.

[4] 吴爱平, 等. 仿生海洋食品的加工及其安全性. 江西水产科技, 2010, (1): 40-43.

[5] Frame N D. The Technology of Extrusion Cooking. Berlin: Springer, 1994: 52-71.

[6] 程胜, 任露泉. 仿生技术及其在食品工业中的应用分析. 中国食品学报, 2006, 6(1): 437-441.

[7] 王锡昌, 汪之和. 鱼糜制品加工技术. 北京: 中国轻工业出版社, 1997: 222.

第 19 章　海洋低值鱼酶解小肽金属螯合盐及生物活性

（浙江海洋大学，林慧敏、邓尚贵）

19.1　海洋低值鱼酶解小肽金属螯合盐结构分析

19.1.1　海洋低值鱼可控酶解技术研究

海洋生物蛋白资源无论在种类还是在数量上都远远大于陆地及淡水生物蛋白资源，但还未得到很好的开发。海洋生物生存环境特殊，使得海洋生物蛋白的氨基酸组成及排列与源于淡水生物的蛋白具有非常明显的差别[1, 2]。同时，在种类多样的海洋蛋白氨基酸序列中，潜在许多具有生物活性的氨基酸序列。一个特定蛋白质上是否含有生物活性肽取决于两个因素：一是蛋白质的一级结构，二是水解该蛋白的特异性酶。虽然酸和碱也可以降解蛋白质，但这种方法得到的肽不适用于食品。虽然许多生物活性肽的构效关系尚未完全建立起来，但一些特殊的氨基酸残基能影响肽的活性。例如，血管紧张素转换酶(EC 3.4.15.1)抑制物，其中苯丙氨酸、色氨酸、脯氨酸、赖氨酸、异亮氨酸、缬氨酸、亮氨酸和精氨酸含量尤为明显。带正电的氨基酸残基多表现明显的抗菌活性。氨基酸残基为组氨酸、亮氨酸、酪氨酸、甲硫氨酸和半胱氨酸的则表现自由基清除活性，而疏水氨基酸(如脯氨酸和羟脯氨酸)的出现则发挥抑制脂质过氧化的作用。

生物活性肽是世界上药物及保健品研究的热点，海洋生物资源的高值化和优化利用是我国海洋高技术未来几年发展的重要研究内容之一。例如，欧洲、日本和美国等发达地区把海洋生物(鱼类、藻类等)中有各种生物学活性的蛋白、肽系列产品的研究与开发作为发展海洋药物及保健食品的一个重要方向，并取得了丰硕的成果。

在水解工艺、蛋白酶选择及蛋白功能特性方面国外学者做了很多研究。例如，Hoyle 和 Merrltt[3]对鲱(*Clupea harengus*)蛋白水解物的质量进行了研究，结果表明碱性蛋白酶的水解能力高于中性蛋白酶，中性蛋白酶水解物的苦味要高于碱性蛋白酶水解物，水解前将脂肪抽提会降低水解度，除去脂肪后的水解物鱼腥味很小。Chalamaiah 等[4]将麦瑞加拉鲮(*Cirrhinus mrigala*)鱼卵用中性蛋白酶和木瓜蛋白酶水解，60℃、90min 后水解度分别为 62% 和 17%，碱性蛋白酶水解产物的蛋白含量(85%)要比木瓜蛋白酶水解产物的蛋白含量(70%)高($P<0.05$)，两种蛋白水解酶都增强了鲮卵蛋白的可溶性(70%和 25%)，增加了其 pH 范围(2~12)。Guerard 等[5]对小虾的加工下脚料使用响应面分析法研究最佳酶解条件，结果显示，使用碱性蛋白酶，在 pH 9.7、66.2℃、酶活力为 68.1AU/kg、水解 15min 时得到的酶解液表现出最强的 DPPH·自由基清除活性。Thiansilakul 等[6]研究了风味蛋白酶水解蓝圆鲹(*Decapterus maruadsi*)功能蛋白的条件，发现在水解度达 60%时水解产物蛋白含量最高，为 69.0%，此时酶解液呈褐色(L^*=58.00，a^*=8.38，b^*=28.32)。酶解液含有 48.04%的必需氨基酸，其中精氨酸和赖氨酸含量最高；水解液中 Na^+是主要矿物质；水解蛋白的溶解度、乳化性等均明显提高；在 25℃和 4℃分别储藏 6 周后，水解蛋白的抗氧化能力、溶解性能略有降低。

19.1.2　小肽金属螯合盐定义

美国官方饲料管理协会(AAFCO)对氨基酸螯合物(amino acid chelate，AAC)的概念确定如下：氨基酸螯合物是指由 1mol 可溶性金属盐中的金属离子与 1~3mol(最佳为 2mol)氨基酸反应，以配位共价键结合而成的产物，氨基酸的平均分子量必须为 150 左右，生成的螯合物分子量不得超过 800。当配位体由氨基酸改为小肽时，则产物为小肽螯合物(small peptide chelate，SPC)，一般是二肽和三肽，有时也为四肽，因为较大的配位体所形成的螯合盐分子量大，不易直接被肠道吸收。

对小肽金属离子络合物从化学稳定性上分析，氨基酸和金属离子主要通过羧基氧原子和末端氨基的作用络合，螯合物稳定常数较小；而金属离子和小肽络合时既有羧基氧原子和末端氨基的作用，还有非螯合氧(肽)键参与配位作用，所有这些作用使螯合物稳定性大大增强。

19.1.3　小肽与金属微量元素的螯合机制

铁螯合盐的形成会受限于相关因素，有研究表明，分子量较大的肽会因为相关基团被隐藏在内部而不能表现其生物活性，但结合元素铁的不同分子量的肽会表现出铁结合率的差异，之所以有差异是因为其中某些氨基酸基团有较强的结合铁的能力。

人们通常认为肽中的氨基、羧基和侧链供体原子以共价键与金属离子形成 5-和/或 6-螯合物是常见的螯合方式。当然，不同氨基酸或肽的结构和组成不同，以至于与金属离子形成的配合物在结构上会存在差异。赵惠敏等[7]以紫外吸收光谱证明氨基乙酸螯合铁形成的同时，用红外光谱测出氨基乙酸结合亚铁前后羧基的吸收峰发生了变化。未结合亚铁前氨基和羧基的吸收峰分别为 1400cm^{-1} 和 1600cm^{-1}，结合后变为 1420cm^{-1}和 1630cm^{-1}，同时原氨基的两个吸收峰均消失，由此推断亚铁离子与氨基乙酸中氨基和羧基形成配位键。段秀[8]以红外光谱分析罗非鱼皮胶原蛋白与亚铁的螯合形式，发现螯合亚铁后，1100cm^{-1}左右的Pt单吸收峰变为双吸收峰，证明Fe^{2+}与氨基存在较强的结合，根据羧基离子在螯合前后两处吸收峰的强弱变化，得出亚铁离子与羧基存在相互结合的可能。前两者与蔡冰娜等[9]利用红外光谱分析鳕鱼皮胶原蛋白肽和亚铁结合前后的吸收峰变化相似，3130～3030cm^{-1}氨基峰消失，1100cm^{-1}左右吸收峰出现，证明Fe^{2+}与氨基有较强的结合，从两处羧基吸收峰的强弱可以推断出肽与亚铁离子通过共价键的形式结合。

供体原子独立的侧链残基，尤其是组氨酸的咪唑基，酪氨酸的酚—OH，天冬氨酰和谷氨酰残基额外的羧基功能团，天冬酰胺和谷氨酰胺侧链的酰胺，是主要的金属结合位点，这些肽链的存在可以在肽复合物热力学稳定性或结构修饰上发挥重大的作用。酪氨酰残基的苯酚基团如果处在带有肽骨架的螯合环中，一般认为酪氨酰残基不是很好的金属结合位点，而在肽骨架螯合后，金属离子的配位表面还有剩余的自由位点，那么还可以以酚桥或含有酪氨酸残基巨大螯合物的方式形成双环复合物[10]。天冬氨酰的羧酸O原子供体存在时，肽复合物的稳定性增强，而且一般认为当肽的N端为天冬氨酰时，螯合物会以—NH$_2$、—COOH的形式存在。而组氨酸中的咪唑供体原子被认为可能是最常见的金属离子结合位点，不论是单组氨酸肽还是多组氨酸肽复合物，组氨酰残基均表现出较强结合金属离子的能力并可使结合后的配合物稳定存在。例如，林慧敏[11]分离纯化带鱼下脚料酶解蛋白亚铁螯合物得到His-Tyr-Asp三肽，经过分析推测三肽与亚铁离子配位的位点可能是—NH—、—NH$_2$、—COOH和—OH，而酪氨酸的酚—OH和组氨酸侧链上的—NH—距离较远，与亚铁离子不易结合，组氨酸上的NH$_2$—CO—、天冬氨酸上的—COOH及肽上的—NH—CO—可与亚铁离子结合形成不同的螯合物。因而模拟出结构相对较稳定的五元环螯合物，模拟结构参考文献[11]。

近年来小肽与金属微量元素螯合机制的研究主要通过以下几种方法表征。

19.1.3.1 小肽金属微量元素螯合物的紫外吸收

紫外吸收光谱法又称紫外分光光度法，是根据物质对不同波长的紫外线吸收程度不同而对物质组成进行分析的方法。在小肽与金属离子螯合物中，金属离子和配合体内部都可以吸收紫外光区某一部分波长的光而使电子发生跃迁。在螯合物形成时，螯合物中配合体内部电子跃迁要求的能量与游离配位体不相同，配位体内部有关轨道的能量发生改变，所吸收紫外光的波长也不相同。

赵惠敏等[7]在研究氨基乙酸与铁的螯合机制时，发现紫外吸收光谱最大吸收峰位置向长波方向移动了10nm，并且最大吸收峰高度比氨基乙酸有明显增高。一般络合物(或螯合物)的形成会使其配位体对光的吸收性能发生改变。氨基乙酸螯合铁的吸收峰相对氨基乙酸的吸收峰有明显的改变，说明氨基乙酸与铁离子之间有配体形成[12]。

多肽螯合钙是多肽和二价钙离子形成的稳定双环状结构的螯合物。祝德义等[13]实验研究表明胶原多肽与 Ca^{2+} 既以离子键和配位键的方式结合，肽与离子还有一定的吸附作用，其中羧基和氨基在螯合反应中起着重要作用。通过研究螯合物与胶原多肽光谱的区别不仅可以解决螯合物的化学键问题，还可以证明螯合物的产生、组成、结构等。胶原多肽的氨基及肽键在 200～230nm 有较强的特征吸收峰。多肽与钙离子结合后，内部电子的跃迁发生变化，所吸收的紫外光波长也发生相应变化，导致多肽吸收峰发生整体红移，在 203nm 有新的吸收峰出现。这是胶原多肽与钙离子结合后相应原子的价电子发生了不同的跃迁导致的，这也说明胶原多肽和钙之间发生了配合反应。冯小强等[14]在研究 Ca^{2+} 与壳聚糖配合后，发现紫外光谱都发生了红移，同时通过螯合物最大吸收峰的强弱也可以判断螯合程度的强弱。紫外分光光度法不仅可以判断大分子与金属离子螯合物的配位比，还能测定出螯合物的稳定常数。

卢奎等[15]利用紫外光谱法研究了甲硫氨酸三肽与 Zn^{2+}、Ca^{2+}、Ni^{2+} 和 Cu^{2+} 的相互作用，结果显示甲硫氨酸三肽与这些金属离子有配位作用，作用后甲硫氨酸三肽吸光度降低，最大吸收波长红移，同时发现金属离子浓度对吸光度的变化有影响。对于 Ca^{2+} 来说，加入 Ca^{2+} 后与加入前相比，吸光度下降较明显，继续增加 Ca^{2+} 浓度，吸光度下降缓慢，表明 Ca^{2+} 浓度的变化对相互作用的影响不明显。对于 Zn^{2+}、Ni^{2+} 和 Cu^{2+} 来说，吸光度下降较为明显，表明 Zn^{2+}、Ni^{2+} 和 Cu^{2+} 浓度的变化对相互作用的影响较为明显。

19.1.3.2　小肽金属微量元素螯合物的红外吸收

红外光谱(infrared spectrum，IR)的研究开始于 20 世纪初期，自 1940 年商品红外光谱仪问世以来，红外光谱在有机化学研究中得到了广泛的应用。红外吸收光谱是一种分子吸收光谱。当样品受到频率连续变化的红外光照射时，样品的分子因吸收了某些频率的辐射后，由其转动或振动运动引起偶极矩的净变化，产生分子振动和转动能级从基态到激发态的跃迁，使相应于这些吸收区域的透射光强度减弱[16, 17]。红外光谱的红移是光谱的谱线整体向波长长的方向移动，可见光中，红光的波长最长。蓝移则相反，是光谱的谱线整体向波长短的方向移动，可见光中，蓝光的波长最短。红移的出现说明物质的能量变小了，更稳定了。

红外吸收光谱法是研究螯合物结构的重要方法之一。由于在不同的 pH 条件下氨基酸的存在形式不同，因此其红外光谱结果也有所变化[18]。例如，李清禄等[19]

研究了吡啶-3-羧酸(烟酸)铜(Ⅱ)配合物和吡啶-2-羧酸(吡啶甲酸)铜(Ⅱ)配合物，发现如果仅是吡啶氮与铜配位，羧基氧未参与配位，则—CO—的伸缩振动吸收峰不会发生明显位移，而相应吡啶环上各原子间的振动吸收峰将发生位移；若仅是羧基氧与铜发生配位，则—CO—吸收峰应发生极大红移，该红外光谱显示烟酸与Cu^{2+}发生了配位。汪芳安等[20]以氯化亚铁和 L-甲硫氨酸为原料对食品铁强化剂甲硫氨酸亚铁螯合物的合成进行了研究，从 DL-甲硫氨酸及甲硫氨酸亚铁螯合物的红外光谱图中可以看出：DL-甲硫氨酸与 Fe(Ⅱ)发生配位后，$v(NH_2^-)$由 30 303.30cm^{-1}吸收带移至 32 603.90cm^{-1}吸收带，出现 $v_{as}(NH_2^-)$、$v_s(NH_2^-)$吸收峰，表明 α-氨基酸与 Fe(Ⅱ)发生了配位。在 DL-甲硫氨酸及甲硫氨酸亚铁的红外光谱中，1700.750cm^{-1}处均无吸收峰，说明 DL-甲硫氨酸及甲硫氨酸亚铁中不存在游离的羧基。配合物的 $v_{as}(CO_2^-)$ 与 $v_a(CO_2^-)$ 的差值 Δv=201.2cm^{-1}，大于配体 Δv 值(171.6cm^{-1})，表明 DL-甲硫氨酸的羧基(—COOH)与 Fe(Ⅱ)发生了配位[21]。

左瑞雅[22]在研究 L-丙氨酰-L-谷氨酰胺-Zn^{2+}螯合物制备及表征时发现，与 Ala-Gln 相比，Ala-Gln-Zn^{2+}的红外光谱在波数为 3411.1cm^{-1}、1111.81cm^{-1}处—NH$_2$、—NH—的特征吸收峰发生蓝移，强度减弱；3334.28cm^{-1}处—OH 伸缩振动吸收峰消失；1649.5cm^{-1}、1608.53cm^{-1}处—CO—的伸缩振动峰发生蓝移，强度减弱；这些实验结果说明 Ala-Gln 上的—NH$_2$、—NH—、—CO—、—OH 均可能参与相互作用。张红漫等[23]研究复合氨基酸铜螯合物的红外光谱发现，复合氨基酸中由氨基(—NH$_2$)的伸缩振动引起的 3072.3cm^{-1} 和 2964.0cm^{-1} 的特征吸收，以及由羧基(—CO—)的伸缩振动引起的 1632.4cm^{-1} 的特征吸收均十分明显；当复合氨基酸与铜螯合后，螯合物的红外光谱显示，氨基的特征吸收峰仍然存在，但红移至 3336.7cm^{-1} 和 3192.9cm^{-1} 处，同时，羧基的特征吸收峰红移至 1673.9cm^{-1} 处。这是复合氨基酸的氨基和羧基氧参与配位形成螯合物的结果，与 Nyquist 等[24]的描述结论相一致，进一步证明了复合氨基酸铜螯合物的生成机制。

19.1.3.3　小肽金属微量元素螯合物的 X 射线衍射分析

X 射线衍射(X-ray diffraction，XRD)是受到原子核外电子的散射而发生的衍射现象。由于晶体中规则的原子排列就会产生规则的衍射图像，可据此计算分子中各种原子间的距离和空间排列，是分析大分子空间结构的有效方法[25]。

刘会云等[26]用 X 射线衍射研究胶原蛋白、Cu-胶原蛋白、Pd-胶原蛋白和 Zn-胶原蛋白结构表征。从 XRD 图可以看出胶原蛋白是一种结晶性高分子，在 2θ 为 21.7°处出现强衍射峰，2θ 为 10.1°处有一弱衍射峰。与金属离子配位后，Cu-胶原蛋白、Pd-胶原蛋白和 Zn-胶原蛋白除 10.1°和 21.7°的衍射峰外，其他地方没有出现明显的衍射峰，也没有金属单质峰出现，表明胶原蛋白与金属离子配位后，金属离子是高度分散的。

19.1.3.4　小肽金属微量元素螯合物的核磁共振

核磁共振全称是核磁共振成像(nuclear magnetic resonance imaging，NMRI)，又称自旋成像(spin imaging)，也称磁共振成像(magnetic resonance imaging，MRI)，是具有磁矩的原子核在高强度磁场作用下，可吸收适宜频率的电磁辐射，由低能态跃迁到高能态的现象。如 ^1H、^3H、^{13}C、^{15}N、^{19}F、^{31}P 等原子核，都因具有非零自旋而有磁矩，能显示此现象。由核磁共振提供的信息，可以分析各种有机物和无机物的分子结构[27]。

周桢和左瑞雅[28]通过 ^1H-核磁共振检测出 Ala-Gln-Zn^{2+}配合物在 12.57μg/ml 的羧酸羟基 H 信号消失，在 3.74μg/ml 和 4.55μg/ml 的化学位移比 Ala-Gln 二肽增加了 9.62%和 24.49%，在原子力显微镜下呈现 2 分子二肽对 1 分子 Zn^{2+}的形貌。研究结果证明：2 分子 Ala-Gln 二肽的 C8 羧基与 Zn^{2+}形成离子键，其羰基氧及 C4 酰胺平面上羰基氧分别提供孤对电子给 Zn^{2+}的空 p 轨道，形成配位键，且该配合物晶体呈球状，熔点为 183～184℃，$logK$ 为 4.46。

L-丙氨酰-L-谷氨酰胺-Zn^{2+}(Ala-Gln-Zn^{2+})螯合物的 ^1H-核磁共振图与 Ala-Gln 的相比，δ=12.57μg/ml 处—OH 上 H 的信号峰消失，—CH—、—NH—信号峰的峰面积增大，同时—CH—的信号峰向高场移动。由此可以推断，Ala-Gln-Zn^{2+}的配位机制是：两个 Ala-Gln 二肽与 Zn^{2+}螯合，Ala-Gln 上羧基的—OH 与 Zn^{2+}形成离子键，其 H 消失，羧基的—CO—及相邻—NH—的 N 分别与 Zn^{2+}发生配位，形成稳定的五元螯合环[22]。

19.1.3.5　小肽金属微量元素螯合物的原子力显微扫描

原子力显微镜(atomic force microscope，AFM)，是一种利用原子、分子间的相互作用力来观察物体表面微观形貌的新型实验仪器。它有一根纳米级的探针，被固定在可灵敏操控的微米级弹性悬臂上，当探针很靠近样品时，其顶端的原子与样品表面原子间的作用力会使悬臂弯曲，偏离原来的位置，根据扫描样品时探针的偏离量或振动频率重建三维图像，就能间接获得样品表面的形貌或原子成分[29]。

L-丙氨酰-L-谷氨酰胺-Zn^{2+}螯合物的原子力显微扫描研究显示，大量出现的单一弯曲链状结构是 Ala-Gln 分子，而两两组合连接的链状结构，则是 Ala-Gln-Zn^{2+}螯合物，且连接两个链状结构、半径约为 0.25nm 的中心原子是 Zn^{2+}，证明 Ala-Gln 与 Zn^{2+}形成配位比为 2∶1 的稳定螯合物[22]。

19.1.3.6　小肽金属微量元素螯合物的空间结构分析

Buglyó 等[30]通过紫外、电子顺磁共振、圆二色谱及核磁共振(^1H NMR)4 种方法表征常见二肽衍生物与金属离子螯合物在水溶液中的结构，获得以下 3 种模拟结构(图 19-1)。

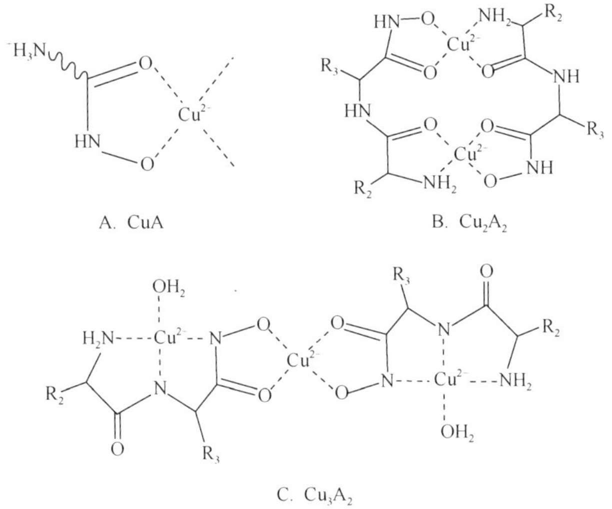

A. CuA　　　　　　　　B. Cu$_2$A$_2$

C. Cu$_3$A$_2$

图 19-1　常见二肽衍生物与金属 Cu^{2+} 螯合的最佳模拟结构

左瑞雅[22]根据紫外、红外、差热、X 射线衍射、核磁共振等表征得出 2 分子 Ala-Gln 和 Zn^{2+}发生了配位作用，生成了新的物质——Ala-Gln-Zn^{2+}螯合物。其中，Ala-Gln 中—NH—、—COOH 上的—CO—与 Zn^{2+}发生配位，形成稳定的五元环螯合物；—COOH 上的—OH 与 Zn^{2+}形成离子键，中和其正电荷，使其结构更稳定。这样整个体系处于电荷平衡状态，就可以得出新的物质——Ala-Gln-Zn^{2+}螯合物的结构(图 19-2)。

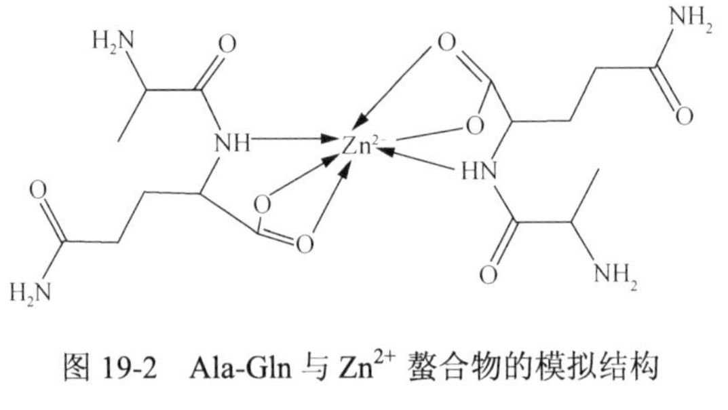

图 19-2　Ala-Gln 与 Zn^{2+} 螯合物的模拟结构

Kurzak 等[31]用电位滴定、紫外分光光度和核磁共振等手段表征甲膦酸修饰的 Leu-Gly 二肽与 Cu(Ⅱ)螯合物的结构，得到图 19-3 的模拟结构，其中 Leu-Gly 上的—NH—、—COOH 上的—CO—与 Cu^{2+}发生了配位。

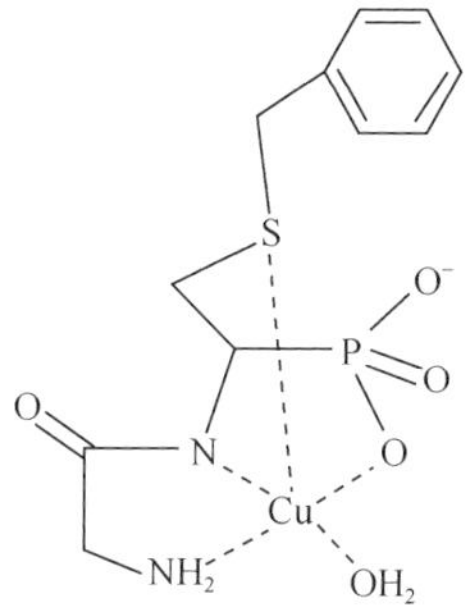

图 19-3　Leu-Gly-Cu^{2+}的模拟结构

19.2　海洋低值鱼酶解小肽铁螯合盐及其生物学功能

19.2.1　海洋低值鱼酶解小肽铁螯合盐的研究进展

　　蛋白铁复合物由原料动植物蛋白和铁元素在 20 世纪 70 年代合成后，微量元素螯合盐从此得到了广泛关注与研究。关于氨基酸金属螯合物，美国官方饲料管理协会在 90 年代将其概念阐明为：氨基酸与可溶性盐的金属离子以（1～3）：1 的比例通过共价键方式形成的配合物，最佳配比是 2：1[32]。

19.2.2　铁螯合盐的制备及分离纯化

　　铁螯合盐的制备有以下几个方面的要求：配位体内至少有两个位点可以与同一铁原子配合；铁被配位体形成的环状结构封闭在中心；结合的铁配体结合物以立体结构的形式存在；配位体结合铁的物质的量之比不小于 1：1。

　　邓尚贵等[33]以酶解低值鱼得到的肽溶液，加入抗氧化剂和一定比例的七水硫酸亚铁，在适当的温度和 pH 下振荡合成，离心分离，用乙醇分级沉淀法去除游离的铁离子，然后抽离、干燥，获得亚铁肽配合物成品。霍健聪[34]通过酶解带鱼下脚料蛋白，在肽液中加入抗坏血酸和氯化亚铁，同样在适当的温度和 pH 下振荡合成，离心分离得到上清液后，真空浓缩，冷冻干燥获取亚铁螯合物成品。同时也有研究表明，离心后的上清液与沉淀物分别以大肠杆菌和金黄色葡萄球菌为指示菌做抑菌活性实验。实验发现，上清液对指示菌有较强抑菌活性，而沉淀物对两株指示菌没有抑菌活性。有研究[35]以微波固相合成法初步得出甲硫氨酸亚铁螯合肽的合成条件：甲硫氨酸与七水硫酸亚铁的比例为 2：1；113μm 大小的反应物粒度；0.7～2.3g 的反应物质量；596W 的输出功率；160～260s 的加热时间；50～100℃的气流 A；0.08～0.13g/s 流速的气流 A。其他金属螯合肽除上述方法外，刘培杰等[36]以超声辅助水相合成法合成产品收率在95%以上的甘氨酸锌螯合物,确定较好的工艺条件如下:甘氨酸与碱式碳酸锌原料物质的量比例为4:1;超声时间、温度及超声功率分别为4h、80℃和120W。同时,胡爱军等[37]用超声法制备鱼胶原蛋白肽锌螯合物,螯合率达到96.07%,条件如下:超声功率为150W;肽浓度和肽与硫酸锌的比例分别为5%和4:1;反应时间、温度、pH分别为5min、70℃、5.5。值得一提的是反刍动物山羊奶酪蛋白经过胰蛋白酶消化后获得的羊磷酸肽可与铁以(54.37±0.50)mgFe/g蛋白的配比螯合,酶解后的山羊酪蛋白比单独用酪蛋白铁螯合率提高了6陪,这也就是为什么酶消化肽是广为接受的铁强化配方之一[38]。以上得到的为亚铁螯合肽粗提物,活性结构的鉴定还要进一步纯化。可用的金属螯合肽分离纯化方法有多种,一般来说,得到的亚铁螯合物粗提物需经过以下方式分离纯化,包括凝胶过滤色谱法(gel filtration chromatography,GFC)、离子交换色谱法(ion exchange chromatography,IEC)、反相高效液相色谱法(reversed phase high performance liquid chromatography,RP-HPLC)和固定化金属亲和色谱法(immobilized metal affinity chromatography,IMAC)。

IMAC已经成为适用于蛋白质和多肽很好的纯化方法。依赖于被纯化分子和固定化配体之间特定可逆复合物的形成,此外利用温和、非变性洗脱条件[39],IMAC表现出高的结合力和回收率。因此,IMAC通常被认为是金属螯合肽纯化的第一步,GFC和IEC通常作为纯化的中间步骤。GFC也称为排阻层析、分子筛层析或凝胶层析,该分离纯化技术于20世纪后期被研究出来,其利用样品的分子量或分子形状差异进行分离,分子量越大,就会越早流出。当样品进入分离系统,小分子物质优先流入凝胶颗粒的三维网状结构中,洗脱时,在凝胶颗粒中停留时间长;大分子物质却不能流入,会被迅速洗脱出来。RP-HPLC为流动相极性大于固定相极性的分配色谱,常用非固定相为十八烷基硅烷键合硅胶、辛烷基硅烷键合硅胶等,被选为序列鉴定前的最后一步分离纯化,因为其分离纯化的速度快且效率高,可提供广泛控制流动相的条件,还可以选择不同的分离柱子进行优化分离。Torres-Fuentes等[40]先以Cu^{2+}-IMAC,后用GFC纯化鹰嘴豆酶解亚铁螯合物,Ying等[41]以Fe^{3+}-IMAC纯化大豆酶解铁螯合肽,同时Guo等[42]也以Fe^{3+}-IMAC纯化鉴定鳕鱼皮水解铁肽。Storcksdieck等[43]分离纯化肌肉组织铁肽结合物时,先将铁肽结合物超滤获得分级产物,然后依次用IMAC、GFC、HPLC分离纯化。林慧敏[11]先将所得带鱼下脚料酶解小肽亚铁螯合物粗制备物进行超滤,获取活性较好的小于0.5kDa的分离组分,然后通过IMAC、半制备RP-HPLC继续分离纯化以备结构鉴定。霍健聪等[44]采用GFC分离纯化鱼蛋白酶解肽亚铁螯合修饰物,以便鉴定其结构。

19.2.3　海洋低值鱼酶解小肽铁螯合盐的生物学功能

19.2.3.1　抑菌活性

谢超等[45]以复合酶酶解带鱼下脚料蛋白，用亚铁修饰法制备 4 种乙醇沉淀的亚铁螯合肽，被 80%无水乙醇沉淀的亚铁螯合肽比其他 3 组均具有较强的抑制性，而且对金黄色葡萄球菌、大肠杆菌与枯草芽孢杆菌都存在抑制效果。邓尚贵等[33]以木瓜蛋白酶和风味酶的复合酶酶解南海低值鱼蛋白制备多肽亚铁螯合物探究抑菌活性，结果表明，低值鱼蛋白多肽亚铁螯合物对枯草芽孢杆菌和金黄色葡萄球菌有显著的抑制效果。林慧敏等[46]通过探究舟山海域 4 种低值鱼酶解肽制备的亚铁螯合物对大肠杆菌、金黄色葡萄球菌及枯草芽孢杆菌的抑菌活性发现，带鱼酶解蛋白亚铁螯合肽对 3 种菌均有明显的抑制性，且在 4 种酶解肽亚铁螯合物中活性最好，而马鲛酶解蛋白亚铁螯合多肽则未显示抑制作用。

有关金属螯合物抑菌机理的研究如今集中在乳铁蛋白的"铁剥夺"及"膜渗透"两方面。"铁剥夺"为乳铁蛋白会以自身独特的结构结合细菌周围环境中的铁离子，使得细菌在成长繁殖过程中因铁的缺乏而受到抑制；"膜渗透"为乳铁蛋白通过自身带有的正电荷与含有负电荷成分的菌体相互靠近接触，渗透并改变细胞膜的渗透性[47]。通常认为抑菌机理是两者的共同作用。有研究发现不同饱和度的乳铁蛋白通过对铁螯合能力的强弱来发挥抑菌活性的大小，乳铁蛋白铁饱和度低时，抑菌活性较好；当饱和度达到一定程度时，抑菌活性显著降低；完全饱和时，抑菌活性丧失[48]。霍健聪[34]经透射电镜观察用多肽亚铁螯合物培养的枯草芽孢杆菌和大肠杆菌，发现随时间的推移，菌体外膜被破坏，内容物外泄。因此推断菌体的死亡是多肽亚铁螯合物使外膜的通透性增大，内容物泄出，同时剥夺菌体生长繁殖所需的铁所导致的。

19.2.3.2　抗氧化活性

自由基为机体多种化学反应产生的中间代谢产物，其生成率与清除率在机体稳定的环境中处于动态平衡的状态，一旦动态平衡被打破，自由基就会过多产生，如果不能及时清除，就会以一定的方式破坏机体的免疫防御系统。已有的研究指出，通常机体内无机铁的存在形式会有促氧化的作用，而铁元素与其他物质形成有机物的形式时，在机体内会具有一定的抗氧化活性而非促氧化作用。汪学荣[49]以碱性蛋白酶酶解猪血粉获得猪血多肽，然后经膜分离纯化再螯合亚铁盐，探究制备出的螯合物对超氧阴离子自由基和过氧化氢的清除作用。结果显示，随着猪血多肽铁螯合盐浓度的增加，其对超氧阴离子自由基的清除率越接近常用抗氧化剂维生素 C, 同时, 在最高重量体积浓度时对过氧化氢的清除率达到 69.51%, 两者共同表明猪血多肽铁螯合盐可发挥较好的抗氧化效果。林慧敏等[50]用酶解带鱼蛋白获取的酶解肽液螯合氯化亚铁制备了螯合盐, 超滤分级分离不同分子量的螯合肽, 测定 DPPH· 的清除能力, 发现透过 3kDa 分子量超滤膜的螯合肽在其浓度为 2mg/ml 时对 DPPH· 的清除率为 81.2%, 明显高于其他分子量的抗氧化活性。张亚丽和徐忠[51]利用中性蛋白酶酶解豆粕的所得液, 在合适的条件下制得螯合率达到 90%以上的多肽络合亚铁添加在猪油样品中, 用碘量法测定过氧化值, 初步探究其抗氧化能力, 发现油脂中的过氧化值增加缓慢, 表明多肽络合亚铁对油脂发挥了一定的抗氧化功能。

19.2.3.3 抗贫血功效

缺铁性贫血为各因素引起缺铁导致红细胞生成量降低的贫血, 简称 IDA, 临床上 IDA 可分为 3 个阶段: 铁缺乏(iron deficiency, ID)、缺铁性红细胞生成(iron deficiency erythrocyte formation, IDE) 和缺铁性贫血(iron-deficiency anemia, IDA)。第一阶段表现为储铁量减少; 第二阶段储铁量继续减少的同时, 转铁量也减少, 继而引发红细胞内铁的含量减少, 但不足以明显影响血红蛋白的生成量; 第三阶段为缺铁晚期, 严重影响血红蛋白、肌红蛋白的合成, 并影响机体一系列的生理功能。WHO 资料表明, 缺铁性贫血影响全球 30%的人口, 在儿童和孕妇中所占比例较高, 分别为 50%和 40%。因此, 补充微量元素铁是预防和治疗 IDA 的关键。

时至如今, 微量元素铁添加剂经过了以下几个历程: 第一代补铁剂, 硫酸亚铁、碳酸亚铁、氯化亚铁等无机盐, 该补铁剂的出现来自英国学者用铁锈治疗人的精神不振, 以及之后的应用混合的硫酸亚铁和碳酸亚铁治疗植物的萎黄病, 虽然含铁量高的该形式补铁添加剂可以缓解动植物因缺铁而产生的症状, 但在食品中添加会与其中相应物质产生反应而导致食品变质、发生脂质氧化等, 并且一定程度上会伤害胃肠道, 导致动物体出现恶心、呕吐、腹泻等症状, 引起消化吸收率降低[52]; 第二代补铁剂, 研究开始于 20 世纪 60 年代, 有葡萄糖酸亚铁、乳酸亚铁、柠檬酸亚铁等有机铁, 这些有机铁在胃酸的作用下可以缓慢释放铁元素, 避免了像第一代补铁剂一样对胃肠的严重刺激, 而且相比之下, 消化吸收效果得到了相应的提高, 因此市场上出现了如琥珀酸亚铁片等补铁制剂, 但该亚铁有机盐稳定性差, 会带来生产和储藏的不便[53]; 第三代补铁剂, 氨基酸与铁肽螯合物, 该种补铁剂具备较前两种补铁剂更好的消化吸收能力, 还有很好的稳定性、不会影响食品品质等优点, 是目前研发微量元素铁补充剂的热点。郑炯等[54]在探究血红蛋白铁肽配合物能否改善大鼠缺铁性贫血的过程中发现, 该铁肽配合物能明显提升贫血大鼠的体重、血红蛋白含量、红细胞计数、血清铁水平, 另外其补铁效果要显著优于葡萄糖酸亚铁和氯化亚铁, 因此说明他们制备的血红蛋白多肽螯合铁对大鼠缺铁性贫血具有显著的改善作用。霍健聪等[55]以灌胃的方式将一定量的铁肽螯合物注入缺铁性贫血大鼠体内，每天灌胃一次，饲养 20 天，探究铁肽螯合物是否可以发挥改善缺铁性贫血的作用，结果显示，大鼠体内的血红蛋白、血清铁水平及血清铁结合力均明显提高，说明铁肽螯合物对大鼠缺铁性贫血具有较好的改善效果。

19.2.3.4　提高免疫力功效

铁元素是鱼类生长的必需微量元素，可促进鱼体的生长及免疫力的增强。例如，在饲料中补充适量的硫酸亚铁可明显加快美国红鱼的生长，增强血清中溶菌酶、SOD 等免疫指标的活性；在幼建鲤饲养中补充铁可促使消化酶的分泌量增加，促进营养物质的吸收，同时还可提高机体的抗氧化酶活力[56]。但饲料中游离的矿物铁离子会受到饲料中的成分、机体消化道环境等的影响，从而降低铁的吸收利用率。而近年来研究发现，氨基酸或蛋白水解肽与可溶性矿物微量元素以共价键结合形成的络合物可提高机体对微量金属元素的吸收率。例如，将结合态形式的金属微量元素加入食品体系中，不仅可以减缓食品中油脂等成分的氧化酸败[57]，还可以增加微量元素的吸收利用率，而且可以发挥抗菌性、抗氧化性等生物学功能。例如，鲢水解肽结合锌后，对大肠杆菌和金黄色葡萄球菌具有较好的抑菌性；带鱼蛋白酶解物螯合亚铁离子后，对植物油抗氧化效果接近维生素 E，还可以增强实验动物免疫细胞活性；在饲料中补充氨基酸螯合物比补充无机盐对罗非鱼与鲤鱼的促生长作用更加显著。

不同含量亚铁螯合肽的添加使得泥鳅肠道菌群组成发生改变，特别是潜在益生菌所占比例有所增加，各实验组乳酸杆菌含量均高于正常对照组，尤其是 RS_2 组（亚铁螯合肽含量为 2g/kg），乳酸杆菌高出对照组 88.87%；芽孢杆菌除 $RS_{0.5}$ 组（亚铁螯合肽含量为 0.5g/kg）外也均高于对照组。乳酸杆菌是国际公认的最安全的菌种，具有抑制肠道菌群中有害细菌生长、增加有益菌群、促进营养物质吸收等功能；芽孢杆菌在肠道中扮演很重要的角色[58]，具有很强活性的酶，如淀粉酶、脂肪酶等，能产生具有抑菌活性的物质，提高机体对营养物质的吸收能力，促进机体生长及免疫力的提高。因此在饲料中添加适量的亚铁螯合肽有利于肠道潜在益生菌的生长。

19.2.4　海洋低值鱼酶解小肽铁螯合盐的吸收

微量元素铁在机体内主要以离子形式被吸收，离子化的铁元素在胃酸作用下，全部还原为亚铁离子，在肠道黏膜细胞上的载体蛋白协助下释放进入血液。而将铁包围在其中的螯合肽具有独特结构，不同于普通铁离子的吸收模式，通过氨基酸或肽的吸收模式完成在机体内的运输吸收过程。肽的配位位点与铁离子形成的螯合环状结构具有很强的稳定性，而且处于环状中心的元素铁不会因周围环境胃酸及消化道酶的影响而解离成为离子状态，更不会在机体消化道中被磷酸盐、植酸盐等剥夺，形成不易被吸收的不溶沉淀物[32]，同时该环状结构中的微量元素很难受到金属元素之间的拮抗作用，因此可以促进机体对微量元素铁的吸收利用。杜芬等[59]在探究鳕源金属螯合肽体外模拟胃肠消化稳定性研究中发现，在胃消化和肠消化模拟液中，金属铁螯合肽在胃和肠中的螯合率分别比纯肽的螯合率上升了 0.05% 和 0.46%，利用反相高效液相色谱、质谱和圆二色谱技术检测发现，金属螯合肽的分子量未发生改变，肽键没有断裂，但构象发生了变化，无规卷曲减少，β 折叠和 β 转角构象增加，说明金属螯合肽在体外模拟胃肠消化耐受性高。体内血红素铁的吸收率不会受植酸盐结合形成沉淀的影响，同时维生素 C 也不会像普通铁离子那样发挥促进吸收的作用。而且有研究表明该种铁螯合肽的吸收利用率要好于普通铁离子，主要表现在：螯合物比无机盐有较高的溶解度，在机体内更容易溶解；螯合物特殊的结构使得矿物质元素之间的拮抗竞争减少，动物体易完全吸收利用各微量元素。有报道指出，令断奶大鼠食入添加甘氨酸和硫酸亚铁的饲料，前者相比后者能明显提高大鼠对铁的吸收率，分别为 15.8% 和 30.9%。邵建华和陆腾甲[60]的研究数据指出，氨基酸螯合铁的利用率是碳酸盐铁的 3.6 倍、硫酸盐铁的 3.8 倍、氧化物铁的 4.9 倍。在探究乳猪小肽螯合铁的补铁效果过程中发现，在母猪日粮中补充小肽螯合铁可使得母猪初乳铁的含量显著高于补充硫酸亚铁的处理，乳猪从初乳中获铁量明显增多，却仍未满足其实际的需铁量；对比乳猪口服小肽螯合铁与右旋糖苷铁的补铁成效，得出前者比后者中血红蛋白质量浓度和血清铁蛋白质量浓度有所增高，说明在乳猪体内，小肽螯合铁比右旋糖苷铁能更好地发挥补铁作用。Chaud 等[61]将制备得到的含 5.6%铁的铁肽复合物以灌胃的方式投入雄性 Wistar 大鼠体内，并以硫酸铁为对照组，研究发现添加铁肽复合物组大鼠体内血清铁水平显然要比硫酸铁对照组高得多。

参 考 文 献

[1] Clark M S, Peck L S. HSP70 heat shock proteins and environmental stress in Antarctic marine organisms: a mini-review. Marine Genomics, 2009, 2(1): 11-18.

[2] Wojdyla K, et al. Mass spectrometry based approach for identification and characterisation of fluorescent proteins from marine organisms. Journal of Proteomics, 2011, 75(1): 44-55.

[3] Hoyle N T, Merrltt J H. Quality of fish protein hydrolysates from herring (*Clupea harengus*). Journal of Food Science, 2010, 59(1): 76-79.

[4] Chalamaiah M, et al. Protein hydrolysates from meriga (*Cirrhinus mrigala*) egg and evaluation of their functional properties. Food Chemistry, 2010, 120(3): 652-657.

[5] Guerard F, et al. Optimization of free radical scavenging activity by response surface methodology in the hydrolysis of shrimp processing discards. Process Biochemistry, 2007, 42(11): 1486-1491.

[6] Thiansilakul Y, et al. Compositions, functional properties and antioxidative activity of protein hydrolysates prepared from round scad (*Decapterus maruadsi*). Food Chemistry, 2017, 103(4): 1385-1394.

[7] 赵惠敏, 等. 氨基乙酸螯合铁的研究. 河北师范大学学报(自然科学版), 2000, 24(2): 232-233.

[8] 段秀. 罗非鱼皮胶原蛋白肽亚铁螯合修饰及生物活性研究. 昆明: 昆明理工大学硕士学位论文, 2004.

[9] 蔡冰娜, 等. 响应面法优化鳕鱼皮胶原蛋白肽螯合铁工艺. 食品科学, 2012, 33(2): 48-52.

[10] Damante C A, et al. Metal loading capacity of Aβ N-terminus: a combined potentiometric and spectroscopic study of zinc(Ⅱ) complexes with Aβ(1-16), its short or mutated peptide fragments and its polyethylene glycol-ylated analogue. Inorganic Chemistry, 2009, 48(21): 10405-10415.

[11] 林慧敏. 带鱼下脚料酶解小肽亚铁螯合物结构鉴定及其生物活性研究. 福州: 福建农林大学博士学位论文, 2012.

[12] 张祥麟. 络合物化学. 北京: 冶金工业出版社, 1979.

[13] 祝德义, 等. 胶原多肽与钙结合性能的研究. 广西师范大学学报(自然科学版), 2003, 34(3): 29-32.

[14] 冯小强, 等. 硫脲壳聚糖 Co(Ⅱ) 配合物的制备、抑菌活性及与血清白蛋白的作用. 应用化学, 2011, 28(9): 1012-1016.

[15] 卢奎, 等. 甲硫氨酸三肽与金属离子相互作用的研究. 洛阳: 中国化学会全国超分子化学学术讨论会, 2006.

[16] Tellinghuisen J. Resolution of the visible-infrared absorption spectrum of I2 into three contributing transitions. Journal of Chemical Physics, 1973, 58(7): 2821-2834.

[17] Dai J, et al. Organic photovoltaic cells with near infrared absorption spectrum. Applied Physics Letters, 2007, 91: 253503.

[18] Zhou W, et al. Stimulation of growth by intravenous injection of copper in weanling pigs. Journal of Animal Science, 1994, 72(9): 2395-2403.

[19] 李清禄, 等. 吡啶羧酸与铜(Ⅱ)螯合物的合成及结构表征. 福建农林大学学报(自然科学版), 2007, 36(3): 316-319.

[20] 汪芳安, 等. 蛋氨酸亚铁螯合物的合成及表征. 化学与生物工程, 2001, 18(4): 17-19.

[21] 侯育冬, 等. 硫酸锌与 L-α-氨基酸配合行为的相化学研究. 高等学校化学学报, 1999, 20(9): 1346-1348.

[22] 左瑞雅. L-丙氨酰-L-谷氨酰胺-Zn²⁺螯合物制备及表征. 重庆: 重庆大学硕士学位论文, 2007.

[23] 张红漫, 等. 复合氨基酸铜螯合物的研究. 氨基酸和生物资源, 2002, 24(2): 37-40.

[24] Nyquist R A, et al. Infrared and Raman Spectral Atlas of Inorganic Compounds and Organic Salts. New York: Academic Press, 1997.

[25] 晋勇, 等. X 射线衍射分析技术. 北京: 国防工业出版社, 2008.

[26] 刘会云, 等. 胶原蛋白金属配合物的合成、表征及抗菌性能. 郑州大学学报(医学版), 2010, 45(2): 301-304.

[27] 于德泉, 杨峻山. 分析化学手册: 核磁共振波谱分析. 北京: 化学工业出版社, 1999.

[28] 周桢, 左瑞雅. Ala-Gin-Zn²⁺配合物的主要理化及抗菌性质. 药物生物技术, 2010, 17(2): 130-135.

[29] Fujihira M, et al. Chemical force microscopies by friction and adhesion using chemically modified atomic force microscope (AFM) tips. Studies in Surface Science & Catalysis, 2001, 132(9): 469-476.

[30] Buglyó P, et al. New insights into the metal ion-peptide hydroxamate interactions: metal complexes of primary hydroxamic acid derivatives of common dipeptides in aqueous solution. Polyhedron, 2007, 26(8): 1625-1633.

[31] Kurzak B, et al. Copper(Ⅱ) complexes of several monophosphono dipeptides: the role of phosphonic oxygen and thioether sulfur in complex stabilization. Polyhedron, 2004, 23(11): 1939-1946.

[32] 藤田昭二, 等. 肽铁在家畜营养中的应用. 中国畜牧兽医, 2000, 27(6): 27-29.

[33] 邓尚贵, 等. 低值鱼蛋白多肽-铁(Ⅱ)螯合物的酶解制备及其抗氧化、抗菌活性. 湛江海洋大学学报, 2006, 26(4): 54-58.

[34] 霍健聪. 带鱼下脚料蛋白酶水解物亚铁螯合修饰及其抑菌机理研究. 重庆: 西南大学博士学位论文, 2009.

[35] 李亮. 微波固相合成氨基酸亚铁螯合物的研究. 无锡: 江南大学硕士学位论文, 2004.

[36] 刘培杰, 等. 超声辅助水相合成甘氨酸锌螯合物. 中国饲料, 2013, (6): 24-25.

[37] 胡爱军, 等. 超声法制备鱼胶原蛋白肽锌螯合物的研究. 食品工业, 2014, (7): 9-12.

[38] Smialowska A, et al. Assessing the iron chelation capacity of goat casein digest isolates. Journal of Dairy Science, 2017, 100(4): 2553-2563.

[39] Suen R B, et al. Hydroxyapatite-based immobilized metal affinity adsorbents for protein purification. Journal of Chromatography A, 2004, 1048(1): 31-39.

[40] Torres-Fuentes C, et al. Iron-chelating activity of chickpea protein hydrolysate peptides. Food Chemistry, 2012, 134(3): 1585-1588.

[41] Ying L, et al. Identification and characteristics of iron-chelating peptides from soybean protein hydrolysates using IMAC-Fe^{3+}. Journal of Agricultural and Food Chemistry, 2009, 57(11): 4593-4597.

[42] Guo L, et al. Preparation, isolation and identification of iron-chelating peptides derived from Alaska pollock skin. Process Biochemistry, 2013, 48(5-6): 988-993.

[43] Storcksdieck S, et al. Iron-binding properties, amino acid composition, and structure of muscle tissue peptides from *in vitro* digestion of different meat sources. Journal of Food Science, 2007, 72(1): 19-29.

[44] 霍健聪, 等. 鱼蛋白酶水解物亚铁螯合修饰物抑菌特性及机理研究. 中国食品学报, 2010, 10(5): 83-90.

[45] 谢超, 等. 带鱼下脚料水解螯合物制备及其功能活性研究. 食品科技, 2009, (11): 91-96.

[46] 林慧敏, 等. 舟山海域4种低值鱼酶解蛋白亚铁螯合物自由基清除活性与抑菌活性研究. 中国食品学报, 2012, 12(1): 19-24.

[47] Rana F R, et al. Interactions between magainin 2 and *Salmonella typhimurium* outer membranes: effect of lipopolysaccharide structure. Biochemistry, 1991, 30(24): 5858-5866.

[48] 卢蓉蓉, 等. 乳铁蛋白抑菌活性及机理研究. 食品科学, 2008, 29(2): 238-243.

[49] 汪学荣. 猪血多肽铁螯合盐的制备技术及性质研究. 重庆: 西南大学博士学位论文, 2008.

[50] 林慧敏, 等. 超滤法制备高抗菌抗氧化活性带鱼蛋白亚铁螯合肽(Fe-HPH)的工艺研究. 中国食品学报, 2012, 12(6): 16-21.

[51] 张亚丽, 徐忠. 脱脂豆粕多肽络合亚铁食品添加剂的制备及应用研究. 食品工业科技, 2004, 12(4): 120-122.

[52] 邹尧, 竺晓凡. 缺铁性贫血. 中国实用儿科杂志, 2010, 25(2): 158-160.

[53] Kiskini A, et al. Sensory characteristics and iron dialyzability of gluten-free bread fortified with iron. Food Chemistry, 2007, 102(1): 309-316.

[54] 郑炯, 等. 血红蛋白多肽螯合铁的抗贫血功能研究. 食品工业科技, 2009, (10): 312-304.

[55] 霍健聪, 等. 铁肽螯合物不同组分对缺铁性贫血大鼠贫血改善的研究. 水产学报, 2008, 38(12): 2075-2083.

[56] 凌娟. 铁对幼建鲤消化吸收功能、免疫功能和抗氧化能力的影响. 雅安: 四川农业大学硕士学位论文, 2009.

[57] 李同刚. 罗非鱼下脚料蛋白酶解物锌螯合盐的制备及其抗氧化活性研究. 湛江: 广东海洋大学硕士学位论文, 2013.

[58] Boyd C E, Massaut L. Risks associated with the use of chemicals in pond aquaculture. Aquacultural Engineering, 1999, 20(2): 113-132.

[59] 杜芬, 等. 鳕鱼源金属螯合肽体外模拟胃肠消化稳定性研究. 现代食品科技, 2016, 32(7): 33-38.

[60] 邵建华, 陆腾甲. 复合氨基酸微量元素螯合物饲料添加剂的应用与开发. 饲料工业, 2000, 27(3): 41-44.

[61] Chaud M V, et al. Iron derivatives from casein hydrolysates as a potential source in the treatment of iron deficiency. Journal of Agricultural and Food Chemistry, 2002, 50(4): 871-877.

第20章 食用海鞘活性物质研究进展

(厦门医学院，陈永轩)

被囊动物中的海鞘(*Ascidian*，俗名 sea squirt)是尾索动物亚门(Urochordata)海鞘纲(Ascidiacea)的尾索动物，海鞘是尾索动物亚门中最主要的类群，占总数的90%以上，在自然界中已知有 1500 余种，主要分布在热带及亚热带海域。我国文献记载海鞘品种有 103 种，其中渤海 5 种，黄海 21 种，东海 24 种，南海 53 种[1]。在冷水区，柄海鞘(*Styela clava*)、玻璃海鞘(*Ciona intestinalis*)、乳突皮海鞘(*Molgula manhattensis*)等为优势物种，而最主要的暖水种皱瘤海鞘(*Styela plicata*)为可食用物种[2]。对于海鞘而言，从潮汐带到千米以下的深海都有它的足迹。在这些动物体内，一层皮肤和肌肉包裹着一团内脏，它们是一种滤食性生物[3]，吸入一口水，将其中的藻类和浮游生物分离，吃掉之后把水重新吐出去，可以达到滤食的效果。由于海鞘喜寒，主要生存的地区都在寒带或温带，热带地区较少并且个头也较小。已经有文献提出，海鞘类营养丰富，被囊动物养殖业可为渔业生产鱼食[4]；提取营养成分后剩余的废弃纤维素可用于生物燃料的生产，而其提取出的蛋白质、氨基酸、抗菌肽类、不饱和脂肪酸、生物碱及矿物质元素丰富，基于新的发现可能从海鞘中开发新的肽类功能性食品；或者其所含的活性分子化合物可作为先导性药物使用。被囊动物在全球许多地方尚未充分开发，开发丰富的被囊动物可能的用途，将会有广泛的社会及经济效益。本章主要介绍海鞘的料理、加工制备、营养价值、水产养殖现况和活性物质应用的研究进展，期望能加深国人对功能性海鞘食品的认知。

20.1　全球食用海鞘的现况

大多数被囊动物不可食用，但是人们捕捞或繁殖的腕海鞘科(Pyuridae)中的红海鞘(*Halocynthia aurantium*)、真海鞘(*H. roretzi*)、智利腕海鞘(*Pyura chilensis*)和柄海鞘科(Styelidae)中的柄海鞘(*Styela clava*)、皱瘤海鞘(*S. plicata*)等部分单体复鳃目海鞘，可以生吃、煮熟、晒干或腌制。在西方历史上，新西兰的毛利人食用 *Pyura pachydermatina*，澳大利亚的 *P. praeputialis*(长期以来也称为 *P. stolonifera*，且通常仍然错误认作南非物种)被生活在澳大利亚博特尼湾附近的土著人用作食物来源，而智利人也食用它们，并将其视为珍肴。在亚洲的韩国和日本等地也有着悠久的食用历史，深受人们欢迎，我国山东沿海有规模化海鞘养殖，并已形成完整的食品生产加工产业链(图 20-1)。

图 20-1 真海鞘

https://zairyo.sg/products/seasonal-sea-squirt-hoya(2017-10-07)

　　世界各大海洋中广泛分布有可食用海鞘,它的消费场所主要在亚洲、智利和地中海沿岸国家,主要来源于野生物种,需求量高的海鞘会有人工繁殖,如 *Halocynthia* sp.和 *Styela* sp.。所有可食用的海鞘物种均为单体复鳃目。目前可食用的野生种和人工繁殖的物种主要包括红海鞘(*Halocynthia aurantium*)、真海鞘(*H. roretzi*)、哈氏小齐海鞘(*Microcosmus hartmeyeri*)、寻常小齐海鞘(*M. vulgaris*)、智利腕海鞘(*Pyura chilensis*)、柄海鞘(*Styela clava*)和皱瘤海鞘(*S. plicata*)(表 20-1)。

表 20-1 野生和人工繁殖以供人类食用的海鞘[5]

类别	物种	常用名	采集地或繁殖地
	Boltenia ovifera	—	俄罗斯
	Halocynthia aurantium	bee-dahn-mung-geh(韩国)	韩国、俄罗斯
	Microcosmus hartmeyeri Oka,1906 *Microcosmus sabatieri* Roule,1885	harutoboya(日本)	日本 地中海
	Microcosmus vulgaris Heller,1877	海紫罗兰	地中海
野生物种	*Polycarpa pomaria* Savigny,1816	—	地中海
	Pyura chilensis Molina,1782	piure 或智利腕海鞘	智利
	Pyura pachydermatina Herdman,1881	海郁金香	新西兰
	Pyura praeputialis Heller,1878	cunjevoi	澳大利亚、智利
	Pyura vittata Stimpson,1852	karasuboya(日本)、dohl-mung-geh 或 kkeun-mung-geh(韩国)	日本、韩国

续表

类别	物种	常用名	采集地或繁殖地
人工繁殖物种(所有均可野外捕捞)	*Halocynthia aurantium* Pallas，1787	海鞘、浮冰被囊动物、akaboya(日本)	日本
	Halocynthia roretzi von Drasche，1884	海菠萝、mung-geh 或 kkot-mung-geh(韩国)、hoya 或 maboya(日本)	日本、韩国
	Styela clava Herdman，1881	mee-duh-duck(韩国)	韩国
	Styela plicata Lesueur，1823	o-mahn-doong-yee 或 o-mahn-dee(韩国)	韩国

20.2　海鞘料理和加工制备

真海鞘，日本人称为"ホヤ"、"hoya"或"maboya"[6]，韩国人则称为"멍게"、"mung-geh"或"kkot-mung-geh"[7]，因其形状像菠萝，所以又被称为"海菠萝"，是重要的养殖物种。它的外皮为红色的囊状纤维，包裹着内层软组织和内脏，此为食用部分。海鞘处理有时会去除内脏，有时则含内脏一起料理，口感爽脆，略带苦涩。其中有一颗黑色的肝脏，带浓烈的苦涩味，不过喜爱吃的人则爱其回甘味，并认为对身体有所补益。因其富含牛磺酸等氨基酸群和有益健康的多不饱和脂肪酸，体内含有一定的呈味物质，用其煮汤味道鲜美[8]，许多国家当地市场销售新鲜真海鞘。真海鞘通常依附在海中的岩石上，一旦离水后很快就会腐坏，由于它太容易变坏因此常切成刺身食用，老食客要尝到新鲜真海鞘的味道，非得到产地去不可。目前韩国和日本海鞘的产季为每年 6～8 月，以韩国釜山及日本宫城产的最为美味，有"东北珍味"之称。所有食用海鞘物种的被膜通常很厚，在制备之前通常需要将其清除，但南里等在 1992 年报道，日本一些地方食用哈氏小齐海鞘(*Microcosmus hartmeyeri*)的被膜，由于味道浓烈，有点像油漆的味道，并非每个人都能接受，有人就将其形容为"像把橡胶浸泡在阿摩尼亚里"一般的味道，能令清酒的美味提升[5]。另外，柄海鞘在韩国被认为是一种美食，柄海鞘体内含有一定的呈味物质，在韩国和日本等地深受民众欢迎，已经形成壮阳药的文化特点[9]，它在韩国被称为 mee-duh-duck；其中，mee 在古老韩语中是海洋的意思，duh-duck(党参属)与韩国的根菜形状相似。而且，韩国[10]和地中海[11]地区居民都食用新鲜的皱瘤海鞘并冰冻出口。

智利脓海鞘(*Pyura chilensis*)，在西班牙语中被称为 piure。在中美洲的一些国家，其被视为一种无上美味，外表上看，它不过就是一块石头，打开外鞘就会看到内部橘红色内层软组织，要品尝 piure(内层软组织)，应选择新鲜的，将囊皮和内脏摘除，用清水冲洗干净，再切成刺身，然后蘸辣椒酱吃，最为甘甜美味。此外，以醋浸泡、盐烤、油炸、烟熏、煎煮等均可。另外，小海鞘属的哈氏小齐海鞘和寻常小齐海鞘为地中海特有的并且已被商业开发，法国、意大利和希腊人食用它们。地中海地区居民也食用 *Microcosmus sulcatus*（非有效名但仍然通用；已经归为海紫罗兰一类）。

在海鞘食品加工方面，为了增加保存的时间，清除被膜后冰冻，有时也整个冰冻、罐装、干燥以出口销售到全球各地，其常见的加工方法是，首先剥去海鞘的外皮，除去袋状鳃囊中的内脏（包括消化管、生殖腺），仅留鳃囊。然后按每 1kg 鳃囊，加入食盐 30g，谷氨酸钠 15g，山梨糖醇 100g，山梨酸钾 0.7g，抗氧化剂 1g，进行调味。接着用 70℃的热风干燥 4h 左右，使海鞘的鳃囊收缩，含水量降低，特有的色素不易褪去，有利于长期保存。最后将干燥品细切成适当的形状，用合成树脂袋包装密封，即可长期贮藏供食用（图 20-2）。海鞘与其他的鱼贝类相比，糖原的含量较高，经过上述方法制出的海鞘食品，不失其自然风味，食之仍可感到香甜，作为珍味营养食品，具有较高的营养价值。

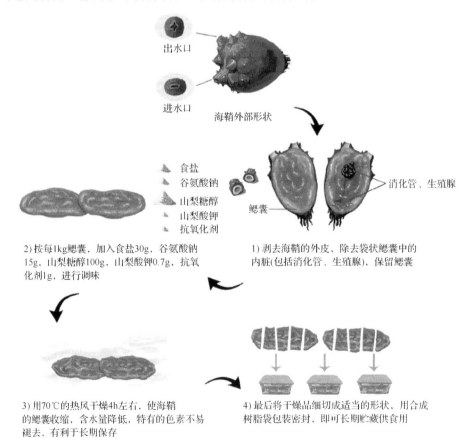

图 20-2　海鞘的制备加工流程

20.3　食用海鞘中的营养

被囊动物中的食用海鞘总体说来具有较高的营养价值。人们已经分析了许多大型单体海鞘类动物的营养价值，结果表明，它们的蛋白含量高且热量低，可能是一种健康的海产食品。真海鞘含有多种维生素(特别是维生素 E、维生素 B_{12} 和维生素 C)、矿物质(钠、钾、钙、镁、磷、铁、锌、铜)和多种氨基酸(叶酸、多不饱和脂肪酸、泛酸、胆固醇)。韩国已经分析了干燥真海鞘的抗氧化特性并将其作为保健品出售，价格为 270 美元/盒，每盒 60 包，每包 60g[12]。另外，日本北部繁殖的红海鞘(*Halocynthia aurantium*)在市场上被作为新鲜、冷冻干燥产品销售或制成营养品片剂销售。据报道，柄海鞘蛋白质含量以湿重计为 6.15%，以干重计为 28.49%；检出氨基酸(色氨酸和羟脯氨酸未测)19 种，包括 8 种人体必需氨基酸，总含量达到 322.13mg/100g 湿重，必需氨基酸含量为 109.80mg/100g 湿重，氨基酸种类比较齐全。并且柄海鞘体内含有丰富的多不饱和脂肪酸。多不饱和脂肪酸是一类具有特殊功能的活性物质，是保证细胞膜的渗透性、可塑性的必需营养物质。其中意义最大的是二十碳五烯酸(EPA)和二十二碳六烯酸(DHA)，对于稳定细胞膜的结构和功能、提高机体氧化能力有着十分重要的意义。此外，国内外最新研究表明，EPA 和 DHA 还有抑制炎症、维护心血管健康、调控基因表达及调节血脂等功能。利用气相色谱及色谱-质谱分析发现，柄海鞘内囊中的不饱和脂肪酸占脂肪酸总量的 56.44%，其中多不饱和脂肪酸占 37.57%，EPA 和 DHA 共占 18.98%，高于外套膜中的含量。另外，柄海鞘中多种矿物元素的含量高于海水，有些金属元素含量是海水的几百倍，甚至几千倍，说明柄海鞘富集金属能力较强。高脂血症与脑血管疾病、心血管疾病和高血压的发病有一定关系，微量元素铁、铬、锌、锰、钒等在脑血管功能、心血管功能等方面发挥着不同的作用[13]。

20.4　食用海鞘的水产养殖

在某些地区，过度捕捞备受欢迎的食用被囊动物的野生种群已导致其数量下降，产生了重大的生态影响。在爱琴海几个地区，强烈地商业开采萨巴蒂尔氏小齐海鞘(*Microcosmus sabatieri*)导致其数量降低至可能对种群及相关海洋群落生态系统有层叠效应的水平。在智利，人们捕捞智利脓海鞘作为海产食品，但大量过度捕捞成年智利脓海鞘已经对繁殖产生了负面影响。新来的动物为成年动物同种群聚，导致成年动物都群聚在一块。这使它们更容易被捕捞，从而导致用于补充种群的具有繁殖能力的成年动物更少，因此，捕捞区动物数量恢复得非常慢。1994 年，与不允许捕捞的保护区相比，允许捕捞的潮间岩石带的智利脓海鞘种群数量减少了高达 3 个数量级[14]。另外在相对面上，柄海鞘和皱瘤海鞘在中国沿海均有分布，资源相当丰富，是可以大量捕捞的物种。但是它们在沿海贝类养殖中具有危害性，它们附着于养殖笼外，少量进入养殖笼，附着于贝类的附着基及贝壳上。严重影响了笼内外的水体交换，造成笼内缺氧、缺饵、排泄物积聚，不利于贝类生长，贝类养殖户如果能对海鞘进行有效的回收利用，不仅具有一定的经济价值，也可以解决浪费问题。

为了满足产品需求，韩国和日本养殖了 *Styela* 和 *Halocynthia* 属的物种。韩国率先在 1982 年开始养殖真海鞘。1991 年，韩国总共从养殖场捕获 16 966t 被囊动物(6994t 真海鞘和 9972t 柄海鞘)。起初，由韩国向日本出口真海鞘。后来，日本开始养殖真海鞘，并于 2002 年开始向韩国出口[15]。并且两个国家都向欧洲和北美洲出口养殖红海鞘、真海鞘和柄海鞘[16]。韩国金海湾被囊动物养殖场极大，其环境问题引起了人们的关注[17]。

韩国和日本都采用长线法养殖被囊动物，人们传统上使用尼龙网捕捞装置在浅潮下区捕捞野生的 *Styela* 种，然后移植到多钩长线上养殖，它们生长到上市大小约需要 1 年[18]。牡蛎壳有时被放入海中用于诱捕真海鞘幼虫，它们被缠在间隔 0.5m 的垂直悬挂在水平、固定、漂浮的长绳子上。真海鞘的脊索和背神经管仅存在于幼体的尾部，成体退化或消失。也在孵育处孵化；幼虫依附在绳子上，然后将绳子悬挂在长长的横线上并放入海中。幼虫生长到约 22cm 高时可以捕获，这在韩国需要 2 年，在日本需要 3 年以上[19]。真海鞘的水温范围为 2～26℃，最佳生长水温为 8～13℃。另外，智利正努力向过度捕捞岩石区补充智利脓海鞘[20]。该物种尚且没有专门的养殖场，但它们是扇贝养殖场中重要的污着生物，有时可以在扇贝养殖场捕捞它们[21]。它还被出口到许多国家，截至 2007 年，出口的国家包括瑞典(占全世界出口量的 32.5%)和日本(占 24.2%)，对经济有举足轻重的影响。因此，人工繁殖的海鞘具有很大的市场。

极少有报道导致海鞘类死亡的疾病[22]，然而，已经出现养殖真海鞘大量死亡且死亡率不断增加的案例。在韩国，1985 年真海鞘养殖场中的软被囊综合征已经开始带来经济损失；2004 年产量下降至 4500t；至 2007 年，养殖的真海鞘损失率高达 70%。2008 年，该疾病传播到日本的真海鞘养殖场。真海鞘大量死亡的潜在原因是环境变化因素，如水温、盐度或采食的浮游生物。特定区域长期集约化养殖可能对该疾病有促进作用。其症状包括棘管变薄并分离、被膜角质层变薄及被膜纤维弯度下降，最终导致被膜破裂甚至死亡。软被囊综合征的病原体是支基体目原生动物寄生虫海斯维米尔(*Azumiobodo hoyamushi*)[23]。最近，软被囊综合征导致韩国真海鞘产量损失率高达 70%，智利部分地区野生智利脓海鞘的产量降低 75%，大多数水产养殖场位于有城市径流的海湾，污染物(包括重金属和有毒物质)可能在被囊动物中蓄积。自然灾害(如海啸)也可能对水产养殖有负面影响，如 2011 年日本发生的海啸。

传统渔业资源过度开采已经需要从非传统来源中寻求替代、划算的营养食品并促进其生产。海鞘类则成为一种重要的可再生海洋资源[24]。人们对蛋白质丰富的食品的需求量不断增加，许多传统上不食用被囊动物的地区必须开发其他蛋白质来源。例如，印度 *Herdmania pallida* 的蛋白质、脂质和碳水化合物含量高，且在印度和其他拥有丰富入侵被囊动物的地区可制成食品，至少是溶解骨针的待食用产品。全球互联越来越密切，非本土被囊动物已经散布到其原产地以外并成功地在新的地区大量繁殖，以致被视为令人讨厌的入侵物种。在做好适当的安全保护措施的同时，我们也应当认识到它们的价值——一种未充分利用的海产品来源。

20.5　国内食用海鞘中的天然产物

我国海鞘资源丰富，已记录的中国沿海海鞘种类有 103 种，其中渤海 5 种，黄海 21 种，东海 24 种，南海 53 种，包括许多属种，如 *Styela*、*Pyura*、*Molgula*、*Hartmeyeria* 等。近年来对海鞘的化学成分及其生物活性的研究是海洋天然产物研究的热门领域，国内报道最多的食用海鞘为柄海鞘和皱瘤海鞘[1]。

近年来，随着人们对海洋资源认识的提高，以及现代生物技术在海洋药物研究中的应用，开发海洋天然药物的研究也逐步深入。其中，对海鞘的研究逐渐得到越来越多的化学家和药物学家的重视，并从中发现了不少结构新颖、活性独特的化合物，成为海洋天然药物研究的热点之一。研究表明，海鞘中含有许多重要的生理活性物质。20 世纪 80 年代以来，研究者从柄海鞘和皱瘤海鞘中发现了许多抗肿瘤、抗病毒、抗微生物、免疫调节及生物催化等生理活性物质，尤其以抗肿瘤生物活性物质最为引人注目。

20.5.1　柄海鞘

柄海鞘(*Styela clava*)属脊索动物门尾索动物亚门海鞘纲。尾索动物是脊索动物中最低级的类群之一[25]，柄海鞘为大型单体海鞘，最大个体记录为 158mm，以渤海、黄海沿海的数量最多。据报道，蓬莱港的最大密度达 8100 个/m²、湿重达 32 375g/m²；旅顺港的最大密度达 2437 个/m²、湿重达 23 963g/m²，繁殖期在 5～11 月，盛期在 6～8 月。生殖的高峰因地点不同而有所差异，例如，在蓬莱港，第一个生殖高峰出现在 5 月下旬至 7 月，次高峰出现在 10 月至 11 月中旬，温度低的 12 月至次年 2 月为生殖停滞期。柄海鞘经一周年的生长达到极点后开始老化和脱落，生命周期通常为一年至一年半。在中国海域，柄海鞘最适生长的区域是渤海和黄海，一年中温暖季节里，能快速发展为群落中的主导种群，最南记录出现在福建的罗源湾，不但数量少，而且个体形态也出现明显变化，个体短小无柄，直接以后端附着。

柄海鞘极性成分的分布见图 20-3。关于石油醚层的研究，早在 2000 年，顾谦群等[26]就已应用 GC-MS 分析技术从柄海鞘中鉴定出了 3 个高级脂肪酸类化合物，棕榈酸(1)、十七酸(2)、硬脂酸(3)，以及 6 个甾醇类化合物，(22Z)-26,27-二降-麦角甾-5,22-二烯-3β-醇、胆甾-5,22-二烯-3β-醇(4)、胆甾-8(14)-烯-3α-醇、豆甾-4,22-二烯-3β-醇、(22Z)-5α-麦角甾-7,22-二烯-3β-醇、豆甾-8(14)-烯-3β-醇。在 2003 年，蔡程科等[27]从柄海鞘中分离出了 Δ8,9-十八碳烯酸甘油酯、胆甾-5,22-二烯-3β-醇(4)、胆甾醇(5)、胆甾-8,14-烯-3α-醇 4 种化合物(图 20-4)。

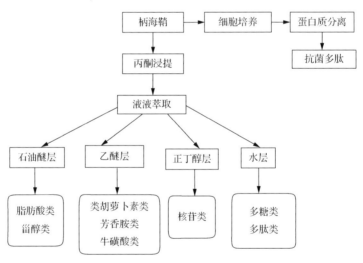

图 20-3　柄海鞘极性成分的分布

许波等[28]的研究发现，柄海鞘内囊中多不饱和脂肪酸的含量达 37.57%，其中 EPA 与 DHA 共占 18.98%；而姜爱莉等[29]通过正交试验得出的最佳提取条件更是将多不饱和脂肪酸的含量提高至 75.77%，EPA 与 DHA 含量提高至 19.47%。经研究表明，EPA 与 DHA 是人体不可缺少的重要营养素，具有降血脂、降血压、提高生物膜液态性、抗肿瘤、防止动脉硬化、防止阿尔茨海默病等对人体健康有益的功能[8]。

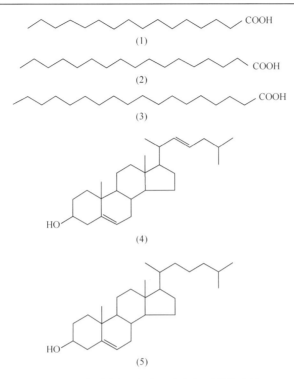

图 20-4　柄海鞘石油醚层分离得到的化合物
1. 棕榈酸；2. 十七酸；3. 硬脂酸；4. 胆甾-5,22-二烯-3β-醇；5. 胆甾醇

而目前生产的含 EPA 和 DHA 的营养保健品，原料的主要来源为鱼油，但是鱼油的稳定性差，其中含有与 EPA 作用相反的花生四烯酸，且鱼油中 EPA 和 DHA 的含量与组成受季节、产地、组种、来源食物链及海洋生物链的影响，在某种程度上影响了对 EPA 和 DHA 的开发及利用。从鱼油中提取 EPA 和 DHA 的成本也很高。更重要的是，早在 1993 年人们已经发现，现代化的捕捞技术导致渔业资源日益枯竭，鱼油产量难以满足市场需求，需要探索新的 EPA 和 DHA 资源。柄海鞘来源丰富、易采集，且 EPA 和 DHA 含量丰富，若用来替代深海鱼油生产一些保健产品，这将大大降低生产成本，并有利于保护有限的海洋资源。同时，柄海鞘体内微量元素含量丰富，可以平衡人体营养，这也是发展柄海鞘保健食品的一大优势[8]。

在乙醚层，李亮等[30]于 2007 年对采自黄海的柄海鞘的化学成分进行研究，结合现代波谱技术鉴定，得出分离到的化合物为 3 个类胡萝卜素和 1 个芳香胺类化合物，分别为糠黄素（mytiloxanthinone）(6)、岩藻黄质（fucoxanthin）(7)、全反式虾黄素（all-trans-astaxanthin）(8)、萘-2-基苯基胺（naphthalen-2-yl-phenyl-amine）(9)（图 20-5）。

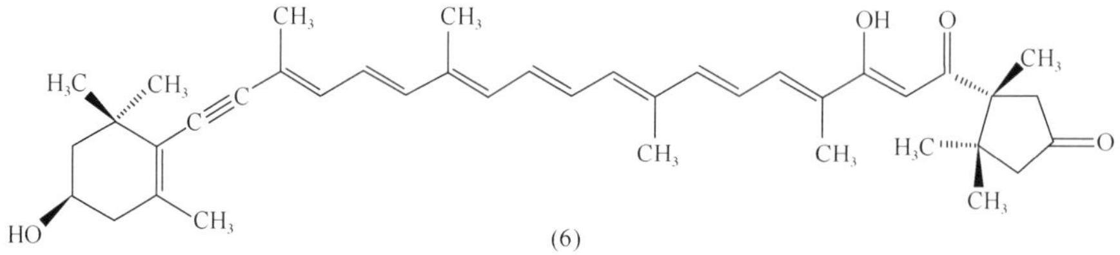

图 20-5 柄海鞘乙醚层分离得到的化合物

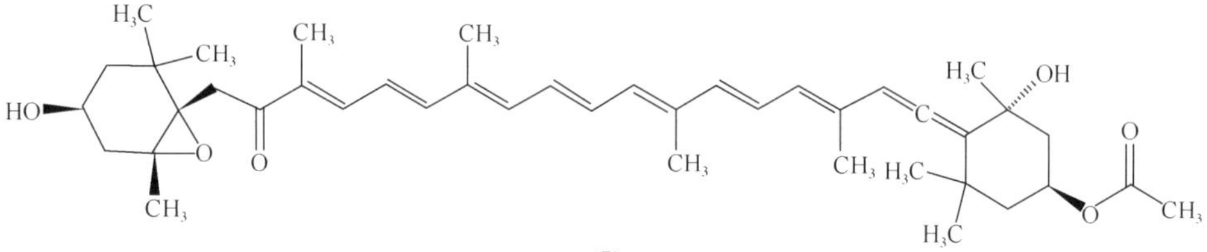

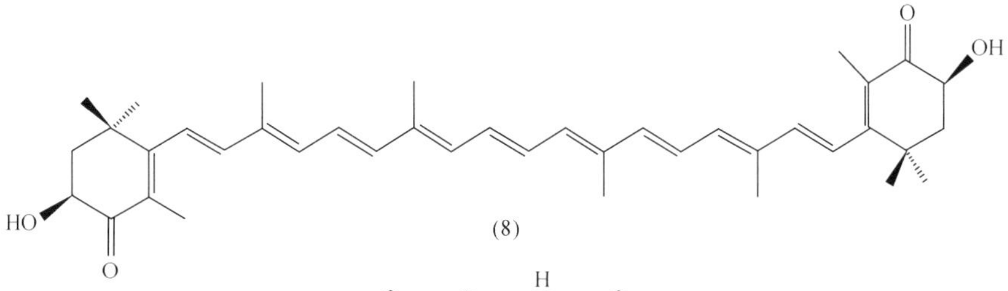

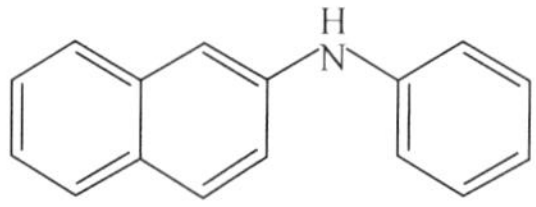

类胡萝卜素化合物具有较强的增强免疫、抗氧化、预防癌症等作用[31]。1991 年，Gerster 证明类胡萝卜素在预防动脉粥样硬化和冠心病方面有作用[32]；1992 年，Bianchi 发现类胡萝卜素对艾滋病患者有作用[33]；1993 年，Coodley 也发现类胡萝卜素可以抑制 HIV 引起的炎症[34]。

芳香胺为前致癌物，经体内活化代谢后生成的亲电子物质可与体内生物大分子(如 DNA、蛋白质等)结合形成加成物，加成物可改变细胞的生物学行为，导致肿瘤的发生。但这并不能排除 naphthalen-2-yl-phenyl-amine 具有其他生物活性的可能。

从青岛产柄海鞘的 95%乙醇提取物中的正丁醇层分离得到 5 种次生代谢产物，经波谱(IR、MS、^{1}H NMR、^{13}C NMR)分析，确定了它们的化学结构分别为异戊酰胺(isovaleramide)(10)、胸腺嘧啶(thymine)(11)、胸苷(thymidine)、尿嘧啶(uracil)(12)和鲛肝醇(α-palmityl glycerin ether)(13)(图 20-6)。5 种化合物都是首次从柄海鞘中得到[35]。这一发现有力地推进了柄海鞘在正丁醇层的研究。

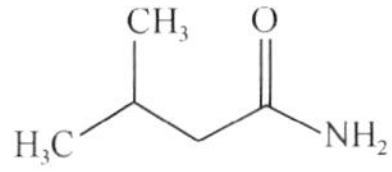

图 20-6　柄海鞘正丁醇层分离得到的化合物

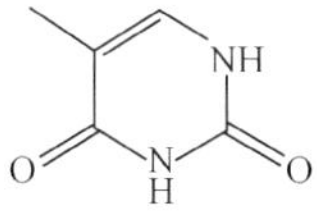

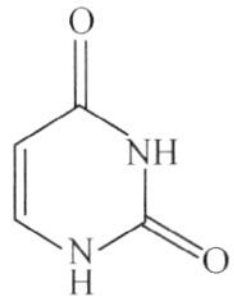

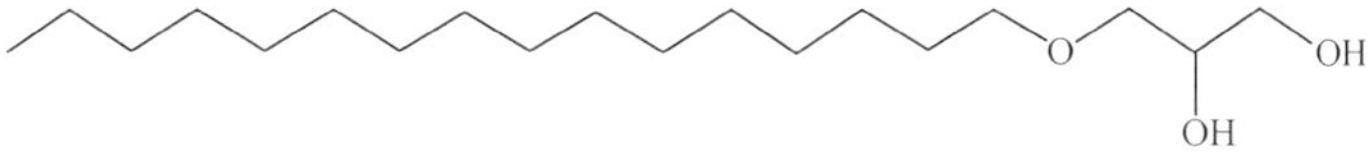

在柄海鞘的食用价值方面，迟玉森等[36]的研究表明，柄海鞘内脏团中人体必需氨基酸种类齐全，含量丰富，氨基酸总量达 166.87mg/100g，其中人体必需氨基酸含量为 56.0mg/100g，占氨基酸总量的 33.6%。柄海鞘的氨基酸组成比例比人们所熟知的刺身、贻贝等海产品都好。而作为人机体内源性抗损伤物质的牛磺酸在柄海鞘中含量也是非常丰富的，达到 20.20mg/100g。

近年来，国外已开始将柄海鞘用于医药方面，柄海鞘的食用及药用价值越来越被人们重视，国内外关于柄海鞘生理活性物质的研究主要集中在抗生素方面。抗生素的发现是 20 世纪药学领域的主要研究成果之一，然而，许多细菌对普通的抗生素容易产生抗性，因而开发新的抗菌物质迫在眉睫。越来越多的证据表明，内源性抗菌肽是动物先天免疫系统的关键效应分子，在噬菌细胞和哺乳动物上皮细胞的宿主防御机制中扮演着重要的角色。

目前为止，从柄海鞘中分离纯化出的抗菌肽均为线性-螺旋结构的两性抗菌肽分子，包括 Clavanin、Styelin、Clavaspirin 等。例如，从柄海鞘的白细胞中分离出 5 个 α 螺旋抗菌肽组成的克拉万家族 Clavanin A～E，包含 23 个残基，C 端酰胺化，富含组氨酸，策略性地放置组氨酸残基会赋予多肽与 pH 相关的抗菌活性，在低 pH 的条件下增加活性，在中性 pH 时相应表现出较低的活性。对柄海鞘中 Clavanin 抗菌活性的研究表明，它们在非常低的浓度下就表现出快速的杀菌效率。孵化 5min 后，1.6g/ml 的 Clavanin 使大肠杆菌属 E. coli ML-35P 的数量减少了一半。

因此，像 Clavanin A 这样富含组氨酸的多肽也许能成为一种有效的模板，用于设计在酸性环境，如哺乳动物网腔、阴道或龋齿中作用的抗菌肽。由于 Clavanin 有着广泛的抗菌谱且在高盐环境中能够保持其抗菌活性，因此它也为人类提供了一个有用的多肽设计思路，将这种抗菌肽局部运输至胆囊纤维化患者的肺部，在这种条件下，支气管肺液越来越高的盐度可以降低肺黏膜表面内生性抗菌肽的活力[8]。

20.5.2　皱瘤海鞘

皱瘤海鞘(*Styela plicata*)，主要分布于我国中南沿海，福建、广东和海南等，表面具无规则的瘤状突，无柄，以后端附着，体长最大记录为 114mm。厦门以南沿海分布数量很大，不同地点皱瘤海鞘的数量和繁殖季节有一定的差异。在大亚湾，几乎全年都能繁殖附着，生殖高峰出现在春末夏初的 4～6 月，次高峰是夏末秋初的 8～9 月。对于甲壳类动物养殖人士而言，皱瘤海鞘经常在一些海产品养殖过程中一同生长起来，虽然皱瘤海鞘在部分地区有作为食物食用的习惯，但大部分的皱瘤海鞘仍然是作为养殖过程中的副产物被丢弃掉，造成了大量的浪费。因此，如果能将皱瘤海鞘进行有效的利用，不但能产生一定的经济效益，也可以解决资源浪费问题。另外，它是一种全球性物种，在地中海、美国东南部和西南部、印度、韩国等地方都有分布，且数量庞大，是一种可以食用的海鞘；在日本宫城和岩手两县有大面积养殖；俄罗斯北部也开始在普罗维杰尼亚地区捕捞其野生物种。

通过对过去文献的整理，发现对于皱瘤海鞘次级代谢产物化学成分的分析中，将皱瘤海鞘乙醇浸提的粗提物进行液液萃取，对不同极性层所含化合物的类别进行区分，并对其所含化合物类别的多样性和生物活性进行研究，可以为将来皱瘤海鞘食品加工方法的开发奠定基础(图 20-7)。

在石油醚层，樊成奇等[37]对皱瘤海鞘的油脂成分进行了分析，发现皱瘤海鞘油脂中含有 EPA 和 DHA 两种 ω-3 多不饱和脂肪酸,含量分别为 10.90% 和 5.74%，以及亚油酸和二十碳四烯酸两种 ω-6 多不饱和脂肪酸，含量分别为 11.60% 和 5.94%。与磷虾油文献数据相比较，皱瘤海鞘油脂总体含量与磷虾油相近，显示了 ω-3/ω-6 多不饱和脂肪酸较为均衡的特点。表明皱瘤海鞘的多不饱和脂肪酸具有较好的开发利用前景。孙雪萍等[1]在皱瘤海鞘石油醚层提取物中发现的两个多羟基甾醇类化合物丹诺甾醇 A(dendronesterol A)(1)和麦角甾三醇[(20S,2E,24R)-ergosta-7,22-dien-3β,5α,6β-triol](2)，对卤虫致死活性的研究结果显示，化合物 1 和化合物 2 在浓度 50g/ml 时对卤虫的致死率分别达到了 87.4% 和 82.9%。Waeyiyk 等[38]于 1989 年从美国佛罗里达产皱瘤海鞘中分离出了乙酸乙酯层的西松烷型二萜(3)，这也是首次从海鞘中分离到的萜类物质。王超杰等[39]在 2001 年对皱瘤海鞘甲醇-氯仿提取物的研究中分离得到甾醇和神经酰胺这两个生理活性组分，甾醇

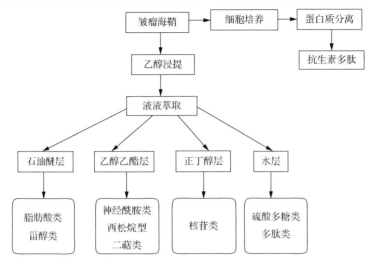

图 20-7　皱瘤海鞘极性成分的分布

组分经波谱分析和 GC-MS 分析鉴定出 9 种甾醇，总量约占甲醇-氯仿提取物的 20%。神经酰胺(4)经波谱分析和 GC-MS 分析被证明是由十五碳酰基、十七碳酰基、9Z-十八碳烯酰基、十八碳酰基的神经鞘氨醇 4 个同系物组成的，总量约占提取物的 0.1%(图 20-8)。

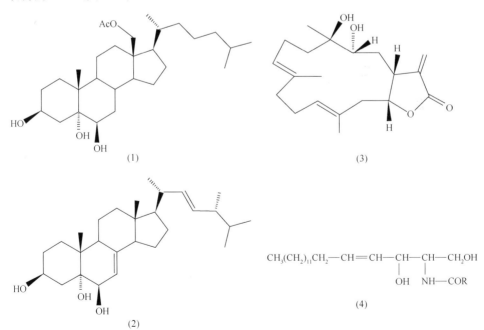

图 20-8　皱瘤海鞘石油醚层提取物中发现的两个多羟基甾醇类化合物(1 和 2)
　　　　与乙酸乙酯层中分离出的西松烷型二萜(3)及神经酰胺(4)

　　目前已经有一些皱瘤海鞘在医药方面的研究，例如，Tincu 等[40]从皱瘤海鞘的血细胞中分离获得一种五肽 tumchrome(5)；2003 年该组研究人员[41]又从皱瘤海鞘血细胞中获得一种八肽 plicatamide(6)(图 20-9)，且证明该化合物能使野生型和耐甲氧西林金黄色葡萄球菌体内的钾大量外流，使细菌停止消耗氧气而失活。另外，Cardilo-Reis 等[42]在 2006 年从皱瘤海鞘卵母细胞获得一种肝素样物质，并研究了其抗血栓活性，发现该海鞘肝磷脂只有相当于哺乳动物肝素 10%的抗凝血活性和约 5%的抗凝血酶和抗纤维蛋白酶活性。但在相等剂量下，海鞘肝磷脂引起的出血倾向要比哺乳动物低。2007 年 Santos 等[43]从皱瘤海鞘中发现一种对动、静脉血栓形成具有一定抑制作用的肝磷脂，该活性作用是通过抑制抗纤维蛋白酶活性和抑制因子 X 活性而起作用的。其抑制该凝血通路的活性比哺乳动物肝磷脂低 10 倍。然而，皱瘤海鞘肝磷脂和哺乳动物肝磷脂对动脉血栓形成都有一定的抗凝血活性。与哺乳动物肝素相比，海鞘肝素样物质抗凝作用较小，但其优点是具有显著的抗血栓作用而不引起出血，所以使用皱瘤海鞘肝磷脂治疗动脉血栓更安全。

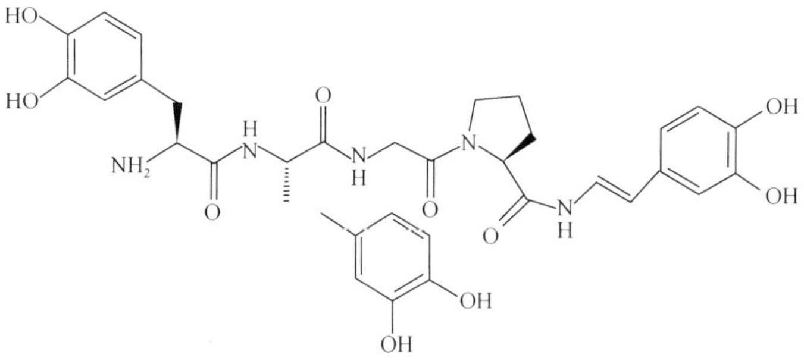

(5)

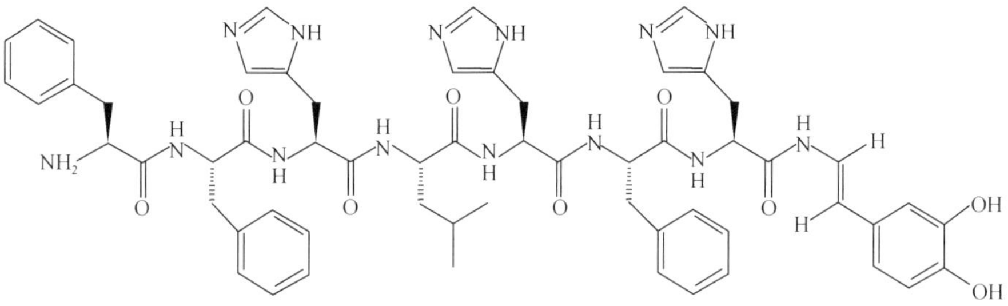

(6)

图 20-9　从皱瘤海鞘血细胞中分离获得的五肽 tumchrome(5)和八肽 plicatamide(6)

20.6　展　　望

我国的海鞘资源十分丰富，但目前国内对海鞘的研究并不深入，对各种海鞘的成分及生理活性的研究极少。若能深入挖掘其有效成分，并进行高效利用，甚至进行工业化生产，开发营养保健品及药品，既能为人们饮食的丰富及疾病治疗做出贡献，也能创造出极大的经济效益。

参 考 文 献

[1] 孙雪萍, 等. 皱瘤海鞘化学成分和生物活性研究进展. 广东化工, 2014, 41(20): 85-86.

[2] 郑成兴. 中国沿海海鞘的物种多样性. 生物多样性, 1995, 3(4): 201-205.

[3] 游桂红, 等. 皱瘤海鞘化学成分研究. 中国海洋药物, 2017, 36(1): 83-85.

[4] 蔡惠文, 等. 海水养殖污染负荷评估研究. 浙江海洋学院学报, 2014, 33(6): 558-567.

[5] Lambert G, et al. Wild and cultured edible tunicates: a review. Management of Biological Invasions, 2016, 7(1): 59-66.

[6] Tokioka T. Ascidians of Sagami Bay. Tokyo: Iwanami Shoten Publishing, 1953: 315.

[7] Kim H J, et al. The kinetoplastid parasite *Azumiobodo hoyamushi*, the causative agent of soft tunic syndrome of the sea squirt *Halocynthia roretzi*, resides in the East Sea of Korea. Journal of Invertebrate Pathology, 2014, 116: 36-42.

[8] 李霞, 等. 柄海鞘——具有广阔加工前景的资源. 水产科技, 2009, 26(8): 54-56.

[9] Karney R C, Rhee W Y. Market potential for *Styela clava*, a non-indigenous pest invading New England coastal waters. Aquatic Invasions, 2009, 4: 295-297.

[10] Kim Y S, Moon T S. Filtering rate with effect of water temperature and size of two farming ascidians, *Styela clava* and *S. plicata*, and a farming mussel *Mytilus edulis*. Journal of the Korean Fisheries Society, 1998, 31: 272-277.

[11] Meenakshi V K. A report on the nutritive value of ascidians. Enrich, 2009, 1: 58-68.

[12] 石玉. 柄海鞘的食用药用价值及其开发利用. 齐鲁渔业, 2006, 23(2): 29-30.

[13] Davis A R. Over-exploitation of *Pyura chilensis* (Ascidiacea) in southern Chile: the urgent need to establish marine reserves. Revista Chilena de Historia Natural, 1995, 68: 107-116.

[14] Kitamura S I, et al. Tunic morphology and viral surveillance in diseased Korean ascidians: soft tunic syndrome in the edible ascidian, *Halocynthia roretzi* (Drasche), in aquaculture. Journal of Fish Diseases, 2010, 33: 153-160.

[15] Lambert G. Ecology and natural history of the protochordates. Canadian Journal of Zoology, 2005, 83: 34-50.

[16] Lee J S, et al. Influence of sea squirt (*Halocynthia roretzi*) aquaculture on benthic-pelagic coupling in coastal waters: a study of the South Sea in Korea. Estuarine, Coastal and Shelf Science, 2012, 99: 1-20.

[17] Kang C E, et al. Physiological energetics and gross biochemical composition of the ascidian *Styela clava* cultured in suspension in a temperate bay of Korea. Aquaculture, 2011, 319: 168-177.

[18] Azumi K, et al. cDNA microarray analyses reveal candidate marker genes for the detection of ascidian disease in Korea. Zoological Science, 2007, 24: 1231-1240.

[19] Haye P A, Munoz-Herrera N C. Isolation with differen-tiation followed by expansion with admixture in the tunicate *Pyura chilensis*. BMC Evolutionary Biology, 2013, 13: 1-15.

[20] Lopez-Rivera A, et al. The occurrence of domoic acid linked to a toxic diatom bloom in a new potential vector: the tunicate *Pyura chilensis*（piure）. Toxicon, 2009, 54: 754-762.

[21] Monniot C. Diseases of urochordata. *In*: Kinne O. Diseases of Marine Animals. Vol. Ⅲ. Hamburg: Biological Anstalt Helgoland Publishing, 1990: 569-635.

[22] Hirose E, et al. Azumiobodo hoyamushi, the kinetoplastid causing soft tunic syndrome in ascidians, may invade through the siphon wall. Diseases of Aquatic Organisms, 2014, 109: 251-256.

[23] Tamilselvi M, et al. Preparation of pickle from *Herdmania pallida*, simple ascidian. World Journal of Dairy and Food Sciences, 2010, 5（1）: 88-92.

[24] Fankner D J. Marine natural products. Natural Product Reports, 1992: 350-352.

[25] 黄宗国, 林茂. 中国海洋物种和图集. 下卷. 北京: 海洋出版社, 2012: 185.

[26] 顾谦群, 等. 柄海鞘化学成分的研究. 中国海洋药物, 2000,（1）: 4-6.

[27] 蔡程科, 等. 柄海鞘化学成分研究. 中国海洋药物, 2003,（2）: 22-23.

[28] 许波, 等. 海鞘脂肪含量及其脂肪酸组成. 中国海洋药物, 2003,（3）: 37-39.

[29] 王长海, 等. 柄海鞘脂肪酸提取工艺的研究. 海洋科学, 2007, 31（3）: 41-45.

[30] 李亮, 等. 中国黄海柄海鞘的化学成分. 中国天然药物, 2007, 5（6）: 408-412.

[31] 韩雅珊. 类胡萝卜素的功能研究进展. 中国农业大学学报, 1999, 4（1）: 5-9.

[32] Gerster H. Potential role of beta-carotene in the prevention of card-iovascular disease. International Journal for Vitamin and Nutrition Research, 1991, 61: 277-291.

[33] Bianchi S A. Short communication: possible activity of beta-carotene in patients with the AIDS related complex. A pilot study. Medical Oncology & Tumor Phamacotherapy, 1992, 9（3）: 151-153.

[34] Coodley G, et al. β-carotene in HIV infection. Journal of Acquired Immune Deficiency Syndrromes, 1993, 6: 272-276.

[35] 劳彦斌, 等. 柄海鞘 *Styela clava* 次生代谢产物的化学研究. 中国海洋药物, 2001,（2）: 12-15.

[36] 迟玉森, 等. 食品新资源——柄海鞘的开发应用研究. 中国商办工业, 1999,（10）: 42-43.

[37] 樊成奇, 等. 东海三个海鞘优势种的油脂成分分析. 海洋渔业, 2012, 32（1）: 109-112.

[38] Wasylyk J M, Alam M. Isolation and identification of a new cembranoid diterpene from the tunicate *Styela plicata*. Journal of Natural Products, 1989, 52（6）: 1360-1362.

[39] 王超杰, 等. 皱瘤海鞘的化学成分研究. 分析化学研究简报, 2001, 29（11）: 1311-1314.

[40] Tincu J A, Taylor S W. Tunichrome sp-1: new pentapeptide tunichrome from the hemocytes of *Styela plicata*. Journal of Natural Products, 2002, 65（3）: 377-378.

[41] Tincu J A, et al. Plicatamide, an antimicrobial octapeptide from *Styela plicata* hemocytes. Journal of Biological Chemistry, 2003, 278（15）: 13546-13553.

[42] Cardilo-Reis L, et al. *In vivo* anti-thrombotic properties of a heparin from the oocyte test cells of the sea squirt *Styela plicata*（Chordata-Tunicata）. Brazilian Journal of Medical and Biological Research, 2006, 39（11）: 1409-1415.

[43] Santos J C, et al. Isolation and characterization of a heparin with low antithrombin activity from the body of *Styela plicata*（Chordata-Tunicata）. Distinct effects on venous and arterial models of thrombosis. Thrombosis Research, 2007, 121（2）: 213-223.

第21章 海洋食品流变和质构特性

（浙江海洋大学，罗 成、吴 迪、邓尚贵）

21.1 食品流变学简述

长期以来食品质地是通过人类的感官来评定的，然而食品的大工业化与商品化，食品安全的需求，以及食品流变学(food rheology)与摩擦学(tribology)的发展使得食品质感分析也发生了科学化及工业化变革。"流变"来自希腊语，意思是"rheo"（流动），流变研究旨在测量研究材料的特性，控制其变形和流动时受到外力的流变行为。变形流体在外力作用下，固体(或真正的弹性材料)会变形，液体(或真正的黏性材料)会流动。流变学就是研究这些材料在外力作用下流动与变形的学科，是物理力学的一个分支，即研究空气动力流变、食品流变等，所以包括几乎所有工业或者不同食材的黏弹性材料。口腔摩擦学研究上腭、舌头与食品之间相对运动和由此产生的触觉感官及相应配合。所以食品流变学与口腔摩擦学还可用于研究食品的适合人群，或者适合年龄，以保证食品安全。

食品质构分析除研究食品自身的质构外，也包括在加工储藏中组织的软化与分解等，这些质构的变化会引起材料流变特性的变化。衡量流变可以利用剪切速率和剪切应力的变化关系进行研究，两者呈线性变化时称为牛顿流体；两者为非线性变化时称为非牛顿流体。牛顿流体的黏度值在不同剪切速率条件下均为恒定值；非牛顿流体的黏度如随剪切速率的增加而减小则称为假塑性流体或剪切稀化型流体，如随剪切速率的增加而增加则称为胀性流体或剪切增稠型流体。食品原材料、半成品或成品在加工、操作处理及消费过程中产生的变形与流动，以及外力和形变作用的结构都与流变学相关。食品流变分析能反映食品的质构，便于检测食品的重复性、稳定性及货架期。食品流变学实际上是食品、化学、流体力学间的交叉学科。传统上食品的感官评定，就是原始的流变分析。感官评定是一个复杂的流变及摩擦过程，即咀嚼所带来的压缩、拉伸、剪切等物理过程。食品物质流变特性测量是分析食品物质结构的手段之一，食品质构用感官评定的方法来讲，就是手指、腭、舌头和牙齿对食物感觉相关的性质，包括黏度、硬度等。食品的感官评定费时、费力，结果受多种因素影响，非常不稳定。而食品质构的范围较广，若超出期望的范围则可能是质量缺陷。因此食品流变与质构特性研究对食品工业有重要意义。食品质构与质感评定在今天的工业化生产中部分用机器来完成，如流变仪。仪器测定法可以避免人为因素等诸多缺点，分析结果客观。流变测量可提供产品质量的快速测定，可作为质量控制工具。但非感观评定也很难表现食品质地的综合力学性质，所以目前仍然需要仪器与感官评定互为补充[1-3]。

21.2 流 变 仪

1) 旋转流变仪：主要结构是双层圆筒，外圆筒不转，中间的转子通过弹簧等弹性元件与刻度盘相连接，如果转子没有其他外力的作用，在电机作用下，就会与刻度盘一起做匀速运动，但当转子浸入液体时，由于液体黏性的作用而受到一个与转子旋转方向相反的力矩作用，阻碍转子的旋转，使转子不能与刻度盘同步运动。旋转流变仪就是典型的互换式测量几何体，双间隙测量系统适用于低黏度流体，它具有较大的剪切面积，从而可以获得足够高的转矩值。然而，以较高的剪切速率测量低黏度流体时，会有次级流效应产生。这可能导致紊流的发生，引起流阻的增加。旋转流变仪常用的两种方法是控制速率和控制应变。在控制速率方面，材料被放在两个平板间进行研究。其中一块平板以固定的速度旋转，产生的扭力由另一块平板测量。因此，速度(应力速度)是独立变量，而转矩(应变)是非独立变量。在控制应变方面，情况则完全相反。转矩(应变)被应用在一块平板，则同一块板的转速或位移就可以被测量。许多常用的材料及配方具有复杂的流变学特性，其黏性及黏弹性可随施加的外部条件而变化，如重力、压力、时间尺度及温度。内部样品变化，如蛋白质浓度和稳定性，以及生物药品的配方类型，都是决定流变学特性的关键因素。旋转流变仪提供多种测量系统，可以测试复杂流体及软固体的流变特性，如分散体系、乳液、聚合物、表面活性剂溶液、糊剂及凝胶。

2) 毛细管流变仪：毛细管流变仪主要用于高聚材料熔体流变性能的测试。工作原理是，物料在电加热的料桶里被加热熔融，料桶的下部安装有一定规格的毛细管口模[有不同直径(0.25～2mm)和不同长度(25～40mm)]，温度稳定后，料桶上部的料杆在驱动马达的带动下以一定的速度或以一定规律变化的速度把物料从毛细管口模中挤出来。在挤出的过程中，可以测量毛细管口模入口的压力，结合已知的速度参数，口模和料桶参数，以及流变学模型，计算在不同剪切速率下熔体的剪切黏度。

21.3 食品专门用途流变仪

由于食品的特性与共性，食品流变学研究的流变仪或者黏度仪主要用于测量已知流量流体产生的应变或在已知力的作用对流体产生的阻力时流体的流变学特性。常用的流变学测量仪器有：毛细管黏度仪、落球黏度仪、旋转黏度仪和摆动黏度仪等。黏度仪只能测试流体在一定条件下的黏度，例如，低级的 6 速黏度仪只能测试 6 个固定转速下的黏度，再好一些的有更多的转速可供选择。而流变仪可以给出一个连续的转速(或剪切速率)扫描过程，给出完整的流变曲线。高级旋转流变仪还具备动态振荡测试模式，除黏度以外，还可以给出许多流变信息，如储能模量、损耗模量、复数模量、损耗因子、零剪切黏度、动力黏度、复数黏度、剪切速率、剪切应力、应变、屈服应力、松弛时间、松弛模量、法向应力差、熔体拉伸黏度等，可获得的流体行为信息包括非牛顿性、触变性、流凝性、可膨胀性、假塑性等。但由于我国居民的饮食特点，目前在制粉、烘焙、淀粉工业中测定食品或者食品原料(如小麦、黑麦、玉米、大米、小米、木薯、木薯粉)品质时，广泛使用大量测定品质的基础仪器，包括粉质仪、拉伸仪、糊化仪、黏度仪等。《小麦粉　面团的物理特性　吸水量和流变学特性的测定　粉质仪法》(GB/T 14614—2006)、《小麦粉　面团的物理特性　流变学特性的测定　拉伸仪法》(GB/T 14615—2006)和《粮油检验　谷物及淀粉糊化特性测定　粘度仪法》(GB/T 14490—2008)保证了这类产品的重复性。同时仪器制造及其软件的使用，使测定结果更精细、准确，信息量更大。而且国家标准也在持续更新。

(1)电子式粉质仪

粉质仪作为全球通用的标准仪器已经被使用了 80 多年，通过测试小麦面粉的吸水率和揉混特性(面团的形成时间、稳定性、弱化度)来检验小麦的质量，适合于小麦面粉的质量控制，实验室产品研究、开发及质量评价。由粉质仪记录的图谱称为粉质曲线，由粉质曲线可以得到的面粉品质参数有：吸水量，面团最大稠度达到 500FU(仪器单位)时的加水量，单位为 ml/100g；面筋形成时间，从加水开始至粉质曲线达最大稠度的时间间隔，单位为 min；面筋稳定时间，粉质曲线上边与 500FU 标线两次相交的时间间隔，单位为 min；面筋弱化度，粉质曲线中间值自峰值至 12min 时衰减的高度，单位为仪器单位 FU；质量指数，粉质曲线从加水开始至到达最大稠度后衰减 30FU 处的时间坐标长度，单位为 mm。粉质图谱可以反映面粉的品质特性，数据可靠、重现性好。

(2)电子式拉伸仪

拉伸仪测试的是面团的拉伸特性，特别是拉伸阻力、延伸性和拉伸能量，为面粉的烘焙特性提供可靠的数据。目前全世界的谷物贸易、科研开发中广泛采用拉伸仪进行面粉的拉伸实验，国际标准方法包括 AACC54-10、ICC114/1 和 ISO5530-2。拉伸仪适合于各种小麦面粉质量的测试，对美国的强筋小麦和利用特定的中国小麦磨的面粉做成的软面团也是有效的。电子式拉伸仪甚至允许在超出 1000 EU (拉伸单位)的情况下记录图谱(机械式的拉伸仪以 1000EU 为限量，超出 1000EU 部分只能以一条直线表现)。测定面团的延展特性用的仪器就是拉伸仪。

将通过粉质仪制备好的面团先揉球、搓条，醒发 45min 后，将面条两端固定，中间钩向下拉，直到拉断为止，抗拉伸阻力以曲线的形式记录；然后把拉断的面团再揉球、搓条，重复以上操作，分别记录醒发 90min、135min 的曲线，根据曲线分析面团品质和添加剂的影响作用。面团在外力作用下发生变形，外力消除后，面团会部分恢复原来状态，表现出塑性和弹性。不同品质面粉形成的面团变形程度及抗变形阻力差异不大，这种物理特性称为面团的延展特性，是面团形成后的流变学特性。硬麦面粉形成吸水率高、弹性好、抗变形阻力大的面团；相反，软麦面粉形成吸水率低、弹性弱、抗变形阻力小的面团。在面粉品质改良中，其面团延展性为最主要指标。制作面包需要强力的面团，能保持发酵面团良好的结构和纹理，生产松软可口的面包；制作饼干需要弱力的面团，便于延压成型，保持清晰、美观的花纹，平整的外形和酥脆的口感。

(3)电子式糊化仪

面粉的烘焙特性主要依赖于面粉中淀粉的糊化特性和酶活性。电子式糊化仪在全世界广泛使用，国际标准为 AACC22-10、ICC126/1 和 ISO7973。与实验室基本成分测试相对比，在面粉和粗磨粉中测量 α 淀粉酶的活性仅得到单一的绝对值。而一些重要的补充信息能从糊化图谱中获得。在通常的烘焙过程中模仿悬浮淀粉的糊化特性以 1.5℃/min 的温度速率增加。根据整个糊化曲线的描绘提供关于面粉(淀粉)的起始糊化温度、最终糊化温度、最高糊化阻力、热稳定性和增稠能力等指标。在制粉、烘焙工业和淀粉工业中，糊化仪、黏度仪和黏度糊化仪是最常用的仪器，用来测量面粉的糊化特性和酶活性。在淀粉工业中用来测量原淀粉、变性淀粉和含淀粉产品的糊化过程与黏度变化过程。测试方法符合 ICC169 和 GB/T 14490—2008、《谷物黏度测定 快速黏度仪法》(LS/T 6101—2002)。

21.4 鱼糜掺水量与流变分析

流变分析对鱼糜的研究或者生产应该是至关重要的。鱼糜是一种新型的水产调理食品原料。鱼糜一般是从鱼的最好部位中获取的纯鱼蛋白。将鱼肉斩拌后，加食盐、副原料等，擂溃成黏稠的鱼肉糊再成型后加热，变成具有弹性的凝胶体，此类制品包括鱼丸、鱼糕、鱼肉香肠、鱼卷等。由于鱼糜制品调理简便，细嫩味美，又耐储藏，颇适合城市消费，这类制品既能大规模工厂化制造，又能家庭式手工制作。生产中掺水量通常是影响鱼糜流变最重要的因素之一。工业化鱼糜通常以非牛顿流体存在，但随着鱼糜中掺水量的增加，稠度系数下降，鱼糜变稀；流变特性指数增加，表明鱼糜所表现出的流变特性向牛顿流体趋近。而不同的鱼类因蛋白质不同会产生较大的黏度差异，所以黏度的测量非常重要[4,5]。

目前，由于图像与数字化跟踪越来越普及，鱼蛋白质及产生凝胶的微观结构和物理力学性质，以及动态流变性能与化学性能及其对产品流变性质的影响都越来越清晰。鱼糜的黏度是由鱼本身所表现出的阻滞鱼糜流动或变形的性质，是由鱼糜中的蛋白质分子间、蛋白质分子与水分子及其他分子间的内聚力和分子的扩散而产生的。鱼糜的表观黏度随压力的增大而逐渐增大。由于蛋白质分子的长链螺旋结构和鱼糜中分子间的相互作用，鱼糜以微团的形式存在，蛋白质分子的许多极性基团被包聚在微团里面。当鱼糜未受到压力作用时，鱼糜流动时的阻力主要是微团与微团间的相互作用，微团间的结合力较弱，使得鱼糜易于流动。当鱼糜受到压力作用时，鱼糜中的微团发生变形，表面积增大，其中所包聚的许多极性基团也裸露在外。这样，由于极性基团间的相互作用，鱼糜层间的流动变得困难，也就是说此时鱼糜的表观黏度很大，形成非牛顿流体。例如，温度在 5～20℃，阿拉斯加鳕鱼糜获得的 95%、90%、85%、80%和 75%含水量的鱼肌肉蛋白糊的稳定与动态剪切黏度的模型参数显示出水分含量的依赖性[6]。黏性流动行为与温度无关(5～20℃)，与纯鱼糜糊相比，添加淀粉可以降低糊的流动指数和黏度[7,8]。

21.5　影响食品流体的因素

(1)pH 与流变

由于流变与分子间的相互作用相关，因此 pH 会影响流变特性。pH 调节被用于鱼蛋白的增容，例如，磷酸盐具有高离子强度的多价阴离子，当加入肉中后可使肉的离子强度增高，肉的肌球蛋白的溶解性增大而成为溶胶状态。持水能力增大，因此肉的持水性增高。pH 也可减溶，即在某一溶液的等电点条件下，蛋白质分子与分子间因碰撞而引起聚沉的倾向增加，所以这时可以使蛋白质溶液的黏度、溶解度均减到最低，且溶液变浑浊。目前许多鱼糜工业都或多或少地利用 pH 来改善鱼糜的黏度和质感。例如，在常规剁碎鲱和鲢后，与鲱鱼片和鲢鱼片进行比较，单独或混合后的流变学研究表明，沉淀前碱溶蛋白的混合导致黏度的迅速增加，反映了分子间蛋白质相互作用的形成。此外，与洗净剁碎混合硝碱生产分离蛋白的方法相比，pH 转移法对混合鱼糜的开发效果较好[9,10]。浒苔多糖来自最常见的绿藻，经傅里叶变换红外光谱(FTIR)证实是一个含硫酸多糖。在一定的浓度下可以形成凝胶，这种凝胶对温度、pH、离子具有响应性。在浒苔多糖浓度达到10g/L 时，流变特性试验验证其具有假塑性，添加 16g/L 的聚乙烯能形成凝胶并具有良好的织构性质。浒苔多糖的独特功能和特性为其在食品工业中的应用提供了可能性。

对于多数食品胶而言，在 pH 为 7 时黏度达到最大值。酸的加入使零剪切黏度趋于降低，在 pH 为 4～7 时对黏度、剪切稀化指数及黏度衰减基本无影响，变化不明显。但当 pH 为 3 时，零剪切黏度大幅度下降，剪切稀化指数变小，黏度衰减增大，表明此时剪切稀化性能减弱。瓜尔胶属于阴离子聚电解质，在离子化溶剂中，阴离子基团沿大分子链排列，抗衡离子分布在其周围。当 pH 降低时，溶液中 H^+ 浓度增加，与阴离子基团结合而使聚合物的解离度降低，导致电荷排斥作用减弱，大分子链蜷曲，溶液黏度降低。pH 为 4～7 时可能由于 H^+ 浓度不足以使大分子链蜷曲，因此黏度降低不明显。而在 pH 为 3 时，高浓度的 H^+ 结合阴离子基团使黏度聚变[11]。

(2) 分子量与流变

透明质酸是一种线性大分子黏多糖，根据分子量确定其流变性能，并决定合适的用途。传统研究通过优化发酵工艺提高透明质酸的产量已取得显著成效，近年来，研究重点逐渐转向如何提高透明质酸产品的分子量。由于高分子量透明质酸具有良好的黏弹性、保湿性、黏附性，在医药与化妆品中获得广泛应用。然而，低分子量透明质酸是良好的食品稳定剂、悬浮剂、黏合剂、成膜剂。除了其他特性的影响，分子量的大小总是影响其流变特性。利用流变学方法测量高分子材料内部结构的窗口，通过高分子材料，如塑料、橡胶、树脂悬浮液、乳液、涂料、油墨和食品中不同尺度分子链的响应，可以表征高分子材料的分子量和分子量分布，能快速、简便、有效地进行原材料、中间产品和最终产品的质量检测与质量控制。食品中应用多的明胶广泛作为稳定剂、增稠剂和胶凝剂，也是药品和化妆品中的功能性成分。明胶的流变性质对于明胶的潜在功能非常重要。明胶的凝胶应力-应变关系在宽范围的应变和应力下保持在线性区域，并且在不同的频率、应力和应变水平下产生相似的弹性模量。而高分子量鱼皮明胶的弹性模量较低，表明与其他明胶样品相比，其凝胶强度较低[12]。

21.6 食品流变和质构特性与食品研发

假塑性食品黏度与人们品尝时的反映，与流变学有一定关联，系数 $n=0.5$ 时，乳类甜食、汤料、酱类、浆状食品的口感最好。这类食品在口中保持稳定流动，当有剪切作用(舌动等)时有较低的黏度；若停止剪切，又恢复原来的黏度，容易吞咽。所以通过流变学试验(模拟试验)可以预测产品的质量及产品在市场上的接受程度，指导新产品的开发。例如，使用食品胶或增稠剂时，必须对使用的目的(应用食用胶的哪一种特性)有清楚的了解，才能根据不同食品胶的特性进行选择。此时质构仪就可以发挥很大的作用，由于所有的食品胶都不仅有一种功能，因此在为食品任何一类特别的应用选择食品胶时，都还应该考虑食品胶在该食品中发挥的其他功能。这就要求食品工艺师在选择食品胶时考虑诸多因素：产品形态(如凝胶、流动性、硬度、透明度及混浊度等)、产品体系(悬浮颗粒能力、黏度等)、产品储存(时间、风味稳定、水分)、产品加工方式和经济性等。否则，如直接选择使用在该项应用中表现得最好的食品胶，而不考虑其他因素，可能得不到最佳效果。

食品加工及处理过程涉及的液体多为非牛顿液体，其表观黏度随时间、剪切应力、剪切速率的变化而变化，因此掌握各种食品的流变学特性，便于在流体的输送，管路设计，以及搅拌、乳化、均质、物化、浓缩、灭菌等单元操作的机械设计中充分考虑物料在力的作用下黏度的变化，有针对性地设计设备结构及功率等。例如，有些材料具有剪切变稀现象，故其输送启动功率要大些。食品加工过程中质构变化的典型例子是巧克力的生产。巧克力可以是固态也可以呈液态，取决于其脂肪的构成与存在状态。可可脂在温度高于 32℃时会急剧融化，成为液态。因此可以借助流变学测量方法对其特性进行检验。最重要的流变学参数就是屈服应力值，把流动曲线外推至零剪切速率来确定巧克力的屈服应力值。屈服应力与巧克力中所含的可可脂成分，巧克力浆中的可可粉、糖粉等的磨碎程度，以及卵磷脂的用量有关。

影响鱼糜黏度的因素主要是淀粉的添加，淀粉的添加会降低鱼糜制品口感上的"韧度"。当将少量淀粉添加到鱼糜中时，其可以迅速吸水膨胀，填充到肌原纤维蛋白组成的网络结构中，随着加热，蛋白质变性，固定住了形成的网络结构，从而可以达到提高鱼糜制品弹性的效果，表现为凝胶强度的增大，组织形态与凝胶强度总体也得到提高。但是当淀粉的添加量超过一定数量时，加入鱼糜后不能迅速地从周围吸收水分膨胀，就会降低鱼糜的韧性，鱼糜的弹性并未因为淀粉添加量的增加而显著提高，具体表现为鱼糜弹性增加幅度的放缓，因此凝胶强度会有所下降。添加淀粉量为 15%～20%时，鱼糜弹性较好。淀粉对鱼糜淀粉糊质地的影响还取决于淀粉的浓度和改性，以及直链淀粉和支链淀粉的比例，支链淀粉越多，鱼糜-淀粉凝胶越强。

21.7　流体的黏度测定

在食品研究中如果考虑到可重复性，利用研究型旋转流变仪，测量两个板块(夹具)之间流体的层流剪切黏度最为广泛。温度、压力、时间(触变性)等因素都可以影响剪切黏度。但在多重因素需要设定的条件下黏度可以评判产品的质地、质构、质感等(表 21-1)。

表 21-1　在常温(20℃)及常压下不同组成液体的黏度

流体	黏度(cPa·s)	黏度(cP)
水	0.001	1
血液(37℃)	0.003～0.004	3～4
蜂蜜	2～10	2 000～10 000
巧克力酱	10～25	10 000～25 000
番茄酱	50～100	50 000～100 000
花生酱	250	250 000

21.8　鱼糜食品的黏弹性

食品黏弹性(或者胶性)是黏性和弹性的结合，亦即黏性流体与弹性固体的流动特性组合。日常生活中，水就是典型的黏性流体，橡胶属于弹性固体。在恒定的频率和温度下，给材料施加一定范围的交变应变(剪切速率)，测量聚合物黏弹响应随应变变化的关系，其中 G′为弹性模量，代表流体弹性行为，称为储能模量；G″为黏性模量，代表流体黏性行为，为损耗模量。在一定频率范围内的储能模量(G′)大于损耗模量(G″)，即弹性占优。随着频率的增加，储能模量和损耗模量均有所增加，而相位角基本保持不变，表明其为凝胶体。随着凝胶的浓度增加，材料的模量增加，相位角减小，表明其为弹性固体[13]。产品流变特性的数字化将大大提高产品的稳定性和可重复性，使产品更加精准。例如，摸索使番茄酱易于从瓶中倒出来，但又能控制流动方式的最佳流变；或者控制其变形和流动时受到外力的行为(浇注、吮吸、撮等)。在新型产品开发中，例如，从植物蛋白制备新产品，需要根据不同的原理、不同的需要或不同的目的与要求，而设计食品的流变参数[14]。各种新增稠剂不断出现，新的测量方法也在不断出现，以适用于实际和模拟食品体系的复杂流变学技术的广泛应用，不同的流变仪正在广泛应用于材料科学、食品、药物、化妆品生产及 3D 打印领域。目前研究的纳米颗粒也支持自组装产生流变改变，或者黏度改变。

参 考 文 献

[1] Won B, et al. Evaluating viscosity of surimi paste at different moisture contents. Appl Rheol, 2004, 14(3): 133-136.

[2] 孙哲浩. 明胶与卡拉胶交互作用特性及机理的研究. 食品科学, 2001, 22(1): 14-18.

[3] Duizer L M. Sensory, instrumental and acoustic characteristics of extruded snack food products. J Texture Stud, 1998, 29: 397-411.

[4] 赵杰文, 等. 鱼糜流变特性的研究. 农业工程学报, 1996, 12(4): 75-79.

[5] 李华北, 赵杰文. 糜状食品物料流变特性的实验研究. 食品科学, 2001, 22(3): 17-19.

[6] Yoon W, et al. Linear programming in blending various components of surimi seafood. J Food Sci, 1997, 62(3): 561-564.

[7] 刘海梅. 变性淀粉的流变学特性及在鱼糜制品加工中的应用. 食品科学, 2010, 20(3): 61-65.

[8] 陈海华, 薛长湖. 淀粉对竹荚鱼鱼糜流变性质和凝胶特性的影响. 农业工程学报, 2009, 25(5): 293-298.

[9] Chung Y C, et al. Effects of pH and NaCl on gel strength of Pacific whiting surimi. J Aquat Food Prod T, 1994, 2(3): 19-35.

[10] Leopoldo G, Marek P. Influence of pH and temperature on the rheology of aqueous quartz-bitumen suspensions. J Rheol, 2012, 56(4): 687-706.

[11] Hosseini E, et al. Influence of temperature, pH and salts on rheological properties of bitter almond gum. Food Sci Technol, 2017, 37(3): 437-443.

[12] Boran G, et al. Rheological properties of gelatin from silver carp skin compared to commercially available gelatins from different sources. J Food Sci, 2010, 75(8): E565-E571.

[13] Chen K, et al. A hybrid molecular dynamics study on the non-Newtonian rheological behaviors of shear thickening fluid. J Colloid Interf Sci, 2017, 497(1): 378-384.

[14] Wood P J, et al. Extraction of high viscosity gums from oats. Cereal Chem, 1978, 55: 1038-1049.

第五篇　海洋食品资源的生态与修复

第22章　海洋食品保藏方法

海洋食品原料具有肉质柔软、水分含量高、脂肪易氧化、离水易死、变质速度快等特性。因此，对于海洋食品活体原料，为实现长时间远距离运输贮存，需采取合适的保活技术。而对于海洋食品非活体原料，需采取合适的保鲜技术以延缓其品质下降，防止腐败。

22.1　海洋食品保活技术

海洋食品原料保活的目的是使其在离水后的存活时间尽量延长，以保障其在运输销售链中的品质。保活技术提供的环境条件应接近其生存的自然环境或条件，或者采取措施降低其新陈代谢强度，使其在运输销售链中保持存活。

22.1.1　保活原理

海产品活运属于高密度暂养，生物体始终处于紧张状态，并且容易相互碰撞而增加受伤概率，耗氧和排泄物更促进了环境中细菌的增殖而使生存环境恶化。在保活过程中，降低水体和活运海产品的温度及减少其应激反应等，可降低活运海产品的代谢强度，提高其存活率；供氧、添加缓冲物、抑菌剂、保活剂、防泡剂等，可改善水质环境，避免海产品死亡、数量减少及由于不良环境而引起的损失。提高流通存活率是保障海产品品质、食用安全性和经济效益的基础。

海产品保活主要从两方面着手[1-3]：抑制海产品代谢强度；改善水体环境。活体运输过程中保活需注意以下关键因素。

1) 水温：海产品大都是冷血生物，对水温变化敏感。水温是影响海洋水产品活体运输存活率的重要因素。水温越低，耗氧率越低，故较低温度有利于长时间保活运输。各种海产品活体都有自己的适温范围，超出适温范围就容易死亡。同时，水温变化时，海产品不能进行自身调节以适应变温，易患疾病。为此在换水或加冰时，应注意部分换水和梯度降温。

2) 水质：在运输容器内海产品密度很大时，活鱼运输用水必须选择水质清新，含有机质和浮游生物少，中性或微碱性，不含有毒物质的水，如清洁海水或澄清河流、湖泊、水库等水源。

3) 溶氧量：溶氧量降低到一定值时，海产品就要加快呼吸频率。当低于临界氧浓度时，呼吸作用受阻直至窒息致死。因此，在高密度、长时间、远距离的保活运输过程中必须要有充足的氧供给，溶氧量应保持在 5mg/L 以上，才能保证海产品较高的存活率。

4) CO_2：当 CO_2 浓度，特别是水溶性分子态 CO_2 浓度超过一定值时，需要打气排除，同时增加水中溶解氧量，以帮助鲜活海洋食品原料抵御不良环境。采取的措施可以是安装搅动装置，或放置曝气石释放空气增加溶氧量并带走 CO_2。

5) pH：水体过酸可使海产品血液 pH 下降，使血红蛋白与氧结合受阻，降低其载氧能力，导致血液中氧分压变小。此时，尽管水中含氧量较高，仍会出现缺氧现象。因此，应监控并采取适当措施避免 pH 过低。

6) 渗透压：鱼、虾体表有黏液或鳞片保护，使其体内渗透压处于平衡状态。在运输过程中，震动等环境条件变化会使鱼虾严重不安，表现出兴奋性增强、耗氧量增大等应激反应，进而导致内环境失衡。同时，其表面易受到网箱等器具的机械损伤，也可使体内外渗透压失去平衡，对疾病抵抗力下降而易致死。因此，应当尽量平稳运输，减少或避免鱼虾表面损伤和应激反应。

7) 代谢：代谢与排泄密切相关，代谢产生的排泄物会降低其从水中吸取溶解氧的能力，并随水温升高而恶化。代谢旺盛使水体中 CO_2 积累，导致水质 pH 降低，将会加快海产品新陈代谢速率，并使水质急剧恶化，最终导致海产品死亡。应尽量降低运输过程中海产品的代谢强度，采取的措施包括降温、适量添加麻醉剂等。

8) 防止细菌繁殖：若处于不适运输环境时，海产品会大量分泌黏液和排泄物，不仅造成其呼吸困难，而且使细菌迅速繁殖。在最初几小时，氨被水生细菌利用，虽然会降低水中氨含量，但也会随之伴生缺氧现象，最后导致海产品呼吸困难。运输中，如鱼的消化管内留有残余食物，细菌会在胃、肠中大量繁殖，再加上鱼体本身体力较弱，搬运时更易感染疾病。为了提高运输存活率，通常将活体海产品在运输前暂养，使其排空粪便，从而避免或减轻运输中对水的污染。在水体中适量添加氯化钠或氯化钙可减少海产品表面黏液的生成，也可防止海产品感染微生物。

22.1.2　保活技术

在基本相似的水体、温度、溶氧量和密度等条件下，不同种类的鱼成活率却不同。海产品保活运输技术包括充氧保活、麻醉保活、冰温无水保活等[4-6]。基于降低代谢率有利于延长存活时间，日本研究者用 2mm 高速钻头切断鱼脊髓，将鱼放回水中仍能呼吸，除头部和胸部外都不能动，这样可以减少能量消耗，可在冷却保温箱中长途运输，但在运输中需定期充氧或化学增氧。

虾的运输分为带水运输和无水运输。带水运输过程中，虾匍匐于底部而极少活动。如发现虾反复蹿水或较多虾在水中急躁游动，表明水中缺氧。在常温下充氧气贮运，可达到与无水低温保活类似的效果。无水运输是在 8～12℃水中使虾进入休眠状态，装箱，先在纸箱里垫上吸湿纸，铺上 10～15mm 厚的冷却锯末，然后放虾 2 或 3 层，上层也盖满木屑，相对湿度控制在 65%～100%，以防脱水，同时加入袋装冰块以防箱内外温度上升。所使用木屑和锯末必须无杀虫剂和化学试剂污染。也可使用导热系数仅为硬纸箱一般的隔热箱。此外，采用添加物(如白酒、食盐、食醋、大蒜汁等)处理也能延长虾的存活时间。

贝类需保存在 6℃以下，用隔热性能较好的包装容器，可用冰，也可用制冷装置。贻贝可用麻袋包装。扇贝则需去除壳上的浮泥、杂藻，放入有冰块降温的容器中，且融冰水不能流入扇贝。

蟹一般暂养 24h 后，用蟹笼装满，再用浸湿的草包盖好，加盖压紧或捆牢，使蟹无法运动以减少体力消耗，经 1～2 天的长途运输，存活率在 90%左右。在蟹类运输中最重要的是控制温度和湿度，湿度一般在 70%以上，温度则应稍低于蟹生活的自然环境温度，使蟹活力下降，以免互杀致伤致死。运输中采用低温保温箱，每一层都铺上潮湿材料，如粗麻布、海草、刨花等，最上层再覆盖一层潮湿材料，可保活 1 周左右。但暖水蟹在运输中可承受较高温度。

22.2　海洋食品保鲜技术

鲜度是海产品品质最重要的指标。狭义的鲜度是指新鲜度，即生鲜鱼、虾、贝、蟹类是否已经发生物理或化学变化及其变化程度；而广义的鲜度除新鲜度意义外，还应包括安全性、鲜美度、营养性、适口性等多种意义。海产品在捕捉致死后，新鲜度下降，在鱼体自身及其微生物的内源酶作用下会发生一系列复杂的生物化学变化[7, 8]，其变化历程与畜肉相似，分为死后僵直、自溶、腐败 3 个阶段，但变化更快。与畜肉相比，排酸成熟软化阶段相当短暂，鱼体从僵直消失起，立刻就进入自溶、腐败阶段。总之，与陆生动物相比，水生动物含水量高，组织柔软，蛋白质和脂肪含量丰富，更易腐败变质。因此，海产品在捕获之后需要立即采取有效保鲜技术以确保其品质。海产品保鲜技术指利用物理、化学、生物等手段对原料进行处理，从而保持或尽量保持其新鲜程度的技术[9-11]。

22.2.1　低温保鲜

22.2.1.1　冰藏保鲜

冰藏保鲜是用冰将海产品温度降至接近冰点但并不冻结，是渔船作业最常用的保鲜技术，用于渔获物时，一层冰一层渔获物叠垒，融化水还能冲洗海产品表面的污物[12, 13]。海水冰或淡水冰均可用。海水冰虽然对机械设备有腐蚀作用，但是它冰点较低，通常为-1℃，可吸收更多热量。海水冰与鱼体含盐量相等，能抑制胶结作用，在保护鱼体固有色泽、硬度、鱼鳃部颜色和眼球透明度等方面好于淡水冰。

22.2.1.2　微冻保鲜

微冻保鲜是指将海洋食品保藏在冰点以下(-3～-1℃)的一种轻度冷冻或部分冷冻的保鲜方法[14]。一般淡海水鱼为-1℃，洄游性海水鱼为-1.5℃，底栖性海水鱼为-2℃。保质期比冰藏保鲜更长，可达3～4周。操作时应注意快速降温通过-5～-1℃这一最大冰晶生成带。

22.2.1.3　冻结保鲜

鱼体内部水分未完全冻结时，细菌和酶也没有完全失活，鱼体内某些生化反应还在继续进行，此时保鲜期一般不超过20天。若要抑制微生物和酶的活力，最有效的方法就是进一步降低温度。

冻结保鲜是将鱼类、贝类中心温度降至-15℃以下，使其体内组织水分绝大部分冻结，再在-18℃以下进行贮藏和流通[15]。目前冻结保鲜占海产品保鲜的50%左右，海洋水产品在冻结保藏过程中受温度、氧气、湿度等的影响还会发生油脂氧化、水分蒸发(干耗)等变化。冻结温度越低，品质越好，贮藏期限越长。冻结冷藏温度范围为-30～-18℃。温度越高，湿度越低、空气流速越快，则干耗越重，微细碎穴增多，组织海绵状化，严重时可导致海产品油脂氧化。同时，冻结时温度波动可导效冻品中冰晶成长，即形成数目少而个体大的冰晶，继而使鱼产品细胞受到机械报伤，解冻时汁液流失增加，海产品外观、风味、营养价值发生劣化。为此，应尽量使冻结温度波动小于3℃，还可以用表层镀冰衣和密封包装的方法减少干耗。

常用的海产品冻结技术主要有空气冻结(或吹风冻结)、平板接触冻结、制冷剂接触冻结、超低温冻结等。

22.2.2　气调保鲜

气调保鲜是一种通过调节控制食品所处环境中气体组成而达到保鲜目的的方法[16]。气调保鲜采取低氧或无氧、高二氧化碳和充氮气的措施，抑制了好气性微生物的生长繁殖和鲜活海产品组织中某些酶类的活力；消减了海产品脂肪的自动氧化作用，醛、酮和羧酸等低分子化合物所致氧化酸败，抗坏血酸、谷胱甘肽、半胱氨酸等海产品成分氧化所致营养价值下降，过氧化物等有毒物质积累等有机物质分解转化过程，从而达到保鲜目的。气调保鲜所用气体一般由二氧化碳、氮气、氧气按一定比例组成，某些情况下也会添加 NO_2、N_2O、SO_2、Ar 等。

22.2.3　辐照保鲜

海产品经辐照处理能显著降低微生物数量，特别是能杀灭常见海产品中的肠道致病菌，且不破坏海产品的食品结构和营养成分[17, 18]。辐照剂量为 1～6kGy 时，海产品色泽、味道几乎没有变化，蛋白质、氨基酸、脂肪和维生素等没有明显损失，辐照还可降解海产品中的抗生素。

22.2.4　玻璃化转移保鲜

玻璃化转移是根据非晶态无定型聚合物的力学性质随温度变化的特征，按温度区域可划分为 3 种力学状态：玻璃态、高流态(即橡胶态)、黏流态。海产品组织处于玻璃态时，意味着海产品内部在没有达到化学平衡的状态下就停止了各组分间的物质转移及扩散，即处于玻璃态生物组织的内部不进行各种反应，可长期保持稳定[19, 20]。对海产品而言可达到长期保鲜的目的。

22.2.5　超高压保鲜

超高压可使微生物因细胞结构受破坏而死亡，并能够钝化海产品内源酶。食品经高压(100MPa 以上)处理后仍可保持其原有色泽、气味和滋味，只是外观和质地略有改变。目前超高压(400～600MPa)保鲜技术已在海产品保鲜中得到广泛应用[21]。

22.2.6　化学保鲜

化学保鲜主要指使用食品添加剂(防腐剂、抗氧化剂、保鲜剂)等对人体无害的化学物质，提高产品保藏性能和保持品质。所使用的化学保鲜剂必须符合食品添加剂使用的相关法规。

22.2.6.1　杀菌剂保鲜

氧化型杀菌剂机理是通过氧化剂分解时释放强氧化能力的新生态氧，使微生物被氧化而死亡。氯制剂使用浓度一般在 0.1%～0.5%，其渗入微生物细胞后，破坏核蛋白和酶蛋白的巯基，使微生物死亡。氧化性杀菌剂很少直接用于海产品中，而是用于与海产品直接接触的容器、工具等。常用的还有过氧乙酸。还原型杀菌剂机理是利用还原剂消耗环境中的氧，使好气性微生物缺氧而死，同时还能抑制微生物生理活动中酶的活力，常用的有亚硫酸及其钠盐、硫黄等，用在海产品中更侧重于防止表面褐变。

22.2.6.2 防腐剂保鲜

防腐剂的作用机理主要有 3 类：干扰、抑制微生物酶系活力；使微生物蛋白质凝固变性；破坏微生物细胞膜结构。常用的有苯甲酸钠、山梨酸钾、二氧化硫、亚硫酸盐、硝酸盐等。鱼贝类死亡后，其体表、内脏、鳃等部位的细菌就开始活跃。防腐剂很难达到长期保鲜的目的，一是在安全添加剂量内的防腐剂不可能抑制如此大量的细菌；二是防腐剂尚未渗透到内脏之前，腐败就已经相当严重了。采用壳聚糖在海产品表面形成阻止微生物侵染的保护膜，并结合防腐剂使用，具有较好效果。

22.2.6.3 抗氧化剂保鲜

海产品所含有的高不饱和脂肪酸易氧化，从而使海产品的风味和颜色劣化，并产生对人体健康有害的物质。抗氧化剂种类很多，作用机理不尽相同[22-24]：有的是消耗环境中的氧而保护海产品品质；有的是作为电子供给体，阻断食品自动氧化的连锁反应；有的是抑制氧化活性而达到抗氧化效果。常用抗氧化剂分为油溶性和水溶性两类。油溶性，包括二丁基羟基甲苯、维生素 E、没食子酸内酯等；水溶性抗氧化剂包括异抗坏血酸及其盐、植酸等。海产品单独使用抗氧化剂的保鲜效果不明显，需与其他保鲜方法共同使用，一般是在制冷、冷藏、辐照时辅以抗氧化剂，以共同抑制产品表面的氧化作用。

22.2.6.4 抗生素保鲜

金霉素、氯霉素、土霉素等的抗菌效果是普通化学防腐剂的几百倍，但缺点是抗菌谱带窄。目前已将抗生素应用于海产品保鲜，应用时需考虑以下几点：对人体的安全性，是否能通过代谢消除，对环境的影响，等等。将一些能够产生细菌素的食品级安全微生物(如乳酸菌)应用于海洋食品保藏加工是一个值得期待的方向。

22.2.6.5 臭氧保鲜

臭氧凭借其强氧化作用可与微生物细胞中的多种成分反应，产生不可逆变化，杀灭微生物[25, 26]。臭氧先作用于微生物细胞膜，使膜成分受损，然后继续渗透破坏膜内组织，直至杀死微生物。湿度增加能提高臭氧杀伤力，因为高湿度下微生物细胞膜变薄，其组织更加容易被臭氧破坏。臭氧杀菌的优点有：最终产物是氧气，无公害；不会有残留物，对食品没有影响；成本低；紫外线杀菌时其背阴部没有效果，而臭氧对整个空间都有杀菌效果。

22.2.7　生物保鲜

生物保鲜的途径有隔离空气、延缓氧化作用、使用抑菌材料等[27-33]。生物保鲜材料往往直接来源于生物体，或是生物代谢产物，无毒无害，且一般可降解，符合绿色环保要求。例如，壳聚糖有抑菌作用，又有成膜性，可起到抑制生物质呼吸的"微气调"作用，壳聚糖膜包装可降低海洋食品原料的新陈代谢强度；普鲁兰多糖可塑性强，在物体表面涂抹或喷涂均可成为紧贴物体的膜，能有效隔绝氧气；茶多酚可通过与蛋白质络合而提高其稳定性，并且是一种优良的抗氧化剂，能有效清除自由基，降低脂肪氧化速度；功能性微生物，如乳酸菌、红曲等及其发酵液用于海洋鱼虾与贝类保鲜，还能有效抑制致病菌繁殖。

酶制剂处理也可用于生物保鲜。应用于海洋食品保鲜的有葡萄糖氧化酶、溶菌酶、转谷氨酰胺酶、脂肪酶等。葡萄糖氧化酶可以防止虾仁变色。冷藏条件下，乳球菌肽与溶菌酶分别或共同使用，对贝类的保鲜效果明显，两者共同使用效果更佳。脂肪酶可用于含脂量高的鱼类的脱脂，如脱脂鱼片，延长保质时间。

22.2.8　干燥加工保鲜

干燥加工是保藏海产品的有效手段之一，主要是通过干燥降低海产品的水分含量和水分活度，从而达到防止腐败变质、延长货架寿命的目的。干制后的海产品不仅具有较好的保藏稳定性，而且运输方便。干制既是一种保藏手段，也是一种现代食品的加工技术。

22.2.8.1　热风干燥

热风干燥以加热后空气作为媒介，将物料进行加热促使水分蒸发，操作简便、成本低廉、设备环境要求低，是目前应用最多、最为经济的干燥方法，但对食品质量有一定影响，容易造成溶质失散现象，色香味难以保留，维生素等热敏性成分易损失[34]。

22.2.8.2　真空干燥

真空干燥是将被干燥海产品物料放置在密闭干燥室内，在用真空系统抽真空的同时，对被干燥物料不断加热，使物料内部水分通过压力差或浓度差扩散到表面，水分子在物料表面获得足够动能，在克服分子间吸引力后，逃逸到真空室的低压空气中，被真空泵抽走。该技术干燥温度低，避免过热，水分容易蒸发，干燥速度快，同时可使物料形成膨化多孔组织，产品溶解性、复水性、色泽和口感较好[35]。

22.2.8.3　冷冻干燥

冷冻干燥是利用冰晶升华的原理，在高度真空环境下，将已冻结食品物料中的水分不经过冰的融化而直接从冰固态升华为气态，使食品干燥。由于食品物料在低压和低温下，热敏性成分影响较小，因此可以最大限度地保持食品原有的色香味。现已应用于虾、干贝、海参、鱿鱼、海蜇等干制品加工，但设备昂贵、工艺周期长、操作费用高。将冷冻干燥与其他干燥方式(如微波干燥)等联合起来，既可降低生产成本，又能使产品拥有较好的感官品质。

22.2.8.4　微波干燥

微波干燥是利用海产品水分子(偶极子)在电场方向迅速交替改变的情况下，因运动摩擦产生热量而使水分蒸发。微波有穿透性，可使海产品物料内外同时加热，加热速率快、加热均匀、选择性好、干燥时间短、便于控制、能源利用率高，能够较好地保持物料色、表观、味和营养物质含量，在干燥同时还有杀菌作用[36]。

22.2.8.5　热泵干燥

热泵干燥是一种低温干燥技术，干燥仓与环境相对隔绝，热效率高、脱水效果好、卫生安全，适合于营养丰富、热敏感性产品的干燥加工，如低盐鱿鱼干热泵干燥加工、海参的热泵与微波真空联合干燥加工等。

22.2.9　烟熏加工保鲜

海洋食品经烟熏后不仅能够长久保存，而且可产生新风味，更加味美可口。烟熏与腌制组合使用，更能提升风味[37-45]。

熏材最好是阔叶树、树脂少的硬质木材，如青冈树、山毛榉、樱、赤杨、槲、核桃树、白桦、山核桃木、门杨、悬铃木、苹果木、香樟木等，熏材形态一般为锯屑、薪材、木片或干燥小木粒等。熏制中以干燥为主要目的时，往往直接使用大块熏材；以熏制为主要目的时，则使用粉末状熏材。

熏材缓慢燃烧或不完全燃烧氧化产生的蒸汽、气体、树脂和微粒固体的混合物形成熏烟，熏烟成分决定熏制风味。研究者已从熏烟中分离出数百种化合物，熏烟成分与熏材种类、燃烧温度、燃烧发烟条件等许多因素有关，且熏烟成分对熏制品的附着又与熏制品的原料性质、干湿程度、温度高低等因素有关，起重要作用的熏烟成分是酚类、酸类、醇类、羰基化合物和烃类化合物。

熏材燃烧温度范围宜为 $100 \sim 300 ℃$，温度过高，氧化过头，不利于熏烟产生，而且会造成浪费；温度过低，则熏烟呈黑色，有害的环烃类化合物增加，应尽量避免。熏材水分含量也影响熏制品质量，一般控制熏材水分含量在 $15\% \sim 30\%$ 为宜。

熏制品生产一般经过原料处理、盐渍、脱盐、沥水干燥、熏制等工序，根据原料性质和产品不同，选择相适应的生产工艺流程。根据熏室温度不同，熏制方法分成冷熏、温熏和热熏。

1) 冷熏法：将原料海鱼盐腌至盐渍溶液波美度为 18～22°Bé，脱盐处理，再调味浸渍，在 15～30℃进行 1～4 周烟熏干燥。冷熏法生产的冷熏品贮藏性较好，但风味不及温熏制品，冷熏品水分含量较低，一般在 35%～40%，常用于冷熏的原料品种有鲱、鲉、鲑、鳕等。

2) 温熏法：将原料置于食盐调味液中，数分钟或数小时调味浸渍，然后置于熏室中 30～90℃数小时到数天烟熏干燥。温熏制品的味道、香味及口感都较好，水分含量较高，一般在 50%以上，食盐含量为 2.5%～3.0%。长时间保藏必须冷冻或罐藏，常温只能保藏 4～5 天。

3) 热熏法：采用 120～140℃ 2～4h 短时间烟熏处理，鱼体受到蒸煮和杀菌处理，可以立即食用。热熏前原料必须先风干，除去鱼体表面水分。热熏产品颜色、香味均较好，但水分含量较高，保藏性能差，应立即食用或冷冻保藏。

4) 液熏法：用液体烟替代气体，是在烟熏法基础上发展起来的新型熏制技术。液体烟具有与气体烟几乎相同的风味成分，如有机酸、酚及羰基化合物等，但除掉固相微粒之后制成的烟熏液，基本不含 3,4-苯并芘等致癌物质。

熏烟成分中含有防腐性物质，故烟熏食品具有贮藏性。相同水分含量的熏制食品与其他食品相比，无论是对微生物的抑制作用还是抗氧化效果，都更好。

1) 烟熏海产品的抗菌作用：熏烟中含有的杀菌防腐物质在烟熏后仍留存于海产品中，从而起到防腐保藏效果。伴有加热作用的烟熏比无加热作用的烟熏杀菌效果更为明显。细菌营养体经过数小时烟熏几乎都会被杀死；菌龄 1～7 天的细菌芽孢经 1h 烟熏，死亡率约为 45%；菌龄 22 周的细菌芽孢经 1h 烟熏，死亡率仅为 20%左右；菌龄 7 个月的细菌芽孢经过 7h 烟熏，死亡率仅为 30%。

2) 烟熏海产品的防腐、抗氧化作用：烟熏防腐的主要功能成分是木材中的有机酸、醛和酚类等物质。有机酸可以与海产品中的氨、胺等碱性物质中和，使海产品向酸性方向发展而抑制腐败菌的生长。醛类，特别是甲醛具有直接防腐性，而且可通过与蛋白质或氨基酸中含有的游离氨基结合，使碱性减弱，酸性增强，从而增加烟熏的防腐作用。熏烟成分对油脂具有显著抗氧化作用，其中的抗氧化物质主要为小焦油、酚类及其衍生物等。酚类防腐作用比较弱，而具有良好的抗氧化作用。

22.2.10　腌制加工保鲜

海产品腌制加工材料包括食盐、食醋、食糖、酒糟、香辛料等。腌制加工包括盐渍和成熟两个阶段[46-52]。盐渍时，食品与固体食盐接触或浸于食盐水中，食盐等渗入食品组织内，水分活度降低，渗透压提高，或通过微生物发酵降低食品

pH，抑制腐败菌生长，并获得更好的感观品质，延长保质期。成熟则是在微生物和鱼体组织酶类作用下，在较长时间盐渍过程中逐渐失去原来鲜鱼肉组织状态和风味特点，肉质变软，氨基氮含量增加，形成咸鱼特有风味的过程。咸鱼成熟主要由蛋白质和脂肪分解酶引起，同时肌肉组织大量失水，导致鱼体组织发生化学和物理变化。腌制加工保鲜所需生产设备简单、操作简易、便于短时间内处理大量鱼货，是在高产季节和地区及时集中保藏处理鱼货、防止腐败变质的一种有效方法。腌制还可与干制、发酵、超高压处理、低温贮藏、添加食品添加剂等方法相结合。

海产品腌制方法按腌制时的用料大致分为食盐腌制法、盐醋腌制法、盐精腌制法、盐糟腌制法、盐酒腌制法、酱油腌制法、盐矾腌制法、多重复合腌制法（如香辛料腌渍法），按腌制品成熟程度及外观变化常分为普通腌制法和发酵腌制法。

食盐腌制是最基本的腌制方法，按用盐方式可分为干腌渍法、盐水浸渍法和混合盐渍法，按盐渍温度可分为常温盐渍和冷却盐渍，按用盐多少可分为中盐渍和轻盐渍等。

干腌渍法，腌制时在鱼表面直接撒上适量食盐。湿腌法，将鱼体浸入食盐水中腌制。混合盐渍法是将干腌和湿腌相结合，即将鱼体在干盐堆中滚蘸盐粒后，排列在坛或桶中，以层盐堆鱼的方式叠堆放好，在最上层再撒上一层盐，盖上盖板再压上重石。经一昼夜左右，从鱼体渗出的组织液将周围食盐溶化形成饱和溶液，再注入一定量饱和盐水进行腌制，以防止鱼体在盐渍时盐液浓度被稀释。采用这种方法，食盐渗透均匀，盐腌初期不会发生鱼体腐败，能很好地抑制脂肪氧化，制品外观也好。

低温腌制法分为冷却腌制法和冷冻腌制法。前者将原料鱼预先在冷藏库中冷却或加入碎冰，降温到0～5℃时再盐渍。冷却腌制法在确定用盐量时，必须将冰融化成水的因素考虑在内，该法能在气温较高季节阻止鱼肉组织自溶和细菌作用。冷冻腌制法是预先将鱼体冻结再进行腌制，随着鱼体解冻，盐分渗入，腌制逐渐进行，该法可防止在盐渍过程中鱼体深处发生变质。冷冻本身是一种保藏手段，冷冻腌制法在保证鱼体质量上更加有效，但操作较烦琐，主要用于腌制大型而肥壮的贵重鱼品。

在总结传统腌制经验的基础上，研究者也在不断探索发展新型腌制保藏工艺。

传统方法多采用高盐法（制品盐分含量为 15%～20%），但高盐不利于人体健康，且高盐会导致制品味咸、肉质较硬，产品色泽、风味和口感等因工艺条件不易控制而有较大差异。近年来，研究者对鱼制品的低盐腌制技术及其产品风味品质进行了积极研究。例如，在腌制品中添加维生素 C 和维生素 E 以保护肉色、防止脂肪氧化、抑制亚硝胺形成；使用天然抗氧化剂，如肌肽、植物黄酮类物质、酚类物质等防止腌制品脂肪氧化，并提升产品的生理活性功能；使用复合磷酸盐等保水剂提高腌制品出品率和适口性；使用山梨醇、尼泊金酯类等防腐剂及鱼精蛋白、富马酸、甘氨酸等具有保鲜作用的生物成分；使用具有降低水分活度作用的磷酸盐、丙醇和丙三醇等品质改良剂；在盐渍过程中添加海藻糖以保护肌动球蛋白稳定，进而改善腌制品的风味与品质，且海藻糖可以缩短腌制时间。

　　腌制与发酵相结合可以对海产品进行精制加工。糟鱼产品以新鲜鱼为主要原料，经洗涤、盐腌、晒干后，加配米酒糟、白糖、酒等糟浸发酵，具有甜咸和谐，酒香味、米香味、腊香味三种香气一体且香气浓郁等特点。糟鱼蛋白质含量高、脂肪少、肉质好、味鲜美，富含氨基酸、矿物质等营养物质，且肉质紧密，富有弹性，有咬劲，色泽美丽，香气浓郁，久食不厌。糟鱼制作中所使用的酒糟含有蛋白质、淀粉、粗纤维、脂肪、氨基酸、聚戊糖、矿物质和丰富维生素，以及发酵过程中产生的酵母菌、多种清香醇甜因子等，营养价值大，符合当代食品产业更加注重美味和健康功效的发展趋势。

参 考 文 献

[1] 纪利芹. 连续降温对大菱鲆血液生理生化指标的影响及分子机制. 青岛: 中国海洋大学硕士学位论文, 2014.

[2] 苏明明, 等. 渔用麻醉剂 MS-222、丁香酚在鲜活水产品运输中的应用及检测方法研究进展. 食品安全质量检测学报, 2015, 6(1): 25-29.

[3] 王春琳, 等. 海产品活体暂养技术. 水产养殖, 2001, (3): 18-20.

[4] 刘秋民. 浙江舟山鲜活海产品流通模式分析. 中国渔业经济, 2014, 32(3): 70-75.

[5] 朱鹏, 等. 冻鲜水产品行业(冷链物流)现状及发展对策研究——以山东省诸城市龙海水产城为例. 中国水产, 2015, (9): 37-40.

[6] 高立娟. 不同加工条件下鲍鱼肌肉质构变化. 青岛: 中国海洋大学硕士学位论文, 2011.

[7] Kawai Y. Research on chemical and microbiological factors relating to preservation and processing of seafood. Nippon Suisan Gakkaishi, 2009, 75(3): 357-360.

[8] Cortesi M L, et al. Innovations in seafood preservation and storage. Veterinary Research Communications, 2009, 33(S1): S15-S23.

[9] Ronholm J, et al. Emerging seafood preservation techniques to extend freshness and minimize *Vibrio* contamination. Frontiers in Microbiology, 2016, 7: 350.

[10] Vanhonacker F, et al. European consumer perceptions and barriers for fresh, frozen, preserved and ready-meal fish products. British Food Journal, 2013, 115(4): 508-525.

[11] Bashir K M I, et al. Natural food additives and preservatives for fish-paste products: a review of the past, present, and future states of research. Journal of Food Quality, 2017, (1): 9675469.

[12] 徐宗平, 等. 冰鲜海产品的加工工艺. 科学养鱼, 2004, (10): 65.

[13] Lin T, et al. Use of acidic electrolyzed water ice for preserving the quality of shrimp. Journal Agricultural and Food Chemistry, 2013, 61(36): 8695-8702.

[14] 黄文博, 等. 美国红鱼保鲜技术的研究进展. 食品工业科技, 2016, 37(5): 371-373, 383.

[15] Wu C H, et al. A critical review on superchilling preservation technology in aquatic product. Journal of Integrative Agriculture, 2014, 13(12): 2788-2806.

[16] Soccol M C H, Oetterer M. Use of modified atmosphere in seafood preservation. Brazilian Archives of Biology and Technology, 2003, 46(4): 569-580.

[17] 范凯, 等. 茶多酚结合辐照对鲈鱼冷藏品质的影响. 核农学报, 2016, 30(9): 1780-1785.

[18] 张雪, 等. 鱿鱼丝辐照杀菌 HACCP 关键控制点及其限值的确定. 现代农业科技, 2017, (6): 264-266, 270.

[19] 阙婷婷, 等. 水产品低温保鲜技术研究现状. 中国食品学报, 2013, 13(8): 181-189.

[20] 刘永固, 等. 不同方式冻结后养殖大黄鱼肌肉理化特性在冻藏期间的变化. 食品工业科技, 2013, 34(10): 331-333, 337.

[21] Buyukcan M, et al. Preservation and shelf-life extension of shrimps and clams by high hydrostatic pressure. International Journal of Food Science & Technology, 2009, 44(8): 1495-1502.

[22] 张晓丽, 等. 竹叶抗氧化物结合不同包装方式对鲜罗非鱼片保鲜效果的影响. 食品科学, 2017, 38(11): 256-261.

[23] 谢晶, 等. 生物抗氧化剂结合超高压技术对冷藏带鱼的保鲜效果. 食品与发酵工业, 2015, 41(8): 192-197.

[24] 姜文进, 等. 竹叶抗氧化物作为大黄鱼冷藏保鲜剂的生物学效应研究. 食品工业科技, 2013, 34(5): 325-329.

[25] 吴湛霞, 等. 混合分子量壳聚糖结合臭氧杀菌处理对罗非鱼片的冷藏保鲜作用. 广东海洋大学学报, 2016, 36(3): 71-75.

[26] 袁勇军, 等. 臭氧处理和低温冷藏对黄鱼保鲜效果. 核农学报, 2010, 24(5): 987-990.

[27] 姜英辉, 李光友. 乳链菌肽及其应用研究综述. 海洋科学, 2002, 26(4): 32-36.

[28] 魏杰, 等. 新型生物保鲜剂结合冰温对扇贝的保鲜效果. 辽宁大学学报(自然科学版), 2016, 43(4): 356-361.

[29] Dehghani S, et al. Edible films and coatings in seafood preservation: a review. Food Chemistry, 2018, 240: 505-513.

[30] Wu C H, et al. Efficacy of chitosan-gallic acid coating on shelf life extension of refrigerated pacific mackerel fillets. Food and Bioprocess Technology, 2016, 9(4): 675-685.

[31] Fang L, et al. Application of chitosan microparticles for reduction of *Vibrio* species in seawater and live oysters (*Crassostrea virginica*). Applied and Environmental Microbiology, 2015, 81(2): 640-647.

[32] Diop M B, et al. Fish preservation in Senegal: potential use of lactic acid bacteria and their antibacterial metabolites. Biotechnology Agronomy Society & Environment, 2010, 14(2): 341-350.

[33] Mejlholm O, et al. Modeling and predicting the growth of lactic acid bacteria in lightly preserved seafood and their inhibiting effect on listeria monocytogenes. Journal of Food Protection, 2007, 70(11): 2485-2497.

[34] 王雅娇. 南美白对虾热风干燥、太阳能干燥关键技术研究. 保定: 河北农业大学硕士学位论文, 2014.

[35] 石云波. 真空冷冻干燥技术及其在海产品加工中的应用. 制冷与空调, 2012, 12(2): 47-51.

[36] 朱睿. 海产品湿式微波杀菌设备及其技术研究. 青岛: 中国海洋大学硕士学位论文, 2013.

[37] 汪宏海, 等. 烟熏鱿鱼圈加工工艺. 中国水产, 2011, (3): 63-64.

[38] 龚洋洋, 等. 俄罗斯鲟烟熏鱼片营养品质分析及评价. 海洋渔业, 2014, 36(3): 265-271.

[39] 王宏海, 等. GC-MS 法分析烟熏前后鱿鱼的风味成分. 食品研究与开发, 2010, 31(11): 149-153.

[40] 郑捷, 等. 烟熏香糟鱼加工工艺的研究. 食品研究与开发, 2007, 28(3): 112-115.

[41] 郑捷, 等. 烟熏鳕鱼片配方与工艺优化. 食品研究与开发, 2011, 32(12): 102-106.

[42] 滕瑜, 等. 烟熏大菱鲆的优化工艺研究. 现代食品科技, 2012, 28(5): 513-516.

[43] 林佳, 等. 鲟鱼片烟熏工艺优化及风味物质分析. 肉类研究, 2016, 30(10): 1-6.

[44] 张方乐. 不同烟熏液处理对罗非鱼片冷藏品质的影响. 食品工业科技, 2011, 32(7): 135-138.

[45] 胡阳, 等. 烟熏鳗鱼的工艺技术. 食品工业科技, 2014, 35(22): 290-293, 298.

[46] 蔡秋杏, 等. 厦门白姑鱼腌制加工过程中的脂肪酸变化分析. 食品科学, 2015, 36(12): 76-81.

[47] 吴燕燕, 等. 带鱼腌制加工过程理化指标、微生物和生物胺的动态变化及相关性. 水产学报, 2015, 39(10): 1577-1586.

[48] 于美娟, 等. 腌制工艺对固态发酵鲅鱼品质的影响. 湖南农业科学, 2017, (3): 90-93.

[49] 蔡瑞康, 等. 糟鱼腌制过程中的营养成分分析与评价. 食品与发酵工业, 2016, 42(2): 172-177.

[50] 田其英, 等. 超声波辅助腌制鲟鱼片的工艺优化研究. 食品工业科技, 2015, 36(23): 219-221, 227.

[51] 吴燕燕, 等. 传统腌制鱼类产品加工技术的研究现状与发展趋势. 中国渔业质量与标准, 2017, 7(3): 1-7.

[52] 陈霞霞, 等. 半干鲐鱼肉腌制品脂肪氧化的控制技术. 中国食品学报, 2015, 15(8): 141-147.

第23章　大黄鱼养殖与生物学

（浙江海洋大学，沈　斌）

23.1　大黄鱼生物学概述

23.1.1　分类地位

大黄鱼（large yellow croaker），隶属于鲈形目（Perciformes）、石首鱼科（Sciaenidae）、黄鱼亚科（Larimichthysinae）、黄鱼属（*Larimichthys*），为暖温性海洋洄游鱼类，是我国近海的重要经济鱼类之一。大黄鱼最早的学名为 *Sciaena crocea*，是由苏格兰海军外科医生及博物学家 John Richardson（1787—1865）在 1846 年命名的[1]。*Sciaena* 是属名，意为"石首鱼属"，*crocea* 是种名，意为"黄色的或金色的"。后来，日本鱼类学家将大黄鱼归类至"*Pseudosciaena*"属，并更名为 *Pseudosciaena crocea*。20 世纪 90 年代[2]，国外学者进一步研究发现，大黄鱼应该隶属于"*Larimichthys*"属，并将其命名为 *Larimichthys crocea*。因此，大黄鱼目前有效的拉丁学名为 *Larimichthys crocea*（Richardson，1846）[2]。但是，出于习惯，有很多学者仍然沿用 *Pseudosciaena crocea* 这一学名。还有的学者甚至以 *Pseudosciaena crocea* 作为大黄鱼的正式学名，而 *Larimichthys crocea* 则为其同物异名。大黄鱼在我国各地有很多俗名，广东地方俗称花鱼、黄纹、红爪、金龙鱼等；福建地方俗称黄鱼、红瓜、黄瓜、黄瓜鱼、黄花鱼等；浙江地方俗称大黄鱼、大鲜、大黄花鱼等；台湾地方俗称黄瓜、黄花、黄金龙等。大黄鱼曾与小黄鱼、带鱼和乌贼一起，并称为东黄海的"四大海产"。

全世界目前已知的石首鱼科鱼类大概有 70 属 270 种[3]，其中 *Larimichthys* 属目前已知有 4 种，包括大黄鱼、小黄鱼（*Larimichthys polyactis*）、似长鳍黄鱼（*Larimichthys pamoides*）及近年来新发现的登嘉楼黄鱼（*Larimichthys terengganui*）。大量基于形态学数据的研究结果表明，与 *Larimichthys* 属亲缘关系最近的是梅童鱼属（*Collichthys*）。大黄鱼是石首鱼科中第一个开展线粒体基因组测序的鱼类。通过对线粒体基因组进行测序研究发现，大黄鱼是石首鱼科中分化较晚的一个物种。随后，学者相继对黑鳃梅童鱼（*Collichthys niveatus*）、棘头梅童鱼（*Collichthys lucidus*）、小黄鱼等其他石首鱼科鱼类开展了类似研究。结果表明，这些基于分子生物学的证据并不支持黄鱼亚科是单系群这一形态学研究结论。另外，这些研究结果还表明大黄鱼与小黄鱼及黑鳃梅童鱼的亲缘关系最近，有学者甚至建议将梅童鱼属和黄鱼属合并成一个属。

23.1.2　地理分布及其种群

大黄鱼是中国、朝鲜、韩国和日本等北太平洋西部海域重要的经济鱼类，其分布区北起黄海中南部，经东海和台湾海峡，南至南海的雷州半岛东侧，水深 60m 以浅的广阔沿岸近海水域，但它的主要分布区在东海和黄海南部。

据相关文献记载，大黄鱼的越冬场主要有东海北部的长江口-舟山外渔场越冬场(50~80m 水深海域)和浙南、闽东、闽中外侧海区渔场越冬场(30~60m 水深海域)。大黄鱼越冬场海域水温为 9.0~11.0℃，盐度约为 33.00。另外还有大沙、沙外渔场越冬场(50~70m 水深海域)，但至 20 世纪 70 年代，该越冬场大黄鱼资源已经枯竭。大黄鱼的产卵场主要是东黄海禁渔线以西的江苏吕泗洋，浙江岱衢洋、大目洋、猫头洋、洞头洋，以及福建官井洋。另外，还有广东西部硇洲岛一带海域的产卵场。大黄鱼的产卵场一般位于河口湾岙附近及岛屿间的低盐海区(盐度为 27.00~31.00)，水深一般在 20m 以浅，透明度不超过 1m，流速不低于 1.02m/s，海水水温一般在 16.0~22.0℃。产卵后的大黄鱼一般移向产卵场外侧海区索饵。大黄鱼索饵场位于江苏南部大沙渔场到浙江北部的长江渔场禁渔线外侧。10 月以后，随着渔场水温降低，索饵群体南下成为越冬群体，向较深水区的越冬场洄游。

生态学上将一定时间内占据一定空间的同种生物的所有个体称为种群(population)。不同地理分布区的大黄鱼，在形态特征、性成熟年龄、生殖期、寿命等方面表现出一系列的地理性差异，形成不同的种群和群体。关于大黄鱼地理种群的划分，在学术界一直存在着争论，到目前为止尚未达成一致的看法。

20 世纪 50 年代，中国科学院海洋研究所对我国的大黄鱼种群问题开展了初步研究[4]。研究结果说明，东海浙江北部和南海广东西部的大黄鱼鱼群是两个不同的地方族，前者称为岱衢族，后者称为硇洲族。

20 世纪 60 年代，徐恭昭等[5]和田明诚等[6]依据形态及生态特征将我国沿海的大黄鱼种群分为 3 个不同的地理种群，自北而南分别是岱衢族、闽—粤东族和硇洲族，以后的大多文献都沿用这一理论。

(1) 岱衢族

岱衢族也叫南黄海—东海地理种群(第一地理种群)。分布于黄海南部至东海中部，包括江苏的吕泗洋，浙江的岱衢洋、猫头洋、洞头洋至福建嵛山岛附近。这一鱼群的形态特点是，鳃耙数较多(28.52±0.03)，鳔侧枝数较少(左侧 29.81±0.05，右侧 29.65±0.05)，脊椎骨数为 26.00(有脊椎骨数为 27 的个体)，眼径较大，鱼体与尾柄较高。岱衢族大黄鱼个体的寿命较长、性成熟较迟。

(2)闽—粤东族

闽—粤东族也叫台湾海峡—粤东地理种群(第二地理种群)。主要分布在东海南部、台湾海峡和南海北部(嵛山岛以南至珠江口),包括福建的官井洋、闽江口外和厦门,广东的南澳、汕尾等外侧海域,其环境条件直接或间接地受台湾海峡的暖流与沿岸流的影响。这一鱼群的形态特征及生理特点介于岱衢族和硇洲族之间。例如:其鳃耙数为 28.02±0.03;鳔侧枝数为左侧 30.57±0.08,右侧 30.46±0.07;脊椎骨数为 25.99,无脊椎骨数为 27 的个体。

(3)硇洲族

硇洲族也叫粤西地理种群(第三地理种群)。主要为广东硇洲近海鱼群,主要分布于珠江口以西至琼州海峡的南海区。这一鱼群的形态特点是,鳃耙数较少(27.39±0.05),鳔侧枝数较多(左侧 31.74±0.15,右侧 31.42±0.15),脊椎骨数为 25.98(无脊椎骨数为 27 的个体),眼径较小,鱼体与尾柄较高。硇洲族大黄鱼个体的寿命较短、性成熟较早。

徐恭昭等[5]还认为,同一种群的大黄鱼存在着不同的性腺发育特征、体长组成和形态特征,因而出现春、秋两个生殖季节,并因此将同一种群的大黄鱼划分为"春宗"和"秋宗"两个群体。然而,刘家富[2]通过开展大黄鱼人工繁殖和人工养殖发现,在网箱养殖条件下,闽—粤东族"春宗"大黄鱼在一年当中的春、秋两季均可以成熟、产卵,所以并不存在"春宗"与"秋宗"之分。因此,刘家富[2]认为,自然条件下大黄鱼群体之所以存在两个生殖季节,极有可能与天然产卵场当中的饵料、水温、水流、溶解氧等环境条件有关。

张其永等[7]通过综合大黄鱼形态学、生态学和分子生物学等方面的研究资料,提出了大黄鱼地理种群及其产卵种群划分的新观点。根据自然海区的分布范围、洄游路线和亲缘关系,将大黄鱼地理种群划分为以下 3 个。

1)南黄海—东海地理种群(第一地理种群):包括朝鲜西南部、中国的吕泗洋、岱衢洋、大目洋、猫头洋、洞头洋、官井洋和东引列岛等产卵场的 8 个产卵群体。该地理种群产量最多,春季生殖的春宗群体多于秋季生殖的秋宗群体。

2)台湾海峡—粤东地理种群(第二地理种群):包括牛山岛、九龙江外诸岛屿、南澳岛和汕尾外海等产卵场的 4 个产卵群体。该地理种群产量居中,秋季生殖的秋宗群体向南逐渐增加,而春季生殖的春宗群体向南逐渐减少。

3)粤西地理种群(第三地理种群):划分为硇洲岛附近海区和徐闻海区产卵场的两个产卵群体。该地理种群产量最少,以秋季生殖的秋宗群体为主,春宗群体为辅。

陈佳杰和徐兆礼[8]认为,徐恭昭等[5]和田明诚等[6]提出的中国大黄鱼存在 3 个种群(岱衢族、闽—粤东族和硇洲族),其中浙江岱衢洋的大黄鱼和福建官井洋的大黄鱼分属于两个不同种群的结论,仅仅是依据体形测量的结果,尚未得到大黄鱼渔场学、海洋水文动力学、遗传学等佐证。陈佳杰和徐兆礼[8]依据我国十多个渔业公司 1971~1982 年共 12 年的大黄鱼捕捞统计资料,结合地理隔离、数量动态和海洋水文方面的资料，重新分析了东黄海大黄鱼种群划分问题。陈佳杰和徐兆礼[8]认为：东海北部外海和东海南部近海是大黄鱼两个主要的越冬场；其中闽东—温台水域的大黄鱼产量在东海南部近海占主导地位。东海南部近海大黄鱼地理分布表明，从温台渔场到闽东渔场大黄鱼的越冬场在空间分布上具有连续性，而官井洋大黄鱼正是闽东渔场大黄鱼的主体部分。由此可以认为：官井洋所在的闽东渔场的大黄鱼和东黄海大黄鱼同属于东黄海大黄鱼种群。他们还通过 3 个旁证对这一结论进行印证：①大黄鱼标志放流结果显示，福建省水产科学研究所在 1960 年的一份名为《官井洋大黄鱼调查报告》的文件中提到，1959 年 4 月 21 日在连江县北茭洋东 32m 深的地方(26°21′5″N，119°50′E)重捕到浙江省海洋水产试验所于 1958 年 5 月 20 日在岱衢洋寨子山东偏北大黄鱼产卵场放流的 1 尾雄性大黄鱼，性腺成熟度为 V 期，压腹部生殖孔有精液流出，因此，闽东渔场的大黄鱼和岱衢洋的大黄鱼是相互混栖的同一群体；②东海沿岸流和台湾暖流几乎同步影响着从浙江北部到福建中部的近海水域，因而在水团上难以形成大黄鱼种群隔离、种群分化所需要的海洋学条件；③官井洋大黄鱼春夏之交产卵，与岱衢洋和猫头洋大黄鱼相似，而与粤东和粤西大黄鱼在 9～12 月产卵完全不同。徐兆礼和陈佳杰[9]依据上面提到的大黄鱼多年捕捞统计资料，从产量分布、鱼群移动等方面，研究了东黄海大黄鱼的洄游路线。结果显示，东黄海大黄鱼只有一个种群，两处越冬场。因此，他们认为，20 世纪 50 年代中国科学院海洋研究所将大黄鱼划分成岱衢族和硇洲族这两个种群的结论是合理的。

　　李明云等[10]依据种群生态学概念，对我国沿海分布的大黄鱼地理种群划分进行了论述。以是否有地理隔离作为划分必要条件，其他作为辅助参考。经分析论证认为：大黄鱼分布区域天然屏障的地理隔离并不存在。黄海、东海由台湾暖流和沿岸流形成的环流，台湾海峡、南海由季风形成的环流，在我国沿海形成了完全分隔的海流体系，作为海流形成的区域性地理屏障，将分布于近海的大黄鱼以台湾北部为界分隔成南北两群，形成南黄海—东海及台湾海峡—南海两个地理种群。而且目前已有的遗传学研究结果表明，岱衢洋和官井洋大黄鱼群体间的遗传距离很近，差异不大。南黄海—东海地理种群由朝鲜西南部、中国的吕泗洋、岱衢洋、大目洋、猫头洋、洞头洋、官井洋和东引列岛等 8 个产卵群体组成；台湾海峡—南海地理种群由牛山岛、九龙江外诸岛屿、南澳岛、汕尾外海、硇洲岛附近海区和徐闻海区等 6 个产卵群体组成。

23.1.3　生物学特性

　　大黄鱼体延长，侧扁，背缘和腹缘广弧形。尾柄细长，尾柄长为尾柄高的 3 倍余。体长为体高的 3.7～4.0 倍，为头长的 3.6～4.0 倍。头部、背鳍鳍条部、臀鳍鳍间膜及体前部被圆鳞，体后部被栉鳞，尾鳍被鳞。鳞较小，背鳍起点至侧线间具 8～9 行鳞。侧线完全，前部稍弯曲，后部平直，侧线上鳞 8～9 枚。头大，具发达黏液腔。下颌稍突出。吻钝，吻褶完整，颏孔 6 个。口前位，牙细小尖锐，上颌牙多行，下颌牙 2 行。侧线鳞 56～58，背鳍起点至侧线间具鳞 8～9 枚。大黄鱼背鳍Ⅷ～Ⅸ，Ⅰ-31～34；臀鳍Ⅱ-8；胸鳍 15～17；腹鳍Ⅰ-5。背鳍连续，鳍棘部与鳍条部之间有一深凹，起点在胸鳍基部上方，第一鳍棘短弱，第三鳍棘最长。臀鳍起点约与背鳍鳍条部中间相对，第二鳍棘等于或稍大于眼径。胸鳍尖长，长于腹鳍。腹鳍胸位，尾鳍楔形。鱼体背部黄褐色，腹侧金黄色，各鳍黄色或灰黄色。唇橘红色。鳃耙细长，具假鳃，鳃耙长度约为眼径的 2/3。鳔较大不具侧囊，前端圆形，具侧肢 31～33 对，分具背分枝和腹分枝，每一侧肢最后分出的前小枝和后小枝等长，平行分布到鳔腹面。头颅内有 2 块白色矢耳石。椎骨 26～27 个，有时 25 个。

大黄鱼属寿命较长、个体较大和年龄组成较为复杂的暖水性集群洄游鱼类，常栖息于水深 60m 以浅海域的中下层。食性广，仔鱼捕食轮虫和桡足类、多毛类、瓣鳃类等浮游幼体；稚鱼主要捕食桡足类和其他小型甲壳类幼体；早期幼鱼捕食糠虾、磷虾、莹虾等小型甲壳类；成鱼主食鱼、虾类。

大黄鱼的适宜温度范围在 8～32℃，最适的生长温度为 20～28℃。大黄鱼死亡的低限水温在 6℃左右。当水温低于 8℃时，大黄鱼摄食量显著减少，因此浙江舟山和宁波地区养殖的大黄鱼无法越冬。大黄鱼属于广盐性的河口鱼类，适应盐度为 6.50～34.00mmol/L，最适盐度为 24.50～30.00。大黄鱼对海水透明度与水色的要求都不高，且相对喜欢浊流。大黄鱼对溶解氧的要求一般在 5ml/L 以上。另外，大黄鱼对光和声音均很敏感。大黄鱼春秋季繁殖，产浮性卵。大黄鱼具有雄性个体多于雌性个体的显著特征。主要生殖群体雌性个体约占 30%，雄性个体约占 70%。

23.2　大黄鱼养殖及病害防治研究

23.2.1　人工养殖

中国近海大黄鱼资源量随着捕捞强度的提高和违反自然资源的酷渔滥捕，最终将趋于枯竭。为保护大黄鱼资源，福建省人民政府在 1985 年 10 月设立"官井洋大黄鱼繁殖保护区"，并组织科技人员开展大黄鱼人工繁殖与增养殖技术研究。福建省从 1986 年开始进行大黄鱼的人工繁殖和养殖研究，1990 年开始形成批量苗种生产规模，1994 年达到了较大规模养殖。浙江省于 1997 年开始进行大黄鱼的人工育苗和养殖研究，1998 年迅速进入产业化，该鱼种已成为海水养殖的主要鱼种。大黄鱼人工养殖包括网箱、池塘、大围网、深水网箱等多种养殖模式。

1. 网箱养殖

网箱养殖是目前大黄鱼的主要人工养殖模式。目前商品鱼养殖网箱的深度一般在 3.5～5.0m，网眼大小在 20～40mm。为避免鱼体擦伤，网衣材料应选择质地较软的无结节网片。网箱养殖大黄鱼的鱼种一般选择在 4 月中旬或 5 月上旬放养。鱼种的选择方面要注意体形匀称、体质健康、体表鳞片完整、无病无伤。同一网箱应放养规格一致的鱼种。鱼种放养前应进行浸浴消毒。大黄鱼商品鱼养殖阶段的饲料一般以冰冻鲐鲹为主，用绞肉机加工成黏性强的浮性团状饲料，可以适当添加粉状配合饲料、维生素等添加剂。大黄鱼养成期间一般每天早上与傍晚各投喂一次。越冬期间一般每天投喂一次。投饵快慢与鱼群的摄食速度保持一致，同时观察鱼摄食情况，尽量保证绝大部分鱼充足摄食。喂养时间应较其他鱼类长，每次 1～2h，确保鱼能吃饱。在投喂前及投喂中，要尽量避免人员走动，影响大黄鱼摄食。大黄鱼养成期要注意适时移箱换网去除附着物，一般每隔 30 天左右换洗一次。另外，为保持大黄鱼商品鱼的天然金黄体色，在养成后期，网箱上最好加盖遮阴幕布。在水流不畅、水质肥沃的连片网箱养殖区，要坚持每天早、中、晚 3 次检查鱼种情况，尤其在闷热天气，特别注意凌晨的巡视工作，防止缺氧。

2. 池塘养殖

大黄鱼的池塘养殖比网箱养殖成本低、易管理，而且池塘养殖环境比海区网箱更接近于大黄鱼原来的栖息环境，因此池塘养殖的大黄鱼体色更接近于自然的大黄鱼。养殖大黄鱼的池塘要求进排水便利，最好每天可换水；池塘面积以 15～30 亩[①]为宜，池深 2.0～3.0m。放养鱼苗前要对池塘进行彻底的清塘与严格的消毒。先晒塘 1 个月，再进水 10～15cm，全池撒生石灰（每亩 150kg），以改善底质，并在鱼种放养前进排水一次。池塘的水质一般控制在相对密度为 1.010～1.025，透明度在 0.5m 以上，水温在 8～28℃，溶解氧在 5ml/L 以上，pH 在 8.0～8.5。尽量做到每天换水，换水量控制在 20%～50%；高温期可以考虑每天换水两次，换水应在上午与晚上进行。放养鱼种的规格一般选择 60～90g/尾的鱼种，有条件的话，放养 100g 以上的鱼种更好。放养密度应控制在每亩 400～700 尾。放养时间以 4 月中、下旬以后为宜。日投饵量前期为鱼体重的 7%～8%，中后期为鱼体重的 3%～5%，高温期严格控制投饵量。池塘养殖的日常管理为投饵、水质控制、巡塘及病、敌害防治。

3. 围网养殖

围网养殖是在浅海海域开发的大黄鱼养殖新模式。大黄鱼围网养殖适合于水深 2～3m 的海域，具有投资成本低、产量高、效益好的优点。围网养殖海域一般

---

① 1 亩≈666.7m²

选在风浪小、沙质或泥沙底质的潮下带，或潮流畅通且滩地平坦的内湾海区；海水流速在 1m/s 以内，上游与周边无直接污染源的海域。围网面积以 3000m² 为宜。放养鱼种的规格一般要求在 50g/尾以上，有条件的话，放养 150g 以上的鱼种更好。一般 50g/尾以上规格鱼种的放养密度应控制在每亩 25 000 尾左右。饲料以冰鲜小杂鱼为主，加工成黏性强的浮性团状饲料，可以适当添加粉状配合饲料、维生素等添加剂。每天早上或傍晚投喂一次，日投饵率约 3%。围网养殖的日常管理为水质控制、敌害防治和围网的维护。

除上述养殖模式外，大黄鱼还有港湾拦网、深水抗风浪网箱与室内封闭式等养殖模式。深水抗风浪网箱，是指设置在水深 15m 以上的较深海域，养殖容量在 1500m³ 以上的大型网箱，具有较强的抗风、抗浪、抗海流能力。一般由框架、网衣、锚泊、附件 4 部分组成。升降式深水网箱，还具有升降设施。我国使用深水抗风浪网箱养殖海水鱼始于 1998 年。我国海南、广东、浙江、山东等地相继引进大型深水抗风浪网箱，用于石斑鱼、军曹鱼、鲳鲹等鱼类的养殖。1998 年 3 月，浙江海洋学院(现浙江海洋大学)率先进行"国产化深水网箱设备及高效养殖技术研究"，2000 年其被列入浙江省科技兴海重点项目、浙江省海洋开发管理项目。2000 年，浙江海洋学院引进美国碟形网箱两个，先后在大陈岛、南麂山进行养殖实验。2002 年 4 月，"深海抗风浪网箱的研制"项目被正式列入国家高技术研究发展计划(又称 863 计划)，成为浙江省在海洋领域的首个 863 计划。

目前，浙江舟山地区的大黄鱼养殖以浅海养殖为主。深水网箱方面，嵊泗县的绿华海域、岱山县长涂岛、普陀区东极岛和朱家尖均有养殖。产量上，嵊泗绿华海域大黄鱼深水网箱养殖年产商品鱼约 40 万尾，岱山长涂岛年产商品鱼 5 万～10 万尾，普陀东极岛和朱家尖年产商品鱼约 50 万尾。普陀区登步岛和六横有少量传统小网箱养殖，年产商品鱼约 50 万尾。岱山县还有少量的大围塘大黄鱼养殖。另外，舟山市水产研究所及舟山市兴东水产养殖有限公司目前正在积极探索发展大黄鱼室内循环水养殖新模式。

23.2.2　主要病害及防治

近年来，随着大黄鱼人工养殖规模的迅速扩大，以及集约化程度的不断提高，大黄鱼养殖疾病不断出现且日趋严重。引起大黄鱼疾病的病原包括病毒、细菌、寄生虫等。

23.2.2.1　大黄鱼虹彩病毒病

大黄鱼虹彩病毒病是由一种被命名为大黄鱼虹彩病毒(large yellow croaker iridovirus)的病原所引起的。大黄鱼虹彩病毒是一种直径约 120nm 的二十面体双链 DNA 病毒，其传染方式以水平感染为主，对大黄鱼幼苗和成鱼均具有较强的感染性和较高的致死率(成鱼死亡率为 30%,幼鱼死亡率则为 100%)。

何爱华等[11]在国内首次报道了人工养殖大黄鱼幼鱼脾脏虹彩病毒感染的电镜观察研究结果。研究发现大黄鱼幼鱼脾脏细胞内存在大量虹彩病毒颗粒,病毒颗粒直径约 120nm,呈六角形,有一层蛋白质外壳,核心为核酸。病毒感染主要位于细胞质内。Chen 等[12]对福建宁德、罗源地区网箱养殖大黄鱼中暴发的一种传染性疾病开展研究,通过流行病学、组织病理学、电镜观察及分子生物学分析,证明引起大黄鱼病毒性疾病的病原是一种虹彩病毒,并命名为大黄鱼虹彩病毒。2005 年,陈新华和董燕红[13]以大黄鱼虹彩病毒 ATPase 基因保守区序列(295bp)作为扩增靶序列,设计合成了一对特异性引物,建立了大黄鱼虹彩病毒 PCR 快速检测技术,并开发出检测试剂盒。

与其他养殖疾病相比,大黄鱼虹彩病毒病目前尚无特效治疗方法,只能通过早期的病毒检测和诊断来进行防控。

23.2.2.2　大黄鱼弧菌病

弧菌病是大黄鱼网箱养殖过程中常见的细菌性疾病。引起大黄鱼弧菌病的病原主要是弧菌属的副溶血性弧菌(*Vibrio parahaemolyticus*)、哈维氏弧菌(*Vibrio harveyi*)、溶藻弧菌(*Vibrio alginolyticus*)、鳗弧菌(*Vibrio anguillarum*)、费氏弧菌(*Vibrio fischeri*)和创伤弧菌(*Vibrio vulnificus*)。其中,副溶血性弧菌、哈维氏弧菌和溶藻弧菌是引起大黄鱼弧菌病的 3 种主要致病菌。

弧菌是条件致病菌。当养殖密度过大、水体富营养化等因素造成养殖海域环境条件恶化时,海水中正常的弧菌菌群发生大量繁殖,进而导致养殖大黄鱼暴发弧菌性疾病。弧菌病流行时间以夏季高温期为主,7～8 月为高发期。

弧菌病发病初期大黄鱼体色变深,行动迟缓,常浮出水面离群独游;皮肤和上下颌吻部开始充血、发炎,鳞片松散脱落。病情发展时,鳃色发暗,尾鳍末端和头部及体侧开始溃烂,皮下出血,呈现不同程度的溃疡斑,重者肌肉烂穿,甚至吻部出现断裂,一般头部和尾部发病比躯体严重。这时解剖可见内脏器官病变明显,肝肿大,色泽不匀,有浊斑;肾肿,肠空,有时肠内有黄绿色黏液样物,肛门红肿。一般体表呈现出血症状后,在 1～7 天便死亡。

大黄鱼弧菌病的防控主要注意以下几点:①合理布局养殖网箱密度,改善养殖水质环境,避免弧菌大量繁殖;②养殖、运输等过程中避免因鱼体受伤而引起弧菌感染;③病死鱼应集中统一处理,防止病菌扩散;④适时在饲料中添加适量维生素等,提高大黄鱼免疫力;⑤弧菌病流行时,投喂有效、安全的抗生素进行治疗。

23.2.2.3 大黄鱼细菌性肠炎病

大黄鱼细菌性肠炎病的病原为嗜水气单胞菌(*Aeromonas hydrophila*)。嗜水气单胞菌广泛分布于自然界的各种水体,是人、畜及水生动物共患的条件致病菌。当环境骤变(如水质恶化、水温骤变等)时,嗜水气单胞菌常会与其他菌交叉感染,导致鱼体质下降,免疫力低下,进而引发寄生虫混合感染,使病情加重。由嗜水气单胞菌参与感染的疾病一般病势较猛,多为恶性传染病,死亡率很高。夏、秋季节为嗜水气单胞菌病的高发期。

感染初期的鱼出现食欲下降或停止进食、游动迟缓、水面浮游等症状。随着病情的发展,鱼腹部、嘴周围、眼睛、体表等出血,背鳍根部肌肉溃烂,肛门肿大,肝脏贫血。肠壁充血发炎,肠道充满黄色的黏液,轻掐可流出体外。

23.2.2.4 大黄鱼内脏白点病

大黄鱼内脏白点病是一种细菌性疾病,其特点是会在发病大黄鱼的内脏器官,如肝、脾、肾中形成白色结节。2013 年,研究者鉴定发现大黄鱼内脏白点病的致病菌为杀香鱼假单胞菌(*Pseudomonas plecoglossicida*),并对编号 NB2011 的杀香鱼假单胞菌菌株进行了全基因组测序[14]。目前,学者正在积极开展大黄鱼内脏白点病疫苗的研发工作。

染病大黄鱼体表一般无明显病症,不出现明显的充血和烂鳍。解剖后可见脾、肾出现直径 0.5~1.0mm 的白色结节,肝脏变为白色或者淡黄色,不吃饲料。

大黄鱼内脏白点病的防治方面,在养殖过程中要杜绝腐败变质饲料的投喂,尽量减少冰鲜饵料的投喂,严格控制水质,合理投喂免疫增强剂,增强鱼体体质,尽量减少患病机会。

23.2.2.5 大黄鱼寄生虫性疾病

引起大黄鱼寄生虫性疾病的病原有眼点淀粉卵涡鞭虫(*Amyloodinium ocellatum*)、布娄克虫(*Brooklynella hostilis*)、棒肠类涡虫(*Rhabdocoela*)、刺激隐核虫(*Cryptocaryon irritans*)等。寄生虫主要寄生在大黄鱼的鳃部、体表、鳍条等部位,咬食病鱼组织,影响病鱼食欲,导致鱼体产生应激反应,引起继发细菌性感染等。

23.3 大黄鱼遗传学研究

23.3.1 大黄鱼抗病毒天然免疫相关基因的研究

天然免疫系统(innate immune system)是脊椎动物识别并抵抗细菌、病毒等病

原微生物感染的第一道防线。天然免疫系统主要通过胚系编码的模式识别受体
(pattern-recognition receptor，PRR)对入侵病原微生物的保守病原体相关分子模式
(pathogen-associated molecular pattern，PAMP)进行识别，进而激活后续的信号级
联放大反应，并最终对所识别的病原微生物产生免疫反应。参与 PAMP 识别的 PRR
主要有三大类：Toll 样受体(Toll-like receptor，TLR)、视黄酸诱导基因 Ⅰ 样受体
(retinoic acid inducible gene-Ⅰ-like receptor，RLR)和 NOD 样受体[nucleotide-
binding oligomerization domain(NOD)-like receptor，NLR]。其中，TLR 和 RLR 主
要分别参与细胞外和细胞内病毒 PAMP(ssRNA、dsRNA 及 DNA 病毒复制过程中
形成的 dsRNA)的免疫识别，并通过激活相应的信号途径诱导细胞产生干扰素和
促炎性细胞因子，进而介导产生相应的抗病毒免疫反应。

23.3.1.1　Toll 样受体及其信号通路

Toll 样受体属于 Ⅰ 型跨膜蛋白，该家族成员均含有 1 个包含富含亮氨酸重复
序列(leucine-rich repeat，LRR)的胞外结构域、1 个跨膜结构域及 1 个包含 Toll/IL-1
受体(Toll/IL-1 receptor，TIR)的胞内结构域。TLR 的 LRR 结构域主要参与病原
PAMP 的识别，而 TIR 结构域则主要通过与 MyD88 等下游接头蛋白发生作用，
进而引发细胞内信号通路的激活。学者通过分子克隆手段先后成功扩增到了大黄
鱼 TLR9[15]、TLR22[16]、TLR3[17]及接头蛋白 MyD88[18]的编码序列，并对这些基
因在大黄鱼主要组织器官中的时空表达情况进行了分析。另外，最近的转录组研
究还在大黄鱼中发现了两个新的 TLR 基因：TLR1 和 TLR2[19]。利用 poly(Ⅰ∶C)和/
或细菌对大黄鱼进行感染后发现，这些 TLR 基因和 MyD88 基因在大黄鱼重要免
疫组织中的表达量均发生了显著上调。

23.3.1.2　RIG-Ⅰ 样受体及其信号通路

RIG-Ⅰ 样受体家族包含 3 个成员：视黄酸诱导基因 Ⅰ、黑色素瘤分化相关基
因 5(melanoma differentiation-associated gene 5，MDA5)和 LGP2(laboratory of
genetics and physiology 2)。RIG-Ⅰ 和 MDA5 均包含两个位于氨基端的胱天蛋白酶
活化募集结构域(caspase activation and recruitment domain，CARD)、1 个位于中间
的 DEXD/H box 解旋酶结构域(DEXD/H box helicase domain)，以及位于羧基端的
RNA 结合结构域(RNA-binding domain)和抑制结构域(repressor domain，RD)。而
LGP2 则含有解旋酶结构域和 RNA 结合结构域，但不具有 CARD 结构域。RIG-
Ⅰ 主要参与识别 5′端带有三磷酸基团的 ssRNA、dsRNA 及短 dsRNA。MDA5 主
要参与识别长 dsRNA 和 poly(Ⅰ∶C)(RNA 病毒模拟物)。而 LGP2 则主要参与由
RIG-Ⅰ/MDA5 所介导信号通路的负调控。当 RLR 识别细胞内病毒的 PAMP 后，
RLR 通过构象改变暴露出 CARD 结构域并与下游的线粒体抗病毒信号蛋白

(mitochondrial antiviral signaling protein, MAVS) 的 CARD 结构域发生作用, 进而激活 RIG-Ⅰ/MDA5 介导的信号通路, 并诱导产生干扰素和促炎性细胞因子。对大黄鱼开展的基因组测序研究表明, 大黄鱼基因组中存在 MDA5 和 LGP2 这两个 RLR, RIG-Ⅰ 则发生了缺失[20, 21]。利用 poly(Ⅰ∶C) 对大黄鱼进行感染发现, MDA5 在大黄鱼的脾脏组织[22]及头肾细胞[23]中均发生了显著的表达量变化。笔者所在团队对大黄鱼的 RLR(MDA5 和 LGP2)及下游的 MAVS 开展了克隆测序、序列分析和基因时空表达方面的研究。研究结果表明, poly(Ⅰ∶C) 刺激能够显著提高 MDA5、LGP2 和 MAVS 在大黄鱼重要免疫组织中的表达量, 表明 RLR 和 MAVS 在大黄鱼抗病毒天然免疫中发挥重要的作用[24]。

23.3.1.3 干扰素诱导基因

模式识别受体对入侵病原微生物的 PAMP 进行识别, 诱导产生 Ⅰ 型干扰素, 经诱导产生的 Ⅰ 型干扰素与宿主细胞的干扰素受体结合, 通过激活相应的信号通路诱导众多的干扰素刺激基因(interferon-stimulated gene, ISG)发生表达, 最终发挥抗病毒天然免疫作用。关于大黄鱼 ISG 方面的研究, 迄今为止仅有少量报道。Wan 和 Chen 先后对大黄鱼的 IFITM1[25]和 ISG56[26]开展了研究, 结果表明 poly(Ⅰ∶C) 刺激能够显著诱导这两个 ISG 在重要免疫组织中的表达。大黄鱼脾脏转录组方面的研究表明, poly(Ⅰ∶C) 刺激能够诱导一些类似 ISG 的基因在脾脏中的表达量上调[22]。笔者所在团队对大黄鱼 *Viperin* 开展了编码序列和启动子序列的克隆测序及序列分析, 以及 *Viperin* 在正常组织及病毒模拟物 poly(Ⅰ∶C) 刺激组织中的时空表达研究[27]。结果表明, 大黄鱼 *Viperin* 包含 354 个氨基酸, 且具有与其他脊椎动物(如人和斑马鱼)相似的序列保守性和蛋白功能结构域组成。对大黄鱼 *Viperin* 基因启动子进行序列扩增和分析发现, 大黄鱼 *Viperin* 基因的启动子上存在包括 NF-κβ、IRF8、IRF-1、C/EBPα、GATA-1 等在内的一系列潜在转录因子结合位点。poly(Ⅰ∶C) 免疫刺激能够引起 *Viperin* 在大黄鱼脾脏、头肾、肝脏等重要免疫组织中的表达量发生显著变化。这些研究的结果有力地表明了大黄鱼 *Viperin* 在抗病毒天然免疫方面的重要作用。

23.3.2 大黄鱼基因组

2014 年 11 月 9 日, 由浙江海洋学院领衔, 联合上海交通大学、复旦大学等单位破译了大黄鱼全基因组测序, 构建了大黄鱼基因组图谱, 并成功解析其先天免疫系统基因组特征。这是世界上第一个石首科鱼类基因组图谱, 揭开了我国大黄鱼基因组学研究的序幕。大黄鱼基因组大小约为 728Mb, 具有 19 362 个蛋白编码基因。通过对大黄鱼基因组进行深入分析研究发现, 大黄鱼具有 Toll 样受体(TLR)、白细胞介素(interleukin, IL)、肿瘤坏死因子(tumour necrosis factor, TNF)

等与先天免疫相关的基因。另外，在适应性免疫中发挥重要作用的 GILT 和 CIITA 家族则发生了基因扩张。但是研究表明，与其他已经开展基因组测序研究的硬骨鱼类相比，大黄鱼 *MHC I* 和 *MHC II* 基因的数量明显较少。而且，大黄鱼的 *CD4* 基因很可能已经发生了功能缺失。这些研究结果表明，大黄鱼具有发育良好的先天免疫系统，形成了一套独特的免疫模式，部分基因在大黄鱼先天性免疫方面起重要作用。

2015 年 4 月 2 日，国家海洋局第三海洋研究所、浙江大学、华大基因、中国海洋大学和深圳大学同样联合完成了大黄鱼全基因组测序，并绘制出大黄鱼基因组精细图谱。组装的大黄鱼基因组大小为 679Mb，包含 25 401 个蛋白编码基因。研究发现，大黄鱼基因组中与视觉、嗅觉和听觉相关的基因均发生了显著的基因扩张。此外，研究人员还对大黄鱼进行了脑部低氧转录组和皮肤黏液蛋白质组的研究。研究发现，在脑部低氧胁迫下，大黄鱼很可能利用新的神经-内分泌-免疫/代谢调控网络来帮助其避免因缺氧引起的脑部炎性损伤，并维持能量平衡。通过开展皮肤黏液蛋白质组研究发现，大黄鱼暴露在空气中的皮肤黏液含有 3209 种基因编码的蛋白质，这是目前在鱼类黏液研究中发现最多的。另外，空气暴露胁迫下，大黄鱼皮肤黏液中与抗氧化、氧气运输、免疫防御、离子结合等功能相关的蛋白质表达量发生了显著的增加，表明皮肤黏液蛋白在大黄鱼应对空气暴露胁迫中发挥了重要的作用。这些研究揭示了大黄鱼对环境胁迫应答的分子机制，为抗逆性的遗传改良提供了重要资源。

这两项大黄鱼基因组测序工作的开展，标志着大黄鱼基因组时代的到来。通过充分解析大黄鱼基因组信息，有助于发现与抗病、抗环境胁迫相关的基因位点，通过开展遗传选育，将有望培育出先天免疫能力强、抗病力强的大黄鱼抗病品系，解决养殖过程中大黄鱼病害频发的瓶颈问题。

参 考 文 献

[1] Richardson J. Report on the ichthyology of the seas of China and Japan. Cambridge: Report of the British Association for Science, 15th Meeting, 1845: 187-320.

[2] 刘家富. 大黄鱼养殖与生物学. 厦门: 厦门大学出版社, 2013.

[3] Nelson J S, et al. Fishes of the World. 5th ed. New Jersey: John Wiley & Sons, Inc., 2016.

[4] 中国科学院海洋研究所. 大黄鱼种族问题的初步研究. 科学通报, 1959, 4(20): 697.

[5] 徐恭昭, 等. 大黄鱼 *Pseudosciaena crocea* (Richardson)种群结构的地理变异. 海洋科学集刊, 1962, (2): 98-109.

[6] 田明诚, 等. 大黄鱼 *Pseudosciaena crocea* (Richardson)形态特征的地理变异和地理种群问题. 海洋科学集刊, 1962, (2): 79-97.

[7] 张其永, 等. 大黄鱼地理种群划分的探讨. 渔业信息与战略, 2011, 26(2): 3-8.

[8] 陈佳杰, 徐兆礼. 东、黄海大黄鱼种群划分与地理隔离分析. 中国水产科学, 2012, 19(2): 310-320.

[9] 徐兆礼, 陈佳杰. 东黄海大黄鱼洄游路线的研究. 水产学报, 2011, 35(3): 429-437.

[10] 李明云, 等. 基于种群生态学概念论大黄鱼种群的划分. 宁波大学学报(理工版), 2013, 26(1): 1-5.

[11] 何爱华, 等. 大黄鱼幼鱼虹彩病毒感染的电镜研究. 福建水产, 1999, (3): 56-59.

[12] Chen X, et al. Outbreaks of an iridovirus disease in maricultured large yellow croaker, *Larimichthys crocea* (Richardson), in China. Journal of Fish Diseases, 2003, 26(10): 615-619.

[13] 陈新华, 董燕红. 大黄鱼虹彩病毒 PCR 快速检测试剂盒的研制. 生物技术, 2005, 15(3): 38-40.

[14] Mao Z, et al. Draft genome sequence of *Pseudomonas plecoglossicida* strain NB2011, the causative agent of white nodules in large yellow croaker (*Larimichthys crocea*). Genome Announcements, 2013, 1(4): e00586-13.

[15] Yao C, et al. Cloning and expression analysis of two alternative splicing Toll-like receptor 9 isoforms A and B in large yellow croaker, *Pseudosciaena crocea*. Fish and Shellfish Immunology, 2008, 25(5): 648-656.

[16] Xiao X, et al. Molecular characterization of a Toll-like receptor 22 homologue in large yellow croaker (*Pseudosciaena crocea*) and promoter activity analysis of its 5'-flanking sequence. Fish and Shellfish Immunology, 2011, 30(1): 224-233.

[17] Huang X, et al. Characterization of Toll-like receptor 3 gene in large yellow croaker, *Pseudosciaena crocea*. Fish and Shellfish Immunology, 2011, 31(1): 98-106.

[18] Yao C, et al. Molecular cloning and expression of MyD88 in large yellow croaker, *Pseudosciaena crocea*. Fish and Shellfish Immunology, 2009, 26(2): 249-255.

[19] Mu Y, et al. Transcriptome and expression profiling analysis revealed changes of multiple signaling pathways involved in immunity in the large yellow croaker during *Aeromonas hydrophila* infection. BMC Genomics, 2010, 11: 506.

[20] Ao J, et al. Genome sequencing of the perciform fish *Larimichthys crocea* provides insights into molecular and genetic mechanisms of stress adaptation. PLoS Genetics, 2015, 11(4): e1005118.

[21] Wu C, et al. The draft genome of the large yellow croaker reveals well-developed innate immunity. Nature Communications, 2014, 5: 5227.

[22] Mu Y, et al. *De novo* characterization of the spleen transcriptome of the large yellow croaker (*Pseudosciaena crocea*) and analysis of the immune relevant genes and pathways involved in the antiviral response. PLoS One, 2014, 9(5): e97471.

[23] Wang X, et al. Establishment and characterization of a head kidney cell line from large yellow croaker *Pseudosciaena crocea*. Journal of Fish Biology, 2014, 84(5): 1551-1561.

[24] Shen B, et al. Molecular characterization and expression analyses of three RIG-I-like receptor signaling pathway genes (MDA5, LGP2 and MAVS) in *Larimichthys crocea*. Fish and Shellfish Immunology, 2016, 55: 535-549.

[25] Wan X, Chen X. Molecular cloning and expression analysis of interferon-inducible transmembrane protein 1 in large yellow croaker *Pseudosciaena crocea*. Veterinary Immunology and Immunopathology, 2008, 124(1-2): 99-106.

[26] Wan X, Chen X. Molecular characterization and expression analysis of interferon-inducible protein 56 gene in large yellow croaker *Pseudosciaena crocea*. Journal of Experimental Marine Biology and Ecology, 2008, 364(2): 91-98.

[27] Zhang J, et al. Molecular characterization and expression analyses of the Viperin gene in *Larimichthys crocea* (Family: Sciaenidae). Developmental and Comparative Immunology, 2017, 79: 59-66.

第24章 海水人工养殖经济动物常见疾病及检测技术概述

（天津市水生动物疫病预防控制中心，孙 妍）

24.1 海水人工养殖经济动物常见疾病

我国是为数不多的水产动物养殖量大于捕捞量的国家，水产动物养殖的品种已达到70种以上，但随着养殖密度和集约化程度的增加，水产养殖品种受到不同程度的病害威胁。据统计，我国水产养殖的病害种类已经达到了260种以上，包括各种各样的病原体(病毒、细菌、真菌和寄生虫等)，经常造成大量水产动物的死亡。表24-1列举了对我国海水养殖影响较大的病原种类。

表 24-1　主要海水人工养殖经济动物常见疾病[1]

病原	疾病	症状	易感动物
诺达病毒(Nodavirus)	病毒性神经坏死病(viral nervous necrosis, VNN)	漂浮于水面，难于下沉，并伴随有游泳不协调、螺旋状游泳等不同的神经症状，腹部肿大，鳔肿大充血，部分鱼眼盲，体弱，不摄食，体表褪色或发黑，但未出现出血或糜烂	鲆鲽类、红鳍东方鲀、尖吻鲈、石斑鱼、条石鲷、庸鲽等
淋巴囊肿病毒(lymphocystic virus，LCV)	淋巴囊肿病(lymphocystic disease)	皮肤、鳍和眼球等处出现许多菜花样肿胀物，囊肿物多呈白色、淡灰色、灰黄色，有的带有出血灶而显微红色	鲆鲽类、真鲷、虹鳟等
鳗弧菌(Vibrio anguillarum)、副溶血性弧菌(Vibrio parahaemolyticus)、溶藻弧菌(Vibrio alginolyticus)、哈维氏弧菌(Vibrio harveyi)、创伤弧菌(Vibrio vulnificus)	弧菌病(Vibriosis)	体表皮肤溃疡，食欲不振，游动缓慢；中度感染，鳍基部、躯干部等发红或出现斑点状出血；随着病情的发展，患部组织浸润呈出血性溃疡，眼内出血，肛门红肿扩张，常有黄色黏液流出	鲆鲽类、鲑鳟类、鲷类等
迟缓爱德华氏菌(Edwardsiellatarda)	爱德华氏菌病(Edwardsiellosis)	腹腔内有腹水，肝、脾、肾肿大，褪色，肠道发炎，眼球白浊等	可感染多种海水鱼类，如鳗鲡、牙鲆、罗非鱼等
车轮虫(Trichodina)、小车轮虫(Trichodinella)	车轮虫病(Trichodiniasis)	鳃丝分泌过多黏液，引起鳃上皮增生，导致病鱼呼吸困难；在苗种期的幼鱼体色暗淡，失去光泽，食欲不振，甚至停止吃食，鳃的上皮组织坏死，崩解，呼吸困难，衰弱而死	真鲷、黑鲷、鲈、鲻、梭鱼、牙鲆、大菱鲆、石斑鱼等
粘孢子虫(Myxosporidia)	粘孢子虫病(Myxosporidiosis)	在组织中寄生的种类形成肉眼可观察到的白色包囊，如鳃、体表皮肤、肌肉和内脏等	鲆鲽类、鲈、石斑鱼、东方鲀、鲷类、海龙、海马等

病原	疾病	症状	易感动物
对虾白斑综合征病毒(white spot syndrome virus，WSSV)	对虾白斑综合征病毒病(white spot syndrome virus disease)	停止摄食，反应迟钝，游泳不规则，时而在池边漫游或伏卧于水底，空胃，体色变红，头胸甲易剥离，甲壳上有白色的圆点，严重者白点连成白斑	大部分对虾种类
桃拉综合征病毒(Taura syndrome virus，TSV)	桃拉综合征病毒病(Taura syndrome virus disease)	病虾不吃食或少量吃食，在水面缓慢游动。在特急性到急性期，幼虾身体虚弱，外壳柔软，消化道空无食物，在附足上会有红色的色素沉着，尤其是尾足、尾节、腹肢，有时整个虾体体表都变成红色	南美白对虾、红额角对虾、白对虾等
黄头病毒(yellow head virus，YHV)	黄头病(yellow head disease，YHD)	病虾早期游动迟缓，头胸甲呈黄色或发白、膨大，鳃变成淡黄色到棕色，肝胰腺变成淡黄色，主要感染鳃组织、淋巴器官、血细胞和结缔组织等	大部分对虾种类
传染性皮下及造血组织坏死病毒(infection hypodermal and hematopoietic necrosis virus，IHHNV)	传染性皮下及造血组织坏死病(infection hypodermal and hematopoietic necrosis disease)	病虾静卧于池底，很少摄食，甲壳长期呈现蜕皮时期的柔软、无光，且无法正常蜕皮，生长趋于停滞状态，机体免疫力下降，肉眼可观察到体表、鳃和附肢的皮下组织有很多的黑色斑点	大部分对虾种类
奈氏微粒子虫(*Ameson nelsoni*)、对虾匹里虫(*Pleistophora penaei*)、桃红对虾八孢虫(*Agmasoma duorara*)、对虾八孢虫(*Agmasoma penaei*)	微孢子虫病(microsporidiasis)	卵巢肿胀、变白色、混浊不透明，在鳃和皮下组织中出现许多白色瘤状肿块，患微孢子虫病的海蟹不能正常洄游，在环境不良时容易死亡	篮蟹、对虾等
牡蛎幼虫面盘病毒(oyster velar virus，OVV)	牡蛎幼虫面盘病毒病(oyster velar virus disease)	患病幼虫活力减退，内脏团缩入壳内；面盘活动不正常，面盘上皮组织细胞失掉鞭毛，并且有些细胞分离脱落；幼虫沉于养殖容器的底部，不活动	牡蛎

24.2　常见的水产动物病原检测技术

我国是世界上从事水产养殖历史最悠久的国家之一。改革开放以来，我国渔业调整了发展重点，确立了以养为主的发展方针，水产养殖业获得了迅猛发展。据联合国粮食及农业组织(FAO)统计，2015 年我国养殖的水产品产量在世界全部养殖产量中占有 61.7%的份额，且我国 2015 年 1～11 月累计海产品的总出口量为 347 万 t，金额达到了 174 亿美元。但近年来水产养殖规模不断扩大，养殖密度不断增加，导致养殖环境也在逐步恶化，引起水产动物病害暴发率逐年增加的趋势，使得我国每年因此产生的经济损失高达 100 亿～150 亿元，因此水产病害已经严重制约到我国水产养殖业的可持续发展。由于目前针对水产疾病的药物屈指可数，且大部分水产动物的疾病暴发都具有传播快、发病率高、死亡率高的特点，所以对于水产疾病的预防及早期检测就显得尤为重要。常见水产动物病害的检测手段主要有显微技术、细胞培养技术、免疫学技术和分子生物学技术等。

24.2.1　显微技术

对水产动物疾病的检测，人们最早就是利用光学显微镜观察组织细胞的病变、有无细菌或寄生虫的存在结合发病症状来判断患病动物感染了哪种疾病，但采用这种方式进行诊断需要等到疾病全面暴发，症状极度明显的时候才可以确诊。后来，由于电镜技术的飞速发展，研究者开始将电镜应用于水生动物疾病的研究，不仅可以观察细胞病变，还可以直接观察到病毒的形态大小和种类，从而进行初步确诊。姜明等[2]对真鲷球形病毒用电子显微镜进行了观察，并在形态及细胞病理学上总结了其特征；徐洪涛等[3]通过电镜观察了患病大菱鲆的鳃、鳍、肾、脾及脑组织中的病毒病原，确定该病毒为虹彩病毒。

24.2.2　细胞培养技术

细胞培养是水生动物病毒学研究中最基础的一项技术，也是诊断病毒病的经典方法之一。对病毒进行分离鉴定，并通过细胞系进行病毒的扩增，以提供足够的病毒材料支持后续的深层次研究，是细胞系在病毒学方面的首要作用。1962 年Wolf 和 Quimby[4]建立了世界上第一个鱼类细胞系，即虹鳟(*Oncorhynchus mykiss*)性腺细胞系 RTC-2，此后鱼类的细胞培养研究进展十分迅速。近年来，越来越多的鱼类细胞系被用于水生病毒的分离、鉴定和扩增，如 TO 细胞系(鲑细胞)、GF和 GK 细胞系(石斑鱼细胞)、GS 细胞系(来源于斜带石斑鱼的脾脏组织)，以及赤点石斑鱼脾脏细胞系(EAGS)及膘细胞系(EAGSB)等对鱼类常见的虹彩病毒、诺达病毒等都有高度敏感性。截止到 2010 年，全世界已经建立了 280 余株鱼类细胞系。细胞培养技术已经渗透到水生动物病毒学的各个领域，把细胞培养技术与免疫学技术和分子生物学技术结合起来，将会促进水生动物病毒性疫病检测的长足发展。

24.2.3　细菌的生化鉴定

微生物在代谢过程中，由于各自独特的酶系统，其分解与合成代谢产物各不相同。这些代谢产物各具不同的生化性质，利用生物化学的方法测定这些代谢产物、代谢方式和条件等来鉴定细菌的类别、属种，称为生化试验，也称生化鉴定。生化鉴定是细菌鉴定的经典方法，通过细菌分离纯化，测定各生化指标，判断细菌的种类。利用生理生化方法鉴定必须进行多项理化指标的测定，但这种鉴定方法既耗费时间又消耗人力，特别是将细菌鉴定到种的步骤十分烦琐。因此从20 世纪 70 年代开始，为了让细菌鉴定更加简便化、标准化和自动化，成套的标准化鉴定系统结合计算机辅助鉴定系统开始试行。细菌自动鉴定仪的发明，大大提高了细菌生化鉴定的效率。目前国内外针对不同项目的检测都有不同系统的选择，如 Enterotube 系统、Minitek 系统、Biolog 系统、Microscan 系统、E-15 系统、Vitek 系统及 API 系列产品等。这些鉴定系统数据库中关于海洋菌的资料较少，但是利用这种方法可以快速获得病原的一些生理生化特征。现代细菌自动鉴定系统数据库更加齐全，鉴定更加准确[5]。

24.2.4　免疫学技术

1. 酶联免疫技术

酶联免疫吸附试验(enzyme linked immunosorbent assay，ELISA)是将已知抗原或者抗体在固相载体的表面进行吸附，保证其原本的免疫活性。在实际的检测过程中，需要使待检测样本与酶标抗原或者抗体依据不同的操作步骤，分别与表面吸附了抗体或者抗原的固相载体发生反应，然后加入酶标抗体进行免疫复合物结合操作，分离抗原或者抗体复合物与游离的未结合成分，分离时可以采用洗涤方法。在检测程序的最后，加入酶反应底物，观察被酶催化后的底物产生的颜色、吸光度大小，开展定量、定性总结分析。与经典生物学和化学方法相比，ELISA方法具有以下特点：①灵敏度高，其检测限可达到 ng 甚至 pg 水平，并可作定量测定；②特异性强，抗原抗体特异性发生免疫应答反应，结构类似物对检测干扰很小；③操作简便，特别适合于对大规模样品的检测；④安全性高，对环境污染程度低，减少了对检测人员和环境的潜在危害。

酶联免疫法在水产动物疾病诊断及预防中的应用最广泛，国内外学者已经将其应用于多种水产动物病毒病、细菌病的检测，开发了很多水产动物致病病原的快速诊断方法，如创伤弧菌、副溶血性弧菌、鱼类弹状病毒、传染性造血器官坏死病毒、传染性胰脏坏死病病毒、对虾白斑病毒等。ELISA 是一种非常实用的检测技术，尤其适用于对大量样品的检测。当然，ELISA 不可避免地存在一些缺陷，如对试剂的选择性高、很难同时分析多种成分、对结构类似的化合物有一定程度的交叉反应、分析分子量很小的化合物和很不稳定的化合物时有一定的困难，科研工作者正着力于 ELISA 方法的改进。因此，如果能够优化各项反应条件，特别是对单克隆抗体的选择、抗体和抗原的纯化、抗体载体的改进等方面进一步优化，在不久的将来，ELISA 技术在水产养殖动物病害诊断中的应用前景将更为广阔。

2. 免疫荧光技术

免疫荧光技术(immunofluorescence technique)又称荧光抗体技术，是在免疫学、生物化学和显微镜技术的基础上建立起来的一项技术。就是将不影响抗原抗体活性的荧光色素标记在抗体(或抗原)上，与其相应的抗原(或抗体)结合后，在荧光显微镜下呈现一种特异性荧光反应。该技术具有特异性强、速度快、灵敏度高等优点。国外早在 20 世纪 80 年代就有将荧光抗体技术用于检测水产养殖病原菌的报道。近几年，在我国针对一些水产常见疾病病原的荧光免疫检测方法也相继被开发，张晓华等[6]建立了中国对虾副溶血性弧菌的间接荧光抗体检测技术；樊景凤等[7]建立了凡纳滨对虾红体病病原——副溶血性弧菌的间接免疫荧光抗体检测方法；鄢庆枇等[8]应用荧光抗体技术检测了牙鲆体内的弧菌；王秀华等[9]建立了栉孔扇贝急性病毒性坏死病毒(acute virus necrobiotic virus，AVNV)的间接免疫荧光检测方法。水生动物寄生虫免疫学检测方法还不成熟，目前世界动物卫生组织仅能以组织学检测作为水生动物寄生虫检测的"金标准"，但这些方法不能满足目前快速、敏感的检测需求，并且虫体不易提取和纯化，故制备表面抗原进行分离纯化是很必要的。

3. 免疫磁珠分离技术

免疫磁珠分离技术(immunomagnetic beads separation technique，IMBS)是一种利用经过修饰的磁珠微球作为载体进行目标物捕获及富集的技术[10]，能将病原微生物或病毒从大量杂质背景中分离出来，结合分子或免疫技术进行目标病原的检测，可以提高对目标微生物的检出率，缩短检测时间。该技术的关键点是特异性免疫磁珠的制备。近年来 IMBS 在食品、环境、医疗卫生等领域的应用十分广泛。在水产品质量安全检测方面，李亚茹等[11]应用 IMBS 联合实时荧光 PCR 技术建立了快速检测虾中 4 种沙门氏菌的方法。王晶[12]利用细菌荧光素酶-NADH:FMN 氧化还原酶体系与 IMBS 联用对水产品样品中的单增李斯特菌和鼠伤寒沙门氏菌进行了检测，在不增菌的情况下，整个检测过程在 1h 内完成，检测限为 10^8CFU/ml(g)。但在水产养殖经济动物常见病原的检测方面还未见报道。

IMBS 作为一种较新的免疫学技术，其本身也存在一些较难克服的问题。首先是免疫磁珠本身的质量，特别是对于多克隆抗体包被的磁珠，由于多抗效价批次间容易出现波动，直接影响免疫磁珠对目标菌的捕获率。其次是在不同的标本性状及杂菌污染程度下，免疫磁珠和目标微生物相互作用会受到影响，会降低该技术的灵敏度和特异性，因此一些黏稠和杂质较多的样品并不适用于 IMBS 的检测。但与传统培养法相比，IMBS 仍具有一定的优势。一方面，该技术能在扩大取样量的基础上对目标微生物进行特异性捕获与富集；另一方面，其可灵活地与其他检测方法联用。因此 IMBS 已经逐步被国外多个标准检测方案所采用，在病原检测领域具有良好的应用前景。

4. 胶体金技术

胶体金免疫层析技术就是以胶体金为显色媒介，利用免疫学中抗原抗体能够特异性结合的原理，在层析过程中完成这一反应，从而达到检测的目的。胶体金免疫层析技术以其快速简便、可对单样品进行检测、可肉眼判读、灵敏度高、特异性强、稳定性好等优点，非常适合在水产养殖业推广使用。可研制生产适用于鱼、虾、蟹、贝等水产动物系列病害(包括真菌病、细菌病、病毒病及寄生虫病等)的定性或半定量检测试纸条。以胶体金免疫层析原理建立起来的快速检测试纸，现已在我国水产领域得到了初步尝试。对虾白斑综合征病毒、对虾黄头病毒、淋巴囊肿病毒，以及海水工厂化养殖鱼类常见致病菌，如哈维氏弧菌、迟缓爱德华氏菌、嗜水气单胞菌、创伤弧菌等的胶体金免疫层析试纸条均具有灵敏度高、准确性高、检测用时短的特点，在养殖生产过程中应用效果良好[13-16]。

　　近年来，胶体金免疫层析技术也在不断发展：亲和素、生物素系统的引进，使灵敏度、特异性进一步得到提高；结合生物传感器、电化学设备等手段的使用拓宽了其检测范围；结合酶显色，借助简单仪器(如比色计等)实现了定性、半定量检测；向多元检测方向发展，可实现对多个指标的联检等[17]。胶体金免疫层析技术不仅可以为疾病的早发现、早诊断、早治疗提供快捷手段，更重要的是可以为水产养殖业的可持续发展和保障食品质量安全提供重要的技术支撑，其技术经济价值、产业需求和发展前景不可限量。

24.2.5　分子生物学技术

1. 分子杂交技术

核酸分子杂交技术是分子生物学中最常用的基本技术之一，具有高度的特异性，也常用于水产动物疾病的诊断。其原理在于：具有一定同源性的两条核酸单链在一定条件下按照碱基互补原则退火形成双链。杂交的双方是待测核酸序列的探针。探针是指用于检测的已知核酸片段。通常用放射性同位素或非同位素对探针进行标记，检测这些标记物的方法是极其灵敏的。分子杂交的种类很多，有原位杂交、斑点杂交、Southern 杂交、Northern 杂交等。

　　斑点杂交是最常用、快捷的进行基因检测的分子杂交方法之一，根据杂交膜上点样斑点的有无或强弱就能推测样品是否感染病毒及感染程度。此法操作简便，所需仪器和试剂简单，一次可以对大量样品进行检测，可在基层条件一般的实验室进行。史成银等[18]利用斑点杂交技术对已感染对虾皮下及造血组织坏死杆状病毒(hypodermal and hematopoietic necrosis baculovirus，HHNBV)但未出现症状的养殖对虾进行 HHNBV 检测，成功实施了生产上的及时捕杀。

　　原位杂交是用标记的 DNA 或 RNA 探针，在细胞或染色体上与互补的核酸序列杂交，再经过放射自显影或免疫荧光、化学发光在杂交原位上显示杂交体的技术。该技术已被广泛应用于水产养殖动物病毒性病原的检测和定位、病毒感染细胞的表达模式及传播途径等方面。孙修勤等[19]通过原位杂交诊断方法可以有效地定性和定位淋巴囊肿病毒；Chao 等[20]利用原位杂交技术确定石斑鱼虹彩病毒是通过血液在牙鲆体内传播的；Mari 等[21]采用原位杂交方法能够特异性地检测对虾传染性皮下及造血组织坏死病毒。原位杂交具有特异性强、敏感性高、受外界影响小等优点，而且比常规细胞学检查结果更精确，使组织化学技术的研究从器官、组织和细胞水平走向分子水平。但是由于其实验周期长、步骤烦琐，制约了原位杂交技术的发展。原位 PCR 技术大大提高了原位杂交技术的灵敏度和专一性，可用于低拷贝甚至单拷贝的基因定位，为原位杂交技术的发展提供了更广阔的前景[22]。

2. PCR 技术

聚合酶链反应（polymerase chain reaction，PCR）是经典的 DNA 体外扩增技术。该技术与传统诊断方法相比，具有灵敏度高、特异性强、反应快、操作简便、省时等优点，现已被应用于水生动物疾病的诊断中，并已显示出巨大的潜力及广阔的前景。与目前的大多数免疫学检测方法相比，在病原菌检测的特异性和敏感性等方面 PCR 技术都有很大的提高。

1）常规 PCR 原理是根据所设计的引物对样品 DNA 进行 PCR 扩增，通过对 PCR 产物进行琼脂糖凝胶电泳，观察有无特异性目的片段出现，以此来检测样品是否含有病原 DNA。从 20 世纪 90 年代起，国内外相继使用 PCR 来诊断多种疾病，建立了许多用 PCR 技术检测水产病原菌的方法。

2）巢式 PCR 一般是在扩增更大片段的目的 DNA 时采用，即先用非特异性的引物进行扩增，然后再用特异性引物对第 1 次 PCR 扩增的产物进行第 2 次扩增，以获得可供分析的目的 DNA。谢数涛等[23]用巢式 PCR 检测斑节对虾 WSSV 的结果表明其灵敏度是一步 PCR 的 10^4 倍。因此，巢式 PCR 比常规 PCR 方法灵敏度更高，特别适用于疾病的早期诊断，而我国对虾白斑综合征病毒检测的国家标准采用的就是巢式 PCR 方法。

3）多重 PCR 又称多重引物 PCR，它是在同一 PCR 反应体系里，加上 2 对以上引物，同时扩增出多个核酸片段的 PCR 反应，其反应原理、反应试剂和操作过程与一般 PCR 相同。多重 PCR 主要用于多种病原微生物的同时检测或鉴定，是在同一 PCR 反应管中同时加上多种病原微生物的特异性引物，进行 PCR 扩增。祝璟琳等[24]针对溶藻弧菌、副溶血性弧菌和哈维氏弧菌的特异性基因优化设计了 3 对特异性引物，建立了检测致病性弧菌的多重 PCR 检测方法，具有较高的敏感性和特异性。

4）实时荧光定量 PCR 是指利用荧光信号的变化实时检测 PCR 扩增反应中每一个循环产物量的变化，通过 Ct 值和标准曲线实现对起始模板定量分析的一种 PCR 技术。与常规 PCR 技术相比，实时荧光定量 PCR 技术实现了荧光信号的累积与 PCR 产物形成完全同步，在扩增的同时进行检测，不需要 PCR 后处理，不仅避免了交叉污染，而且大大节约了检测所需的时间。运用实时荧光定量 PCR 检测水产动物病毒的技术已渐渐成熟。熊炜等[25, 26]采用 TaqMan 探针技术建立了快速检测白斑综合征病毒和桃拉病毒的方法。但是，由于采用该技术对病原菌进行检测时需要的仪器昂贵，因此在一定程度上限制了该技术的应用。

3. 恒温扩增技术

2000 年 Notomi 等建立了一种新的 DNA 扩增方法，环介导等温扩增检测（loop-mediated isothermal amplification，LAMP）技术。该技术通过识别靶序列上 6 个特异区域的引物和具有链置换的 DNA 聚合酶，在恒温条件下，不到 1h 就能扩增出 10^9 靶序列拷贝，具有特异、高敏、快速、简便等特点。LAMP 法又由于不需要昂贵的精密仪器，检测费用低，操作简单，在一管内即可以完成全部检测，并且反应产物可以直接通过肉眼观察，因此近年来受到广大水产行业研究者的关注，并被广泛应用于水产疾病的快速检测当中。例如，虹彩病毒、传染性造血器官坏死病病毒、对虾白斑综合征病毒、对虾传染性皮下及造血组织坏死病毒、迟缓爱德华氏菌等多种病原体的快速检测试剂盒已经被广泛应用于实际养殖生产过程[27-29]。

24.3　新型检测技术的应用现状与展望

24.3.1　生物芯片技术

我国水产养殖业的集约化程度越来越高，养殖规模越来越大，随之而来的流行病学调查、临床检测等中需要被检疫的样品数量逐年增加，传统的检测方法和技术已经难以适应当前的生产需要，迫切需要实现动物病原检测技术高通量化。高通量检测技术具有高通量、自动化、微量化等特点，病原高通量检测技术可分为高通量免疫学检测（检测抗原）和高通量分子生物学检测（检测核酸）两大类。生物芯片是近年来迅速发展的一项以高通量、高灵敏性和特异性为优势的新技术，在食品安全检测、病原微生物检测和鉴定等方面发挥着越来越重要的作用。

目前，国内外的学者对于生物芯片技术在水产养殖动物疾病病原检测领域的应用研究尚处于起始阶段，仅在一些常见的、危害较大的细菌性和病毒性疾病检测上有所应用。Xu 等[30]制备了对虾白斑综合征病毒检测免疫芯片、鱼类淋巴囊肿病毒检测免疫芯片及现场检测免疫芯片，准确率在 98% 以上；李永芹等[31]制备了可同时检测杀鲑气单胞菌、链球菌、鳗弧菌、迟缓爱德华氏菌、荧光假单胞菌、海分枝杆菌 6 种鱼类常见病原菌的检测免疫芯片，肉眼可见检测结果。

近年来，随着水产疾病相关领域的成果和互联网生物信息公共资源的迅速增加，基因芯片在我国水产病害诊断领域的应用基础已经完全具备。国内相关单位已经掌握了对虾白斑综合征病毒、传染性脾肾坏死病毒、淋巴囊肿病毒等 20 余种国内外鱼虾贝类重要病毒材料，分离鉴定了几十种鱼虾贝类致病的病原菌，对水产动物常见寄生虫病也展开了一系列研究工作；多种病毒基因组全序列的测序工作也在相继展开，以上这些工作为开展水产动物病害的高通量诊断和检测打下了重要的理论基础。在全球共享的公共资源中，GenBank 上已登录的鱼类病毒基因序列有 300 余项、细菌基因序列 900 余项、真菌基因序列近 50 项、寄生虫基因序列1900 余项；甲壳类病毒基因序列 430 余项、细菌基因序列 140 余项、真菌基因序列 8 项；海洋病毒基因序列 3500 余项、细菌基因序列 19 300 余项、真菌基因序列 1680 余项、病原虫基因序列近 70 项。这些生物信息公共资源为开展基因芯片研制提供了重要的信息基础[32]。

　　生物芯片要在养殖生产中得到广泛的应用还有许多问题需要解决，如提高检测的可靠性和灵敏性，简化待测样品的处理过程，降低成本，检测结果的分析还没有系统的方法，以及构建稳定的生物芯片，尤其是蛋白质芯片等。但生物芯片技术在短短十几年内，已经在多个领域得到了不同程度的发展和应用，引起了越来越多学者的关注，相信随着科技的发展和研究的逐步深入，生物芯片及其相关产品会对人类社会的各个行业产生深远的影响，带来巨大的经济和社会效益。

24.3.2　核酸适配体技术

　　随着生物技术的发展，人们意识到 DNA 和 RNA 不仅是遗传信息贮存与传递的载体，还可以借助自身折叠形成特定的空间结构与其他类型的分子相互作用。指数扩增配体的系统进化(systematic evolution of ligands by exponential enrichment，SELEX)技术是 20 世纪 90 年代出现的一种化学组合筛选技术，由 Tuerk 和 Gold[33] 首次提出，从而开启了一个研究蛋白质与核酸相互作用的崭新时代。SELEX 技术是指应用化学法合成大容量的随机寡核苷酸文库，通过施加选择压力，并结合体外扩增技术，经过多轮循环选择富集，获得与靶物质高度特异结合的寡核苷酸分子，可以是 RNA，也可以是 DNA，长度一般为 25～60 个核苷酸。SELEX 技术筛选得到的寡核苷酸序列被称为适配体(aptamer)，适配体的出现，使得筛选能识别各种靶物质并且与靶物质具有高亲和性、高特异性结合的反应物成为可能。

　　核酸适配体技术在疾病检测诊断应用中具以下优势：①定量检测；②作用的靶分子范围广，包括金属离子、有机分子、抗生素、核酸、多肽、蛋白质、细胞、病毒粒子等，与抗体相比，在抗原性弱的蛋白质及非纯样品检测中具有明显优势；③特异性强，适配体更适用于单克隆抗体难以区分的结构类似物或交叉抗原的鉴别诊断；④亲和力高，适配体与靶分子间的结合具有比抗原抗体结合更高的亲和力；⑤易修饰性，可以进行广泛的位点特异性修饰用以提供报告分子和效应分子；⑥稳定性好，可长期保存和在常温下运输；⑦制备周期短，一个适配体的筛选和制备只需要 2～3 个月，且筛选出的适配体可通过 PCR 技术大量扩增，具有极佳的准确性和重复性，几乎消除了制备的批间差异；⑧与靶分子的结合条件可调控，可根据实验要求设定筛选条件来改变特性，从而实现适配体与靶分子结合条件的调控；⑨无免疫原性，适配体无免疫原性，体内不产生免疫反应，可用于体内诊断[34]。目前，核酸适配体技术的应用还主要集中在对人类疾病的检测，如肿瘤、流感病毒、肝炎病毒、艾滋病毒及一些常见致病细菌的检测。在水产动物疫病的检测还鲜有报道，仅有关于石斑鱼虹彩病毒通过 SELEX 筛选得到的高效特异的核酸适配体可应用于石斑鱼疾病检测诊断、治疗等方面的报道[35]。

随着我国水产养殖规模的不断扩大和集约化程度的不断提高，各种病害接踵而来，对海水养殖生产造成了重大损失。国际趋势和国内产业发展都对水产病害诊断技术提出了更快、更准、更便捷、高通量等的迫切要求。核酸适配体技术由于具有极高的特异性，可以在极短的时间内锁定待检测病原目标，将其分离提取，再结合一些分子生物学或免疫学方法进行快速检测，能够提高检测结果的准确性。目前，我国水产养殖领域在此项技术的研究才刚刚起步，我们相信在未来它将有望成为继抗体技术之后的另一研究热点。

参 考 文 献

[1] 战文斌. 水产动物病害学. 北京: 中国农业出版社, 2004: 135-390.

[2] 姜明, 等. 一种真鲷球形病毒的形态及细胞病理学电子显微镜观察. 水产学报, 2000, 24(1): 52-55.

[3] 徐洪涛, 等. 养殖牙鲆淋巴囊肿病病原的研究. 病毒学报, 2000, 16(3): 223-226.

[4] Wolf K, Quimby M C. Established eurythermic line of fish cells in vitro. Science, 1962, 135(3508): 1065-1066.

[5] 何琳. 环介导等温扩增技术快速检测水产动物病原的研究. 杭州: 浙江大学博士学位论文, 2012.

[6] 张晓华, 等. 中国对虾弧菌病的间接荧光抗体诊断技术研究. 海洋与湖沼, 1997, 28(6): 604-610.

[7] 樊景凤, 等. 间接免疫荧光抗体技术检测凡纳滨对虾红体病病原——副溶血弧菌. 海洋环境科学, 2007, 26(6): 501-503.

[8] 鄢庆枇, 等. 应用荧光抗体技术检测牙鲆体内的河流弧菌. 海洋科学, 2006, 30(4): 16-19.

[9] 王秀华, 等. 间接免疫荧光法检测栉孔扇贝急性病毒性坏死症病毒. 中国水产科学, 2005, 12(1): 38-41.

[10] Olsvik O, et al. Magnetic separation techniques in diagnostic microbiology. Clin Microbial Rev, 1994, 7(1): 43-54.

[11] 李亚茹, 等. 免疫磁珠分离-实时荧光 PCR 快速检测虾中沙门氏菌. 现代食品科技, 2017, 33(11): 1-9.

[12] 王晶. 细菌荧光素酶-NADH:FMN 氧化还原酶体系与 IMS 联用进行水产品致病菌的快速检测. 青岛: 中国海洋大学硕士学位论文, 2009.

[13] Cheng Q Y, et al. Development of lateral-flow immunoassay for WSSV with polyclonal antibodies raised against recombinant VP(19+28) fusion protein. Virol Sin, 2007, 22(1): 61-67.

[14] Sheng X Z, et al. Development of a colloidal gold immunochromatographic test strip for detection of lymphocystis disease virus in fish. J Appl Microbiol, 2012, 113(4): 737-744.

[15] 辛志明, 等. 嗜水气单胞菌胶体金快速检测试纸条的研制. 中国兽医科学, 2012, 42(7): 708-712.

[16] 严智敏, 等. 创伤弧菌快速检测试纸条的研制. 南方医科大学学报, 2011, 31(5): 894-896.

[17] 张显昱, 等. 胶体金免疫层析试纸条在水产养殖业中的应用. 生物技术通报, 2013, (12): 56-61.

[18] 史成银, 等. 核酸斑点杂交分析法检测对虾皮下及造血组织坏死杆状病毒(HHNBV). 海洋与湖沼, 1999, 30(5): 486-490.

[19] 孙修勤, 等. 牙鲆淋巴囊肿病的诊断技术研究. 高技术通讯, 2003, (1): 89-94.

[20] Chao C B, et al. Histological, ultrastructural, and *in situ* hybridization study on enlarged cells in grouper *Epinephelus* hybrids infected by grouper iridovirus in Taiwan (TGIV). Dis Aquat Organ, 2004, 58(2-3): 127-142.

[21] Mari J, et al. Partial cloning of the genome of infectious hypodermal and haematopoietic necrosis virus, an unusual parvovirus pathogenic for penaeid shrimps; diagnosis of the disease using a specific probe. J Gen Virol, 1993, 74(12): 2637-2643.

[22] 蔡玉勇, 等. 原位杂交技术及其在水产养殖动物病毒性疾病诊断中的应用. 中国动物检疫, 2010, 27(3): 71-73.

[23] 谢数涛, 等. 套式 PCR 检测斑节对虾白斑症病毒(WSSV). 青岛海洋大学学报(自然科学版), 2001, 31(2): 220-224.

[24] 祝璟琳, 等. 养殖大黄鱼病原弧菌多重 PCR 检测技术的建立和应用. 中国水产科学, 2009, 16(2): 156-164.

[25] 熊炜, 等. Real-time PCR 方法和 PCR 方法检测虾白斑综合征病毒. 中国预防兽医学报, 2007, 29(2): 138-141.

[26] 熊炜, 等. 荧光定量 RT-PCR 检测虾 Taura 综合征病毒方法建立及应用. 中国动物检疫, 2007, 24(2): 26-28.

[27] Savan R, et al. Sensitive and rapid detection of edwardsiellosis in fish by a loop-mediated isothermal amplification method. Appl Environ Microbiol, 2004, 70(1): 621-624.

[28] Sun Z F, et al. Sensitive and rapid detection of infectious hypodermal and hematopoietic necrosis virus (IHHNV) in shrimps by loop-mediated isothermal amplification. J Virol Methods, 2006, 131(1): 41-46.

[29] Caipang C M, et al. Rapid detection of a fish iridovirus using loop-mediated isothermal amplification (LAMP). J Virol Methods, 2004, 121(2): 155-161.

[30] Xu X L, et al. Development and application of antibody microarray for white spot syndrome virus detection in shrimp. Chin J Oceanol Limn, 2011, 29(5): 930-941.

[31] 李永芹, 等. 6 种鱼类病原菌的免疫反应分析及其检测免疫芯片的构建. 中国海洋大学学报, 2010, 40(8): 48-54.

[32] 许拉, 等. 病原检测基因芯片应用及在水产病害检测的前景. 海洋水产研究, 2008, 29(1): 109-114.

[33] Tuerk C, Gold L. Systematic evolution of ligands by exponential enrichment: RNA ligands to bacteriophage T4 DNA polymerase. Science, 1990, 249(4968): 505-510.

[34] 祖立闯, 等. 核酸适体及其在疫病诊断上的应用. 中国动物传染病学报, 2010, 18(6): 60-66.

[35] 李鹏飞, 秦启伟. 用于防治石斑鱼虹彩病毒的核酸适配体研发. 赤峰: 全国第九届海洋生物技术与创新药物学术会议摘要集, 2014: 116.

第25章　鱼类疫苗新技术

（天津市水生动物疫病预防控制中心，薛淑霞）

25.1　鱼类的免疫系统和免疫机制

与无脊椎动物相比，鱼类的免疫系统进化有了重要的突破，出现了淋巴样组织、淋巴组织和器官，各种免疫细胞和分子呈逐步完善趋势，不仅具有非特异性免疫，也能产生特异性抗体。鱼类免疫系统是鱼体执行免疫防御功能的机构，包括免疫器官和组织、免疫细胞和体液免疫因子三大类。鱼类的免疫器官和组织主要包括胸腺、肾脏、脾脏和黏膜相关淋巴组织。鱼类的免疫器官和组织是免疫细胞发生、分化、成熟、定居和增殖及产生免疫应答的场所。鱼类和哺乳动物在免疫器官组成上的主要区别在于前者没有骨髓和淋巴结。体液免疫因子作为免疫应答的效应因子对病原具有直接的防御作用，免疫组织和细胞是鱼类防御系统的基础，为鱼体阻止病原侵入提供了最初始的防线。

25.1.1　鱼类的免疫器官和组织

1. 胸腺

胸腺是鱼类重要的免疫器官，是淋巴细胞增殖和分化的主要场所，并向血液和二级淋巴器官输送淋巴细胞。鱼类胸腺起源于胚胎发育时期的咽囊，在免疫组织的发生过程中最先获得成熟淋巴细胞，一般被认为是鱼类的中枢免疫器官。一般来说，鱼类的胸腺位于鳃盖与咽腔交界的背上角处，左右对称分布。但是鉴于鱼的种类繁多，每种鱼的胸腺位置就不尽相同。鱼类胸腺是由胸腺细胞、原始淋巴细胞和结缔组织组成的致密器官。基底是致密结缔组织层，其表面有一层复层上皮，上皮功能目前尚不清楚，可能是抗原进入胸腺的一个通道。胸腺细胞以一层上皮细胞与水环境相隔。上皮深入实质形成网络，将胸腺分成外区(皮质)和内区(髓质)。在一些鱼类中，内区和外区的区别并不明显。外区内一般有大量的胸腺细胞(即淋巴细胞)、巨噬细胞、浆细胞和少量的上皮细胞。内区的细胞密度较低，主要为支持网眼的上皮细胞(如类肌细胞、囊细胞等)及少量的胸腺细胞。胸腺内有大、中、小三类淋巴细胞。胸腺在鱼类免疫应答中的作用可能是参与 T 细胞的成熟，主要承担细胞免疫的功能。鱼类胸腺随着性成熟和年龄的增长或在环境胁迫及外部刺激作用下可发生退化，胸腺细胞的数量、胸腺大小及各区间的比例也呈现出规律性的变化。

2. 肾脏

肾脏是成鱼重要的次级淋巴细胞组织，位于真骨鱼类的腹膜后，向上紧贴于脊椎腹面，接近体腔的全长。肾脏主要分为头肾和体肾两部分。真骨鱼类的肾脏是一个混合器官，包括造血组织、网状内皮组织、内分泌组织和排泄组织。成鱼的头肾已失去排泄功能，保留了造血和内分泌的功能，后肾主要承担排泄功能。头肾是所有鱼类的造血器官，鱼类的头肾一般是继胸腺之后第二个发育的免疫器官，可以产生红细胞和 B 细胞等细胞，是免疫细胞的发源地，相当于哺乳动物的骨髓。另外，受抗原刺激后，头肾和体肾造血实质细胞出现增生，而且存在抗体产生细胞，表明头肾是硬骨鱼类重要的抗体产生器官，相当于哺乳动物的淋巴结。因此，可以说硬骨鱼类的头肾具有类似哺乳动物中枢免疫器官及外周免疫器官的双重功能。鱼类肾造血组织主要由黑素巨噬细胞组成，称为黑素巨噬细胞中心。这种结构在哺乳动物中是没有的，它的作用主要是吞噬来自血流的异源性物质，包括微生物、自身衰老细胞及细胞碎片等。

3. 脾脏

脾脏是在有颌鱼类才开始出现的。与头肾一样，鱼类的脾脏也为次级免疫器官。健康鱼的脾脏棱角分明，呈暗红色，脾被膜有弹性，具有造血和免疫功能，是在真骨鱼类中唯一发现的淋巴样器官。脾内的细胞主要有红细胞、淋巴细胞、单核细胞、粒细胞和巨噬细胞等。一般认为脾脏是红细胞和粒细胞产生、储存并成熟的主要器官。大多数鱼类的脾脏主要由椭圆体、皮髓及黑素巨噬细胞中心组成。巨噬细胞主要起吞噬和滤过作用。脾脏中含有许多黑素巨噬细胞中心，其作用类似肾脏，对血流中携带的异物有很强的吞噬能力。脾脏中有大量的淋巴细胞，与鱼类的体液免疫有关。与头肾相比，脾脏在体液免疫反应中处于相对次要的地位，而且受抗原刺激后其增殖反应以弥散的方式发生在整个器官。大多数硬骨鱼类脾脏内均有明显的椭圆体，具有捕集各种颗粒性和非颗粒性物质的功能。硬骨鱼类经免疫接种后，其脾脏、肾脏和肝脏等器官中的黑素巨噬细胞增多，并与淋巴细胞和抗体生成细胞聚集在一起形成黑素巨噬细胞中心。其作用是参与体液免疫和炎症反应，对内源或外源异物进行储存、破坏或脱毒，作为记忆细胞的原始生发中心，保护组织免受自由基损伤。这与高等脊椎动物脾脏中的生发中心在组织及功能上相似。

4. 黏膜淋巴组织

鱼类除有以上重要的免疫器官外，还有分散的淋巴细胞生发中心，它们存在于黏液组织，如皮肤、鳃和消化道等，但不具备完整的淋巴结构，被称为黏膜相关淋巴组织，包括淋巴细胞、巨噬细胞和各类粒细胞等，当鱼体受到抗原刺激时，巨噬细胞可以对抗原进行处理和呈递，抗体分泌细胞会分泌特异性抗体，与黏液中溶菌酶、抗蛋白酶、转移因子、补体、几丁质酶等物质一起组成抵御病原微生物的有效防线。鱼类的黏膜免疫系统相对于系统免疫具有一定的自主性，不同的免疫反应决定着两者的体液免疫应答。这在养殖鱼类免疫接种方法的选择和改进方面具有实际意义。

25.1.2 鱼类的免疫细胞

凡参与免疫应答或与免疫有关的细胞均称为免疫细胞。免疫细胞可分为三大类，一类是淋巴细胞，主要参与特异性免疫反应，在免疫应答中起核心作用。另一类是吞噬细胞，包括单核细胞、巨噬细胞和各种粒细胞，在非特异性的免疫反应中起主要作用[1]。鱼类的免疫细胞主要存在于免疫器官和组织、血液及淋巴液中。此外，在鱼类中还存在类似哺乳动物中的自然杀伤细胞(NK 细胞)，称为 NK 样细胞。NK 样细胞具有细胞毒作用，是鱼类抗病毒、细菌和寄生虫等感染的第一道防线。

1. 淋巴细胞

在哺乳动物中参与特异性免疫应答的淋巴细胞主要有两类，即 T 细胞和 B 细胞。T 细胞主要介导细胞免疫并在免疫应答中起调节作用，而 B 细胞在休液免疫中与抗体的合成有关。20 世纪 80 年代，研究者利用 IgM 单克隆抗体证明鱼类存在相当于哺乳动物 T 细胞和 B 细胞的两类淋巴细胞[2]。在鱼类目前还没有利用其特异性表面标记制备单克隆抗体分离鉴定 T 细胞的报道，但在硬骨鱼中已发现了编码 T 细胞受体(TCR)和主要组织相容性复合体(MHC)的基因[3, 4]。利用 DNA 测序技术，美国、法国和日本等国家的几个实验室在 20 世纪 90 年代开展了鱼类 TCR 基因多样性和 MHC 在脊椎动物系统发育中进化关系的研究[3-5]。近年来发展的分子生物学技术和流式细胞仪等新技术的应用，为淋巴细胞的辨别和分离提供了有效的手段。

2. 吞噬细胞

鱼类吞噬细胞除作为辅佐细胞具有特异性免疫功能外，也是组成非特异性防御系统的关键成分，在抵御微生物感染的各个阶段发挥重要作用，具有杀伤细菌和寄生虫的作用。当病原侵入鱼体后，能够诱导鱼体产生趋化因子，在趋化因子和细菌成分及其代谢产物的共同作用下，吞噬细胞能够接近抗原物质，通过吞噬或胞饮的方式将病原菌吞入。黏膜吞噬细胞构成抗感染的第一道屏障，单核细胞和粒细胞等作为第二道防线可以破坏出现在循环系统中的病原微生物，器官和组织中具有吞噬活性的细胞能够摄取和降解微生物及其产物。

3. 自然杀伤细胞

自然杀伤细胞(NK 细胞)可直接杀伤鱼体的各种靶细胞。肾中 25%～29%、脾中 42%～45%、末梢血管中 25%的细胞都有这种特性。此类细胞在鱼类亦称为非特异性的细胞毒性细胞,它与靶细胞接触后,通过自身产生的淋巴毒素来杀伤、破坏靶细胞。与哺乳动物的 NK 细胞相比,鱼类的 NK 细胞小而无颗粒。NK 细胞之所以能杀伤靶细胞,是因其表面存在识别靶细胞表面分子的受体结构,通过此受体与靶细胞结合而发挥杀伤作用。

25.1.3 体液免疫及其免疫因子

鱼类的特异性免疫包括体液免疫和细胞免疫两种类型,其中由 B 细胞介导的免疫应答称为体液免疫。体液免疫效应是由 B 细胞通过对抗原的识别、活化、增殖,最后分化成浆细胞并分泌抗体来实现的,抗体是介导体液免疫的免疫分子,具有高度的特异性。在鱼类的体液、组织和卵中存在多种非特异性免疫球蛋白的蛋白质和糖蛋白分子,它们在鱼类非特异性防御机制中发挥着重要作用。存在于鱼类血液或黏膜中的具有非特异性作用的免疫分子包括溶菌酶、补体、干扰素、C 反应蛋白、转铁蛋白、溶血素、凝集素和抗蛋白酶等。它们在免疫保护中也起着一定的作用,其中包括直接分解细菌或真菌,如溶酶体、补体和几丁质酶;抑制细菌或者病毒的复制,如转铁蛋白、干扰素和 C 反应蛋白;或者作为调理素,增加吞噬细胞的吞噬数量和中和细菌。细胞溶解作用可以通过补体系统介导,也可以通过单一的细胞溶素来完成。鱼类的细胞溶素有水解酶、蛋白酶和一些非特异性溶素。鱼类组织和分泌物中具有三类水解酶,分别是溶菌酶、几丁质酶和壳二糖酶。它们作用于微生物表面的糖苷部分。溶菌酶可以破坏细菌细胞壁并对真菌细胞壁和昆虫的外骨骼进行有限的水解。几丁质酶和壳二糖酶可以破坏外膜具有壳多糖的微生物或寄生虫。

25.1.4 细胞免疫及其免疫因子

以细胞和由其所产生的淋巴因子作为效应手段的免疫方式称为细胞免疫。淋巴因子也称为细胞因子,是一类由 T 细胞和巨噬细胞等非特异性免疫细胞合成或分泌的小分子多肽物质,具有调节多种细胞生理功能的作用。特异性细胞免疫是机体通过免疫应答的致敏阶段、反应阶段、T 细胞分化成效应淋巴细胞发挥效应的免疫形式,而广义的细胞免疫还包括所有细胞因子参与的其他免疫形式。在一般状况下,细胞因子的分泌量很低或处于失活状态[5]。在机体的免疫细胞或组织受到刺激发生新的基因转录后,其含量将会大幅度上升,并识别细胞上高亲和性的表面受体,以协同形式结合其他的细胞因子或者抗病毒分子发挥生物学效应,发挥免疫调节作用。细胞免疫在机体的防御上有极其重要的作用,特别是对细寄生的致病微生物、病毒、真菌和一些原生动物的效果更好。

25.2 鱼类疫苗研究进展

鱼类疫苗是指采用具有良好免疫原性的鱼类疾病病原及其代谢产物，经过人工减毒、灭活或利用基因工程等方法制成的用以接种鱼类，使之产生相应的特异性免疫力，从而预防疾病的一类生物制品。鱼类疫苗的出现有效地预防了鱼类疾病的发生，并成为国际上主流的鱼类疾病预防技术。与传统的药物治疗相比，鱼类疫苗的使用有效地避免了药物的残留及病原的抗药性等缺点。

25.2.1 鱼类疫苗发展简史

鱼类虽然是低级脊椎动物，但它仍有较为完善的免疫系统。早在 20 世纪 30 年代就有报道，鱼类具有免疫反应。1942 年，加拿大学者 Duff[6]首次应用灭活的杀鲑气单胞菌口服免疫硬头鳟并获得成功，开创了疫苗在鱼类应用上的新纪元。此后许多人探索性地研究、制备疫苗，对那些暴发性和难以用药物防治的鱼病进行免疫预防。其中弧菌病菌苗、肠型红嘴病菌苗等获得了成功。但有些疫苗的研制没有获得成功，例如，病毒性出血败血症减毒疫苗出现返强现象，小瓜虫病疫苗很难大量生产，疖疮病疫苗因效果不稳定而使应用前景受到影响等。不管怎样，这些探索性研究使人们认识到应用疫苗预防鱼类疾病的可能。后米抗生素的应用一时间成为预防鱼类疾病的主要措施，直至 20 世纪 70 年代，由于使用抗生素治疗鱼病会出现环境污染、抗药性等问题，鱼类疫苗的研究再度兴起，从而成为疫苗学的一个重要分支。

20 世纪 70 年代，在北欧和北美鲑工业化养殖初期，日益严重的病害促进了欧美等国积极开展水产疫苗的研制。由荷兰 Intervet 公司推出的首例防治鲑弧菌病和肠型红嘴病的福尔马林细菌性灭活疫苗在北美鲑养殖生产中取得了巨大的商业成功，开启了世界水产疫苗的商业化进程[7]。1984 年 2 月，首次鱼类疫苗接种研讨会在法国巴黎举行。24 个国家和地区的 78 名代表，以及联合国粮食及农业组织和国际动物流行病办公室的官员参加了会议，研讨了鱼类疫苗的应用与研究现状。这次会议是鱼类疫苗发展史上一个重要的里程碑。1988 年，挪威法玛克水产医药公司开发出抗冷水弧菌病的细菌灭活疫苗，并因此拯救了挪威的三文鱼养殖产业[8]。此后，世界首例疖点病细菌灭活鱼疫苗、世界首例传染性鲑贫血症病毒疫苗和传染性造血器官坏死病病毒病疫苗相继被开发，使得欧洲鲑养殖业的重大传染性病害得到有效控制，并显著减少了抗生素在水产养殖中的使用[7]。进入21 世纪后，随着基因工程技术的发展和人们对疫苗安全性认知的深入，以基因工程疫苗为主要特征的水产疫苗陆续被商业许可，如荷兰 Intervet 公司开发的鲶肠败血病减毒活疫苗和鲶柱形病减毒活疫苗等。至 2012 年，据不完全统计，全球商业化生产的水产疫苗已超过 140 种[9]。

我国水产疫苗研究起步较晚，早期研究的草鱼出血病组织浆灭活疫苗(即土法疫苗)取得了一定的效果，从此拉开了我国水产疫苗研制的序幕[10]。1986 年，通过草鱼肾细胞培养的草鱼出血病病毒灭活疫苗取得了较好的免疫效果和较高的中和抗体效价，此后对草鱼细菌性疫苗，如斑点气单胞菌苗、草鱼烂鳃病菌苗、肠炎菌苗等的研制也取得了较大的成果[11]。20 世纪 90 年代初，对中华鳖嗜水气单胞菌灭活菌苗及海水鲈鳗弧菌口服微胶囊疫苗的研制进一步推动了我国鱼用疫苗研制的进程。近年来，随着分子生物学、基因工程等学科的发展和国家科技投入的增加，我国水产疫苗研究掀开了崭新的一页，迈出了新的步伐。据统计，全国现有近 30 家科研单位开展水产疫苗相关研究，涉及病毒、细菌和寄生虫等病原 27 种[9]。到目前为止，有 5 种疫苗获得国家新兽药证书，分别为草鱼出血病细胞灭活疫苗，鱼用嗜水气单胞菌灭活疫苗，牙鲆溶藻弧菌、鳗弧菌、迟缓爱德华氏菌多联抗独特型抗体疫苗，草鱼出血病活疫苗，以及大菱鲆迟缓爱德华氏菌活疫苗；2011 年，草鱼出血病活疫苗和鱼用嗜水气单胞菌败血症灭活疫苗的生产批准正式开启了我国水产疫苗的产业化进程。

25.2.2　鱼类疫苗的研究现状

25.2.2.1　鱼类疫苗的种类

1. 传统鱼类疫苗

按照发展阶段和应用技术，鱼类疫苗可以分为传统疫苗和新型疫苗两大类。传统疫苗也称灭活疫苗，病原微生物经过理化方法灭活，仍保持免疫原性，接种后可使鱼体产生特异性抵抗力。灭活疫苗研制周期短，使用安全，易于保存。但灭活疫苗接种后不能在动物体内繁殖，因此需要接种剂量较大，免疫周期短，需要加入适当的佐剂以加强免疫效果。1969 年，珠江水产研究所最早研制成功了可大面积推广使用的组织浆灭活疫苗，也是我国第一个水产疫苗——草鱼土法疫苗，从根本上解决了烂鳃、赤皮、肠炎、出血等几种危害极大的草鱼暴发性流行病，使草鱼池塘养殖成活率提高到 85% 以上。此后，我国又发展了多种水产组织浆灭活疫苗。组织浆灭活疫苗的最大缺点是受病鱼供应数量的限制，即用于发病本场，难以进行大规模生产。此类疫苗一般未经注册，只能在非常情况下，经有关部门批准使用。在日本和欧美等国家，大批量的灭活疫苗产品上市，并发挥了重大的作用，如日本的真鲷虹彩病毒灭活疫苗，欧美鲑鳟鱼类养殖中常用的弧菌苗和迟缓爱德华氏菌苗等都属于灭活疫苗。近几年，我国的研究学者也制备了具有较高免疫保护力的鳗弧菌灭活疫苗、杀鲑气单胞菌灭活疫苗等。由于灭活疫苗是对整个病原进行灭活，抗原位点较多，存在免疫潜力和免疫持久性较差等问题。另外，在制备中存在复杂的微生物代谢产物，可能导致抗原的竞争。

2. 新型鱼类疫苗

随着分子免疫学与基因工程技术的迅速发展，从 20 世纪 90 年代起，新型疫苗的研究揭开了新篇章。新型疫苗主要有减毒活疫苗、亚单位疫苗、合成肽疫苗、DNA 疫苗和基因工程疫苗等。

（1）减毒活疫苗

减毒活疫苗是使与病原菌或病毒致病力相关的基因完全缺失或发生突变，从而使该病原的野生毒株毒力减弱，不再引起鱼类疾病。减毒活疫苗接种后，可在鱼体内繁殖，由于其接种过程与自然感染过程相似，可诱导鱼体产生良好的免疫应答，刺激产生长期的中和抗体。近年来的研究表明，aroA 基因缺陷株是目前常用的、很好的减毒活疫苗候选株，在多数致病菌的菌体中表现出了很好的免疫原性和减毒特性。研究者将迟缓爱德华氏菌的 aroA 基因进行缺失突变，构建了减毒活疫苗，筛选出的突变株半数致死量比野生型提高了 62 倍，体内存活时间约为 12天，达到了一定的减毒效果，并且对环境不会造成污染。减毒活疫苗具有一定的风险性，因为制备活疫苗的病原在环境中有扩散和毒力回归的可能，有可能在水体中传播不可控的病原，所以任何一个减毒活疫苗在投入使用前，必须经过严格的安全性评价。随着分子生物学技术的发展，利用基因操作技术可以将病原体上的目的抗原基因克隆到非致病性病毒或细菌中，从而使这种既带有目的抗原基因又没有致病性的微生物充当活疫苗的角色。其主要的优越性在于可以将重要的保护性抗原以需要的形式传递到合适的部位并激发正确的免疫反应。

（2）亚单位疫苗

亚单位疫苗又称生物合成亚单位疫苗或重组亚单位疫苗。亚单位疫苗只含有病原体的一种或几种抗原，而不含有病原体的其他遗传信息。亚单位疫苗可诱导机体产生保护性免疫力而免受该病原体的感染，因而无须灭活，也无致病性。亚单位疫苗有以下优点，一是疫苗中只含有病原体的一种成分，因而这种疫苗在化学性质和免疫特性上更为稳定；二是抗原的结构已知，可以人为进行抗原改造以激发鱼体更好的免疫反应；三是不存在残余毒性或毒性回复的隐患。近年来，在水产领域中，有不少研究人员开展了亚单位疫苗的研究。例如，我国珠江水产研究所开发的海水鱼类致病性弧菌菌株亚单位疫苗，其浸泡免疫保护率可达 50%～86.7%，免疫鱼养殖呈生长稳定、发病少等特点。但是亚单位疫苗的开发必须进行大量的前期研究工作以确定保护性抗原，且该抗原蛋白的基因要符合被克隆和遗传操作的要求。另外，亚单位疫苗的提取工艺较为复杂，成本较高。

（3）DNA 疫苗

DNA 疫苗是将编码某种蛋白质抗原的重组真核表达载体直接注射到动物体

内，被宿主细胞摄取后，在宿主细胞内转录和翻译表达抗原蛋白，诱导宿主机体产生非特异性和特异性免疫应答，从而起到免疫保护作用。DNA 疫苗有别于其他疫苗的地方在于它利用载体持续表达抗原，而不是直接使用抗原。DNA 疫苗具有可诱导全面的免疫反应、稳定性更高、生产成本低、易于大规模生产等优点，且没有返毒的危险，被看作继传统疫苗及亚单位疫苗之后的第三代疫苗。目前鱼类 DNA 疫苗的研究主要集中在鲑鳟鱼类的病毒病，如出血性败血病病毒和传染性造血器官坏死病病毒 DNA 疫苗，通过肌肉注射编码病毒表面糖蛋白的基因，能使鱼体产生高水平的保护效应[12]。

(4)合成肽疫苗

合成肽疫苗是应用人工方法设计、合成，或以基因工程制备具有保护作用的类似天然抗原决定簇的小肽制成的一类疫苗。确定病原体的抗原决定簇中使机体产生中和性抗体等保护性应答成分的氨基酸序列是设计合成肽疫苗的前提。在鱼类杆状病毒中的 G 蛋白是一种重要的中和性抗原，由 500 多个氨基酸组成，在杆状病毒的致病性中发挥着重要的作用。将传染性造血器官坏死病病毒编码 G 蛋白的部分基因克隆到大肠杆菌或杀鲑气单胞菌的减毒株中进行表达，通过浸浴法免疫可产生保护作用。也有研究发现，由大肠杆菌表达的纯化传染性造血器官坏死病病毒核蛋白基因的产物或体外根据氨基酸序列合成的 G 蛋白不能在鱼体内诱导保护性免疫反应，而以包含传染性造血器官坏死病病毒的 G 蛋白细菌裂解产物免疫时，却可以明显提高鱼体对此病的免疫力。到目前为止，鱼用合成肽疫苗的研究基本处于试验阶段，具体的作用机制、免疫途径及免疫效果等都有待进一步研究。

25.2.2.2　鱼类疫苗的接种方式

(1)注射免疫法

注射免疫法是目前水产疫苗主要的接种方法。根据注射接种部位的不同可分为皮下注射、肌肉注射和腹腔(胸腔)注射 3 种，其中腹腔(胸腔)注射接种是疫苗接种最常用的方法。注射免疫能有效刺激机体产生相应抗体，具有用量少、抗体滴度高、免疫时间长等特点。缺点是只适合较大规格个体，对操作要求高，容易引起机体的应激反应。

(2)浸泡免疫法

浸泡免疫法操作简单，适用于鱼苗的大规模接种，应激作用小。但是直到目前为止，浸泡免疫中疫苗进入机体的路径及作用机制尚不清楚，例如，疫苗是通过皮肤、鳃、侧线还是其他部位进入机体？疫苗诱导的免疫是通过血液循环系统还是黏膜系统起作用？此外，多种因素影响机体对浸泡免疫抗原的摄取，包括疫苗浓度、浸泡时间、鱼体大小、佐剂种类、抗原形态及水温等。

(3) 口服免疫法

疫苗的口服免疫不受鱼类大小的限制，对鱼体没有应激作用，且操作方便，省时省力。与其他免疫接种方法相比，口服免疫法更适合大规模养殖或分散养殖的鱼类免疫，尤其适合于多次重复免疫操作。然而，口服疫苗在实际应用中容易受到胃肠道消化酶的影响，破坏其免疫原性。鱼用口服疫苗的研究应用，主要是通过设计使主要生物活性物质绕过酶解，直接被后肠吸收，从而增强免疫效果。因此，近几年关于鱼类口服疫苗的研究主要集中在探索一种有效的载体投递系统，避免口服疫苗受消化酶及酸环境的影响。例如，采用海藻酸盐、聚乳酸-羟基乙酸共聚物等可降解生物高分子材料包裹全菌疫苗等研究取得了良好的免疫效果。对于鱼用口服疫苗的研究虽然取得了一些成绩，但还有一系列问题没有完全解决，如怎样更好地保持疫苗的抗原性、口服免疫的具体机理、怎样建立有效的口服传递系统等。

25.3　鱼类疫苗发展趋势及应用前景

鱼类疫苗的研究开发工作正在全世界范围内蓬勃发展。随着生物技术的不断进步，鱼类疫苗的使用也呈快速发展势头，并将有效解决因化学药物滥用而导致的水产品质量安全和环境污染问题。在我国，鱼类疫苗的研发是个新兴产业，面临的问题依然很多，但是，充分利用鱼类免疫防御系统机能，开发出高效实用的鱼类疫苗，是今后鱼类养殖病害防治的必由之路。我国鱼类疫苗的开发工作，将在现阶段研究的基础上，结合生产实际，从以下几个方面开展技术研究。

(1) 鱼类疫苗的免疫基础理论研究

到目前为止，鱼类基础免疫学研究尚不完善。疫苗的免疫时机、免疫方式、免疫次数和加强免疫的时间等免疫机理还缺乏大量的实验数据和资料支持。以上因素均严重制约了鱼类疫苗的研制和应用。因此，加强鱼类疫苗学基础理论研究尤为重要。开展鱼类免疫系统及其功能，抗原分子诱导鱼体产生反应的过程和免疫应答规律，病原体生物学性质，鱼类疫苗的设计，鱼类疫苗的免疫效果与环境之间的关系等研究是鱼类疫苗研究的重要方向。

(2) 鱼类疫苗的制备技术研究

自 1942 年杀鲑气单胞菌灭活疫苗问世以来，目前世界上商品化的鱼类疫苗以灭活疫苗为主，而通过理化方法将病原灭活仍是制备疫苗的主要技术。随着生物学技术的发展进步，鱼类疫苗的研制有了更多的技术手段，如重组亚单位疫苗制备技术、基因缺失减毒技术、DNA 疫苗制备技术等。应用生物学技术制备的疫苗，其化学性质更为确定，免疫特性稳定，可以人为进行设计和改造以激发特定的免疫反应，除去感染成分，不存在残余毒性或毒性回复的隐患，可直接合成或通过重组 DNA 技术生产，便于规模化生产。20 多年来，鱼类疫苗基因工程制备技术发展迅速，但依然存在诸如疫苗安全、作用机理不清晰等问题和不足。随着免疫学和基因工程技术研究的深入，上述问题的研究将是鱼类疫苗制备技术的重要发展方向和研究热点。

(3) 鱼类疫苗的佐剂研究

疫苗佐剂是指与抗原同时或预先应用，能增强机体针对抗原的免疫应答能力，或改变免疫反应类型的物质。佐剂在增加疫苗抗原的表面积、延长其在体内的存留时间、增强巨噬细胞和免疫相关细胞的活性、提高细胞介导的致敏反应能力、加快抗体产生和提高抗体水平等方面均起到了重要作用。佐剂是伴随着疫苗的研制而被发现和发展的。最广泛应用于商品化疫苗的佐剂是矿物油佐剂和矿物盐佐剂。20 世纪 80 年代以来，生物来源的佐剂得到了较好的发展，如植物来源佐剂、细菌来源佐剂(脂多糖、霍乱毒素、鞭毛蛋白等)、细胞因子佐剂和核酸佐剂等。20 世纪 90 年代，随着纳米技术和材料的发展，纳米微球佐剂研究取得了飞速发展，其具有副作用少、缓释长效、避免胃肠道消化水解等优点。近年来，壳聚糖与海藻酸钠微球佐剂制备工艺日趋成熟，并得到了较好的应用。基于疫苗佐剂在疫苗免疫中的重要作用，新型疫苗佐剂的开发和应用将是水产疫苗研究的重要课题。

参 考 文 献

[1] 张艳秋, 等. 鱼类免疫机制及其影响因子. 水产养殖, 2005, 26(3): 1-5.

[2] Secombes C J, et al. Separation of lymphocyte subpopulations in carp Cyprinus carpio L. by monoclonal antibodies: immunohistochemical studies. Immunology, 1983, 48(1): 165-175.

[3] Hordvik I, et al. Cloning of T-cell antigen receptor beta chain cDNAs from Atlantic salmon (Salmo salar). Immunogenetics, 1996, 45(1): 9-14.

[4] Ristow S S, et al. Coding sequence of the MHC II beta chain of homozygotic rainbow trout (Oncorhynchus mykiss). Developmental and Comparative Immunology, 1999, 23: 51-60.

[5] Legac E, et al. Primitive cytokines and cytokine in invertebrates: the sea star Asterias rubens as a model of study. Scand inavian Jouranl of Immunology, 1996, 44(4): 375-380.

[6] Duff D C B. The oral immunization of trout against bacterium salmonicida. Journal of Immunology, 1942, 44(1): 87-94.

[7] 马悦, 张元兴. 国外鱼类疫苗之路. 海洋与渔业: 水产前沿, 2013, (1): 80-83.

[8] 王忠良, 等. 水产疫苗研究开发现状与趋势分析. 生物技术通报, 2015, 31(6): 55-59.

[9] 吴淑勤, 等. 渔用疫苗发展现状及趋势. 中国渔业质量与标准, 2014, 4(1): 1-13.

[10] 倪达书, 汪建国. 草鱼生物学与疾病. 北京: 科学出版社, 1992: 78-86.

[11] 杨先乐, 陈远新. 鱼用疫苗的现状及其发展趋势. 水产学报, 1996, 20(2): 159-167.

[12] Anderson E D, et al. Genetic immunization of rainbow trout (Oncorhynchus mykiss) against infectious hematopoietic necrosis virus. Molecular Marine Biology and Biotechnology, 1996, 5(2): 114-122.

第 26 章　海洋食品安全检测

（浙江大学，黄　慧；中国计量大学，张雷蕾）

26.1　概　　述

26.1.1　海洋食品安全检测的重要性

　　鱼类、虾类等海洋食品具有低脂肪、高蛋白、营养平衡性好的特点。随着人们生活水平的提高，对食品健康的重视程度不断加深，海洋食品因其特点受到越来越多人的欢迎。海洋食品安全关系到消费者的生命和健康，并且影响着国际市场进出口竞争秩序，制约着经济发展。

　　近年来，随着沿海工农业生产的迅猛发展，海洋纳污量增加，海洋产品的卫生安全问题已成为全球所关注的焦点之一。1998 年国务院发表《中国海洋事业的发展》白皮书，把海洋经济、滩涂养殖经济确定为我国国民经济的一个新的经济增长点。贝类产品的安全卫生不仅关系到出口创汇和经济发展，更直接影响到人民群众的身体健康和生命安全。

　　然而，危及人类健康和生命安全的海洋食品质量与安全事件屡屡发生，如天津注胶虾事件、条斑紫菜出口风波（扑草净含量超标）、对虾氯霉素事件、鳗"恩诺沙星"事件等。这些事件使得民众对海洋食品安全性表现出担忧，对海洋和渔业经济造成了冲击。海洋食品质量安全问题呈现出新的特点，包括非渔业/养殖因素比例的提高（如日本福岛核泄漏事件、渤海蓬莱 19-3 油田溢油事件）、食品安全检测手段的多样化、溯源体系的应用等。

　　针对海洋食品安全的检测技术及标准是保障海洋食品安全的重要手段，通过食品安全检测技术的应用，不仅能提高和统一海洋食品安全水平，而且有助于海洋食品的全球市场化、市场规范化等。

　　国际食品法典委员会（Codex Alimentarius Commission，CAC）、国际标准化组织（International Organization for Standardization，ISO）、国际分析化学家协会（Association of Official Analytical Chemists，AOAC）等组织制定了有关海洋食品安全的检测方法和规范，CAC 于 2016 年和 2017 年对其中几项鱼类食品标准进行了修改与更新。此外，各国也纷纷出台了各种海洋食品安全标准（包括进出口安全标准方法和标准限制）和一系列的海洋食品安全通用分析方法及技术手段。2017 年我国将海洋食品安全检测技术纳入十三五"食品安全关键技术研发"专项领域。

目前用于海洋食品安全检测的标准方法精确，测定结果可靠，但同时存在着检测时间较长、过程烦琐、成本高等不足。海洋食品安全问题的发展，对食品安全检测技术提出了更高、更新的要求，包括标准化、检测速度、检测便捷性、检测可靠性等。

26.1.2　海洋食品安全控制及危害因子分析

随着海洋食品市场及贸易流通的扩大，以及海洋食品质量问题的增多，各国人民及政府对海产品质量安全控制的关注日益增多，包括对多个领域海洋食品检测技术和应用的研究推进。

海洋食品质量安全控制包括开展质量和安全检测与监督、设定限制/执行标准、质量安全应急处理等被动性控制，如开展贻贝类毒素检测、设定贻贝类毒素检测限等；也包括对海洋食品质量安全危害因子的分析和控制等主动性控制，特别是海洋食品从养殖、捕捞、加工及流通过程中，对各个环节的典型、潜在危害因子的识别、分析、解决和控制，采用预防措施或方案将海洋食品中典型、潜在的危害因子消除或降低到可接受水平，如对贝类中渔药、环境污染物等危害因子净化技术的应用。相比被动性控制，主动性控制特别是危害因子分析，能够对海洋食品加工中各个环节的潜在危险和概率进行预判，为追溯体系、风险控制、预警机制等手段的实施提供依据，推进食品质量与安全控制的发展。因此这种主动的质量控制更为有效，更能满足食品安全及渔业产业发展的实际要求。

海洋食品中的危害因子指海洋食品中所含有的对健康和安全有潜在不良影响的生物、化学或物理因素。危害因子分析指对危害及导致危害存在条件的信息进行收集和评估的过程，以确定出食品安全的显著危害。对危害因子分类的了解，有助于预防和风险控制方案的确定。工业污染下海洋环境对海洋食品的影响比内陆水产更为复杂，并且可预测性更低，因此海洋食品的危害因子更为复杂，追溯和控制也更为困难，需要检测技术的大力支撑。

按食用性安全质量分析，海洋食品危害因子可分为腐败/新鲜度、食品掺假(注胶虾、加药蟹腿)、工业污染(核污染、微塑料)等。

按危害因子性质分析，海洋食品危害因子可分为物理性危害、化学性危害、生物性危害。其中物理性危害包括由环境造成的微塑料、核污染、金属碎片、玻璃碎片(外来异物、不可分解物)等。化学性危害包括汞、砷等，以及农药残留；生物性危害包括生物毒素、微生物(细菌、真菌、病毒、寄生虫等)。

根据危害因子的不同类别、产生的可能性及其影响健康/安全的严重性，危害存在的程度、产生、存在及其持久性等特征，对海洋食品的安全信息进行全面描述，对危害因子进行定量/定性分析，是海洋食品质量安全控制的重要一环。

26.1.3 海洋食品安全主要检测技术

针对影响海洋食品安全的各种危害因子，传统/常规海洋食品安全主要检测技术多从水产品检测技术衍生而来，包括外观检测、感官检测、色谱检测、脂肪检测、黏度检测、蛋白定性检测、凯氏定氮法、气体传感检测等多种检测方法。传统的食品安全检测方法多以实验室检测为主，对大型精密仪器的依赖性较高，如高效液相色谱仪、质谱仪、流变仪等，这些方法一般精确度较高，并随着食品安全监测体系的完善而逐步发展和改进。随着海洋食品安全检测的发展，机器视觉、射线检测、光谱成像检测、超声波检测、免疫检测技术、发光检测技术、生物传感器技术、生物芯片技术等无损化检测或快速高效检测技术由于其检测速度快、对样本损伤小、能够适应社会对食品安全的需求，因而发展迅速，并从检测技术方面对危害因子分析、海洋食品质量安全控制进行了补充，大大推动了食品安全监测体系的完善。

26.1.4 海洋食品安全检测技术应用发展

目前国内外食品安全检测技术应用趋于标准化、全球化，为适应全球贸易，将国内行业标准或者国家标准推广成国际标准对相应国家的食品安全发展有利。我国安全检测技术的限量存在要求虚高的特点，而国外则注重检测限的逐步降低。在检测技术方面，为适应市场需求，海洋食品安全检测技术应用趋于集成化、多功能化、无损化、便携化、速测化、智能化、高通量化、小型化。而在应用场景上，则趋于实时化、动态化、可视化，检测技术与应用发展相互促进，推动食品安全监测的进度。

26.2 海洋食品安全常规检测技术及发展

26.2.1 感官检测

海洋食品感官检验主要通过人的视觉、嗅觉、味觉、触觉和听觉等感觉器官对其品质安全指标进行评判。针对生鲜海产品的鲜活程度等生命特征，外观大小、体表形态、色泽、鱼鳞完整性、清洁度等外部特征，海产品及其制品的气味、弹性、组织纹理、脆性、紧密度和软烂度等品质特性，是否含有金属碎片、木屑、塑料等杂物及机械损伤等安全特性，以及不同产地养殖和野生物种的外观形态等真实属性，从而对海洋食品的质量优劣、新鲜程度和真伪鉴定等进行快速评价。澳大利亚塔斯马尼亚州立食品研究所创立的质量指标法(quality index method, QIM)是早期的海产品感官评价方法，通过对贮藏期间鱼体的外观、质地、风味等变化特征指标的观察，形成一个品质评价的评分系统，从而用于鱼肉新鲜度评价及剩余货架期的预测。虽然该方法不需要仪器，具有直观简便、实用易行等特点，但是往往依靠人工经验判别，因而存在结果不量化、主观性强、可比性差等缺点，难以满足可重复、实时的需求。

目前，感官鉴定越来越多地依靠智能感官分析仪器进行，研究者相继开发了电子鼻(气味分析)、质构仪(口感分析)和电子舌(味觉分析)等物性检测仪器，对鱼、虾、贝类等海洋食品质量特性进行分析，主要集中在质构指标与其他品质指标的相关性分析、贮藏加工期间品质控制方面，但这些设备也具有一定的局限性，有待进一步开发研究。

26.2.2　理化检测

26.2.2.1　海洋食品微量重金属元素的检测

大多数水生生物具有富集水体中重金属的特性，如汞、甲基汞、镉、铅、铬和铜等，人体一旦摄入这些富集了重金属的水产品，就会产生代谢过程障碍，身体健康会受到危害，因此，对海洋食品中的重金属元素进行分析测定对于研究近岸海域环境污染及保障海洋食品食用安全具有重要的现实意义。海洋食品重金属检测分析过程中的关键技术为样品的消解、分析仪器的分析性能，通过关键技术的控制，以获得准确的检测结果，从而为海产品重金属含量的测定提供准确数据。检测方法包括原子吸收光谱法、原子荧光光谱法、X 射线荧光光谱法、电感耦合等离子体原子发射光谱法 (inductively coupled plasma atomic emission spectroscopy，ICP-AES)、电感耦合等离子体质谱法 (inductively coupled plasma mass spectrometry，ICP-MS) 等。

26.2.2.2　海洋食品药物残留检测

抗生素滥用的表面危害是降低了药物对疾病的防治效力，而其过量使用还会导致大量残留、诱导细菌产生抗生素耐药基因等危害。抗生素的长期滥用很可能会诱导动物体内产生抗生素抗性基因 (antibiotics resistance gene，ARG)，ARG 经排泄后将对养殖区域及其周边环境造成潜在基因污染。此外，氯霉素、硝基呋喃类、孔雀石绿等违禁药物原药及其在动物体内的代谢产物具有一定的毒性，有致畸胎、致突变和致癌的危险，通过养殖水生生物传播进入食物链，进而对人类健康构成严重威胁。

26.2.2.3　海洋食品环境污染物检测

环境激素种类繁多，来源广泛，主要来源于渔业生产者因盲目追求高产量低成本，饲喂伪劣饲料，以及生活、工业废水陆地径流带来的残留污染物，有生物源性激素、人工合成激素(己烯雌酚、双烯雌酚)和环境激素类物质(多氯联苯类、二噁英类),具有脂溶性、蓄积性、难降解和高毒性的特点,易被水生生物吸收并在体内蓄积,最终通过水产品进入人体,成为人类健康的威胁因素。

26.2.2.4　海洋食品中微生物的检测技术

海洋食品微生物检测主要是针对一般性污染(细菌总数、大肠杆菌)和致病菌(肉毒梭菌、李斯特菌、霍乱弧菌、副溶血性弧菌)两类。常规的微生物检测以分离培养、生化试验及血清学试验来判断,具有过程烦琐、操作复杂、检验周期长、特异性不强的缺点,不能满足极易腐败的新鲜海产品的检测需求。随着现代生物检测技术的不断发展及新方法的不断改进,以 DNA 或免疫学为基础的生物技术检测方法,以其简单、快速、专一等优点,在海洋食品致病微生物检测方面显示出了巨大的作用。近年来,随着分子生物学和基因诊断技术的迅速发展,衍生了许多基于核酸水平,以检测特异性目的基因(16S rRNA 基因、*gyrB* 基因、*dnaJ* 基因、*recA* 基因等)来判断是否含有致病性展开的致病菌检测方法。

26.2.2.5　海洋食品中生物毒素的检测技术

海洋食品中生物毒素是由海洋生物分泌代谢产生的对其他生物物种有毒害作用的各种化学物质。生物毒素大都作用于人类神经系统,阻碍神经传导或抑制酶的活性,确诊难度较大,特效抢救、药物治疗难度高,突发性强,病死率高。在海洋食品安全领域,特别是海鲜类餐饮业中海洋生物毒素广泛存在,与食品安全关系较为密切。比较常见的海洋生物毒素包括贝类赤潮藻毒素、河鲀毒素等。海洋生物毒素的常规检测技术包括常规免疫方法、高效液相色谱法和质谱法。例如,绝大多数的贝类藻毒素(如大田软海绵酸、鳍藻毒素、微囊藻毒素)采用高效液相色谱法检测。常规方法精确度高,适合海洋食品的全球化发展,但是通常需要依托昂贵和运营成本高的仪器,且需要专业实验人员操作,检测报告形成时间长。对于流量大、分散的市场和加工厂,则难以满足样本检测的时效性。

26.2.2.6　新型工业污染物

随着经济和社会的发展,工业对海洋的污染逐渐扩大,一些突发事件及未被治理的问题开始显现,如日本福岛事故中放射性铯泄漏造成的海洋食品核污染、大量海洋垃圾造成的鱼类误食塑料、塑料分解成的微塑料等。这些新型工业污染物造成的安全问题通常难以即刻解除或者控制,并且具有较强的生物蓄积效应,会通过食物链网而逐步累积、转移扩散,对人类的危害较为深远,即使小剂量也会对遗传过程产生影响,因此对新型工业污染物的有效检测和控制是海洋食品安全的重要组成部分。

　　放射性核素的生产、核装置材料的运输和废物的储存及释放等过程均有可能导致放射性物质排入环境中，通过食品传递到人体，给人体带来伤害，即为食品的核污染/放射性污染。由于核电站多建在海边，核工业废物主要通过水排放，因此海洋食品是核污染的高发领域。海洋食品核污染的常规检测通常包括通过 γ 能谱法、磷钼酸铵法、α 射线计数法、β 射线计数法等方法对食品中放射性核素(如 ^{137}Cs、^{40}K、^{131}I、^{226}Ra 等)进行检测，并依据相关放射性物质限制浓度标准(如 GB 14882—1994)确定核污染程度。目前海洋食品的放射性物质检测主要由专业实验人员在实验室对样本进行抽样分析。不同检测方法在检测原理、预处理过程、检验周期、灵敏度、安全性、干扰因素等方面均存在差异，仍未有较为统一的标准。

　　微塑料为微小的塑料碎片、纤维和颗粒的统称，通常认为其直径小于 5mm。微塑料体积小，表面积大，吸附污染物的能力强，极易被海洋生物摄入，甚至改变鱼类摄食习惯，危害鱼类健康，从而危害整个海洋生态系统，进而影响海洋食品安全。人类肉眼通常看不到微小塑料。现行海洋食品微塑料检测方法未形成系列化，多为实验室环境中在显微镜下观察或者采用核磁共振法对海洋食品进行成像观测。

　　表 26-1 对海产品及其制品的安全常规检测指标及检测技术进行了总结。

表 26-1　海产品及其制品安全常规检测指标及技术

类别	检测指标	仪器或检测技术
感官项目	外部特征：大小、形态、色泽、鱼鳞完整性、清洁度等品质 特征：气味、弹性、组织纹理、脆性、紧密度和软烂度 机械损伤：金属碎片、木屑等杂物 真实属性：产地、养殖方式	电子鼻、质构仪、电子舌
理化项目	pH、多氯联苯、甲基汞、无机砷、二氧化硫、挥发性盐基氮、组胺、甲醛、多磷酸盐、苯并芘、过氧化值、酸价等	pH 计、分光光度法、原子荧光光谱法、冷原子吸收光谱法、气相色谱技术
微生物项目	一般：大肠埃希氏菌、菌落总数 致病菌：沙门氏菌、副溶血性弧菌、霍乱弧菌、金黄色葡萄球菌、单增李斯特菌等	酶联免疫吸附技术、微生物扩增子高通量测序技术
重金属及其他元素项目	铅、镉、汞、砷、钠、镁、铝、钙、铬、铁、镍、铜、锌、锶、钼、硒等	原子吸收光谱法、原子荧光光谱法、X 射线荧光光谱法、电感耦合等离子体原子发射光谱法、电感耦合等离子体质谱法
环境污染物项目	环境激素：己烯雌酚、双烯雌酚、多氯联苯类、二噁英类 农药残留：六六六、滴滴涕、呋喃丹、敌敌畏等	酶联免疫吸附技术、离子迁移谱(ion mobility spectroscopy，IMS)、新型分子印迹光电/电化学传感器
生物毒素项目	贻贝类赤潮藻毒素、河鲀毒素	免疫方法、高效液相色谱法、质谱法
兽药残留项目	硝基呋喃类、磺胺类、喹诺酮类、四环素类、酰胺醇类	QuEChERS(quick、easy、cheap、effective、rugged、safe)方法、液相色谱-串联质谱法
新型污染物项目	放射性核污染、微塑料	放射线测量法(γ 能谱法、磷钼酸铵法、α 射线计数法、β 射线计数法)、电感耦合等离子体质谱法

26.3　海洋食品安全快速检测技术的应用及发展

26.3.1　概述

26.3.1.1　定义及特点

针对海洋食品安全分析样品量大、时效性强的特点，采用一般大型仪器分析技术可以进行准确可靠的安全风险来源确证，但是存在耗时长、费用高、专业性强的缺点，难以满足快速高效的海洋食品安全高通量筛查和实时监控。因此，如何依靠先进的科学检测技术手段，建立灵敏度高、准确性好、检测速度快、检测容量大、操作简单的筛检方法，实现海洋食品安全快速、实时、高效检测是当前食品安全领域的研究热点。

海洋食品安全快速检测技术即在短时间内，采用不同方式方法检测出海洋食品是否处于正常状态、是否存在掺伪掺假行为、是否含有有毒有害物质、是否超出标准规定值的一种定性定量分析的检测筛检行为。

目前，快速高效的检测技术被广泛应用于海产品市场实时监管、海洋环境快速监测及海洋食品安全突发事件中，主要技术特征体现在以下 3 个方面。

1)实验准备过程简化、使用的试剂少。

2)样品前处理快速高效，即样品经过简单前处理后即可进行检测。

3)简单、快速和准确的分析方法，能对处理好的样品在短时间内得出检测结果。

26.3.1.2　主要技术

目前在海洋食品安全中应用到的快速检测技术主要有化学和生物两方面。化学方面主要指化学检测试剂盒(试纸、卡)和电化学传感器等；生物方面包括生物传感器技术、免疫学方法、分子生物学技术和生物芯片等。此类方法的优势是：具有高特异性、准确性、简便、快速等特点，可以用于致病菌、生物毒素、药物残留及环境污染物等现场检测，对操作人员技术水平要求低，并且可以在很短的时间内得到检测结果。缺点是：不能给出确证性结论，因此不能作为法律活动依据；检测技术存在一定的假阳性和假阴性；对于结构类似或官能团类似的化合物，快速检测方法的分辨率不高；检测技术的检测项目覆盖面尚待完善。

26.3.2　应用

26.3.2.1　分子及生物检测技术在海洋食品安全检测中的应用

(1)生物传感器技术在海洋食品安全检测中的应用

生物传感器技术是基于生物敏感元件对海洋污染物的生理、生化、细胞反应而建立起来的海洋食品安全检测技术，其原理是当待测物质经扩散作用进入生物活性材料(酶、DNA、抗体、抗原、蛋白质、生物膜等)，经敏感元件特异的分子识别并与之发生生物学反应，感知的生物化学信号继而被相应的物理或化学换能器转变成可定量、可处理的电信号，再经二次仪表放大并输出，从而测定待测物的浓度。生物传感器具有灵敏度高、选择性好、特异性好、响应速度快、能在复杂体系中在线连续监测等特点，在有机农药、含油污水、生物毒素、痕量重金属等海洋污染物检测分析中均有广泛应用(表 26-2)[1]。

表 26-2　海洋食品安全指标和相应使用的生物传感器

指标	分析物	传感器类型	检测限	特点
营养盐	硝酸盐、亚硝酸盐、铵盐、磷酸盐、硅酸盐	酶传感器	—	—
农药	氯吡硫磷、氨基甲酸酯 百草枯、敌草隆 莠去津、西玛津、异丙隆、敌草隆	酶传感器 免疫传感器 细胞传感器	10^{-11}g/L 0.1μg/L 1μg/L	—
重金属	铜离子、铁离子、镉离子、锌离子、铅离子	光纤生物传感器、Parabactin 生物传感器、细胞传感器、酶传感器、DNA 传感器	—	缺点：易受基体效应及其他共存离子干扰
生物毒素	麻痹性贝毒(paralytic shellfish posoning，PSP)、腹泻性贝毒(diarrhetic shellfish poisoning，DSP)、软骨藻酸	钠离子通道生物传感器、化学发光免疫传感器、表面等离子体共振(surface plasmon resonance，SPR)检测传感器	3μg/L	—
防污物料	三丁基锡(tributyltin，TBT)、二丁基锡(dibutyltin，DBT)、二氧化氯	细菌发光生物传感器、等离子体共振散射(plasmon resonance scattering，PRS)传感器	26μg/L 0.03μg/L 325ng/L 0.5μg/L	—

近年来，材料制备技术、光通信技术的发展为生物传感器提供了许多新材料、新方法，特别是在材料的选择上，传感器的制备不断吸收分子印迹、纳米材料、量子点等新技术，呈现出新的发展趋势。Liang 等[2]利用聚多巴胺类仿贻贝粘蛋白材料，成功构建了表面分子印迹聚合物电位型传感器，实现了对蛋白质分子及细胞体的高灵敏、高选择、快速电化学检测，该方法有效解决了电化学生物传感器难以实现免标记分析的难题，有望应用于海洋病毒及海洋致病菌的现场快速检测中。

(2)免疫学技术在海洋食品安全检测中的应用

酶联免疫吸附试验(ELISA)是将抗原抗体反应的高度特异性和酶的高效催化作用相结合发展建立免疫分析方法。基本原理是将受检样品和酶标抗原或抗体以物理性吸附于固相载体表面，形成同时具有免疫活性和酶活性的酶结合物，将其与相应抗原或抗体结合后，加入底物后显色，通过有色产物量的定性或定量分析标本中受检物质的量。该方法具有灵敏度高、选择性好、检测速度快、实用性强等优点。相关的检测技术有斑点酶联免疫吸附试验(Dot-ELISA)、免疫磁珠分离技术(immunomagnetic beads separation technique，IMBS)、免疫荧光技术(immunofluorescence technique，IF)、免疫层析法(immunochromatography)等。

免疫学检测方法在海洋食品安全中的应用见表 26-3。董雪等[3]利用过碘酸钠氧化法合成酶标记抗原，采用直接竞争 ELISA 法成功对河鲀毒素单克隆抗体进行鉴定，实现了基于免疫学技术的海洋毒素快速检测。

表 26-3 海洋食品安全指标和相应的免疫学检测方法

安全指标	分析物	免疫学检测方法	检测限	特点
致病性细菌	嗜水气单胞菌、迟缓爱德华氏菌、溶藻弧菌、鳗弧菌和副溶血性弧菌、鱼肠道弧菌、创伤弧菌	斑点酶联免疫吸附试验	10^5CFU/ml	优点：灵敏度高，准确率高，不需仪器 缺点：容易发生漏检
	鳗弧菌、溶藻弧菌	免疫磁珠分离技术	—	
	鳗弧菌、副溶血性弧菌、溶藻弧菌	免疫荧光技术、免疫层析法	—	
	鳗弧菌、哈维氏弧菌、溶藻弧菌、副溶血性弧菌、迟缓爱德华氏菌、荧光假单胞菌	Western 印迹法	—	
药物残留	氯霉素	—	0.01μg/kg	—
	滴滴涕	直接竞争化学发光酶联免疫测定(direct competitive-chemiluminescence enzyme immunoassay，dc-CLEIA)	0.05ng/ml	
	甲氰菊酯	直接竞争 ELISA	20μg/kg	
	庆大霉素(gentamicin，GM)	直接竞争 ELISA	2μg/kg	
	甲基睾丸酮(methyltestosterone，MET)	间接竞争 ELISA	10.0μg/kg	
	恩诺沙星	方阵及间接竞争 ELISA	0.4ng/ml	
生物毒素	河鲀毒素	间接竞争 ELISA	2μg/kg	抗体交叉反应、系列标准毒素缺乏、难以同时分析多种毒素
	大田软海绵酸(Okadaic acid，OA)	直接/间接竞争 ELISA	—	
	石房蛤毒素(saxitoxin，STX)	直接/间接竞争 ELISA	40μg/100g	
	记忆缺失性贝类毒素(amnesic shellfish poisoning，ASP)	间接竞争 ELISA	3.8ng/100g	
	微囊藻毒素	间接竞争 ELISA	0.1μg/L	

(3)分子生物学技术在海洋食品安全检测中的应用

分子生物学技术通过检测分子水平的线性结构，如核酸序列等，显示海洋食品不同细胞或者不同状态下的差异。分子生物学技术在海洋食品安全检测中的技术主要包括聚合酶链反应(PCR)技术、基因芯片技术、基因探针技术等。

PCR 技术的主要原理是在体外使用 DNA 聚合酶,在引物的引导和脱氧核糖核苷酸(dNTP)的影响下,可选择性地将靶 DNA 序列在短时间内进行百万倍扩增,检测速度快、效率高、精度高。近年来,PCR 技术在海洋食品安全中致病菌和微生物检测方面的应用有增加的趋势(表 26-4)。表 26-4 显示分子生物学技术对于海洋食品安全中致病菌和微生物的检测较为有效。

表 26-4　海洋食品安全指标和相应的分子生物学检测方法[4-6]

安全指标	分析物	分子生物学检测方法	特点
致病性细菌	副溶血性嗜血杆菌、弧菌、假单胞菌、嗜水气单胞菌、蜡样芽孢杆菌、肠杆菌、乳酸菌、小球菌、变形杆菌、志贺氏菌	实时荧光 PCR 技术、多重 PCR 技术、16S PCR 测序技术	优点:灵敏度高、准确率高,成本相对低 缺点:基于 DNA 检测的技术在对过敏原进行检测时,其 DNA 序列不一定能反映过敏蛋白。对于致病菌或者微生物,分子生物学检测技术能够反应菌的存在,但不一定能判断菌是否有毒,或者是否有毒素存在
	副溶血性嗜血杆菌	实时荧光 PCR 技术、纳米粒子 PCR 技术、免疫捕获 PCR 技术、PCR-变性高效液相色谱技术、PCR-酶联免疫吸附技术、基因芯片技术、多重 PCR 和基因芯片联用	
	大肠杆菌、乳酸菌、沙门氏菌、志贺氏菌、弧菌、阴沟肠杆菌、溶藻弧菌、哈维氏弧菌、副溶血性弧菌、嗜水气单胞菌、创伤弧菌、鳗弧菌	基因芯片技术	
微生物/寄生虫/过敏原	大肠杆菌、李斯特菌、葡萄球菌、希瓦氏菌、莫拉克氏菌、卡氏菌、不动杆菌、肠球菌	实时荧光 PCR 技术、多重 PCR 技术	
	隐孢子虫、贾第鞭毛虫	实时荧光定量 PCR 技术	
	小白蛋白、肌球蛋白、精氨酸激酶、肌球蛋白轻链、肌肉钙蛋白、肌浆钙结合蛋白	多重 PCR 技术	

相对于传统的食品菌类检测技术,PCR 技术大大节省了传统的培养和增菌时间,因此 PCR 检测改善了海洋食品菌类检测的时效性,可较为及时地检测出食品中的病原微生物,并及时提供安全警示和决策辅助。现有 PCR 技术发展出了荧光定量 PCR 技术、多重 PCR 技术、纳米粒子 PCR 技术等多种检测技术,并逐步被应用于海洋食品安全检测。Kim 等[7]采用 PCR 等技术,对整个牡蛎及牡蛎组织等海洋食品的致病菌进行了分析和测定。

基因探针技术通过分离和标记目标对象的特异基因片段制备基因探针,通过测试基因探针是否会与目的核酸序列特异结合,来判定可测定样品中是否有特定病原体。对于海洋食品的微生物危害因子,在不受非致病性微生物的影响下,基因探针的检测灵敏度更高、速度更快。基因芯片技术是基于芯片上的探针与样品中的靶基因片段之间发生的特异性核酸杂交,其载体为芯片,是基因探针技术的一个延伸,更适用于产业化。基因芯片技术以其高通量、快速检测的特点,在海洋食品基因表达、生物毒素分类、致病菌分类等领域得以应用。

26.3.2.2　其他新型检测技术在海洋食品安全检测中的应用

(1)电化学发光免疫分析技术在海洋食品安全检测中的应用

电化学发光免疫分析(electrochemi-luminescence immunoassay, ECLIA)基于抗原和抗体的特异性反应原理,用电化学发光剂三联吡啶钌标记抗体/抗原,以三丙胺为电子供体,在电场中因电子转移而发生特异性化学发光反应。该技术具有高度的准确性和特异性,并且能够实现高通量快速检测,被用于海洋食品中药物残留和生物毒素的快速分析,对于致病菌、微生物方面的分析应用还较少(表 26-5)。陈思远等[8]利用以 $Ru(bpy)_3^{2+}$ 为发光源的毛细管电泳-电化学发光体系,对新鲜鳀中氧氟沙星含量进行检测,计算得到峰高及迁移时间的相对标准偏差(relative standard deviation,RSD)值分别为 0.26%和 1.08%,含量为 0.287μg/ml。

表 26-5　海洋食品安全指标和相应的电化学发光免疫分析技术[8-11]

安全指标	分析物	检测方法	检测限	特点
药物残留	氧氟沙星	毛细管电泳-电化学发光法	0.08μg/kg	优点:电化学发光检测技术具有检测速度快、检测限低、效率高等优势
	呋喃唑酮	电化学发光免疫分析	0.01μg/ml	
	氯霉素	电化学发光免疫分析	0.016μg/kg	
	恩诺沙星	电化学发光免疫分析	0.5μg/kg	
	有机磷	电化学发光免疫分析	0.05μg/kg	
生物毒素	大田软海绵酸	电化学发光免疫分析	19.4ng/L	
	微囊藻毒素	电化学发光免疫分析	0.007μg/L	

(2)表面等离子体共振技术在海洋食品安全检测中的应用

表面等离子体共振(surface plasmon resonance,SPR)技术是一种发生在金属与电介质界面的物理光学现象,对附着在金属表面的电介质折射率非常敏感,可以实时确定介质的折射率变化,从而检测出现不同折射率的相应物质。SPR 技术根据其检测方式的不同,可分成波长调制、相位调制、强度调制和角度调制等几种类型。SPR 技术主要被用于海洋食品的赤潮毒素研究和海洋环境水体样本的微生物及致病菌的快速检测(表 26-6)。

表 26-6　海洋食品安全指标和相应的表面等离子体共振技术[12-15]

安全指标	分析物	检测方法	检测限	特点
微生物及致病菌	大肠杆菌、沙门氏菌、军团菌、革兰氏阴性菌	SPR 技术	10^5CFU/ml	优点:SPR 技术具有检测速度快、效率高等优点
生物毒素	麻痹性贝毒	SPR 技术	0.5ng/L	
	大田软海绵酸	SPR 技术	19.4ng/ml	
	微囊藻毒素	SPR 技术	0.25ng/ml	

(3)高通量悬浮芯片技术在海洋食品安全检测中的应用

高通量悬浮芯片技术有机地整合了荧光编码微球技术、激光分析技术、流式细胞技术、高速数字信号处理技术、计算机技术等，具有高通量、高速度、准确性高、重复性好、灵敏度高、线性范围广等优点，其在海洋食品安全的检测方面有较大的产业应用前景。高通量悬浮芯片技术在海洋食品安全指标检测方面的应用详情见表 26-7。

表 26-7　海洋食品安全指标和相应的高通量悬浮芯片技术[16]

安全指标	分析物	检测限	特点
致病菌	大肠杆菌、沙门氏菌、军团菌、革兰氏阴性菌	—	
农药残留	阿特拉津	1.5μg/L	优点：高通量悬浮芯片技术是高通量的代表技术，检测效率高
	吡虫啉	0.05μg/L	
	氯霉素	1.0μg/L	
	克伦特罗	0.4μg/L	
	雌二醇	0.4μg/L	
	甲萘威	0.05μg/L	
	泰乐菌素	2.0μg/L	
生物毒素	葡萄球菌、蜡样芽孢杆菌肠毒素	0.5ng/L	

26.3.3　前沿技术及发展趋势

图 26-1 为快速检测技术的基本样本处理流程图。从中可以看出快速检测技术在样本制备过程中对于样本通常是有损伤的，即检测技术为有损伤。而考虑到销售经济和市场需求，在保持检测限的前提下，市场对无损伤检测的接受度更高，而市场接受度和检测限对于决策的影响较大。

综上，快速检测技术是开展海洋食品安全风险预测的重要技术支撑，是推动海洋产业安全健康发展的客观需求。针对当前海洋食品安全快速高效检测技术的特征及存在的问题，从行业趋势与技术趋势两个层次分析今后的研究重点，主要集中于以下几点。

1)在技术发展方面，快速检测技术朝着系列化、高技术化、速测化、信息化、无损化的方向发展。海洋食品安全快速检测技术从单个形态逐一鉴别到一体化动态检测、从单个指标检测向多组分多残留同时检测、从一般成分定性分析到非目标未知化合物痕量筛检方向发展。

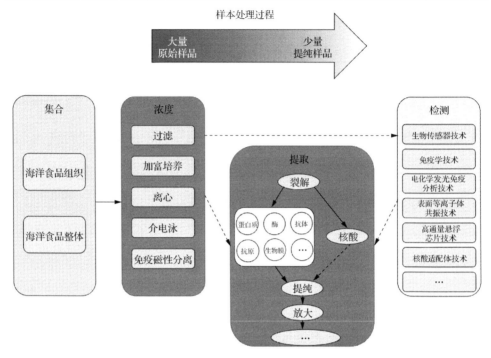

图 26-1　快速检测技术的基本样本处理流程图

2) 在仪器研发方面，快速检测仪器朝着小型化、便携化、智能化的方向发展。随着微电子技术、智能制造技术在海洋食品安全领域广泛应用，有针对性地整合和优化不同检测目标，集成开发模块化的高精度、高灵敏度、高稳定性小型便携式仪器，并开发与之匹配的简单化快速前处理技术和富集设备，实现快速、实时、动态、现场检测。

3) 在功能完善方面，将快速检测技术与其他新型技术和新材料有机融合。这些新型热门分析手段及新型功能化材料的应用为快速检测产品研发开拓了新的思路，例如，将特异性好的酶联免疫技术与灵敏度高的化学发光技术复合联用，建立最具潜力的非放射性标记免疫分析方法，全面提高海洋食品安全的检测精度、广度和准确度。

4) 在标准体系方面，快速检测方法标准朝着成熟性、广泛性、可操作性、迫切性和先进性发展。建立从海洋到餐桌全供应链危害物识别与防控技术体系，将"快速筛查"和"确证检测"相结合，为海洋食品提供可靠的质量安全保障，促进海洋食品向优质化、标准化、安全化和产业化方向健康发展。

26.4　海洋食品安全无损伤检测技术的应用及发展

26.4.1　基于分子光谱学的海洋食品安全无损伤检测技术

26.4.1.1　高光谱成像技术在海洋食品安全检测中的应用

高光谱成像(hyperspectral imaging, HSI)技术将传统成像技术与光谱技术有机结合，通过分光结构和图像传感器，实现大量窄波段的光学成像。高光谱成像结合了传统光谱技术和成像技术的优点，可获取成像对象高光谱分辨率的图像数据，其探测信息包括二维几何空间及一维光谱信息，信息量大，成像速度快，因此较为适用于实时、在线信息获取。目前光谱分光技术包括光栅分光、声光可调谐滤波分光、棱镜分光等，应用范围包括食品安全、航空遥感等领域。不同的分光方式决定高光谱成像系统的成像方式，可以是凝视型成像或者线性扫描成像。现在应用较多的为线性扫描成像，即对象在向前推扫的过程中，光谱成像仪将整个对象分割成不同的帧，以帧的形式拼合图像。这种方式成像速度较凝视型慢，但是由于其成像长度范围较宽，不受图像传感器限制，因此在食品的在线检测系统中被较多学者推荐应用[17]，大部分海洋食品的质量安全检测研究中使用的也是线性扫描式高光谱成像仪。

海洋食品安全检测中使用的高光谱成像仪器主要覆盖两个波段范围：可见/近红外波段(400～1000nm)、近红外波段(900～1700nm)。目前报道的推扫式高光谱成像仪多为集成系统，主要包括：光谱仪(分光元器件)、成像相机、传送带(配合推扫实现帧图像的获取)、光源、图像采集软件等(图 26-2)。其中，光谱仪厂家

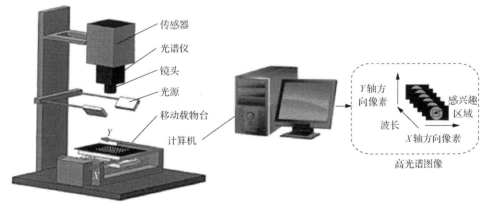

图 26-2　高光谱成像仪示意图[17]

包括 Headwall(美国品牌)、Specim(芬兰品牌)等,而相机包括 Andor(美国品牌)、Hamamatsu(日本品牌)等,光源则由集成系统供应商自采购、组装。高光谱成像仪几大主要部件中,国产品牌的产品鲜少在研究报道中被提到。新闻中提到,国内北京卓立汉光仪器有限公司与华南理工大学现代食品工程研究院合作生产的高光谱成像系统可以用于生鲜鱼的检测,销售数据和价格尚未公开[18]。

由于高光谱一次获取信息量大,因此其成像速度受到制约;大量的信息可能存在波段间的信息冗余或者线性相关性过高等问题,并且大量信息同时处理会制约数据处理的速度、甚至精度。因此高光谱成像的数据处理中基础且重要的一步为有效光谱信息的提取。对高光谱图像的处理和分析,以化学计量学、光谱分析方法、图像分析方法、常规统计分析等方法为主。表 26-8 中列举了近几年的几则高光谱成像检测海洋食品安全实例,其中光谱图像分析和处理的常用方法包括偏最小二乘回归(partial least square regression,PLSR)、主成分分析(principal component analysis,PCA)方法、图像特征提取(image feature extraction)、特征光谱识别(featured spectral selection)等。虽然机器学习在食品品质检测中已有较多应用,对于食品安全检测,目前只有少部分学者的数据分析引入了机器学习,较少有将光谱和图像作为一种大数据进行综合分析。近年来,快速聚类法、支持向量机(support vector machine,SVM)等机器学习算法越来越多地被应用于光谱波段的识别和优化。将光谱和图像有机结合,作为一种大数据进行综合分析是光谱波段识别的一个热点发展趋势。有效的波段识别将有助于高光谱成像技术过渡到多光谱成像技术,并实现对海洋食品安全的在线、实时、批量检测。

表 26-8　高光谱成像检测海洋食品安全实例

检测对象	检测技术指标	食品安全指标	波段	特征波长	光谱图像分析方法
鲑	吸光度	新鲜度	400～1000nm	507nm、636nm	PLSR
鳕	吸光度	新鲜度	400～1000nm	500nm、606nm、636nm	PLSR
大比目鱼	吸光度	新鲜度	380～1030nm	970nm、729nm、836nm、928nm、552nm、512nm、620nm	最小二乘支持向量机(LS-SVM)
明虾	反射率	食品掺假	897～1753nm	全波段	LS-SVM
干贝	反射率	水分含量	380～1500nm	385nm、390nm、402nm、420nm、426nm、432nm、443nm、498nm、598nm、982nm	PLSR

国外 Sone 等[19]、Sivertsen 等[20]将高光谱成像技术分别用于测定不同存放时间鲑与鳕的吸光度,建立吸光度与存放时间的相关性模型,识别的成功率达到88%以上。国内浙江大学黄慧课题组 Huang 等[17]将高光谱成像技术用于扇贝水分含量的检测和藻液生物信息的获取。浙江大学何勇课题组 Zhu 等[21]采用高光谱成像提取光谱和样本材质图像信息对深海大比目鱼新鲜度进行了定性分析,同时提出了

一种鉴别明虾材料是否掺假的方法[22]。

高光谱技术在海洋食品质量方面的应用较多，包括水分含量、脂肪含量、大小等，而在食品安全方面的应用仍较少，以新鲜度和掺假鉴别居多。目前没有关于高光谱应用于生物毒素检测方面的报道。由于近年来我国食品安全事件频频发生，对于食品的掺假鉴别是一个具有较大空间的发展方向。高光谱作为一种快速、无损、便携的食品安全检测技术，能够为食品溯源技术的发展提供一定的技术支撑。

26.4.1.2　近红外光谱技术在海洋食品安全检测中的应用

近红外光谱技术(near infrared spectroscopy，NIRS)能够提供介于可见光(visible light，VIS)和中红外辐射(middle infrared radiation，MIR)之间的电磁辐射波，较常用的近红外光谱仪的波段范围为 780～2526nm(近红外和中红外波段)。近红外光谱仪检测示意图如图 26-3 所示，目前主要的近红外光谱技术采用色散型分光元件(如光栅、棱镜)。近红外检测系统主要由光源、光纤探头、光阑、分光元件、样品室、检测器、控制电路板及电源等组成。光谱仪整体大小可以从 8cm 左右到 20cm 左右的尺寸宽度。近红外光谱区与有机分子中含氢基团(—OH、—NH、—CH)振动的合频和各级倍频的吸收区一致，通过扫描样品的近红外光谱，可以得到样品中有机分子含氢基团丰富的特征信息，并且利用近红外光谱分析方法，如化学计量学方法等，获取样品的有效信息，剔除干扰和冗余信息。近红外光谱技术具有方便、快速、高效、准确和成本较低、样品制备简单、分析过程无须化学试剂辅助、环境安全等优点。

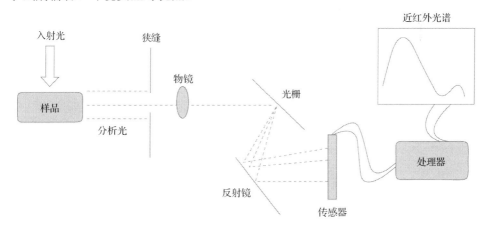

图 26-3　近红外光谱仪检测示意图

近红外光谱技术是近年来分析化学领域应用较广的无损分析技术，在海洋食品安全甚至食品安全检测领域的关注度日益上升。红外光谱检测在海洋食品安全检测中的应用详见表 26-9。从已有的应用案例可以看出，近红外波段（900～1700nm）已经成为高光谱成像技术的重点研究波段。目前为止，由于成像技术的发展限制，高光谱成像仪的可检测范围为 400～1700nm，目前最高光谱分辨率为 2.8nm 左右；而近红外光谱仪的可检测光谱范围为 400～2500nm，目前最高光谱分辨率为 0.1nm 左右，光谱精度比现有高光谱成像仪高，适用于光谱精度要求较高的应用条件，但检测方式为点检测，在检测范围较大及检测的海洋食品有较高的不均匀度的情况下，近红外光谱技术检测能力受到一定限制，并且近红外光谱仪和高光谱成像仪在检测过程中需要考虑环境光辐射的影响。

表 26-9 红外光谱检测海洋食品安全实例

检测对象	检测技术指标	安全指标	波段范围	仪器型号	光谱分析方法
三文鱼	吸光度	菌落总数	600～1 100nm	FQA-NIR-GUN 手持式近红外光谱仪（Fantec 研究所）	遗传算法（genetic algorithm，GA）、反向传播神经网络（back propagation-artificial neural network，BP-ANN）
大黄鱼	漫反射	新鲜度	10 000～4 000cm^{-1}	Thermo Fisher AntarisⅡ型傅里叶变换近红外光谱仪	PLSR、区间偏最小二乘、联合区间偏最小二乘
大西洋鲑	吸光度	菌落总数	12 500～4 000cm^{-1}	Bruker MPA 多功能分析仪	PLSR
鳕鱼糜	透射率	水分、蛋白质含量	400～1 100nm	Foss 6500 近红外光谱仪	PLSR
欧洲鲈	吸光度	品质鉴定	1 100～2 500nm	Foss 5000 近红外光谱仪	PLSR

国外方面 Tito 等[23]利用 NIR 研究不同存储时期大西洋鲑鱼片的菌落总数变化，揭示了利用 NIR 检测大西洋鲑鱼片及其他海洋食品菌落总数的潜力。Uddin 等[24]研究了鳕鱼糜的近红外光谱曲线，建立预测模型实现了鳕加工品水分蛋白质含量的快速无损预测。Ottavian 等[25]运用实验采集的光谱数据实现了快速分类鉴定野生鲈与养殖鲈的工作。

国内辽宁省食品安全重点实验室励建荣等[26]采用傅里叶变换近红外光谱技术采集大黄鱼漫反射光谱，结合联合区间偏最小二乘法实现了大黄鱼新鲜度的快速评估。浙江大学研究人员利用近红外反射光谱数据研究新的建模方法，以获取大黄鱼新鲜度更为准确的检测效果。中国海洋大学段翠等[27]利用手持式近红外光谱仪对三文鱼菌落总数进行检测，实现了较好的预测效果。

26.4.1.3　拉曼光谱技术在海洋食品安全检测中的应用

拉曼光谱技术是一种基于拉曼散射效应的光谱学分析技术，其原理示意图见图 26-4。拉曼散射是一种非弹性散射，是在激发光作用下，被激发对象内部晶格与分子的振动、旋转及其他低频运动引发的光子能量的变化。拉曼散射强度不受入射光场的影响，而与散射物质内部晶格与分子的振动、旋转及其他低频运动能量有关，因此能够用于分析和鉴定物质结构。现有的拉曼光谱技术包括表面增强拉曼光谱技术、针尖增强拉曼光谱技术、偏振拉曼光谱技术等。

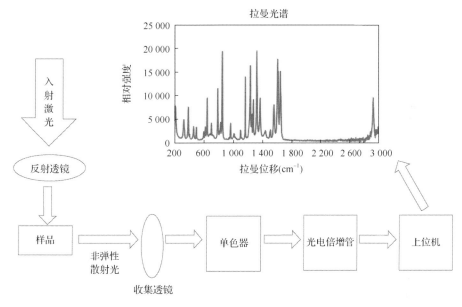

图 26-4　拉曼光谱检测原理示意图

与近红外光谱技术、光谱成像技术一样，拉曼光谱技术具有测试时间短、信息丰富、便携化、灵敏度高、无须预处理、无损等优点，在食品质量安全保障方面得到了较广的应用(表 26-10)，特别是海洋食品掺假、重金属污染等方面[28, 29]。通常拉曼散射引发的信号非常微弱，并且存在较多的重叠，对测定造成困难，需要分光/滤光模块去除杂散信号，集中感兴趣信息。随着技术的改进，拉曼光谱检测手段的效率已经得到了极大的提升，但仍然存在信号微弱、信号复杂、信号处理难度较高等需要改进的地方。特别是对于海洋食品这种来源环境多样、成分复杂的检测对象，有效的信号/数据处理、数据分析和安全识别是拉曼光谱技术应用中非常重要的环节。

表 26-10　拉曼光谱检测海洋食品安全实例

检测对象	检测指标	安全指标	入射激光波长	仪器型号	光谱分析方法
鲑	拉曼位移、散射光强度	脂肪酸不饱和度	785nm	Kaiser RXN1 拉曼光谱仪	PLSR
无须鳕	拉曼位移、散射光强度	蛋白质结构	1064nm	Bruker RFS 拉曼光谱仪	方差分析(ANOVA)
鳕鱼糜	拉曼位移、散射光强度	蛋白质结构	488nm	JASCO NR-1100 拉曼光谱仪	待测样品图谱与标准库图谱对比
小球藻	拉曼位移、散射光强度	农药残留	514.5nm	Renishaw 共聚焦显微拉曼光谱仪	PLSR、线性判别分析
水产品养殖水样	拉曼位移、散射光强度	孔雀石绿含量	785nm	Optotrace OTY 35117-NF/A 便携型拉曼光谱仪	待测样品图谱与标准库图谱对比

国外 Careche 等[30]和 Herrero 等[31]分别采用拉曼光谱技术发现无须鳕和无须鳕鱼肉在-10℃及-30℃冻藏期间蛋白质结构发生了变化,因此该方法可以用来评价在储藏过程中海洋产品品质的变化。Bouraoui 等[32]通过对比不同加工条件下鳕鱼糜和凝胶制品不同官能团的拉曼光谱,提出了一种用于检测蛋白质结构变化的方法。

国内目前使用拉曼光谱对海洋产品进行检测的相关研究仍然较少[28]。邵咏妮等[33]等利用显微拉曼技术提出了一套快速检测小球藻是否有残留除草剂的方法,达到了较好的检测效果。上海市食品药品监督所顾振华等[34]利用表面增强型拉曼光谱技术,通过便携式拉曼光谱仪实现了水体中孔雀石绿含量的实时现场检测方法。中国计量大学研究人员针对养殖鱼类药物残留快速检测需求设计了水产品品质安全快速无损检测系统,该系统以微型光纤光谱仪为核心检测部件,结合 785nm 激光光源系统、信号采集系统和载物装置三大模块构成了检测系统的硬件部分。利用该检测系统,他们研究了磺胺二甲基嘧啶、氯霉素、恩诺沙星、氟苯尼考等 4 种常用抗菌药物的拉曼光谱,并对其在养殖鱼类中的残留进行了快速检测和分析。

26.4.2　基于机器视觉的海洋食品安全无损伤检测技术

机器视觉技术即常规成像技术,采用红、绿、蓝 3 个可见波段下的图像传感器,配合镜头和辅助机械结构,结合数据分析和图像处理方法,对检测对象的特征和感兴趣参数进行分析与鉴定。机器视觉技术发展成熟度高、技术应用要求简单、可开发度高,具有无损、快速、高效等诸多优点。在海洋食品安全无损检测中,机器视觉相较其他技术,在食品的外观、色泽、异物、完整度、均一性等多个基于视觉初步判定的指标检测方面有较大的优势。机器视觉可被用于检测鱼肉表面的异物(如尼龙丝),通过色泽判定海洋食品的新鲜度变化,判定食品的完整度和尺寸分级,甚至结合显微镜的显微机器视觉可实现对食品中微塑料的检测、海藻种类的识别和计数等，但偏向于感官项目，而在环境污染等项目方面的应用较少(表 26-11)。

表 26-11　机器视觉检测海洋食品安全实例

检测对象	检测技术指标	安全指标	图像采集仪器
虾	亮度、颜色变化信息	水分含量	Canon G9 CCD 彩色数字相机
金头鲷	颜色变化信息	新鲜度	Canon EOS kiss x4 CCD 彩色数字相机
海参、鲍鱼	形状信息	品质分级	维视 MV-1300UC 工业相机
虾夷扇贝	形状信息	品质分级	大恒工业数字摄像头 DH-HV2002UC
半加工鱼肉	图像纹理变化	微塑料丝(异物)	Canon G9 CCD 彩色数字相机

国外 Hosseinpour 等[35]记录了不同干燥时间下虾体颜色的变化过程，建立二元回归模型实现了虾体干燥过程水分含量的在线实时检测。国内大连工业大学Wang 等[36]运用机器视觉的手法与邻域比较方法实现了海参、鲍鱼身体尺寸的快速精确测量，可以用于两种产品的评级检测。大连理工大学林艾光等[37]通过获取的扇贝图像信息，利用图像识别技术快速获取了扇贝的形状尺寸信息，完成了扇贝分级鉴定的检测工作。

随着计算机技术、信息技术和光学技术的发展，机器视觉的自动化、智能化、便携化、大众化程度会越来越高，在手机相机盛行的今天，特别适用于全民参与食品安全检测的推广。但对于海洋食品的安全检测，机器视觉也有一些局限性，特别是可测指标容易局限于外观参数、灵敏度不高这两点。对于不安全食品的初期变化不显著这一点，机器视觉通过观测判定其安全性难度较高。正因此，机器视觉需要与光谱技术、色谱技术等其他技术联合，共同保障海洋食品安全。

26.4.3　基于声学特性的海洋食品安全无损伤检测技术

声波主要是指由机械振动而产生的在空气中以一定速度传播的机械波，当波的频率介于 16~20 000Hz 时，人耳可以感受到，当波的频率超过 20 000Hz 时，人耳无法感知，故称为超声波。作为机械波的一种，声波具有波长、频率、反射、折射、散射、透射等一系列物理特性。不同食品的声学特性与食品内部的组织结构有关，不同品质的食品其声学特性往往也存在差异。在声波传播过程中，经过与待检测食品的相互作用，声波的物理特性会发生改变，通过对这些变化的特性进行相关性分析可以探究被测食品的性质、品质状况。一方面，低功率(高频)超声波用于监测食品和产品在加工与储存过程中的组成及物理化学性质，这对控制食品性质和提高食品质量至关重要。另一方面，大功率(低频)超声波通过振动引起机械、物理、化学、生物变化，其支持许多食品加工操作，如提取、冷冻、干燥，在食物接触表面上乳化和灭活病原菌。声学检测与其他检测方法相比具有方便、廉价、高效、测试手法简单等优点。但声学信号不易理解、较易受到环境噪声影响，需要结合有效的信号提取和处理方法，因此其应用范围受到一定的限制。特别需要注意的是，当声波频率较高时可能会对待测食品造成一定损伤，对于不同物质需要选择合适的声波频率来实现无损检测的目的。

超声波作为一种较早应用于食品安全无损检测的技术，在 2001 年已经有研究利用超声波检测大西洋鲭的脂肪含量[38]，但由于超声波获取的数据信息有限，检测精度不高，同时随着光电传感器技术与化学传感器技术的迅猛发展与普及，光谱技术、成像技术、化学检测技术成为无损检测手法的主要研究方向，声学检测方法的相关研究较少。而在有损食品安全检测方面，超声波可用于样本的预处理，运用超声波辅助提取法可以提高提取植物和动物材料(如多酚、花青素、芳族化合物、多糖和功能性化合物)、油脂、蛋白质的效率。声学装置具有明显的价格优势，相比于海洋食品的安全检测，在大规模食品加工行业中，声学检测(以超声波为代表)在食品提取、干燥、灭菌、过滤等方面具有不可替代的作用[39]。

26.4.4 基于电磁学特性的海洋食品安全无损伤检测技术

电磁法分为主动特性法和被动特性法两种。主动特性法是利用待测物自身所具有的某种电磁特性(如生物电等)的测量方法；被动特性是将待测物置于电磁场内，利用其电磁影响后反过来对外部环境施加影响的特性测量方法，常见的手法为核磁共振(nuclear magnetic resonance，NMR)，该方法基于原子核在外磁场中受到磁化，可产生特定频率的振动。当外加能量与原子核振动频率相同时，原子核吸收能量发生能级跃迁，通过纵向弛豫、横向弛豫、自旋回波和自由感应衰减等参数研究高分子结构和性质。核磁共振检测技术具有以下优点：一是可检测种类多；二是制样方便，测定快速，精度高，重现性好；三是受材料样本大小与外观色泽的影响较小。但核磁共振技术也有它的不足：仪器造价昂贵，检测分析方法复杂，专业要求高。低场核磁共振(low-field nuclear magnetic resonance，LF-NMR)由于其价格较低、快速、方便、测定精准的特点，成为目前广泛应用的核磁共振技术，可以应用于海洋产品的水分检测、掺假鉴别、微生物检测等方面(表 26-12)。

表 26-12　核磁共振检测海洋食品安全的实例

检测对象	检测技术指标	安全指标	仪器
沙丁鱼	弛豫时间、弛豫强度	水分含量	MARAN DXR 2 核磁共振仪
鳕	弛豫时间、弛豫强度	水分移动、脂肪含量	Bruker Optik GmbH 低场核磁共振仪
鲷、鲈、鳟、红鲱	核磁共振谱	新鲜度	Bruker AvanceⅢ 400 核磁共振仪
虾	弛豫时间、弛豫强度	水分含量、胶原蛋白与质构	NMI20 低场核磁共振仪
罗非鱼	弛豫时间、弛豫强度	食品品质	纽迈 Micro MR 核磁共振交联密度仪

国外方面 Carneiro 等[40]通过使用 LF-NMR 根据在不同的存储时间内腌制沙丁鱼肌肉中测得的弛豫时间得出了食品水分含量的变化。Aursand 等[41]研究使用 LF-NMR 弛豫时间测量了鳕和大西洋鲑中的水分移动特点，揭示了不同脂肪含量对水分移动的影响。Heude 等[42]提出了一种 NMR 光谱的新型分析方法，可以实现鱼新鲜度和质量的快速评估。国外新闻报道中，生物学家采用 NMR 技术检测了鱼肚内的微塑料污染物。微塑料作为新型海洋污染物，不仅应该在海洋生物保护方面受到重视，其对于海洋食品安全、渔业经济的影响也不可小觑。NMR 体现了鉴别微塑料和海洋食品的潜力，在微塑料检测方面有一定的发展空间。

国内，渤海大学董志俭等[43]利用 LF-NMR 研究了南美白对虾蒸制过程中水分活度及水分状态的变化。上海海洋大学段秀霞等[44]发现 LF-NMR 可用于快速检测添加剂处理后的冻藏罗非鱼片的品质变化。

26.4.5　基于气味原理的海洋食品安全无损伤检测技术

食品放置一段时间后，体内会增殖大量微生物、细菌，导致食品出现变色、变味、变质甚至腐烂，释放出含有不同化学成分的气体，这为利用基于气味原理检测食品安全的检测方法提供了可行性。此前基于感官的检测方法，主观性强，检测随意性大，检测结果不精确。近年来高速发展的传感器技术，带动了气味传感器的技术进步，出现了更为精确、可靠的基于气味原理的电子鼻检测手段。电子鼻是一种由具有部分选择性的化学传感器阵列和适当的模式识别系统组成，能识别简单或复杂气味的仪器。电子鼻主要由气味取样操作器、气体传感器阵列和信号处理系统三大部分组成。电子鼻检测系统示意过程如图 26-5 所示[45]。

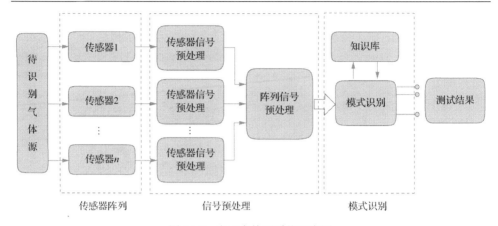

图 26-5　电子鼻检测系统示意图

气味检测方法较其他检测方法而言操作简单，耗时少，与检测指标具有较好的相关性，在食品检测中的应用越来越广泛，特别适用于海洋食品的新鲜度检测。不足之处主要有传感器的工作环境要求高，检测的可再现性和恢复性存在缺陷，灵敏性低于其他检测手段等，还需要不断发展改进以增加其在食品安全领域中的应用范围（表 26-13）。

表 26-13　基于气味检测海洋食品安全的实例

检测对象	待测气体种类	安全指标	传感器	信号识别方法
牡蛎、虾和龙虾	三甲胺	品质鉴定	基于肽受体的传感器	传感器载荷分析
阿拉斯加鲑	挥发性气体混合物	新鲜度	Cyranose 320^{TM} 电子鼻	主成分分析(PCA)、逐步判别分析、多变量分析法
鱿鱼干、虾干	胺化物	品质鉴定	碳纳米管(carbon nanotube, CNT)传感器	PCA、线性判别分析、回归树
虾	硫化物、胺化物等	新鲜度	6 组不同类型气体传感器	PCA、线性判别分析
鱿鱼	甲醛	食品安全	Alpha MOS FOX4000 电子鼻	判别因子分析和聚类分析
秋刀鱼	氮氧化合物、有机硫化物、无机硫化物等	新鲜度	10 组不同类型气体传感器	传感器载荷分析、线性判别分析

国外方面 Lim 等[46]使用一种基于肽受体的生物电子鼻(peptide receptor-based bioelectronic nose，PRBN)，可以测量从被破坏的海鲜中产生的三甲胺的量来实时确定海鲜的质量。Chantarachoti 等[47]利用 PEN 电子鼻分析不同温度贮藏的阿拉斯加鲑内脏气味，通过逐步判别分析能增加判断正确率，发现其中 4 个传感器响应与菌落总数有很好的相关性。Lorwongtragool 等[48]将便携式电子鼻成功应用于检测海鲜释放挥发性胺化合物的含量。

国内方面天津商业大学 Du 等[49]构建了基于电子鼻来评估虾新鲜度的检测模型，取得了较好的识别效果。上海海洋大学谷东陈等[50]以电子鼻为基础建立了一种快速定量检测鱿鱼中甲醛的方法，实现了快速、无损伤、定量检测食品中的甲醛含量。中国肉类食品综合研究中心杨震等[51]通过电子鼻采集秋刀鱼挥发性风味的信息，发现随着贮藏时间的延长秋刀鱼的气味会发生显著变化，其中氮氧化合物、有机硫化物和无机硫化物等电子鼻传感器的响应值变化最为明显，电子鼻检测技术可以用作秋刀鱼新鲜度快速判别的一种新型检测方法。

气体传感器作为一种简单、便携、快速的集成检测器，在食品安全检测方面有利于市场的推广和应用，并且在多功能冰箱中也具有集成潜力，可为冰箱中食品新鲜度的安全指示提供技术基础。

26.4.6　海洋食品安全无损伤检测前沿技术及发展趋势

无损伤检测技术对于海洋食品安全检测具有重要的现实意义，能为海洋食品产业未来的高速发展提供技术基础。通过调研前沿的海洋食品安全无损伤检测技术，结合市场对海洋食品安全无损伤检测技术的现实需求，未来海洋食品安全无损伤检测技术的发展趋势应着力于以下 3 个主要方面。

1) 在检测技术实现方面，无损伤检测技术应朝着国产化、标准化、精确化、可复制化、实用化、多维化的方向发展。无损伤检测技术已经实现非破坏、非侵入、实时、在线检测等重大突破，未来如果能提高获取信息的能力和效率，提升获取信息的维度，将引领海洋食品检测领域的新一轮革命。

2) 在检测设备仪器方面，无损伤检测仪器应朝着适用化、通用化、微型化、联网化、智能化的方向发展。随着物联网技术、计算机技术、智能制造技术的不断进步，无损伤检测设备的全程智能化操作将成为可能。微型智能检测设备的普及，不仅能减轻人力检测劳动的负担，而且有利于助力无损伤检测技术的快速推广。

3) 在数据分析方法方面，未来便携化、全程化的食品检测设备会获得海量的检测数据，对数据分析方法提出了新的挑战。通过运用人工智能、机器学习、深度学习、大数据分析等信息提取手段，建立大数据+海洋食品安全指标的关联模式，实现对海洋食品全面、快速、准确的安全分析。

26.4.7　海洋食品安全无损伤检测技术的产业应用发展

随着我国经济水平的稳步发展，人民生活水平的不断提高，海洋食品正成为下一个消费热点，而食品安全作为与每个人日常生活息息相关的重要一环受到了更为广泛的重视，政府也相继颁布更为严格的海洋食品安全规定，成立了国家市场监督管理总局等食品安全监督和检测机构，这些都为海洋食品安全检测带来了巨大的发展机遇。

对几种前沿无损伤检测技术的工作报道也体现了食品安全检测技术在未来产业应用中的发展趋势。①重视科学研究与产业需求的结合。研究重点趋于海洋食品安全加工行业中的普遍和重点问题，如海洋食品中夹杂的微小异物在线实时检测，海洋食品掺假、掺药、掺毒的快速检测等。②结合食品安全检测+大数据+物联网+其他多维技术。现有食品安全的无损伤检测技术在完成实现方式的国产化、标准化、便携化、微型化、联网化等改进后，将会提高大众消费市场对于技术的应用度，从而建立和丰富全国化的食品安全数据库，与溯源技术等技术结合，真正建立一个全国范围的食品安全检测物联网系统，并通过结合大数据，不断完善这个食品安全网络。

参 考 文 献

[1] 尹秀丽, 等. 生物传感技术在海洋监测中的应用. 海洋科学, 2011, 35(8): 113-118.

[2] Liang R, et al. Mussel-inspired surface-imprinted sensors for potentiometric label-free detection of biological species. Angewandte Chemie, 2017, 129(24): 6937-6941.

[3] 董雪, 等. 河豚毒素直接竞争 ELISA 检测方法的研究. 现代食品科技, 2009, 25(8): 977-981.

[4] 张德福, 等. 副溶血弧菌 PCR 检测方法研究进展. 食品安全质量检测学报, 2014, (7): 1930-1936.

[5] 纪懿芳, 等. 海产品中副溶血弧菌检测方法研究进展. 食品工业科技, 2015, 36(5): 365-369.

[6] Fernandes T J R, et al. An overview on fish and shellfish allergens and current methods of detection. Food and Agricultural Immunology, 2015, 26(6): 848-869.

[7] Kim J S, et al. The development of rapid real-time PCR detection system for *Vibrio parahaemolyticus* in raw oyster. Letters in Applied Microbiology, 2008, 46(6): 649-654.

[8] 陈思远, 等. 毛细管电泳-电化学发光法检测鳀鱼中氧氟沙星. 食品安全质量检测学报, 2017, 8(8): 2866-2872.

[9] 萨仁托雅, 等. 化学发光免疫分析与酶联免疫分析法检测水产品药物残留的比较研究. 大连海洋大学学报, 2014, 29(5): 486-491.

[10] 吕丽, 等. 大连地区几种食用贝类药物残留的检测. 水产学杂志, 2011, 24(4): 29-32.

[11] 权浩然, 等. 大田软海绵酸及快速检测技术应用进展. 食品工业科技, 2017, 38(11): 391-394.

[12] 鲍军波, 等. 麻痹性贝毒的表面等离子体共振快速检测方法研究. 海洋环境科学, 2006, 25(4): 66-69.

[13] 周向东, 等. 赤潮毒素大田软海绵酸表面等离子共振免疫检测方法研究. 传感技术学报, 2011, 24(12): 1794-1798.

[14] 刘小桃. 表面等离子体共振技术在环境污染物监测中的应用研究. 低碳世界, 2016, (9): 19-20.

[15] 赵静, 等. 表面等离子共振技术在食品安全检测中的应用. 食品工业科技, 2013, 34(12): 361-365.

[16] 石晓路, 等. 葡萄球菌和蜡样芽胞杆菌肠毒素液相悬浮芯片方法的建立. 中国热带医学, 2012, 12(11): 1307-1309.

[17] Huang H, et al. Characterization of moisture content in dehydrated scallops using spectral images. Journal of Food Engineering, 2017, 205: 47-55.

[18] Cheng J H, et al. Integration of classifiers analysis and hyperspectral imaging for rapid discrimination of fresh from cold-stored and frozen-thawed fish fillets. Journal of Food Engineering, 2015, 161: 33-39.

[19] Sone I, et al. Classification of fresh Atlantic salmon (*Salmo salar* L.) fillets stored under different atmospheres by hyperspectral imaging. Journal of Food Engineering, 2012, 109(3): 482-489.

[20] Sivertsen A H, et al. Automatic freshness assessment of cod (*Gadus morhua*) fillets by Vis/Nir spectroscopy. Journal of Food Engineering, 2011, 103(3): 317-323.

[21] Zhu F, et al. Application of visible and near infrared hyperspectral imaging to differentiate between fresh and frozen-thawed fish fillets. Food and Bioprocess Technology, 2013, 6(10): 2931-2937.

[22] Wu D, et al. Potential of hyperspectral imaging and multivariate analysis for rapid and non-invasive detection of gelatin adulteration in prawn. Journal of Food Engineering, 2013, 119(3): 680-686.

[23] Tito N B, et al. Use of near infrared spectroscopy to predict microbial numbers on Atlantic salmon. Food Microbiology, 2012, 32(2): 431-436.

[24] Uddin M, et al. Nondestructive determination of water and protein in surimi by near-infrared spectroscopy. Food Chemistry, 2006, 96(3): 491-495.

[25] Ottavian M, et al. Use of near-infrared spectroscopy for fast fraud detection in seafood: application to the authentication of wild European sea bass (*Dicentrarchus labrax*). Journal of Agricultural and Food Chemistry, 2012, 60(2): 639-648.

[26] 励建荣, 等. 近红外光谱结合偏最小二乘法快速检测大黄鱼新鲜度. 中国食品学报, 2013, (6): 209-214.

[27] 段翠, 等. 基于手持式近红外光谱仪的三文鱼菌落总数检测技术. 食品安全质量检测学报, 2014, (3): 889-893.

[28] 高亚文, 等. 光谱技术在水产品鲜度评价中的应用. 核农学报, 2016, (11): 2210-2217.

[29] Afseth N K, et al. The potential of Raman spectroscopy for characterisation of the fatty acid unsaturation of salmon. Analytica Chimica Acta, 2006, 572(1): 85-92.

[30] Careche M, et al. Structural changes of hake (*Merluccius merluccius* L.) fillets: effects of freezing and frozen storage. Journal of Agricultural and Food Chemistry, 1999, 47(3): 952-959.

[31] Herrero A M, et al. Raman spectroscopic study of structural changes in hake (*Merluccius merluccius* L.) muscle proteins during frozen storage. Journal of Agricultural and Food Chemistry, 2004, 52(8): 2147-2153.

[32] Bouraoui M, et al. *In situ* investigation of protein structure in Pacific whiting surimi and gels using Raman spectroscopy. Food Research International, 1997, 30(1): 65-72.

[33] 邵咏妮, 等. 基于显微拉曼检测蛋白核小球藻鉴别丁草胺及草甘膦. 高等学校化学学报, 2015, (6): 1082-1086.

[34] 顾振华, 等. 表面增强拉曼光谱法快速检测水产品中的孔雀石绿. 化学世界, 2011, (1): 14-16, 22.

[35] Hosseinpour S, et al. Application of computer vision technique for on-line monitoring of shrimp color changes during drying. Journal of Food Engineering, 2013, 115(1): 99-114.

[36] Wang H H, et al. Study on the shape detection method for the precious seafoods based on computer vision. INMATEH-Agricultural Engineering, 2015, 47(3): 113-120.

[37] 林艾光, 等. 基于机器视觉的虾夷扇贝分级检测方法研究. 水产学报, 2006, (3): 397-403.

[38] Sigfusson H, et al. Ultrasonic characterization of Atlantic mackerel (*Scomber scombrus*). Food Research International, 2001, 34(1): 15-23.

[39] Vilkhu K, et al. Applications and opportunities for ultrasound assisted extraction in the food industry—A review. Innovative Food Science & Emerging Technologies, 2008, 9(2): 161-169.

[40] Carneiro C D, et al. Low-field nuclear magnetic resonance (LF NMR ^{1}H) to assess the mobility of water during storage of salted fish (*Sardinella brasiliensis*). Journal of Food Engineering, 2016, 169: 321-325.

[41] Aursand I G, et al. Water distribution in brine salted cod (*Gadus morhua*) and salmon (*Salmo salat*): a low-field ^{1}H NMR study. Journal of Agricultural and Food Chemistry, 2008, 56(15): 6252-6260.

[42] Heude C, et al. Rapid assessment of fish freshness and quality by ^{1}H HR-MAS NMR spectroscopy. Food Analytical Methods, 2015, 8(4): 907-915.

[43] 董志俭, 等. 南美白对虾蒸制过程中水分状态及质构的变化. 中国食品学报, 2015, (2): 231-236.

[44] 段秀霞, 等. 低场核磁共振技术在水产品品质分析中的研究进展. 渔业现代化, 2016, (5): 42-46.

[45] 赵杰文, 孙永海. 现代食品检测技术. 北京: 中国轻工业出版社, 2005: 42.

[46] Lim J H, et al. A peptide receptor-based bioelectronic nose for the real-time determination of seafood quality. Biosensors & Bioelectronics, 2013, 39(1): 244-249.

[47] Chantarachoti J, et al. Portable electronic nose for detection of spoiling Alaska pink salmon (*Oncorhynchus gorbuscha*). Journal of Food Science, 2006, 71(5): S414-S421.

[48] Lorwongtragool P, et al. Portable e-nose based on polymer/CNT sensor array for protein-based detection. Kyoto: 7th IEEE International Conference on Nano/Micro Engineered and Molecular Systems, 2012.

[49] Du L, et al. A model for discrimination freshness of shrimp. Sensing and Bio-Sensing Research, 2015, (6): 28-32.

[50] 谷东陈, 等. 基于电子鼻定量检测鱿鱼中甲醛含量. 食品与发酵工业, 2017, 43(7): 237-241.

[51] 杨震, 等. 基于电子鼻技术的秋刀鱼新鲜度评价. 肉类研究, 2017, 31(3): 40-44.

第 27 章 海洋食品溯源

(中国计量大学，张雷蕾；浙江大学，黄　慧)

27.1 概　　述

27.1.1 定义

海洋食品溯源是指在海洋食品全产业链的各个环节(包括育苗养殖、远洋捕捞、加工检验、贮藏保鲜、冷链物流、销售贸易等)中，质量安全及相关信息能够被顺向追踪(生产源头—消费终端)或者逆向回溯(消费终端—生产源头)，使海洋食品的整个生产经营活动处于有效的监控之中。

27.1.2 目的和意义

随着蓝色海洋经济的深入发展和国际食品贸易的与日俱增，海洋捕捞产业、养殖产业日益扩张，海洋食品安全成为全球公共性安全问题。守护公众舌尖上的食品安全，保障消费者的合法权益，离不开海洋食品溯源技术的发展，更离不开海洋食品追溯体系的建设，带有追溯体系的产品成为海洋食品发展新趋势。

第一，提升海洋食品食用安全水平及食品安全应对能力。海洋食品安全溯源的构建与实施，可以保证集生产到销售于一体的全产业链信息的可追溯性和可考查性，提高海洋食品食用安全信息的完备性，并通过追根溯源，对食源性疾病暴发等安全突发事件做出快速判断及应急处理，降低食品安全事件风险。

第二，推动政府监管部门的海洋食品安全管理建设。通过制定标准化的追溯规范和追溯操作流程，建立健全的海洋食品质量安全监管、追溯、召回体系，提高政府监管部门的食品质量安全监管水平，推动海洋食品安全管理的日常化、制度化和规范化。

第三，提升水产品企业质量控制水平、核心竞争力及品牌知名度。跨国海洋食品安全溯源项目的实施，有助于提高企业质量控制水平，全链条把控风险，完善生产能力、自我监督能力和生产效率；有助于提升企业核心竞争力，突破国际贸易技术壁垒；有助于塑造企业品牌形象，确保产品安全，扩大出口企业的贸易量。

第四，有效解决信息不对称问题，让消费者获得全面完整的产品信息。海洋食品溯源系统让消费者可以对海洋食品从源头到消费进行全过程的追踪，全面了解、实时查询相应信息，提高信息透明度，解决供应者与消费者之间的信息不对称问题，保障国内外消费者的知情权、选择权，同时提升信任感，从而更大限度地保障消费者的合法权益。

第五，海洋食品追溯体系是保障海洋食品安全的有效工具。海洋食品溯源是确保全球海洋生物食品食用性、可靠性和安全性的有效工具，在研究海洋食品供应链管理和信息溯源系统关键技术的基础上，构建完整高效的海洋食品安全溯源体系，对于保障我国海洋渔业产品向优质化、安全化、标准化和产业化发展具有重要的现实意义。

27.1.3 海洋食品溯源技术的研究进展和应用趋势

近年来，我国不断推进食品追溯体系建设，2016 年《国务院办公厅关于加快推进重要产品追溯体系建设的意见》的发布，明确要求食品生产经营企业积极应用现代信息技术建设追溯体系。十三五规划中加快推进食品安全可追溯系统，要求 2020 年建成互通共享的全国食品追溯体系，让"可溯源"食品走进百姓餐桌。2017 年，《农业部办公厅关于做好 2017 年水产品质量安全可追溯试点建设工作的通知》中，强调要逐步实现水产品"从池塘到餐桌"全过程追溯管理，切实做到"信息可查询、来源可追溯、去向可跟踪、责任可追究"。

发达国家海产品追溯制度的研究给了我国很好的启迪[1-3]。美国有高达 80%的海鲜都是进口产品，这样广泛的跨国界食品交易，使追溯食品成为极其复杂的问题。《国家贝类卫生计划》《鱼贝类产品的原产国标签暂行法规》《美国海产品HACCP 法规》，是美国保障海洋食品安全的重要法规。美国国家海洋委员会渔业部门发布《美国进口水产品打击非法捕捞和水产品欺诈的可追溯计划》和《水产品进口监控计划》，用以促进对进口水产品的排查和追溯管理。日本国家食品研究所开发了一款基于 XML 网络服务的水产品溯源系统，通过创建产品目录随时查看产品标注信息。韩国实施《进口食品安全管理特别法》，通过出台《进口水产品检查相关规定》，保障进口水产品质量安全。欧洲标准化委员会制定《鱼类产品溯源——针对捕获鱼类分销链的信息记录》规范，同时建立"Tracefish"鱼类溯源系统，将其引入 ISO 溯源定义，并应用于海洋捕捞鱼类和养殖鱼类供应链。

27.2 海洋食品质量安全溯源的关键技术与方法

27.2.1 海洋食品溯源技术构成

采用 RFID、WSN、EPC、GIS/GPS 等先进的信息技术集成手段，通过采集从种苗、养殖、加工、物流到销售等关键环节的信息数据，构建现代化、信息化、大众化的海洋食品信息溯源系统，实现海洋食品供应链数据信息的融合、存储和共享，从而进行海洋食品安全信息的有效评估和全面预警[4, 5]。

27.2.1.1　射频识别技术

射频识别技术(radio frequency identification，RFID)主要用于海洋养殖过程中的跟踪与追溯，实现海洋食品安全信息的采集，具有唯一标识、自动识别、无线传输及耐用性高等优势。

27.2.1.2　无线传感器网络

无线传感器网络(wireless sensor network，WSN)是物联网关键技术，用以实现海洋食品供应链各个环节数据信息的传递、集成与共享，以数据的传感网络采集为基础，以无线传输为媒介，结合智能信息化处理技术，实现采集、传输、处理，有效提高海洋食品溯源的自动化、智能化及网络化水平。

27.2.1.3　产品电子代码

产品电子代码(electronic product code，EPC)是一个完整的、复杂的、综合的系统，旨在为每一单品建立全球的、开放的标识标准，把所有的流通环节(包括生产、运输、零售)统一起来，组成一个开放的、可查询的 EPC 物联网，实现全球范围内对单件产品的跟踪与追溯，从而有效提高供应链管理水平，降低物流成本。

27.2.1.4　物流跟踪定位技术

由于生鲜海产品具有特殊性和易腐性，要求冷链物流贯穿全程，采用地理信息系统(geographic information system，GIS)、全球定位系统(global positioning system，GPS)技术结合全程温控实时监测，将其应用于物流阶段，采集运输车辆的运输路线信息，通过准确跟踪和实时定位，对冷链物流的各个环节进行全程监控。

27.2.2　海洋食品溯源技术分类

27.2.2.1　海洋食品个体标记技术

海洋食品个体标记技术，通过电子标签、二维码防伪溯源技术、RFID 等追踪信息的方式，判断物种名称、捕捞方式、捕捞产地、养殖方式等信息，从而进行海洋食品安全溯源。

27.2.2.2　海洋食品产地溯源技术

海洋食品产地溯源通过筛选地域特征指标,利用稳定同位素指纹、矿物质指纹、近红外光谱指纹、有机光谱指纹分析等技术表征选取指标的特异性,结合多元数理统计方法,建立判别模型,实现对海洋食品原产地进行识别和确证的过程。

27.2.2.3　海洋食品污染物溯源技术

海洋食品污染物溯源技术是指对海洋食品中污染物的来源进行追溯,了解污染物产生、演变及影响因素,识别污染物的源头,明确其在食品生产加工过程中哪一个环节、什么途径被引入。

27.2.3　海洋食品溯源管理系统、体系及平台

海洋食品溯源平台的建立通过 RFID、WSN、EPC 和 GIS/GPS 技术,将海产品从种苗、养殖、加工、物流及销售等全过程的信息录入、传递和汇总到溯源平台,通过该平台特定的逻辑加密算法,生成产品的唯一质量安全追溯标签,并将标签加贴在产品包装上,实现一个包装标签对应一个批次的产品,成为保证产品质量安全的"二代身份证"[6-8](图 27-1)。2014 年,农业部以第 2081 号公告批准发布了 3 项有关水产品溯源的水产行业标准,分别为《养殖水产品可追溯标签规程》(SC/T 3043—2014)、《养殖水产品可追溯编码规程》(SC/T 3044—2014)、《养殖水产品可追溯信息采集规程》(SC/T 3045—2014)。

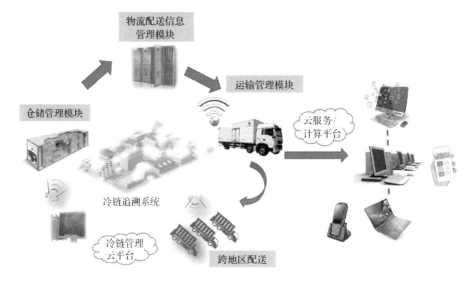

图 27-1　海洋食品冷链物流监控与溯源示意图

27.3 海洋食品产地溯源及确证技术的研究应用

27.3.1 海洋食品产地溯源的基本原理

27.3.1.1 产地溯源技术基本原理

海洋食品产地溯源技术的基本原理是根据海洋食品本身生物特征及其地域来源分布，通过代表性、典型性和极端性取样，测定表征不同产地来源的海洋食品产地特性的特征性指标，包括同位素含量与比值、矿物质元素成分及含量、有机成分含量(蛋白质、脂肪、醇类等)、挥发性成分、微生物图谱及动物遗传图谱等，结合主成分分析、判别分析及聚类分析等统计学手段，筛选和确定与产地因素密切相关的特征性指标，建立准确、稳定、有效、实用的海洋食品产地溯源判别模型。在此前提下，扩大样本容量，对建立的溯源模型进行传递修正，建立海洋食品产地特征性指纹图谱数据库。对于一个未知产地的样品，测定其相应的特征性指标，通过产地溯源模型计算，判别未知样品的样品来源(图 27-2)。

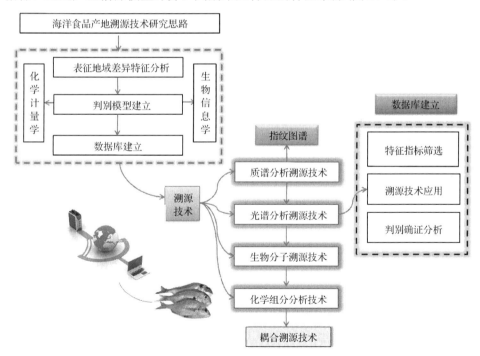

图 27-2 海洋食品产地溯源及确证研究思路和方法

27.3.1.2　指纹图谱种类

同一种海洋食品原料，由于产地环境和生产方式不同，其物理特性、化学组成、遗传基础存在一定的差异，即形成不同产地的"指纹图谱"，包括稳定性同位素指纹图谱、矿物元素指纹图谱、近红外光谱指纹图谱、DNA 分子指纹图谱、有机成分指纹图谱、微生物指纹图谱等。

27.3.2　海洋食品产地溯源技术的分类

27.3.2.1　质谱溯源技术

(1) 同位素指纹溯源技术

稳定同位素是海洋生物的"自然指纹"，为海洋食品产地溯源提供一种科学的、独立的、不改变的及随整个食品链流动的身份鉴定信息。同位素指纹溯源技术的基本原理就是基于同位素的自然分馏效应，即水生生物体内的同位素比值受地理、气候及生长环境等不同因素影响，不同类型及不同地域来源的海洋食品原料中同位素的自然丰度存在差异[9, 10]。因此，可以依据海洋食品中 N (^{15}N/^{14}N)、C (^{13}C/^{12}C)、H (^{2}H/^{1}H)、S (^{34}S/^{32}S) 等稳定同位素丰度差异能力来区分不同类型的产品并进行产地溯源判别。该技术精准度高，但是存在无法有效地判别相近区域同类产品的局限性[11]。

目前，N (^{15}N/^{14}N) 和 C (^{13}C/^{12}C) 两个稳定同位素比值被广泛应用于水生动物摄食生态学的研究中，用于对食物来源、食物链、食物网、群落结构及动物迁徙活动的溯源分析[12-14]。Schroder 和 Leaniz[15]利用 C、N 稳定性同位素对不同养殖方式的鲑进行溯源分析，研究结果表明野生鱼体中 δ^{15}N 和脂质标准化后的 δ^{13}C 低于人工养殖鱼体，对智利巴塔哥尼亚地区的鲑进行溯源，判别准确率达到 94%。Turchini 等[16]利用同位素比质谱仪技术对不同养殖方式和不同养殖地区的鳕进行溯源分析，研究表明 δ^{15}N 和 δ^{13}C 可以实现澳大利亚墨累河地区野生和人工养殖鳕的判别分析，同时 δ^{18}O 可以实现鳕不同水源的判别。Kim 等[17]联合测定了来自不同国家的马鲛、黄花鱼、青鳕等 3 种商品鱼的 δ^{15}N 和 δ^{13}C 值，研究发现联合 δ^{15}N 和 δ^{13}C 可以作为鱼类产地判别的溯源指标，且 δ^{13}C 比 δ^{15}N 更适合用来溯源。

(2) 矿物元素指纹溯源技术

基于矿物元素指纹信息的电感耦合等离子体质谱法 (inductively coupled plasma mass spectrometry，ICP-MS) 是目前无机微量元素分析研究的热点。其原理是利用海洋生物体内的微量元素组成及含量受其生长地理环境尤其是水质的影响，从而通过测定样品中矿物质元素的含量进行不同产地来源溯源。该技术具有分析速度快、检测限低、干扰性少、灵敏度高及多元素同时分析等技术特征[18]。

海洋鱼类肌肉中的矿物质元素组成具有明显的种群间差异和地域差异[19-21]。浙江工商大学郭利攀等[22]采用矿物元素指纹信息的 ICP-MS 对来自近海 3 个不同产地的 4 种经济鱼类(鲳、带鱼、小黄鱼和鱿鱼)进行产地判别,采用原子吸收光谱法测定所有样品鱼肉中 Mn、Co、Cu 等 25 种矿物元素的含量,结合主成分分析(principal component analysis,PCA)法分析元素组成,并揭示在地理多样性中起重要作用的元素,基于偏最小二乘判别分析(partial least square discrimination analysis,PLS-DA)和概率神经网络(probabilistic neural network,PNN)建立产地判别模型,准确率分别达到 97.92%和 100%。研究发现鱼类耳石具有在鱼整个生命历程中持续吸收其所生存环境中微量元素的特性,因此,基于鱼类耳石微量元素解析环境因素变化及鱼类种群结构是最新研究热点。Silva 等[23]采用 ICP-MS 分析了葡萄牙长臀鳕耳石中的 Sr、Ba、Mg、Li 4 种微量元素,研究发现上述 4 种微量元素在 3 个不同捕捞地区的鳕中的含量有着明显差异,并结合线性判别统计分析方法对其来源进行产地溯源,判别准确率分别为 87%、63%和 57%。

27.3.2.2　光谱溯源技术

(1)近红外光谱溯源技术

近红外光谱溯源技术是利用海洋生物中各种有机化合物在近红外光谱区内(780~2526nm)的光学特性,由于不同产地来源的海洋食品在有机物组成和含量上存在差异性,通过采集其表现在光谱上的独特信息,筛选与产地环境相关的有效溯源指标,结合化学计量学分析方法提取有效信息并建立模型,对物质进行定性和定量检测的一种光学分析技术。近红外光谱溯源技术因其具有快速、实时、准确、无损伤等技术特征,可以直接穿透到复杂的水生生物及食品内部获得成分信息,进行活体原位分析及非侵入性检测,而被广泛应用于海洋食品产地溯源、品种分类、掺假鉴别等定性识别和定量分析[24-26]。

海参具有丰富的光谱结构,且在不同生长环境下存在一定的差异性。陶琳等[27]采用 5000~4000cm⁻¹ 的近红外漫反射光谱技术,结合主成分聚类分析方法对来自 4 个不同产地(荣成、威海、大连、烟台)的 96 个干刺参进行产地鉴别分析。Ottavian 等[28]在利用近红外技术对海鲈养殖方式进行判断的研究中发现,1700nm 和 2200nm 两个特征峰与鲈中含有脂肪及脂肪酸的含氢基团($-CH$、$-CH_2$、$-CH_3$)密切相关,1900nm 处特征峰与水分的$-OH$ 基团相关;同时利用 NIR 结合 PCA 和 PLS-DA 两种判别分析方法,对野生和养殖的海鲈具有良好的区分效果。孟志娟等[29]利用 8500~4000cm⁻¹ 近红外光谱技术,获取不同产地带鱼样品的漫反射光谱信息,建立了 5 个产地带鱼的近红外指纹图谱共有模式,发现在 1800~400cm⁻¹ 具有一定的指纹性和特征性,其吸收峰的位置和峰强度差异较为显著,结合聚类分析和判别分析可对产地进行有效判别。

近红外光谱溯源技术在鉴别海洋食品不同样本不同地域分类情况上行之有效，但受样品状态不均匀、模型建立难度大、易受检测环境干扰等影响，获取光谱指纹特征不稳定，在产地溯源的判别应用上存在一定的局限性。因此需要在产地溯源指标筛选、样品采集数量及范围划分、产地判别模型优化等方面深入研究，同时考虑将近红外光谱技术与电子鼻技术、机器视觉技术等多技术有机融合。

(2)核磁共振指纹溯源技术

核磁共振指纹溯源技术是由具有自旋性质的原子核受电磁波辐射而发生跃迁所形成的物理现象，通过较少的前处理，获取表征海洋生物特征提取物结构信息的 NMR 指纹图谱，结合化学计量学分析方法，对被检小分子化合物在检测限内进行快速无损测量和不同产地来源溯源。NMR 光谱技术分析方法简便、光谱稳定性好，通过较少的前处理即可对水产品特征提取物进行定量和定性分析。

目前研究最多的 NMR 技术有低分辨率(low resolution-NMR，LR-NMR)和高分辨率(high resolution-NMR，HR-NMR)两种，被广泛用于海洋食品安全鉴别中。Aursand 等[30]利用 ^{13}C NMR 技术结合 PNN 和支持向量机，通过测量大西洋鲑肌肉中的脂肪物质，对来自苏格兰、加拿大、挪威等 7 个国家不同产地及不同生产方式的鲑进行溯源分析，其中，对产地溯源的判别正确率为 82.2%～99.3%，同时在不区分产地来源及季节的条件下对养殖和野生进行判别的准确率分别为 98.5%和 100%。Masoum 等[31]利用 ^{1}H NMR 技术结合 SVM 化学计量法，检测了加拿大、阿拉斯加、丹麦等 8 个国家的鲑，建立了产地溯源判别模型，所得模型的校正集和验证集的准确率分别为 93.3%和 95.4%。

27.3.2.3　分子生物学及化学溯源技术

(1)DNA 指纹识别溯源技术

DNA 条形码技术是利用海洋生物共有的、种间差异显著的、有足够变异的及易扩增的 DNA 序列，从分子水平上研究物种的系统进化、遗传变异、群落动态，从而为海洋食品物种鉴定及产地溯源提供有效的可信息化的通用型识别工具[32-34]。DNA 指纹识别及溯源技术具有检测范围广、分析速度快、灵敏度高、特异性强、重现性好、准确度高、可信息化等优点。随着研究的深入，将其与基因芯片技术、限制性片段长度多态性技术、环介导恒温扩增法及实时荧光定量 PCR 等技术相结合，在海洋食品鉴别和溯源领域方面有着广泛应用[35]。

中国科学院海洋研究所首次运用 DNA 条形码技术为近海海洋生物编写"数字身份证"，利用 COI、16S、18S、26S、ITS、rbcL、Cox1、Cox3 等 DNA 分子标记，对微生物、藻类、浮游动物、小型底栖生物、大型底栖生物、鱼类等不同海洋生物类群进行分类鉴别。中国计量大学研究团队通过 DNA 条形码序列结合

K2P 遗传距离分布、种内种间遗传距离差异及分子系统进化树，筛选得出用于大黄鱼、小黄鱼、黄姑鱼、棘头梅童鱼 4 种鱼类鉴定的最适 DNA 条形为 *COI* 基因，为我国近海经济鱼类 DNA 条形码技术的挖掘与溯源技术提供了强有力的技术支撑。Chang 等[36]分析了台湾辐鳍纲 29 目共 2993 个个体的 DNA 条形码，研究结果利用 *COI* 基因的鉴定准确率为 90%。

(2)有机成分指纹分析技术

不同地域来源的同一种海洋食品中所含有的有机成分(如蛋白质、脂肪、糖类等)组成特征和含量受地域贮存条件等影响存在显著差异，形成不同地域特定的有机成分指纹特征，因此利用有机成分指纹分析技术和色谱质谱技术相结合的方式分离、检测、分析海产品挥发性特征成分，可以有效地识别海洋食品的产地。

基于有机成分指纹分析的色谱质谱技术，结合蛋白质组学、脂质组学等方法可用于鉴别不同产地的同种鱼类及相同产地的相近鱼种[37, 38]。浙江海洋学院研究团队顾肖月等[39]利用 HPLC 方法，检测大黄鱼中脂肪酸和磷脂等有机成分的含量，结合相似度分析、聚类分析、主成分分析、判别分析，对不同生长环境、养殖方式及不同种类的大黄鱼、小黄鱼、黄姑鱼和黑鳃梅童鱼进行判别。Busetto 等[40]运用色谱技术结合氢火焰离子化检测器分析了大比目鱼的亚油酸、亚麻酸、花生四烯酸等脂肪酸种类及含量，进而对来自西班牙、丹麦、荷兰等不同产地不同生产方式(野生和养殖)的大比目鱼进行判别分析。Ortea 等[41]利用高通量质谱技术结合蛋白质组学鉴定 6 种虾(草虾、印度白虾、南部粉虾、太平洋白虾、阿根廷红虾、北极虾)的特征性肽段，采用基质辅助激光解吸电离飞行时间质谱技术检测上述不同种类虾肌浆蛋白中的精氨酸激酶蛋白，成功地进行了不同产地虾的真伪鉴别。

研究结果表明，HPLC 指纹图谱很好地弥补了分子生物学方法对于相同遗传背景下海洋生物难以鉴别的缺陷，在海洋食品物种鉴别和产地溯源方面发挥独特的优势。然而，海洋食品中的有机成分易受加工、贮藏等条件的影响，使得利用有机成分指纹分析技术对海洋食品信息产地进行判别时具有一定的不确定性。

27.3.2.4　不同海洋食品产地溯源技术比较及耦合溯源技术

不同溯源技术的基本原理、特点及检测指标不同，其中最核心的是确定表征不同地域来源的特异性地理指纹信息。如表 27-1 所示，上述几种海洋食品产地溯源技术均存在一定的缺点和局限性，为了提高海洋食品产地溯源的准确率，应结合多参数多指标多技术融合的方式，与此同时，通过扩大样本容量和取样范围，建立较为全面的溯源判别模型数据库[42]。

表 27-1　　海洋食品产地溯源技术比较

方法	原理	指标	优点	缺点
同位素指纹技术	稳定同位素自然分馏效应	同位素含量和比例	准确性好、灵敏度高、适用范围广	费用高、分析速度慢
矿物元素指纹技术	微量元素组成及含量受其生长地理环境尤其是水质影响	矿物质组成和含量	分析速度快、检测限低、干扰性少、灵敏度高、多元素同时分析	费用高、分析速度慢
近红外光谱技术	有机物含氢基团的吸收倍频、合频和差频	近红外图谱	分析速度快、适用范围广、非破坏性、无污染	灵敏度低、样品状态不稳定、模型建立难度大、易受检测环境影响
核磁共振指纹技术	原子核受电磁波辐射而发生跃迁所形成的吸收光谱	NMR 指纹图谱	高效快速、非破坏性、前处理技术简单、重复性好	需要一定的前处理、易受检测环境影响
DNA 指纹识别技术	DNA 的遗传与变异	DNA 图谱	分析速度快、灵敏度高、特异性强、重现性好	建库费用高、易出现假阳性或假阴性、同一个遗传背景的样品区分困难
有机成分指纹分析技术	有机特征成分和含量差异	有机物组成和含量	准确度高、分辨率高、重复性好	易受环境影响、前处理复杂、耗时长

27.3.3　海洋食品产地溯源技术的应用

在植物源海洋食品产地溯源方面,中国科学院海洋研究所海藻种质库科研团队与日本北海道大学 Yotsukura 教授合作,利用高多态性微卫星[microsatellite,又称为简单序列重复(simple sequence repeat,SSR)]标记法,结合等位基因数、私有等位基因数、杂合度等参数,对我国代表性海带群体(栽培和野生)进行了溯源研究,从分子水平揭示了我国海带群体和日本北海道海带群体有明显的奠基者效应(founder effect),为我国海带溯源研究及良种产业化提供了科学依据[43, 44]。

从 2008 年持续至今,我国黄海海域暴发了面积最大危害最严重的高密度聚集浒苔(*Ulva prolifera*)绿潮灾害,呈现连续性和常态化的暴发趋势,严重影响了沿海地区的海产品养殖业、旅游业。中国科学院海藻种质库研究团队跟踪研究浒苔溯源,采用分子生物学手段对黄海海域形成大规模绿潮的浒苔研究表明,其在遗传特征上是一种相对独特的"漂浮生态型"浒苔,暴发原因是江苏北部沿海独特的辐射沙洲地形和水产养殖,以及工业废水排放形成的富含氨氮的海水,浒苔污染溯源的研究给海洋环境保护传递了很好的预警作用[45-47]。

27.4　海洋食品污染物溯源技术的研究应用

27.4.1　海洋食品污染物溯源的基本原理

海水养殖规模的日益壮大、海洋环境的局部恶化,造成重金属污染、兽药残留、农药残留和天热存在的生物毒素等有毒有害物质超标，导致海洋食品污染和中毒事件频频发生，严重影响了渔业产品的质量安全，同时也威胁着消费者的健康安全。因此，海洋水域和海洋食品的质量安全及海洋污染物监测溯源已成为全球普遍关注的重大问题。基于海洋食品安全追溯体系的海洋污染物溯源，是指对海洋食品中污染物的来源进行追溯，即识别污染的源头。

27.4.2　海洋食品污染物溯源的方式

海洋食品溯源可分为 3 种方式：一是基于海洋食品链追溯体系的污染物溯源，二是基于大区域尺度的污染物源头解析，三是基于微生物分子分型的污染溯源。针对海洋食品生产体系中农兽药残留、生物毒素、病原微生物等海洋污染物，基于现代光谱、图像信息、分子生物等检测手段，开展海洋污染物快速实时检测技术研究，构建海洋污染物安全信息溯源系统，实现海洋食品污染物的快速实时鉴定、溯源及安全性综合评价。

27.4.3　海洋食品微生物分子分型溯源技术

微生物食品安全问题的发生，可能存在于食品原料、生产加工、储藏运输和市场销售等诸多环节，如何准确定位，找到问题发生的本源，是准确消除食源性疾病的前提。微生物分子分型溯源技术是基于外界环境影响海洋食品中微生物菌群平衡原理研发的，由于不同生长环境下的海洋生物体内所携带的微生物种类及特性有显著差异，因此运用分子生物学技术可以通过对海产品体内的微生物进行多种群鉴定，从而对海产品的产地进行溯源。

微生物源示踪技术利用微生物在宿主或生存环境中具有的生化特性、遗传多样性、特殊代谢产物等特异性指纹图谱，并将其作为示踪指示物来识别污染环境中污染物(特别是粪便)的来源[48-50]。中国农业科学院农业环境与可持续发展研究所研发了一种水体生物污染的溯源方法，通过确定目标水体污染物中的特征微生物，然后通过特征微生物的特异性基因片段，来定量目标水体的污染源及污染状况，将污染水平的检测提升到分子水平，精确度高，灵敏度好，并且可以定位目标污染源，能够对粪污来源准确定位并定量水体污染贡献率，对于客观评价养殖污染贡献率和因地制宜治理水体污染都具有一定的指导意义。

27.4.4　海洋食品化学性污染溯源技术

大连海洋大学研究人员利用铅稳定同位素的示踪溯源技术追溯菲律宾蛤仔体内铅的富集过程及来源，采用电感耦合等离子体质谱法(ICP-MS)测定蛤仔体内 Pb 含量，并通过 Pb 稳定同位素的"指纹特征"，结果证实"小球藻-菲律宾蛤仔"食物链富集过程是其主要途径，蛤仔体内 Pb 稳定同位素 $^{206}Pb/^{207}Pb$ 值与表层沉积物的值相接近，从而评价大连典型滩涂养殖区贝类体内重金属污染情况。国家海洋局北海预报中心利用"拉格朗日"粒子追踪方法，模拟在波浪、风力、环境和潮流联合作用下的油粒子运动，建立油粒子数值溯源预测模型，对秦皇岛附近不同海域的油污进行数值模拟，追溯油污可能来源，为溢油源的排查和应急处置提供技术支撑[51]。

27.5　海洋食品质量安全全程溯源系统的建立及应用

27.5.1　构建流程

海洋食品质量安全全程溯源系统应由外部溯源系统、内部溯源系统及溯源平台信息系统三部分构成，如图 27-3 所示。外部溯源的实质是海洋食品链上的各个环节的管理，即在海洋食品链追溯信息体系完整完善的前提下，通过外部溯源确定污染出现在哪一个环节，通过对该环节的具体分析，明确该环节污染的可能来源途径。内部溯源是海洋食品链溯源的关键，其环节比较复杂，包括对产品原料、生产信息及产品标识批次信息等进行溯源，通过详细的内部追溯，准确找出污染来源，保证溯源的准确性[52, 53]。

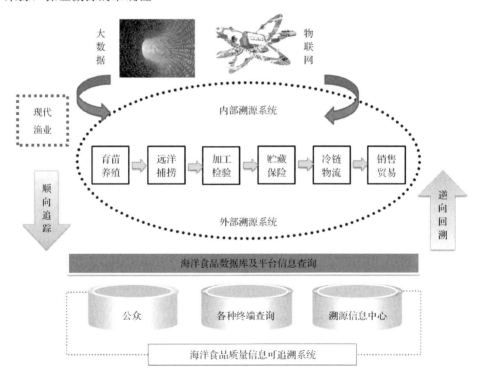

图 27-3　海洋食品可追溯系统设计思路

27.5.2 分类方式及应用

27.5.2.1 生鲜海洋食品全程溯源系统的应用及案例分析

在中华人民共和国海口海关(原海南检验检疫局)的监督和指导下,京东集团和海南翔泰渔业股份有限公司贯彻落实国务院建设重要产品追溯体系部署,共同推行"千里眼计划",通过备案换证复查、危害分析和关键控制点验证及现场检查等方式,推动水产品全程追溯管理。消费者可以通过查看京东溯源平台,扫描产品专属区块链条码,进行 24 小时实况查看产品养殖、加工情况,并可以全程监控生鲜海鲜从生产至配送到户的全过程。

27.5.2.2 加工海洋食品全程溯源系统的应用及案例分析

在海参加工全程溯源系统的应用方面,中国科学院海洋研究所、中国海洋大学、山东蓝色海洋科技股份有限公司三方合作开发了生产过程和生产信息透明海参加工追溯系统,建立了从苗种培育、海洋牧场、加工到销售一体的全产业链,通过现代物联网技术,使用追溯标签二维码,可以快速采集海参自苗种、海洋牧场、加工、物流到销售全部环节详细的生产信息,实现了从海洋到餐桌的全过程加工海参质量安全可追溯。

27.5.2.3 不同海洋生物个体食品全程溯源系统的应用及案例分析

基于融合物联网信息化技术,莱州明波水产有限公司与中国农业大学合作完成"水产集约养殖数字化技术与智能装备",实现养殖环境全程动态监测与自动调控,真正实现斑石鲷健康养殖的可持续发展。

27.5.2.4 海洋食品可追溯系统的发展趋势

海洋食品快速检测产品的检测结果数据化、网络化与实时化等是海洋食品安全快速检测及可溯源的方向。食品安全溯源是国家监管的大力发展的方向,依托物联网、云数据等概念在海洋食品安全监管中的广泛应用,为将海洋食品快速检测产品检测数据整合到溯源体系中提供了技术支持。北京勤邦生物技术有限公司研发的 GT-600V1.0 胶体金分析仪,通过将物联网系统和大数据平台有效结合,实现溯源海洋食品安全快速检测的在线监测、动态分析、及时预警和快速溯源。

多信息多技术融合是海洋食品安全及海洋污染物大数据分析的发展方向。同时利用海洋污染物光学无损检测、信号传输、数据挖掘、地理信息系统与空间定位等技术,开发海产品食用安全性评价信息数据库;集成海洋环境质量信息、养殖管理信息、海洋污染物监测信息和海产品质量检测信息;为开发基于互联网的海洋污染物安全信息溯源系统提供关键数据源，为海洋食品的安全与质量检测提供检测依据和条件，建立完整的海洋污染物安全信息溯源系统，实现海洋食品食用安全性综合评价。

参 考 文 献

[1] 李香, 等. 国外水产品质量安全可追溯体系对我国的启示. 中国渔业经济, 2010, 28(4): 92-97.

[2] 彭霞. 海产品供应链溯源系统的建设背景和基本架构. 物流技术, 2013, 32(9): 188-189, 203.

[3] Bailey M, et al. The role of traceability in transforming seafood governance in the global South. Current Opinion in Environmental Sustainability, 2016, 18(18): 25-32.

[4] 霍翔, 等. 基于 RFID 和移动互联网技术的海产品质量安全溯源系统研究. 物流科技, 2016, 39(9): 42-44.

[5] Alfian G, et al. Integration of RFID, wireless sensor networks, and data mining in an e-pedigree food traceability system. Journal of Food Engineering, 2017, 212: 65-72.

[6] 夏俊, 等. 水产品全产业链物联网追溯体系研究与实践. 上海海洋大学学报, 2015, 24(2): 303-313.

[7] 何静, 周培璐. 海洋水产品安全追溯系统实施的决策行为分析——基于食品供需网(FSDN)理念. 海洋开发与管理, 2017, 34(7): 40-47.

[8] Wang J, et al. An improved traceability system for food quality assurance and evaluation based on fuzzy classification and neural network. Food Control, 2017, 79: 297-308.

[9] 段鹤君, 赵立文. 稳定同位素质谱分析技术及其在食品检验中的应用研究进展. 食品研究与开发, 2016, 37(20): 207-209.

[10] 赵燕, 等. 稳定同位素技术在农产品溯源领域的研究进展与应用. 农产品质量与安全, 2015, (6): 35-40.

[11] 郭小溪, 等. 水产品产地溯源技术研究进展. 食品科学, 2015, 36(13): 294-298.

[12] 张邈, 等. 同位素比质谱技术在食品应用中的研究进展. 食品研究与开发, 2017, 38(10): 192-195.

[13] 刘珺, 等. 黄渤海刺参稳定同位素组成特征的初步研究. 海洋环境科学, 2017, 36(1): 37-42.

[14] 张旭峰, 等. 中国北方沿海 3 种养殖扇贝碳、氮稳定同位素的组成特征. 海洋科学, 2017, 41(2): 111-116.

[15] Schroder V, Leaniz C G D. Discrimination between farmed and free-living invasive salmonids in Chilean Patagonia using stable isotope analysis. Biological Invasions, 2011, 13(1): 203-213.

[16] Turchini G M, et al. Traceability and discrimination among differently farmed fish: a case study on Australian Murray cod. Journal of Agricultural and Food Chemistry, 2009, 57(1): 274-281.

[17] Kim H, et al. Applicability of stable C and N isotope analysis in inferring the geographical origin and authentication of commercial fish (mackerel, yellow croaker and pollock). Food Chemistry, 2015, 172: 523-527.

[18] 刘美玲, 等. 矿物质指纹技术在动物性食品产地溯源中的应用. 中国食物与营养, 2017, 23(5): 9-13.

[19] Costas-Rodriguez M, et al. Classification of cultivated mussels from Galicia (northwest Spain) with European Protected Designation of Origin using trace element fingerprint and chemometric analysis. Analytica Chimica Acta, 2010, 664(2): 121-128.

[20] 刘小芳, 等. 刺参中无机元素的聚类分析和主成分分析. 光谱学与光谱分析, 2011, 31(11): 3119-3122.

[21] Liu X, et al. The classification of sea cucumber (Apostichopus japonicus) according to region of origin using multi-element analysis and pattern recognition techniques. Food Control, 2012, 23(2): 522-527.

[22] 郭利攀, 等. 东海经济鱼类的多元素分析及产地判别. 中国食品学报, 2015, 15(1): 214-221.

[23] Silva D M, et al. Discrimination of Trisopterus luscus stocks in northern Portugal using otolith elemental fingerprints. Aquatic Living Resources, 2011, 24(1): 85-91.

[24] Xiccato G, et al. Prediction of chemical composition and origin identification of european sea bass (*Dicentrarchus labrax* L.) by near infrared reflectance spectroscopy (NIRs). Food Chemistry, 2004, 86(2): 275-281.

[25] 郝莉花, 张平. 近红外光谱技术在食品产地溯源中的应用研究进展. 农产品加工, 2016, (12): 54-57.

[26] 宋雪健, 等. 近红外光谱技术在食品溯源中的应用进展. 食品研究与开发, 2017, 38(12): 197-200.

[27] 陶琳, 等. 近红外光谱法快速鉴定干海参产地. 农业工程学报, 2011, 27(5): 364-366.

[28] Ottavian M, et al. Use of near-infrared spectroscopy for fast fraud detection in seafood: application to the authentication of wild European sea bass (*Dicentrarchus labrax*). Journal of Agricultural and Food Chemistry, 2012, 60(2): 639-648.

[29] 孟志娟, 等. 近红外光谱技术快速检测带鱼新鲜度的研究. 食品科技, 2013, (12): 294-298.

[30] Aursand M, et al. ^{13}C NMR pattern recognition techniques for the classification of Atlantic salmon (*Salmo salar* L.) according to their wild, farmed, and geographical origin. Journal of Agricultural and Food Chemistry, 2009, 57(9): 3444-3451.

[31] Masoum S, et al. Application of support vector machines to ^{1}H NMR data of fish oils: methodology for the confirmation of wild and farmed salmon and their origins. Analytical & Bioanalytical Chemistry, 2009, 50(2): 119-125.

[32] Smith P, et al. DNA barcodes and species identifications in Ross Sea and Southern Ocean fishes. Polar Biology, 2012, 35(9): 1297-1310.

[33] Zhang X Y, et al. The application of DNA barcodes in the authenticity of marine fishes. Advance Journal of Food Science and Technology, 2016, 11(9): 605-610.

[34] Galimberti A, et al. DNA barcoding as a new tool for food traceability. Food Research International, 2013, 50(1): 55-63.

[35] Paracchini V, et al. Novel nuclear barcode regions for the identification of flatfish species. Food Control, 2017, 79: 297-308.

[36] Chang C, et al. DNA barcodes of the native ray-finned fishes in Taiwan. Molecular Ecology Resources, 2016, 17(4): 796-805.

[37] 陈颖, 等. 食品真实属性表征和品质识别新技术研究. 科技资讯, 2016, 14(7): 174-175.

[38] 郝杰, 等. 代谢组学技术在食品安全风险监测中的研究进展. 食品安全质量检测学报, 2017, 8(7): 2587-2595.

[39] 顾得月, 等. 大黄鱼 HPLC 指纹图谱的建立及其在产地溯源和物种鉴别中的应用. 水产学报, 2016, 40(2): 164-177.

[40] Busetto M L, et al. Authentication of farmed and wild turbot (*Psetta maxima*) by fatty acid and isotopic analyses combined with chemometrics. Journal of Agricultural and Food Chemistry, 2008, 56(8): 2742-2750.

[41] Ortea I, et al. Arginine kinase peptide mass fingerprinting as a proteomic approach for species identification and taxonomic analysis of commercially relevant shrimp species. Journal of Agricultural and Food Chemistry, 2009, 57(13): 5665-5672.

[42] Castro-Puyana M, et al. Application of mass spectrometry-based metabolomics approaches for food safety, quality and traceability. Trends in Analytical Chemistry, 2017, 96: 62-78.

[43] Shan T, et al. Novel implications on the genetic structure of representative populations of *Saccharina japonica* (Phaeophyceae) in the Northwest Pacific as revealed by highly polymorphic microsatellite markers. Journal of Applied Phycology, 2017, 29(1): 631-638.

[44] Xia Li, et al. Genetic diversity and population structure among cultivars of *Saccharina japonica* currently farmed in northern China. Phycological Research, 2017, 65(2): 111-117.

[45] 吴玲娟, 等. 黄海绿潮应急溯源数值模拟初步研究. 海洋科学, 2011, 35(6): 44-47.

[46] Liu F, et al. Understanding the recurrent large-scale green tide in the Yellow Sea: temporal and spatial correlations between multiple geographical, aquacultural and biological factors. Marine Environmental Research, 2013, 83: 38-47.

[47] Liu F, et al. Quantitative, molecular and growth analyses of *Ulva* microscopic propagules in the coastal sediment of Jiangsu province where green tides initially occurred. Marine Environmental Research, 2012, 74: 56-63.

[48] Reischer G H, et al. Applicability of DNA based quantitative microbial source tracking (QMST) evaluated on a large scale in the Danube River and its important tributaries. Fundamental & Applied Limnology, 2008, 162(1-2): 117-125.

[49] 冯广达, 等. 水体粪便污染的微生物溯源方法研究进展. 应用生态学报, 2010, (12): 3273-3281.

[50] 徐苗苗, 刘静雯. 副溶血性弧菌 *Vibrio parahaemolyticus* O3:K6 大流行克隆的溯源. 微生物学通报, 2014, 41(10): 2112-2121.

[51] 曹雅静, 等. 渤海海域油污溯源模拟预测研究. 广西科学院学报, 2016, 32(2): 83-87.

[52] 宁劲松, 等. 鲆鲽鱼类产地溯源系统平台研究. 水产科技情报, 2015, 42(2): 84-87.

[53] 王雅君, 等. 基于过程的海产食品质量信息可追溯系统. 农业工程学报, 2015, 31(14): 264-271.

欢恩宝乳业是一家集科研、开发、生产、销售、服务为一体的专业化、综合性、高科技的乳业集团公司。旗下拥有陕西欢恩宝乳业股份有限公司、呼伦贝尔纽籁特乳业有限公司、新西兰乳业联盟集团有限公司全球三大生产基地。公司率先提出"世界奶源，中国配方"的发展思路，不仅与荷兰顶级奶源达成合作，更积极投资建设新西兰六大自有牧场，同时牵手 9 位行业顶级科学家，成立"欢恩宝乳品营养健康研究院"潜心研究中国配方，研发更高品质、更适合中国婴幼儿及成人营养需求的好奶粉。多年来，公司始终坚持"严苛生产，苛刻管理"的理念，从奶源、生产、包装到上市保持全过程品质管控，成就中国羊乳企业安全生产品质典范。

(扫一扫，了解更多育婴资讯)